JN441438

SECOND EDITION PART I

An introduction to Modern Astrophysics

현대천체물리학

PART I

천문학 입문과 태양계

저자 | Bradly W. Carroll · Dale A. Ostlie
역자 | 강영운, 김용기, 이희원

PEARSON
청범출판사
Always in my heart

Authorized Translation from the English language edition, entitled Introduction to Modern Astrophysics, An, 2nd Edition by Carroll, Bradley W.; Ostlie, Dale A., published by Pearson Education, Inc, publishing as Addison-Wesley, Copyright © 2007

Addison-Wesley is an imprint of

PEARSON

KOREAN language edition published by PEARSON EDUCATION KOREA LTD and CHUNG BUM PUBLISHING CO., Copyright © 2009

서 론

현대 천체물리학서론과 이 책의 일부을 함축한 현대 항성 천체물리학의 초판이 1996년 출판되었다. 그 이후 하늘에 대한 우리의 지식은 폭발적으로 증가하였다. 초판을 인쇄하기 두 달 전에 메이어(Michel Mayor)와 케로즈(Didier Queloz)는 페가수스 51(51 Pegasi) 주위를 공전하는 외계행성을 발견하였다. 이 행성은 주계열 별을 공전하는 최초의 외계행성이다. 그 후 11년 동안 발견된 외계행성의 수는 193개로 증가하였다. 이러한 발견들은 별과 행성들이 어떻게 형성 되는가 뿐만 아니라, 우리 태양계에서 행성이 어떻게 형성하고 진화하는가에 대해서도 매우 유익한 정보를 제공한다.

추가로 지난 10년 동안에 이루어진 중요 발견은 명왕성보다는 멀지만 태양계 안에 있는 명왕성 크기의 물체를 발견한 것이다. 사실 새로 발견된 이 천체는 카이퍼벨트 천체 중의 하나이며, 현재 2003UB313로 명명되었다 (세계천문연맹이 공식으로 결정하기 까지는). 이제는 행성의 정의를 다시 한 번 생각할 때가 되었고, 우리 태양계에는 몇 개의 행성을 가지고 있는가에 대한 정의를 새롭게 할 수도 있다.

로봇으로 움직이는 우주선과 착륙선을 이동하여 수행하는 태양계 탐사도 우리 주변의 천체에 대한 방대한 양의 새로운 지식을 제공하고 있다. 궤도에 남아있는 모함과 행성에 착륙한 탐사선 Spirit와 Opportunity는 과거에 화성의 표면에는 물이 존재했었다는 것을 확인하였다. 우리가 목성과 토성으로 보낸 로봇 특사들은 타이탄과 소행성 표면에 착륙하였고, 혜성의 핵과 심지어는 지구로 향하는 혜성의 꼬리 먼지 부분에 충돌시키기도 하였다.

Swift와 같은 인공위성 관측으로, 감마선 폭발에 대한 해답은 이제 상당히 근접해졌다. 감마선 폭발은 현대 천체물리학서론 초판이 출판된 당시에는 수수께끼였다. 우리는 현재 감마선 폭발의 한 종류는 핵이 붕괴하는 초신성과 연관이 있고, 또 다른 종류는 아마도 2개의 중성자별 혹은 중성자별과 블랙홀의 쌍성계에서 두 별의 합병과 연관 있다고 생각한다.

초판이 출판된 이후, 우리 은하와 다른 은하들의 중심부에 대한 관측이 매우 정밀하게 수행된 결과, 대부분의 나선은하와 거대타원은하들은 그 중심부에 하나 혹은 그 이상의 초대형의 블랙홀이 존재한다는 사실을 밝혔다. 은하들의 합병으로 은하 중심에 이러한 거대한 괴물들이 존재하게된다. 더욱이 이러한 거대한 블랙홀들은 중심 엔진 역할을 하여 전파은하, 시퍼트(Seyfert)은하, 블레이자(blazar) 그리고 퀘이사에서 색다르고, 가공할 만큼 강한 현상이 나타난다.

지난 10년 동안에 발견된 것 중에서 더욱 깜짝 놀랄 일은 우주의 팽창이 서서히 감소하지 않고 오히려 가속되고 있다는 것이다. 이 놀랄만한 관측으로 우리는 현재 암흑에너지(dark energy)가 더 많은 우주에 살고 있는 사실을 알았다. 그러므로 아인슈타인의 우주상수(한때는 아인슈타인의 최대 실수로 생각되었던 것)가 우주론을 이해하는데 매우 중요한 역할을 한다. 초판을 출판할 당시 암흑에너지는 우주론 모델에서 고려의 대상이 아니었다.

초판의 출판 이후 우주론은 정밀 관측에 기초하는 이론으로 거듭났다. WMAP (Wilkinson Microwave Anistropy Probe)천문위성이 관측한 방대한 자료가 공개되면서 이전에는 큰 오차 범위로 산출되던 우주의 나이가 2%의 오차 범위인 13.7±0.2Gyr로 산출되었다. 같은 시기에 항성진화이론과 관측을 이용하여 가장 오래된 구상성단의 나이와 이 값은 우주 나이의 상한 값과 잘 일치하는 것이다.

초판의 서문을 보니 아래와 같은 문장이 있다. "현대 천체물리학을 연구하는데 지금과 같이 흥분된 시기는 없었다." 이 말은 분명히 지난 10년간 이룩한 발전은 대단하다는 것이다. 그러나 지난 10년간의 대단한 업적들은 단지 앞으로 다가 올 발전의 서곡에 불과하다는 것이다. 허블 우주망원경을 이용하여 천체에 대한 고분해능 연구가 수행되고, 그 뒤를 따라서 찬드라 X-선 천문대와 스피처 적외선 우주 망원경 등이 등장하였다. 지상에서는 8-m 망원경과 그 이상의 망원경을 이용하여 우리의 신비한 우주에 대한 새로운 탐사 관측들이 수행되고 있다. 거대하고 야심찬 탐사들이 수행되어 전에는 상상할 수 없는 값진 자료를 발표하여 아주 중요한 통계자료를 제공하고 있다. 탐사 연구로는 Sloan Digital 전천탐사, 2-Micron 전천탐사, 2 dF 적색이동탐사, Hubble Deep Field와 Ultradeep Fields 등이며, 이러한 탐사 관측들은 연구에 없어서는 안 될 중요한 도구가 되었다. 우리는 또한 새로 건설될 천문대와 우주선들의 최초 관측에도 기대를 많이 한다. 즉 고도가 높은 (5000 m) 곳에 위치한 Large Millimeter

Array와 고정밀 위치측정 우주선, 즉 Gaia와 SIM PlanetQuest 등의 역할을 기대한다. 물론 우리 태양계에 대한 연구는 계속되고 있다. 이 서문을 쓰기 전날에 Mars Reconnaissance Orbiter가 붉은 행성인 화성의 궤도에 진입하였다.

이 책의 초판이 출판되었을 때는 심지어 World Wide Web도 초창기 수준이었다. 오늘날 우리가 이용하는 대부분의 정보를 탐사엔진을 이용하거나 단순히 클릭만으로 얻을 수 있다는 것을 그 당시에는 상상하기 힘들었다. 대부분의 데이터가 온라인상에서 접속 가능하고, 모든 전문잡지와 출판된 논문들도 온라인에서 볼 수 있는 등 정보 교환은 가히 혁명적이다.

제 2판 (학생들은 제 2판을 BOB이라고 부른다. BOB는 Big Orange Book 이라는 것을 칭하며, An Introduction to Modern Astrophysics를 뜻한다.) 과 이와 연관된 2권의 책이 더 출판되었다. 즉 항성 천문학에 초점을 맞춘 An Introduction to Modern Stellar Astrophysics와 은하와 우주론에 초점을 맞춘 An Introduction to Modern Galactic Astrophysics and Cosmology가 출판되었다. 이 두 책은 BOB에서 필요한 부분을 발췌하여 출판한 것이다. BOB과 그와 연관된 2권의 책은 천체물리 과목에 필요한 대부분의 주제를 다루고, 특히 저자와 천문학자들이 중요하다고 느낀 주제에 대하여 쉽게 설명하였다고 자부한다.

제 2판에서는 cgs 단위를 SI 단위로 바꿨다. 개인적으로 저자는 광도를 Watt 보다는 $\mathrm{erg\,s^{-1}}$로 표시하는 것이 더 익숙하지만 우리 학생들은 그렇지 않다. 우리는 학생들이 현대 천체물리의 개념을 처음 접할 때 단위 때문에 어려움을 격는 것을 원하지 않는다. 그러나 parsec나 태양 단위 ($M_\odot$ 과 $L_\odot$) 등 자연적인 단위는 그대로 사용하였다. 왜냐하면 parsec와 태양 단위 등은 값을 쉽게 비교할 수 있기 때문이다. 단위 환산을 위한 부록에 SI를 cgs 단위로 환산하는 표를 수록하였다.

이 교재를 집필하는 목적은 현대천체물리학의 전 영역을 물리학의 기본원리를 사용하여 독자에게 소개하는 것이다. 기본적인 물리 원칙을 이해하면서 우주의 드라마를 감상하는 것보다 좋은 것은 없을 것이다. 하늘의 장관을 설명하기 위하여 수학적 방법을 이용하면 아래와 같이 플라톤이 제시하였듯이 보다 명확한 이해를 할 수 있을 것이다.

너는 아느냐 진정한 천문학자는 위대한 지혜의 소유자여야 한다는 사실을? 천문학자는 또한 여러 가지 과학을 알아야만 한다. 그 중에서도 가장 중요한 것은 숫자를 잘 다룰 줄 알아야한다. 이러한 연구를 올바르게 추구하는 사람들에게는 기하학적인 도형, 아름다운 규칙을 따라 정렬하여 만든 수열, 하나의 질서로 움직이는 천체의 회전과 같은 진리들이 밝혀져야만 한다. 그러므로 아무도 우주의 찬란한 경관을 그들이 연구하여 기술한 내용 없이는 이해할 수 없을 것이며 결코 쉽고 편한 길을 따라 이룩한 업적이 아님을 알게 될 것이다.

이 책을 집필하게 된 동기는 우리가 대학에서 학부 고학년을 상대로 천체물리를 강의할 때 경험한 어려움 때문 이었다. 대부분의 천문학 교재는 수학적 표현보다는 주로 서술적인 설명으로 구성되어있다. 슈레딩거 방정식, 분배 함수, 그리고 다극자 전개 등을 강의에서 배우는 학생들은 어려움이 많다. 왜냐하면 학생들이 공부하는 천체물리 교과서는 학생들의 물리지식을 활용하지 않았기 때문이다. 더 부끄러운 일은 천체물리는 그들이 배운 물리 지식을 천문학의 매혹적인 현상을 이해하는데 활용할 수 있는 기회를 제공함에도 불구하고 물리 지식을 사용하지 않고, 단지 서술적으로만 설명하기 때문이다. 더욱이 학문의 한 분야로서 천체물리는 가상적으로 물리의 거의 모든 관점을 다룬다. 그러므로 천체물리는 학생들에게 그들의 물리 지식을 확인하고 확대할 기회를 준다.

물리를 기초로 하는 기초 미적분학을 수강한 사람은 누구나 현대 천체물리의 주요 개념을 거의 이해할 수 있다. 그런 강의에서 배운 현대 물리의 양은 많을 수도 있고 부족할 수도 있다. 그래서 이 책에서는 특수 상대성 이론과 양자 역학의 필요한 부분을 각 각 한 장에서 다루었다. 또 하나 특이할만한 것은 주어진 현상을 자체적으로 설명하고 또한 연관이 있는 다른 현상과 함께 설명하여 서로 인용하였다. 그러므로 학생들은 여러 가지 현상을 과학적으로 설명하고 기발한 아이디어를 제공하는 물리 원리를 지속적으로 접할 수 있다.

우리는 모든 현상을 매우 공정하게 대함에도 불구하고, 우리가 연구 대상으로 하는 한 시스템의 모델에 대하여 대충 어림식으로 계산하려는 경향이 있다. 노력 대 지불의 비율이 매우 높다. 즉 이해하는데 80%, 노력에는 단지 20%만 투자한다. 이 경우 대충 어림식 계산은 각 천체물리학자의 도구의 일부분이 된다. 사실상 이 책을 쓰는 동안, 우리는 많은 수의 현상들이 이러한 방법으로 묘사되고 있는 사실에 놀랐다. 항성내부, 항성대기, 일반상대성이론 그리고 우주론, 이 모든 것은 단순히 손으로 간단히 계산하는 것보다는 더 심도 있는 연구를 통하여 만족스럽게 기술되었다. 오늘날 계산 천체물리는 관측과 전통적인 이론을 바탕으로 천문학을 이해하는데 기본이 되고 있다. 그러므로 우리는 수많은 컴퓨터 문제를 개발하였고 여러 가지 완벽한 컴퓨터 코드를 개발하였다. 이 코드들은 교재에 수록되어있다. 학생들은 행성 궤도를 계산할 수 있고, 쌍성계의 관측 현상도 계산할 수 있고, 별의 모형을 제작할 수 있고, 은하와 은하 사이의 중력 작용도 재현할 수 있다. 이 코드들은 교육학적인 이유로 억지 이론으로 단순화되어있다. 그러므로 우리가 제공한 개념으로 투명한 코드를 쉽게 확장할 수 있다. 천체물리학자들은 전통적으로 대규모 계산과 시각화를 주도하고 있으며 우리는 이러한 과학과 예술이 혼합된 것을 알기 쉽게 설명하려 한다. 강사들은 이 책을 사용하여 천체물리학의 필요한 분야를 심화하여 새로운 강의 과목을 디자인할 수도 있다.

적절한 판단으로 주제를 선정하여 우리는 BOB를 사용하여 항성천문학을 한 학기 강의로 사용할 수 있다. (물론 처음부터 18장까지 많은 것이 생략되었지만 이 책은 적당히 취사선택하도록 디자인되어있다.) 관심 있는 학생들은 추가적으로 우주론 강의를 수강할 수 있다. 반면에 1년 동안 이 책 전체를 다루는 강의를 하면, 현대 천체물리를 전부 취급하므로 매우 유익할 것이다. 주제의 선택을 쉽게 하기 위하여 2판에서는 각장의 절 밑에 소제목을 추가하였다. 그러므로 강사들은 본인이 설정한 강의주제 혹은 학생들의 관심도에 따라 필요 없는 부분은 생략하기가 쉽게 구성하였다.

이 책과 관계된 website는 http://www.aw-bc.com이다. 이곳에서 다양한 컴퓨터 코드를 다운로드 할 수 있다. 코드들은 다양한 언어, 즉 Fortran, C++, 그리고 어떤 경우에는 Java 등으로 되어있다. 또한 천문학과 관련된 여러 중요한 웹사이트와 연결되어있다. 또한 이 책에서 사용한 영상들을 공개된 웹사이트에서 구하여 강의에서 사용할 수도 있다. 강사들은 또한 자세한 문제 풀이 집을 출판사에서 얻을 수도 있다. 전반적으로 확대된 2판을 제작하면서, 편집진은 긍정적이고 협력적인 사고를 일관되게 가지고 있다. 이 책의 출판을 위하여 수고하여 주신 수많은 분들에게 감사드린다. (원문에서는 수많은 사람들의 이름을 거명하였음)

지난 10년 동안 우리는 초판을 사용한 독자들로부터 귀중한 의견을 청취하였다. 그 내용을 2판에 반영하기 위하여 수정하고, 새롭게 구성하였다. 몇 세대에 걸친 학생들의 조언은 서로 상반되는 경우도 있지만 매우 귀중한 조언이었다. 불행하게도 아무리 완벽을 추구하여도 항상 실수는 따르게 마련인 것 같다. 그러므로 이 책에 아직도 잘못이나 틀린 것이 존재한다면 그것은 전적으로 우리들의 책임이다. 우리는 여러분들이 조언, 정정 등을 moastro@weber.edu로 보내주면 아주 귀중한 자료로 감사하게 사용할 것이다.

불행하게도 집필이라는 무거운 짐은 저자에게만 제한되지 않고 필연적으로 가족과 친구들에게도 그 짐이 주어진다. 우리는 우리의 부모님 Wayne and Marjorie Carroll과 Dean and Dorothy Ostlie에게 우리로 하여금 찬란한 우주를 지적으로 탐험할 수 있도록 격려하여 주심에 감사드린다. 마지막으로 우리의(저자들) 우주를 아름답게 만든 사람들에게 이 책을 바친다. 즉 우리들의 부인들, Lynn Carroll과 Cany Ostlie 그리고 Dale의 귀여운 어린이들 Michael과 Megan에게 바친다. 그들의 사랑, 인내, 용기 그리고 지속적인 도움 없이는 이 책의 출간은 불가능했을 것이다.

자, 이제는 가족들과 함께 유타의 아름다운 산으로 가서 스키, 등산, 산악자전거, 낚시, 그리고 캠핑을 할 시간이다.

브레들리 캐롤

데일 오스틀리

유타주 오그덴

modastro@weber.edu

역자 서문

우주 공간을 실험실로 사용하는 천문학자들에게는 우주 실험실에서 진행되고 있는 실험들을 감지할 때마다 그 실험들의 원리와 의미, 그리고 앞으로의 진행 과정들을 예측할 수 있는 이론적인 도구가 필요하다. 과학, 특히 우주개발에 대한 엄청난 진척이 이루어지면서 우주 실험실에서는 지금까지 알려지지 않았던 새로운 과정들이 점차적으로 자세하게 그 베일을 벗게 되었다. 이와 발맞추어 인간은 그것들을 이해하려는 도구들도 새롭게 정비해야 되었다. 각각의 세부분야에서 지금까지 많은 연구들이 수행되어 혁혁한 결과들이 도출되어 우주의 신비를 이해하는 데 큰 기여를 하고 있다.

이렇게 우주의 신비에 대한 베일이 벗겨지기 시작하면서, 서서히 대학에서 학문의 후속세대들에게 이런 우주의 신비를 전수할만한 교과서들이 필요하게 되었고, 그래서 각 분야별로 많은 전공 교과서들이 집필되어 왔다. 특히 우주의 현상들을 설명하는 도구 즉 천체물리 전반에 대한 교과서의 출현이 기대되고 있는 실정이다. 국내에 소개된 대표적인 대학수준의 교과서로는 자일릭, 그레고리 그리고 스미스의 천문학 및 천체물리학 서론 (Introductory Astronomy and Astrophysics)을 들 수 있다. 그런데 이 교과서는 개정판이 나오기는 하였지만 최근의 연구결과들을 포함하고 있지 않아 많은 아쉬움 속에서 대학교 전공학생들의 교과서로 선택되어 왔다.

그런데 1997년에 캐롤과 오스틀리가 현대천체물리학 개론(An Introduction to Modern Astrophysics)이란 훌륭한 이론 교과서를 출간하였다. 이 교과서는 이론 뿐 만아니라 최근의 관측적인 사실들의 해석과 의미 그리고 이론적인 접근을 포함한 아주 좋은 교과서이다. 국내에서도 많은 대학에서 천문학 및 물리학을 전공하는 학생들에게 교재로 사용되어 왔다. 2007년에는 이 교과서의 개정판이 출간되어 더욱 새로운 관측 및 이론 연구의 결과들이 포함되게 되었다.

본 역자들은 이 교과서를 교재로 대학생들에게 현대천체물리학을 소개하는 강의를 수년간 해오던 중 학문의 후속 세대들에게 우리말로 현대천체물리학을 공부할 수 있도록 하기위해 일부를 번역해서 강의에 사용해 보기도 하였다. 이런 여러 번의 노력이 결실을 맺어 이번 역서를 출간하게 이르렀다. 내용이 방대하여 본 역서에서는 3권으로 분권을 하기로 하였다. 1권은 "천문학 입문과 태양계"라는 제목으로, 원본의 1장에서 6장과 19장에서 23장, 2권은 "항성 천문학"이라는 제목으로, 원본의 7장에서 18장까지, 3권은 "은하와 우주"라는 제목으로, 원본의 24장에서 30장의 내용을 포함하였다. 그래서 대학에서 3학기에 강의를 할 수 있도록 나누어 보았다.

이번에 시도한 번역은 완전한 번역이 아님을 밝힌다. 본 번역서는 앞으로 꾸준히 업데이트 될 예정이다. 우리말 용어도 꾸준하게 올바른 용어를 선택하여 수정해나갈 예정이다. 독자들이 본 번역서를 읽다가 오타나 번역 상 제안사항이 있으면 역자들이 직접 의견을 개진하기도 하고, 오타 등의 지적을 할 수 있도록 다음에 카페를 개설해 놓았다. 카페주소는 http://cafe.daum.net/astrobooks 이니, 많은 독자들이 더욱 더 나은 개정 번역서를 위해 활용해 주기를 부탁한다. 이런 피드백을 통해 앞으로 더욱 좋은 번역서들이 출간되고, 그래서 우리말로 된 천문학 서적들을 가지고 충분히 천문학을 공부할 수 있게 되길 기대해 본다.

본 번역서의 출판을 맡아주신 청범출판사의 연규산 사장님, 그리고 빠른 시일 내에 번역본의 편집에 힘써주신 관련 직원 여러분께 감사드린다. 세종대학교 천문우주학과 학생들과 충북대학교 천문우주학과 학생들은 본 번역서를 읽고 오타를 수정하고 수식을 입력하는 작업에 많은 도움을 주었다. 이들에게도 고마움을 전한다. 아무쪼록 이번 현대천체물리학 교과서가 이제 학부에서 천체물리를 공부하는 학생들과, 대학에서 물리학을 전공하는 학생들 중 천체물리학에 관심이 있는 학생들 모두들에게 우리말로 접해보는 천체물리학 교과서로 귀하게 쓰임받기를 기대하여 본다.

2009년 1월

우리말로 표현되는 더 좋은 번역서들을 기대하면서

강영운 kangyw@sejong.ac.kr

김용기 ykkim153@chungbuk.ac.kr

이희원 hwlee@sejong.ac.kr

차 례

3장 빛의 연속적인 스펙트럼 / 70

4장 특수상대성 이론 / 105

5장 빛과 물질의 상호작용 / 140

6장 망원경 / 178

7장 태양계의 물리적 과정 / 222

8장 지구형 행성 / 251

9장 거대 행성계 / 296

10장 태양계의 소천체 / 343

11장 행성계의 형성 / 386

부록 / 417

1장 천구

1.1 그리스학파

인간은 오랜 세월 동안 하늘을 보면서, 그 신비함에 매료되어 많은 연구를 진행해 왔다. 그 증거들은 전 세계에 퍼져 있는 문화유산에서 찾아 볼 수 있고, 대표적인 것으로 영국의 거대한 돌기둥(Great Stonehenge), Maya와 Aztecs의 구조물과 글씨, 미국 원주민의 주술바퀴(medicine wheels) 등이 있다. 그러나 현대 과학적인 관점에서 보면 탐구의 시작은 고대 그리스의 자연철학부터 시작되었다고 볼 수 있다. 피타고라스(ca. 550 B.C.)는 숫자와 자연사이의 기본적인 관계를 음악의 음정 또는 직각삼각형의 기하학을 이용하여 처음 설명했다. 그리스인들은 피타고라스에 의해 채택된 자연적 언어, 즉 수학을 사용해 수백 년 동안 우주에 대한 연구를 계속하였다. 현대 천문학 연구에서는 물리 이론과 여러 종류의 수학 식을 많이 이용하고 있으며, 이런 과정들은 고대 그리스인들 때부터 시작된 것이다.

밤하늘에 대한 연구는 아마도 관측자가 밤하늘을 자세히 관찰하면서 별이 지속적으로 움직인다는 사실을 발견하면서 시작되었을 것이다. 별들은 밤 동안에 동쪽에서 서쪽으로 꾸준히 움직이고 있고, 또한 계절이 바뀜에 따라 다른 별들이 보인다. 물론 달은 위치가 변하면서 그 형태도 변한다. 그러나 행성(신기한 별, 이리저리 움직이는 별)은 겉보기에는 별같이 보이면서도 별과는 다른 운동을 하여 미묘하고 복잡한 것으로 생각했다.

지구중심 우주론

플라톤(ca. 350 B.C)은 하늘의 운동을 이해하기 위하여 어떤 가정 또는 가설이 필요하다며 다음과 같이 제안했다. 즉, 밤하늘의 별들은 고정된 지구에 대해 회전하며, 하늘은 가장 단순한 형태로 운동을 해야 한다고 생각했다. 그러므로 플라톤은 하늘의 천구는 일정한 속도로 지구를 돌고 있으며, 지구를 중심으로 원운동을 한다고 제안하였다. 이 지구 중심의 우주의 개념은 한 별자리 안에서 별과 별사이에는 아무 변화가 없는 것 같은 겉보기의 현상에 따른 자연적인 결과이다. 만약 별들이 천구에 붙어 있고, 천구의 회전축이 지구의 남극과 북극을 통과하며 천구의 남극과 북극까지 연결되어 있으면(그림 1.1), 모든 별들의 운동을 설명할 수 있는 것으로 생각했다.

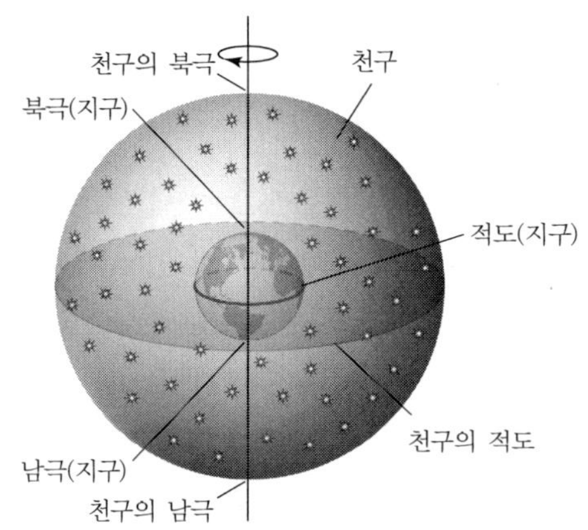

그림 1.1 천구. 지구가 천구의 중심에 있다.

역행운동

그러나 행성의 운동을 설명하는 것은 쉬운 일이 아니었다. 화성과 같은 행성은 배경 별들에 대하여 서쪽에서 동쪽으로 천천히 움직이고 나서, 어떠한 기간 동안은 신기하게도 반대 방향으로 움직이다 다시 이전의 경로로 움직인다(그림 1.2).

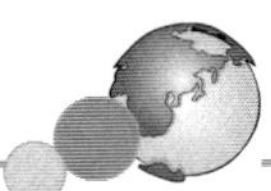

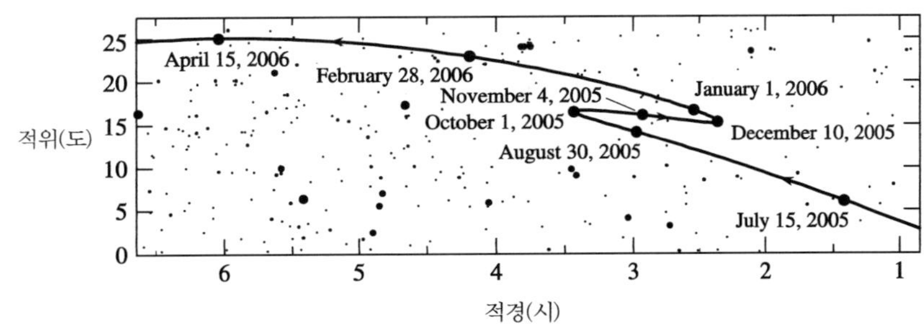

그림 1.2 2005년 화성의 역행운동. 일반적으로 행성의 장기간 운동은 배경 별에 대하여 상대적으로 동쪽으로 운동한다. 그러나 2005년 10월 1일부터 12월 10일까지는 잠시 서쪽으로 이동한다(역행운동). (물론 행성이 하루 사이에 하늘을 지나가는, 일주 운동은 동쪽에서 서쪽으로 움직인다) 적경과 적위 좌표들은 11쪽과 그림 1.13에서 설명할 것이다. 오리온 자리에서 가장 밝은 별 베텔쥬스의 좌표는 $(\alpha, \delta) = (5^h 55^m, +7^\circ 24')$, 황소 별자리의 알데바란의 좌표는 $(4^h 36^m, +16^\circ 31')$, 그리고 하야데스와 좀생이(항소자리) 성단의 좌표는 각각 $(4^h 24^m, +15^\circ 45')$와 $(3^h 44^m, +23^\circ 58')$이다.

여기서 반대 방향으로 가는 것, 즉 역행운동을 설명하는 것은 거의 2000년 동안 천문학의 중요한 문제였다. 플라톤의 제자이면서 뛰어난 수학자인 에우독소스(Eudoxus of Cnidus)는 행성들은 각각 그들 자신의 구를 가지고 있고, 그 모든 구들은 다른 각도의 축에 연결되어 있고, 다른 회전 속도를 가지고 있다고 제안하였다. 비록, 이 복잡한 체제를 갖는 구(sphere)이론의 초기에는 역행운동을 성공적으로 설명했지만, 관측 자료가 상대적으로 정확하고 많이 축적됨에 따라 행성 운동에 대한 예측은 심각하게 빗나가기 시작했다.

그리스학자 중에서 주로 천문학으로 명성이 높았던 히파르코스(ca 150 B.C.)는 역행운동을 설명하기 위해 원 체계 모형을 제안했다. 그는 지구 주위에 큰 가상의 원을 구상하고, 가상의 원을 따라서 움직이며 회전하는 주전원(epicycle)을 고안했고, 행성을 주전원 상에 놓음으로서 행성들의 움직임을 재구성 할 수 있었다. 더욱이 이 체계는 역행하는 동안 지구로부터 행성들의 거리가 변하는 결과로 생기는 행성의 밝기 증가도 설명할 수 있었다. 또한 히파르코스는 처음으로 별의 목록과 별의 밝기 체계를 구축하였으며 그의 밝기 체계는 오늘날 사용하는 등급으로 발전되었다. 그는 또한 삼각측량법 발전에도 크게 기여하였다.

히파르코스가 제안한 행성운동의 모델은 약 200년간 지속되었으나 상대적으로 정확도가 높아지는 관측 자료를 설명하기에는 많이 부족하였다. 그러므로 클라우디우스 프톨레마이오스(약 A.D, 100)는 주전원(Epicycle) 이론에 상응점(Equant)

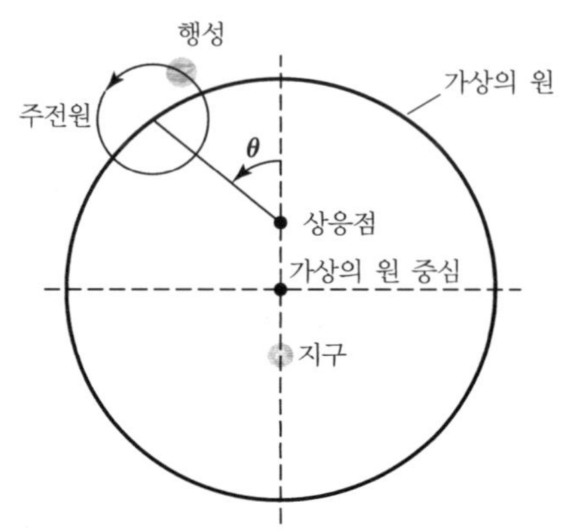

▌그림 1.3 행성운동에 대한 프톨레마이오스 모델

을 추가하여 주전원 이론을 재정립하였다(그림 1.3). 그 결과 가상의 원(deferent)을 도는 주전원의 각속도($d\theta/dt$)는 일정하게 되었다. 프톨레마이오스는 또한 지구의 위치를 가상의 원 중심에서 약간 이동시켰고, 가상의 원조차도 흔들릴 수 있다고 생각했다. 프톨레마이오스 모델의 예측은 이전에 고안되었던 어느 모델보다도 관측과 잘 일치하였다. 그러나 플라톤 원래의 철학적 교리(일정한 속도와 원운동)와는 차이가 있음에도 불구하고 잘 절충하였다.

완전하지는 못하지만 프톨레마이오스 모델은 행성의 운동을 비교적 정확히 설명할 수 있어서 거의 보편적으로 사용되었다. 모델과 관측이 불일치했을 때, 프톨레마이오스 모델은 또 다른 원을 추가하여 계속 수정되었다. 이와 같이 현존하는 이론을 버리지 않고 계속 수정하여 고수하는 과정에서 관측에 나타난 현상을 이론적으로 설명하는 일은 더욱 복잡하게 되었다.

1.2 코페르니쿠스의 혁명

16세기에 와서는 프톨레마이오스 모델이 가지고 있던 본래의 단순함은 사라지고 행성의 역행운동을 설명하기 위하여 수많은 주전원을 추가로 도입하여 매우 복잡한 기하학을 요구하는 모델로 변하였다. 폴란드 태생 천문학자 니콜라스 코페르니쿠스는 이러한 복잡한 모형과는 달리 행성운동을 과학적으로 간결하게 설명할 수 있으면서도 보다 정밀한 관측을 설명할 수 있는 우주 모형으로 태양중심 모델을 제시하였다. 그의 과감한 제안으로 행성과 별의 운동을 더욱 간단하게 설명할 수

(a)

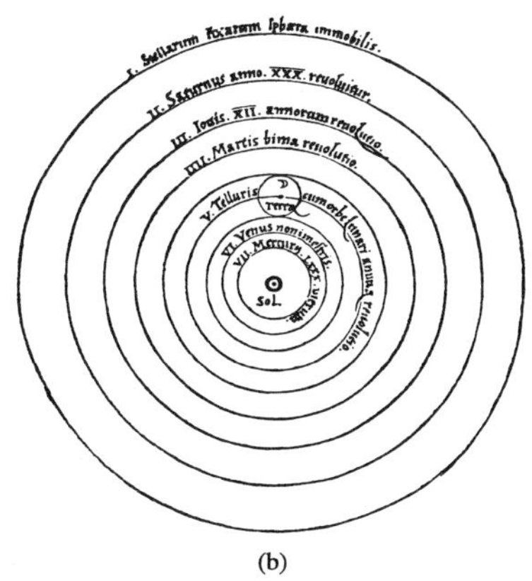

(b)

▌그림 1.4 (a) 니콜라스 코페르니쿠스, (b) 코페르니쿠스의 모형

있게 되었다(그림 1.4).[1] 그러나 코페르니쿠스는 자신의 모형을 곧바로 발표하지 못했다. 가장 큰 이유는 지구가 우주의 중심에 있다고 믿는 가톨릭교인들의 냉혹한 비난 때문이었다. 그러다 주위 친구들의 강력한 권고로 결국에는 천구의 회전(De Revolutionibus Oribium Coelestium)이라는 제목의 책을 출판하고는 바로 그 해에 죽었다.

행성의 순서

그 당시에는 코페르니쿠스를 지지하는 자들도 이 혁신적인 우주관이 행성의 위치를 계산하는 데는 한층 개선된 방법이라고 생각했으나, 우주의 모형을 실제 기하학적으로 설명하는 데는 적합하지 못하다고 생각했다. 이러한 사실 때문에 그 책을 출판하는데 도움을 준 오시안더(Osiander)가 이러한 내용을 서문에 추가하였다. 코페르니쿠스의 모델로 인하여 행성들의 상대적인 거리와 궤도주기가 알려지고, 이에 따라서 태양으로부터 떨어진 행성의 순서도를 알 수 있게 되었다. 수성과 금성이 태양의 동쪽이나 서쪽으로부터 각각 28도와 47도를 넘어서는 보이지 않는다는 사실과, 그들의 궤도가 지구의 궤도 안쪽에 위치하고 있다는 것이 분명하게 밝혀졌다. 이러한 행성들을 **내행성**이라고 한다. 그리고 태양으로부터 떨어진 행성의 최대 분리각은 각각 동방최대이각과 서방최대이각이라고 한다(그림 1.5). 화성, 목성, 토성(코페르니쿠스에 의해 알려진 가장 멀리 떨어진 행성)은 태양과 일직선인 충에 위치했을 때, 최대 180도까지 보일 수 있다. 이것은 외행성들이 지구 바깥

1) 실제로, 아리스타르코스가 기원전 280년에 태양중심 우주론을 제안하였다. 그러나 그 당시에는 지구가 운동하고 있다는 증거가 충분하지 않았다.

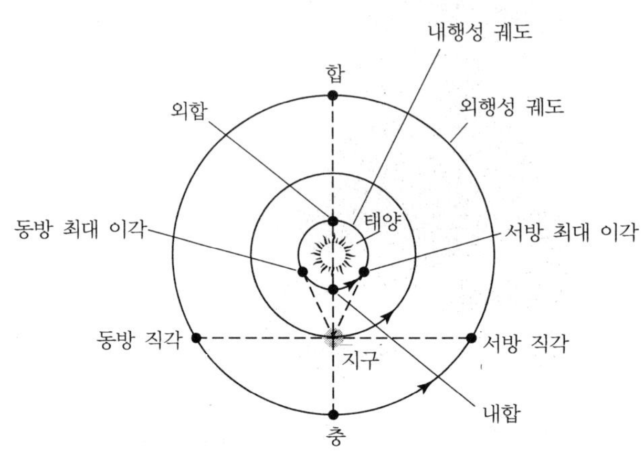

▌그림 1.5 행성들의 궤도 배치

궤도를 돌 때만이 일어날 수 있는 것이다. 코페르니쿠스 모델에 의하면 실제로 관측에서 나타나듯이 단지 내행성들만이 태양 앞을 지날 수 있다(내합).

역행운동 재방문

천문학에서 오랫동안 풀지 못한 행성의 역행운동은 코페르니쿠스의 모델을 통하여 쉽게 설명할 수 있게 되었다. 화성과 같은 외행성의 경우를 생각해보자. 코페르니쿠스가 세운 가정처럼 태양으로부터 멀리 떨어진 행성일수록, 태양 주위의 궤도를 더 천천히 돈다고 가정하면, 화성은 더 빨리 도는 지구에 의해서 추월당하게 될 것이다. 그 결과, 화성의 겉보기 위치는 고정된 배경별에 대하여 이동할 것이고, 이러한 행성은 충의 위치에서 역행운동을 할 것이다. 충의 위치일 때 행성은 지구에서 가장 가까이 있고, 가장 밝기가 밝다(그림 1.6). 모든 행성들의 궤도가 같은 평면에 있지 않기 때문에 역행 루프 현상이 발생한다. 이러한 분석들은 다른 행성들, 즉 외행성과 내행성에 대해서도 똑같이 적용된다.

지구와 다른 행성들의 상대적인 궤도운동으로 인하여 충과 충 사이 혹은 합과 합 사이의 시간간격이 배경 별에 대하여 완전히 한 바퀴 도는 데 걸린 시간 간격과 매우 다를 수 있다(그림 1.7), 이러한 시간간격(충과 충 사이)을 회합주기라고 한다. 그리고 후자의 시간간격(배경별과 상대적으로 측정)은 항성주기라고 한다. 두 주기 사이의 관계가 다음과 같이 주어지는 것은 연습문제로 남겨두겠다.

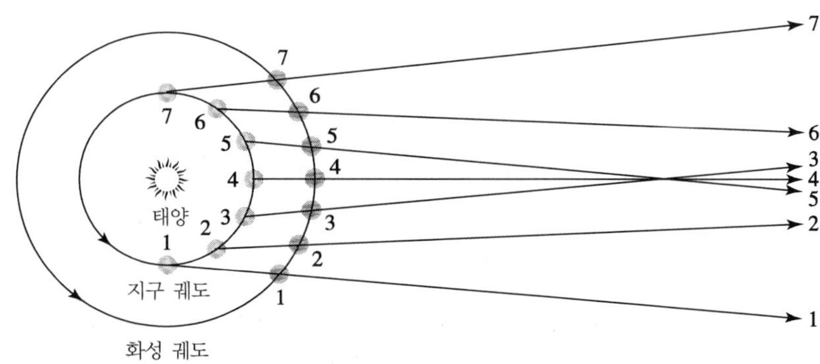

그림 1.6 코페르니쿠스 모델로 설명한 화성의 역행운동. 위치 3, 4, 5번에서 지구에서부터 화성까지의 시선방향을 주시하라. 이 효과는 두 행성의 궤도평면이 서로 약간 다른 평면에 있는 것과 혼합된 결과 충부근에서 역행운동을 한다. 화성의 역행운동(서쪽으로 이동)은 그림 1.2와 같이 2005년 10월 1일부터 12월 10까지 일어난다.

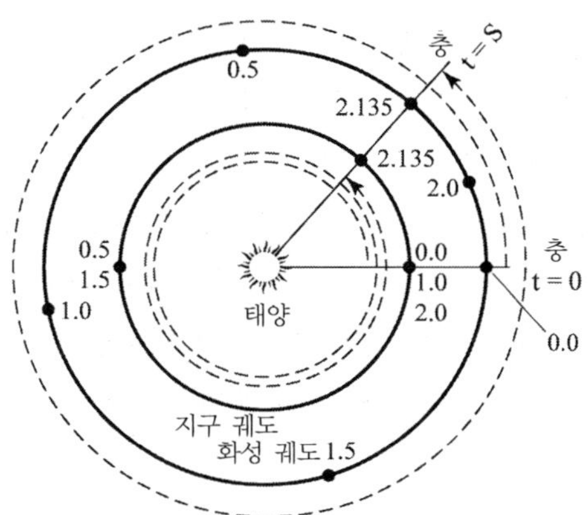

그림 1.7 화성의 항성주기와 회합주기의 관계. 두 주기는 지구의 운동 때문에 일치하지 않는다. 그림에서 숫자는 화성이 충의 위치에 있을 때부터 축적된 시간을 항성년으로 표시한 것이다. 지구는 화성의 회합주기 s=2.135 년 동안에 태양을 2바퀴 이상 돈다, 반면에 화성은 1 회합주기, 즉 충에서 다시 충까지 오는 동안에 태양을 한 바퀴보다 조금 많이 돌았다.

$$1/S = \begin{cases} 1/P - 1/P_{\oplus} & \textbf{내행성} \\ 1/P_{\oplus} - 1/P & \textbf{외행성} \end{cases} \tag{1.1}$$

원궤도와 일정한 속도를 가정할 때; $P_{\oplus}$는 지구의 궤도의 항성주기이다(365.256308일).

비록 코페르니쿠스의 모델이 행성의 운동을 간단하고 더 정밀하게 묘사했을지라도 프톨레마이오스의 모델보다 위치를 더 정확하게 예견하지는 못했다. 정확한 위치를 예측하지 못한 이유는 코페르니쿠스가 2000년 동안 지속된 원 개념을 쉽게 포기할 수가 없었기 때문이다. 이 개념은 행성운동이 원이어야만 한다는 인간의 완벽한 관념 때문이었다. 그 결과, 코페르니쿠스는 그의 모델을 보완하기 위하여 주전원의 개념을 삽입하여야만 하였다.

아마도 과학적 혁명의 대표적인 예는 코페르니쿠스가 시작한 혁명일 것이다. 오늘날 우리는 태양중심설이 행성운동의 정설로 알고 있지만, 발표 당시에는 아주 이상하고 혁신적인 관념으로 인식되었다. 그 당시에는 컬럼버스(Columbus)가 신세계로 항해를 마쳤고, 마틴루터(Martin Luther)가 종교개혁을 주창하였을 때다. 토마스 쿤(Thomas kuhn)은 과학적 이론의 확립은 자연현상을 연구하는 연구체재보다 더 중요한 것이라고 하였다. 현재의 패러다임(혹은 유력한 과학이론)은 우리 주위의 우주를 보는 방법이다. 우리는 이 패러다임(Paradigm)의 관점에서 질문하고, 새로운 연구방법을 제기하고, 실험과 관측 결과들 해석한다. 우주를 다른 관점, 다른 방법으로 본다는 것은 현재의 패러다임(Paradigm)을 완전히 바꾸어야만 가능하다. 태양이 고정된 지구에 대하여 뜨고 진다는 믿음 대신 지구가 태양 주위를 돈다는 것을 제안하는 것은, 우주구조를 완전히 바꾸는 것을 논하는 것이다. 그 구조는 거의 2000년 동안이나 아무 의문 없이 옳다고 받아들였던 구조이다. 프톨레마이오스의 우주모형이 너무 복잡하고 비현실적이어서 한계에 도달했을 때 비로소 인간의 지혜가 태양중심의 우주관에 도달하였다.

1.3 천구에서의 위치

코페르니쿠스의 혁명으로부터 우리는 지구 중심적 우주관이 틀리다는 것을 알았다 그럼에도 불구하고 몇 개의 행성 탐사선을 제외하면 우리는 아직도 대부분의 관측을 지구중심 좌표계를 사용하고 있다. 하루 동안의 지구 자전, 태양 주위를 도는 지구의 공전, 지구 회전축의 흔들림, 그리고 별, 행성, 다른 천체들의 자체 운동과 상대적인 운동을 종합적으로 고려해 보면 천체의 위치는 항상 변하고 있는 것을 알 수 있다. 초신성 잔해인 게성운이나 거대한 나선은하인 안드로메다 은하 등등의 위치를 목록화 하려면 반드시 좌표로 기술해야 한다. 이러한 좌표계에서는

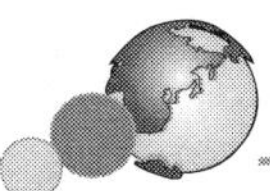

짧은 시간 동안의 지구 운동에 따라서 좌표가 변해서는 안 될 것이다. 그렇지 않으면 특정좌표계는 지속적으로 변해야만 할 것이다.

고도-방위각 좌표계

밤하늘의 천체를 보는 것은 천체의 거리가 아닌 단지 천체가 어느 방향에 있는지를 보는 것이다. 고대 그리스인이 생각했듯이 모든 천체가 천구에 위치한다고 상상할 수 있다. 그러면 두 개의 좌표로 별의 위치를 충분히 나타낼 수 있다. 인간이 고안한 가장 간단한 좌표계는 관측자의 수평면을 기준으로 하는 **고도-방위각**(혹은 **수평**) 좌표계이다. 이 좌표계의 좌표는 수평면을 따라 잰 방위각과 수평면 위로 어느 정도 떨어졌나를 재는 고도로 이루어진다(그림 1.8). **고도**(h)는 수평면으로부터 대원[2)]을 따라 천체까지의 각으로 정의된다. 여기서 대원은 관측자 바로 위에 있는 천구의 점, 즉 천정과 천체를 지나는 대원이다. 또한 천정거리(z)는 천정으로부터 천체까지의 각이다. 그래서 $z + h = 90°$이다. **방위각**(A)는 북점으로부터 수평면을 따라 동쪽으로 천정에서 천체를 지나는 대원과 수평면과 만나는 점까지의 각이다(천구좌표계에서 많이 사용되는 **자오선**은 관측자의 천정과 수평면의 북점과 남점을 교차하는 대원이다).

수평좌표계의 정의는 간단하게 할 수 있어도 실제로 사용하기는 어렵다. 수평좌표계에서 천체의 좌표는 관측자의 위도와 경도에 의해서 결정되고, 지구의 다른 지역에서는 좌표전환을 해야만 하는 어려움이 있다. 또한, 지구가 자전하기 때문에 별들은 끊임없이 하늘을 가로지르는 것처럼 보이고, 그 지역의 관측자에 대해 각각의 천체의 좌표가 끊임없이 변하게 되는 것을 의미한다. 더욱 복잡한 문제는 별들은 매일 밤마다 같은 지역에서 보면 약 4분 일찍 뜬다. 그러므로 같은 장소와 같은 시각에서 보았을지라도 좌표는 날마다 변한다.

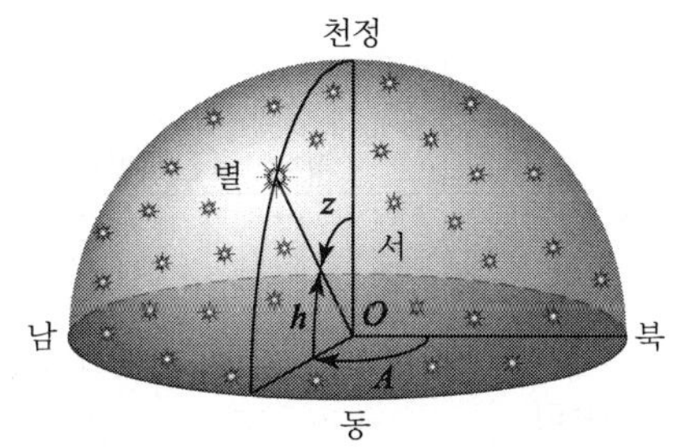

그림 1.8 고도-방위각 좌표계. h, z와 A는 각각 고도, 천정거리, 방위각이다.

---

2) 구를 자른 단면은 원이다. 이 원들 중에서 원의 중심이 구의 중심과 동일한 원을 대원이라고 한다.

하늘에서 일주운동과 계절변화

수평좌표계에서 좌표가 날마다 변화하는 문제를 이해하기 위해서 우리는 태양에 대한 지구의 공전운동에 대하여 생각하여야 한다(그림 1.9). 지구가 태양을 공전하므로 우리가 보는 별자리는 지속적으로 변한다. 태양을 향하는 우리의 시선 방향은 4계절 동안 별자리를 휩쓸며 지나간다. 결과적으로 태양이 마치도 별자리를 휩쓸며 지나가는 것 같이 보인다. 이 길을 **황도**[3]라고 한다. 봄철 태양은 처녀자리(Virgo)를 지나가는 것 같이 보이며 여름에는 황소자리(Taurus)를 지나가고, 가을에는 물병자리(Aquarius)로 들어간다. 그리고 겨울철 태양은 궁수자리(Sagittarius)에 있다. 그러나 이러한 별자리들은 낮에는 강한 태양 빛 때문에 그 계절에 볼 수 없고 밤에는 태양 반대편의 별자리들을 본다. 계절마다 별자리가 변화하는 것은 별이 매일 대략 4분 일찍 뜬다는 사실과 연관된다. 지구의 완전한 항성주기는 365.26일이기 때문에 24시간 동안의 지구의 궤도에서 1°정도 더 움직인다. 따라서 태양에 대한 남중에서 그 다음날 남중까지는 지구가 361°를 돌아야 한다(그림 1.10). 별까지의 거리가 매우 멀기 때문에 지구가 태양을 공전하더라도 별까지의 위치는 크게 변하지 않는다. 결과적으로 별에 대한 남중에서 그 다음 남중까지는 단지 360°의 회전이 필요하다. 지구가 별도의 1°를 회전하기 위해서는 대략 4분의 시간이 소요된다. 그래서 매일 밤 약 4분 일찍 별이 뜬다. **태양시**는 태양이 남중에서 그 다음 남중 사이의 평균시간 간격을 24시간으로 정의하고, **항성시**는 별이 남중에서 그 다음 남중까지의 시간으로 정의한다.

계절에 따른 기후변화는 지구 회전축이 23.5° 기울어져서 태양주위를 돌기 때문이다. 그 결과, 황도는 **천구 적도면**의 북쪽과 남쪽 사이로 움직인다. 천구 적도면은 지구의 적도면을 천구로 확장한 것으로 정의한다(그림 1.11). 그림에서 황도의 sine

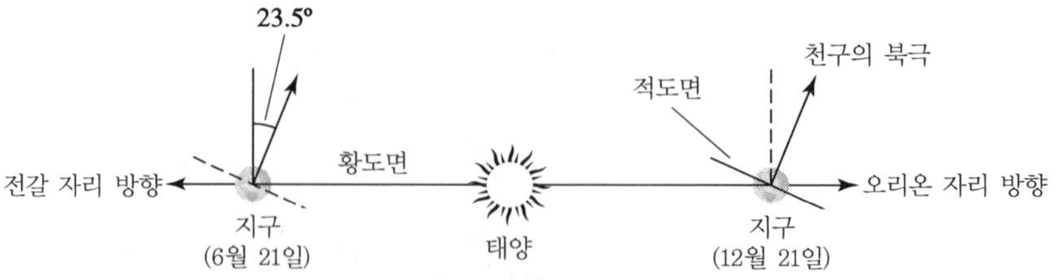

그림 1.9 측면에서 본 지구 궤도 평면. 지구의 회전축이 황도에 대하여 기울어진 모습을 보여준다.

3) 황도를 영어로 ecliptic이라 하고, 이 어원은 하늘을 가로지르며 지나가는 식현상(eclipses)에서 유래되었다.

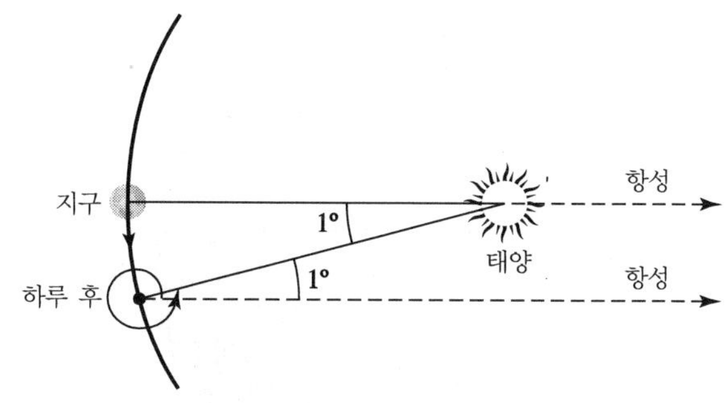

그림 1.10 지구는 1태양일(solar day)동안 361°자전하고, 1항성일(sidereal day)동안 360°자전한다.

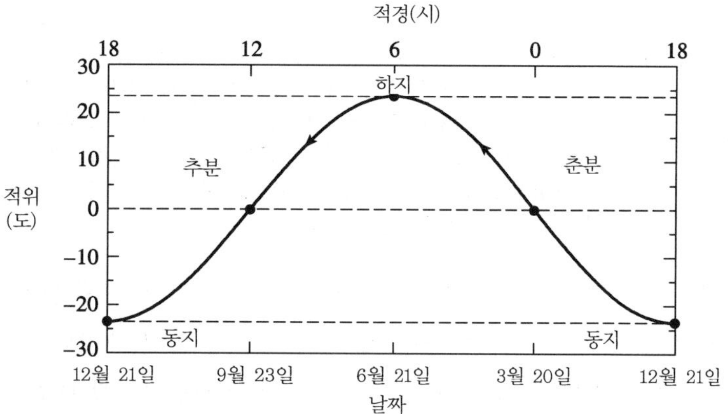

그림 1.11 황도는 태양이 1년 동안 천구상을 지나는 길이며, 천구의 적도에 대하여 사인곡선의 형태로 나타난다. 하지 때는 태양의 적위가 23.5도이며, 동지때는 태양의 적위가 −23.5도이다. 그림 1.13은 적경과 적위의 정의에 대해서 설명한다.

곡선 모양은 1년 중 지구공전 궤도에서 반년은 북반구가 주로 태양을 향하고 나머지 반년은 남반구가 주로 태양을 향하는 운동이 교차적으로 발생하기 때문에 생긴다.

태양은 일 년 동안 두 번 천구 적도를 교차하는데 한번은 황도를 따라 남쪽에서 북쪽으로 이동하고 나머지 한번은 북쪽에서 남쪽으로 이동한다. 첫 번째 경우 교차점을 **춘분**이라 하고 남쪽으로 내려가면서 교차하는 점을 **추분**이라 한다. 태양의 중심이 춘분에 있을 때 공식적으로 봄이 시작되고, 태양의 중심이 추분을 지나갈 때 가을이 시삭된다. 태양이 황도를 따라 가장 북쪽에 위치할 때가 **하지**이고, 이때 공식적인 여름이 시작되며, 태양이 가장 남쪽에 위치할 때를 **동지**라고 한다.

날씨의 계절적의 변화는 천구 적도에 대한 상대적인 태양의 위치 때문에 나타난다. 태양의 적위가 북쪽에 있으면 북반구에 있는 사람들에게는 태양은 높이 뜨게

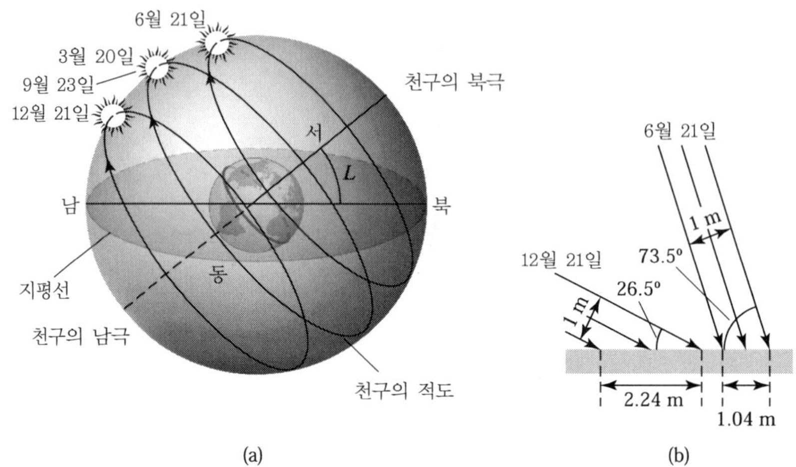

그림 1.12 (a) 관측자의 위도 L에서 태양이 하루 동안 천구를 지나가는 길. 태양이 하지(6월), 춘분(3월)과 추분(9월), 그리고 동지(12월)에 있을 때를 구분하여 하루 동안 천구를 가로지르는 태양의 경로를 그렸다. NCP와 SCP는 천구의 남극과 북극을 각각 표시한다. 태양 그림은 각 날짜의 정오 때 태양의 위치를 보여준다.
(b) 관측자의 위도가 북위 40도인 지역에서, 하지(실선)와 동지(점선) 때의 정오 시각에서 태양의 고도.

되고 낮의 시간은 길어지며 햇빛의 양은 많아진다. 겨울동안에는 태양적위가 적도 밑에 있다. 그러므로 태양이 떠 있는 시간이 짧고 태양빛은 상대적으로 약하다(그림 1.12). 바로 머리 위에서 비추는(고도가 높은 태양) 태양 빛은 지구표면에 단위 면적당 더 많은 에너지를 공급한다. 그리고 결과적으로 표면온도는 높아진다.

적도 좌표계

일주운동과 연주운동으로 천체의 겉보기 위치가 지속적으로 변함에도 불구하고, 천체의 위치를 변하지 않는 동일한 값으로 표현하려면 수평좌표계보다는 약간 더 복잡한 좌표계가 필요하다. **적도 좌표계**(그림 1.13)는 지구의 위도와 경도를 기본으로 하지만 지구 행성의 회전과는 무관하다. **적위** δ는 위도와 상응하고, 천구 적도의 남북방향으로 각을 측정한다.

적경, α는 경도와 상응하고, 춘분점(♈)에서부터 측정할 별의 **시간권**(천구의 북극과 별을 통과하는 대원)과 천구의 적도의 교차점까지 천구의 적도를 따라 동쪽 방향으로 잰 각이다. 적경 α는 전통적으로 시, 분, 초로 나타낸다(24시간이 360°와 같으므로, 1시간은 15°이다). 이 단위의 원리는 천체가 관측자의 남중에서 그 다음 남중까지 걸리는 시간, 즉 24시간(항성시)을 기초로 한다. 적경–적위 좌표계

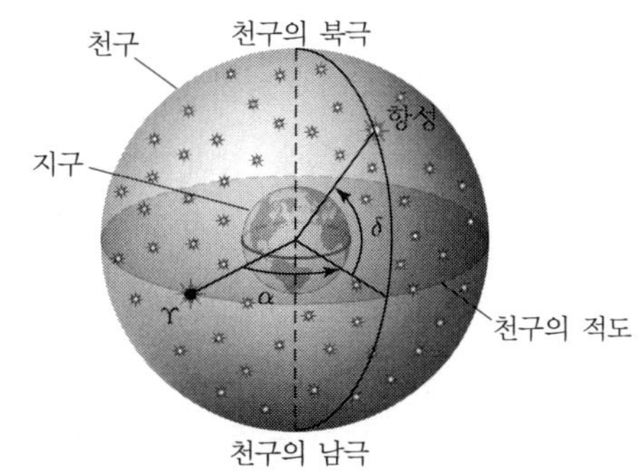

▌그림 1.13 적도좌표계. α, δ, ♈은 각각 적경, 적위, 춘분점의 위치를 나타낸다.

역시 그림 1.2와 1.11에 표시했다. 적도좌표계가 천구의 적도와 춘분점을 기준으로 하기 때문에 관측자의 위도와 경도는 변하지만 적경-적위 값은 변하지 않는다. 또한 적경(α)과 적위(δ) 값은 태양 주위를 도는 지구의 공전에도 영향을 받지 않는다.

관측자의 **지방 항성시**는 춘분점이 자오선 통과 후, 축적된 시간의 양으로 정의된다. 그러므로 지방 항성시는 춘분점의 **시간각** H와 같고, 그 시간각은 천체와 관측자의 자오선 사이의 각으로 정의되며, 천구를 도는 천체 운동의 방향으로 측정한 각이다.

세차운동

적도 좌표계는 천구의 적도와 황도의 교차점인 춘분점을 기준으로 함에도 불구하고, 세차운동 때문에 천체의 적경과 적위는 조금씩 변하게 된다. **세차운동**은 지구축의 작은 흔들림 현상이다. 이는 지구가 완전한 구가 아니며 태양과 달의 중력적 상호작용 때문에 나타난다. 세차운동을 처음으로 관측한 사람은 히파르코스(Hipparchus)로 알려져 있다. 여기서는 세차운동을 자세히 다루지는 않지만, 아이들의 장난감인 팽이로 세차운동을 설명할 수 있다. 지구의 세차운동 주기는 25,770년이고, 천구의 북극이 하늘에 작은 원을 그리게 한다. 비록 북극성이 현재 천구의 북극에서 1° 정도 떨어져 있지만, 지금으로부터 13,000년 후에는 그 점에서 벗어나 북극에서 약 47° 떨어지게 될 것이다. 이와 같은 영향으로 춘분점은 매년 $50.26''\mathrm{yr}^{-1}$ 초만큼 황도를 따라 서쪽으로 이동한다.[4] 지구와 행성 상호작용에 의해 발생 되는 추가적인 세차운동의 영향은 춘분점을 동쪽으로 매년 $0.12''\mathrm{yr}^{-1}$ 초씩 이동시킨다.

4) 1각의 분=1′=1/60 도; 1 각의 초=1″=1/60 각의 분

세차운동 때문에 춘분점의 위치는 황도를 따라 변화하므로, 천체의 적경과 적위 값을 기록할 때는, 특별한 **기산점**과 함께 가록하여야한다. 그러므로, 현재의 적경과 적위의 정확한 값은 기산점을 경과한 시간을 기초로 계산할 수 있다. 오늘날 별, 은하, 그밖에 다른 천체에 대하여 사용되는 기산점(기준 시간)으로는 영국 그린위치 천문대 시간으로(**세계시, UT**) 2000년 1월 1일 정오를 사용한다.[5] 이 기준점을 성표에서는 J2000.0으로 표시한다. J2000.0에서 J는 **율리우스력(Julian calendar)**을 뜻하며, 이것은 기원전 46년에 로마 장군 율리우스 시저가 정한 달력이다.

J2000.0에 대한 상대적인 좌표값의 변화는 다음과 같이 주어진다.

$$\Delta\alpha = M + N \sin\alpha \tan\delta \tag{1.2}$$

$$\Delta\delta = N \cos\alpha \tag{1.3}$$

여기서, M과 N은 아래와 같이 주어진다.

$$M = 1^\circ\!.2812323T + 0^\circ\!.0003879T^2 + 0^\circ\!.0000101T^3$$

$$N = 0^\circ\!.5567530T - 0^\circ\!.0001185T^2 - 0^\circ\!.0000116T^3$$

그리고 T는 아래와 같이 정의한다.

$$T = (t - 2000.0)/100 \tag{1.4}$$

여기서 t는 현재의 날짜를 년의 단위로 표시한 것이다.

예제 1.3.1

여름철 별자리인 독수리자리에 가장 밝은 별, 알타이르(Altair)는 기산점 J2000.0 좌표에서 $\alpha = 19^h50^m47.0^s$과 $\delta = +08°52'06.0''$이다. 식 (1.2)와 (1.3)을 사용하여, 2005년 7월 30일까지의 세차운동에 의해 변한 별의 좌표를 구하라.

주어진 날짜를 년으로 환산하면 $t = 2005.575$이고, $T = 0.05575$가 된다. 그러므로 M

5) 세계시는 또한 그리니치 평균 시간으로 표현되기도 한다. 기술적으로 세계시는 두 가지 형태가 있다; UT1은 지구 자전에 기초를 두고 있고, UTC(coordinated universal time)는 전세계적으로 시민들이 사용하는 시간이며, 원자 시계로 측정한다. 지구 자전율은 원자 시계보다 불규칙하므로 UTC는 1년 혹은 1년반 만에 1초(윤초)를 넣어서 보정할 필요가 있다. 그 밖에 UT1과 UTC사이의 차이점을 유발하는 요인은 조석력 때문에 지구 자전 속도가 늦어지는 것이다.

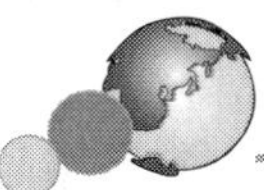

$=0.071430°$이고, $N=0.031039°$가 된다. 시간과 각 사이의 관계에서 적경을 나타내면

$$1^{h} = 15°$$
$$1^{m} = 15'$$
$$1^{s} = 15''$$

그러므로 좌표 보정 값은 아래와 같다.

$$\Delta\alpha = 0.071430° + (0.031039°)\sin 297.696° \tan 8.86833°$$
$$= 0.067142° \simeq 16.11^{s}$$

그리고

$$\Delta\delta = (0.031039°)\cos 297.696°$$
$$= 0.014426° \simeq 51.93''$$

그러므로 알타이르(Altair)의 세차운동 보정 후 좌표는 $\alpha = 19^{h}51^{m}03.1^{s}$와 $\delta = +08°52'57.9''$이다.

시간의 측정

오늘날 대부분의 나라에서 일반 시민이 사용하는 달력은 그레고리 달력(Gregorian calendar)이다. 그레고리 달력은 1582년 그레고리 교황 XIII가 주도하여 제작한 달력으로, 윤년을 새롭게 보정한 달력이다. 윤년은 여러 가지 목적으로 매우 유용한 것이지만, 천문학자들은 일반적으로 어떤 현상이 나타났을 때부터 그 다음 현상까지 복잡한 윤년을 고려하지 않고 바로 몇일이 지나갔는지를 아는 것이 중요하다. 그러므로 천문학자들은 관측한 시각을 어떤 기점으로부터 몇일이 경과하였는지를 기록한다. 일반적으로 기점으로 사용되는 시간은 4713 B.C. 1월 1일 정오이다. 이 시간을 JD 0.0 이라고 하고, JD는 율리우스일(**Julian Date**)[6]을 뜻한다. J2000.0의 Julian date는 JD2451545.0 이다. 정오를 제외한 다른 시각들은 1일 단

---

6) 율리우스일 JD 0.0은 스칼리저(Joseph Jstus Scaliger, 1540-1609)가 1583년에 제안하였다. 세 종류의 달력이 비슷한 시기에 수렴하는 날을 선택하였다. 즉, 율리우스 달력은 같은 날짜가 같은 요일이 되는데 28년 걸리고, 똑같은 달의 위상이 일년 중 같은 날짜에 나타나는 데 19년 걸리고, 로마의 세금 주기가 15년 걸린다고 생각하였다. $28\times19\times15=7980$ 이 되며, 이것은 세 종류의 달력이 7980년을 주기로 일치한다는 것을 뜻한다. 그러므로 JD 0.0은 세 종류의 달력 주기가 마지막으로 함께 시작한 시간에 해당된다.

위로 표시하여 소수점으로 표시한다. 예를 들어 UT(universal time: 영국 그린위치 시간) 2000년 1월 1일 오후 6:00는 JD 2451545.25로 표시한다. 줄리안 날짜와 관련하여 인자 T를 식 (1.4)에서 정의한대로 사용하면

$$T = (\mathrm{JD} - 2451545.0)/36525$$

여기서 상수 36,525는 율리우스 년에서 온 것으로 율리우스 1년은 정확히 365.25년 이다. 또 다른 줄리안 날짜로는 변형된 율리우스일(Modified Julian Date: MJD)가 있다. MJD의 정의는 $MJD \equiv JD - 2400000.5$ 이다. 여기서 JD는 줄리안 날짜이다. 그러므로 MJD 는 세계시로 정오에 시작하지 않고, 자정에 시작한다.

천문학에서 일어나는 현상들을 정확하게 측정할 필요가 있기 때문에 정확도가 매우 높은 수준의 시간을 측정할 필요가 있다. 예를 들어 **태양중심의 줄리안 날짜**(Heliocentric Julian Date: HJD)는 태양의 중심에서 관측하였다고 가정할 때의 관측시간이다. 태양중심의 줄리안 날짜를 결정하기 위하여 천문학자들은 천체로부터 빛이 지구에 도달하였을 때의 시간 대신에 태양 중심에 도달하였을 때의 시간으로 환산한다. **지구 시간**(Terrestrial Time: TT)은 지구 표면에서 측정한 것이며, 이것은 지구가 태양 주위를 돌고, 지구의 자전축을 회전하여 나타날 수 있는 특수 및 일반상대성 이론의 효과를 고려한 것이다 특수 및 일반 상대성에 대하여는 4장과 11.1절(2권)을 각각 참조하라.

천문고고학

앞으로 다루는 피라미드 이야기는 매우 흥미있는 학제간 연구분야이며, 천문학과 고고학이 합쳐진 천문고고학이라고 한다. 천문고고학은 역사적 고증을 다루는 분야이며, 역사적 고증은 세차운동의 결과로 나타나는 하늘에 있는 천체의 위치를 이용하여 고증하는 것이다. 천문고고학의 목적은 고대 문화와 관련된 천문학, 고대 건축물이 천체에 대하여 어떤 방향으로 향하고 있는가에 대한 조사 등을 연구하는 것이다. 만약 구조물이 어떤 특정한 천체에 대하여 방향성이 있다고 생각되면, 건축 이후 세월이 많이 흘렀기 때문에 천체 좌표의 세차운동에 특별한 주의를 기울여야한다. 기자(Giza)에 있는 거대한 피라미드(세계의 7대 불가사리 중 하나)가 한 예이다(그림 1.14). 기원전 3600년 정도에 세워졌을 거라고 믿는 거대한 피라미드는 오랫동안 관심의 대상이었다. 비록 이 놀라운 유물에 대한 많은 제안들이 다소 비현실적이었지만, 천문학적으로는 이 건축물의 4개의 모퉁이에 대한 방향성 즉 동, 서, 남,

북의 방향이 아주 정확하다. 4개의 어느 방향이든지 오차가 가장 큰 방향이 각으로 5.5분을 넘지 않는다. 전 세계인들이 더욱 놀라는 것은 그 방향에 의해 형성된 거의 완벽한 정사각형의 두 축면 길이의 차이가 20 cm 이하라는 것이다.

아마 지금까지 발견된 것 중 가장 설명이 힘든 것은 왕의 방에서 밖으로 나가는 환풍기의 방향이다. 이 환풍기는 너무 빈약하게 설계되어 파라오의 무덤 안까지는 신선한 공기가 순환되지 않는다. 그러므로 다른 기능이 있을 것이라고 현재 생각되어 진다. 이집트인들은 자신들의 파라오가 죽었을 때, 그들의 영혼들은 삶과 죽음과 재생의 신, 오시리스와 만나기 위하여 하늘로 여행할 것이라고 믿었다. 오시리스는 우리가 알고 있는 오리온 별자리와 관련이 있다. 거대한 피라미드가 건축된 이후, 지구 세차주기의 1/6 지났다고 예상되어, 천문학자이며 역사학자인 버지니아 트림블(Virginia Trimble)은 환풍기 중 하나가 정확하게 오리온 벨트를 향하고 있다는 것을 밝혀냈다. 다른 환풍기는 Thuban(α Draconis, 용자리 알파성)을 향하고, 이 별은 2700년 전에는 천구의 북극에 있었던 것으로 생각되는 별이다.

현대 과학문화의 하나인 천문학의 연구를 고대 그리스까지 추적해 보면, 많은 문명사회가 하늘과 하늘에서 빛나는 신비한 별빛을 지속적으로 연구했다는 것을 알 수 있다. 전 세계에 산재하고 있는 고고학적 건축물들이 천문학적 방향성을 가지고 있다는 것을 보여주고 있다. 비록 이러한 방향성들이 우연일 수도 있지만, 대부분의 건축물이 방향성을 고려하여 설계된 것이 분명하다.

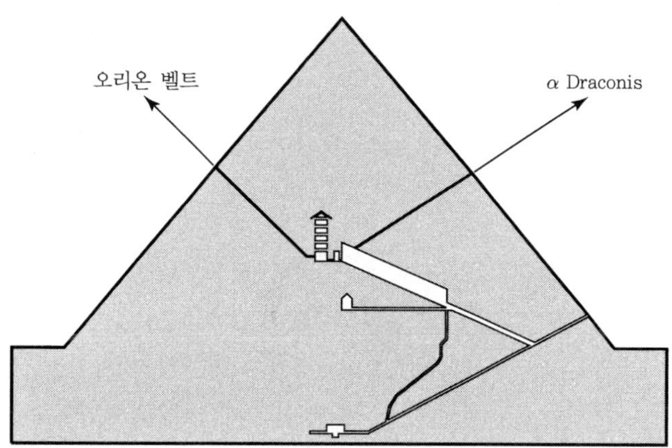

그림 1.14 Giza에 거대 피라미드의 천문학적 정렬 (그리피스(Griffith) 천문대 제공)

하늘에서 운동의 효과

적도좌표계가 변하는 또 다른 요인은 천체의 자체운동에 의한 속도이다.7) 우리가 이미 논의한 바와 같이 태양, 달 그리고 행성들은 하늘에서 비교적 빠르고 복잡한 운동을 하고 있다. 별들 또한 다른 별에 대하여 상대적으로 움직이고 있다. 별들의 운동 속도는 클지 모르지만 별들의 겉보기 상대운동은 별까지의 거리가 매우 멀기 때문에 측정하기 힘들 정도로 매우 작다.

관측자를 중심으로 별의 상대속도를 생각해 보자(그림 1.15). 속도벡터는 서로 수직인 두 개의 성분으로 나누어 질 수 있으며, 하나는 시선방향으로 놓고 다른 하나는 시선방향에 대해 수직으로 놓여지게 된다. 시선에 따른 성분을 별의 **시선속도**(**radial velocity**)를 V_r 이라고 하고 이것은 4.3절에서 다룰 것이다. 두 번째 성분은 별의 **가로**(**transverse**) **또는 접선속도**(**tangential velocity**)를 V_θ 라고 하며 이 성분은 천구를 따라 움직인다. 접선속도는 적도 좌표계에서 매우 느린 각도의 변화로 나타나며, 고유운동(proper motion)이라고 한다("각의 초/년"으로 표현한다.) 주어진 시간 Δt 동안 별은 관측자의 시선에서 수직 방향으로 아래의 식만큼 움직일 것이다.

$$\Delta d = v_\theta \Delta t$$

만약 관측자에서 별까지의 거리를 r 이라고 하면 천구를 따라 그들의 위치의 각 변화는 다음과 같이 주어진다.

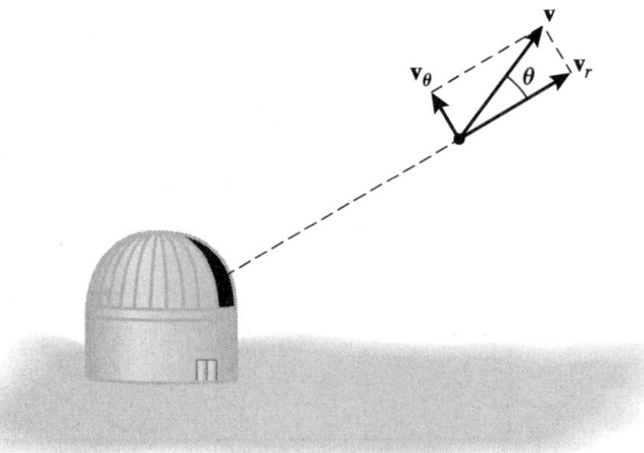

▌**그림 1.15** 속도성분. V_r은 별의 시선속도이고, V_θ는 별의 접선속도이다.

7) 시차, 즉 지구가 태양 주위를 공전하기 때문에 나타나는 주기적인 운동은 3.1절에서 다룰 예정이다.

$$\Delta\theta = \frac{\Delta d}{r} = \frac{v_\theta}{r}\Delta t$$

그러므로 별의 고유운동 μ는 접선 속도와 아래와 같은 관계가 있다.

$$\boxed{\mu \equiv \frac{d\theta}{dt} = \frac{v_\theta}{r}} \tag{1.5}$$

구면삼각형의 응용

구면 삼각형 법칙을 이용하여 $\Delta\theta$와 적도좌표계에서 변화, $\Delta\alpha$와 $\Delta\delta$의 관계를 유도할 수 있다. 그림 1.16에 보여진 구면삼각형(대원의 세 개가 서로 교차하여 구성된 삼각형),에서는 다음과 같은 관계가 있다. 여기서 변은 각으로 측정된다.

사인 법칙

$$\frac{\sin a}{\sin A} = \frac{\sin b}{\sin B} = \frac{\sin c}{\sin C}$$

변에 대한 코사인 법칙

$$\cos a = \cos b \cos c + \sin b \sin c \cos A$$

각에 대한 코사인 법칙

$$\cos A = -\cos B \cos C + \sin B \sin C \cos a$$

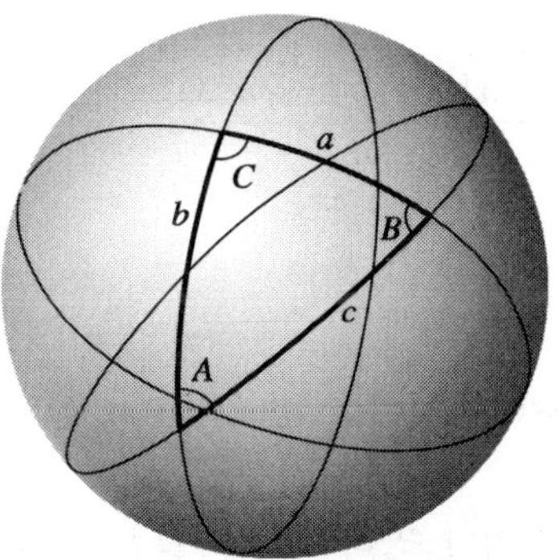

그림 1.16 구면삼각형. 구면삼각형의 변, a, b, c는 구면에 존재하는 대원의 한 부분이며, 각으로 표시하고, 모든 각은 180°보다 작다.

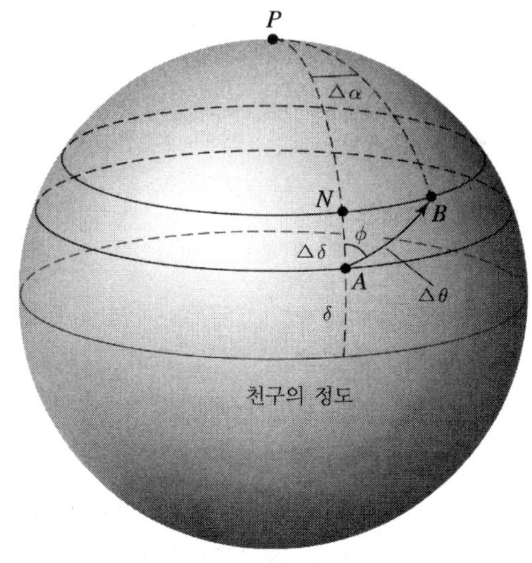

그림 1.17 천구를 가로 지르는 별의 고유운동. 별은 위치각 ϕ를 따라 A에서 B로 움직인다고 가정한다.

그림 1.17은 천구상의 점 A에서 점 B로 움직이는 별의 운동을 보여주는 그림이다. 이 때 별이 이동한 각거리는 $\Delta\theta$이다. 점 P가 천구의 북극에 있다고 가정하자. 그러면 각 AP, AB, BP는 대원의 한 부분이다. 별은 북극으로부터 측정한 위치각(position angle), $\phi(\angle PAB)$을 따라서 움직였다고 볼 수 있다. 여기서 NB를 생각해 보자. 호 NB는 N과 B가 같은 적위를 가지며 형성한 원의 일부이다. 그러므로 $\angle BNP = 90°$ 가 된다. 만약 A에서 별의 좌표가(α, δ)이고, B에서의 새로운 좌표값이($\alpha+\Delta\alpha$, $\delta+\Delta\delta$)이면, $\angle APB = \Delta\alpha$, $\overline{AP} = 90° - \delta$이고, $\overline{NP} = \overline{BP} = 90° - (\delta+\Delta\delta)$이다. 사인법칙을 적용하면,

$$\frac{\sin(\Delta\theta)}{\sin(\Delta\alpha)} = \frac{\sin[90° - (\delta+\Delta\delta)]}{\sin\phi}$$

또는

$$\sin(\Delta\alpha)\cos(\delta+\Delta\delta) = \sin(\Delta\theta)\sin\phi$$

별의 위치의 변화가 1 라디안보다 훨씬 작다고 가정하면, 우리는 작은 각에 대한 근사법 $\sin\epsilon \simeq \epsilon$과 $\cos\epsilon \simeq 1$을 사용할 수 있다. 삼각법칙을 적용하고 2차 이상의 고차항을 무시하면 위 식은 다음과 간단히 된다.

$$\Delta\alpha = \Delta\theta \frac{\sin\phi}{\cos\delta} \tag{1.6}$$

변에 대한 코사인 법칙으로 적위의 변화량을 아래와 같이 나타낼 수 있다.

$$\cos[90° - (\delta + \Delta\delta)] = \cos(90° - \delta)\cos(\Delta\theta) + \sin(90° - \delta)\sin(\Delta\theta)\cos\phi$$

위 식을 작은 각에 대한 근사법과 삼각 법칙을 이용하여 정리하면 다음과 같이 된다.

$$\Delta\delta = \Delta\theta\cos\phi \tag{1.7}$$

(이 결과는 우리가 평면삼각형을 사용하여도 동일한 결과로 나타난다. 그 이유는 구의 전체 면적에 비해서 삼각형 면적이 아주 작으면 삼각형의 면적은 평평하게 생각해도 되기 때문이다) 식 1.6과 1.7을 합치면 적경, 적위의 변화량을 아래와 같이 각으로 표현할 수 있다.

$$\boxed{(\Delta\theta)^2 = (\Delta\alpha\cos\delta)^2 + (\Delta\delta)^2} \tag{1.8}$$

1.4 물리와 천문

피타고라스는 자연현상을 수학적 관점에서 설명하려고 처음으로 시도하였고, 이러한 학풍을 이어 받은 그리스인들은 궁극적으로 코페르니쿠스 혁명을 이끌어 내는데 기여하였다. 천문학자들은 이리저리로 움직이는 행성의 위치를 정확히 측정할 수 있었으나 행성의 위치 변화를 수학적 모델에 맞추어 설명하려는 시도는 실패하였다. 그러나 그 결과로 우주에서 지구의 위치에 대한 우리의 인식에 변화를 주는데는 성공하였다. 이러한 과정은 오늘날에도 과학의 발전에서 중요한 과정으로 기록된다. 즉 그 과정은 관측에서 나타난 현상에 대하여 물리적 원인을 찾아내는 일이다. 우리가 이 책을 처음부터 끝까지 공부하면, 오늘날 천문학의 연구는 우주의 물리적 성질을 규명하는 것이라는 것을 알 수 있다. 천문학에 대한 물리의 응용 즉 천체물리학은 관측으로 나타난 여러 종류의 천체 및 현상을 성공적으로 설명할 수 있었다. 즉 맥동하는 별들, 초신성, 여러 종류의 x–선원, 블랙홀, 퀘이사, 감마선 폭발, 그리고 대폭발 등의 원리를 천체물리학으로 설명하고 있다.

천문학은 천체의 운동, 빛의 성질, 원자의 구조, 그리고 우주 그 자신의 형태에 대해서 자세히 연구하는 학문이다. 지난 수 십년동안 천문학의 급진적인 발전은 기본적인 물리학의 발전에 기인하고 또한 망원경과 컴퓨터 같은 첨단 도구를 사용하여 천체를 관측하고 분석한 결과이다.

본질적으로 물리학의 모든 분야는 천문학을 연구하는데 매우 중요한 역할을 한다. 입자물리와 천체물리가 합병되어 대폭발 이론을 연구한다: 물질을 구성하고 있는 기본 입자의 근원, 혹은 힘의 성질 등에 대한 기본적인 의문은 "어떻게 우주가 형성되었는가"라는 의문과 밀접한 관계가 있다. 핵물리는 별 내부에서 일어날 수 있는 반응의 여러 종류에 대하여 정보를 제공하고, 원자물리는 개개의 원자가 다른 원자와 어떻게 작용하고 빛과는 어떻게 작용하는지를 기술하며, 또한 모든 천체물리학적인 현상에서 일어나는 과정을 설명해준다. 응집물질 물리학은 중성자별의 지각과 목성 중심부에 대한 연구에 도움을 주고, 열역학은 대폭발에서 별의 내부까지 모든 분야에서 필요하고, 심지어 전자공학은 우리를 둘러싼 우주를 관측하는데 사용되는 새로운 검출기의 개발에 있어서 중요한 역할을 했고, 오늘날 우리는 선명한 우주의 영상을 볼 수 있게 되었다.

현대 첨단 기술의 도래와 우주 시대를 맞이하여, 아주 정밀도가 높은 망원경을 제작하게 되었다. 이제는 망원경으로 가시광만을 관측하는 시대는 지났고, X–선, 자외선, 적외선, 전파 영역에서도 관측이 가능하게 되었다. 이와 같은 많은 망원경들은 효과적인 관측을 수행하기 위해서 지구 대기권 밖에서 관측하는 것이 필요하게 되었다. 아주 다른 형태의 망원경들도 개발되어 사용되는데, 이들은 하늘을 연구하기 위해서 빛 대신에 기본입자들을 지하 깊숙한 곳에서 검출하고 있다.

컴퓨터의 출현으로 방대한 계산을 요구하는 우주의 수학적인 모델을 세우는 일이 가능해졌다. 고속 계산기기의 탄생은 천문학자들이 별의 진화를 계산할 수 있게 하였고, 계산에서 나타난 결과를 관측과 비교할 수 있게 해주었다. 또한 은하의 회전과 주변 은하와의 상호작용을 연구할 수 있게 하였다. 수 십 억년이 걸리는 별의 진화 과정을 직접 관측할 수 없지만 현대의 슈퍼컴퓨터를 사용하여 그 과정을 추적할 수는 있다.

앞에서 말한 모든 관측 도구들과 관련된 학문들을 이용하여 하늘을 연구한다. 천문학의 연구는 자연에 대한 인간의 호기심을 확장하는 아주 순수한 동기에서 이루어진다. 마치도 꼬마 아이들이 "왜 이것은 이렇게 생겼어?" 하고 항상 질문하는 것과 같이, 천문학자의 목표는 우주가 아무리 복잡하더라도 우주의 성질을 이해하려고 하는 것이다. 이러한 지적인 호기심은 끝이 없는 것이다. 천체에 대한 매력은 밤하늘에서 별을 관측하는 것 뿐만 아니라, 별들을 존재하도록 작용한 여러 물리적 과정들 사이에서 나타나는 미묘한 상호작용을 탐구하는 것이다.

우주에 대해서 가장 이해할 수 없는 것은 우주가 이해할 수 있는 것이라는 것이다.

– 알버트 아인슈타인(Albert Einstein) –

제1장 참고 문헌

일반 도서

Aveni, Anthony, *Skywatchers of Ancient Mexico*, The University of Texas Press, Austin, 1980.

Bronowski, J., *The Ascent of Man*, Little, Brown, Boston, 1973.

Casper, Barry M., and Noer, Richard J., *Revolutions in Physics*, W. W. Norton, New York, 1972.

Hadingham, Evan, *Early Man and the Cosmos*, Walker and Company, New York, 1984.

Krupp, E. C., *Echos of the Ancient Skies: The Astronomy of Lost Civilizations*, Harper & Row, New York, 1983.

Kuhn, Thomas S., *The Structure of Scientific Revolutions*, Third Edition, The University of Chicago Press, Chicago, 1996.

Ruggles, Clive L. N., *Astronomy in Prehistoric Britain and Ireland*, Yale University Press, New Haven, 1999.

Sagan, Carl, *Cosmos*, Random House, New York, 1980.

SIMBAD Astronomical Database, `http://simbad.u-strasbg.fr/`

Sky and Telescope Sky Chart, `http://skyandtelescope.com/observing/skychart/`

고급 도서

Acker, Agnes, and Jaschek, Carlos, *Astronomical Methods and Calculations*, John Wiley and Sons, Chichester, 1986.

Astronomical Almanac, United States Government Printing Office, Washington, D.C.

Cox, Arthur N. (ed.), *Allen's Astrophysical Quantities*, Fourth Edition, Springer-Verlag, New York, 2000.

Lang, Kenneth R., *Astrophysical Formulae*, Third Edition, Springer-Verlag, New York, 1999.

Smart, W. M., and Green, Robin Michael, *Textbook on Spherical Astronomy*, Sixth Edition, Cambridge University Press, Cambridge, 1977.

제1장 연습 문제

1.1 Derive the relationship between a planet's synodic period and its sidereal period (Eq. 1.1). Consider both inferior and superior planets.

1.2 Devise methods to determine the *relative* distances of each of the planets from the Sun given the information available to Copernicus (observable angles between the planets and the Sun, orbital configurations, and synodic periods).

1.3 **(a)** The observed orbital synodic periods of Venus and Mars are 583.9 days and 779.9 days, respectively. Calculate their sidereal periods.

(b) Which one of the superior planets has the shortest synodic period? Why?

1.4 List the right ascension and declination of the Sun when it is located at the vernal equinox, the summer solstice, the autumnal equinox, and the winter solstice.

1.5 **(a)** Referring to Fig. 1.12(a), calculate the altitude of the Sun along the meridian on the first day of summer for an observer at a latitude of 42° north.

(b) What is the maximum altitude of the Sun on the first day of winter at the same latitude?

1.6 **(a)** Circumpolar stars are stars that never set below the horizon of the local observer or stars that are never visible above the horizon. After sketching a diagram similar to Fig. 1.12(a), calculate the range of declinations for these two groups of stars for an observer at the latitude L.

(b) At what latitude(s) on Earth will the Sun never set when it is at the summer solstice?

(c) Is there any latitude on Earth where the Sun will never set when it is at the vernal equinox? If so, where?

1.7 **(a)** Determine the Julian date for 16:15 UT on July 14, 2006. (*Hint:* Be sure to include any leap years in your calculation.)

(b) What is the corresponding modified Julian date?

1.8 Proxima Centauri (α Centauri C) is the closest star to the Sun and is a part of a triple star system. It has the epoch J2000.0 coordinates $(\alpha, \delta) = (14^h29^m42.95^s, -62°40'46.1'')$. The brightest member of the system, Alpha Centauri (α Centauri A) has J2000.0 coordinates of $(\alpha, \delta) = (14^h39^m36.50^s, -60°50'02.3'')$.

(a) What is the angular separation of Proxima Centauri and Alpha Centauri?

(b) If the distance to Proxima Centauri is 4.0×10^{16} m, how far is the star from Alpha Centauri?

1.9 **(a)** Using the information in Problem 1.8, precess the coordinates of Proxima Centauri to epoch J2010.0.

(b) The proper motion of Proxima Centauri is $3.84''\ \mathrm{yr}^{-1}$ with the position angle 282°. Calculate the change in α and δ due to proper motion between 2000.0 and 2010.0.

(c) Which effect makes the largest contribution to changes in the coordinates of Proxima Centauri: precession or proper motion?

1.10 Which values of right ascension would be best for viewing by an observer at a latitude of 40° in January?

1.11 Verify that Eq. (1.7) follows directly from the expression immediately preceding it.

2장 천체 역학

2.1 타원궤도

코페르니쿠스 모델이 복잡한 행성의 운동을 간단하게 설명할 수 있었으나, 태양 중심의 우주론인 코페르니쿠스 모델이 곧바로 받아들여지지는 않았다. 이는 그 당시 지구중심 모델이 틀렸다는 명백한 관측 자료가 부족했기 때문이다.

티코 브라헤: 위대한 안시관측자

코페르니쿠스가 죽은 후, 티코 브라헤는(1546-1601, 최초로 안시관측을 한 사람) 행성들의 운동과 다른 천체들을 정밀하게 관측하였다. 티코 브라헤는 Hveen이라는 섬에 위치한 Uraniborg 관측소에서 관측을 수행하였다(관측의 모든 장비를 덴마크의 프레드릭왕이 제공하였다). 관측의 정밀도를 향상시키기 위해 티코는 그림 2.1(a)의 벽화에 그려진 거대한 사분의와 같은 기구를 사용하였다. 티코의 관측은 아주 정교해서 각으로 4분 정도의 정확도로 하늘에 있는 천체의 위치를 측정할 수 있었다. 여기서 4분은 보름달 각지름의 8분의 1에 해당하는 각이다. 티코는 그의 정밀한 관측을 이용하여 최초로 혜성이 매우 먼 곳에 떨어져 있어야만 한다는 것을

(a) (b)

▮ 그림 2.1 (a) 티코 브라헤의 벽화(1546-1601). (b) 요하네스 케플러(1571-1630)

보였다. 이는 혜성이 달보다도 멀고, 어떠한 천체현상 보다도 먼 거리에 있다는 것을 뜻한다. 티코는 또한 초신성 1572를 관측하여 관측에 대한 그의 명성을 높이는 한편, 그가 관측한 초신성은 교회에서 주장하는 것과 같이 "하늘이 변하지 않는다는 것"이 아님을 보여주는 한 증거가 되었다(이 관측은 프레드릭왕이 Uraniborg 천문대를 설립하게 된 동기가 되었다). 관측을 수행함에 있어서 매우 신중했음에도 불구하고, 티코는 지구가 하늘에서 움직이고 있다는 어떤 증거도 발견할 수 없었으므로 코페르니쿠스의 모델이 반드시 잘못된 것이라는 결론을 내렸다(3.1장 참조).

행성운동에 대한 케플러 법칙

티코는 독일 수학자인 케플러에게 Uraniborg 천문대에서 연구할 수 있도록 일자리를 제공하였다. 티코와는 다르게 케플러는 태양중심설을 지지하였으며, 그는 그 당시 관측된 관측 자료들과 잘 일치하는 우주의 기하학적 모델을 만들려고 하였다. 티코가 죽은 후, 케플러는 수 십년에 걸쳐서 축적된 방대한 관측 자료들을 물려받아, 분석하는데 심혈을 기울였다. 케플러의 초기 생각은 우주는 다섯 개의 입방체가 있고, 육안으로 관측되는 6개 행성들이(지구 포함) 결정형의 입방체를 둘러쌓은 천구층에 정렬되어 있는 것이다. 모든 천구층은 태양을 중심으로 공전하는 완전한 체계였다. 이러한 모델을 만드는 작업에 실패한 케플러는 특별히 화성에 대한 연구를 집중하여, 태양을 중심으로 한 행성의 원궤도를 시도하였다. 케플러는 약간 중심을 이동한 원과 상응점[1)] 사용을 통하여 티코의 관측자료를 원궤도에

1) 프토레마이오스가 제안한 원과 상응점들의 기하학적인 적용을 고려해 보라; 그림 1.3 참조

적용한 결과 두 점을 제외한 나머지 모든 점들은 원궤도에 매우 잘 일치하였다. 실제적으로 두 점의 오차는 약 8분 정도였고, 이는 티코 정밀도의 2배 이상이었다. 티코가 이 정도의 큰 관측 오차를 만들었다고 생각할 수 없기 때문에 케플러는 행성이 완전한 원궤도 운동을 한다는 생각을 버려야만 하였다.

프토레마이오스 모델의 가장 기본적인 가정을 버림으로써, 케플러는 행성궤도가 원형보다는 타원형일 것이라는 가능성을 고려하기 시작했다. 결과적으로 원궤도 모형을 약간 수정한 타원궤도를 적용한 결과, 케플러는 마침내 티코의 관측자료의 모든 점 들이 행성의 운동과 잘 일치함을 확인하였다. 이러한 생각의 변화를 통하여, 케플러는 행성들의 궤도속도들은 항상 일정하지 않고 궤도상에서의 행성위치에 따라서 변하는 것을 알 수 있었다. 1609년 케플러는 그의 책에서 행성에 관한 3가지 법칙 중 2가지 법칙을 발표하였다.

케플러 제 1법칙 행성은 태양 주위를 타원형으로 돌고, 태양은 타원의 한 초점에 위치한다.

케플러 제 2법칙 태양과 행성을 연결한 선은 같은 시간에 같은 면적을 휩쓸고 지나간다.

케플러의 제 1, 2법칙은 그림 2.2에 나타나 있다. 타원 상에서의 각각의 점들은 동일한 시간 간격에서 행성의 위치이다.

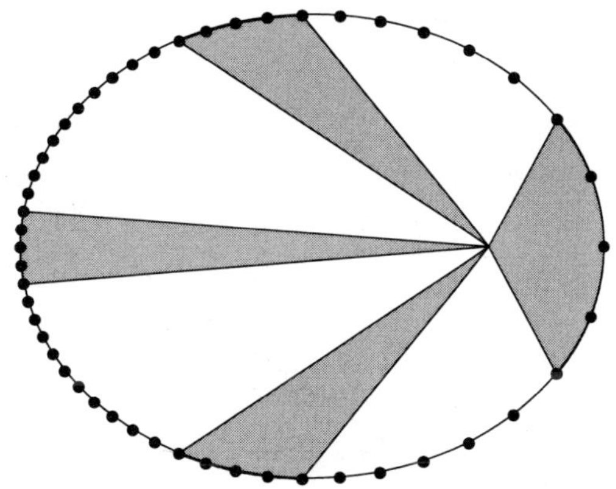

그림 2.2 케플러의 두 번째 법칙은 행성과 타원의 초점 간에 연결된 선이 쓸고 간 영역이 궤도상에서 형성의 위치와는 상관없이 주어진 시간 내에 항상 같다는 것을 보여준다. 점들은 동일 시간 간격을 나타낸다.

케플러 제 3법칙은 'Harmonica Mundi(세계의 조화)'라는 책에서 10년 뒤에 발표되었다. 그의 마지막 법칙은 태양으로부터 행성까지의 평균거리 즉 각 행성궤도의 장반경과 행성의 항성주기와 관계이다.

케플러 제 3법칙 조화의 법칙

$$P^2 = a^3$$

여기서 P는 행성의 공전궤도주기이며, 단위는 년을 사용한다. a는 태양으로부터 행성까지의 평균거리이며, 천문단위(AU)로 사용된다. AU는 지구와 태양사이의 평균거리인 1.496×10^{11} m이다. 케플러 제3법칙을 나타내는 주기와 장반경 사이의 관계가 그림 2.3에 그려져 있다. 부록 C에 수록한 우리 태양계의 행성들에 대한 자료를 사용한 것이다.

돌이켜 보건데, 약 2000년 전에 제안된 균일한 원운동이 실제 행성의 운동과는 일치하지 않았다는 사실을 왜 좀 더 일찍 인식하지 못했는가? 그 이유는 대부분의 행성들의 운동은 순수 원운동과는 아주 작은 양의 차이만 있었기 때문이다. 실제로 케플러가 화성을 주로 연구한 것은 매우 행운이었다. 특히 그가 사용한 화성의 관측 자료는 매우 정확하였고, 더욱이 화성은 다른 행성들보다도 원형궤도로부터 많이 벗어나 있었기 때문이다.

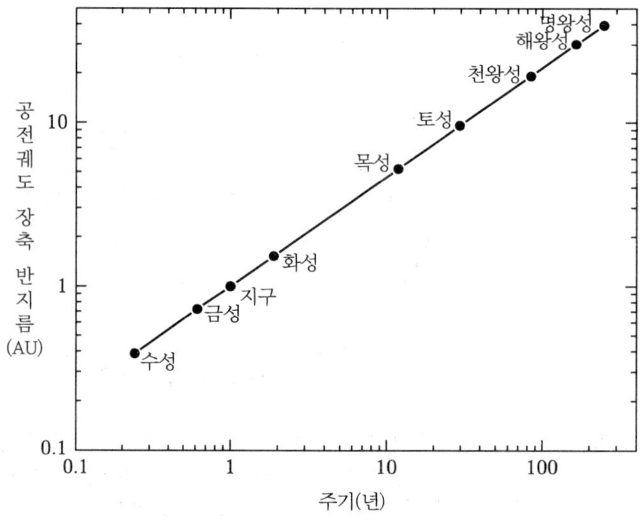

▮ 그림 2.3 태양 주위를 도는 행성들에 대한 케플러 제 3법칙

타원 운동의 기하학

케플러 법칙들의 중요성을 인식하기 위해서는 타원의 성질을 이해해야 한다. 타원은(그림 2.4를 보라) 다음의 식 2.1을 만족하는 점들로 정의된다.

$$r + r' = 2a \tag{2.1}$$

여기서 a는 장반경으로 알려진 상수이다. r과 r'은 각각 두 개의 초점, F와 F'으로부터 타원까지 거리를 나타낸다. 케플러 제1 법칙에 의하면, 행성은 태양 주위를 타원궤도로 공전하고 태양은 타원의 한 초점에 위치하고, 이점을 주초점 F라고 한다(다른 초점은 빈 공간에 있다). F와 F'이 한 점 위에 있을 때 r'은 r이고, (2.1)의 식은 $r = r' = a$로 되는데 이것은 원의 방정식이다. 그러므로 원은 타원의 특별한 한 종류이다. 거리 b는 단반경이다. 타원의 이심률, e(0 〈= e 〈 1)는 두 초점사이의 거리를 타원의 장축, $2a$로 나눈 값이다. 그러므로 중심에서 초점까지의 거리는 ae로 표현할 수 있다. 원의 경우 e는 0이다. 타원상에서 주초점에 가장 가까운 점을(장축선상에 위치) 근일점이라고 하며, 장축의 반대 방향의 끝점, 즉 주초점에서 가장 먼점을 원일점이라고 한다.

편의상 a, b, 그리고 e간에 관계식이 기하학적으로 결정될 수 있다. 그림 2.4에서 한점이 단반경의 끝점에 위치하는 경우를 생각해보자. 이 경우 $r = r'$이 되며, 한편, $r = a$이며, 피타고라스정리에 의해서 $r^2 = b^2 + a^2e^2$이다. 이 식을 다시 쓰면 식 (2.2)와 같이 된다.

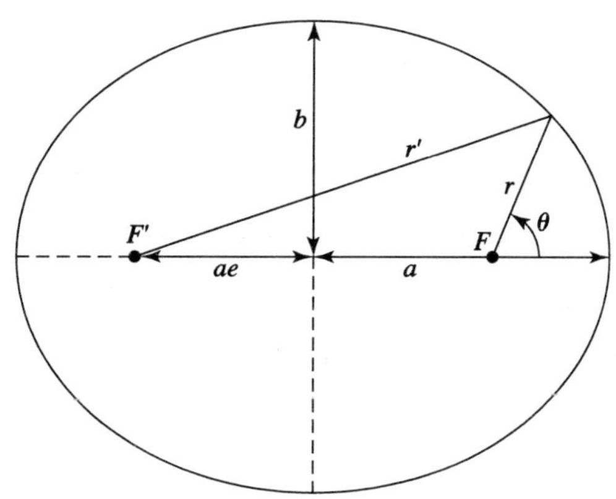

그림 2.4 타원궤도의 기하학

$$b^2 = a^2\left(1 - e^2\right) \tag{2.2}$$

케플러의 제 2법칙은 행성의 공전속도가 궤도상의 위치에 따라서 변한다는 것이다. 행성의 궤도 움직임을 정확히 기술하기 위해서는, 행성이 어디에 위치하는가(위치벡터), 뿐만 아니라 얼마나 빨리 어떤 방향을 움직이는가(속도벡터)를 알아야 한다. 그러므로 행성의 궤도를 극좌표로 표시하는 것이 편리하다. 즉 극좌표에서는 주초점으로부터 행성까지의 거리를 r로 표시하고, 주초점에서 근일점 방향, 즉 장반경을 기준으로 시계 반대방향으로 주초점과 행성을 연결하는 선까지의 각을 θ로 표시한다(그림 2.4 참조). 피타고라스의 정리를 사용하면 다음 식은

$$r'^2 = r^2 \sin^2\theta + (2ae + r\cos\theta)^2$$

아래와 같이 간소화 되고,

$$r'^2 = r^2 + 4ae(ae + r\cos\theta)$$

타원의 정의인 $r + r' = a$를 사용하면 우리는 r이 식 (2.3)과 같이 됨을 알 수 있다.

$$r = \frac{a\left(1 - e^2\right)}{1 + e\cos\theta} \qquad (0 \le e < 1) \tag{2.3}$$

타원의 전체 면적이 식(2.4)와 같이 되는 것은 연습문제로 남겨두겠다.

$$A = \pi ab \tag{2.4}$$

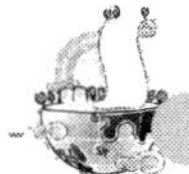

예제 2.1.1

식 (2.3)을 이용하면 주초점에서부터 행성까지의 거리가 전궤도를 통하여 변화하는 것을 알 수 있다. 화성 궤도의 장반경은 1.5237 AU(혹은 2.2794×10^{11} m)이고, 행성 궤도의 이심률은 0.0934이다. $\theta = 0°$일 때 행성은 근일점에 있고, 거리는 아래와 같다.

$$\begin{aligned} r_p &= \frac{a\left(1 - e^2\right)}{1 + e} \\ &= a(1 - e) \\ &= 1.3814 \text{ AU} \end{aligned} \tag{2.5}$$

원일점($\theta = 180°$)에서, 즉 태양으로부터 가장 먼 위치에 있을 때의 거리는 다음과 같다.

$$\begin{aligned} r_a &= \frac{a\left(1-e^2\right)}{1-e} \\ &= a\,(1+e) \\ &= 1.6660\ \mathrm{AU} \end{aligned} \tag{2.6}$$

근일점과 원일점 사이에서 태양과 화성까지의 거리 변화는 약 19%가 된다.

타원은 원뿔을 자른 단면에 나타나는 곡선의 한 종류이고, 원뿔을 자른 평면에 나타난다(그림 2.5를 보면). 원뿔 단면에 나타나는 각종의 곡선은 이심률에 따라서 그 특성을 가진다. 이미 언급하였듯이, 원은 원뿔 단면에서 e가 0이고, 타원은 $0 \leq e < 1$이고, $e = 1$을 가진 곡선은 아래의 (2.7)식에 의해서 기술되는 포물선이다.

$$r = \frac{2p}{1+\cos\theta} \qquad (e = 1) \tag{2.7}$$

여기서 거리 p는 포물선의 한 초점($\theta = 0°$)에서 포물선에 가장 가깝게 접근하는 점까지의 거리이다.

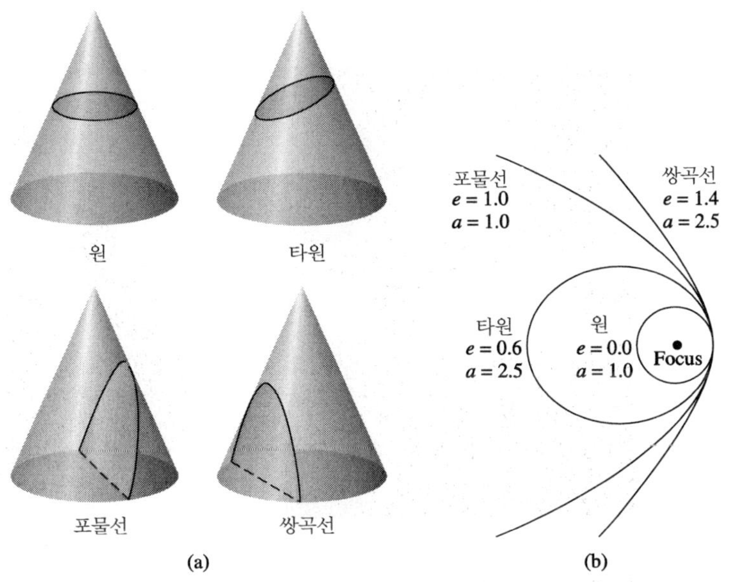

그림 2.5 (a) 원뿔의 단면 (b) 각각에 상응하는 궤도 경로

이심률이 1 보다 큰, 즉 ($e > 1$) 곡선을 쌍곡선이라고 하고 아래의 (2.8)식으로 나타낸다.

$$r = \frac{a\left(e^2 - 1\right)}{1 + e\cos\theta} \qquad (e > 1) \tag{2.8}$$

원뿔의 여러 종류는 천체 운동의 특별한 형태와 관계있다.

2.2 뉴턴 역학

케플러가 행성에 관한 세 가지 법칙을 개발했을 때, 아마도 최초의 실험물리학자라고 할 수 있는 갈릴레오 갈릴레이(1564–1642)는 지구상에 있는 물체의 운동에 대하여 연구하고 있었다(그림 2.6 (a)). 관성의 개념을 최초로 제안한 사람이 갈릴레오이다. 그는 또한 가속도의 개념을 이해하고 발전시켜왔다. 특별히 갈릴레오는 지구 표면 근처에 있는 물체들은 무게와는 관계없이 모두 같은 가속도를 가진다고 하였다. 갈릴레오는 떨어지는 물체의 가속도는 모두 같다는 사실을 증명하기 위해서, 피사의 사탑에서 무게가 서로 다른 물체를 떨어뜨리는 실험을 했다고 알려졌는데 이 사실은 확인되지 않은 이야기다.

(a)

(b)

그림 2.6 (a) 갈릴레이 갈릴레오(1564–1642) (b) 아이작 뉴턴(1642–1727)

갈릴레오의 관측들

갈릴레오는 근대 천문학의 아버지이다. 1608년, 작고 엉성한 망원경이 처음으로 발명되자 갈릴레오는 바로 망원경의 원리를 이용하여 자신이 사용할 망원경을 만들었다. 하늘을 관측하기 위하여 자신이 직접 만든 망원경을 사용하여, 갈릴레오는 태양 중심모델을 지지할 수 있는 중요한 관측들을 많이 수행하였다. 특히 그는 은하수라고 알려진 뿌연 빛의 띠, 즉 수평선에서 수평선으로 이어지는 은하수가 전에 알려졌듯이 구름이 아니고, 수많은 별들이 모여 있다는 사실을 그의 망원경을 통하여 볼 수 있었다. 많이 모여 있는 별들을 육안으로는 분해할 수 없어서 구름같이 보이는 것이었다. 갈릴레오는 또한 달에서 분화구를 관측하였고, 그러므로 달이 완전한 구형체가 아니란 것도 관측하였다. 금성이 다양한 위상변화를 한다는 사실을 관측하고 이는 금성이 직접 빛을 내는 행성이 아니며, 금성이 태양 주위를 공전할 때 태양과 지구에 대한 상대적은 각이 변하기 때문에 이라고 하였다. 갈릴레오는 또한 태양이 결점, 즉 흑점을 가지고 있음을 발견하고, 흑점의 수와 위치가 변하는 것을 관측하였다. 교회가 강력히 지지하는 지구중심설은 모든 천체는 지구를 돌고 있다고 생각한다. 이 생각에 가장 심각한 타격을 입힌 관측은 목성의 궤도를 돌고 있는 네 개의 달을 발견한 것이다. 이것은 우주에서 지구 외에 다른 천체를 돌고 있는 천체도 있다는 것을 보여주는 것이었다.

갈릴레오가 최초로 관측한 많은 관측 내용들이 그의 저서 '별들의 메신저(Sidereus Nuncius)'를 통하여 1610년에 발표되었다. 갈릴레오는 천문학에 대한 연구를 몇 년 더 계속 할 수 있었음에도 불구하고, 교회는 갈릴레오가 코페르니쿠스 모델에 대한 연구를 1616년까지 철회하도록 강압하였다. 1632년 갈릴레오는 "두 개의 주요한 계에서의 대화"라는 희곡을 출판하였다. 여기서 3명의 연기자가 무대에 올랐다. 살비아티(Salviati)는 갈릴레오의 생각을 옹호하는 사람이었고, 심플리시오(Simplicio)는 기존의 아리스토텔레스의 우주관을 믿는 사람이었으며, 사그레도(Sagredo)는 중립적인 세 번째 역을 연기하는 사람이었으나 살비아티의 주장에 항상 동의하는 편이었다. 이 연극에 대한 반응은 매우 강하게 나타나, 결국 갈릴레오는 로마재판소에 소환되었고 그의 책은 심하게 검열을 받았다. 그의 책도 금지된 책의 목록에 올랐고, 그 목록에서는 코페르니쿠스와 케플러의 업적도 포함되어 있었다. 갈릴레오는 마지막 여생을 플로렌스의 그의 집에 감금된 상태로 지내야만 했다.

바티칸 전문가의 13년 연구 끝에, 1992년, 교황 존폴 2세는 로마 카톨릭 교회가 360년 전에 "비극적인 상호몰이해"로 갈릴레오에게 유죄 판결을 내린 것은 잘못된 것이라고 공식 발표하였다. 교회는 재검토한 결과 이 사건에 대해서는 과학과 종교 두 분야 사이에 철학적 관점에는 차이가 있다고 하였다.

운동에 대한 뉴우톤의 세가지 법칙

아이작 뉴턴(1642-1727)은 갈릴레오가 죽은 해의 크리스마스 날에 태어났다(그림 2.6(b)). 뉴턴은 과학 발전에 가장 큰 공헌을 한 사람이다. 그는 18세 때 케임브리지 대학에 입학하고 학사학위를 취득하였고, 공식적으로 학위를 취득한 후 2년 동안 당시 유행하였던 흑사병의 전염 위협으로부터 멀리 떨어진 잉글랜드의 시골인 울스트롭에 살았다. 그곳서 뉴턴은 그의 생애에 있어서 가장 생산적인 시기를 보냈다. 그 시기에 아주 중요한 발견들을 했고, 운동, 천문, 광학, 그리고 수학 등의 이론적인 발전을 진행시켰다. 비록 뉴턴의 일이 즉각적으로 발표되지 않았지만, 자연철학의 수학적 원칙(Philosophiae Naturalis Principia Mathematica, Mathematical Principles of Natural Philosophy), 지금은 단순히 프린시피아로 알려진 이 책이 마침내 1687년에 출판되었고, 역학, 중력, 그리고 미적분에 대한 뉴턴의 많은 일들이 이 책에 수록되었다. 프린시피아의 출판은 에드먼드 헬리가 적극 참여한 결과로 이뤄졌다. 에드먼드 헬리는 그 책을 인쇄하는데 필요한 돈을 지불하였다. 그 후 광학에 대한 부분은 1704년에 별도로 발표됐고, 빛의 성질에 대한 뉴턴의 생각과 그가 초기에 수행한 광학 실험에 대한 내용으로 구성되어 있다. 비록 빛의 입자적인 성질에 대한 뉴턴의 많은 생각들이 나중에는 잘못된 것으로 밝혀지지만, 뉴턴의 다른 이론들은 여전히 오늘날까지 광범위하게 사용된다.

뉴턴의 위대한 지적 감각은 소위 최소의 시간경로(brachistochrone, 브래키스토크론)로 알려진 문제에 대한 그의 해답으로 증명이 되는데, 그 이론은 스위스 수학자이면서 경쟁동료인 베르누이에 의해서 제안된 것이다. 그 브래키스토크론 문제는 구슬이 중력의 영향 아래에서, 최소 시간으로 마찰이 없는 선위를 미끄러져 나가는 곡선을 발견하는 것을 말한다. 그 해를 찾는데 주어진 시간은 1년 반이었다. 그 문제는 뉴턴에게 늦은 오후에 전달되었고, 다음날 뉴턴은 변분법이라고 알려진 수학의 새로운 영역을 창출함으로써 그에 대한 답을 구하였다. 비록 그 해는 뉴턴의 요청에 의해서 비공식적으로 발표되었지만, 베르누이는 "발톱으로 사자가 드러났다."고 말하였다.

뉴턴은 그 자신의 성공에 관해서 다음과 같이 적었다.

"나는 이 세상에 내가 어떻게 비춰질지 모른다. 그러나 나 자신에게 있어서, 나는 거대한 바다의 비밀은 하나도 밝혀지지 않은 상황에서, 조약돌이나 혹은 좀 더 예쁜 조개를 찾으며, 해변에서 즐겁게 노는 소년에 불과하다고 생각한다."

고전역학은 뉴턴이 제시한 운동에 관한 세 가지 법칙과 만유인력법칙으로 기술된다. 속도가 빛의 속도에 도달하고, 중력이 매우 강한 원자 차원에서 일어나는 현상을 제외하면, 뉴턴의 법칙은 관측과 실험의 결과들을 매우 성공적으로 설명하였다. 뉴턴역학이 불만족하게 보이는 영역에 대해서는 나중에 논의될 것이다.

운동에 관한 뉴턴의 첫 번째 법칙은 다음과 같이 기술되어질 수 있다:

뉴턴의 제 1법칙 *관성의 법칙.* 외부의 힘을 받지 않는 한, 정지하고 있는 물체는 정지한 상태로 있고, 움직이는 물체는 등속도로 직선운동을 한다.

물체가 실제로 움직이는지 알기 위해서는, 기준계가 반드시 있어야만 한다. 우리는 뉴턴의 첫 번째 법칙이 성립하도록 특별한 특징을 가지는 기준계에 대해 나중에 언급할 것이다. 그와 같은 모든 계는 관성 기준계로 알려져 있다. 비관성 기준계는 관성계에 대해 가속을 받는다.

첫 번째 법칙은 물체의 운동량으로 설명될 수 있다. $P = mv$, m과 v는 각각 질량과 속도이다.[2] 그러므로 뉴턴의 첫 번째 법칙은, "물체의 운동량은 물체가 외부의 힘을 받지 않는 한 항상 일정하다.[3]"라고 말할 수 있다.

두 번째 법칙은 실제적으로 힘의 개념을 정의하는 것이다.

뉴턴의 제 2법칙 물체에 작용하는 순수한 힘(모든 힘들의 합)은 물체의 질량과 가속도에 비례한다.

만약, 한 물체가 n개의 힘을 받는다면, 순수한 힘은 다음과 같이 주어진다.

$$\mathbf{F}_{\text{net}} = \sum_{i=1}^{n} \mathbf{F}_i = m\mathbf{a} \qquad (2.9)$$

2) 이제부터는 모든 벡터는 진한 고딕체로 나타낸다. 벡터는 크기와 방향을 포함하여 기술되는 양이다. 일부 다른 책에서는 다른 형태로 즉 $\vec{v}$ 또는 $\vec{\mathrm{V}}$로 표현될 수도 있다.

3) 관성의 법칙은 갈릴레오가 개발한 원래의 개념을 확장한 것이다.

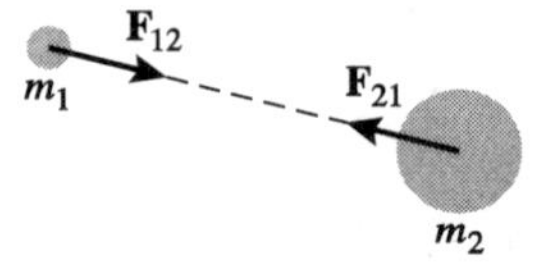

▮ 그림 2.7 뉴턴의 제 3법칙

그러나 $\mathbf{a} \equiv d\mathbf{v}/dt$이므로, 질량이 일정하다고 가정하면 뉴턴의 두 번째 법칙은 다음과 같이 표현될 수 있다.

$$\mathbf{F}_{\text{net}} = m\frac{d\mathbf{v}}{dt} = \frac{d(m\mathbf{v})}{dt} = \frac{d\mathbf{p}}{dt} \tag{2.10}$$

물체의 순수한 힘은 시간에 따른 운동량이 변화와 같다. $\mathbf{F}_{net} = d\mathbf{p}/dt$는 뉴턴의 두 번째 법칙의 가장 일반화 된 표현식이다. 즉, 물체의 질량이 시간에 따라서 변화하는 것이 포함되어 있는 식이다. 이러한 예는 로켓의 추진에서 나타난다.

운동의 세 번째 법칙은 일반적으로 다음과 같이 나타난다.

뉴턴의 제 3법칙 모든 작용에는 크기는 같고 방향이 반대인 반작용이 있다.

이 법칙 안에서 작용과 반작용은 다른 물체에 작용하는 힘들로 해석된다. 물체 2에 의해서 물체 1에 가해지는 힘이 $\mathbf{F}_{12}$라고 하자. 뉴턴의 제 3법칙은 물체 2에 작용하는 힘은 물체 1로부터 기인하고, $\mathbf{F}_{21}$이 된다. 이 힘의 크기는 같고, 방향은 반대이다(그림 2.7 참조). 수학적으로 제 3법칙은 다음과 같이 나타낸다.

$$\mathbf{F}_{12} = -\mathbf{F}_{21}$$

뉴턴의 만유인력

뉴턴은 케플러의 제 3법칙과 자신이 발표한 운동에 관한 3개의 법칙을 사용하여 행성 궤도에서 행성을 잡아놓는 힘에 대하여 성공적으로 기술하였다. 큰 질량 M주위를 원궤도로 공전하는 작은 질량의 m의 운동을 생각해 보자(M ≫ m). 여기서 계의 단위가 년이나 AU가 아니면, 케플러의 제 3법칙은 아래와 같이 표현될 수 있다.

$$P^2 = kr^3$$

여기서 r은 두 물체 간의 거리이고, k는 비례상수이다. 그러므로 원궤도의 주기는 원궤도의 둘레와 질량 m의 일정한 속도로부터 다음과 같다.

$$P = \frac{2\pi r}{v}$$

전 식에다가 p를 대입하면

$$\frac{4\pi^2 r^2}{v^2} = kr^3$$

다시 정리하고 양변에 m을 곱하면

$$m\frac{v^2}{r} = \frac{4\pi^2 m}{kr^2}$$

위 방정식의 좌변에는 원 운동의 구심력을 뜻한다. 그러므로

$$F = \frac{4\pi^2 m}{kr^2}$$

위 식의 F는 M주위를 도는 궤도에 m을 유지시키는 중력이다. 그러나 뉴턴의 제3법칙은 m에 의해서 M에 가해지는 힘의 크기 역시 M에서 m에 가해지는 힘의 크기와 같다. 그러므로 이 식의 형태는 m과 M을 바꿔도 대칭성이 있어야만 한다. m을 M으로 바꾸면

$$F = \frac{4\pi^2 M}{k' r^2}$$

이 대칭성을 분명하게 표현하고 나머지 상수들을 묶어서 새로운 상수를 만들면

$$F = \frac{4\pi^2 Mm}{k'' r^2}$$

여기서 $k = k''/M$ 그리고 $k' = k''/m$이다. 드디어 마지막으로 새로운 상수 $G \equiv 4\pi^2/k''$을 도입하면, 뉴턴이 발견한 만유인력 법칙에 도달한다.

$$\boxed{F = G\frac{Mm}{r^2}} \tag{2.11}$$

여기서 $G = 6.673 \times 10^{-11}\,\mathrm{N\,m^2\,kg^{-2}}$(만유인력상수)[4]이며, 중력에 대한 뉴턴의 법칙은 질량을 가진 두 물체에 적용된다. 특히 멀리 떨어진 확장된 물체에(상대편은 점질량) 대해서, 점질량이 확장된 물체에 작용하는 힘은 질량분포를 적분하여 구할 수 있다.

예제 2.2.1

구형 대칭 질량 M의 물체가 점 질량 m에 작용하는 힘은 점질량과 구형 물체의 중심을 연결하는 선을 따라 고리를 적분하여 구할 수 있다(그림 2.8 참조). 여기에서 고리상의 모든 점들은 m으로부터 같은 거리에 위치하게 된다. 더욱이 고리는 대칭으로 되어 있으므로 고리와 관계되는 중력 벡터는 고리의 중심축을 따라서 향한다. 일단 한 개의 고리로 인한 힘이 결정되면, 다른 모든 고리로 인한 힘을 모두 함하면, 그 결과는 M으로 인한 m에 미치는 힘이 될 것이다.

r을 두 질량 M와 m의 중심사이의 거리라고 하자. R_0은 큰 질량의 반지름이고, s는 작은 질량으로부터 고리상의 한 점까지의 거리이다. 고리는 연결선에 대하여 대칭적이므로 두 물체의 중심을 연결하는 선상의 중력 벡터만이 계산하면 된다. 그 수직의 성분들은 상쇄될 것이다. 만약 dM_{ring}이 그 고리의 질량으로 간주된다면 고리가 m 상에 미치는 힘은 다음과 같이 주어진다.

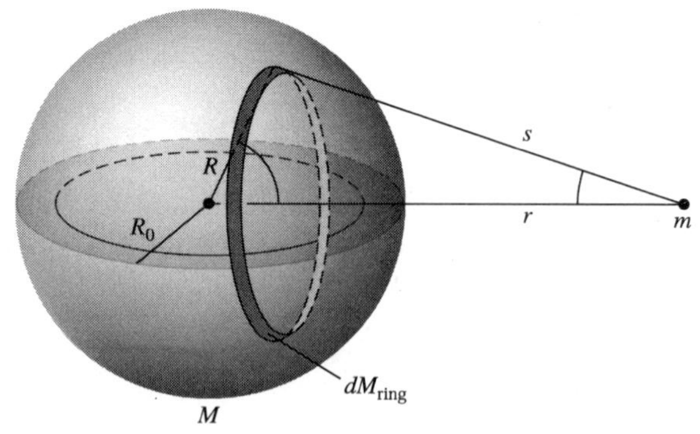

▌그림 2.8 구형대칭의 질량분포에서 중력효과

4) 이 책을 쓸 당시 G의 불확정성은 $\pm 0.010 \times 10^{-11}\,\mathrm{N\,m^2\,kg^{-2}}$이었다.

$$dF_{\text{ring}} = G\frac{m\,dM_{\text{ring}}}{s^2}\cos\phi$$

확장된 물체의 질량 밀도를 $\rho(R)$가 단지 반지름의 함수라고 가정하고 dR의 두께를 가지는 고리의 부피를 dV_{ring}이라고 하면

$$\begin{aligned} dM_{\text{ring}} &= \rho(R)\,dV_{\text{ring}} \\ &= \rho(R)\,2\pi R\sin\theta\,R\,d\theta\,dR \\ &= 2\pi R^2\rho(R)\sin\theta\,dR\,d\theta \end{aligned}$$

코사인은 다음과 같다.

$$\cos\phi = \frac{r - R\cos\theta}{s}$$

여기서 s는 피타고라스 정리에 의해서 다음과 같다.

$$s = \sqrt{(r - R\cos\theta)^2 + R^2\sin^2\theta} = \sqrt{r^2 - 2rR\cos\theta + R^2}$$

위 식들을 dF_{ring}식에 대입하고, R 지점에서의 구의 표면적은 고리를 $\theta=0$에서 π까지 적분하여 구하고, 그리고 공의 체적은 껍질을 R에 대하여 $R=0$에서 $R=R_0$까지 적분한다. 그러므로 작은 질량에 작용하는 총 중력을 다음과 같이 구할 수 있다.

$$\begin{aligned} F &= Gm\int_0^{R_0}\int_0^{\pi}\frac{(r - R\cos\theta)\rho(R)2\pi R^2\sin\theta}{s^3}\,d\theta\,dR \\ &= 2\pi Gm\int_0^{R_0}\int_0^{\pi}\frac{rR^2\rho(R)\sin\theta}{\left(r^2 + R^2 - 2rR\cos\theta\right)^{3/2}}\,d\theta\,dR \\ &\quad - 2\pi Gm\int_0^{R_0}\int_0^{\pi}\frac{R^3\rho(R)\sin\theta\cos\theta}{\left(r^2 + R^2 - 2rR\cos\theta\right)^{3/2}}\,d\theta\,dR \end{aligned}$$

θ에 대한 적분은 변수를 변화시킴으로써 수행할 수 있다.
$u \equiv s^2 = r^2 + R^2 - 2rR\cos\theta$. 그리고 나서 $\cos\theta = (r^2 + R^2 - u)/2rR$ 그리고 $\sin\theta d\theta = du/2rR$으로 적절히 대체하고 새로운 변수 u에 대해서 적분하면 힘에 대한 식은 다음과 같이 된다.

$$F = \frac{Gm}{r^2}\int_0^{R_0} 4\pi R^2\rho(R)\,dR$$

위의 적분 부분은 단지 dR두께의 껍데기, 혹은 부피 dV_{shell}의 질량이며, 다음과 같이 표현된다.

$$dM_{\text{shell}} = 4\pi R^2 \rho(R)\, dR = \rho(R)\, dV_{\text{shell}}$$

그러므로 적분으로 구형 대칭의 질량 dM_{shell}이 m에 미치는 힘은 다음과 같이 구할 수 있다.

$$dF_{\text{shell}} = \frac{Gm\, dM_{\text{shell}}}{r^2}$$

그 껍질은 질량이 완벽히 구의 중심에 있는 것처럼 중력적으로 작용한다. 마침내 질량껍질의 전체에 대한 적분을 하여 우리는 멀리 떨어져 있는 두 물체 사이의 구형대칭성의 선을 따라서 아래와 같이 주어진다.

$$F = G\frac{Mm}{r^2}$$

위 식도 두 물체 점질량 사이에 중력을 나타내는 식이다.

한 물체가 지구표면의 가까운 곳으로 떨어질 때 이 물체는 지구의 중심으로 향하여 $g = 9.8\text{ms}^{-2}$의 비율로 가속된다. 이것을 지구의 중력가속도라고 한다. 뉴턴의 두 번째 법칙과 중력 법칙을 사용하면 중력가속도를 구할 수 있다. 만약 m이 지구로 떨어지는 물체의 질량이라 하고, $M_\oplus$과 $R_\oplus$은 각각 지구의 질량과 반지름이고, h는 지구 위에서의 물체의 높이라고 하면 지구가 질량 m에 작용하는 중력은 다음과 같이 주어진다.

$$F = G\frac{M_\oplus m}{(R_\oplus + h)^2}$$

m이 지구 표면 근처에 있다고 가정하면 $h \ll R_\oplus$ 이고

$$F \simeq G\frac{M_\oplus m}{R_\oplus^2}$$

그러나 $F = ma = mg$; 그러므로

$$g = G\frac{M_{\oplus}}{R_{\oplus}^2} \tag{2.12}$$

$M_{\oplus} = 5.9736 \times 10^{24}$kg 그리고 $R_{\oplus} = 6.378136 \times 10^{6}$m로 값을 지정해 주면 관측값과 일치하는 g값을 얻을 수 있다.

달의 궤도

아주 유명한 이야기로 뉴턴이 머리 위로 사과가 떨어진 것으로 중력이 달을 붙잡고 있다는 것을 즉각 깨달았다는 것은 다소 공상적이고 부정확한 것이다. 그러나 뉴턴은 떨어지는 사과의 가속도를 이용하여, 지구 가까이에 있는 이웃(달)의 운동은 중력에 의한 것이라고 설명하였다.

예제 2.2.2

달의 궤도가 정확히 원궤도라고 간단히 가정하면, 달의 구심가속도를 계산할 수 있다. 원운동을 하는 물체의 구심 가속도는 다음과 같이 표현한다.

$$a_c = \frac{v^2}{r}$$

이 경우 r은 지구 중심에서 달 중심까지의 거리이고, $r = 3.84401 \times 10^8$m이고, v는 달의 궤도 속도로 아래와 같이 표현된다.

$$v = \frac{2\pi r}{P}$$

여기서 $p = 27.3$ days $= 2.36 \times 10^6$s이며, 이것은 달의 항성 주기이다. $v = 1.02$ km s^{-1}를 구하면 구심 가속도는 아래와 같이 된다.

$$a_c = 0.0027 \text{ m s}^{-2}$$

지구의 중력이 끌어당겨서 생기는 달의 가속도를 아래와 같이 직접적으로 계산할 수 있다.

$$a_g = G\frac{M_{\oplus}}{r^2} = 0.0027 \text{ m s}^{-2}$$

이것은 구심 가속도의 값과 잘 일치한다.

일과 에너지

물리학의 다른 영역과 마찬가지로 천체물리학에서는 어떤 특별한 물리적 현상에서 에너지 관계를 이해하면 그 현상들이 계에서 어떻게 진행되는지, 어떤 중요성이 있는지 결정하는데 도움이 되는 경우가 많다. 어떤 모델이 관측된 에너지양만큼 에너지를 만들지 못한다면 그 모델은 곧 폐기될 것이다. 에너지 논의는 또한 어떠한 문제에 아주 간단한 해답을 주기도 한다. 예를 들면, 행성 대기 진화에서, 대기가 행성을 탈출할 때 어느 원소가 탈출 가능성이 있는지 고려하여만 한다. 그러한 고려는 가스입자들의 탈출 속도를 계산하면 알 수 있다.

질량 m의 물체를 중력에 대해서 높이 h만큼 들어 올리는데 필요한 에너지의 양은 계의 위치 에너지의 변화와 같다. 일반적으로 위치에너지의 변화는 두 점간의 위치의 변화 때문에 발생하고 식 (2.13)과 같다.

$$U_f - U_i = \Delta U = -\int_{\mathbf{r}_i}^{\mathbf{r}_f} \mathbf{F} \cdot d\mathbf{r} \tag{2.13}$$

여기서 $\mathbf{F}$는 힘의 벡터이고, r_i와 r_f는 초기와 최종 위치 벡터이고, $d\mathbf{r}$은 어떤 일반좌표계(그림 2.9)에서 위치 에너지의 미소변화량이다. 만약 질량 M이 m에 작용하는 중력이고, M의 중심에 위치하면, $\mathbf{F}$는 안쪽으로 즉 M쪽을 향하고, $d\mathbf{r}$은 바깥쪽으로 향하는 방향이다. $\mathbf{F} \cdot dr = -F\,dr$이 되며, 위치에너지의 변화는 다음과 같이 된다.

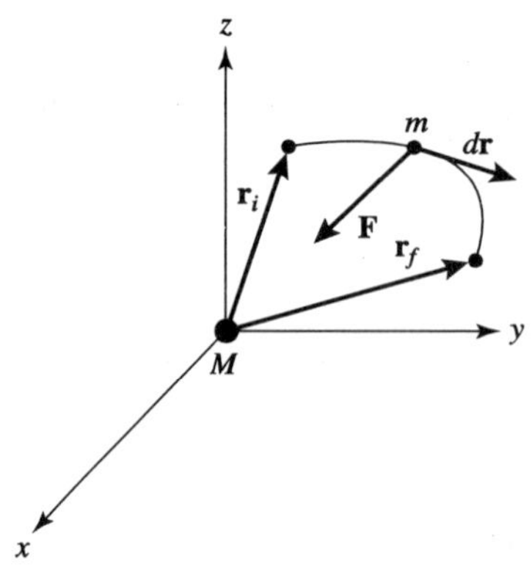

▮ **그림 2.9** 중력적 위치 에너지. 행해진 일의 양은 힘 벡터의 방향에 대해서 상대적으로 움직이는 운동방향에 따라 결정된다.

$$\Delta U = \int_{r_i}^{r_f} G\frac{Mm}{r^2}\,dr$$

위 식의 적분 값을 구하면 우리는 다음과 같은 값을 얻을 수 있다.

$$U_f - U_i = -GMm\left(\frac{1}{r_f} - \frac{1}{r_i}\right)$$

단지 위치에너지의 상대적 변화만이 물리적으로 의미가 있기 때문에, 위치에너지가 0으로 되는 기준 위치가 선택되어야만 한다. 만약 어떤 특별한 중력계에서는 위치에너지가 무한히 먼 곳에서 0이고, r_f가 무한대로($r_f \to \infty$) 접근하고 단순함을 위해 아래첨자를 생략하면 식 (2.14)와 같이 된다.

$$\boxed{U = -G\frac{Mm}{r}} \tag{2.14}$$

물론 이런 과정은 역으로 될 수 있을 것이며, 힘은 위치에너지를 미분하여 표현할 수 있다. 단지 r에만 의존하는 힘은 다음과 같다.

$$F = -\frac{\partial U}{\partial r} \tag{2.15}$$

일반적인 3차원 표현으로 $\mathbf{F} = -\nabla U$인데, 여기서 ∇U는 U의 기울기(gradient)를 나타낸다. 직각좌표계에서 이것은 다음과 같이 된다.

$$\mathbf{F} = -\frac{\partial U}{\partial x}\hat{\mathbf{i}} - \frac{\partial U}{\partial y}\hat{\mathbf{j}} - \frac{\partial U}{\partial z}\hat{\mathbf{k}}$$

만약 질량이 큰 물체의 속도 $|v|$가 변하면, 일이 그 물체에서 수행되어져야만 한다. 이것은 일 적분을 시간에 대하여 그리고 속도에 대하여 다시 써서 다음과 같이 표현된다.

$$\begin{aligned} W &\equiv -\Delta U \\ &= \int_{\mathbf{r}_i}^{\mathbf{r}_f} \mathbf{F}\cdot d\mathbf{r} \end{aligned}$$

$$= \int_{t_i}^{t_f} \frac{d\mathbf{p}}{dt} \cdot (\mathbf{v}\, dt)$$

$$= \int_{t_i}^{t_f} m \frac{d\mathbf{v}}{dt} \cdot (\mathbf{v}\, dt)$$

$$= \int_{t_i}^{t_f} m \left(\mathbf{v} \cdot \frac{d\mathbf{v}}{dt} \right) dt$$

$$= \int_{t_i}^{t_f} m \frac{d\left(\frac{1}{2}v^2\right)}{dt} dt$$

$$= \int_{v_i}^{v_f} m\, d\left(\frac{1}{2}v^2\right)$$

$$= \frac{1}{2}mv_f^2 - \frac{1}{2}mv_i^2.$$

우리는 다음의 식을

$$\boxed{K = \frac{1}{2}mv^2} \tag{2.16}$$

물체의 운동에너지로 확인할 수 있다. 그러므로 입자에 가해진 일은 입자의 운동에너지의 변화로 나타난다. 이 말은 에너지 보존에 대한 한 예이고 에너지 보존은 물리학의 모든 영역에서 자주 마주친다.

질량 m의 입자가 초기속도는 v이고, 지구와 같이 큰 질량 M의 중심으로부터 거리 r만큼 떨어진 곳에 위치한다고 생각해 보자. 질량 m이 M의 중력으로부터 완전히 탈출하기 위하여 어떤 속도를 가져야 하는가? 탈출속도를 계산하기 위하여 에너지 보존 법칙을 사용한다. 즉 입자의 총에너지(운동 그리고 위치 에너지)는 다음과 같이 주어진다.

$$E = \frac{1}{2}mv^2 - G\frac{Mm}{r}$$

M으로부터 아주 멀리 떨어진 위치에서의 물체의 최종의 속도가 0인 곳을 임계의 상황으로 가정했을 때, 운동에너지와 위치에너지는 모두 0이 될 것이다. 분명히 에너지 보존에 의해서 입자의 총 에너지는 모든 순간에 0이 될 것이다. 그러므로

다음과 같이 된다.

$$\frac{1}{2}mv^2 = G\frac{Mm}{r}$$

위 식을 m의 초기 속도에 대하여 풀면

$$\boxed{v_{\text{esc}} = \sqrt{2GM/r}} \tag{2.17}$$

윗 식에서와 같이 탈출 물체의 질량은 탈출 속도를 나타내는 식에 들어가지 않는다. 지구표면에서의 탈출속도는 $v_{esc} = 11.2\ \text{km s}^{-1}$이다.

2.3 케플러 법칙의 유도

비록 케플러가 행성 운동의 기하학이 원형보다는 타원형이 보다 일반적인 형태라고 이해하였지만 그는 행성들이 어떠한 힘에 의해서 그러한 궤도를 유지하는지는 설명하지 못했다. 뉴턴은 힘을 정량적으로 정의하는데 성공하였을 뿐만 아니라 행성에게만 적용하였던 케플러의 작업을 모든 물체에 대하여 일반화 하였다. 그러므로 케플러가 경험적으로 얻은 행성운동의 법칙을 중력법칙을 이용하여 유도하는 것이었다. 케플러 법칙의 유도는 현대 천문학의 발전에 아주 중요한 역할을 하였다.

질량중심 기준계

케플러의 법칙을 유도하기 전에 궤도 운동의 역학을 좀 더 세밀히 조사해 보는 것이 필요하다. 쌍성궤도와 같은 2체 문제간의 상호작용이나 더 일반화 된 다체 문제(종종 N체 문제라 불리우는)를 다룰 때는 질량중심 기준계를 사용하는 것이 문제를 푸는데 쉽다.

그림 2.10에서 질량이 m_1, m_2인 두 물체가 있고 각각 위치벡터는 $\mathbf{r}_1'$과 $\mathbf{r}_2'$로 주어지며 두 위치벡터의 차는 다음과 같이 주어진다.

$$\mathbf{r} = \mathbf{r}_2' - \mathbf{r}_1'$$

위치벡터 $\mathbf{R}$은 각 질량의 가중치를 적용한 평균벡터이며, 다음과 같이 정의한다.

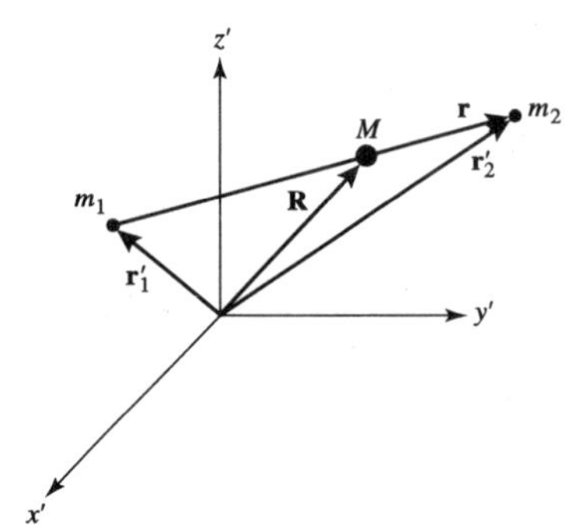

▌그림 2.10 m_1 m_2 질량중심 M을 가리키는 일반적인 직교좌표계

$$\mathbf{R} \equiv \frac{m_1\mathbf{r}_1' + m_2\mathbf{r}_2'}{m_1 + m_2} \tag{2.18}$$

물론 이 정의는 n개의 물체의 경우 즉각적으로 다음과 같이 일반화 될 수 있다.

$$\mathbf{R} \equiv \frac{\sum_{i=1}^{n} m_i\mathbf{r}_i'}{\sum_{i=1}^{n} m_i}$$

위의 방정식을 다시 쓰면 우리는 다음과 같은 식을 얻는다.

$$\sum_{i=1}^{n} m_i\mathbf{R} = \sum_{i=1}^{n} m_i\mathbf{r}_i'$$

그리고 나서 만약 우리가 그 계의 전체 질량을 M으로 결정하면, $M \equiv \sum_{i=1}^{n} m_i \boldsymbol{r}_i'$ 되며, 위의 방정식은 다음과 같이 된다.

$$M\mathbf{R} = \sum_{i=1}^{n} m_i\mathbf{r}_i'$$

각각의 질량들이 변하지 않는다고 가정하고 양변을 시간에 대해서 미분하면

$$M\frac{d\mathbf{R}}{dt} = \sum_{i=1}^{n} m_i \frac{d\mathbf{r}_i'}{dt}$$

또는

$$M\mathbf{V} = \sum_{i=1}^{n} m_i \mathbf{v}_i'$$

가 된다.

이 방정식의 우변은 계의 모든 입자의 선형 운동량들의 합이다. 그러므로 그 계의 총 선형 운동량은 모든 질량들이 $\mathbf{R}$ 에 위치하고 속도는 $\mathbf{V}$ 로 움직이는 것으로 생각할 수 있다. 그러므로 $\mathbf{R}$ 은 계의 질량중심의 위치이고, $\mathbf{V}$ 는 질량 중심의 속도이다. $\mathbf{P} \equiv M\mathbf{V}$ 를 질량 중심의 선형운동량, $\mathbf{p}_i' = m_i\mathbf{v}_i'$를 개개의 입자 i의 선형 운동량으로 놓고, 다시 양변을 시간에 대해서 미분하면 다음과 같은 결과가 나온다.

$$\frac{d\mathbf{P}}{dt} = \sum_{i=1}^{n} \frac{d\mathbf{p}_i'}{dt}$$

만약 우리가 그 계의 각 입자들에 작용하는 모든 힘들이 그 계안에 포함된 다른 입자들로부터 가해진 힘이라고 가정하면, 뉴턴의 제 3 법칙으로부터 모든 힘들은 반듯이 0이 되어야한다. 이와 같은 조건은 크기는 같고 방향은 반대인 작용-반작용의 힘이 쌍으로 존재하기 때문이다. 물론 각 질량들의 운동량은 변할 것이다. 질량중심의 양을 사용하면, 계에 작용하는 총(혹은 순수) 힘은 다음과 같이 된다.

$$\mathbf{F} = \frac{d\mathbf{P}}{dt} = M\frac{d^2\mathbf{R}}{dt^2} = 0$$

그러므로 질량중심은 외부의 힘이 존재하지 않는 이상 가속되지 않는다. 이와 같은 사실은 질량 중심의 기준계는 관성기준계여야 함을 의미하고, N체 문제는 질량중심이 $\mathbf{R}=0$에 놓여진 좌표계를 선택함으로써 단순화 될 수 있다.

만약 우리가 그림 2.11과 같이 쌍성계에서 질량중심 기준계를 선택하면, 식 2.18은 다음과 같이 된다.

$$\frac{m_1\mathbf{r}_1 + m_2\mathbf{r}_2}{m_1 + m_2} = 0 \qquad (2.19)$$

여기서 prime기호를 생략하였고, 위 식은 질량중심 좌표계가 된다. $\mathbf{r}_1$, $\mathbf{r}_2$ 를 차이 벡터 $\mathbf{r}$로써 다시 쓰고, $\mathbf{r}_2 = \mathbf{r}_1 + \mathbf{r}$ 를 대입하면

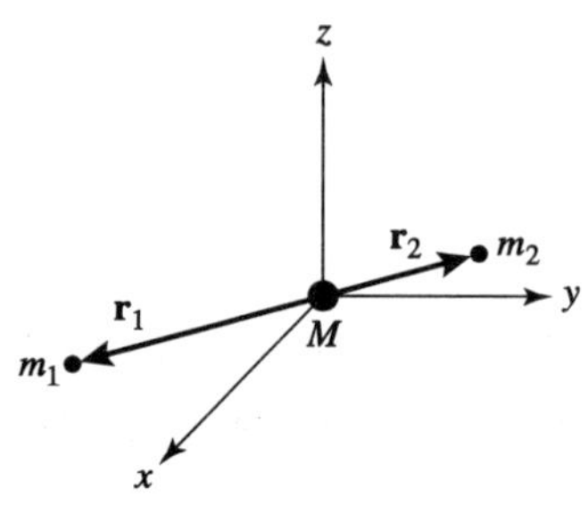

▌그림 2.11 2체에 대한 질량중심 좌표계. 질량중심은 좌표계의 원점에 고정되어 있다.

$$\mathbf{r}_1 = -\frac{m_2}{m_1 + m_2}\mathbf{r} \tag{2.20}$$

$$\mathbf{r}_2 = \frac{m_1}{m_1 + m_2}\mathbf{r} \tag{2.21}$$

다음, 환산질량을 식 (2.22)와 같이 정의하자.

$$\boxed{\mu \equiv \frac{m_1 m_2}{m_1 + m_2}} \tag{2.22}$$

그러면, $\mathbf{r}_1$, $\mathbf{r}_2$는 다음과 같이 된다.

$$\mathbf{r}_1 = -\frac{\mu}{m_1}\mathbf{r} \tag{2.23}$$

$$\mathbf{r}_2 = \frac{\mu}{m_2}\mathbf{r} \tag{2.24}$$

질량중심 기준 좌표계의 편리함은 총에너지와 계의 궤도 각 운동량이 고려될 때 알 수 있다. 운동에너지와 중력위치에너지의 항을 포함하면, 총 에너지는 다음과 같이 표현될 것이다.

$$E = \frac{1}{2}m_1 |\mathbf{v}_1|^2 + \frac{1}{2}m_2 |\mathbf{v}_2|^2 - G\frac{m_1 m_2}{|\mathbf{r}_2 - \mathbf{r}_1|}$$

계의 총에너지식과, 환산 질량의 정의를 이용하여, $\mathbf{r}_1$과 $\mathbf{r}_2$관계를 넣으면,

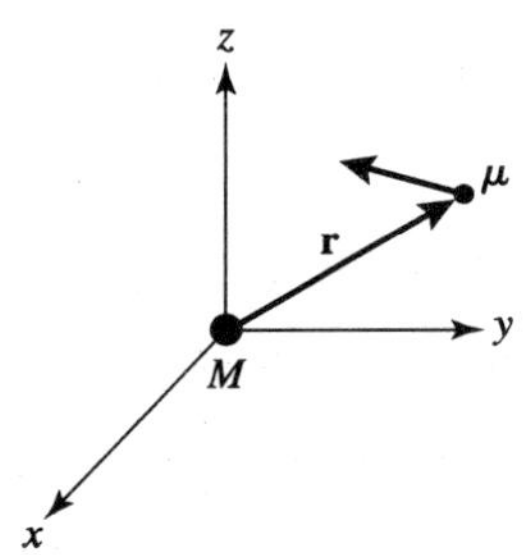

▮ 그림 2.12 쌍성의 궤도는 원점에 총질량 M이 있고, 환산질량 μ의 운동을 계산하는 문제로 간주하여도 무방하다.

$$E = \frac{1}{2}\mu v^2 - G\frac{M\mu}{r} \tag{2.25}$$

여기서 $v = |\mathbf{v}|$이고 $\mathbf{v} \equiv d\mathbf{r}/dt$ 이다. 우리는 또한 $r = |\mathbf{r}_2 - \mathbf{r}_1|$ 기호법을 사용하였다. 계의 총 에너지는 환산질량의 운동에너지와 환산질량의 위치에너지의 합과 같다. 그 환산질량은 원점에 위치하는 질량 M 주위를 돈다. μ와 M 사이의 거리는 질량 m_1과 m_2 물체들 사이의 분리거리와 같다. 이와 유사하게 총 궤도 각운동량은 다음과 같이 된다.

$$\mathbf{L} = m_1\mathbf{r}_1 \times \mathbf{v}_1 + m_2\mathbf{r}_2 \times \mathbf{v}_2$$

위 식은 또한 다음과 같이 된다.

$$\mathbf{L} = \mu\mathbf{r} \times \mathbf{v} = \mathbf{r} \times \mathbf{p} \tag{2.26}$$

여기서 $\mathbf{p} \equiv \mu v$. 총궤도 각운동량은 환산질량의 궤도 각운동량과 같다. *일반적으로 이체문제는 환산질량 μ가 거리 r 떨어진 고정된 질량 M에 대해 움직이고 있을 때 1체 문제로 다뤄질 수 있다(그림 2.12 참조).*

케플러 제 1법칙의 유도

케플러 법칙을 얻기 위해 행성궤도 각운동량 상에 미치는 중력의 효과를 고려해야만 한다. 질량중심 좌표계를 사용하고, 환산질량의 궤도 각운동량(식 2.26)을 시간에 대한 미분값을 취하면

$$\frac{d\mathbf{L}}{dt} = \frac{d\mathbf{r}}{dt} \times \mathbf{p} + \mathbf{r} \times \frac{d\mathbf{p}}{dt} = \mathbf{v} \times \mathbf{p} + \mathbf{r} \times \mathbf{F}$$

두 번째 표현은 속도의 정의와 뉴턴의 두 번째 법칙으로부터 나온다. 속도 $\mathbf{v}$와 운동량 $\mathbf{p}$가 같은 방향이기 때문에 그들의 외적은 0이 된다. 이와 마찬가지로 $\mathbf{F}$가 $\mathbf{r}$을 따라 안쪽 방향으로 향하는 중심력이기 때문에 $\mathbf{r}$과 $\mathbf{F}$의 외적은 또한 0이 된다. 그 결과는 각운동량의 관한 아주 중요하고, 일반적인 식이 다음과 같이 나타난다.

$$\frac{d\mathbf{L}}{dt} = 0 \tag{2.27}$$

시선방향의 단위벡터 $\hat{\mathbf{r}}(\mathbf{r} = r\hat{\mathbf{r}})$를 이용하여 각운동량 벡터를 다른 형태로 다음과 같이 표현할 수 있다.

$$\begin{aligned}\mathbf{L} &= \mu\mathbf{r} \times \mathbf{v} \\ &= \mu r\hat{\mathbf{r}} \times \frac{d}{dt}(r\hat{\mathbf{r}}) \\ &= \mu r\hat{\mathbf{r}} \times \left(\frac{dr}{dt}\hat{\mathbf{r}} + r\frac{d}{dt}\hat{\mathbf{r}}\right) \\ &= \mu r^2\hat{\mathbf{r}} \times \frac{d}{dt}\hat{\mathbf{r}}.\end{aligned}$$

(마지막 결과는 $\hat{\mathbf{r}} \times \hat{\mathbf{r}} = 0$이 된다는 사실로부터 유도할 수 있다) 벡터의 형태에서 환산질량의 가속도는 M이 작용하는 중력 때문에 다음과 같이 된다.

$$\mathbf{a} = -\frac{GM}{r^2}\hat{\mathbf{r}}$$

환산질량의 가속도와 환산질량의 궤도 각운동량을 벡터의 외적하면

$$\mathbf{a} \times \mathbf{L} = -\frac{GM}{r^2}\hat{\mathbf{r}} \times \left(\mu r^2\hat{\mathbf{r}} \times \frac{d}{dt}\hat{\mathbf{r}}\right) = -GM\mu\,\hat{\mathbf{r}} \times \left(\hat{\mathbf{r}} \times \frac{d}{dt}\hat{\mathbf{r}}\right)$$

벡터항등식 $\mathbf{A} \times (\mathbf{B} \times \mathbf{C}) = (\mathbf{A} \cdot \mathbf{C})\mathbf{B} - (\mathbf{A} \cdot \mathbf{B})\mathbf{C}$를 이용하면

$$\mathbf{a}\times\mathbf{L} = -GM\mu\left[\left(\hat{\mathbf{r}}\cdot\frac{d}{dt}\hat{\mathbf{r}}\right)\hat{\mathbf{r}} - (\hat{\mathbf{r}}\cdot\hat{\mathbf{r}})\frac{d}{dt}\hat{\mathbf{r}}\right]$$

$\hat{\mathbf{r}}$은 단위벡터이고 $\hat{\mathbf{r}}\cdot\hat{\mathbf{r}}=1$이 되므로

$$\frac{d}{dt}(\hat{\mathbf{r}}\cdot\hat{\mathbf{r}}) = 2\hat{\mathbf{r}}\cdot\frac{d}{dt}\hat{\mathbf{r}} = 0$$

그 결과로

$$\mathbf{a}\times\mathbf{L} = GM\mu\frac{d}{dt}\hat{\mathbf{r}}$$

혹은 식 (2.27)을 적용하면

$$\frac{d}{dt}(\mathbf{v}\times\mathbf{L}) = \frac{d}{dt}(GM\mu\,\hat{\mathbf{r}})$$

시간에 대하여 적분하면

$$\mathbf{v}\times\mathbf{L} = GM\mu\,\hat{\mathbf{r}} + \mathbf{D} \tag{2.28}$$

여기서 D는 상수벡터이다. $\mathbf{v}\times\mathbf{L}$과 $\hat{\mathbf{r}}$ 모두 궤도 평면에 위치하므로 D는 상수가 된다. 더욱이 좌변의 크기는 근일점에서 가장 크고, 환산질량도 최대가 된다. 우변의 크기 $\hat{\mathbf{r}}$과 D 점이 같은 방향에 있을 때 가장 크다. 그러므로 D는 근일점을 향하고 있다. 아래에서 보인바와 같이 D의 크기로 궤도 이심률을 결정한다. 다음은 식 (2.28)과 위치벡터 $\mathbf{r}\equiv r\hat{\mathbf{r}}$를 내적하면

$$\mathbf{r}\cdot(\mathbf{v}\times\mathbf{L}) = GM\mu r\,\hat{\mathbf{r}}\cdot\hat{\mathbf{r}} + \mathbf{r}\cdot\mathbf{D}$$

벡터항등식 $\mathbf{A}\cdot(\mathbf{B}\times\mathbf{C}) = (\mathbf{A}\times\mathbf{B})\cdot\mathbf{C}$를 이용하면

$$(\mathbf{r}\times\mathbf{v})\cdot\mathbf{L} = GM\mu r + rD\cos\theta$$

마지막으로 각운동량 식 (2.26)의 정의를 이용하면

$$\frac{L^2}{\mu} = GM\mu r\left(1 + \frac{D\cos\theta}{GM\mu}\right)$$

여기서 θ는 근일점 방향으로부터 측정한 환산질량의 각이다. $e \equiv D/GM\mu$로 정의하고, r에 대하여 풀면 Kepler 제1법칙은 다음과 같다.

$$\boxed{r = \frac{L^2/\mu^2}{GM(1 + e\cos\theta)}} \tag{2.29}$$

이 식이 바로 원뿔 곡선의 식이다. 식 (2.29)를 타원, 포물선, 쌍곡선의 식 (2.3), (2.7), (2.8)과 비교하여 볼 수 있다. 중력(혹은 다른 역제곱 힘)의 영향하에서 질량중심에 대한 환산질량이 지나가는 길이 바로 원뿔 곡선이다. 타원궤도는 결과적으로 r^{-2}구심력, 즉 계의 총 에너지가 0보다 작을 때(속박계) 형성되고, 포물선은 총 에너지가 0일 때, 쌍곡선은 에너지가 0보다 클 때 속박되지 않는 상태가 되며 형성된다.

식 (2.29)를 하늘에 있는 물리적 기준계로 설명하면, 케플러 제1법칙은 속박된 행성궤도를 뜻하며, "쌍성궤도의 두 물체는 질량중심을 타원궤도로 돌고 있으며, 질량중심은 타원의 한 초점에 있다."라고 표현된다. 뉴턴은 행성의 운동이 타원을 따라 움직이는 특성을 설명하였고, 케플러 제1법칙이 약간은 일반화되어야 한다고 하였다. 즉 계의 질량중심이 태양의 중심에 정확히 있기 보다는 타원의 초점에 있다는 것이다. 우리 태양계의 중심이 태양의 중심에 있다고 잘못 생각한 것은 이해할만하다. 왜냐하면 가장 큰 행성인 목성이 겨우 태양질량의 1/1000정도 밖에 안되기 때문이다. 이 경우 태양-목성의 질량중심은 태양표면 근처가 된다. 티코의 육안 관측을 사용한 케플러가 그 정도의 오차를 감지 못한 것은 당연한 것이다.

닫힌 행성 궤도인 경우 식 (2.3)과 (2.29)를 비교하면 계의 총 궤도각운동량은

$$\boxed{L = \mu\sqrt{GMa\left(1 - e^2\right)}} \tag{2.30}$$

L은 순수 원운동에서 최대값을 갖고, 이심률이 1에 접근하면 예상대로 0이 된다.

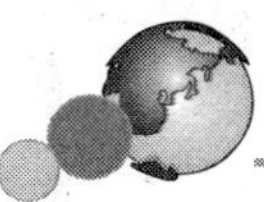

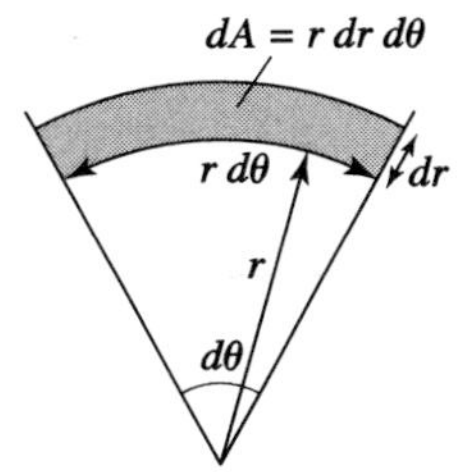

▮ 그림 2.13 극좌표계에서의 극소 면적 요소

케플러 제 2법칙의 유도

케플러 제 2법칙은 주어진 시간 간격에서 타원의 일정 부분의 면적과 관계되기 때문에, 이를 유도하기 위하여 극좌표계에서의 극소영역은 그림 2.13에서 보여지는 것과 같으며 다음 식으로 나타낼 수 있다.

$$dA = dr\,(r\,d\theta) = r\,dr\,d\theta$$

만약 우리가 타원의 주초점으로부터 특정거리 r까지 적분을 하면, θ에 따라 극소의 변화에 의해서 휩쓸고 가는 면적은 다음과 같이 된다.

$$dA = \frac{1}{2}r^2\,d\theta$$

그러므로 타원상의 한 점으로부터 초점까지 연결하는 한 선이 휩쓸고 지나가는 면적의 시간에 따른 변화량은 식 2.31과 같이 된다.

$$\frac{dA}{dt} = \frac{1}{2}r^2\frac{d\theta}{dt} \tag{2.31}$$

궤도 속도 $\mathbf{v}$는 두 개의 성분으로 표현될 수 있다. 하나는 $\mathbf{r}$에 따른 방향이고 다른 하나는 $\mathbf{r}$에 수직인 방향이다. $\hat{\mathbf{r}}$과 $\hat{\boldsymbol{\theta}}$를 $\mathbf{r}$에 따른 단위 벡터라고 하고 그것이 각각 수직이라고 하면 $\mathbf{v}$는 다음과 같이 쓰여진다(그림 2.14 참조).

$$\mathbf{v} = \mathbf{v}_r + \mathbf{v}_\theta = \frac{dr}{dt}\hat{\mathbf{r}} + r\frac{d\theta}{dt}\hat{\boldsymbol{\theta}}$$

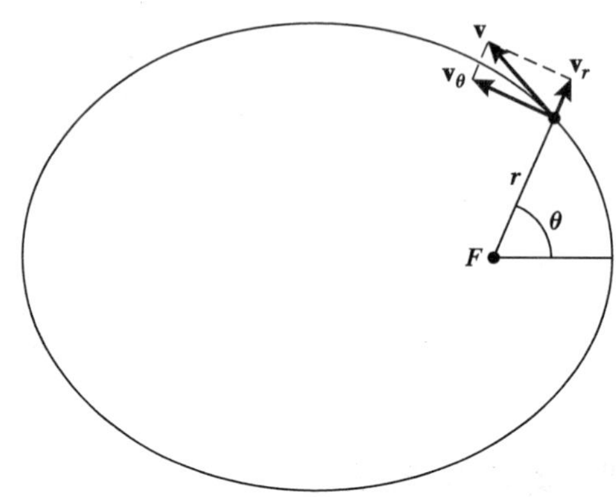

▌그림 2.14 극좌표계에서 타원운동의 속도벡터

v_θ를 식 (2.31)에 대입하면 다음과 같이 된다.

$$\frac{dA}{dt} = \frac{1}{2} r v_\theta$$

$\mathbf{r}$과 $\mathbf{v}_\theta$가 직교하기 때문에 다음과 같이 된다(식 2.26 참조).

$$r v_\theta = |\mathbf{r} \times \mathbf{v}| = \left|\frac{\mathbf{L}}{\mu}\right| = \frac{L}{\mu}$$

마침내 시간에 대한 면적의 변화 식은 **케플러 제 2법칙이 된다.**

$$\boxed{\frac{dA}{dt} = \frac{1}{2}\frac{L}{\mu}} \tag{2.32}$$

궤도 각운동량이 일정하기 때문에 행성과 타원의 한 초점을 연결하는 선이 휩쓸고 지나가는 시간에 따른 면적의 변화량이 일정(단위 질량당 궤도 각운동량의 1/2)하다는 것으로 이미 보여졌다. 이것이 바로 케플러의 제 2법칙이다.

근일점($\theta = 0$)과 원일점($\theta = \pi/2$)에서 환산질량의 속도는 식 (2.29)로부터 쉽게 얻을 수 있다. 근일점과 원일점 모두에서 r과 v는 서로 수직이므로 이들점에서 각운동량의 크기는 간단히 다음과 같이 된다.

$$L = \mu r v$$

그러므로 근일점에서 식 (2.29)는 다음과 같이 표현된다.

$$r_p = \frac{(\mu r_p v_p)^2/\mu^2}{GM(1+e)}$$

한편 원일점에서는

$$r_a = \frac{(\mu r_a v_a)^2/\mu^2}{GM(1-e)}$$

예제 2.1.1을 참고하면 근일점에서의 거리는 $r_p = a(1-e)$이고 원일점에서의 거리는 $r_a = a(1+e)$이므로 다음 식을 바로 얻는다.

근일점에서

$$v_p^2 = \frac{GM(1+e)}{r_p} = \frac{GM}{a}\left(\frac{1+e}{1-e}\right) \tag{2.33}$$

원일점에서

$$v_a^2 = \frac{GM(1-e)}{r_a} = \frac{GM}{a}\left(\frac{1-e}{1+e}\right) \tag{2.34}$$

총 궤도 에너지는 다음과 같이 된다.

$$E = \frac{1}{2}\mu v_p^2 - G\frac{M\mu}{r_p}$$

적당한 대입과 식을 다시 정리하면

$$\boxed{E = -G\frac{M\mu}{2a} = -G\frac{m_1 m_2}{2a}} \tag{2.35}$$

쌍성 궤도의 총 에너지는 단지 장반경 a만의 함수이고, 계의 시간에 대한 위치에너지의 평균의 정확히 반이 된다.

$$E = \frac{1}{2}\langle U \rangle$$

여기서 $< U >$는 궤도의 한 주기 동안의 평균을 의미한다.[5] 이것이 비리얼 이론의 한 예이다. 즉 중력적으로 속박된 계의 일반적인 성질이다. 비리얼 이론에 대해서는 2.4절에서 보다 자세하게 논의될 것이다.

환산질량(혹은 m_1과 m_2의 상대적인 속도)의 속도에 대한 식은 에너지 보존 법칙을 사용하여 총 궤도에너지와 운동과 위치에너지의 합을 같다고 놓으면 다음과 같이 되고

$$-G\frac{M\mu}{2a} = \frac{1}{2}\mu v^2 - G\frac{M\mu}{r}$$

$M = m_1 + m_2$의 정의를 사용하면 이것은 다음과 같이 단순화된다.

$$\boxed{v^2 = G(m_1 + m_2)\left(\frac{2}{r} - \frac{1}{a}\right)} \tag{2.36}$$

이 식은 궤도 속도에 벡터 성분을 추가하여 직접적으로 구할 수도 있다. $\mathbf{v}_r$과 $\mathbf{v}_\theta$와 v^2를 계산하는 것은 연습으로 남겨두겠다.

케플러 제 3법칙 유도

우리는 마침내 케플러의 마지막 법칙을 유도하는 시점에 도달했다. 케플러 제 2 법칙에 대한 식을 궤도의 한주기에 대하여 적분하면 다음과 같은 결과를 얻는다.

$$A = \frac{1}{2}\frac{L}{\mu}P$$

여기서 질량이 크고 고정된 위치에 있는 질량 M 주위를 공전하는 m은 질량중심을 공전하는 환산 질량으로 대체될 수 있다. 타원의 면적 $A = \pi ab$를 대입하고 식에 제곱을 취하고 다시 정리하면 다음과 같이 된다.

5) $< U > = -GM\mu/a$가 됨을 증명하는 것은 연습문제로 남겨둔다. 시간에 따른 평균, $< 1/r >$은 $1/a$와 같다. 그러나 $< r > \neq a$임을 유의하여라.

$$P^2 = \frac{4\pi^2 a^2 b^2 \mu^2}{L^2}$$

마침내 식 (2.2)와 총 궤도 각운동량에 대한 표현인 식 (2.30)을 사용하면 마지막 식인 **케플러 제 3법칙**이 간소화 된다.

$$P^2 = \frac{4\pi^2}{G\,(m_1 + m_2)} a^3 \tag{2.37}$$

이것이 케플러의 제 3법칙의 일반화 된 형태이다. 뉴턴은 타원궤도의 장반경과 궤도 주기에 대한 상관관계를 설명하였을 뿐만 아니라, 또한 케플러가 경험적으로 발견하지 못한 부분 즉 궤도 주기의 제곱은 계의 총 질량에 반비례 한다는 것도 유도하였다. 다시 한번 케플러가 그 당시 질량에 대한 부분을 예견하지 못한 것은 이해하여야만 한다. 왜냐하면 티코의 데이터는 단지 우리 태양계에 대한 것이었고 태양의 질량이 어떠한 행성의 질량보다도 너무 커서 $M_\odot + m_{\text{planet}} \simeq M_\odot$ 가 성립했기 때문이다. P를 년으로 표현하고 a를 천문단위(AU)로 표현하면, 궤도 주기와 장반경 사이의 상관관계 상수는 1이 된다.[6] 케플러의 제 3법칙을 일반화한 뉴턴 형태의 식은 현대 천문학에서도 매우 중요한 식으로 사용된다. 이 법칙은 천체의 질량을 얻는데 가장 직접적인 방법으로 사용되며, 천체의 질량은 여러 종류의 천체 현상을 이해하는데 중요한 요소가 된다. 뉴턴에 의해서 케플러의 법칙은 태양을 도는 행성, 행성을 도는 달들, 두 별이 서로 공전하는 별들, 은하-은하의 궤도에 똑같이 적용될 수 있다. 궤도 주기와 타원의 장반경을 알면 계의 전체질량을 구할 수 있다. 여기서 만약 질량중심까지의 상대적인 거리를 알면 계의 전체 질량에서 각각 질량들은 식 (2.19)를 이용해서 구할 수 있다.

예제 2.3.1

목성의 4개의 갈릴레오 달중의 하나인 Io는 궤도항성주기가 1.77일$=1.53\times10^5$ 초이다. 궤도 장반경은 4.22×10^8 m 이다. Io의 질량은 목성의 질량에 비하여 무시될 만하다고 가정하면, 목성의 질량은 케플러 3법칙을 이용하여 다음과 같이 구한다.

---

6) 1621년 케플러는 4개의 갈릴레이 위성들이 $P^2 = ka^3$ 의 형태로 자신의 제 3법칙을 만족한다고 설명할 수 있었으나 $k \neq 1$인 이유를 질량 때문이라고 설명하지는 못했다.

$$M_{\text{Jupiter}} = \frac{4\pi^2}{G}\frac{a^3}{P^2} = 1.90 \times 10^{27}\ \text{kg} = 318\ \text{M}_{\oplus}$$

부록 J는 궤도에 대한 간단한 포트란 프로그램을 포함하고 있다. 그 프로그램은 이 장에서 논의되어진 많은 개념들을 유용하게 사용할 수 있게 한다. 프로그램 Orbit는 큰 별의 주위를 공전하는 작은 질량의 위치를 시간의 함수로 계산한다(혹은 총질량에 대한 환산질량의 운동으로 생각해도 좋다). Orbit 프로그램에 의해서 생성된 자료는 그림 2.2를 그리는데 사용되었다.

2.4 비리얼 정리

마지막 절에서 2체 궤도의 총 에너지는 시간 평균 중력 위치에너지의 1/2와 같음을 알았다(식 2.35), 혹은 $E = \langle U \rangle / 2$. 계의 총 에너지는 음이기 때문에 그 계는 필연적으로 구속되어져야 한다. 평형상태에서 중력으로 구속된 계는 항상 총 에너지가 시간 평균 위치에너지의 절반이다. 이것을 비리얼 정리라고 한다. 비리얼 정리를 증명하기 위해서 다음과 같은 양을 고려해보자.

$$Q \equiv \sum_i \mathbf{p}_i \cdot \mathbf{r}_i$$

$\mathbf{p}_i$와 $\mathbf{r}_i$는 관성기준계에서 입자들에 대한 선형 운동량과 위치 벡터이고, 그 계에서 모든 입자들에 대한 합을 나타낸다. Q를 시간에 대하여 미분하면 다음과 같다.

$$\frac{dQ}{dt} = \sum_i \left(\frac{d\mathbf{p}_i}{dt} \cdot \mathbf{r}_i + \mathbf{p}_i \cdot \frac{d\mathbf{r}_i}{dt} \right) \tag{2.38}$$

위 식의 좌변은 다음과 같이 된다.

$$\frac{dQ}{dt} = \frac{d}{dt}\sum_i m_i \frac{d\mathbf{r}_i}{dt} \cdot \mathbf{r}_i = \frac{d}{dt}\sum_i \frac{1}{2}\frac{d}{dt}\left(m_i r_i^2\right) = \frac{1}{2}\frac{d^2 I}{dt^2}$$

여기서

$$I = \sum_i m_i r_i^2$$

모든 입자들의 관성모멘트를 나타낸다. 그래서 식 (2.38)에 대입하면

$$\frac{1}{2}\frac{d^2 I}{dt^2} - \sum_i \mathbf{p}_i \cdot \frac{d\mathbf{r}_i}{dt} = \sum_i \frac{d\mathbf{p}_i}{dt} \cdot \mathbf{r}_i \tag{2.39}$$

위 식 좌변의 두 번째 항은 다음과 같이 되고

$$-\sum_i \mathbf{p}_i \cdot \frac{d\mathbf{r}_i}{dt} = -\sum_i m_i \mathbf{v}_i \cdot \mathbf{v}_i = -2\sum_i \frac{1}{2} m_i v_i^2 = -2K$$

그 계의 음의 총 운동에너지의 두 배가 된다. 만약 우리가 뉴턴의 두 번째 법칙을 사용하면 식 (2.39)는 다음과 같이 된다.

$$\frac{1}{2}\frac{d^2 I}{dt^2} - 2K = \sum_i \mathbf{F}_i \cdot \mathbf{r}_i \tag{2.40}$$

우변은 비리얼 계산으로 알려졌고 이 중요한 에너지 관계를 처음으로 발견한 물리학자의 이름을 땄다.

만약 $\mathbf{F}_{ij}$가 계의 두 입자 사이에 작용하는 힘을 나타낸다면 모든 입자에 작용할 수 있는 힘은 다음과 같다.

$$\sum_i \mathbf{F}_i \cdot \mathbf{r}_i = \sum_i \left(\sum_{\substack{j \\ j \neq i}} \mathbf{F}_{ij} \right) \cdot \mathbf{r}_i$$

만약 우리가 뉴턴의 세 번째 법칙을 사용하면 그 결과는 $\mathbf{F}_{ij} = -\mathbf{F}_{ji}$

$$\sum_i \mathbf{F}_i \cdot \mathbf{r}_i = \frac{1}{2}\sum_i \left(\sum_{\substack{j \\ j \neq i}} \mathbf{F}_{ij} \right) \cdot (\mathbf{r}_i + \mathbf{r}_j) + \frac{1}{2}\sum_i \left(\sum_{\substack{j \\ j \neq i}} \mathbf{F}_{ij} \right) \cdot (\mathbf{r}_i - \mathbf{r}_j)$$

위 식을 변형한 비리얼 계산은 다음과 같이 표현된다.

$$\sum_i \mathbf{F}_i \cdot \mathbf{r}_i = \frac{1}{2} \sum_i \sum_{\substack{j \\ j \neq i}} \mathbf{F}_{ij} \cdot (\mathbf{r}_i - \mathbf{r}_j) \tag{2.41}$$

만약 힘이 계에 포함된 무거운 입자들 간의 중력 상호작용으로만 생기는 것이라면 $\mathbf{F}_{\rm ij}$는 다음과 같다.

$$\mathbf{F}_{ij} = G\frac{m_i m_j}{r_{ij}^2}\hat{\mathbf{r}}_{ij}$$

여기서, $r_{ij} = |\mathbf{r}_{\rm j} - \mathbf{r}_{\rm i}|$은 i와 j입자간의 분리 거리이고, $\hat{\rm r}_{ij}$는 i에서 j로 향하는 단위벡터이다.

$$\hat{\mathbf{r}}_{ij} \equiv \frac{\mathbf{r}_j - \mathbf{r}_i}{r_{ij}}$$

중력을 식 (2.41)에 대입하면 다음과 같이 된다.

$$\begin{aligned}\sum_i \mathbf{F}_i \cdot \mathbf{r}_i &= -\frac{1}{2} \sum_i \sum_{\substack{j \\ j \neq i}} G\frac{m_i m_j}{r_{ij}^3}(\mathbf{r}_j - \mathbf{r}_i)^2 \\ &= -\frac{1}{2} \sum_i \sum_{\substack{j \\ j \neq i}} G\frac{m_i m_j}{r_{ij}}. \end{aligned} \tag{2.42}$$

아래의 양

$$-G\frac{m_j m_i}{r_{ji}}$$

은 단지 i와 j입자들 간의 위치에너지 U_{ij}이다. 여기서 유의해야 할 것은

$$-G\frac{m_j m_i}{r_{ji}}$$

위의 항이 같은 위치에너지의 항을 나타내고 합의 두 배를 포함한다는 것이다. 그러므로, 식 (2.42)의 우변은 두 입자사이의 상호위치에너지의 두 배가 포함되어

있다. 1/2이라는 요소를 고려해 볼 때 식 (2.42)는 간단히 다음과 같이 된다.

$$\sum_i \mathbf{F}_i \cdot \mathbf{r}_i = -\frac{1}{2}\sum_i \sum_{\substack{j \\ j\neq i}} G\frac{m_i m_j}{r_{ij}} = \frac{1}{2}\sum_i \sum_{\substack{j \\ j\neq i}} U_{ij} = U \tag{2.43}$$

입자들이 포함된 그 계의 총 위치에너지는 마침내 식 (2.40)에 대입하면 시간에 대한 평균값인 다음과 같이 된다.

$$\frac{1}{2}\left\langle \frac{d^2 I}{dt^2} \right\rangle - 2\langle K \rangle = \langle U \rangle \tag{2.44}$$

τ만큼의 시간 간격에 있어서 d^2I/dt^2의 평균은 다음과 같이 된다.

$$\begin{aligned}\left\langle \frac{d^2 I}{dt^2} \right\rangle &= \frac{1}{\tau}\int_0^\tau \frac{d^2 I}{dt^2}\,dt \\ &= \frac{1}{\tau}\left(\left.\frac{dI}{dt}\right|_\tau - \left.\frac{dI}{dt}\right|_0 \right)\end{aligned} \tag{2.45}$$

만약 그 계가 주기적이라면, 궤도 운동에서와 같이 다음과 같이 되고

$$\left.\frac{dI}{dt}\right|_\tau = \left.\frac{dI}{dt}\right|_0$$

한 주기에 대한 평균은 0이 될 것이다. 심지어 그 계가 완전히 주기적이 아니라고 해도 평균은 충분히 긴 시간의 주기 동안(즉, $\tau \to \infty$)에 적분을 하면 0이 될 것이다. 물론 dI/dt가 구속되어야 한다고 가정해야 한다. 예를 들어 이것은 계가 평형이거나 정지 상태에 다달았음을 의미한다. 두 경우 모두, 우리는 $<\dfrac{d^2I}{dt^2}>=0$ 결과를 얻는다. 그래서

$$\boxed{-2\langle K \rangle = \langle U \rangle} \tag{2.46}$$

이 결과가 비리얼 정리의 한 가지 형태이다. 이 정리는 $<E>=<K>+<U>$로 표현하므로 이 계의 총에너지 항으로 표현될 수 있다.

$$\boxed{\langle E \rangle = \frac{1}{2}\langle U \rangle} \tag{2.47}$$

이것은 우리가 2체 문제에서 발견한 것과 같다.

비리얼 정리는 이상 기체에서부터 은하단까지 넓고 다양한 계에서 적용될 수 있다. 예들 들면 일반적인 별을 생각해보자. 그 평형상태의 별은 비리얼 정리를 따라야 한다. 별의 총 에너지가 음수임을 의미하고 총 위치에너지의 1/2임을 말한다. 만약 큰 구름의 중력적 붕괴의 결과로 별이 형성되었다고 하면 계의 위치에너지는 초기값이 0으로부터 음의 정적인 값으로 바뀌어야 한다. 이것이 의미하는 바는 그 별이 이러한 과정을 겪으면서 에너지를 잃었다는 것이고 중력 에너지가 붕괴되는 동안 공간으로 방출된 것이다. 비리얼 정리의 응용은 나중 장에서 좀더 자세히 논할 것이다.

제 2 장 참고 문헌

일반 도서

Kuhn, Thomas S., *The Structure of Scientific Revolutions*, Third Edition, University of Chicago Press, Chicago, 1996.

Westfall, Richard S., *Never at Rest: A Biography of Isaac Newton*, Cambridge University Press, Cambridge, 1980.

고급 도서

Arya, Atam P., *Introduction to Classical Mechanics*, Second Edition, Prentice Hall, Upper Saddle River, NJ, 1998.

Clayton, Donald D., *Principles of Stellar Evolution and Nucleosynthesis*, University of Chicago Press, New York, 1983.

Fowles, Grant R., and Cassiday, George L., *Analytical Mechanics*, Seventh Edition, Thomson Brooks/Cole, Belmont, CA, 2005.

Marion, Jerry B., and Thornton, Stephen T., *Classical Dynamics of Particles and Systems*, Fourth Edition, Saunders College Publishing, Fort Worth, 1995.

제 2 장 연습 문제

2.1 Assume that a rectangular coordinate system has its origin at the center of an elliptical planetary orbit and that the coordinate system's x axis lies along the major axis of the ellipse. Show that the equation for the ellipse is given by

$$\frac{x^2}{a^2} + \frac{y^2}{b^2} = 1$$

where a and b are the lengths of the semimajor axis and the semiminor axis, respectively.

2.2 Using the result of Problem 2.1, prove that the area of an ellipse is given by $A = \pi ab$.

2.3
(a) Beginning with Eq. (2.3) and Kepler's second law, derive general expressions for $\mathbf{v}_r$ and $\mathbf{v}_\theta$ for a mass m_1 in an elliptical orbit about a second mass m_2. Your final answers should be functions of P, e, a, and θ only.

(b) Using the expressions for $\mathbf{v}_r$ and $\mathbf{v}_\theta$ that you derived in part (a), verify Eq. (2.36) directly from $v^2 = v_r^2 + v_\theta^2$.

2.4 Derive Eq. (2.25) from the sum of the kinetic and potential energy terms for the masses m_1 and m_2.

2.5 Derive Eq. (2.26) from the total angular momentum of the masses m_1 and m_2.

2.6
(a) Assuming that the Sun interacts only with Jupiter, calculate the total orbital angular momentum of the Sun–Jupiter system. The semimajor axis of Jupiter's orbit is $a = 5.2$ AU, its orbital eccentricity is $e = 0.048$, and its orbital period is $P = 11.86$ yr.

(b) Estimate the contribution the Sun makes to the total orbital angular momentum of the Sun–Jupiter system. For simplicity, assume that the Sun's orbital eccentricity is $e = 0$, rather than $e = 0.048$. *Hint:* First find the distance of the center of the Sun from the center of mass.

(c) Making the approximation that the orbit of Jupiter is a perfect circle, estimate the contribution it makes to the total orbital angular momentum of the Sun–Jupiter system. Compare your answer with the difference between the two values found in parts (a) and (b).

(d) Recall that the moment of inertia of a solid sphere of mass m and radius r is given by $I = \frac{2}{5}mr^2$ when the sphere spins on an axis passing through its center. Furthermore, its rotational angular momentum may be written as

$$L = I\omega$$

where ω is the angular frequency measured in rad s^{-1}. Assuming (incorrectly) that both the Sun and Jupiter rotate as solid spheres, calculate approximate values for the rotational angular momenta of the Sun and Jupiter. Take the rotation periods of the Sun and Jupiter to be 26 days and 10 hours, respectively. The radius of the Sun is 6.96×10^8 m, and the radius of Jupiter is 6.9×10^7 m.

(e) What part of the Sun–Jupiter system makes the largest contribution to the total angular momentum?

2.7 **(a)** Using data contained in Problem 2.6 and in the chapter, calculate the escape speed at the surface of Jupiter.

(b) Calculate the escape speed from the Solar System, starting from Earth's orbit. Assume that the Sun constitutes all of the mass of the Solar System.

2.8 **(a)** The Hubble Space Telescope is in a nearly circular orbit, approximately 610 km (380 miles) above the surface of Earth. Estimate its orbital period.

(b) Communications and weather satellites are often placed in *geosynchronous* "parking" orbits above Earth. These are orbits where satellites can remain fixed above a specific point on the surface of Earth. At what altitude must these satellites be located?

(c) Is it possible for a satellite in a geosynchronous orbit to remain "parked" over any location on the surface of Earth? Why or why not?

2.9 In general, an *integral average* of some continuous function $f(t)$ over an interval τ is given by

$$\langle f(t)\rangle = \frac{1}{\tau}\int_0^\tau f(t)\,dt$$

Beginning with an expression for the integral average, prove that

$$\langle U\rangle = -G\frac{M\mu}{a}$$

a binary system's gravitational potential energy, averaged over one period, equals the value of the instantaneous potential energy of the system when the two masses are separated by the distance a, the semimajor axis of the orbit of the reduced mass about the center of mass. *Hint:* You may find the following definite integral useful:

$$\int_0^{2\pi}\frac{d\theta}{1+e\cos\theta} = \frac{2\pi}{\sqrt{1-e^2}}$$

2.10 Using the definition of the integral average given in Problem 2.9, prove that

$$\langle r \rangle \neq a$$

for the orbit of the reduced mass about the center of mass.

2.11 Given that a geocentric universe is (mathematically) only a matter of the choice of a reference frame, explain why the Ptolemaic model of the universe was able to survive scrutiny for such a long period of time.

2.12 Verify that Kepler's third law in the form of Eq. (2.37) applies to the four moons that Galileo discovered orbiting Jupiter (the Galilean moons: Io, Europa, Ganymede, and Callisto).

(a) Using the data available in Appendix C, create a graph of $\log_{10} P$ vs. $\log_{10} a$.

(b) From the graph, show that the slope of the best-fit straight line through the data is $3/2$.

(c) Calculate the mass of Jupiter from the value of the y-intercept.

2.13 An alternative derivation of the total orbital angular momentum can be obtained by applying the conservation laws of angular momentum and energy.

(a) From conservation of angular momentum, show that the ratio of orbital speeds at perihelion and aphelion is given by

$$\frac{v_p}{v_a} = \frac{1+e}{1-e}.$$

(b) By equating the orbital mechanical energies at perihelion and aphelion, derive Eqs. (2.33) and (2.34) for the perihelion and aphelion speeds, respectively.

(c) Obtain Eq. (2.30) directly from the expression for v_p (or v_a).

2.14 Cometary orbits usually have very large eccentricities, often approaching (or even exceeding) unity. Halley's comet has an orbital period of 76 yr and an orbital eccentricity of $e = 0.9673$.

(a) What is the semimajor axis of Comet Halley's orbit?

(b) Use the orbital data of Comet Halley to estimate the mass of the Sun.

(c) Calculate the distance of Comet Halley from the Sun at perihelion and aphelion.

(d) Determine the orbital speed of the comet when at perihelion, at aphelion, and on the semiminor axis of its orbit.

(e) How many times larger is the kinetic energy of Halley's comet at perihelion than at aphelion?

COMPUTER PROBLEMS

2.15 Using `Orbit` (the program is described in Appendix J and available on the companion website) together with the data given in Problem 2.14, estimate the amount of time required for Halley's comet to move from perihelion to a distance of 1 AU away from the principal focus.

2.16 The code `Orbit` (Appendix J) can be used to generate orbital positions, given the mass of the central star, the semimajor axis of the orbit, and the orbital eccentricity. Using `Orbit` to generate the data, plot the orbits for three hypothetical objects orbiting our Sun. Assume that the semimajor axis of each orbit is 1 AU and that the orbital eccentricities are:

(a) 0.0

(b) 0.4

(c) 0.9

Note: Plot all three orbits on a common coordinate system and indicate the principal focus, located at $x = 0.0$, $y = 0.0$.

2.17 **(a)** From the data given in Example 2.1.1, use `Orbit` (Appendix J) to generate an orbit for Mars. Plot at least 25 points, evenly spaced in time, on a sheet of graph paper and clearly indicate the principal focus.

(b) Using a compass, draw a perfect circle on top of the elliptical orbit for Mars, choosing the radius of the circle and its center carefully in order to make the best possible approximation of the orbit. Be sure to mark the center of the circle you chose (note that it will not correspond to the principal focus of the elliptical orbit).

(c) What can you conclude about the merit of Kepler's first attempts to use offset circles and equants to model the orbit of Mars?

2.18 Figure 1.7 was drawn assuming perfectly circular motion and constant orbital speeds for Earth and Mars. By making very slight modifications to `Orbit` (Appendix J), a more realistic diagram can be created.

(a) Begin by assuming that Mars is initially at opposition and that Earth and Mars happen to be at their closest possible approach (aphelion and perihelion, respectively). Use your modified version of `Orbit` to calculate the positions of Earth and Mars between two successive oppositions of Mars. Graph the results.

(b) How much time (in years) elapsed between the two oppositions?

(c) Does your answer in part (b) agree precisely with the results obtained from Eq. (1.1)? Why or why not?

(d) Would you have obtained the same answer to part (b) if you had started the calculation with Earth at perihelion and Mars at aphelion? Explain your answer.

(e) From the results of your numerical experiment, explain why Mars appears brighter in the night sky during certain oppositions than during others.

3장

빛의 연속적인 스펙트럼

3.1 별의 시차

별의 실제 밝기를 측정하기 위해서는 별의 거리를 측정하여야 한다. 이 단원에서는 별에서 방출되는 빛에 대하여 공부할 예정이다. 그러므로 천체의 거리를 측정하는 방법부터 알아보자. 거리 결정은 천문학자들이 직면한 중요하고 어려운 과제 가운데 하나이다. 케플러 법칙을 이용하면 행성 궤도의 상대적인 크기를 천문단위로 기술할 수 있다. 행성 궤도의 실질적 크기는 케플러와 그 당시 사람들에게는 알려져 있지 않았었다. 행성들의 실제 거리를 구하기 위하여, 1761년 금성의 거리를 내합기간 동안 금성이 태양 앞을 지나갈 때 측정하였다. 금성의 실제 거리를 이용하여 태양계의 크기가 처음으로 알려졌다. 이때 사용된 방법은 삼각시차법이다. 이는 측량사들이 사용하는 삼각법 기술이다. 지상에서 먼 산의 꼭대기까지 거리는 이미 알려진 기준선 거리의 양 끝점에서 산꼭대기의 각을 측정함으로서 그림 3.1과 같이 계산할 수 있다. 행성까지의 거리도 마찬가지로 지구상에 멀리 떨어진

2개의 관측 장소에서 행성의 각을 측정함으로서 결정할 수 있다.

가장 가까운 별의 거리를 측정할 때는 지구의 직경보다 더 긴 기준선이 요구된다. 지구가 태양을 공전할 때, 6개월 간격으로 같은 천체를 두 번 관측하면 지구 공전궤도의 직경과 같은 기준선을 사용하는 것과 같은 효과를 낼 수 있다. 이때의 관측은 가까운 별이 상대적으로 먼 고정된 배경별에 대하여 위치가 변화된 각거리를 측정하는 것이다(1.3장에서 언급했듯이 별은 그 자신의 고유운동으로 별의 위치가 변할 수 있다. 그러나 지구에서 보았을 때 고유운동은 주기적이지 않아서, 지구 궤도 운동에 의해 발생한 별의 주기적인 운동과 구분되어 질 수 있다). 그림 3.2에서 **시차각** p(각 위치에 최대 변화의 반)를 측정하면 별까지 거리 d를 계산할 수 있다.

$$d = \frac{1\ \mathrm{AU}}{\tan p} \simeq \frac{1}{p}\ \mathrm{AU}$$

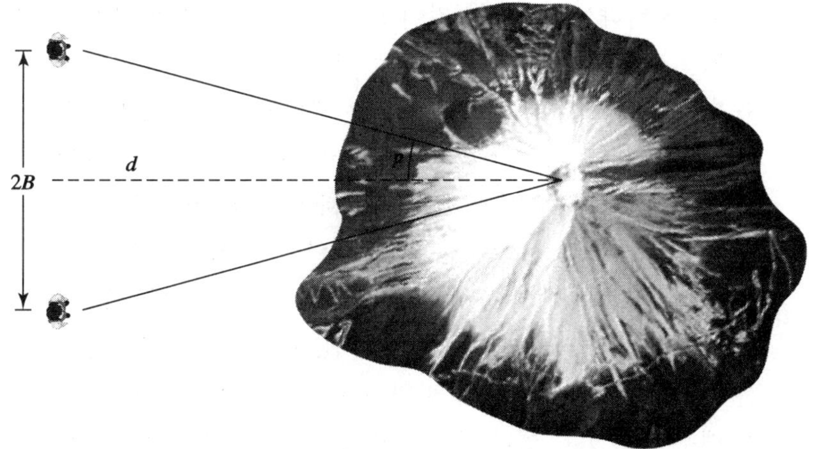

그림 3.1 삼각시차 : $d = B/\tan p$

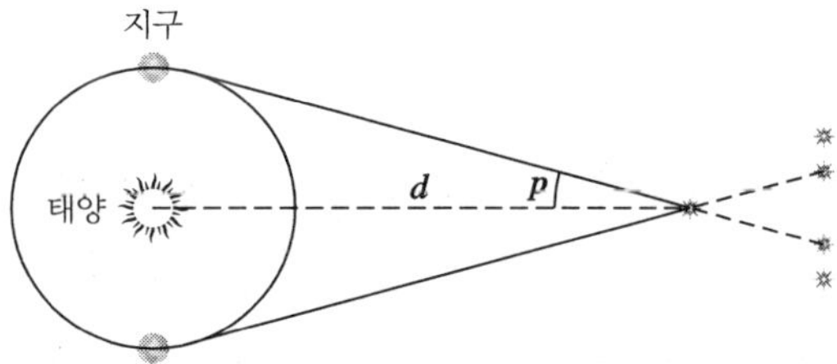

그림 3.2 항성 시차 : $d = 1/p''$ pc

여기서, 각 p가 라디안으로 표시되고 그 값이 매우 작을 때는 어림식으로 $\tan p \simeq p$ 가 성립된다. 그러므로 각의 초 단위 측정값 p''을 라디안으로 전환하기 위해서 1 radian = 57.2957795° = 206264.806″ 즉 1″ = 1/206264.806 라디안을 사용하면 거리 d는

$$d \simeq \frac{206,265}{p''}\ \mathrm{AU}$$

새로운 거리 단위를 **parsec**(parallax-second, 줄여서 pc)로 정의하면, 1 pc= 2.06264806×10^5 AU=3.0856776×10^{16} m이므로 결국 거리 d는 다음과 같이 된다.

$$d = \frac{1}{p''}\ \mathrm{pc} \tag{3.1}$$

정의에 따라서 별의 시차각이 $p = 1''$일 때 그 별의 거리는 1파섹이다. 따라서 1파섹은 지구궤도 반지름인 1 AU를 기선으로 시차각이 1초각일 때의 거리이다. 자주 마주치는 또 다른 거리의 단위는 **광년**(light-year, 약자로 ly) 이다. 1 광년은 빛이 1년 동안 진공공간을 이동한 거리이다(Julian year: 1 ly=$9.460730472 \times 10^{15}$ m). 1파섹은 3.2615638광년과 같다. 태양을 제외한 가장 가까운 별인 프록시마 센타우리(proxima Centauri)는 1초보다 작은 시차각을 가진다(Proxima Centauri는 α Centauri 삼성계의 구성원이며, 0.77초의 시차각을 가진다. 만약, 태양을 도는 지구의 공전궤도 크기가 동전만하다면, 프록시마 센타우리는 2.4 km 떨어진 곳에 위치하는 셈이다). 사실, 별의 위치에 대한 주기적 변화는 1838년 전까지는 측정하기 매우 어려웠다. 별의 주기적 변화는 1838년에 독일 수학자이자 천문학자인 베셀(Friedrich wilhelm Bessel, 1784–1846)이 처음 측정하였다.[1)]

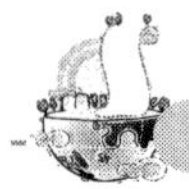

예제 3.1.1

61 Cygni가 관측된지 4년 후인 1838년에, 베셀은 그 별이 0.316초의 시차각을 가지고 있다는 그의 측정결과를 발표하였다. 이것에 해당하는 거리는 다음과 같다.

---

1) 티코 브라헤는 250년 전에 별의 시차를 측정하려 했으나 그 당시 사용한 관측기구가 정밀하지 못하여 측정하지 못하여, 지구가 공간에서 움직이지 않는다고 결론지었다. 이 때문에 코페르니쿠스의 태양 중심의 태양계를 수용할 수 없었다.

$$d = \frac{1}{p''}\ \text{pc} = \frac{1}{0.316}\ \text{pc} = 3.16\ \text{pc} = 10.3\ \text{ly}$$

이것은 현재 값인 11.1광년의 10% 범위 내에 있다. 61 Cygni은 태양에 가장 가까운 이웃중의 하나이다.

1989년부터 1993년까지 유럽우주청(Europian Space Agency: ESA)은 히파르코스(Hipparcos) 우주 천문 위성을 지구 대기권 위에 올려놓고 무려 118,000개 별에 대하여 시차를 측정하였다.[2] 측정 정확도가 0.001″에 도달할 정도이므로 1000 pc(1 kpc) 거리의 별까지 측정한 것이다.

지구의 불안정한 대기층을 벗어나 우주선에서 측정할 경우 시차각은 0.001초 근처까지 측정할 수 있다. 이것은 1000 pc=1 kpc(kiloparsec)의 거리에 해당한다. 정밀도가 높은 히파르코스 관측과 함께 상대적으로 정밀도가 낮은 티코(TYCO) 관측으로 백만개의 별에 대한 시차에 대한 성표가 출판되었다. 이 성표에는 가장 작은 시차의 한계는 0.02″−0.03″이며, 2개의 성표로 1997년 에 출판되었고, CD-ROM과 web site를 통하여 볼 수 있다. 히파르코스 관측의 정밀도가 매우 높지만, 히파르코스가 관측한 별의 거리는 우리은하의 중심까지 거리인 8 kpc과 비교하면 여전히 매우 작아서 별의 시차는 오직 태양 근처의 별들을 측정할 때만 가능한 것이다.

그러나 향후 10년 안에 NASA는 우주 간섭계(Space Interferometry Mission: SIM PlanetQuest) 인공위성을 발사할 예정이다. 이 천문대에서는 시차를 각으로 4마이크로초(0.000004″) 까지 측정하여, 별의 위치, 거리 및 고유운동을 결정할 것이다. 그러므로 약 250 kpc까지의 거리에 있는 밝은 천체들의 거리를 측정할 것이다. 또한 유럽 우주청은 향후 10년 안에 가이아(Gaia) 천문위성을 발사하여 약 10억 개의 밝은 별에 대하여 시차를 각으로 10 마이크로초까지 측정하여 성표를 작성할 예정이다. 그러므로 이러한 천문위성들의 관측은 우리은하에 있는 별들의 거의 대부분에 대하여 정확한 시차 측정이 가능하게 되고 심지어는 가까운 은하의 별에 대한 시차 측정도 가능할 것이다. 이러한 야망 찬 계획으로 우리은하의 3차원 구조와 구성 요소들에 대한 새로운 정보가 제공될 것이다.

---

2) 위치 천문학은 천문학의 한 분야로 천체의 위치를 3차원으로 측정하는 학문분야이다.

3.2 등급계

태양계 밖의 우주에 대한 대부분의 지식은 천문학자들이 별, 은하, 그리고 가스 및 먼지의 성간물질 등이 방출한 빛을 천문학자들이 연구하여 얻는 것이다. 우주에 대한 현대적인 이해는 전자기파의 모든 영역에서 나오는 빛의 세기와 편광을 정량적으로 측정하여 이루어졌다.

겉보기 등급

그리스 천문학자 히파르코스(Hipparchus)는 자신이 본 별들을 목록화한 사람이다. 그는 약 850개의 별들의 위치를 수집하고, 하늘에 나타나는 각 별들이 얼마만큼 밝은지를 구별하기 위하여 숫자를 도입하여 밝기 규모를 고안하였다. 즉, 육안으로 보아서 가장 밝은 별의 **겉보기 등급**을 1등급($m=1$)으로 정하였고, 가장 어둡게 보이는 별에 겉보기 등급을 6 등급($m=6$)으로 정하였다. 그러므로 등급이 작은 별이 밝은 별이다.

히파르쿠스 시대 이후, 천문학자들은 그의 겉보기 등급계를 확장하고, 발전시켰다. 19세기에, 사람 눈은 두 물체의 밝기 차이를 비교할 때 로그 스케일로 반응한다고 생각하였다. 이 이론은 두개의 별 사이의 밝기가 1등급의 차이가 나면 밝기에 상관없이 1등급 차이는 항상 일정하다는 것이다(예 : 2등성과 3등성의 밝기 차이는 4등성과 5등성의 밝기 차이와 같다). 현대 정의에 의해서, 5등급의 차이는 밝기로 100배의 차이와 정확히 일치하고, 한 등급의 차이는 $100^{1/5} \approx 2.512$의 밝기 비율을 가지고 있다. 그러므로 1등급은 2등급보다 2.512배 밝게 보이고, 3등급보다 $2.512^2 = 6.310$배 밝고, 6등급보다 100배 밝다.

정밀한 검출기를 사용하여 천문학자들은 ± 0.01등급의 정확도로 천체의 겉보기 등급 측정하고, ± 0.002 등급의 정확도로 등급 차이를 측정할 수 있다. 현재, 히파르쿠스의 등급계는 그 범위가 확대되어, 겉보기 등급이 가장 밝은 태양의 겉보기 등급 $m=-26.81$에서 가장 어두운 천체의 겉보기 등급인 약 $m=30$까지 측정가능하다.[3] 측정 가능한 범위가 총 57등급이므로, 가장 밝은 태양과 가장 어두운 별 혹은 은하와의 밝기 비율은 $100^{57/5} = (10^2)^{11.4} = 10^{23}$이 된다.

3) 이 장에서 논의되는 등급은 실제로 전파장 영역 등급이다. 이 등급은 모든 파장을 통하여 측정된 등급이다.

플럭스, 광도, 역제곱 법칙

별의 "밝기"는 별에서 나오는 복사 플럭스(Radiant Flux) F 을 측정하여 결정된다. 복사 플럭스는 모든 파장에서 나오는 빛 에너지의 총량이며, 단위 시간에 단위 면적을 빛의 진행 방향에 수직 방향으로 통과하는 양이며, 즉, 별을 향하고 있는 1 제곱미터의 검출기를 초당 통과하는 별빛 에너지를 joule 단위로 (혹은 단위 제곱 미터당 watt 단위로) 표시하는 양이다. 물론 물체로부터 받는 복사 플럭스는 물체 자체의 광도(초당 방출하는 에너지)와 물체와 관측자 사이의 거리에 따라 변한다. 같은 별이라도 지구로부터 멀리 떨어져있으면 하늘에서 어둡게 보일 것이다.

광도가 L인 별이 반지름이 r인 거대한 구면에 의해 둘러싸여져 있다고 상상해 보자. 또한 빛이 구면까지 나오는데 흡수되는 빛이 없다고 가정하면, 거리 r에서 측정된 **복사 플럭스**, F는 광도를 이용하여 다음과 같이 표현된다.

$$\boxed{F = \frac{L}{4\pi r^2}} \tag{3.2}$$

윗식에서 분모는 단순히 거대한 구면의 면적이고, L은 거리 r에 따라 변하는 것이 아니므로 복사 플럭스는 별에서 떨어진 거리의 **제곱에 역비례**한다. 이것이 잘 알려진 빛의 역제곱 법칙이다.[4]

예제 3.2.1

태양의 광도는 $L_\odot = 3.839 \times 10^{26}\ W$이다. 태양으로부터 $1\ \mathrm{AU} = 1.496 \times 10^{11}\ \mathrm{m}$의 거리에 위치한 지구의 대기권 밖에서 받는 복사 플럭스는,

$$F = \frac{L}{4\pi r^2} = 1365\ \mathrm{W\ m^{-2}}$$

이 태양 플럭스의 값은 **태양 상수**로 알려져 있다. $10\ \mathrm{pc} = 2.063 \times 10^6\ \mathrm{AU}$의 거리에서는 단지 $(1/2.063 \times 10^6)^2$만큼의 복사 플럭스를 측정하게 될 것이다. 그러므로 태양의 플럭스는 10 pc의 거리에서 $3.208 \times 10^{-10}\ \mathrm{W\ m^{-2}}$가 될 것이다.

4) 만약 별이 빛의 속도와 비슷하게 움직이면, 역제곱 법칙은 약간 변형되어야 한다.

절대등급

천문학자들은 역제곱 법칙을 사용하여 각 별에 **절대등급** M을 결정할 수 있다. 절대등급은 별이 10 pc의 거리에 있다고 가정했을 때의 그 별의 겉보기 등급으로 정의한다. 두 별의 겉보기 등급 차이가 5등급이면 작은 등급의 별이 큰 등급의 별보다 100배 더 밝다. 그러므로 플럭스 비는 다음과 같이 기술 할 수 있다.

$$\boxed{\frac{F_2}{F_1} = 100^{(m_1 - m_2)/5}} \tag{3.3}$$

양변에 로그를 취하면 다음과 같은 식이 된다.

$$m_1 - m_2 = -2.5 \log_{10}\left(\frac{F_1}{F_2}\right) \tag{3.4}$$

거리지수

별의 겉보기 등급과 절대 등급의 관계와 별의 거리를 식 (3.2)와 (3.3)을 이용하여 혼합하면 다음과 같이 된다.

$$100^{(m-M)/5} = \frac{F_{10}}{F} = \left(\frac{d}{10\ \text{pc}}\right)^2$$

여기서 F_{10}은 별이 10파섹의 거리에 있다고 가정할 때 받는 플럭스이다. 그리고 d는 파섹으로 측정된 별의 거리이다. d에 관해 풀면,

$$\boxed{d = 10^{(m-M+5)/5}\ \text{pc}} \tag{3.5}$$

$m - M$의 양은 따라서 별까지 거리가 포함된 것이고, 이것은 별의 **거리지수**라고 한다.

$$\boxed{m - M = 5 \log_{10}(d) - 5 = 5 \log_{10}\left(\frac{d}{10\ \text{pc}}\right)} \tag{3.6}$$

예제 3.2.2

태양의 겉보기 등급은 $m_{sun}=-26.83$이다. 그리고 그 거리는 $1\,\text{AU}=4.848\times10^{-16}\,\text{pc}$ 이다. 식 (3.6)을 이용하면 태양의 절대등급이 다음과 같다.

$$M_{\text{Sun}} = m_{\text{Sun}} - 5\log_{10}(d) + 5 = +4.74$$

태양의 거리지수는 따라서 $m_{\text{Sun}} - M_{\text{Sun}} = -31.57$이다.[5)]

동일거리에 있는 두 별에 대해서, 식 (3.2)는 그것들의 복사 플럭스의 비가 광도의 비와 같음을 나타낸다. 그래서, 절대등급에 대한 식 (3.3)은 다음과 같다.

$$100^{(M_1-M_2)/5} = \frac{L_2}{L_1} \tag{3.7}$$

이런 별들 중의 하나를 태양으로 두면, 별의 절대등급과 광도 사이의 직접적인 관계가 나타난다.

$$\boxed{M = M_{\text{Sun}} - 2.5\log_{10}\left(\frac{L}{L_\odot}\right)} \tag{3.8}$$

여기서, 태양의 절대등급과 광도는 각각 $M_{sun} = +4.74$와 $L_\odot = 3.839\times10^{26}\,\text{W}$이다. 별의 겉보기 등급 m과 별로부터 받는 복사 플럭스 F와의 관계가 다음과 같다는 것을 증명하는 것은 연습문제로 남겨두겠다.

$$m = M_{\text{Sun}} - 2.5\log_{10}\left(\frac{F}{F_{10,\odot}}\right) \tag{3.9}$$

여기서 $F_{10,\odot}$은 거리 10파섹에 있는 태양으로부터 받는 복사 플럭스이다(예제 3.2 참조).

5) 태양에 대한 등급 m과 M을 표시할 때 ⊙ 대신에 아래 첨자로 Sun이라고 표시한다. 이는 태양의 질량을 나타내는 $M_\odot$ 표시와 혼돈을 피하기 위함이다.

빛에 대한 역제곱법칙인 식 (3.2)는, 별의 고유의 특성(즉, 광도 L과 절대등급 M)과 지구에서 측정한 양(즉, 복사 플럭스 F와 안시등급 m)과 관계식이다. 그러므로 천문학자들은 별의 플럭스를 관측하여 겉보기 등급을 결정하고, 별까지의 거리를 알면 별의 고유의 특성을 결정할 수 있다. 그러나, 만약 별이 맥동변광성이라면, 그 별의 광도 L과 절대등급 M을 거리와 상관없이 구할 수 있다. 그리고 식 (3.5)를 이용하면 변광성까지의 거리도 구할 수 있다. 7.1절(2권)에서 설명하겠지만, 이러한 별들은 우주의 기본 거리규모를 제공하는 별들로 사용된다.

3.3 빛의 파동성

물리학의 많은 부분은 빛의 성질에 대한 우리의 지식에 따라서 발전되었다.

빛의 속도

빛의 속도는 1675년에 덴마크 천문학자 뢰머(Ole Roemer, 1644–1719)가 처음 측정하였고 그 값은 비교적 정확하였다. 뢰머는 목성의 달들이 목성의 그림자 속으로 통과할 때, 그 달들의 통과 시간을 측정하였고, 케플러 법칙을 사용하여 목성의 달들이 목성에 의해서 가리워지는 식현상 시간을 계산할 수 있었다. 그 결과 뢰머는 지구가 목성에 근접할 때, 식이 예상보다 일찍 일어남을 발견하고 또한 목성에서 지구가 멀어질 때는, 식이 예정보다 늦게 일어난다는 사실을 알았다. 뢰머는 이와 같은 불일치가 두 행성 사이의 거리가 변화함에 따라 빛이 지나간 시간에서 차이가 나타난다는 것을 알았고, 빛이 지구 궤도 지름을 가로 지나가는데 걸리는 시간이 22분이라고 결론지었다.[6] 그러므로 그가 측정한 빛의 속도, $2.2\times10^8\ \mathrm{m\,s^{-1}}$의 값은 현재의 빛의 속도 값과 비슷하다. 1983년 진공에서 빛의 속도는 $c=2.99792458\times10^8\ \mathrm{m\,s^{-1}}$값으로 정의되고, 자연의 기본적인 상수로 인정되었다.[7]

영의 이중슬릿 실험

빛에 대한 것은 기본적인 성질조차도 오랫동안 토론의 대상이었다. 예를 들면

6) 현재는 빛이 2 AU를 지나가는데 16.5분 걸린다는 것을 알고 있다.

7) 1905년 알버트 아인쉬타인은 빛의 속도가 자연의 기본적인 상수이며 이 값은 관측자와 무관하다는 것을 깨달았다(110쪽 참조). 이 깨달음은 그의 특수 상대성 이론 확립에 중요한 역할을 하였다(4장).

아이작 뉴턴(Isaac Newton)은 빛이 입자의 직선흐름으로 이루어져야 한다고 믿었다. 왜냐하면, 오직 그러한 흐름만이 그림자를 설명 할 수 있기 때문이다. 뉴턴과 동시대 인물인 크리스티안 호이겐스(Christian Huygens, 1629-1695)는 빛은 파의 형태로 존재해야 한다는 생각을 발표했다. 호이겐스에 의하면, 빛은 파의 고유한 성질로 설명할 수 있다고 하였다. 두개의 연속되는 파의 마루와 마루 사이의 거리를 파장 λ라고 하고, 공간에서 어떤 점을 통과하는 초당 파의 수를 파의 진동수라 한다. 그러면 빛의 속도는 다음과 같이 주어진다.

$$c = \lambda\nu \tag{3.10}$$

입자와 파동의 두 모델은 우리가 잘 알고 있는 빛의 반사와 굴절 현상을 각각 설명할 수 있다. 그러나 토마스 영(Thomas Young, 1773-1829)이 이중 슬릿(double-slit) 실험으로 빛의 파동성질을 증명하기 전까지는 뉴턴의 입자 모델이 뉴턴의 명성으로 더 우세하였다.

이중 슬릿 실험에서, 하나의 광원으로부터 파장 λ의 단색광이 거리 d만큼 떨어진 평행한 두개의 좁은 슬릿을 통과한다. 빛은 그 다음에 두개의 슬릿으로 부터 거리 L에 위치한 스크린 위에 부딪힌다(그림 3.3을 보라). 스크린 위에서 토마스 영이 관측한 밝은 빛과 어두운 간섭무늬가 시리즈로 나타나는 것은 빛의 파동모델로만 설명할 수 있다. 빛의 파가 좁은 슬릿을 통과할 때,[8] 그들은 마루와 골이 연속되면서 방사상으로 퍼져나간다. 빛은 항상 중첩이론(superposition principle)에 따른다. 그러므로 두 파가 서로 만날 때, 수학적으로 합하면 된다(그림 3.4 참조). 만약 슬릿을 통과한 빛이 스크린에서 만날 때, 한 슬릿을 통과한 빛이 파의 마루가 스

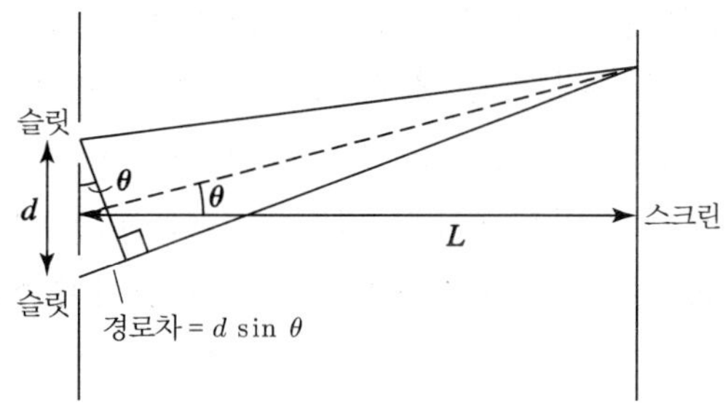

▮ **그림 3.3** 이중 슬릿 실험(double-slit experiment)

8) 실제로 영은 자신의 실험에서 바늘 구멍들을 사용하였다.

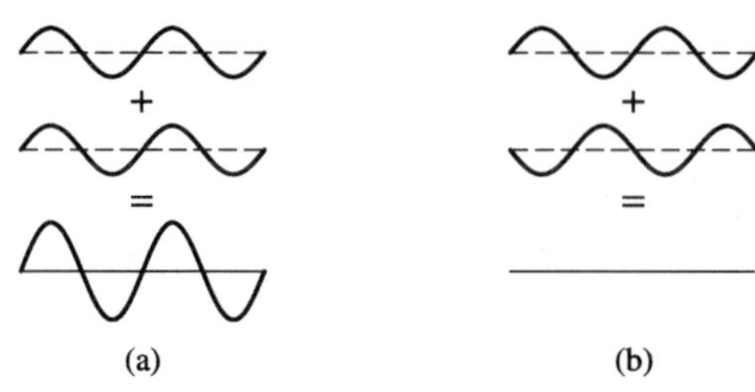

▌그림 3.4 빛 파의 중첩이론 (a) 보강간섭 (b) 상쇄간섭

크린에 도달하고, 또 다른 홈을 통과한 빛도 파의 마루가 스크린에 도달하면 밝은 무늬가 나타난다. 이는 보강간섭(constructive interference)의 결과이다. 그러나 만약 한 슬릿을 통과한 빛이 파의 마루가 또 다른 슬릿을 통과한 빛은 골이 스크린에서 만나면 어두운 무늬가 나타나고 이는 상쇄간섭(destructive interference)의 결과다.

그러므로 간섭무늬는 두 슬릿에서 스크린까지 빛 파들이 이동된 경로의 길이 차이 때문에 나타난다. 그림 3.3을 보면, 만약 $L \gg d$ 이면 근사 값으로 이 경로차는 $d\sin\theta$가 된다. 만약 경로차가 파장의 정수배와 같다면 빛 파는 위상이 더해져서 스크린에 도달할 것이다. 또 다른 한편으로, 만약 경로차가 반파장의 정수배를 더한 것과 같다면 빛 파는 위상이 180° 다르게 도착할 것이다. 그래서 $L \gg d$이면, 이중 슬릿 간섭에 대한 밝고 어두운 줄무늬의 각(angular) 위치는 다음과 같이 주어진다.

$$d\sin\theta = \begin{cases} n\lambda & (n = 0, 1, 2, \ldots \text{ 밝은 줄무늬}) \\ \left(n - \frac{1}{2}\right)\lambda & (n = 1, 2, 3, \ldots \text{ 어두운 줄무늬}) \end{cases} \tag{3.11}$$

어느 경우에나, n은 최대 또는 최소의 차수라고 한다. 스크린 위에 밝고 어두운 줄무늬의 위치측정으로, 영(Young)은 빛의 파장의 길이를 결정할 수 있었다. 영은 보라색 빛의 파장을 400 nm 그리고 빨간색 빛의 파장은 700 nm[9])로 측정하였다. 일상생활에서는 이같이 짧은 파장에서 나타나는 빛의 회절을 인지하기가 쉽지 않았다. 그러므로 뉴턴의 선명한 그림자도 설명이 어려웠다.

9) 빛의 파장을 측정할 때 사용되는 또 다른 단위는 옹스트롬(Angstrom)이다; 1Å=0.1 nm. 보라색 파장은 4000Å이고 붉은 파장은 7000Å 정도이다.

맥스웰의 전자기파 이론

빛의 파동성에 대한 성질은 명확하게 규명되지 못하다가, 1860년대에 스코트랜드의 수학 및 물리학자인 맥스웰(James Clerk Maxwell, 1831–1879)이 전기장과 자기장에 대하여 알려진 모든 것을 요약하여 4개의 방정식으로 함축하여 드디어 파동성의 성질이 규명되었다. 오늘날에는 그 방정식들을 그의 이름을 따서 맥스웰 방정식이라고 한다. 맥스웰은 자신의 방정식으로 전기장과 자기장 벡터 E와 B에 대한 파동방정식을 유도하고 응용할 수 있었다. 이러한 파동 방정식은 $v = 1/\sqrt{\varepsilon_0 \mu_0}$ 의 속도로 진공에서 진행하는 전자기파(electromagnitic wave)의 존재를 예상했다. 여기서 ε_0와 μ_0의 값은 각각 전기장과 자가장에 관계되는 기본 상수이다. ε_0와 μ_0의 상수값을 대입한 후 맥스웰은 전자기파가 빛의 속도로 이동하는 것을 발견하고 놀라워했다. 더욱 의미있는 것은 이러한 방정식들로 전자기파가 전기장과 자기장이 파의 진행방향에 서로 수직하여 진동하는 횡파(transverse wave: 파동이 진행하여 나아가는 방향과 매질의 진동 방향이 수직을 이룰 때 이러한 파동을 횡파라고 한다.) 임을 의미한다(그림 3.5 참조); 그러한 파들은 빛에서 발생한다고 알려져 있는 편광(polarization)을 나타낼 수도 있다.[10] 맥스웰은 다음과 같이 기술하였다 "빛은 동일한 매질의 횡적변조 상태로 존재하며, 이로 인하여 전기와 자기 현상을 유발시킨다는 추측을 피할 수 없다". 맥스웰은 전자기파에 대한 그의 예상이 실험적으로 입증하는 것을 볼 때까지 살지 못했다. 맥스웰이 죽은지 10년 후에, 독일 물리학자인 헤르쯔(Heinrich Hertz, 1857–1894)가 실험실에서 전파를 발생시키는데 성공했다. 헤르쯔는 이러한 전자기파가 실제로 빛의 속도로 이동한다고 결론지었으며, 반사, 굴절, 편광 성질을 가진다고 확신했다. 1889년에 헤르쯔는 다음과 같이 기술하였다.

빛이란 무엇인가? 영(Young)과 프레넬(Fresnel)의 시대 이후로 우리는 그것이 파동운동인 것을 알고 있다. 우리는 파의 속도를 알고, 우리는 파의 길이를 알고, 우리는 그 파들이 횡파인 것을 안다. 간단히 말해서 파동 운동의 기하학적인 조건에 대한 우리의 지식은 완벽하다. 이러한 일들에 대해서는 더 이상 의심의 여지가 없다; 이러한 견해에 대한 반박은 물리학자들에게 상상할 수도 없는 일이다. 인류의 관점에서 본 빛의 파동이론은 확실하다!

10) 그림 3.5에 나타난 전자기파는 평면 편광을 보여준다. 여기서 전기장과 자기장이 평면에서 교차한다. E와 B가 항상 수직이므로 각각의 편광면도 항상 수직이다.

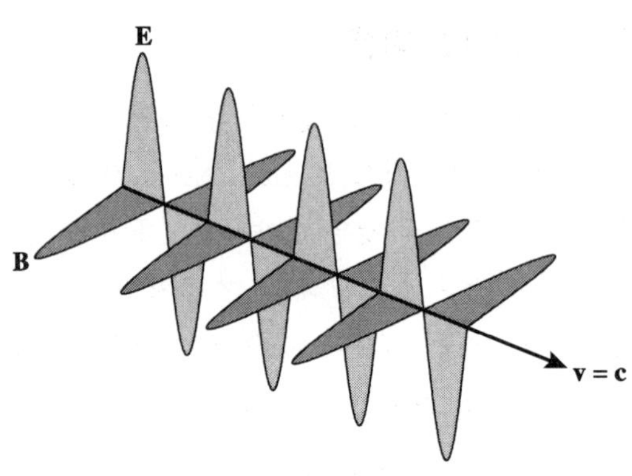

▮ 그림 3.5 전자기파

▮ 표 3.1 전자기 스펙트럼

영역	파장
감마선(Gamma ray)	$\lambda < 1\text{nm}$
X-선(X-ray)	$1\text{nm} < \lambda < 10\text{nm}$
자외선(Ultraviolet)	$10\text{nm} < \lambda < 400\text{nm}$
가시광선(Visible)	$400\text{nm} < \lambda < 700\text{nm}$
적외선(Infrared)	$700\text{nm} < \lambda < 1\text{mm}$
마이크로파(Microwave)	$1\text{mm} < \lambda < 10\text{cm}$
전파(Radio)	$10\text{cm} < \lambda$

전자기파 스펙트럼

오늘날 천문학자들은 전자기파 스펙트럼의 모든 부분에서 빛을 이용한다. 빛의 전체 영역(스펙트럼)은 매우 짧은 파장의 감마선부터 매우 긴 파장을 갖는 전파까지를 다 포함하는 모든 파장의 전자기파로 구성된다. 표 3.1은 전자기 스펙트럼을 임의의 파장 영역으로 구분한 것이다.

포인팅 벡터와 복사압력

모든 파들처럼 전자기파도 진행하는 방향에 에너지와 운동량을 운반한다. 빛 파에 의해 운반된 에너지의 비율은 **포인팅 벡터**로 기술된다.[11)]

11) 포인팅 벡터는 물리학자 John Henry Poynting의 이름을 따서 명명되었다. Poynting은 전・자기장의 에너지 흐름을 처음 기술하였다.

$$\mathbf{S} = \frac{1}{\mu_0}\mathbf{E} \times \mathbf{B}$$

여기서 S의 단위는 W m^{-2} 이다. 포인팅 벡터는 전자기파의 진행방향을 가리키고, 파의 진행방향의 수직인 단위면적을 가로 지르는 단위 시간당 에너지의 총량과 같은 크기를 가진다. 왜냐하면 E와 B장의 크기는 시간에 따라 삼각함수처럼 변화하기 때문에, 실제적으로 중요한 양은 전자기파의 한 주기 동안 시간에 대한 포인팅 벡터의 평균값 이다. 진공상태에서 포인팅 벡터 시간에 대한 평균 크기, ⟨S⟩는 다음과 같다.

$$\langle S\rangle = \frac{1}{2\mu_0}E_0 B_0 \tag{3.12}$$

여기서 E_0와 B_0는 각각 전기장과 자기장의 최대 크기(진폭)이다(진공에서 전자기파에 대한 E_0와 B_0의 관계는 $E_0 = cB_0$이다). 그러므로 평균시간의 포인팅 벡터는 빛 파의 전기장과 자기장의 복사 플럭스를 뜻한다. 그러나 3.2장에서 설명한 복사 플럭스는 별에서 나오는 전파장 영역의 에너지 양을 뜻하고, E_0와 B_0는 특정파장의 전자기파에 대한 것이다.

전자기파는 운동량을 가지고 있기 때문에, 전자기파는 빛이 부딪힌 표면에 힘을 가할 수 있다. 그 결과 복사압은 빛이 표면에서 반사되거나 혹은 흡수되는 것에 따라 결정된다. 그림 3.6과 같이. 만약 빛이 완전히 흡수가 된다면, 복사압에 의한 힘은 빛의 진행방향과 같을 것이고, 다음과 같은 크기를 가질 것이다.

$$F_{\text{rad}} = \frac{\langle S\rangle A}{c}\cos\theta \quad \textbf{(흡수)} \tag{3.13}$$

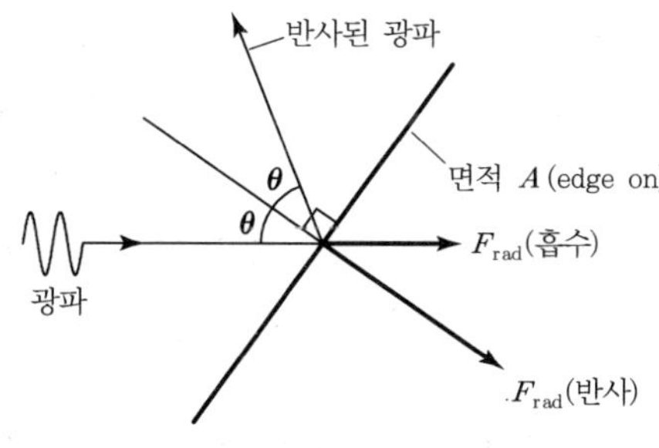

그림 3.6 복사 압력 힘

여기서 θ는 빛의 입사각으로 표면적 A에 수직한 방향에 대하여 측정한다. 반대로 만약 빛이 완전히 반사한다면 복사압 힘은 표면에 수직방향으로 작용해야한다. 그 반사된 빛은 표면에 평행하게 힘을 작용할 수 없다. 그러므로 힘의 크기는 다음과 같이 된다.

$$F_{\rm rad} = \frac{2\langle S\rangle A}{c}\cos^2\theta \quad \textbf{(반사)} \tag{3.14}$$

복사압은 일상에서 물리계에 무시될만한 아주 작은 영향만을 미친다. 그러나 복사압은 아주 밝은 물체들 , 즉 초기 주계열성, 적색 초거성 또는 유입 밀집성 등에서는 어떤 현상에 대하여 중요한 역할을 한다. 복사압은 또한 성간 물질에서 발견되는 먼지의 작은 입자에 중대한 영향을 미친다.

3.4 흑체 복사

겨울철 맑은 날 밤하늘에서 오리온 별자리를 본 사람은 누구나 붉은색의 베텔쥬스(오리온 자리의 북동쪽 어깨)와 푸르고 하얀색의 리겔(오리온의 남서쪽 다리)을 보면서 두 별의 색의 차이를 느낄 수 있다(그림 3.7). 이러한 색은 두 별의 표면온도 차이 때문에 나타나는 것이다. 베텔쥬스의 표면온도는 약 3600 K이므로 표면온도가 약 13,000 K인 리겔[12] 보다 매우 차가운 별이다.

색과 온도 사이의 관계

뜨거운 물체에 의해 방출되는 빛의 색과 그것의 온도 사이의 관계는 영국의 도자기 제작자인 토마스 웨지우드(Thomas Wedgewood)에 의해 1792년에 처음으로 알려졌다. 그가 사용하는 모든 가마는 크기, 모양, 구조에 상관없이 일정한 온도가 되면 붉은 색이 되었다. 그 후에 많은 물리학자들의 연구로 절대 온도 0도 이상의 온도를 갖고 있는 모든 물체는 모든 파장에서 빛을 방출한다는 것을 알았다. 온도에 따라서 파장별로 방출되는 빛의 효율은 물론 다르다. 즉, 아주 이상적인 방출체는 그 위로 입사된 빛의 에너지를 모두 흡수하며, 그림 3.8에서 보이는 특징적인

12) 이 두 별은 모두 맥동변광성이다. 여기서 언급한 온도는 평균값이다. 베텔쥬스의 표면온도는 3100 K~3900 K 사이에서, 리겔의 표면온도는 8000 K~13000 K 사이에서 각각 변한다.

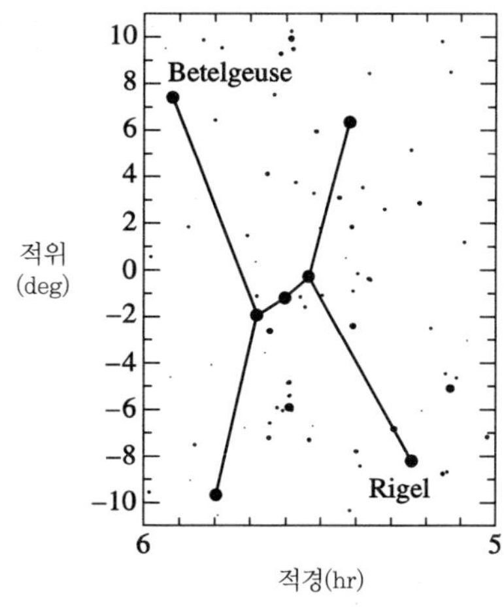

▌그림 3.7 오리온 별자리

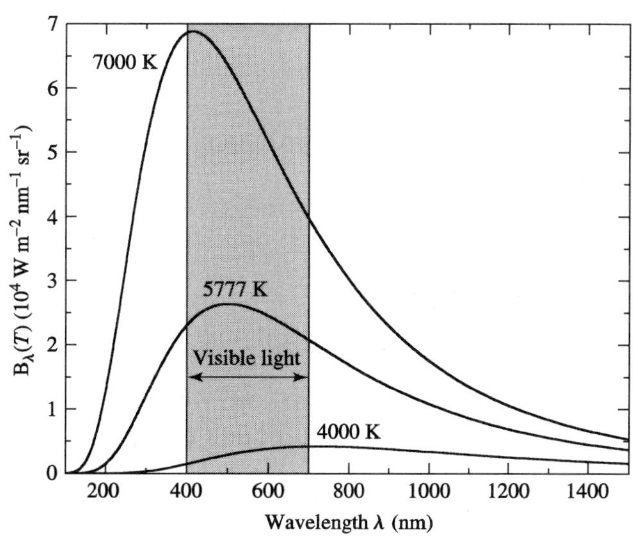

▌그림 3.8 흑체 스펙트럼[플랑크 함수 $B_\lambda(T)$]

스펙트럼의 형태로 에너지를 재방출한다. 왜냐하면 가장 이상적인 방출체는 빛을 전혀 반사하지 않기 때문에 흑체라고 하고, 흑체가 방출한 복사를 흑체복사라고 한다. 별과 행성들은 1차 어림식으로 흑체라고 할 수 있다.

그림 3.8은 온도 T의 흑체가 방출하는 연속 스펙트럼을 보여주고 있다. 이 흑체 스펙트럼은 온도가 높을수록 연속선의 최대 값, λ_{max}이 짧은 파장에서 나온다.

λ_{max}와 T사이의 관계를 빈의 변위 법칙이라고 하며 다음과 같다.[13)]

$$\boxed{\lambda_{max} T = 0.002897755 \text{ m K}} \tag{3.15}$$

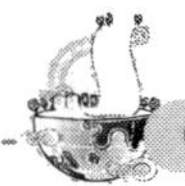

예제 3.4.1

베텔쥬스는 3600 K의 표면온도를 가지고 있다. 만약 우리가 베텔쥬스를 흑체로 다룬다면, 빈의 변위 법칙은 아래의 파장에서 연속 스펙트럼의 최대세기를 보인다.

$$\lambda_{max} \simeq \frac{0.0029 \text{ m K}}{3600 \text{ K}} = 8.05 \times 10^{-7} \text{ m} = 805 \text{ nm}$$

이것은 전자기파 스펙트럼의 적외선 영역에 해당한다. 표면온도가 13,000 K인 리겔은 자외선 영역에 해당하는 다음과 같은 파장에서 최대세기가 나타나는 연속 스펙트럼을 가진다.

$$\lambda_{max} \simeq \frac{0.0029 \text{ m K}}{13{,}000 \text{ K}} = 2.23 \times 10^{-7} \text{ m} = 223 \text{ nm}$$

스테판-볼츠만 방정식

그림 3.8은 또한 흑체의 온도가 증가함에 따라서, 모든 파장에서 초당 더 많은 에너지를 방출하는 것을 보여준다. 1879년에 오스트리아의 물리학자 조셉 스테판(Josef Stefan)이 수행한 실험에서, 표면적 A와 온도 T(절대온도)를 가진 흑체에 대해서 광도(L)가 다음과 같이 주어지는 것이 밝혀졌다.

$$L = A\sigma T^4 \tag{3.16}$$

5년 후 또 다른 오스트리아의 물리학자, 볼츠만(Ludwig Boltzmann)은 열역학 법칙과 맥스웰의 복사압에 대한 공식을 이용하여, 스테판-볼츠만의 법칙으로 알려진 공식을 유도했다. 스테판-볼츠만 상수, σ는 다음 값을 가진다.

13) 1911년 독일 물리학자 빈(Wilhelm Wien, 1864-1928)은 흑체 스펙트럼에 대한 이론적인 연구로 노벨상을 수상하였다.

$$\sigma = 5.670400 \times 10^{-8}\ \mathrm{W\ m^{-2}\ K^{-4}}$$

반지름이 R, 표면적은 $A = 4\pi R^2$ 인 구형 별에 대해서, 스테판–볼츠만의 법칙은 다음과 같은 형태를 가진다.

$$L = 4\pi R^2 \sigma T_e^4 \tag{3.17}$$

별은 완벽한 흑체가 아니므로, 우리는 이 식을 이용하여 별 표면의 유효온도(effective temperature) T_e를 정의한다. 이것을 역제곱법칙인 식 (3.2)와 합치면, 반지름이 $(r = R)$인 별의 표면에서 표면 플럭스는 다음 식과 같아진다.

$$F_{\mathrm{surf}} = \sigma T_e^4 \tag{3.18}$$

예제 3.4.2

태양의 광도는 $L_\odot = 3.839 \times 10^{26}\,\mathrm{W}$ 이며, 반경은 $R_\odot = 6.95508 \times 10^8\ \mathrm{m}$ 이다. 그러면 태양표면의 유효온도는 다음과 같다.

$$T_\odot = \left(\frac{L_\odot}{4\pi R_\odot^2 \sigma}\right)^{\frac{1}{4}} = 5777\ \mathrm{K}$$

태양 표면에서의 복사 플럭스는

$$F_{\mathrm{surf}} = \sigma T_\odot^4 = 6.316 \times 10^7\ \mathrm{W\ m^{-2}}$$

이다.

빈의 변위 법칙에 따르면, 태양의 연속 스펙트럼 최고점은 다음 파장과 같다.

$$\lambda_{\max} \simeq \frac{0.0029\ \mathrm{m\ K}}{5777\ \mathrm{K}} = 5.016 \times 10^{-7}\ \mathrm{m} = 501.6\ \mathrm{nm}$$

이 파장은 가시광선 스펙트럼의 녹색 영역$(491\ \mathrm{nm} < \lambda < 575\ \mathrm{nm})$이다. 그러나, 태양은 최대세기 $\lambda_{\max}$보다 더 짧은 파장과 더 긴 파장들과 함께 연속선을 방출하므로, 사람의 눈은 태양의 색을 노란색으로 인지하게 된다. 태양이 가시광선 영역에서(그림 3.8을 보라) 에너지의 거의 대부분을 방출하기 때문에, 그리고 지구의 대기는 이러한 파

장을 통과시키므로 자연선택의 진화적인 과정으로 인간의 눈은 전자기파 스펙트럼의 이러한 파장영역에 대해 민감하도록 만들었다. λ_{max}와 $T_\odot$값들을 반올림하여 각각 500 nm와 5800 K으로 바꾸면 빈의 변위 법칙은 다음과 같이 간편한 형태로 쓰여지게 된다.

$$\lambda_{max} T \approx (500 \text{ nm})(5800 \text{ K}) \tag{3.19}$$

새로운 세계의 전야

이 절은 19세기 말에 완성하게 된다. 그 시대의 물리학자 및 천문학자들은 물리적 세계를 지배하는 이론의 모든 것을 결국 발견했다고 믿었다. 그들의 과학적 세계관(뉴턴의 패러다임)은 삼백년 동안 융성한 고전물리학의 황금시대이며, 영웅의 전성기였다. 이 패러다임의 형성은 갈릴레오의 눈부신 관측과 뉴턴의 뛰어난 통찰력으로 시작 되었다. 이 패러다임의 구조는 뉴턴 법칙으로 기본 골격을 갖추고, 에너지 보존과 운동량이라는 두 기둥으로 지지되고, 맥스웰의 전자기파로 더욱 빛을 발하였다. 그러므로 우주에 대한 해석은 확정적이었고, 마치도 시계와 같이 여러개의 톱니바퀴가 맞물려서 돌아가고, 모든 기어가 연결되어 돌아가는 우주를 이해했다고 생각하여 물리학은 그 자신이 성공의 희생양이 되는 위험에 빠졌다. 이제는 도전도 남지 않았고, 대부분의 중요한 발견들은 이루어졌고 19세기 말에 과학자들이 풀어야 할 일들은 단지 지엽적인 문제들이라고 생각하였다.

그러나 20세기가 시작 될 때, 위기의 전조가 점점 나타나게 되었다. 물리학자들은 빛에 대한 가장 단순한 질문에 그들의 대답이 너무 무능력함을 스스로 느껴 좌절하였다. 별들 사이의 광대한 거리를 여행하는 빛의 파들이 통과하는 물질이 무엇이고 이 물질을 통과하는 지구의 속도는 무엇인가? 무엇이 흑체복사의 연속 스펙트럼과 뜨거운 가스로 가득 찬 통의 고유한 불연속적인 색을 결정하는가? 천문학자들은 그들이 알고 있는 것으로는 해석할 수 없는 것에 대한 힌트를 찾기 위하여 다시 고민하게 되었다.

불세출의 천재 물리학자 아인슈타인이 뉴턴의 패러다임을 무너뜨리고 물리학에 두개의 변혁을 가져다 주었다. 하나는 공간과 시간에 대한 우리에 생각을 변화시키고, 다른 하나는 물질과 에너지에 대한 우리의 기본적인 생각을 변화시켰다. 황금시대의 고정된 규칙적인 우주가 환상임을 찾았고 확률과 통계법칙에 의해 지배되는 임의의 우주로 다시 자리를 잡았다. 다음에 네 줄은 그 상황을 적절히 요약하

였다. 처음 두 줄은 뉴턴과 동시대 인물인 영국시인 알렉산더 포프(Alexander Pope, 1688-1744)가 썼고, 마지막 두 줄은 스콰이어 경(Sir J.C. Squire, 1884-1958)이 좀더 최근에 썼다.

자연과 자연의 법칙은 밤에 숨어 있었다:
신이 말하길 "뉴턴아 나와라!" 그러자 모든 것이 나타났다.
그러나 그것이 마지막이 아니었다 : 악마가 소리치길
"호오! 아인슈타인아 나와라!" 그러자 모든 것이 은식처에 다시 숨었다.

3.5 에너지의 양자화

19세기 말 물리학자들의 고민중의 하나는 기본적인 물리법칙으로부터 그림 3.8에 있는 흑체복사 곡선을 유도할 수 없었다는 것이다. 레일리 경[14](1842-1919)은 고전적인 전자기 이론의 맥스웰 방정식과 열물리학의 결과와 함께 흑체복사 곡선을 표현하려하였다. 그의 전략은 흑체복사로 가득찬 온도 T인 상자를 생각하는 것이다. 이것은 전자기복사의 정상파(standing wave)로 가득찬 뜨거운 오븐으로 생각해도 좋다. 만약 오븐 벽들 사이의 거리가 L이라면, 허용된 복사의 파장은 $\lambda = 2L,\ L,\ 2L/3, 2L/4,\ 2L/5, \ldots,$이며 점점 더 짧은 파장으로 끊임없이 확장될 수 있다.[15] 고전물리학에 의하면, 이러한 각각의 파장에서는 kT와 같은 에너지의 양을 받아야만 한다, 여기서 $k = 1.3806503 \times 10^{-23}\,\mathrm{J\ K^{-1}}$이며, 볼츠만 상수라고 하고, 이상기체식 $PV = NkT$와 유사하다. 그 결과 레일리 유도는 다음과 같이 된다.

$$B_\lambda(T) \simeq \frac{2ckT}{\lambda^4} \quad \textbf{(긴파장에서만 가능)} \tag{3.20}$$

위 식은 흑체 복사 곡선의 긴 파장의 끝부분과 잘 일치한다. 그러나, 레일리 결과의 심각한 문제는 곧바로 나타났다; 즉, $B_\lambda(T)$에 대한 그의 해는 $\lambda \to 0$ 으로 접근함에 따라 B_λ는 무한하게 커진다. 그러나 문제는 고전물리학에서 아주 짧은

14) 레일리 경의 본명은 John William Strutt이다. 그는 1873년 그의 아버지가 죽은 후 제3대 레일리 남작을 승계하였다. 레일리는 영국 Essex 지역의 작은 마을의 이름이다.

15) 이것은 길이가 L이 되는 줄의 양 끝을 고정하고 진동하는 정상파(standing wave)와 유사한 것이다.

파장에서 무한대의 흑체복사 에너지로 나타나므로 자외선 영역에서는 전혀 관측과 일치하지 않았다. 이를 자외선 파탄이라고 한다. 식 (3.20)은 오늘날 레일리-진스 법칙[16]이라고 한다.

빈도 또한 흑체복사 곡선에 대한 올바른 수학적 표현을 개발하려고 작업중이었다. 스테판-볼츠만 법칙과 고전적인 열 물리를 이용하여 빈은 경험법칙을 개발하였다. 그러나 그의 법칙은 짧은 파장의 영역에서는 잘 일치하였으나, 긴 파장 영역에서는 실패하였다.

$$B_\lambda(T) \simeq a\lambda^{-5}e^{-b/\lambda T} \quad \textbf{(짧은 파장영역에서 성립)} \tag{3.21}$$

여기서 a와 b는 실험 자료와 가장 잘 일치하는 값을 위하여 선택한 상수이다.

흑체복사 곡선을 위한 플랑크 법칙

1900년도 후반에 독일의 물리학자 막스 플랑크(Max Planck, 1858-1947)는 빈이 개발한 식을 개선하면 그림 3.8에서 보여준 흑체 스펙트럼과 잘 일치하면서 동시에 레일리-진스 법칙에 따른 긴 파장 영역을 잘 묘사하고, 짧은 파장에서 나타나는 자외선 파탄(불일치)도 피할 수 있는 다음과 같은 식을 제시하였다.

$$B_\lambda(T) = \frac{a/\lambda^5}{e^{b/\lambda T} - 1}$$

자외선 파탄을 피할 수 있는 상수 a와 b를 결정하기 위하여 플랑크는 아주 현명한 수학적 기교를 동원하였다. 즉, 파장이 λ이고 주파수가 $\nu = c/\lambda$인 정상 전자기파는 임의의 에너지양을 가질 수 없다는 가정을 하였다. 대신에 파는 특정한 에너지 값을 갖는데, 여기서 특정한 에너지 값은 파 에너지의 최소값[17]들의 배수로 나타난다. 최소 에너지, 즉 양자화된 에너지의 하나는 $h\nu$ 혹은 hc/λ로 주어진다. 여기서 h는 상수이다. 그러므로 전자기파의 에너지는 $nh\nu$ 혹은 nhc/λ가 된다. 여기서 n(정수)은 파에서 양자 수가 된다. 이 주어진 가정 즉 최소 에너지 단위로 주

---

16) 영국 천문학자 제임스 진스(James Jeans, 1877-1946)는 레일리의 작업에서 수학적인 오류를 발견하고, 수정한 후 그 결과는 두 사람의 이름으로 발표되었다.

17) 실제로는 플랑크는 가마 벽에 있으며 전자기파를 방출하는 가상적인 전자기 진동자가 가질 수 있는 에너지의 값들을 제한하였다.

파수에 비례하는 양자화된 파의 에너지를 가정하므로, 짧은 파장 영역, 즉 높은 주파수 영역에서는 양자화된 한 개의 에너지가 너무 커서 오븐에 담아있는 에너지로는 양자화된 한 개의 에너지 단위를 공급하기에 충분치 않을 수도 있다. 그러므로 자외선 파탄을 피할 수도 있다. 플랑크는 자신의 유도 과정 끝부분에서 상수 h는 0으로 가정하여도 될 정도로 작을 것이라고 희망했다. 즉, 확실히 인공적인 상수는 그의 $B_\lambda(T)$에 대한 최종 결과에서 아주 작은 값이 되어야 한다고 희망하였다.[18)]

플랑크의 전략은 성공했다! 플랑크 함수라고 알려진 그의 식은 만약 상수 h가 작은 값으로 식에 남아 있는 경우에 실험과 잘 일치하였다.

$$\boxed{B_\lambda(T) = \frac{2hc^2/\lambda^5}{e^{hc/\lambda kT}-1}} \tag{3.22}$$

현재 **플랑크 상수**라고 불리는 상수는 $h = 6.62606876 \times 10^{-34}$ J s 값을 가진다.

플랑크 함수와 천체물리

흑체 스펙트럼에 대한 올바른 표현이 완성된 후, 플랑크 함수는 천체물리에 응용되었다. 구면 좌표계에서, 온도가 T인 흑체가 λ와 $\lambda+d\lambda$ 사이의 파장을 갖고, 단위 시간당 방출되는 에너지가 표면적 dA에서 나오고, 입체각 $d\Omega \equiv \sin\theta\, d\theta\, d\phi$를 통과한 에너지는 다음과 같이 주어진다.

$$B_\lambda(T)\, d\lambda\, dA\, \cos\theta\, d\Omega = B_\lambda(T)\, d\lambda\, dA\, \cos\theta\, \sin\theta\, d\theta\, d\phi \tag{3.23}$$

그림 3.9를 참조하라.[19)] B_λ의 단위는 W m^{-3}sr^{-1}이다. 불행히도 이 단위들은 혼동되어 질수 있다. 독자들은 W m^{-3}가 Wm^{-2}m^{-1}인 단위 파장 간격당, 단위 면적당 에너지를 가리키는 것이지 단위부피당 에너지가 아니라는 것을 주의해야 한다. 이런 혼란을 피하기 위하여, 파장 간격의 단위인 $d\lambda$가 때때로 미터 대신에 나노미터로 표현한다. 그래서 플랑크(Planck)함수의 단위는 그림 3.8에서 보듯

18) 긴 파장 영역에서는 레일리-진스 법칙(문제 3.10), 짧은 파장 영역에서는 빈의 법칙이(문제 3.11) 플랑크 함수와 잘 일치하는 것을 각자 확인하도록 남겨 둔다.

19) $dA\cos\theta$는 면적 dA를 복사 진행방향에 수직인 면에 투영한 것이다. 입체각의 개념은 6.1장에서 설명한다.

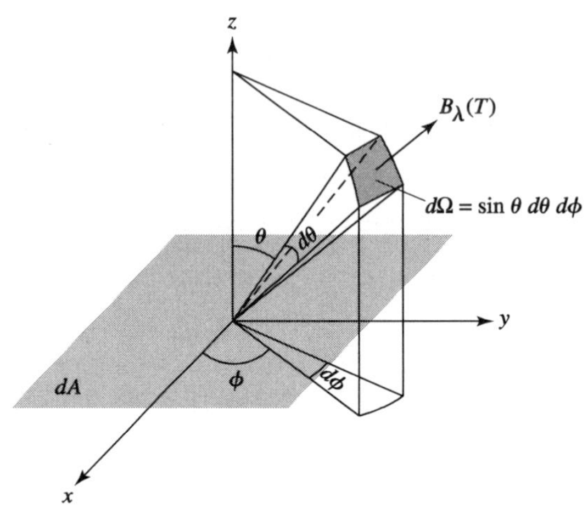

▌그림 3.9 표면적 dA의 한 원소에서 흑체 복사

$\mathrm{W\,m^{-2}nm^{-1}sr^{-1}}$이 된다.[20)]

때때로 그것은 파장 간격 $d\lambda$보다 오히려 진동 간격 $d\nu$로 다루는 것이 좀더 편하다. 이 경우 플랑크 함수는 다음과 같은 형식을 가진다.

$$\boxed{B_\nu(T) = \frac{2h\nu^3/c^2}{e^{h\nu/kT} - 1}} \tag{3.24}$$

그러므로 구면 좌표계에서 다음과 같이 표현되고

$$B_\nu\, d\nu\, dA\, \cos\theta\, d\Omega = B_\nu\, d\nu\, dA\, \cos\theta\, \sin\theta\, d\theta\, d\phi$$

윗 식은 온도가 T이고, 표면적이 dA인 흑체가 입체각 $d\Omega = \sin\theta\, d\theta\, d\phi$로 방출하는 에너지를, 주파수가 $\nu + d\nu$ 사이이며, 단위시간당 에너지의 양으로 표현한 것이다.

플랑크 함수는 관측되는 별의 특성(복사플럭스, 상대등급)과 고유특성(반경, 온도)사이의 관계식을 만드는데 사용될 수 있다. 반경이 R이고 온도가 T인 구형의 흑체로 이루어진 모형별을 생각해보자. 표면적이 dA인 각각의 작은 조각들이 반구의 바깥쪽으로 흑체복사를 등방형(전방향에 대해 동일하게)으로 방출한다고 가

20) 플랑크 함수의 값은 파장 간격의 단위에 따라 다르다. $d\lambda$를 미터에서 나노미터로 환산하면 B_λ의 값은 식 (3.22)를 이용할 때 얻은 값을 10^9으로 나누어야 한다.

정하면, 별에 의해서 방출되는 λ와 $\lambda + d\lambda$ 사이의 파장을 가지는 초당 에너지는 다음과 같다.

$$L_\lambda \, d\lambda = \int_{\phi=0}^{2\pi} \int_{\theta=0}^{\pi/2} \int_A B_\lambda \, d\lambda \, dA \, \cos\theta \, \sin\theta \, d\theta \, d\phi \tag{3.25}$$

각을 적분하면 π로 표시되고, 구 전체에 대하여 적분하면 구의 표면적 $4\pi R^2$을 얻고, 그 결과는 다음과 같다.

$$L_\lambda \, d\lambda = 4\pi^2 R^2 B_\lambda \, d\lambda \tag{3.26}$$

$$= \frac{8\pi^2 R^2 hc^2/\lambda^5}{e^{hc/\lambda kT} - 1} \, d\lambda \tag{3.27}$$

L_λ는 단색의 광도라고 하고, 스테판-볼츠만 식 (3.17)과 식 (3.26)을 전체 파장에 대해서 적분한 결과를 비교하면 다음과 같다.

$$\int_0^\infty B_\lambda(T) \, d\lambda = \frac{\sigma T^4}{\pi} \tag{3.28}$$

문제 3.14에서 여러분은 식 (3.27)을 이용하여 스테판-볼츠만 상수 σ를 기본상수 c, h, 그리고 k로 표현하였다. 단색의 광도는 단색 플럭스 $F_\lambda d\lambda$와 식 (3.2)에서와 같이 역제곱 법칙의 관계가 있다.

$$F_\lambda \, d\lambda = \frac{L_\lambda}{4\pi r^2} \, d\lambda = \frac{2\pi hc^2/\lambda^5}{e^{hc/\lambda kT} - 1} \left(\frac{R}{r}\right)^2 d\lambda \tag{3.29}$$

여기서, r은 모형별까지의 거리이다. 그래서, $F_\lambda \, d\lambda$는 별을 향해있는 검출기의 $1\,\text{m}^2$ 넓이에 초당 도달하는 λ와 $d\lambda$사이의 파장을 가지는 별빛 에너지의 주울(joule) 값이다. 이것은 별에서 검출기까지 어떤 빛도 흡수되거나 산란되지 않는다고 가정할 경우에 해당한다. 물론, 지구의 대기는 어느 정도의 별빛을 흡수하지만, 플럭스와 겉보기 등급을 측정하면 이러한 흡수를 보정할 수 있다(3.2장(2권) 참조). 일반적으로 별에 사용되는 이러한 값들은 사실 보정된 값이며, 지구의 대기층 밖에서 측정하였다고 가정했을 때의 값들이다.

3.6 색지수

3.2절에서 논의된 겉보기 등급과 절대등급중에는, 별에서 방출되는 빛의 모든 파장에 대해서 측정되었다고 생각하는 것이 있으며, 이러한 등급을 전파장영역의 등급(복사등급, **bolometric magnitudes**)이라고 하고, 각각 m_{bol}과 M_{bol}로 쓴다[21]. 그러나 실제로, 대부분의 검출기들은 별의 복사플럭스를 검출기의 감도로 정의된 특정 파장영역 안에서만 측정한다.

UBV 파장 필터

별의 색은 별빛을 좁은 파장 영역만 투과시키는 필터를 사용함으로써 정밀하게 측정될 수 있다. 표준 ***UBV*** 시스템에서 별의 겉보기 등급은 세 개의 필터를 사용하여 측정되며, 세 개의 필터는 영문 대문자로 표시한다.

- U, 별의 자외선 등급, 중심 파장이 365 nm이고, 유효파장영역이 68 nm인 필터를 통하여 측정한다.
- B, 별의 푸른 등급, 중심 파장이 440 nm이고, 유효파장영역이 98 nm인 필터를 통하여 측정한다.
- V, 별의 안시 등급, 중심 파장이 550 nm이고, 유효파장영역이 89 nm인 필터를 통하여 측정한다.

색지수와 복사보정

식 (3.6)을 이용하여, 거리 d를 알면 별의 절대색등급인 M_U, M_B, M_V이 결정된다[22]. 별의 $(U-B)$ 색지수는 자외선과 푸른색 파장등급 사이의 차이이며, 별의 $(B-V)$ 색 지수는 푸른색 파장등급과 안시 등급의 차이이다.

$$U - B = M_U - M_B$$

그리고

21) 볼로미터(bolometer)는 모든 파장으로부터 받는 복사 플럭스로 인하여 상승된 온도를 측정하는 기구이다.

22) *UBV* 시스템에서 겉보기 등급은 m에 아래 첨자를 표시하지 않고, 그냥 *U.B.V*로 사용하고 절대등급에서는 "M" 에 아래 첨자를 표시한다,

$$B - V = M_B - M_V$$

천체 등급은 밝기가 증가함에 따라 감소한다; 결국, 더 작은 $(B - V)$ 색 지수를 가지는 별은 그것보다 큰 $(B - V)$ 값을 가지는 별보다 더 푸르다. 색 지수는 두 등급의 차이이므로, 식 (3.6)은 색 지수가 별의 거리에 독립적임을 보여준다. 별의 복사등급과 안시 등급의 차이를 복사보정(bolometric correction: BC)이라고 한다.

$$\boxed{BC = m_{\text{bol}} - V = M_{\text{bol}} - M_V} \tag{3.30}$$

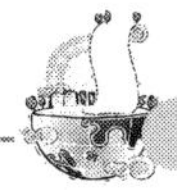

예제 3.6.1

하늘에서 가장 밝은 별인 시리우스의 겉보기 등급은 $U = -1.47$, $B = -1.43$, 그리고, $V = -1.44$ 이다. 그러므로 시리우스에 대해서는,

$$U - B = -1.47 - (-1.43) = -0.04$$

그리고,

$$B - V = -1.43 - (-1.44) = 0.01$$

시리우스는 유효온도가 $T_e = 9970\,\text{K}$이므로 자외선 파장 영역에서 가장 밝다. 이 표면 온도에 대하여 빈의 공식을 적용하면,

$$\lambda_{\max} = \frac{0.0029\ \text{m K}}{9970\ \text{K}} = 291\ \text{nm}$$

최대 밝기가 291 nm에서 나타나며 이 파장 영역은 자외선이다. 시리우스에 대한 복사보정은 $BC = -0.09$이며, 그러므로 겉보기 복사 등급은

$$m_{\text{bol}} = V + BC = -1.44 + (-0.09) = -1.53$$

이다.

식 (3.4)와 같이 겉보기 등급과 복사플럭스 사이의 관계는(지구 대기권 밖에서) 측정된 자외선, 푸른색, 안시 등급을 결정하는데 사용될 수 있다. 감도함수(Sensitivity function) $S(\lambda)$는 파장λ에서 측정된 별의 플럭스 비율을 결정하는데 사용

된다. S는 망원경 거울의 반사율, U, B, V 필터의 파장 영역, 그리고 검출기의 효율에 따라서 결정된다. 그러므로, 예를 들면, 별의 자외선 등급 U는 다음 식과 같이 주어진다.

$$U = -2.5\log_{10}\left(\int_0^{\infty} F_\lambda \mathcal{S}_U \, d\lambda\right) + C_U \tag{3.31}$$

여기서 C_U는 상수 이다. 다른 파장 영역의 겉보기 등급도 같은 방법으로 결정된다. U, B, V 등급 결정에서 상수 C는 각 파장영역마다 다르고, 거문고 자리의 α별 베가(Vega: α Lyrae)가 기준별이 되어 각의 필터에서 베가의 등급이 0등급이 되도록 상수 C가 필터별로 결정되었다.[23] 이것은 완전히 임의적으로 선택한 것이며, U, B, V 필터를 통해 관측할 때 베가(Vega)의 밝기가 각 필터마다 같은 것을 의미하는 것은 아니다. 그러나 별들의 가시 등급을 비교해 본 결과 2천년 전 히파르쿠스가 기록한 등급과 잘 일치한다.[24]

별이 방출하는 빛을 전 파장영역에서 측정한 복사등급에 대한 상수 C_{bol}를 결정하는데는 다른 방법이 적용되었다. 완전한 볼로미터 즉 별에서 나오는 빛의 100 퍼센트를 측정할 수 있는 기구에 대하여 $S(\lambda) \equiv 1$로 정하였다.

$$m_{\rm bol} = -2.5\log_{10}\left(\int_0^{\infty} F_\lambda \, d\lambda\right) + C_{\rm bol} \tag{3.32}$$

C_{bol}에 대하여 원래 천문학자들이 기대하는 값은 모든 별에 대해 복사보정이 음수이거나(왜냐하면, 전 파장영역의 별의 복사 플럭스는 주어진 파장 영역의 별의 복사 플럭스 보다 크기 때문이다). 0에 매우 가까운 값이다.

$$BC = m_{\rm bol} - V$$

그러나 C_{bol}의 값이 음수이어야 함에도 불수하고, 몇몇의 초거성에서 복사보정이 양수의 복사보정 값을 갖는 것이 발견되었다(이것은 자외선 영역에서 플럭스 감소 현상이 초신성등에서 나타나기 때문이다). 또한, 천문학자들이 등급을 측정

23) 실제로 여러 개 별의 평균 등급이 기준으로 사용된다.

24) 천문학자들이 사용하고 있는 등급계의 다른 특이한 종류에 대하여는 Böhm-Vitense(1989b)의 제1장을 참조

하는 방법에 차이가 있어서 양수의 값을 갖는 경우도 있다.[25] 독자들에게 태양의 m_{bol}값 (m_{sun} =− 26.81)을 사용하여 상수 C_{bol}의 값을 구하는 것을 연습으로 남겼다.

색지수 $U-B$와 $B-V$는 다음 식과 같이 즉각적으로 나타낼 수 있다.

$$U - B = -2.5\log_{10}\left(\frac{\int F_\lambda S_U\, d\lambda}{\int F_\lambda S_B\, d\lambda}\right) + C_{U-B} \tag{3.33}$$

여기서 $C_{U-B} \equiv C_U - C_B$이다. 같은 방법이 $B-V$ 에서도 적용된다. 식 (3.29)로 부터 주목해 보면 비록 겉보기 등급이 별의 반지름 R과 그것의 거리 r 따라 결정되지만, 색지수는 그렇지 않다. 왜냐하면 식 (3.33)에서 $(R/r)^2$의 요소가 상쇄되었기 때문이다. 그러므로 색지수는 오로지 모형 흑체 온도의 측정값만으로 결정된다.

예제 3.6.2

한별의 표면온도가 42,000 K이고, 색지수가 $U-B=$ −1.19, $B-V$ =−0.33이다. $U-B$ 색지수가 큰 음의 값을 갖는다는 것은 이 별이 자외선 영역에서 최대 밝기를 나타낸다는 뜻이다. 이를 빈의 변위법칙인 식 (3.19)를 사용해서 확인할 수 있다. 즉, 42,000 K를 가진 흑체의 스펙트럼은 자외선 영역에 있는 파장인 아래 파장에서 최대이다.

$$\lambda_{\max} = \frac{0.0029\ \mathrm{m\ K}}{42{,}000\ \mathrm{K}} = 69\ \mathrm{nm}$$

최대 밝기가 나타나는 이 파장(69 nm)은 U, B, V 필터(그림 3.10을 보라) 영역의 파장보다 훨씬 짧다. 그러므로 우리는 플랑크 함수 $B_\lambda(T)$가 서서히 감소하는 장파장 영역의 꼬리부분을 다룰 것이다.

우리는 색지수 값을 사용하여 식 (3.33)에 있는 상수 C_{U-B}를 산출한다. 또한 C_{B-V}는 같은 방법으로 색지수 $B-V$를 사용하여 산출한다. 이 계산에 있어서 우리는 계단 함수를 사용하여 감도 함수를 나타낸다: 필터 파장영역에서는 $S(\lambda)=1$이고, 영역 밖의 파장에서는 $S(\lambda)=0$이다. 식 (3.33)의 적분항은 어림식으로 필터의 중심 파장에서의

25) Böhm−Vitense(1989a, 1989b)와 같은 저자들은 복사 보정을 $BC= V-m_{bol}$로 정의하고자 주장한다. 그러면 BC 값은 양수가 된다.

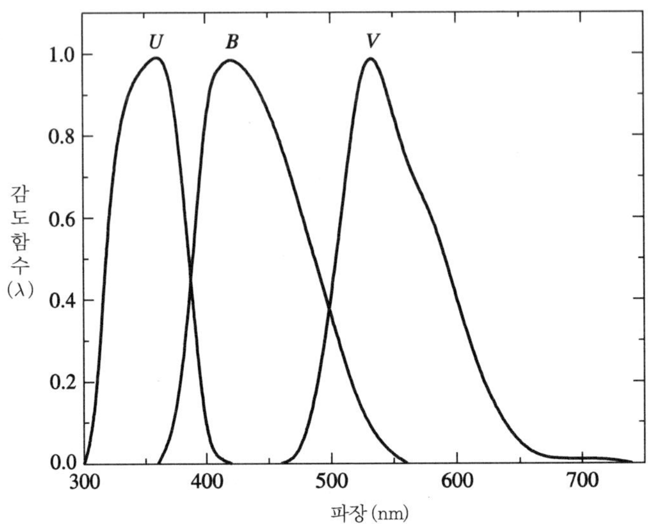

▌그림 3.10 U,B,V 필터에 대한 감도함수 $S(\lambda)$

플랑크 함수 값 B_λ에 필터 폭의 파장 길이를 곱하여 구할 수 있다. 그러므로 94쪽에 있는 필터의 중심 파장과 필터 폭의 파장 길이를 사용하면 다음과 같다.

$$U - B = -2.5\log_{10}\left(\frac{B_{365}\,\Delta\lambda_U}{B_{440}\,\Delta\lambda_B}\right) + C_{U-B}$$

$$-1.19 = -0.32 + C_{U-B}$$

$$C_{U-B} = -0.87$$

이고,

$$B - V = -2.5\log_{10}\left(\frac{B_{440}\,\Delta\lambda_B}{B_{550}\,\Delta\lambda_V}\right) + C_{B-V}$$

$$-0.33 = -0.98 + C_{B-V}$$

$$C_{B-V} = 0.65$$

이러한 C_{U-B}와 C_{B-V} 값을 이용하여 표면 온도가 5777 K인 모형 흑체 태양에 대한 색지수를 평가하는 것은 독자들에게 연습문제로 남겨둔다. 비록 태양에 대한 $B-V=+0.57$의 결과 값이 태양에 대해서 측정된 $B-V=+0.650$의 값과 비교적 일치하지만, $U-B=-0.22$의 어림 값은 측정된 $U-B=+0.195$의 값과 꽤 다르다. 자외선 영역에서 이 큰 차이에 대한 이유는 예제 3.2.4(2권)에서 다룰 것이다.

색-색 도

그림 3.11은 주계열성에 대한 $U-B$와 $B-V$사이의 색지수 관계를 보여주는 색-색 도(Color-color diagram)이다.[26] 천문학자들은 색-색도상의 별의 위치와 별 자체의 특성과의 상관관계를 해석하는 데 어려움을 겪고 있다. 만약 별이 흑체라면, 색-색도는 그림 3.11에서와 같이 직선(점선)으로 나타날 것이다. 그러나 별은 진정한 흑체는 아니다. 3장(2권)에서 자세하게 얘기하겠지만, 어떤 빛은 별의 대기를 지날 때 흡수되고, 흡수된 빛의 양은 빛의 파장과 별의 온도에 따라 결정된다. 같은 온도의 주계열성과 초거성의 색지수가 조금 다른 이유는 다른 요소들이 작용하기 때문이다. 그림 3.11의 색-색 도는 실제의 별과 흑체 모형별 사이에서 온도가 높은 뜨거운 별에 대해서는 색-색 관계가 잘 일치함을 보여주고 있다.

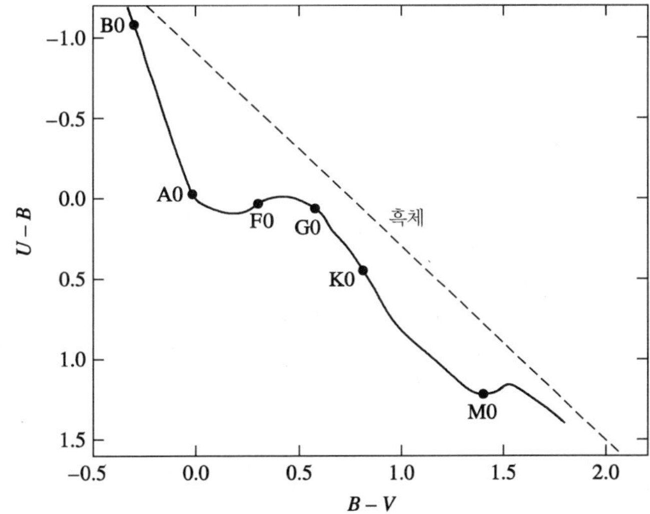

그림 3.11 주계열성에 대한 색-색 도(Color-color diagram). 점선은 흑체에 대한 것이다.

26) 4.6장(2권)에서 언급하겠지만, 주계열성들은 중심부에서 수소핵 융합 반응으로 에너지를 공급받고 있다. 별의 80%에서 90% 정도가 주계열성이다. 그림 3.11에서 알파벳은 분광형을 뜻한다; 2.1장(2권) 참조

제 3 장 참고 문헌

일반 도서

Ferris, Timothy, *Coming of Age in the Milky Way*, William Morrow, New York, 1988.

Griffin, Roger, "The Radial-Velocity Revolution," *Sky and Telescope*, September 1989.

Hearnshaw, John B., "Origins of the Stellar Magnitude Scale," *Sky and Telescope*, November 1992.

Herrmann, Dieter B., *The History of Astronomy from Hershel to Hertzsprung*, Cambridge University Press, Cambridge, 1984.

Perryman, Michael, "Hipparcos: The Stars in Three Dimensions," *Sky and Telescope*, June 1999.

Segre, Emilio, *From Falling Bodies to Radio Waves*, W. H. Freeman and Company, New York, 1984.

고급 도서

Arp, Halton, "$U - B$ and $B - V$ Colors of Black Bodies," *The Astrophysical Journal*, *133*, 874, 1961.

Böhm-Vitense, Erika, *Introduction to Stellar Astrophysics, Volume 1: Basic Stellar Observations and Data*, Cambridge University Press, Cambridge, 1989a.

Böhm-Vitense, Erika, *Introduction to Stellar Astrophysics, Volume 2: Stellar Atmospheres*, Cambridge University Press, Cambridge, 1989b.

Cox, Arthur N. (ed.), *Allen's Astrophysical Quantities*, Fourth Edition, Springer-Verlag, New York, 2000.

Harwit, Martin, *Astrophysical Concepts*, Third Edition, Springer-Verlag, New York, 1998.

Hipparcos Space Astrometry Mission, European Space Agency, `http://astro.estec.esa.nl/Hipparcos/`.

Lang, Kenneth R., *Astrophysical Formulae*, Third Edition, Springer-Verlag, New York, 1999.

Van Helden, Albert, *Measuring the Universe*, The University of Chicago Press, Chicago, 1985.

제 3 장 연습 문제

3.1 In 1672, an international effort was made to measure the parallax angle of Mars at the time of opposition, when it was closest to Earth; see Fig. 1.6.

(a) Consider two observers who are separated by a baseline equal to Earth's diameter. If the difference in their measurements of Mars's angular position is 33.6″, what is the distance between Earth and Mars at the time of opposition? Express your answer both in units of m and in AU.

(b) If the distance to Mars is to be measured to within 10%, how closely must the clocks used by the two observers be synchronized? *Hint:* Ignore the rotation of Earth. The average orbital velocities of Earth and Mars are 29.79 km s^{-1} and 24.13 km s^{-1}, respectively.

3.2 At what distance from a 100-W light bulb is the radiant flux equal to the solar irradiance?

3.3 The parallax angle for Sirius is 0.379″.

(a) Find the distance to Sirius in units of (i) parsecs; (ii) light-years; (iii) AU; (iv) m.

(b) Determine the distance modulus for Sirius.

3.4 Using the information in Example 3.6.1 and Problem 3.3, determine the absolute bolometric magnitude of Sirius and compare it with that of the Sun. What is the ratio of Sirius's luminosity to that of the Sun?

3.5 **(a)** The Hipparcos Space Astrometry Mission was able to measure parallax angles down to nearly 0.001″. To get a sense of that level of resolution, how far from a dime would you need to be to observe it subtending an angle of 0.001″? (The diameter of a dime is approximately 1.9 cm.)

(b) Assume that grass grows at the rate of 5 cm per week.

i. How much does grass grow in one second?

ii. How far from the grass would you need to be to see it grow at an angular rate of 0.000004″ (4 microarcseconds) per second? Four microarcseconds is the estimated angular resolution of SIM, NASA's planned astrometric mission; see page 59.

3.6 Derive the relation

$$m = M_{\text{Sun}} - 2.5\log_{10}\left(\frac{F}{F_{10,\odot}}\right)$$

3.7 A 1.2×10^4 kg spacecraft is launched from Earth and is to be accelerated radially away from the Sun using a circular solar sail. The initial acceleration of the spacecraft is to be $1g$. Assuming a flat sail, determine the radius of the sail if it is

(a) black, so it absorbs the Sun's light.

(b) shiny, so it reflects the Sun's light.

Hint: The spacecraft, like Earth, is orbiting the Sun. Should you include the Sun's gravity in your calculation?

3.8 The average person has $1.4\ \text{m}^2$ of skin at a skin temperature of roughly 306 K (92°F). Consider the average person to be an ideal radiator standing in a room at a temperature of 293 K (68°F).

(a) Calculate the energy per second radiated by the average person in the form of blackbody radiation. Express your answer in watts.

(b) Determine the peak wavelength λ_{max} of the blackbody radiation emitted by the average person. In what region of the electromagnetic spectrum is this wavelength found?

(c) A blackbody also absorbs energy from its environment, in this case from the 293-K room. The equation describing the absorption is the same as the equation describing the emission of blackbody radiation, Eq. (3.16). Calculate the energy per second absorbed by the average person, expressed in watts.

(d) Calculate the net energy per second lost by the average person via blackbody radiation.

3.9 Consider a model of the star Dschubba (δ Sco), the center star in the head of the constellation Scorpius. Assume that Dschubba is a spherical blackbody with a surface temperature of 28,000 K and a radius of 5.16×10^9 m. Let this model star be located at a distance of 123 pc from Earth. Determine the following for the star:

(a) Luminosity.

(b) Absolute bolometric magnitude.

(c) Apparent bolometric magnitude.

(d) Distance modulus.

(e) Radiant flux at the star's surface.

(f) Radiant flux at Earth's surface (compare this with the solar irradiance).

(g) Peak wavelength λ_{max}.

3.10 **(a)** Show that the Rayleigh–Jeans law (Eq. 3.20) is an approximation of the Planck function B_λ in the limit of $\lambda \gg hc/kT$. (The first-order expansion $e^x \approx 1 + x$ for $x \ll 1$ will be useful.) Notice that Planck's constant is not present in your answer. The Rayleigh–Jeans law is a *classical* result, so the "ultraviolet catastrophe" at short wavelengths, produced by the λ^4 in the denominator, cannot be avoided.

(b) Plot the Planck function B_λ and the Rayleigh–Jeans law for the Sun ($T_\odot = 5777$ K) on the same graph. At roughly what wavelength is the Rayleigh–Jeans value twice as large as the Planck function?

3.11 Show that Wien's expression for blackbody radiation (Eq. 3.21) follows directly from Planck's function at short wavelengths.

3.12 Derive Wien's displacement law, Eq. (3.15), by setting $dB_\lambda/d\lambda = 0$. *Hint:* You will encounter an equation that must be solved numerically, not algebraically.

3.13 **(a)** Use Eq. (3.24) to find an expression for the frequency ν_{max} at which the Planck function B_ν attains its maximum value. (*Warning:* $\nu_{\text{max}} \neq c/\lambda_{\text{max}}$.)

(b) What is the value of ν_{max} for the Sun?

(c) Find the wavelength of a light wave having frequency ν_{max}. In what region of the electromagnetic spectrum is this wavelength found?

3.14 **(a)** Integrate Eq. (3.27) over all wavelengths to obtain an expression for the total luminosity of a blackbody model star. *Hint:*

$$\int_0^\infty \frac{u^3\,du}{e^u - 1} = \frac{\pi^4}{15}$$

(b) Compare your result with the Stefan–Boltzmann equation (3.17), and show that the Stefan–Boltzmann constant σ is given by

$$\sigma = \frac{2\pi^5 k^4}{15c^2h^3}$$

(c) Calculate the value of σ from this expression, and compare with the value listed in Appendix A.

3.15 Use the data in Appendix G to answer the following questions.

(a) Calculate the absolute and apparent visual magnitudes, M_V and V, for the Sun.

(b) Determine the magnitudes M_B, B, M_U, and U for the Sun.

(c) Locate the Sun and Sirius on the color–color diagram in Fig. 3.11. Refer to Example 3.6.1 for the data on Sirius.

3.16 Use the filter bandwidths for the UBV system on page 75 and the effective temperature of 9600 K for Vega to determine through which filter Vega would appear brightest to a photometer [i.e., ignore the constant C in Eq. (3.31)]. Assume that $\mathcal{S}(\lambda) = 1$ inside the filter bandwidth and that $\mathcal{S}(\lambda) = 0$ outside the filter bandwidth.

3.17 Evaluate the constant C_{bol} in Eq. (3.32) by using $m_{\text{Sun}} = -26.83$.

3.18 Use the values of the constants C_{U-B} and C_{B-V} found in Example 3.6.2 to estimate the color indices $U - B$ and $B - V$ for the Sun.

3.19 Shaula (λ Scorpii) is a bright ($V = 1.62$) blue-white subgiant star located at the tip of the scorpion's tail. Its surface temperature is about 22,000 K.

(a) Use the values of the constants C_{U-B} and C_{B-V} found in Example 3.6.2 to estimate the color indices $U - B$ and $B - V$ for Shaula. Compare your answers with the measured values of $U - B = -0.90$ and $B - V = -0.23$.

(b) The Hipparcos Space Astrometry Mission measured the parallax angle for Shaula to be $0.00464''$. Determine the absolute visual magnitude of the star.

(Shaula is a pulsating star, belonging to the class of Beta Cephei variables; see Section 14.2. As its magnitude varies between $V = 1.59$ and $V = 1.65$ with a period of 5 hours 8 minutes, its color indices also change slightly.)

4장

특수상대성 이론

4.1 갈릴레이 변환의 문제

파는 매질을 퍼져나가는 출렁거림 혹은 교란이다. 물결파는 물을 통하여 전달되는 교란이며, 음파는 공기에서 퍼져 나가는 교란이다. 제임스 맥스웰은 "빛도 전기와 자기 현상의 원인이 되는 매질의 출렁임으로 되어 있다"고 예측하였지만, 전자기파를 매개하는 매질은 도대체 무엇일까? 당시에 물리학자들은 **에테르**라고 부르는 매질을 통하여 빛이 전달된다고 믿었다. 온 공간에 스며있는 에테르에 대한 개념은 초기 그리스 과학에 그 뿌리를 두고 있다. 지상 세계를 구성하는 흙, 공기, 불, 물의 4원소에 추가하여, 그리스 사람들은 천상 세계가 다섯 번째의 완벽한 원소로 이루어진다고 믿었다. 막스웰은 다음과 같은 기록을 남기면서 그리스인의 오랜 생각을 되새겼다.

의심할 여지없이 행성 간 공간 혹은 성간 공간은 진공이 아니며, 우리가 아는 한 가장 크고 또한 가장 균일한 어떤 물질 혹은 물체가 차지하고 있다.

에테르의 개념이 현대 과학에서 부활한 유일한 목적은 빛이라는 파동을 실어나르기 위함이었다. 에테르를 통해서 움직이는 임의의 물체는 역학적으로 마찰을 받지 않을 것이므로, 에테르 속을 움직이는 지구의 속도는 직접 측정할 수 없었다.

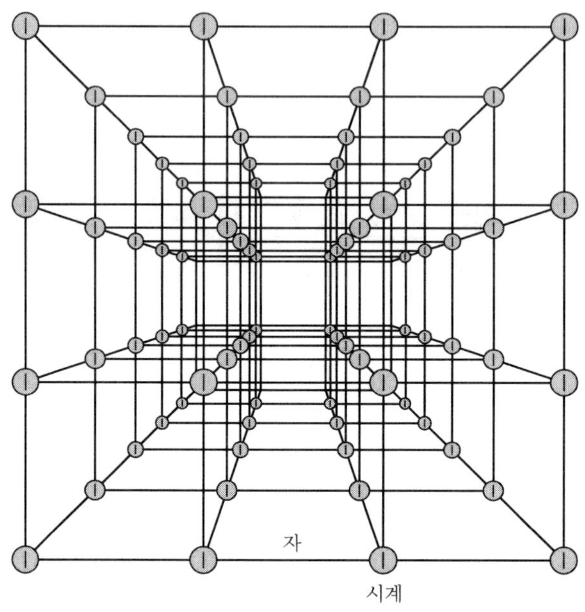

▮ 그림 4.1 관성 좌표계

갈릴레이 변환

실제로 역학적 실험으로부터 관측자의 절대적 속도를 결정할 수 없다. 우리가 정지해 있는지 혹은 등속 운동(가속도가 0인 운동)을 하고 있는 지를 구별할 수는 없다. 이러한 일반적인 원리는 매우 일찍이 깨달았다. 갈릴레오는 일정한 속도로 항해하는 배의 갑판 아래에 완전히 닫힌 실험실을 기술하면서 이와 같이 등속 운동하는 실험실에서 수행되는 그 어떤 실험으로부터도 배의 속도를 측정할 수 없음을 주장하였다. 그 이유를 이해하려면, 두 *관성 좌표계* S와 S'을 고려하자. 2.2절에서 논의한 바와 같이, 관성 좌표계는 뉴턴의 제 1법칙이 성립하는 실험실이라고 생각할 수 있다. 즉, 외부에서 주는 힘이 없는 한, 정지한 물체는 계속 정지 상태를 유지하고, 운동하는 물체는 일정한 속도로 직선을 따라 운동한다. 그림 4.1에 보인 바와 같이 실험실은(원리적으로나마) 임의의 사건에 대하여 *그 사건이 일어난 곳에서* 그 사건의 시간과 위치를 기록해 주는 무한히 많은 자와 동시화된 시계로 구성된다. 이러한 가정으로부터 멀리 있는 기록 장치에 사건에 대한 정보를 전달하는 데에 나타나는 시간적 지연을 걱정할 필요가 사라진다. 그림 4.2에 보인 바와 같이, 좌표계 S'이(좌표계 S에 대하여) 양의 x방향으로 일정한 속도 $\mathbf{u}$로 운동하

고 있다고 가정해도 일반성을 잃지 않는다.[1] 더구나, 두 좌표계의 시계들은 두 좌표계의 원점 O와 O'이 $t = t' = 0$인 시각에 정확히 일치할 때에 시계가 작동하기 시작한다.

두 좌표계 S와 S'의 관측자들이 움직이고 있는 동일한 물체를 관찰하여 이 물체의 위치 좌표 (x, y, z)와 (x', y', z')와 시간 좌표 t와 t'를 각각 기록한다. 상식과 직관에 호소한다면, 이와 같이 측정된 좌표들은 갈릴레이 변환으로 연결될 것이다. 즉

$$x' = x - ut \tag{4.1}$$

$$y' = y \tag{4.2}$$

$$z' = z \tag{4.3}$$

$$t' = t \tag{4.4}$$

t나 t'에 대하여 시간 도함수를 잡으면(이 두 시간은 항상 같기 때문에), 두 좌표계에서 물체의 속도 $\mathbf{v}$와 $\mathbf{v}'$ 사이의 관계는

$$v'_x = v_x - u$$

$$v'_y = v_y$$

$$v'_z = v_z$$

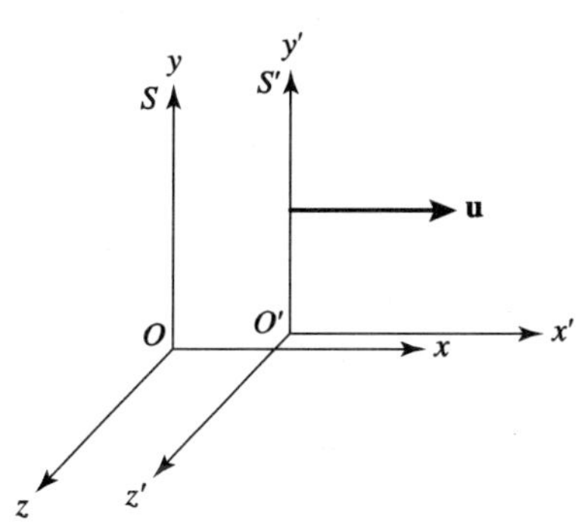

▮ 그림 4.2 관성 좌표계 S와 S'

1) 이 상황이 좌표계 S가 정지한 좌표계, S'이 운동하는 좌표계라는 의미가 아니다. S'이 정지하고 S좌표계가 음의 x'방향으로 운동할 수도 있고, 혹은 두 좌표계 모두 운동할 수 있다. 이어지는 논의의 요지는 좌표계의 절대 운동 속도를 부여할 방법은 결코 없다는 점이다. 오로지 이들 좌표계의 상대 속도만이 의미를 갖는다.

이고, 이를 벡터의 형태로 표현하면

$$\mathbf{v}' = \mathbf{v} - \mathbf{u} \tag{4.5}$$

$\mathbf{u}$가 일정하므로, 시간으로 한번 더 미분하면 두 좌표계에서 이 물체의 가속도는 같다는 사실을 알 수 있다. 즉,

$$\mathbf{a}' = \mathbf{a}$$

그러므로, 질량 m인 물체에 대하여 $\mathbf{F} = m\mathbf{a} = m\mathbf{a}'$이며, 뉴턴의 운동 법칙은 두 좌표계에서 성립한다. 실험실이 갈릴레오의 배의 내부에 있거나 혹은 우주의 다른 곳에 있거나, 그 어떤 실험을 통해서도 실험실의 절대 속도를 측정할 수 없다.

마이클슨–몰리 실험

전자기파가 에테르를 통하여 $c \simeq 3 \times 10^8\ \mathrm{m\,s^{-1}}$의 속력으로 퍼져 나간다는 사실을 맥스웰이 발견한 업적은 지구라는 좌표계에서 빛의 속도를 측정하고 이 값을 맥스웰의 이론적인 값 c와 비교하여, 에테르 속에서 지구의 *절대 운동 속도*를 검출할 수 있는 가능성을 열었다. 1887년에 물리학자 앨버트 마이클슨(Albert A. Michelson, 1852–1931)과 동료인 화학자 에드워드 몰리(Edward W. Morley, 1838–1923)의 두 미국인이 지구의 절대 속도를 측정하는 유명한 실험을 수행하였다. 지구가 태양 주위를 약 $30\ \mathrm{km\,s^{-1}}$의 속력으로 공전하지만, 마이클슨–몰리 실험의 결과 지구의 에테르에 대한 속력은 *0이었다!*[2] 더구나, 지구가 지축을 중심으로 자전하면서 태양 주위를 공전하므로, 지구 실험실의 에테르에 대한 속도는 시시각각 달라진다. 계속 바뀌는 "에테르 바람"은 쉽게 검출되어야만 한다. 그러나, 이후 더 높은 정밀도로 개선된 마이클슨–몰리 실험을 많은 물리학자들이 반복하여 수행하였지만, 에테르 속의 지구 운동 속도는 언제나 0이었다. 지구라는 실험실의 속도나 광원의 속도와 무관하게, 모든 실험물리학자들은 빛의 속도를 정확히 같은 값으로 측정하였다.

---

2) 엄밀히 말하자면, 지구상의 실험실은 관성 기준계가 아니다. 왜냐하면 지구는 태양 주위를 공전하면서 축에 대하여 회전하고, 가속하기 때문이다. 그러나 이러한 비–관성 효과는 마이클슨–몰리 실험에 중요한 것이 아니다.

한편, 식 (4.5)에 의하면, 상대 속도 u로 움직이는 두 관측자에 대하여 빛의 속도는 *서로 다른 값*으로 측정되어야 한다. 상식으로부터 예상되는 식 (4.5)와 빛의 속도가 일정하다는 실험 결과 사이의 모순으로부터, 경험이 준 식과 이 식을 유도해 준 변환식들(갈릴레이 변환인 식 (4-1)에서 식 (4-4))이 옳지 않아야 한다. 비록 갈릴레이 변환이 $v/c \ll 1$이 성립하는 일상적인 낮은 속도의 친숙한 세계를 기술하지만, 빛의 속도에 가까운 속도를 포함하는 실험 결과와 크게 어긋난다. 뉴턴 물리학 체계라는 패러다임에 위기가 도래하였다.

4.2 로렌츠 변환

젊은 알버트 아인슈타인(Albert Einstein 1875-1955, 그림 4.3을 보시오)은 동료들과 문제들을 놓고 토론을 즐겼다. 거울이 빛의 속도로 움직일 때에 거울을 본다면 상이 어떻게 되겠는가? 거울에 내 모습을 비추어 볼 수 있겠는가 혹은 그렇지 않겠는가? 이러한 질문이 우주를 기술하는 간단하면서도 모순이 없는 체계를 향한 그의 탐구 정신이었으며, 상대성 이론에서 절정을 이루었다. 아인슈타인은 마침내 온 우주에 스며있는 에테르라는 개념을 부정하였다.

그림 4.3 알버트 아인슈타인(1875-1955) (여키스 천문대 제공)

아인슈타인의 공리

1905년에 아인슈타인은 "움직이는 물체의 전기역학에 대하여"라는 멋진 논문에서 특수상대성 이론[3]의 두 가지 가정을 도입하였다.

> 역학뿐만 아니라 전기역학의 현상에서도 절대적인 정지라는 개념에 대응하는 물리적 성질은 존재하지 않는다. 이 사실은 역학 방정식이 성립하는 모든 좌표계에서 전기역학과 광학의 물리 법칙이 성립한다는 점을 암시한다. 우리는 이러한 가설(이 가설의 내용은 "상대성 원리"라고 부르도록 하자)을 공리의 수준으로 끌어 올리고, 이 공리와는 피상적으로는 양립할 수 없어 보이지만, 광원의 운동 상태와 무관하게 진공에서 빛은 언제나 고정된 속도 c로 퍼져 나간다는, 두 번째 공리를 도입한다.

다시 말하면, **아인슈타인의 공리**는

> **상대성 원리** : 물리학의 법칙은 모든 관성 좌표계에서 같다.
>
> **빛의 속도의 불변성** : 진공에서 빛의 속도는 광원의 운동과는 무관하게 언제나 일정한 속도 c이다.

로렌츠 변환의 유도

여기에서 멈추지 않고, 아인슈타인은 계속하여 특수 상대성 이론의 핵심이 되는 식들인 **로렌츠 변환**을 유도하였다.[4] 그림 4.2에 보인 바와 같이 두 개의 관성 좌표계 S와 S'에 대하여, *동일한 사건*의 공간과 시간 좌표들 (x, y, z, t)와 (x', y', z', t')사이에 성립하는 가장 일반적인 일차 변환은

$$x' = a_{11}x + a_{12}y + a_{13}z + a_{14}t \tag{4.6}$$

$$y' = a_{21}x + a_{22}y + a_{23}z + a_{24}t \tag{4.7}$$

$$z' = a_{31}x + a_{32}y + a_{33}z + a_{34}t \tag{4.8}$$

$$t' = a_{41}x + a_{42}y + a_{43}z + a_{44}t \tag{4.9}$$

---

3) 특수 상대성 이론은 오로지 관성 좌표계만 다루지만, *일반* 상대성 이론은 가속 운동하는 좌표계까지 포함하여 다룬다.

4) 이 식들은 네덜란드의 헨드릭 로렌츠(Hendrik A. Lorentz, 1853–1928)가 처음으로 유도하였지만, 에테르에 대하여 절대적으로 정지한 좌표계를 포함하는 다른 상황에 적용되었다.

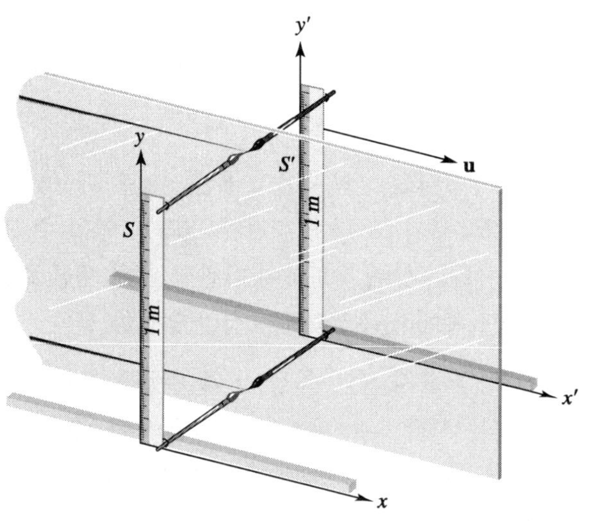

▌**그림 4.4** $y'=y$임을 보여 주는 그림붓의 설정

변환이 일차가 아니면, 움직이는 물체의 길이나 두 사건 사이의 시간 간격이 좌표계 S와 S'에서 원점의 선택에 따라 달라질 것이다. 물리학의 법칙이 임의로 선택된 좌표계 원점 위치라는 수치에 의존할 수 없으므로, 이러한 점은 받아들일 수 없다.

계수 a_{ij}들은 아인슈타인의 두 개의 공리와 약간의 간단한 대칭성으로부터 결정할 수 있다. 아인슈타인의 첫 번 공리인 상대성 원리에 따르면, 좌표계 S의 좌표계 S'에 대한 상대 속도인 $\mathbf{u}$에 수직인 길이는 바뀌지 않는다. 이 사실을 확인하기 위하여, 각 좌표계에 y축과 y'축에 나란하게 놓여 있고 그 한 끝이 좌표계 원점에 놓인 막대 자를 생각하자. 그림 4.4를 보라. 그림 붓이 각각의 막대 자의 양 끝에 막대 자에 수직한 방향으로 부착되어 있고, 두 좌표계는 $x-y$평면에 무한하게 펼쳐져 있는 유리판으로 갈라져 있다. 두 좌표계가 서로를 미끄러지면서, 각각의 그림붓은 유리 판에 직선을 그린다. S좌표계는 푸른 색 물감을 쓰고, S'좌표계는 붉은 색 물감을 쓴다고 생각하자. S좌표계의 관측자가 S'좌표계의 막대 자를 자신의 막대 자보다 더 짧게 측정한다면, 이 관측자는 붉은 색 직선이 유리판에서 푸른 색 직선의 *안쪽으로* 그려진 것을 볼 것이다. 그러나, 상대성 원리에 의하여, S'좌표계의 관측자도 S좌표계의 막대 자를 자신의 막대 자보다 더 짧게 측정하여, 자신의 막대 끝으로부터 나온 붉은 직선의 안쪽으로 푸른 직선들이 그려지는 것을 볼 것이다. 두 개의 색깔이 모두 서로의 안쪽에 있을 수는 없으므로, 유일한 결론은 두 색깔의 직선들이 겹쳐져야만 할 것이다. 따라서, u에 수직인 막대 자의 길이는 바뀌지 않는다. 그러므로, $y' = y$이고 또한 $z' = z$이어서, $a_{22} = a_{33} = 1$이며, a_{21}, a_{23}, a_{24}, a_{31}, a_{32}, a_{34}는 모두 0이다.

식 (4.9)에서 y대신 $-y$ 혹은 z대신 $-z$로 바꾸었을 때에도 같은 값을 얻어야 한다는 조건으로부터 또 다른 간단한 결과를 얻을 수 있다. 이것은 분명히 성립해야 하며, 그 이유는 상대 속도 u에 나란한 축에 대한 회전 대칭성 때문에 시간 측정은 x축의 어느 쪽에서 측정되든지 상관 없어야 한다. 그러므로, $a_{42} = a_{43} = 0$이다.

마지막으로, 좌표계 S'의 원점 O'의 운동을 고려해 보자. 좌표계의 시계는 O와 O'이 일치하는 시각 $t = t' = 0$일 때에 동시화 된다고 가정하므로, O'의 x좌표는 좌표계 S에서 $x = ut$로 주어지며, 좌표계 S'에서 $x' = 0$으로 주어진다. 그러므로, 식 (4.6)에서

$$0 = a_{11}ut + a_{12}y + a_{13}z + a_{14}t$$

이므로, 여기에서 $a_{12} = a_{13} = 0$이고, $a_{11}u = -a_{14}$이다. 이제까지 얻은 결과를 모으면, 식 (4.6–4.9)들은

$$x' = a_{11}(x - ut) \tag{4.10}$$

$$y' = y \tag{4.11}$$

$$z' = z \tag{4.12}$$

$$t' = a_{41}x + a_{44}t \tag{4.13}$$

과 같이 쓸 수 있다. 이 곳에서 $a_{11} = a_{44} = 1$이고 $a_{41} = 0$이라면 이 식들은 우리 상식과 부합하는 갈릴레이 변환식(식 4.1–4.4)이다. 그러나, 이제까지 아인슈타인의 2개 공리 가운데 상대성 원리 하나만 사용하였고, 이 상대성 원리는 갈릴레이 자신이 수립한 원리이기도 하다.

이제, 논의에서 아인슈타인의 제 2 공리인 모든 사람이 정확히 같은 빛의 속도를 측정한다는 공리를 도입하자. 시각 $t = t' = 0$에서 원점 O와 O'이 겹치는 순간에 이 곳에 있는 전등에서 불이 켜졌다고 가정하자. 적당한 시간이 지나 시각 t에서 좌표계 S에 있는 관측자는 반지름이 ct인 구형의 파면이 원점으로부터 멀어지고 있음을 관측할 것이며, 파면이 만족하는 식은

$$x^2 + y^2 + z^2 = (ct)^2 \tag{4.14}$$

마찬가지로, 시각 t' 에서 좌표계 S' 의 관측자는 반지름 ct' 을 갖는 구형의 빛 파면을 관측하게 될 것이며, 파면이 만족하는 식은

$$x'^2 + y'^2 + z'^2 = (ct')^2 \tag{4.15}$$

이다. 식 (4.10–4.13)을 식 (4.15)에 대입하고, 식 (4.14)와 비교하면, $a_{11} = a_{44} = 1/\sqrt{1-u^2/c^2}$ 와 $a_{41} = -ua_{11}/c^2$ 을 얻는다. 그러므로, 동일한 사건에 대하여 좌표계 S와 S' 에서 측정되는 공간–시간 좌표들 (x,y,z,t) 와 (x',y',z',t') 를 연결하는 로렌츠 변환식은

$$x' = \frac{x - ut}{\sqrt{1 - u^2/c^2}} \tag{4.16}$$

$$y' = y \tag{4.17}$$

$$z' = z \tag{4.18}$$

$$t' = \frac{t - ux/c^2}{\sqrt{1 - u^2/c^2}} \tag{4.19}$$

과 같다. 로렌츠 변환을 사용할 때마다, 상황이 그림 4.2에 나타낸 것과 같이 좌표계 S' 이 좌표계 S에 대하여 양의 x 방향으로 속도 $\mathbf{u}$로 움직이는 기하학적 상화이어야 함을 명심하자.

로렌츠 변환에서 빠지지 않고 등장하는 인수

$$\gamma \equiv \frac{1}{\sqrt{1 - u^2/c^2}} \tag{4.20}$$

을 **로렌츠 인수**라고 부르며, 상대론적 효과의 중요성을 가리키는 척도로 쓰일 수 있다. 대충 말해서, 상대론과 뉴턴 역학은 $u/c \simeq 1/7$ 일 때에 1%(γ=1.01)의 차이를 보이며, $u/c \simeq 5/12$ 일 때에 10%의 차이를 보인다. 그림 4.5를 보라. 빛의 속도에 비하여 매우 느린 속도가 대변하는 뉴턴적 세계에서 로렌츠 변환은 갈릴레이 변환(식 4.1–4.4)과 같게 된다. 모든 상대론적 공식에 이와 비슷한 요구 조건이

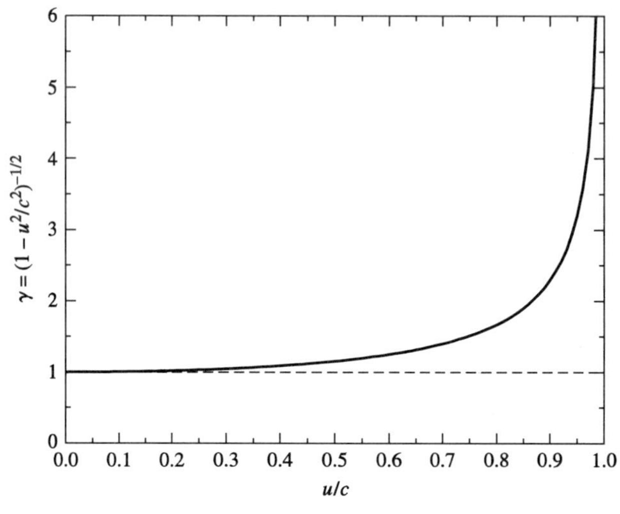

▌그림 4.5 로렌츠 인수

만족되어야 한다. 즉, 상대론적 식들은 빛의 속도에 비하여 매우 느리게 운동하는 $u/c \to 0$ 인 극한에서 뉴턴 역학의 식들과 일치해야 한다.

로렌츠 변환의 역변환은 대수적으로 유도할 수도 있고, 혹은 S와 S'의 좌표계를 바꾸고 u를 $-u$로 바꾸어서 더 쉽게 유도할 수도 있다(여기에서 이러한 치환이 갖는 물리적인 의미를 확실히 이해하는 것이 중요하다). 두 방법 모두 다음과 같은 역변환을 준다.

$$x = \frac{x' + ut'}{\sqrt{1 - u^2/c^2}} \tag{4.21}$$

$$y = y' \tag{4.22}$$

$$z = z' \tag{4.23}$$

$$t = \frac{t' + ux'/c^2}{\sqrt{1 - u^2/c^2}} \tag{4.24}$$

로렌츠 변환은 특수상대성 이론의 핵심을 이루며, 놀랍고도 비상식적인 결과들을 내재한다. 가장 크게 놀라운 점은 변환에서 시간 좌표와 공간 좌표가 섞여 있다는 점이다. 아인슈타인의 스승인 허먼 밍코브스키(Hermann Minkowski, 1864–1909)은 다음과 같이 언급하였다. "그러므로, 공간 그 자체, 시간 그 자체는 그림자 속으로 사라질 운명이며, 이 둘의 결합만이 독립적인 실체성을 갖는다." 물리 세계

의 드라마는 4차원의 시공간이라는 무대에서 펼쳐지고, 이 곳에서 사건들은 시공간 좌표 (x, y, z, t)로 구별한다.

4.3 특수상대성 이론에서 시간과 공간

좌표계 S에 있는 관측자가 *같은* 시각 t에서 *서로 다른* x좌표를 갖는 x_1과 x_2인 곳에서 빛을 내쏜다고 가정하자. 그러면, 좌표계 S'의 관측자가 측정하는 두 빛의 시간 간격 $t'_1 - t'_2$는(식 (4.19)를 보라.)

$$t_1' - t_2' = \frac{(x_2 - x_1)\, u/c^2}{\sqrt{1 - u^2/c^2}} \tag{4.25}$$

이다. *좌표계 S'에 있는 관측자에 따르면, $x_1 \neq x_2$이면, 두 빛은 동시에 관측되지 않는다!* 한 관성 좌표계에서 동시에 일어나는 사건이 다른 관성 좌표계에서는 동시에 발생하지 않는다. 그 어느 두 개의 사건도 서로 다른 두 장소에서는 *절대적으로* 동시에 일어날 수 없다. 식 (4.25)에 따르면, $x_1 < x_2$이면, u가 양수일 때에 $t'_1 - t'_2 > 0$이다. 즉, 전등 1이 전등 2보다 빛을 나중에 내쏜다고 관측한다. 반대 방향으로 같은 빠르기로 운동하는 관측자에게는(즉 u를 $-u$로 바꾸면) 결론도 반대가 되어 전등 1이 전등 2보다 먼저 빛을 내쏜다. 상황은 대칭적이어서, 좌표계 S'의 관측자는 한 전등의 빛이 지나간 후에 다른 전등의 빛이 지나가는 것을 본다고 결론내릴 것이다. 다음과 같은 질문을 하고 싶어질지 모르겠다. "어느 관측자의 설명이 *실제로* 옳지?" 그러나, 이러한 질문은 의미가 없으며, "어느 관측자가 *실제로* 움직이고 있는가?"라는 질문과 마찬가지이다. 이 두 질문에 대한 답은 존재하지 않으며, 그 이유는 이러한 상황에서 "실제로"라는 말에 물리적 의미가 없기 때문이다. 절대적인 운동이 존재하지 않듯이, 절대적인 동시성 또한 존재하지 않는다. 모든 관측자의 관측은 자신의 좌표계에서 옳은 것이다.

이와 같은 **동시성의 깨짐**은 폭 넓은 의미를 갖는다. 전 우주적 동시성의 부재가 의미하는 바는 상대적으로 운동하는 시계가 서로 다른 빠르기로 간다는 점이다. 뉴턴이 생각한 "스스로 그 본성에 따라, 외부의 그 어느 것에도 무관하게 일정한 빠르기로 흐르는" 시간의 개념은 파기되었다. 상대적으로 운동하는 서로 다른 관측자는 *동일한* 두 사건의 시간 간격을 서로 다르게 측정한다!

고유 시간과 시간의 팽창

좌표계 S'에 정지한 스트로보에서 매 $\Delta t'$ 초마다 빛을 내쏜다고 생각하자. 그림 4.6을 보라. 좌표계 S'에서 측정할 때에, 시각 t'_1에 빛이 한 번 나가고, 다음 빛이 $t_2' = t'_1 + \Delta t'$에 방출된다고 하자. $x_1' = x_2'$을 생각하고, 식 (4.24)을 쓰면, 좌표계 S에 있는 시계로 측정한 동일한 두 빛들 사이의 시간 간격 $\Delta t \equiv t_2 - t_1$은

$$t_2 - t_1 = \frac{(t_2' - t_1') + (x_2' - x_1')\, u/c^2}{\sqrt{1 - u^2/c^2}}$$

에서

$$\Delta t = \frac{\Delta t'}{\sqrt{1 - u^2/c^2}} \tag{4.26}$$

을 얻는다.

좌표계 S'에서 시계는 스트로보 빛에 대하여 정지해 있으므로, $\Delta t'$을 Δt_{rest}라고 부르고자 한다. 좌표계 S'은 시계의 **정지 좌표계**라고 부른다. 마찬가지로, 좌표계 S에서 시계가 스트로보 광원에 대하여 움직이고 있으므로, Δt를 Δt_{moving}이라고 부르자. 그러면, 식 (4.26)은 다음과 같이 쓸 수 있다.

$$\boxed{\Delta t_{\text{moving}} = \frac{\Delta t_{\text{rest}}}{\sqrt{1 - u^2/c^2}}} \tag{4.27}$$

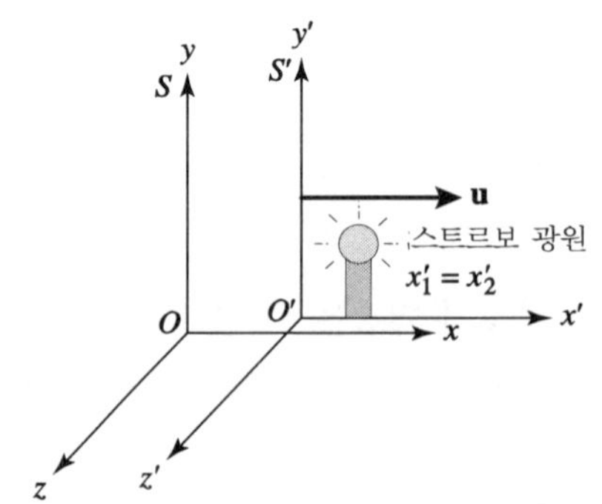

그림 4.6 S' 계에서 정지상태의 스트로보 빛(x' =일정)

이 식은 움직이는 시계의 **시간 팽창** 효과라고 부른다. 두 사건 사이의 시간 간격은 상대적으로 운동하는 서로 다른 관측자에게는 서로 다르게 측정된다는 점을 알려 준다. *가장 짧은 시간 간격*을 측정하는 시계는 두 사건에 대하여 *정지한* 시계이다. 이러한 시계가 측정한 시간이 두 사건의 **고유 시간**이다. 두 사건에 대하여 운동하는 시계로 측정하면, 언제나 더 긴 시간 간격으로 나타난다.

시간 팽창의 효과를 흔히 "움직이는 시계가 천천히 간다"라고 종종 표현하면서 여기에 포함된 두 사건들을 구체적으로 지시하지 않는 경우가 많다. 이러한 경우 식 (4.27)에서 아래첨자 "moving"과 "rest"는 두 사건에 대하여 "움직이거나" 또는 "정지함"을 의미한다. 이 문구를 더 깊이 들여다 보기 위해서, 매 1초마다 똑딱이는 시계 C를 우리가 들고 있고, 이와 동시에 우리에 대하여 움직이는 동일한 구조를 갖고 있는 시계 C'가 있다고 생각하자. 시계 C'에서 똑딱하는 시간 간격을 두 사건의 시간 간격이라고 생각하자. 시계 C'이 스스로에 대하여 정지해 있기 때문에, 여기에서 측정되는 똑딱임의 시간 간격은 $\Delta t_{\text{rest}} = 1\ s$이다. 그러나, 우리가 갖고 있는 시계 C를 보면 우리가 시계 C'의 똑딱임에 대하여 측정하는 시간 간격은

$$\Delta t_{\text{moving}} = \frac{\Delta t_{\text{rest}}}{\sqrt{1-u^2/c^2}} = \frac{1\ \text{s}}{\sqrt{1-u^2/c^2}} > 1\ \text{s}$$

로 나타난다. 시계 C'이 매 1초보다 더 느리게 똑딱인다고 측정하므로, 우리는 우리에 대하여 움직이는 시계 C'이 우리 시계 C보다 더 느리게 간다고 결론을 내린다. 매우 정확한 원자 시계를 제트 비행기에 싣고 비행하여 측정한 결과 상대성 이론이 예측하는 바와 같이 움직이는 시계가 실제로 더 느리게 간다는 사실을 확인하였다.[5)]

고유 길이와 길이의 수축

시간 팽창과 동시성의 깨짐은 절대 시간이라는 뉴턴의 믿음을 부정한다. 두 사건 사이의 시간 간격은 서로에 대하여 운동하는 관측자마다 서로 다른 값으로 측정한다.

5) 시간 팽창에 대한 테스트를 자세히 보려면 Hafele and Keating (1972a, 1972b)를 참조하라.

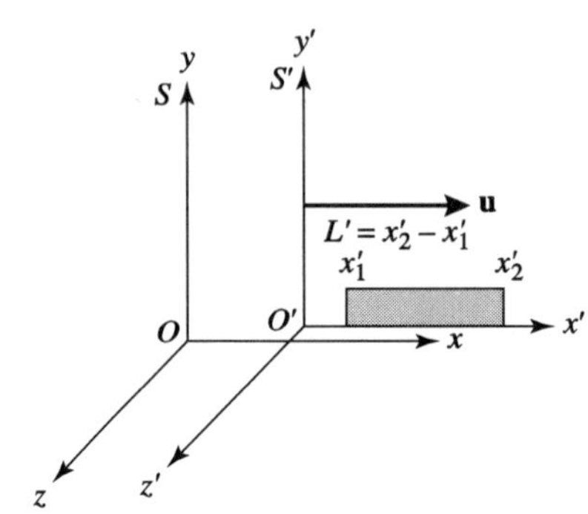

▮ 그림 4.7 S' 계에서 정지 상태의 막대

뉴턴은 또한 "절대 공간은, 스스로의 본성에 따라, 외부의 어느 것에도 구애 받지 않으며, 언제나 같은 상태로 남아 있고 움직일 수 없다"라고 믿었다. 그러나, 로렌츠 변환식들이 요구하는 바는 서로에 대하여 운동하는 관측자들이 공간을 서로 다르게 측정해야한다는 점이다.

좌표계 S'에서 x'축을 따라 막대가 정지한 상태로 놓여 있다고 생각하자. 즉, S'은 막대의 정지 좌표계이다(그림 4.7을 보라). 막대의 왼쪽 끝은 x'_1의 좌표값을 갖고, 오른쪽 끝의 좌표값은 x'_2이다. 이 때에 좌표계 S'에서 측정하는 막대의 길이는 $L' = x'_2 - x'_1$이다. 좌표계 S에서 측정한 막대의 길이는 어떠할까? 막대는 좌표계 S에서 움직이므로, 주의를 기울여서 막대 양끝의 x좌표들인 x_1과 x_2의 값을 *같은 시각*에 측정해야만 한다. 식 (4.16)과 $t_1 = t_2$이어야 함을 기억하면, S에서 측정하는 막대의 길이 $L = x_2 - x_1$은

$$x'_2 - x'_1 = \frac{(x_2 - x_1) - u(t_2 - t_1)}{\sqrt{1 - u^2/c^2}}$$

에서

$$L' = \frac{L}{\sqrt{1 - u^2/c^2}} \tag{4.28}$$

을 얻는다. 막대가 S'좌표계에서 정지해 있으므로, L'을 L_{rest}라고 부르도록 하자. 비슷하게, S좌표계에서 막대가 운동하므로, L을 L_{moving}이라고 부르자. 그러면 식 (4.28)은

$$\boxed{L_{\text{moving}} = L_{\text{rest}}\sqrt{1 - u^2/c^2}} \tag{4.29}$$

와 같이 쓸 수 있다.

이 식은 움직이는 막대의 **길이 수축** 효과를 나타낸다. 서로에 대하여 움직이는 두 관측자는 길이 혹은 거리를 서로 다르게 측정한다는 점을 말해준다. 막대가 한 관측자에 대하여 운동하면, 이 관측자는 이 막대에 정지한 관측자가 측정한 길이보다 더 짧은 길이로 측정한다. *가장 긴 길이*를 막대의 **고유 길이**라고 부르며, 이 길이는 막대의 정지 좌표계에서 측정되는 값이다. 상대 운동의 방향에 나란한 길이 혹은 거리만이 길이 수축의 효과를 받는다. 상대 운동에 대하여 수직 방향의 길이나 거리는 변하지 않는다(식 4.17–4.18을 참조하라).

시간 팽창과 길이 수축은 서로 보완적이다

시간 팽창과 길이 수축은 아인슈타인이 우주를 보는 새로운 방법에서 서로 독립적인 효과가 아니다. 오히려 서로 보완적이다; 이 효과의 크기는 관측자에 따라서 상대적으로 관측되는 사건의 운동에 따라서 결정된다.

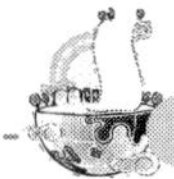

예제 4.3.1

우주 공간에서 오는 우주선 입자들이 지구 상층 대기에 있는 원자핵들과 충돌을 일으켜 뮤 입자라고 부르는 입자를 생성한다. 뮤 입자는 불안정하여, 뮤 입자가 정지한 실험실 좌표계에서 측정한 평균 수명 $\tau = 2.20\times10^{-6}$ s가 지난 후에 붕괴한다. 즉, 주어진 표본에서 뮤 입자의 개수는 $N(t) = N_0 e^{-t/\tau}$를 따라 시간이 지나면서 개수가 줄어든다. 이 때에 N_0는 시각 $t=0$일 때에 표본에 있었던 원래 뮤 입자의 개수이다. 뉴 햄프셔 주에 있는 워싱턴 산의 꼭대기에서 입자 검출기가 $u=0.9952\,c$의 빠르기로 하강하는 뮤 입자를 시간당 563개를 검출하였다. 이 검출기로부터 1907 m 아래인 해수면에서 또 다른 검출기가 시간당 408개를 검출하였다.[6)]

뮤 입자는 $(1.907\times10^5\text{ cm})/(0.9952\,c) = 6.39\times10^{-6}$ s의 시간에 워싱턴 산 꼭대기에서 해수면까지 도달한다. 그러므로, 해수면에서 예상되는 매 시간당 검출되는 뮤 입자의 개수는

$$N = N_0\,e^{-t/\tau} = (563\text{ muons hr}^{-1})\,e^{-(6.39\,\mu\text{s})/(2.20\,\mu\text{s})} = 31\text{ muons hr}^{-1}$$

6) 이 실험의 자세한 내용은 Frisch and Smith(1963)에서 찾아볼 수 있다.

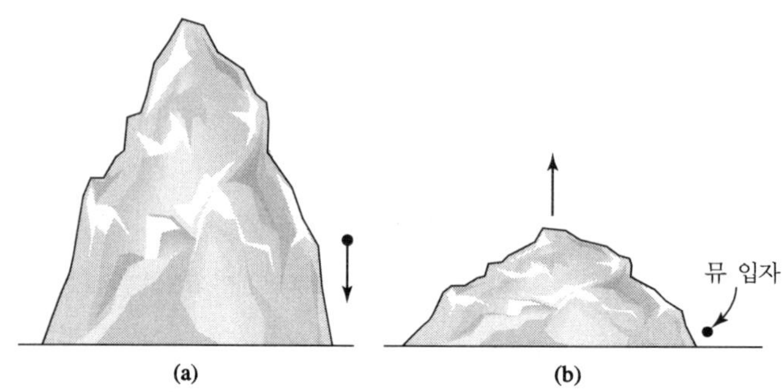

▮ 그림 4.8 워싱톤 산에서 하강하는 뮤 입자 (a) 산계 (b) 뮤입자계

을 얻는다. 이 값은 해수면에 있는 검출기에서 측정한 값인 시간당 408개 보다 매우 작다! 뮤 입자들은 어떻게 아래에 있는 검출기에 도달할 수 있을 정도로 오래 수명을 유지할 수 있었을까? 앞 계산의 문제는 수명 2.20×10^{-6}이 뮤 입자의 정지 좌표계에서 Δt_{rest}의 값으로 측정된 값이지만, 워싱턴 산 꼭대기나 해수면에 있는 검출기의 시계는 뮤 입자에 대하여 운동하고 있다. 이들 시계로부터 측정되는 뮤 입자의 수명은

$$\Delta t_{moving} = \frac{\Delta t_{rest}}{\sqrt{1 - u^2/c^2}} = \frac{2.20\ \mu s}{\sqrt{1 - (0.9952)^2}} = 22.5\ \mu s$$

로서, 뮤 입자의 정지 좌표계에서 측정되는 수명보다 *10배*나 길다. 움직이는 뮤 입자의 시계는 더 천천히 가고, 이 때문에 더 많은 뮤 입자들이 오랜 수명을 유지하여 해수면까지 도달하는 것이다. 뮤 입자 검출 실험실 좌표계에서 뮤 입자의 수명을 써서 앞의 계산을 다시 반복하면

$$N = N_0\, e^{-t/\tau} = (563 \text{ muons hr}^{-1})\, e^{-(6.39\ \mu s)/(22.5\ \mu s)} = 424 \text{ muons hr}^{-1}$$

를 얻는다. 시간 팽창의 효과를 고려하면, 이론적인 예측값과 실험값이 훌륭하게 일치한다.

뮤 입자의 정지 좌표계에서 수명은 고작 2.20×10^{-6}이다. 그림 4.8과 같이, 뮤 입자와 같이 이동하는 관측자는 뮤 입자가 붕괴를 겪지 않고 해수면에 도달하는 현상을 어떻게 설명할까? 이 관측자에 대하여 워싱턴 산은 심각하게 길이 수축되어 있다(상대적인 운동 속도 방향으로만). 뮤 입자가 이동한 거리는 $L_{rest} = 1907$ m가 아니라

$$L_{moving} = L_{rest}\sqrt{1 - u^2/c^2} = (1907\ \text{m})\sqrt{1 - (0.9952)^2} = 186.6\ \text{m}$$

이다. 그러므로, 뮤 입자의 정지 좌표계에서, 뮤 입자가 해수면에 있는 검출기까지 길이 수축된 거리를 지나가는 데에 걸리는 시간은$(1.866 \times 10^4\ \text{cm})/(0.9952\ c) = 6.25 \times 10^{-7}$ s 이다. 그러므로, 관측자가 해수면에 있는 검출기에서 검출되는 뮤 입자의 개수는

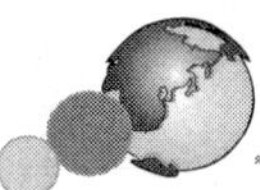

$$N = N_0\, e^{-t/\tau} = (563 \text{ muons hr}^{-1})\, e^{-(0.625\ \mu s)/(2.20\ \mu s)} = 424 \text{ muons hr}^{-1}$$

로서 앞의 결과와 잘 일치한다. 이 사실은 한 좌표계에서 관측되는 시간 팽창의 효과가 다른 좌표계에서는 길이 수축의 효과로 인식될 수 있음을 보여 준다.

시간 팽창과 길이 수축의 효과들은 서로 상대방에 대하여 운동하는 관측자에 대하여 대칭적이다. 서로 반대 방향으로 움직이는 동일한 두 우주선이 적당히 상대론적인 빠르기로 서로를 지나쳐 가는 상황을 생각하자. 각각의 우주선에 타고 있는 관측자들은 상대방 우주선의 길이가 자기가 탑승한 우주선의 길이보다 더 짧은 값으로 측정하고, 상대방 우주선에 실린 시계가 더 느리게 똑딱인다고 관측할 것이다. *두 관측자 모두 옳으며*, 각자의 좌표계에서 올바른 측정을 수행한 것이다.

이러한 효과를 움직이는 물체의, 다른 부분에 있는 관측자에 도달하는데 걸리는 시간이 각각 다르기 때문에 나타나는 광학적 착시 현상으로 생각해서는 안 된다. 앞의 토론에서 언급한 것은, 한사간의 시공간 좌표계에서 측정은 그 사건에 있는 미터자와 시계를 사용하는 측정이므로 시간의 팽창은 없다. 물론 실제 실험실에서 무한한 길이와 시간을 잴 수는 없다. 그리고 유한한 빛의 여향 시간으로 발생되는 시간 팽창은 분명히 고려되어야 한다. 이것은 앞으로 다루게 될 상대론적인 도플러 이동 공식을 결정하는데 중요하다.

상대론적 도플러 이동

1842년에 오스트리아의 물리학자 크리스티안 도플러(Christian Doppler)는 음원이(공기와 같은) 매질에서 퍼져나갈 때에 파장이 진행 방향으로 줄어들고, 반대 방향으로 늘어난다는 사실을 밝혔다. 파원이나 관측자의 운동에 의하여 일어나는 임의의 파에서 보이는 파장 변화를 **도플러 이동**이라고 부른다. 도플러는 움직이는 음원에서 관측되는 파장 λ_{obs}와 음원이 정지한 좌표계에서 측정된 파장 λ_{rest}의 차이가 매질에서 파원의 시선 속도(관측자를 향하거나 혹은 관측자로부터 멀어지는 방향의 속도 성분, 그림 1.15를 보시오)에 의하여 다음과 같이 주어질 것이라고 생각하였다.

$$\frac{\lambda_{obs} - \lambda_{rest}}{\lambda_{rest}} = \frac{\Delta\lambda}{\lambda_{rest}} = \frac{v_r}{v_s} \qquad (4.30)$$

여기에서 v_r은 매질에서 소리의 속도이다. 그러나, 이 식이 빛에 대하여 정밀한 수준에서 올바른 식일 수는 없다. 마이클슨-몰리 실험과 같은 여러 실험들로부터 아인슈타인은 에테르의 개념을 버렸으며, 광파를 매개하는 매질은 존재하지 않는다는 점을 규명하였다. 빛에 대한 도플러 효과는 음파에서 보이는 도플러 효과와는 근본적으로 다른 현상이다.

먼 곳에 있는 광원이 이 광원에 대하여 *정지한* 시계로 측정한 시각 $t_{\mathrm{rest},1}$에 광신호를 내쏘고 시각 $t_{\mathrm{rest},2} = t_{\mathrm{rest},1} + \Delta t_{\mathrm{rest}}$에 또 광신호를 내쏜다고 생각하자. 이 광원이 그림 4.9에 보인 바와 같이 어느 관측자에 대하여 속도 u로 운동한다면, 관측자가 있는 곳에서 두 광신호를 받는 시간 간격은 시간 팽창과 광원에서 관측자까지 빛이 움직여야할 거리의 차이라는 두 가지 효과가 결정한다(광원은 충분히 먼 곳에 있기 때문에 두 빛 신호들의 관측자에 이르는 경로는 나란하다고 가정한다). 식 (4.27)을 써서 관측자 좌표계에서 측정된 광신호들의 방출 시간의 간격은 $\Delta t_{\mathrm{rest}}/\sqrt{1-u^2/c^2}$ 이다. 이 시간 동안, 관측자는 광원까지 거리가 $u\Delta t_{\mathrm{rest}} \cos\theta / \sqrt{1-u^2/c^2}$ 만큼 바뀐다. 그러므로, 두 빛 신호가 관측자가 있는 곳에 도달하는 시간 차 Δt_{obs}는

$$\Delta t_{\mathrm{obs}} = \frac{\Delta t_{\mathrm{rest}}}{\sqrt{1-u^2/c^2}} [1 + (u/c)\cos\theta] \tag{4.31}$$

이다. Δt_{obs}를 광파의 마루들이 방출되는 간격이라고 보고, Δt_{obs}가 이 마루들의 도착 시간 간격이라고 하면, 광파의 주파수는 $\nu_{\mathrm{rest}} = 1/\Delta t_{\mathrm{rest}}$이고 $\nu_{\mathrm{obs}} = 1/\Delta t_{\mathrm{obs}}$이다. 상대론적 도플러 이동을 주는 식은 따라서

$$\boxed{\nu_{\mathrm{obs}} = \frac{\nu_{\mathrm{rest}}\sqrt{1-u^2/c^2}}{1+(u/c)\cos\theta} = \frac{\nu_{\mathrm{rest}}\sqrt{1-u^2/c^2}}{1+v_r/c}} \tag{4.32}$$

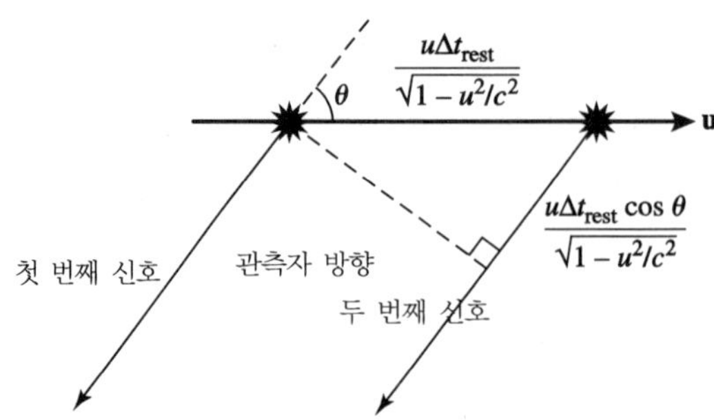

▌그림 4.9 상대론적 도플러 이동

이며, 여기에서 $v_r = u\cos\theta$는 광원의 *시선 속도*이다. 광원이 관측자로부터 곧장 멀어지거나($\theta = 0^\circ, v_r = u$), 혹은 관측자를 향해 움직인다면($\theta = 180^\circ, v_r = -u$), 상대론적 도플러 이동은

$$\nu_{\text{obs}} = \nu_{\text{rest}}\sqrt{\frac{1 - v_r/c}{1 + v_r/c}} \quad \textbf{(시선 방향 운동)} \tag{4.33}$$

으로 주어진다. 관측자 시선에 대하여 수직 방향으로 운동할 때에($\theta = 90°$, $v_r = 0$) 나타나는 **횡단 도플러 이동**이 나타난다. 이와 같은 횡단 이동은 전적으로 시간 팽창 효과 때문에 나타난다. 소리에서 나타나는 도플러 효과의 공식과는 달리, 식 (4.32)와 식 (4.33)은 파원의 속도와 관측자의 속도를 따로 구별하지 않는다. 오로지, 상대 속도만이 중요하다.

천문학자가 별이나 은하가 지구를 향해 혹은 지구로부터 멀리 운동할 때에, 천문학자가 받는 빛의 파장은 각각 긴 파장쪽과 짧은 파장쪽으로 치우친다. 광원이 관측자로부터 멀어질 때에($v_r > 0$), $\lambda_{\text{obs}} > \lambda_{rest}$이다. 이와 같이 긴 파장쪽으로 일어나는 치우침을 **적색 편이**라고 부른다. 마찬가지로, 광원이 관측자를 향하여 운동할 때에($v_r < 0$), 관측된 빛의 짧은 파장쪽으로 일어나는 치우침을 **청색 편이**라고 부른다.[7] 우주에서 우리 은하수 은하의 외부에 있는 대부분의 천체들은 우리로부터 멀어지기 때문에, 천문학자들은 적색 편이를 흔히 측정한다. 적색 편이 인자 z를 써서 파장의 변화를 나타내며, z의 정의는 다음과 같다.

$$\boxed{z \equiv \frac{\lambda_{\text{obs}} - \lambda_{\text{rest}}}{\lambda_{\text{rest}}} = \frac{\Delta\lambda}{\lambda_{\text{rest}}}} \tag{4.34}$$

관측되는 파장 λ_{obs}는 식 (4.33)과 $c = \lambda\nu$를 써서

$$\lambda_{\text{obs}} = \lambda_{\text{rest}}\sqrt{\frac{1 + v_r/c}{1 - v_r/c}} \quad \textbf{(시선 방향 운동)} \tag{4.35}$$

7) 만약 별들이 정지 상태에 있고, 별들의 색의 차이가 도플러 이동 때문에 나타나는 것이라면 모든 별은 백색으로 보일 것이라고 도플러는 주장하였다. 그러나 별들이 도플러 이동으로 색이 변할 정도로 빠르게 이동하지는 않는다.

이므로, 적색 편이 값은

$$z = \sqrt{\frac{1 + v_r/c}{1 - v_r/c}} - 1 \quad \textbf{(시선 방향 운동)} \tag{4.36}$$

일반적으로, 식 (4.34)와 $c = \lambda\nu$로부터

$$z + 1 = \frac{\Delta t_{\text{obs}}}{\Delta t_{\text{rest}}} \tag{4.37}$$

과 같다. 적색 편이가 $z > 0$인(후퇴하는) 천체의 광도를 관측하였을 때에 Δt_{obs} 동안 변화하였다면, 이 천체가 정지한 좌표계에서는 더 짧은 시간인 $\Delta t_{\text{rest}} = \Delta t_{\text{obs}}/(z+1)$ 동안 변화가 일어났음을 이 식으로부터 알 수 있다.

예제 4.3.2

퀘이사 SDSS 1030+0524의 정지 좌표계에서 수소는 $\lambda_{\text{rest}} = 121.6$ nm의 방출선을 낸다. 지구에서 이 방출선이 관측되는 파장은 $\lambda_{\text{obs}} = 885.2$ nm이다. 이 퀘이사의 적색 편이는

$$z = \frac{\lambda_{\text{obs}} - \lambda_{\text{rest}}}{\lambda_{\text{rest}}} = 6.28$$

이다. 식 (4.36)을 써서 이 퀘이사의 후퇴 속도를 다음과 같이 계산할 수 있다.

$$\begin{aligned} z &= \sqrt{\frac{1 + v_r/c}{1 - v_r/c}} - 1 \\ \frac{v_r}{c} &= \frac{(z+1)^2 - 1}{(z+1)^2 + 1} \\ &= 0.963. \end{aligned} \tag{4.38}$$

퀘이사 SDSS 1030+0524는 우리로부터 빛 속도의 96%보다도 더 빠르게 후퇴하는 것처럼 나타난다! 그러나, 퀘이사와 같이 우리로부터 아주 멀리 있는 천체들은 우주의 전체적인 팽창에 의하여 이와 같은 겉보기 후퇴 속도를 갖는 것이다. 이 경우 관측된 파장의 증가는 공간에서 천체가 움직이기 때문에 생기는 것이라기 보다는 *공간 그 자체의 팽창*(그리고 이에 따른 파장 자체의 증가) 때문이다! 이러한 *우주론적 적색 편*

이는 빅뱅의 결과이다.

이 퀘이사는 Sloan Digital Sky Survey의 대규모 탐사 관측에서 발견되었다. 이 천체에 대한 더 자세한 정보는 Becker et al. (2001)을 보라.

광원의 속도 u가 빛의 속도보다 작다고 가정하자($u/c \ll 1$). 팽창에 대하여(1차 근사로서)

$$(1 + v_r/c)^{\pm 1/2} \simeq 1 \pm \frac{v_r}{2c}$$

와 시선 방향 운동에 대한 식 (4.34), (4.35)을 쓰면, 낮은 속도에 대하여

$$z = \frac{\Delta\lambda}{\lambda_{\text{rest}}} \simeq \frac{v_r}{c} \tag{4.39}$$

이고, 후퇴하는 천체에($\Delta\lambda > 0$) 대하여 $v_r > 0$, 다가오는 천체에($\Delta\lambda < 0$) 대하여 $v_r < 0$이다. 비록 이 식은 식 (4.30)과 비슷하지만, 식 (4.39)는 낮은 속도에 대해서만 성립하는 근사식이라는 점을 명심해야겠다. 예제 4.3.2에서 논의한 상대론적인 퀘이사 SDSS 1030+0524에 이 식을 잘못 적용하면, 퀘이사가 우리로부터 빛의 속도의 6.28배의 빠르기로 멀어지고 있다는 그릇된 결론을 내릴 수 있겠다!

상대성 이론에서 속도의 변환

공간과 시간 간격은 서로 운동하고 있는 관측자들에게 서로 다른 값으로 측정되므로, 속도들도 이에 따라 다른 값으로 나타난다. 상대성 이론에서 속도의 변환을 주는 식은 로렌츠 변환(식 4.16-19)을 미분꼴로 쓰면 간단하게 얻을 수 있다. dx', dy', dz'을 dt'으로 나누면 **상대성 이론에서 속도의 변환**을 얻는다.

$$v_x' = \frac{v_x - u}{1 - uv_x/c^2} \tag{4.40}$$

$$v_y' = \frac{v_y\sqrt{1 - u^2/c^2}}{1 - uv_x/c^2} \tag{4.41}$$

$$v_z' = \frac{v_z\sqrt{1 - u^2/c^2}}{1 - uv_x/c^2} \tag{4.42}$$

역변환에서 본 바와 같이, 속도의 역변환도 u를 $-u$로 바꾸고, S와 S'의 좌표계 이름을 서로 바꾸어 얻을 수 있다. 이 식들이 아인슈타인의 두 번째 공리인 빛의 속도가 광원의 속도에 무관하게 진공에서 일정한 속도라는 명제를 만족함을 증명하는 것은 연습 문제이다. 식 (4.40–4.42)에서 만약 $\mathbf{v}$가 c의 크기를 갖는다면, $\mathbf{v}'$도 그렇다.

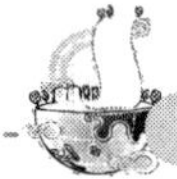

예제 4.3.3

좌표계 S'에서 측정할 때에 광원은 정지하고 있으며, 모든 방향으로 동등하게 빛을 복사한다. 특히, 방출된 광량의 절반은 앞 방향 반구(x'이 양인 지역)로 방출된다. 상대 속도 u로 양의 x방향으로 광원이 운동하는 좌표계 S에서는 이러한 상황이 달라질 수 있을까?

S'에서 측정하였을 때에, $v_x{}'=0, v_y{}'=c, v'_z=0$의 속도 성분을 갖는 빛살을 생각하자. 이 빛살은 S'에서 측정하였을 때에 앞 방향 반구와 뒤 방향 반구의 경계를 따라 진행한다. 그러나, 좌표계 S에서 측정할 때에 이 빛살은 식 (4.40–42)의 역변환에 의하여

$$v_x = \frac{v'_x + u}{1 + uv'_x/c^2} = u$$

$$v_y = \frac{v'_y\sqrt{1 - u^2/c^2}}{1 + uv'_x/c^2} = c\sqrt{1 - u^2/c^2}$$

$$v_z = \frac{v'_z\sqrt{1 - u^2/c^2}}{1 + uv'_x/c^2} = 0$$

이다. 좌표계 S에서 측정할 때에, 빛살은 x축에 수직 방향으로 진행하지 않는다. 그림 4.10을 보라.

실제로, u/c가 1에 가까울 때에, 빛살과 x축이 이루는 각 θ는 $\sin\theta = v_y/v$로부터 얻을 수 있고 이 때에

$$v = \sqrt{v_x^2 + v_y^2 + v_z^2} = c$$

는 좌표계 S에서 측정하는 빛의 속도이다. 그러므로,

$$\boxed{\sin\theta = \frac{v_y}{v} = \sqrt{1 - u^2/c^2} = \gamma^{-1}} \tag{4.43}$$

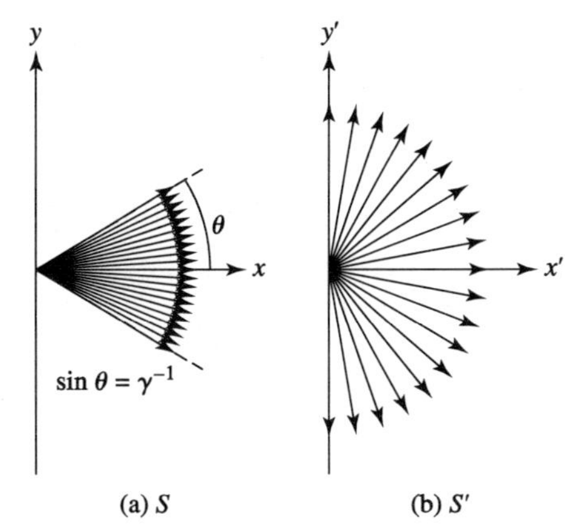

▌그림 4.10 상대적인 전조등 효과 (a) S계 (b) S' 계

이며, 여기에서 γ는 로렌츠 인수로서 식 (4.20)으로 정의된다. 상대론적인 속도 $u \approx c$에 대해서, γ가 매우 크기 때문에, $\sin\theta$가 매우 작다(즉, θ가 매우 작다). 좌표계 S'에서 앞 방향 반구로 방출된 빛 모두가 좌표계 S에서는 광원이 움직이는 방향으로 놓인 매우 좁은 원뿔 안으로 집중되어 방출된다. 이 현상을 **전조등 효과**라고 부르며, 천체물리학의 여러 분야에서 중요한 역할을 한다. 예를 들면, 상대론적인 빠르기로 운동하는 전자가 자기력선을 따라 돌면, 이들 전자는 **싱크로트론 복사**를 한다. 복사는 전자의 운동 방향으로 집중되며, 강하게 선편광된다. 싱크로트론 복사는 태양, 목성의 자기권, 펄사, 활동성 은하에서 중요한 전자기 복사 과정이다.

4.4 상대론적 운동량과 에너지

지금까지는 상대론적 운동학에 대하여 공부하였다. 아인슈타인의 특수상대성 이론은 운동량과 에너지에 대한 새로운 정의를 요구한다. 선형 운동량과 에너지가 보존된다는 개념은 물리학을 떠받드는 두 개의 초석과도 같다. 상대성 원리에 따르면, 한 관성 좌표계에서 운동량이 보존된다면, 모든 관성 좌표계에서도 보존되어야만 한다. 이 절의 마지막에서 이러한 요구 조건으로부터 상대론적 운동량 p를

$$\mathbf{p} = \frac{m\mathbf{v}}{\sqrt{1 - v^2/c^2}} = \gamma m\mathbf{v} \tag{4.44}$$

와 같이 정의해야 한다는 점을 공부할 것이다. 여기에서 γ는 로렌츠 인수이다. 주의 : 저자에 따라서는 "상대론적 질량" $m/\sqrt{1-u^2/c^2}$ 을 정의하여 "m"과 "$\mathbf{v}$"로 분리하는 것을 선호하기도 한다. 이와 같이 분리할 필요가 없으며 또한 오해를 불러 일으킬 소지가 있다. 이 교재에서는 입자의 질량 m은 모든 관성 좌표계에서 같은 값이다. 이 값은 로렌츠 변환에 대하여 **불변**이고, 따라서 "정지 질량"이라는 용어를 사용할 필요가 없다. 그러므로, 움직이는 입자의 질량은 속도가 커짐에 따라 증가하지 않지만, 이 입자의 운동량은 $v \rightarrow c$에 따라 무한히 큰 값으로 발산한다. 분모의 "v"는 관측자에 대한 입자의 속도의 크기이며, 임의의 두 좌표계 사이의 상대 속도 u가 아니다.

$E=mc^2$의 유도

식 (4.44)과 2.2절에서 공부한 운동에너지와 일 사이의 관계를 쓰면, 우리는 상대론적 운동에너지의 표현을 얻을 수 있다. 출발점은 뉴턴의 제2법칙인 $\mathbf{F}=d\mathbf{p}/dt$를 애초에 정지하였던 질량 m인 입자에 적용하는 것이다.[8] x방향으로 작용하며 크기가 F인 힘을 생각하자. 입자의 최종 운동에너지 K는 입자가 처음 위치 x_i에서 마지막 위치 x_f에 이를 때까지 운동하면서 입자에 작용한 힘이 한 전체 일과 같다.

$$K=\int_{x_i}^{x_f} F\,dx=\int_{x_i}^{x_f}\frac{dp}{dt}\,dx=\int_{p_i}^{p_f}\frac{dx}{dt}\,dp=\int_{p_i}^{p_f} v\,dp$$

에서 p_i와 p_f는 각각 입자의 처음 운동량과 나중 운동량이다. 마지막 식을 부분 적분하고 초기 조건 $p_i=0$을 쓰면

$$\begin{aligned}
K &= p_f v_f-\int_0^{v_f} p\,dv \\
&= \frac{mv_f^2}{\sqrt{1-v_f^2/c^2}}-\int_0^{v_f}\frac{mv}{\sqrt{1-v^2/c^2}}\,dv \\
&= \frac{mv_f^2}{\sqrt{1-v_f^2/c^2}}+mc^2\left(\sqrt{1-v_f^2/c^2}-1\right)
\end{aligned}$$

8) 상대론적인 속도에서는 힘과 가속도가 같은 방향일 필요는 없기 때문에 $\mathbf{F}=m\mathbf{a}$는 옳지 않다는 것을 증명하는 것은 연습으로 남겨두겠다.

을 얻는다. 아래 첨자 f를 생략하면, 상대론적 운동에너지는

$$\boxed{K = mc^2\left(\frac{1}{\sqrt{1-v^2/c^2}} - 1\right) = mc^2(\gamma - 1)} \tag{4.45}$$

이다. 이 공식이 느린 속도의 뉴턴 역학 체계에서 잘 알려진 $K = \frac{1}{2}mv^2$ 혹은 $K = p^2/2m$이 된다는 사실이 명시적으로 보이지는 않지만, 식 (4.45)가 옳다면 이 공식들로 환원되어야 할 것이다. 증명은 연습 문제로 남긴다.

운동에너지를 주는 이 식의 우변은 두 에너지 항의 차로 이루어져 있다. 첫 항은 **상대론적 전체 에너지** E로서

$$\boxed{E = \frac{mc^2}{\sqrt{1-v^2/c^2}} = \gamma mc^2} \tag{4.46}$$

이다. 두 번째 항은 입자의 속력에 의존하지 않는 에너지로서, 입자가 정지해 있을 때에도 갖는 에너지이다. 이 항 mc^2을 입자의 **정지 에너지**라고 부르며

$$E_{\text{rest}} = mc^2 \tag{4.47}$$

이다. 입자의 운동에너지는 전체 에너지에서 정지 에너지를 뺀 값이다. 입자의 에너지가(예를 들면) 40 MeV라고 말한다면, 명시적으로 쓰진 않았지만, 입자의 운동에너지가 40 MeV이고, 정지 에너지는 포함하지 않는다. 마지막으로, 입자의 전체 에너지와 운동량의 크기, 정지 에너지 사이에 성립하는 유용한 식이 있다. 이 식은

$$\boxed{E^2 = p^2c^2 + m^2c^4} \tag{4.48}$$

5.2절에서 논의하겠지만, 이 식은 광자와 같이 입자의 질량이 0일 때조차도 성립한다.

입자의 개수가 n인 계에 대하여, 이 계의 전체 에너지 E는 낱개 입자의 에너지 E_i의 합이다. $E_{\text{sys}} = \sum_{i=1}^{n} E_i$이다. 마찬가지로, 이 계의 운동량 벡터 $\mathbf{p}_{\text{sys}}$는 낱개 입자의 운동량의 합이다. 즉, $\mathbf{p}_{\text{sys}} = \sum_{i=1}^{n} \mathbf{p}_i$이다. 만약, 입자들 모임의 운동량이 보

존된다면, 전체 에너지도 역시 보존될 것이다. 심지어는 계의 운동에너지 $K_{\rm sys} = \sum_{i=1}^{n} K_i$가 줄어드는 비탄성 충돌에서도 성립할 것이다. 비탄성 충돌에서 잃어 버린 운동에너지는 입자들의 정지 에너지 즉 질량을 늘리는 데에 쓰인다. 입자 계의 정지 에너지의 증가에 의하여 전체 에너지는 보존된다. 질량과 에너지는 동전의 양면과 같아서 한쪽이 다른쪽으로 모습을 달리할 수 있다.

예제 4.4.1

1차원의 완전비탄성 충돌에서 질량 m인 두 개의 동일한 입자가 속도 v로 서로를 향하여 접근하여, 정면 충돌을 한 후에 합해져서 질량 M인 하나의 입자가 되었다고 하자. 입자 계가 갖고 있던 에너지는

$$E_{{\rm sys},i} = \frac{2mc^2}{\sqrt{1-v^2/c^2}}$$

입자들이 갖고 있던 처음의 운동량은 크기가 같고 방향이 반대이므로, 입자 계의 운동량은 충돌을 전후에서 $\mathrm{p_{sys}}=0$이다. 충돌 후에 입자는 정지하고, 충돌 후 에너지는

$$E_{{\rm sys},f} = Mc^2$$

이다. 입자 계의 충돌 전후의 에너지를 같게 놓으면, 합해진 입자의 질량 M은

$$M = \frac{2m}{\sqrt{1-v^2/c^2}}$$

이다. 그러므로, 입자 질량은

$$\Delta m = M - 2m = \frac{2m}{\sqrt{1-v^2/c^2}} - 2m = 2m\left(\frac{1}{\sqrt{1-v^2/c^2}} - 1\right)$$

로 주어진 만큼 증가한다.

이러한 질량 증가의 기원은 운동에너지의 충돌 전후의 값을 비교하여 살펴 볼 수 있다. 계가 갖고 있던 처음의 운동에너지는

$$K_{{\rm sys},i} = 2mc^2\left(\frac{1}{\sqrt{1-v^2/c^2}} - 1\right)$$

계가 갖는 충돌 후 운동에너지는 $K_{sys,f} = 0$이다. 비탄성 충돌에서 잃어 버린 운동에너지의 값을 c^2으로 나누면, 입자의 질량 증가분 Δm과 같다.

상대론적 운동량의 유도(식 4.44)

상대론적 운동량을 주는 식 (4.44)이 올바른 선택임을 살피기 위하여, 질량 m을 갖는 동일한 두 입자의 탄성 충돌을 지켜보는 상황을 고려하고자 한다. 이 충돌을 그림 4.11에 보인 바와 같이 조심스럽게 선택한 세 개의 관성 좌표계에서 관찰하고자 한다. 좌표계 S에서 측정할 때에, 두 입자 A와 B는 같은 크기를 갖지만 방향이 정반대인 운동량을 충돌 전후에 갖는다. 그 결과, 충돌을 전후하여 전체 운동량은 0이고, 운동량은 보존된다. 이 충돌을 다른 두 관성 좌표계 S와 S'에서 관찰한다. 그림 4.11로부터, S가 음의 x''방향으로 S''에서 입자 A의 x''성분과 같은 속도로 움직인다면, S에서 측정할 때에, 입자 A의 속도는 오로지 y성분만을 갖는다.

마찬가지로, S'이 양의 x''방향으로 S''에서 입자 B의 x''성분과 같은 속도로 운동한다면, S'에서 측정할 때에 입자 B의 속도는 y성분만을 갖는다. 실제로, 좌표

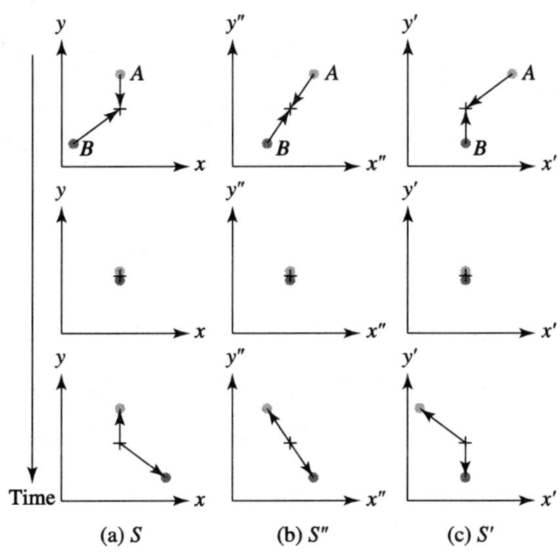

그림 4.11 (a) S, (b) S'', (c) S'의 계에서 측정된 탄성충돌. S'' 계에서 보았을 때, S계는 음의 x'' 방향으로 입자 A를 따라 움직인다. 그리고 S'계는 양의 x 방향으로 입자 B를 따라 움직인다. 각각의 좌표계에 대하여 수직적인 3개의 그림은 충돌 전(위), 충돌시, 충돌 후의 상황을 보여준다.

계 S와 S'에 대한 그림은, 두 좌표계를 180도 돌리고, A와 B를 바꾸어 쓴다면 똑같아질 것이다. 이것은 좌표계 S에서 측정한 입자 A의 운동량의 y성분의 변화가 좌표계 S'에서 측정한 입자 B의 운동량의 y'성분의 변화와 같다는 점을(180도 회전하였으므로 부호가 반대가 된다는 점은 빼고)의미한다. 즉, $\Delta p_{A,y} = -\Delta p'_{B,y}$이다. 다른 한편으로, 운동량은 좌표계 S''에서도 보존되듯이, 좌표계 S와 S'에서 보존되어야 한다. 이는 좌표계 S'에서 측정할 때에, 입자 A와 입자 B의 운동량의 y'성분의 변화의 합이 0이어야함을 의미한다. 즉, $\Delta p'_{A,y} + \Delta p'_{B,y} = 0$이다. 이 결과들을 결합하면,

$$\Delta p'_{A,y} = \Delta p_{A,y} \tag{4.49}$$

이다.

이제까지 살펴 본 논의에서 상대론적 운동량 벡터 $\mathbf{p}$의 구체적인 형태와는 무관하였다. 상대론적 운동량 벡터가 $\mathbf{p} = fm\mathbf{v}$의 형태를 갖는다고 가정하고, 이 때에 f는 입자 속도의 크기에만 의존하고 방향에는 무관한 상대론적 인수라고 보자. 입자의 속도가 $v \to 0$일 때에 인수 $f \to 1$이어야만 뉴턴의 결과로 환원된다.[9)]

두 번째 가정으로부터 상대론적 인수 f를 결정할 수 있다. 각 입자 속도의 $y-$와 $y'-$성분을 빛의 속도에 대하여 한없이 작게 선택할 수 있다. 그러면, 좌표계 S와 S'에서 입자 A가 갖는 속도의 $y-$와 $y'-$성분은 극도로 작을 것이며, 좌표계 S'에서 입자 A의 속도의 $x'-$성분을 상대론적인 빠르기로 잡자. 좌표계 S'에서

$$v'_A = \sqrt{v'^2_{A,x} + v'^2_{A,y}} \approx c$$

이므로, 좌표계 S'에서 입자 A의 상대론적 인수 f'은 1과 같지 않지만, 좌표계 S에서는 f가 1에 한없이 가깝다. 만약 $v_{A,y}$가 입자 A의 충돌 후 속도의 $y-$성분이고 $v'_{A,y}$가 좌표계 S'에서 충돌 후 $y'-$성분이라면 식 (4.49)에서

$$2f'mv'_{A,y} = 2mv_{A,y} \tag{4.50}$$

---

9) 상대론적인 식이 저속도의 뉴턴 식과(예 식 4.45) 같은 형태를 보여야만 하는 것은 아니다. 그러나 이 간단한 논리가 옳은 결과를 도출한다.

이다.

좌표계 S와 S'의 상대 속도 u로부터 식 (4.41)을 써서 $v'_{A,y}$와 $v_{A,y}$의 관계를 나타낼 수 있다. 좌표계 S에서 $v_{A,x}=0$이므로, $u=-v'_{A,x}$이다. 다시 말하면, S'의 S에 대한 상대 속도 u는 좌표계 S'에서 입자 A의 x'－성분의 음수이다. 더구나 입자 A의 속도의 y'성분이 한없이 작기 때문에, 우리는 $v'_{A,x}=v'_A$로 놓을 수 있고 이 값은 입자 A의 좌표계 S'에서 측정된 속도이다. 이 식을 식 (4.41)에 대입하고 $v_{A,x}=0$임을 생각하면,

$$v'_{A,y}=v_{A,y}\sqrt{1-v'^2_A/c^2}$$

를 얻는다.

마지막으로 $v'_{A,y}$와 $v_{A,y}$ 사이에 성립하는 이 식을 식 (4.50)에 넣고 약분하면 상대론적 인수 f는 좌표계 S'에서 측정할 때에

$$f=\frac{1}{\sqrt{1-v'^2_A/c^2}}$$

이다(그저 좌표계와 입자를 구별하는 의미만을 갖는). 아래 첨자 A와 어깨점을 떼면

$$f=\frac{1}{\sqrt{1-v^2/c^2}}$$

임을 알 수 있다. 상대론적 운동량 $\mathbf{p}=fm\mathbf{v}$의 구체적인 표현은

$$\mathbf{p}=\frac{m\mathbf{v}}{\sqrt{1-v^2/c^2}}=\gamma m\mathbf{v}$$

와 같다.

제 4 장 참고 문헌

일반 도서

French, A. P. (ed.), *Einstein: A Centenary Volume*, Harvard University Press, Cambridge, MA, 1979.

Gardner, Martin, *The Relativity Explosion*, Vintage Books, New York, 1976.

고급 도서

Becker, Robert H. et al., "Evidence for Reionization at $Z \sim 6$: Detection of a Gunn–Peterson Trough in a $Z = 6.28$ Quasar," *The Astronomical Journal*, preprint, 2001.

Bregman, Joel N. et al., "Multifrequency Observations of the Optically Violent Variable Quasar 3C 446," *The Astrophysical Journal*, *331*, 746, 1988.

Frisch, David H., and Smith, James H., "Measurement of the Relativistic Time Dilation Using μ-Mesons," *American Journal of Physics*, *31*, 342, 1963.

Hafele, J. C., and Keating, Richard E., "Around-the-World Atomic Clocks: Predicted Relativistic Time Gains," *Science*, *177*, 166, 1972a.

Hafele, J. C., and Keating, Richard E., "Around-the-World Atomic Clocks: Observed Relativistic Time Gains," *Science*, *177*, 168, 1972b.

McCarthy, Patrick J. et al., "Serendipitous Discovery of a Redshift 4.4 QSO," *The Astrophysical Journal Letters*, *328*, L29, 1988.

Sloan Digital Sky Survey, `http://www.sdss.org`

Resnick, Robert, and Halliday, David, *Basic Concepts in Relativity and Early Quantum Theory*, Second Edition, John Wiley and Sons, New York, 1985.

Taylor, Edwin F., and Wheeler, John A., *Spacetime Physics*, Second Edition, W. H. Freeman, San Francisco, 1992.

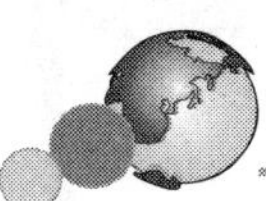

제 4 장 연습 문제

4.1 Use Eqs. (4.14) and (4.15) to derive the Lorentz transformation equations from Eqs. (4.10–4.13).

4.2 Because there is no such thing as absolute simultaneity, two observers in relative motion may disagree on which of two events A and B occurred first. Suppose, however, that an observer in reference frame S measures that event A occurred first and *caused* event B. For example, event A might be pushing a light switch, and event B might be a light bulb turning on. Prove that an observer in another frame S' cannot measure event B (the effect) occurring before event A (the cause). The temporal order of cause and effect is preserved by the Lorentz transformation equations. *Hint:* For event A to cause event B, information must have traveled from A to B, and the fastest that *anything* can travel is the speed of light.

4.3 Consider the special *light clock* shown in Fig. 4.12. The light clock is at rest in frame S' and consists of two perfectly reflecting mirrors separated by a vertical distance d. As measured by an observer in frame S', a light pulse bounces vertically back and forth between the two mirrors; the time interval between the pulse leaving and subsequently returning to the bottom mirror is $\Delta t'$. However, an observer in frame S sees a moving clock and determines that the time interval between the light pulse leaving and returning to the bottom mirror is Δt. Use the fact that both observers must measure that the light pulse moves with speed c, plus some simple geometry, to derive the time-dilation equation (4.27).

4.4 A rod moving relative to an observer is measured to have its length L_{moving} contracted to one-half of its length when measured at rest. Find the value of u/c for the rod's rest frame relative to the observer's frame of reference.

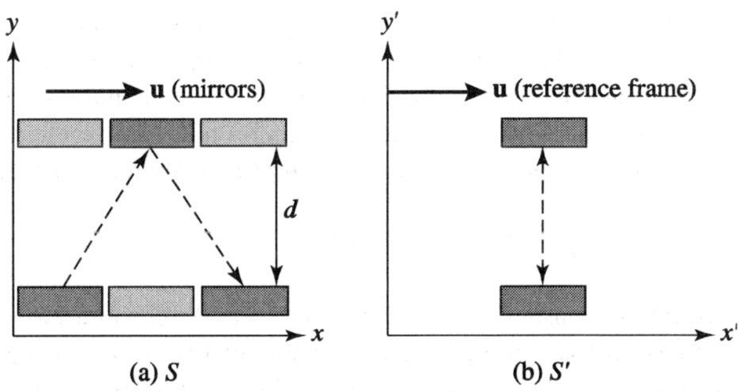

FIGURE 4.12 (a) A light clock that is moving in frame S, and (b) at rest in frame S'.

4.5 An observer P stands on a train station platform as a high-speed train passes by at $u/c = 0.8$. The observer P, who measures the platform to be 60 m long, notices that the front and back ends of the train line up exactly with the ends of the platform at the same time.

(a) How long does it take the train to pass P as he stands on the platform, as measured by his watch?

(b) According to a rider T on the train, how long is the train?

(c) According to a rider T on the train, what is the length of the train station platform?

(d) According to a rider T on the train, how much time does it take for the train to pass observer P standing on the train station platform?

(e) According to a rider T on the train, the ends of the train will *not* simultaneously line up with the ends of the platform. What time interval does T measure between when the front end of the train lines up with the front end of the platform, and when the back end of the train lines up with the back end of the platform?

4.6 An astronaut in a starship travels to α Centauri, a distance of approximately 4 ly as measured from Earth, at a speed of $u/c = 0.8$.

(a) How long does the trip to α Centauri take, as measured by a clock on Earth?

(b) How long does the trip to α Centauri take, as measured by the starship pilot?

(c) What is the distance between Earth and α Centauri, as measured by the starship pilot?

(d) A radio signal is sent from Earth to the starship every 6 months, as measured by a clock on Earth. What is the time interval between reception of one of these signals and reception of the next signal aboard the starship?

(e) A radio signal is sent from the starship to Earth every 6 months, as measured by a clock aboard the starship. What is the time interval between reception of one of these signals and reception of the next signal on Earth?

(f) If the wavelength of the radio signal sent from Earth is $\lambda = 15$ cm, to what wavelength must the starship's receiver be tuned?

4.7 Upon reaching α Centauri, the starship in Problem 4.6 immediately reverses direction and travels back to Earth at a speed of $u/c = 0.8$. (Assume that the turnaround itself takes *zero* time.) Both Earth and the starship continue to emit radio signals at 6-month intervals, as measured by their respective clocks. Make a table for the entire trip showing at what times Earth receives the signals from the starship. Do the same for the times when the starship receives the signals from Earth. Thus an Earth observer and the starship pilot will agree that the pilot has aged 4 years less than the Earth observer during the round-trip voyage to α Centauri.

4.8 In its rest frame, quasar Q2203+29 produces a hydrogen emission line of wavelength 121.6 nm. Astronomers on Earth measure a wavelength of 656.8 nm for this line. Determine the redshift parameter and the apparent speed of recession for this quasar. (For more information about this quasar, see McCarthy et al. 1988.)

4.9 Quasar 3C 446 is violently variable; its luminosity at optical wavelengths has been observed to change by a factor of 40 in as little as 10 days. Using the redshift parameter $z = 1.404$ measured for 3C 446, determine the time for the luminosity variation as measured in the quasar's rest frame. (For more details, see Bregman et al. 1988.)

4.10 Use the Lorentz transformation equations (4.16–4.19) to derive the velocity transformation equations (4.40–4.42).

4.11 The *spacetime interval*, Δs, between two events with coordinates

$$(x_1, y_1, z_1, t_1) \qquad \text{and} \qquad (x_2, y_2, z_2, t_2)$$

is defined by

$$(\Delta s)^2 \equiv (c\Delta t)^2 - (\Delta x)^2 - (\Delta y)^2 - (\Delta z)^2$$

(a) Use the Lorentz transformation equations (4.16–4.19) to show that Δs has the same value in all reference frames. The spacetime interval is said to be *invariant* under a Lorentz transformation.

(b) If $(\Delta s)^2 > 0$, then the interval is *timelike*. Show that in this case,

$$\Delta\tau \equiv \frac{\Delta s}{c}$$

is the proper time between the two events. Assuming that $t_1 < t_2$, could the first event possibly have caused the second event?

(c) If $(\Delta s)^2 = 0$, then the interval is *lightlike* or *null*. Show that only light could have traveled between the two events. Could the first event possibly have caused the second event?

(d) If $(\Delta s)^2 < 0$, then the interval is *spacelike*. What is the physical significance of $\sqrt{-(\Delta s)^2}$? Could the first event possibly have caused the second event?

The concept of a spacetime interval will play a key role in the discussion of general relativity in Chapter 17.

4.12 General expressions for the components of a light ray's velocity as measured in reference frame S are

$$v_x = c \sin\theta \cos\phi$$

$$v_y = c \sin\theta \sin\phi$$

$$v_z = c \cos\theta$$

where θ and ϕ are the angular coordinates in a spherical coordinate system.

(a) Show that

$$v = \sqrt{v_x^2 + v_y^2 + v_z^2} = c$$

(b) Use the velocity transformation equations to show that, as measured in reference frame S',

$$v' = \sqrt{v_x'^2 + v_y'^2 + v_z'^2} = c$$

and so confirm that the speed of light has the constant value c in all frames of reference.

4.13 Starship A moves away from Earth with a speed of $v_A/c = 0.8$. Starship B moves away from Earth in the opposite direction with a speed of $v_B/c = 0.6$. What is the speed of starship A as measured by starship B? What is the speed of starship B as measured by starship A?

4.14 Use Newton's second law, $\mathbf{F} = d\mathbf{p}/dt$, and the formula for relativistic momentum, Eq. (4.44), to show that the acceleration vector $\mathbf{a} = d\mathbf{v}/dt$ produced by a force $\mathbf{F}$ acting on a particle of mass m is

$$\mathbf{a} = \frac{\mathbf{F}}{\gamma m} - \frac{\mathbf{v}}{\gamma m c^2}(\mathbf{F} \cdot \mathbf{v})$$

where $\mathbf{F} \cdot \mathbf{v}$ is the vector dot product between the force $\mathbf{F}$ and the particle velocity $\mathbf{v}$. Thus the acceleration depends on the particle's velocity and is not in general in the same direction as the force.

4.15 Suppose a constant force of magnitude F acts on a particle of mass m initially at rest.

(a) Integrate the formula for the acceleration found in Problem 4.14 to show that the speed of the particle after time t is given by

$$\frac{v}{c} = \frac{(F/m)t}{\sqrt{(F/m)^2t^2 + c^2}}$$

(b) Rearrange this equation to express the time t as a function of v/c. If the particle's initial acceleration at time $t = 0$ is $a = g = 9.80\ \text{m s}^{-2}$, how much time is required for the particle to reach a speed of $v/c = 0.9$? $v/c = 0.99$? $v/c = 0.999$? $v/c = 0.9999$? $v/c = 1$?

4.16 Find the value of v/c when a particle's kinetic energy equals its rest energy.

4.17 Prove that in the low-speed Newtonian limit of $v/c \ll 1$, Eq. (4.45) does reduce to the familiar form $K = \frac{1}{2}mv^2$.

4.18 Show that the relativistic kinetic energy of a particle can be written as

$$K = \frac{p^2}{(1+\gamma)m}$$

where p is the magnitude of the particle's relativistic momentum. This demonstrates that in the low-speed Newtonian limit of $v/c \ll 1$, $K = p^2/2m$ (as expected).

4.19 Derive Eq. (4.48).

5장

빛과 물질의 상호작용

5.1 스펙트럼 선

1835년 프랑스 철학자, 아우구스트 콩트(1798-1857)는 인간의 지식 한계에 대해서 고민하였다. *긍정적인 철학*이라는 그의 저서에서 콩트는 별에 대하여 "우리는 별형태, 거리, 크기 및 운동을 어떻게 결정하는가를 알고 있다. 그러나 별의 화학적 혹은 광물학적인 구조에 대해서는 아는 것이 없다" 고 하였다. 그보다 33년 전에는 윌리암 월라스톤(1766-1828)이 예전에 뉴턴이 한 것처럼 태양빛을 프리즘에 통과시켜 무지개 색의 스펙트럼을 만들었다. 또한 그는 많은 검은 스펙트럼선이 연속선 위에 겹쳐 나타나는 것을 발견하였다. 여기서 검은 선은 태양 빛이 어떤 파장 영역에서 흡수되는 것이다. 1814년 까지는 독일의 광학자 조셉 프라운호퍼(1787-1826)가 태양 스펙트럼에 나타나는 475개의 검은 선들을(오늘날에는 프라운호퍼선 이라고 한다) 목록화 하였다. 이 선들의 파장을 동정하면서 프라운호퍼는 콩트의 생각이 틀렸다는 것을 증명하는 첫 번째 관측을 하였다. 프라운호퍼는 태양 스펙트럼에서 아주 뚜렷한 한 검은 선의 파장을 측정하였다. 이 검은 선은 소금을 불에 뿌렸을 때 방출되는 노란 빛의 파장에 해당되는 선이며, 이것이 나트륨(Sodium)선임을 확인하여 *분광학*이라는 새로운 학문이 탄생하였다.

키르히호프 법칙

분광학의 기초는 독일의 화학자 로버트 분젠(1811-1899)과 프러시아의 이론물리학자 구스타브 키르히호프(1824-1887)가 구축하였다. 분젠은 버너를 이용하여 색깔이 없는 불꽃을 만들었고, 이 불꽃은 가열된 물질의 스펙트럼을 연구하는데 좋은 예가 되었다. 그 후 분젠과 키르히호프는 분광기를 설계하였다. 이 분광기의 원리는 불꽃에서 나오는 빛을 프리즘에 통과시켜 분석하는 것이다. 이들은 한 원소에 의해 흡수되고 방출되는 파장이 동일하다는 것을 발견하였다; 키르히호프는 태양 스펙트럼에서 발견한 70개의 검은 선들이 철에서 방출되는 70개의 밝은 선에 상응한다는 결론을 얻었다. 1860년에 키르히호프와 분센은 그들이 수행한 작업을 "분광 관측에 의한 화학적 분석(Chemical Analysis by Spectral Observations)"이라는 제목으로 논문을 출판하였다. 이 논문에서 그들은 모든 원소는 그 고유의 스펙트럼선을 만들어, 고유한 스펙트럼선은 마치도 손가락의 지문 역할을 하여 스펙트럼선을 만드는 원소를 확인할 수 있다는 생각을 제안하였다. 키르히호프는 스펙트럼 선의 형성에 대하여 세 가지 법칙으로 다음과 같이 설명하였다. 이를 키르히호프 법칙이라고 한다.

- 뜨겁고, **밀도가 높은 가스** 혹은 뜨거운 고체는 검은 선이 없이 단지 연속선만을 만든다.[1)]
- 뜨겁고, **확산된 가스**는 밝은 스펙트럼선(방출선)을 만든다.
- 연속선을 만드는 물체와 관측자 사이에 차갑고, **확산된 가스**가 있으면 연속선 위에 검은 선(흡수선)이 중첩되어 나타난다.

별의 스펙트럼에 응용

위와 같은 결과는 바로 태양과 다른 별들에서 발견된 원소들을 동정하는 작업에 응용되었다. 이전에 지구상에서 알려지지 않았던 새로운 원소인 헬륨[2)]은 1868년 수행된 태양의 스펙트럼 관측에서 발견되었고, 지구에서는 헬륨을 1895년에 발견하였다. 그림 5.1은 가시관선 영역에서의 태양 스펙트럼이고 표 5.1은 검은 흡수선을 만드는 원소들의 목록이다.

---

1) 키르히호프 제 1 법칙에서 "뜨겁다"는 것은 사실 0 K 이상의 온도를 의미한다. 하지만 비인의 변위 법칙(3.19)에 따라서 온도가 수천K는 되어야 λ_{max} 가 가시광선영역에 위치한다. 제9장에서 연속적인 흑체 스펙트럼과 가스의 불투명도 또는 광학적 두께에 대하여 논의 할 것이다.

2) 헬륨(helium)이란 이름은 그리스 태양신인 Helios에서 유래하였다.

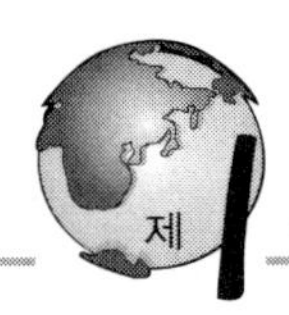

그 밖에 강한 선은, 흡수선들의 도플러 이동을 측정하여 발견하였다. 각 별들의 시선속도, v_r은 광속보다는 매우 작으므로, 즉 $v_r \ll c$ 이므로, 낮은 속도에서는 식 (4.39)에 대한 어림식은 다음과 같으며, 이 어림식을 이용하여 시선속도를 구한다.

$$\frac{\lambda_{\text{obs}} - \lambda_{\text{rest}}}{\lambda_{\text{rest}}} = \frac{\Delta\lambda}{\lambda_{\text{rest}}} = \frac{v_r}{c} \tag{5.1}$$

1887년까지는 시리우스, 프로키온, 리겔, 아크투러스 정도의 밝은 별에 대해서만 시선 속도가 수 km/sec의 정확도로 측정되었다.

예제 5.1.1

수소의 중요한 분광선(H_α)의 정지 파장 λ_{rest}는 656.281 nm이다. 그러나 거문고자리에 있는 직녀성(Vega)의 스펙트럼에 나타나는 H_α 흡수선의 파장은 656.251 nm로 측정된다. 식 (5.1)을 이용하면 직녀성의 시선속도를 다음과 같이 나타낸다.

$$v_r = \frac{c\,(\lambda_{\text{obs}} - \lambda_{\text{rest}})}{\lambda_{\text{rest}}} = -13.9 \text{ km s}^{-1}$$

위 식에서 음수는 직녀성이 태양 쪽으로 다가온다는 것을 뜻한다. 1.3장에서 배운 바와 같이 별들은 시선방향에 수직한 *고유운동* μ을 가지고 있다. 직녀성은 하늘에서 $\mu = 0.35077'' \text{yr}^{-1}$의 속도로 위치가 변하고 있다. 직녀성까지의 거리는 $r = 7.76$pc이므로 직녀성의 고유운동은 식 (1.4)에 의해서 별의 접선속도(시선속도에 수직 방향의 속도) v_θ와 관계가 있다. 그러므로 cm 단위의 거리와 rad s^{-1} 단위의 고유운동을 이용하면 수평속도는

$$v_\theta = r\mu = 12.9 \text{ km s}^{-1}$$

접선속도 13 km s^{-1}는 직녀성의 시선속도와 필적할 만하다. 그러므로 직녀성의 태양에 대한 공간에서의 상대속도는

$$v = \sqrt{v_r^2 + v_\theta^2} = 19.0 \text{ km s}^{-1}$$

태양 근방에 있는 별들의 평균속도는 약 25 km s^{-1}이다. 실제로 별의 시선속도 측정에는 29.8 km s^{-1}라는 지구 공전 속도가 포함되어 있다. 이 영향으로 스펙트럼선의 관측된 파장 λ_{obs}의 길이는 1년 동안 주기적으로 길어졌다 짧아지면서 사인곡선 형태로 나타난다. 지구 운동에 의한 이 효과는 별에서 측정한 시선속도에서 지구의 속도 성분을 빼줌으로써 보정할 수 있다.

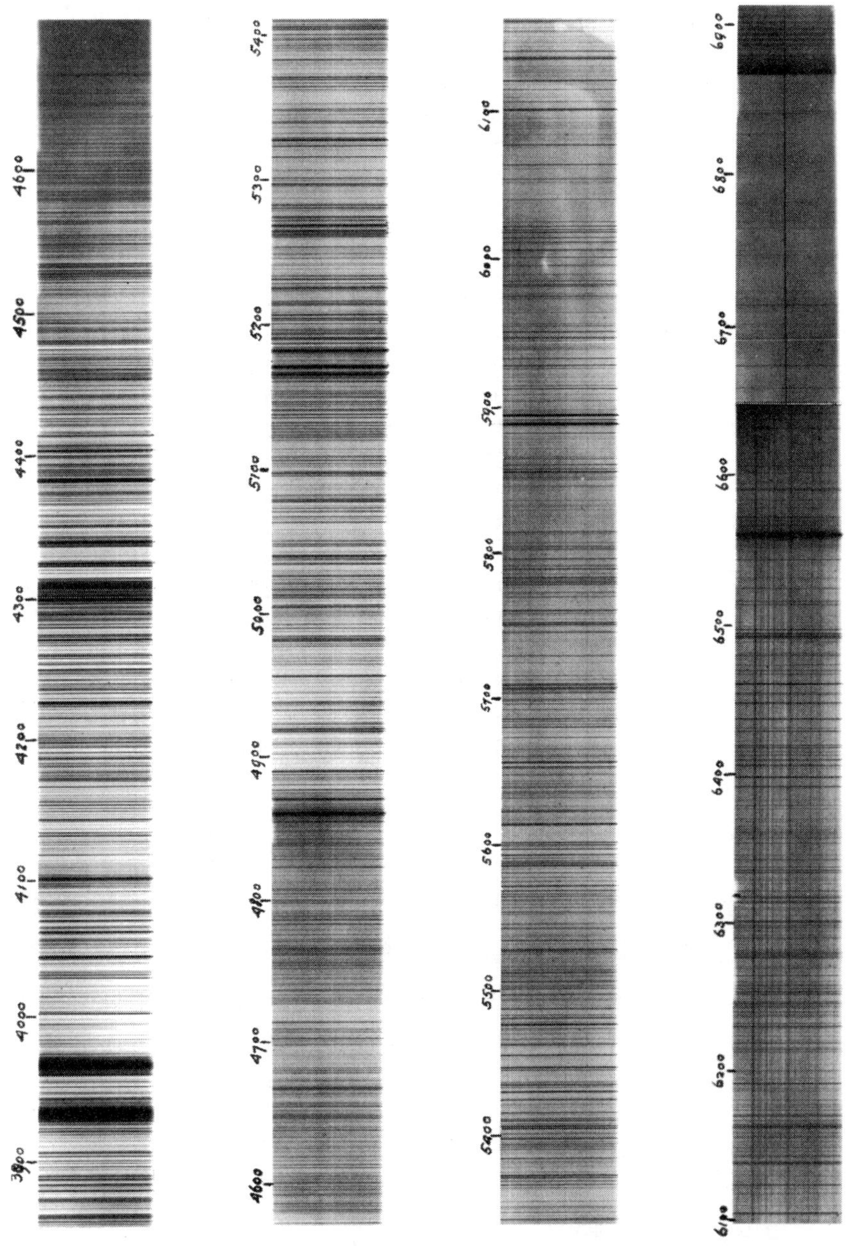

▌**그림 5.1** 프라운호퍼선들이 나타나는 태양 스펙트럼. 파장은 천문학에서 주로 사용하는 옹스트럼(1Å=0.1 nm)단위를 사용하였다. 요사히 발표되는 스펙트럼은 파장에 따른 플럭스의 변화를 나타내는 그래프로 표시된다. 예를 들어 2장(2권) 그림 2.4 참조 (워싱톤 카네기 연구소 천문대 제공)

표 5.1 해면 근처의 공기에서 측정된 강한 프라운호퍼선들의 파장. 원소 기호 표시법은 2권 2.1장에 설명되어 있고, 분광선의 선폭은 2권 3.5장에 정의되어 있다. 스펙트럼 선의 파장을 공기에서 측정할 때와 진공에서 측정할 때 다른 값을 나타내는 현상은 예제 5.3.1에서 다룬다. (자료출처는 Lang, Astrophysical Formulae, Third Edition springer, New York, 1999)

Wavelength (nm)	Name	Atom	Equivalent Width (nm)
385.992		Fe I	0.155
388.905		H_8	0.235
393.368	K	Ca II	2.025
396.849	H	Ca II	1.547
404.582		Fe I	0.117
410.175	h, Hδ	H I	0.313
422.674	g	Ca I	0.148
434.048	G$'$, Hγ	H I	0.286
438.356	d	Fe I	0.101
486.134	F, Hβ	H I	0.368
516.733	b_4	Mg I	0.065
517.270	b_2	Mg I	0.126
518.362	b_1	Mg I	0.158
588.997	D_2	Na I	0.075
589.594	D_1	Na I	0.056
656.281	C, Hα	H I	0.402

분광기

현대 천문학에서는 시선속도를 거의 $\pm 3\ \mathrm{m\,s^{-1}}$의 정확도로 측정할 수 있다. 오늘날 천문학자들은 *분광기*를 사용하여 별과 은하들의 스펙트럼을 측정한다(그림 5.2 참조).[3] 별빛은 좁은 슬릿을 통과한 후 거울에 반사하면서 평행하게 나가서 *회절격자*로 향한다. 회절격자는 좁고 매우 촘촘하게(1 mm당 수천개의 홈) 홈을 판 유리조각이다. 이 회절격자에서는 빛을 '통과'(통과격자)하기도 하고, 반사(반사격자)하기도 한다. 어떤 경우든 이 격자는 이중 슬릿을 연속적으로 놓은 것과 같은 효과를 나타낸다. 빛의 서로 다른 파장들은 식 (3.11)에서 주어진 회절각 θ에서 그들의 최대값을 갖는다.

3) 제1장(2권)에서 다루겠지만, 쌍성계를 구성하는 성분 별들의 시선속도를 측정하여 그 별들의 질량을 측정할 수 있다. 이와 같은 방법은 현재 태양계외의 행성을 찾는데 사용되고 있다.

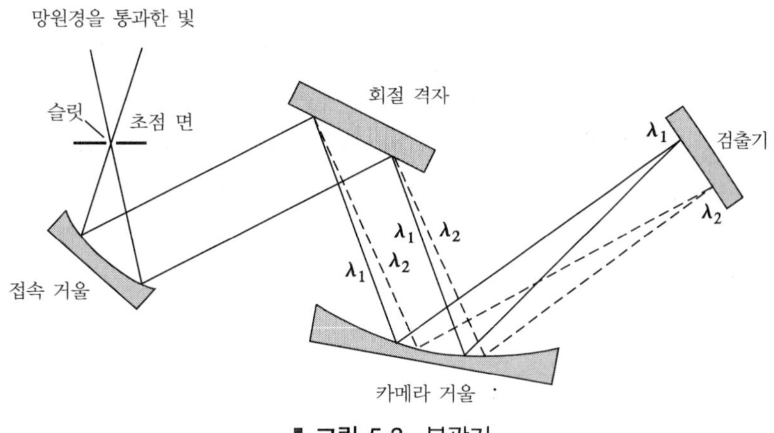

▌그림 5.2 분광기

$$d\sin\theta = n\lambda \qquad (n = 0, 1, 2, \ldots)$$

여기서 d는 격자 홈 사이의 거리이고, n은 스펙트럼의 차수, θ는 입사광에 대한 격자(홈)의 각도(모든 파장에 대하여 $n=0$은 $\theta=0$에 해당하며 이 경우 빛은 스펙트럼에 분산되지 않는다), 분산된 스펙트럼은 사진건판이나, 전자검출기로 모아져서 기록된다.

$\Delta\lambda$만큼 떨어진 두 파장을 분해할 수 있는 분광기의 능력은 스펙트럼의 차수 n과 빛을 받는 영역의 총 격자수 N에 따라서 결정된다. 격자가 분해할 수 있는 최소의 파장 차이는

$$\Delta\lambda = \frac{\lambda}{nN} \tag{5.2}$$

여기서 λ는 서로 인접한 파장들이다. $\lambda/\Delta\lambda$는 격자의 분해능이다.[4]

천문학자들이 별의 성질을 이해하는데 중요한 역할을 한 것은 빛의 스펙트럼으로부터 얻은 경험 법칙들이다. 즉 빈의 법칙, 스테판-볼츠만 방정식, 키르히호프 법칙, 그리고 분광학이라는 새로운 학문이다. 1880년 경 구스타프 위드만(1826-1899)은 태양 대기에서 나오는 프라운호퍼선들을 분석하여 태양 대기층의 온도, 압력, 밀도 등을 유추하였다. 자기장에 의해서 스펙트럼선이 갈라진다는 것을 네

4) 어떤 경우에는 분광기의 분해능이 다른 요인에 의해서 결정될 수도 있다. - 예를 들면 슬릿의 넓이

덜란드의 피터 제만(Pieter Zeeman, 1865–1943)이 1837년 발견하였다. 그러나 이 분야의 연구는 큰 진전을 보지 못했다. 왜냐하면 별의 스펙트럼을 설명할 수 있는 이론적인 기초가 확립되지 못했기 때문이다. 예를 들면 수소에 의해서 만들어지는 흡수선이 태양보다는 직녀성(Vega)에서 더 강하게 나타난다. 이 사실은 직녀성의 구성요소 중에서 수소가 차지하는 비율이 태양보다 월등히 많다는 것을 뜻하는 것인가? 대답은 "아니다"다. 그러면 사진건판에 나타나는 별 스펙트럼의 흡수선을 어떻게 설명할 것인가? 이 대답을 위해서는 빛의 성질에 대한 새로운 이해가 요구된다.

5.2 광자

하인리히 헤르츠가 주장하는 빛의 파동성을 많은 사람들이 동의함에도 불구하고, 흑체복사의 연속스펙트럼에 대한 어려운 문제를 풀기 위해서 보조적인 설명과 더 나아가서는 물질과 에너지에 대한 새로운 개념이 필요하였다. 오늘날 플랑크 상수 h (3.5장 참조)는 양자역학으로 알려진 물질과 에너지를 현대적으로 표현하는 기본이 되며, 빛의 속도 c와 만유인력상수 G와 같이 자연의 기본적인 상수의 하나로 인식되고 있다. 플랑크 자신은 그가 발견한 에너지의 양자화가 함축하고 있는 의미를 완전히 소화하지는 못했지만 양자이론은 오늘날 물리세계를 가장 성공적으로 설명할 수 있는 이론으로 발전하였다. 그 후 아인슈타인에 의해서 에너지에 대한 플랑크의 양자 묶음의 실체가 확실히 설명되었다.

광전효과

빛을 금속표면에 비추면 금속표면에서 전자가 튀어 나오는데 이 현상을 광전효과라 한다. 특정한 에너지 범위를 갖는 전자들이 방출되며, 이 전자들은 표면에 가장 가까이 있는 것들이 최대운동에너지 $K_{\max}$를 가지고 있다. 광전효과에서 놀라운 일은 $K_{\max}$의 값은 금속표면을 비추는 빛의 강도 혹은 밝기와는 상관관계가 없다는 것이다. 단색파장의 빛의 강도를 증가하며 비추면 더 많은 수의 전자가 튀어 나올 것이다. 그러나 전자들의 최대 운동에너지를 증가시키지는 않는다. $K_{\max}$는 금속표면을 비추는 빛의 세기에 따라 변화하지 않고, 단지 빛의 진동수에 따라서 변화한다. 각 금속은 고유의 한계 진동수 ν_c(혹은 한계파장 $\lambda_c = c/\nu_c$)를 가지고 있다; 빛

의 진동수가 금속의 한계진동수보다 클 때만(($\nu > \nu_c$)(혹은 $\lambda < \lambda_c$) 전자들이 방출된다. 이러한 진동수에 따라서 전자가 방출되는 현상은 맥스웰이 설명하는 고전적인 전자기파에서는 볼 수 없는 특이한 현상이다. 포인팅 벡터(전자기장에서 에너지의 흐름)를 위한 식 (3.12)는 광파에 의해서 전달되는 에너지에서는 진동수의 역할이 없음을 보여준다.

아인슈타인은 전자기파의 양자화된 에너지를 가정하는 플랑크의 가정을 과감히 도입하여 해를 구하였다. 광전효과에 대한 아인슈타인의 설명에 의하면, 금속표면을 때리는 빛은 질량이 없는 입자 즉 광자의 흐름이다. 주파수 ν와 파장 λ를 가지는 광자[5] 하나의 에너지는 바로 플랑크가 제시한 양자화된 에너지이다.

$$E_{광자} = h\nu = \frac{hc}{\lambda} \tag{5.3}$$

예제 5.2.1

가시광선의 광자 1개의 에너지는 작다. 파장이 $\lambda = 700\,\text{nm}$인 붉은 빛의 광자 1개의 에너지는

$$E_{광자} = \frac{hc}{\lambda} \simeq \frac{1240\ \text{eV nm}}{700\ \text{nm}} = 1.77\ \text{eV}$$

여기서 hc는 편의를 위하여(electron volts) x(nanometer) 단위를 사용하였고, 1 eV=1.602 $\times 10^{-19}$ J 이다. 파장이 $\lambda = 400\,\text{nm}$ 인 푸른색 빛의 광자 1개의 에너지는

$$E_{광자} = \frac{hc}{\lambda} \simeq \frac{1240\ \text{eV nm}}{400\ \text{nm}} = 3.10\ \text{eV}$$

100-W의 전구에서 몇 개의 가시광선 광자 $\lambda = 500\,\text{nm}$가 매초마다 방출되는가?(단색파장이라고 가정) 각 광자의 에너지는

$$E_{광자} = \frac{hc}{\lambda} \simeq \frac{1240\ \text{eV nm}}{500\ \text{nm}} = 2.48\ \text{eV} = 3.97 \times 10^{-19}\ \text{J}$$

5) 단지 질량이 없는 입자만이 빛의 속도로 움직일 수 있다. 왜냐하면 무거운 입자는 무한한 에너지를 가질 수 있을 것이기 때문이다.; 식 (4.45) 참조. 광자라는 용어는 1926년 물리학자 루이스(G.N. Lewis 1875-1946)가 처음 사용하였다.

이것은 100-W 전구가 매초 2.52×10^{20}개의 광자를 방출하는 것을 뜻한다. 이렇게 거대한 개수의 광자의 방출로 자연은 거칠은 입자 모양으로 나타나지 않는다. 홍수처럼 방출되는 광자로 하나의 전구가 빛나고 있는 것을 볼 수 있다.

아인슈타인은 광전효과에서 광자가 금속표면을 때릴 때, 광자의 에너지는 개개의 전자에 의해서 흡수될 것이라고 하였다. 전자는 광자의 에너지를 받아 그 에너지가 금속의 구속에너지보다 크면 금속표면으로부터 탈출한다. 만약 금속에서 최소의 구속에너지(이를 금속의 일함수라고 부르며, 일반적으로 몇 eV 정도이다.)를 ϕ라고 하면, 전자를 튀어 나가게 하는 최대 운동에너지는

$$K_{\max} = E_{\text{광자}} - \phi = h\nu - \phi = \frac{hc}{\lambda} - \phi \tag{5.4}$$

$K_{\max} = 0$으로 하면, 금속의 한계진동수와 파장은 $\nu_c = \phi/h$이고, $\lambda_c = hc/\phi$가 된다.

광전효과로 인하여 플랑크의 양자 개념이 실제적으로 확립되었다. 알버트 아인슈타인은 1921년 노벨상을 수상하였다. 그는 특수 및 일반 상대성 이론으로 상을 받은 것이 아니고, 이론물리학에 대한 그의 공헌으로 상을 받았다.[6] 특히 광전효과에서 나타나는 법칙의 발견은 그가 노벨상을 수상하는데 큰 역할을 하였다. 오늘날 천문학자들은 빛의 양자 성질을 여러 가지 관측기구와 검출기에 예로 들면 CCD(전하결합소자)등에 적용하여 사용하고 있다.

콤프턴 효과

1922년 미국 물리학자 아더 홀리 콤프턴(1892-1962)은 빛이 물질과 상호작용할 때, 빛이 입자의 성질을 가지고 있다는 가장 확실한 증거를 제시하였다. 콤프턴은 X-선 광자가 자유전자에 의해서 산란될 때 X-선 광자의 파장이 변화하는 양을 측정하였다. 왜냐하면 광자들은 질량이 없는 입자들이고, 빛의 속도로 움직이고 있기 때문에 상대론적 에너지 식 (4.48) (광자의 질량은 $m=0$)은 광자의 에너지가 광자의 운동량 p와 관계가 있다는 것을 보여준다.

---

6) 식 (5.4)를 이용하여 플랑크상수 h를 정확하게 결정한 공로와 광전효과에 대한 그의 업적으로 미국 물리학자 로버트 밀리칸(Robert A. Millikan 1868-1953)도 1923년 노벨상을 수상하였다.

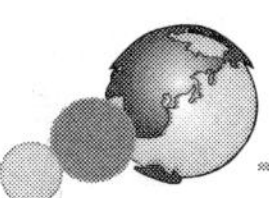

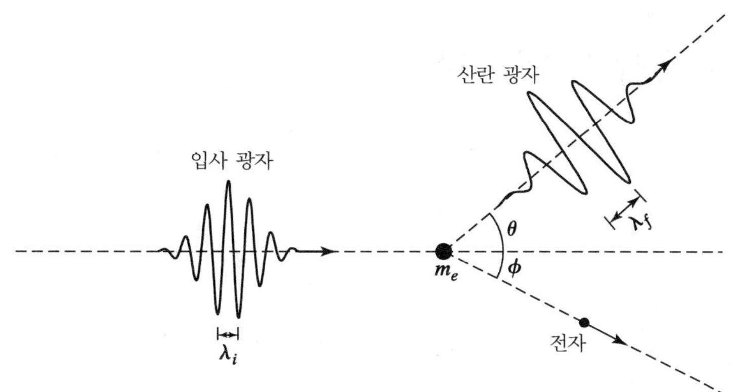

▌**그림 5.3** 콤프턴 효과 : 자유전자에 의한 광자의 산란. θ와 Φ는 각각 광자와 전자의 산란각을 나타낸다.

$$\boxed{E_{\text{광자}} = h\nu = \frac{hc}{\lambda} = pc} \tag{5.5}$$

콤프턴은 초기 정지 상태에서 광자와 자유전자 사이의 충돌을 생각해 보았다. 그림 5.3에서 보듯이 전자는 ϕ의 각도로, 그리고 광자는 θ의 각도로 산란된다. 광자가 에너지를 전자한테 잃어버렸기 때문에 광자의 파장은 증가되었다.

충돌인 경우(상대적인) 운동량과 에너지 둘 다 보존된다. 이 문제는 연습문제로 남겨둔다. 광자의 최종 파장은 λ_f는 초기 파장, λ_i보다 아래의 양만큼 커진다.

$$\boxed{\Delta\lambda = \lambda_f - \lambda_i = \frac{h}{m_e c}(1 - \cos\theta)} \tag{5.6}$$

여기서 m_e는 전자의 질량이다. 오늘날 이러한 파장의 변화를 콤프턴효과라고 한다. 식 (5.6)에 있는 $h/m_e c$를 콤프턴 파장 λ_c라고 하며, 이는 산란된 광자의 파장에 나타낸 변이이고, λ_c=0.00243 nm이다. 이 파장의 변이는 콤프턴이 X-선 광자를 이용하여 구한 파장 변이 보다 약 30배 더 작은 값이다. 콤프턴의 실험은 광자가 식 (5.5)로 설명되듯이 질량이 없지만 운동량은 가지고 있는 입자라는 사실을 입증하였다. 이것은 물질에 복사에 의한 힘이 작용할 수 있다는 것을 뜻한다. 우리는 이미 이 사실을 3.3장 복사 압력에서 다루었다.

5.3 원자의 보어모형

20세기 초에 플랑크, 아인슈타인 등 여러 물리학자들의 연구는 빛의 **파동-입자 이중성**에 대한 것이다. 빛은 공간을 전파하여 나갈 때 파동의 성질을 나타낸다. 이는 이중슬릿에 의한 간섭 패턴으로 잘 나타난다. 다른 한편 빛은 물질과 상호작용할 때는 명백히 입자의 성질을 나타낸다. 이는 광전효과와 콤프턴 효과에서 쉽게 관찰할 수 있다. 흑체복사의 에너지 분포를 설명하는 플랑크 공식은 별에서 방출하는 빛의 연속 스펙트럼의 많은 현상을 잘 설명하고 있다. 별의 연속 스펙트럼에서 나타나는 검은 흡수선들 혹은 실험실에서 뜨겁고 확산된 가스에 의해 형성된 밝은 방출선들은 어떠한 물리과정을 거쳐서 형성 되는가?

원자의 구조

19세기말에 캠브리지 대학의 캐번디쉬 연구소에 있는 조셉 존 톰슨(Joseph John Thomson, 1856–1940)이 전자를 발견하였다. 물질이 전기적으로 중성이기 때문에 원자들은 음의 전하를 띤 전자들과 같은 양의 양전하들이 불확실하게 분포하여 구성된다. 어니스트 러더퍼드(Ernest Rutherford, 1871–1937)는 1911년 원자의 양전하는 아주 작고 질량이 큰 핵에 몰려 있다는 것을 발견하였다. 그는 뉴질랜드 태생으로 영국의 맨체스터 대학의 연구원이었다. 러더퍼드는 얇은 금속박막에 고속의 알파입자(현재는 헬륨 핵으로 알려져 있는)를 투사하였다. 이때, 아주 적은 수의 알파입자만 박막에 반사되어 되돌아오고 대부분의 입자는 약간의 이탈 경로는 있지만 박막을 뚫고 나갔다. 러더퍼드는 후에 "이것은 내 생애에 일어난 일 중에서 가장 기적 같은 사건이었고, 이것은 마치도 당신이 15인치 포탄을 휴지 한 장에 쏘고, 이것이 다시 돌아와 당신을 때리는 것같이 믿을 수 없는 일이었다,"라고 기술하였다. 이러한 일은 알파 입자가 크기는 작고 질량은 큰 양전하 핵에 충돌하여 나타날 수 있는 결과이다. 라더포드는 핵의 반경이 원자 자체의 반경보다 약 10,000 배 작다는 것을 계산하였다. 그러므로 일반적인 물체는 대부분 빈 공간으로 채워있다는 사실을 밝혀냈다. 그는 또한 전기적으로 중성인 원자는 Z 개수의 전자를 가지고 있고(여기서 Z는 정수), Z 만큼의 양전하가 핵에 몰려있다는 모형을 확립하였다. 그는 수소 원자의 핵(Z=1)에서 양성자(proton)의 개념을 도입하였다. 여기서 수소 핵은 전자의 질량보다 보다 1836배 크다. 그러나 어떻게 이러한 전하들이 배치되는가?

수소의 파장

수소에 대한 실험 데이터는 매우 풍부하여, 14개의 수소 스펙트럼선들의 파장이 정확하게 결정되었다. 전자기 스펙트럼에서 가시광선 영역에 있는 수소선들은 656.3 nm(붉은 색, Hα), 486.1 nm(청록색, Hβ), 434.0 nm(파란색, Hγ) 그리고 410.2 nm(보라색, Hδ)이다. 1885년 스위스학교 교사인 요한 발머(1825~1898)는 시행착오 방법으로 수소 스펙트럼선의 파장을 산출하는 공식을 발견하였다. 오늘날 이를 **발머계열** 혹은 **발머선**이라고 한다. 이들 파장은 아래 식으로 산출할 수 있다.

$$\frac{1}{\lambda} = R_H \left(\frac{1}{4} - \frac{1}{n^2} \right) \tag{5.7}$$

여기서 $n=3,4,5,\cdots$이고 $R_H = 1.09677583 \times 10^7 \pm 1.3\,\text{m}^{-1}$은 실험적으로 결정된 수소의 리드베리 상수이다[7]. 발머공식은 1% 이내의 정확도를 갖는다. $n=3$을 대입함으로써 Hα 발머선의 파장을 얻고, $n=4$인 경우는 Hβ, 등을 얻는다. 더욱이 발머는 $2^2=4$이므로 그의 공식을 일반화 시켰다.

$$\frac{1}{\lambda} = R_H \left(\frac{1}{m^2} - \frac{1}{n^2} \right) \tag{5.8}$$

여기서 $m < n$(모두 정수). 가시광선외의 수소 스펙트럼선들은 발머가 예측하였듯이 후에 발견되었다. 오늘날 $m=1$에 해당되는 선들을 라이먼선이라고 부른다. 라이먼계열은 전자기 스펙트럼의 자외선 영역에서 발견된다. 비슷하게 m=3을 식 5.8에 대입하면 파센계열 선들을 산출한다. 이 선들은 스펙트럼의 적외선 영역에 위치한다. 수소의 주요 선들의 파장은 표 5.2에 수록하였다.

아직도 이것은 순전히 숫자놀음이다. 물리에 기초를 두지 않은 숫자놀음이다. 물리학자들은 간단한 원자의 모형도 만들 수 없다는 무능력에 매우 실망했었다. 수소 원자의 행성계 모델은 중심의 양성자와 전자가 상호 전기적 인력에 의해서 묶여 있는 것으로, 이것이 원자를 분석하기 가장 쉬운 모델이다. 그러나 한 개의 전자와 양성자가 서로의 질량 중심을 도는 모델은 기본적으로 매우 불안정하다. 맥스웰의 전자기 방정식에 의하면 가속되는 전하는 전자기 복사를 방출한고, 궤도를 도는 전자는 지속적으로 회전함에 따라 빛을 방출하여 에너지를 잃기 때문이다.

---

7) R_H는 스웨덴의 분광학자 요하네스 리드베리(Johannes Rydberg)를 기리기 위해 이름 붙여졌다.

▌표 5.2 공기에서 나타나는 일부 수소 스펙트럼들의 파장(Cox ed. Allen's Astrophysical Quantities, Fourth Edition, Springer, New York, 2000.에서 인용)

이름	심볼	변이	파장(nm)
라이만	Lyα	$2 \leftrightarrow 1$	121.567
	Lyβ	$3 \leftrightarrow 1$	102.572
	Lyγ	$4 \leftrightarrow 1$	79.254
	Ly_{limit}	$\infty \leftrightarrow 1$	91.18
발머	H α	$3 \leftrightarrow 2$	656.281
	H β	$4 \leftrightarrow 2$	486.134
	H γ	$5 \leftrightarrow 2$	434.048
	H δ	$6 \leftrightarrow 2$	410.175
	H ϵ	$7 \leftrightarrow 2$	397.007
	H_8	$8 \leftrightarrow 2$	388.905
	H_{limit}	$\infty \leftrightarrow 9$	364.6
파셴	Paα	$4 \leftrightarrow 3$	1875.10
	Paβ	$5 \leftrightarrow 3$	1281.81
	Paγ	$6 \leftrightarrow 3$	1093.81
	Pa_{limit}	$\infty \leftrightarrow 3$	820.4

연속스펙트럼의 이론적인 결과는 실제로 관측되는 방출선과 일치하지 않는다. 더 심각한 것은 계산된 시간규모이다: 전자는 10^{-8}초 안에 되가라 앉아야 한다. 그러나 물질은 그것보다 더 긴 시간 동안 안전한 상태로 있다.

보어의 준 고전적인 원자

이론 물리학자들은 광자와 양자에너지에 대한 새로운 현상 속에서 해답을 찾을 수 있을 것으로 기대하였다. 덴마크 물리학자 닐스 보어(1885-1962 : 그림 5.4)는 1913년 충격적인 제안서를 가지고 나타났다. 플랑크 상수 J×s의 단위는 kg×m s^{-1} ×m에 상응하고, 이는 각운동량의 단위이다. 그러므로 아마도 궤도를 도는 전자의 각운동량도 양자화되어있을 것으로 생각했다. 이 양자화는 영국의 천문학자 니콜슨에 의해서 원자모형에 이미 소개되었었다. 보어는 니콜슨의 모델에 결점이 있음을 알면서도 그는 각운동량의 양자화의 중요성은 인식하였다. 진동수 ν의 전자기파는 단지 $E = nh\nu$의 정수배에 해당하는 에너지를 갖는 것과 같이 수소원자의

▮ **그림 5.4** 닐 보어(1885–1962). (코펜하겐 닐 보어 기록 보관소 제공)

각운동량의 값도 단지 플랑크 상수를 그대로 2π로 나눈 값의 정수배를 갖는다고 가정해 보아라. 그러면 $L = nh/2\pi = n\hbar$가 된다.[8] 보어는 이렇게 허용된 각운동량의 값을 갖는 궤도에서는 전자가 안정된 상태이고 전자의 구심가속도에도 불구하고 복사를 방출하지 않을 것이라고 가정하였다.

원자의 전자–양성자계의 역학적 운동을 분석하기 위하여 우리는 쿨롱법칙에 의한 전기력을 수학적으로 서술하여 보자. 거리가 r만큼 떨어진 두 전하 q_1, q_2에 대하여 전하 1이 전하 2에 미치는 전기력은 다음과 같다.

$$\boxed{\mathbf{F} = \frac{1}{4\pi\epsilon_0}\frac{q_1 q_2}{r^2}\hat{\mathbf{r}}} \tag{5.9}$$

여기서 $\epsilon_0 = 8.854187817\cdots\times 10^{-12}$ F m^{-1}은 자유공간의 유전율이고[9] $\hat{\mathbf{r}}$은 전하 1에서 전하 2로 향하는 단위벡터이다.

상호 전기적 인력의 영향 아래에서 서로의 질량중심을 원궤도로 움직이는 질량이 m_e이고 전하가 $-e$인 전자와 질량이 m_p이고 전하가 $+e$인 양성자를 고려해보자. 2.3장에서 우리는 이체문제를 환산된 질량을 이용하여 일체문제와 같이 다루었다.

8) $\hbar \equiv h/2\pi = 1.054571596\times 10^{-34}$ J s이며 h–bar로 발음한다.

9) ε_0는 $\varepsilon_0 \equiv 1/\mu_0 c^2$으로 공식적으로 정의한다. 여기서 $\mu_0 \equiv 4\pi\times 10^{-7}$ NA^{-2}이며 자유공간에서의 투과율이고, $c \equiv 2.9979245\times 10^8$ m s^{-1}이며 빛의 속도로 정의한다.

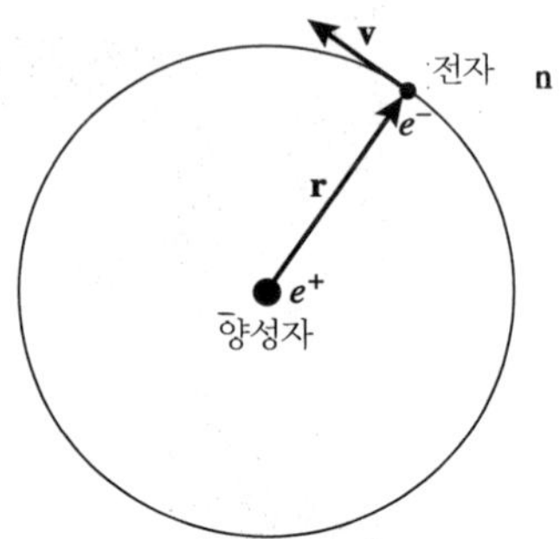

▌그림 5.5 수소원자의 보어모델

$$\mu = \frac{m_e m_p}{m_e + m_p} = \frac{(m_e)(1836.15266\, m_e)}{m_e + 1836.15266\, m_e} = 0.999455679\, m_e$$

계의 총 질량은 다음과 같다.

$$M = m_e + m_p = m_e + 1836.15266\, m_e = 1837.15266\, m_e = 1.0005446\, m_p$$

$M \simeq m_p$과 $\mu \simeq m_e$ 이므로, 수소원자는 정지된 질량 M인 양성자와 양성자 주위를 반경 r에서 원운동하는 질량 μ인 전자로 구성된 것처럼 생각할 수 있다(그림 5.5). 전자와 양성자 사이의 전기인력 때문에 전자는 구심 가속도 v^2/r를 갖는다. 이는 뉴턴의 제2법칙으로 설명할 수 있다.

$$\mathbf{F} = \mu \mathbf{a}$$

다음과 같이 된다.

$$\frac{1}{4\pi\epsilon_0}\frac{q_1 q_2}{r^2}\,\hat{\mathbf{r}} = -\mu\,\frac{v^2}{r}\,\hat{\mathbf{r}}$$

또는 다음과 같이 된다.

$$-\frac{1}{4\pi\epsilon_0}\frac{e^2}{r^2}\,\hat{\mathbf{r}} = -\mu\,\frac{v^2}{r}\,\hat{\mathbf{r}}$$

마이너스 부호와 단위벡터 $\hat{\mathbf{r}}$를 지우면, 이 표현은 운동에너지 $\frac{1}{2}\mu v^2$으로 풀 수 있다.

$$K = \frac{1}{2}\mu v^2 = \frac{1}{8\pi\epsilon_0}\frac{e^2}{r} \tag{5.10}$$

이제 보어 원자의 전기적 퍼텐셜 에너지는[10])

$$U = -\frac{1}{4\pi\epsilon_0}\frac{e^2}{r} = -2K$$

그러므로 원자의 총에너지 $E = K + U$는

$$E = K + U = K - 2K = -K = -\frac{1}{8\pi\epsilon_0}\frac{e^2}{r} \tag{5.11}$$

운동에너지, 위치에너지, 그리고 총 에너지 사이의 관계는 2.4장에서 소개한 바와 같이 제곱에 역비례 하는 힘에 대한 비리얼 정리, 즉 $E = 1/2\,U = -K$ 와 일치한다. 운동에너지는 양수이어야 하므로, 총에너지 E는 음의 값을 갖는다. 이는 전자와 양성자가 속박되어 있다는 것을 뜻한다. 원자를 이온화하기(즉, 양성자와 전자를 무한대로 떼어 놓기 위하여) $|E|$(혹은 그 이상) 크기 만큼의 에너지가 원자에 공급되어야만 한다.

이와 같이 아직까지는 이러한 유도를 완전히 고전적으로 설명할 수 있다. 이 시점에서는 각운동량에 대한 보어의 가정 즉 각운동량의 양자화를 다음과 같이 사용할 수 있다.

$$L = \mu v r = n\hbar \tag{5.12}$$

방정식 (5.10)의 운동에너지를 다시 쓰면,

$$\frac{1}{8\pi\epsilon_0}\frac{e^2}{r} = \frac{1}{2}\mu v^2 = \frac{1}{2}\frac{(\mu v r)^2}{\mu r^2} = \frac{1}{2}\frac{(n\hbar)^2}{\mu r^2}$$

10) 이것은 식 (2.14)에 나타나는 중력으로 유도되는 것과 비슷한 방법으로 발견되었다. 위치에너지가 0 이 되는 것은 $r = \infty$ 일 때이다.

반경 r에 대해 이 방정식을 풀면 보어의 양자화 조건을 만족하는 유일한 값은 다음과 같다.

$$r_n = \frac{4\pi\epsilon_0\hbar^2}{\mu e^2}n^2 = a_0 n^2 \tag{5.13}$$

여기서 $a_o = 5.291772083 \times 10^{-11}\text{m} = 0.0529\,\text{nm}$는 보어의 반경으로 알려졌다. 그러므로 전자는 양성자로부터 a_o, $4a_o$, $9a_o$, …의 거리에서 궤도운동 할 수 있다. 그러나 다른 거리에서는 허용되지 않는다. 보어의 가정에 의하면 전자가 이들 궤도중 하나에 있을 때 원자는 안정하고 빛을 방출하지 않는다.

식 (5.11)의 r에 이 값을 대입하면 보어 원자에 허용된 에너지를 알 수 있다.

$$E_n = -\frac{\mu e^4}{32\pi^2\epsilon_0^2\hbar^2}\frac{1}{n^2} = -13.6\ \text{eV}\frac{1}{n^2} \tag{5.14}$$

정수 n은 주양자수로 알려졌으며, 보어 원자의 각 궤도의 특성을 결정한다. 그러므로 전자가 $n=1$이고 $r_1 = a_o$인 가장 낮은 궤도(바닥상태)에 있을 때, 그 에너지는 $E_1 = -13.6$ eV이다. 전자가 바닥상태에 있을 때 원자를 이온화시키기 위해서 최소한 13.6 eV가 필요하다. 원자가 $n=2$이고 $r_2 = 4a_o$인 첫 번째 들뜸 상태에 있을 때, 그 에너지는 바닥상태에 있을 때의 에너지보다 더 크다: $E_2 = -13.6/4$ eV$=$ -3.40 eV.

만약 전자가 그에 허용된 어떤 궤도에서도 방출되지 않는다면 수소에서 관측된 분광선의 기원은 무엇일까? 보어는 전자가 하나의 궤도에서 다른 궤도로 천이할 때 광자가 방출되거나 흡수된다고 제안했다. 중간궤도에서 멈추지 않고 높은 궤도 n_{high}에서 낮은 궤도 n_{low}로 떨어지는 전자를 생각해 보자(이것은 고전적인 의미의 낙하가 아니다; 전자는 두 궤도 사이에서 절대 관측되지 않는다). 전자는 $\Delta E = E_{\text{high}} - E_{\text{low}}$의 에너지를 잃는다. 그리고 이 에너지는 광자의 형태로 원자로부터 나온다. 식 (5.14)를 방출된 광자의 파장으로 표현하면,

$$E_{\text{photon}} = E_{\text{high}} - E_{\text{low}}$$

$$\frac{hc}{\lambda} = \left(-\frac{\mu e^4}{32\pi^2\epsilon_0^2\hbar^2}\frac{1}{n_{\text{high}}^2}\right) - \left(-\frac{\mu e^4}{32\pi^2\epsilon_0^2\hbar^2}\frac{1}{n_{\text{low}}^2}\right)$$

이는 다음과 같다.

$$\frac{1}{\lambda} = \frac{\mu e^4}{64\pi^3\epsilon_0^2\hbar^3 c}\left(\frac{1}{n_{\text{low}}^2} - \frac{1}{n_{\text{high}}^2}\right) \tag{5.15}$$

이것을 식 (5.7)과 (5.8)과 비교하면 식 (5.15)는 발머계열에서 $n_{\text{low}} = 2$인 수소 분광선에 대한 발머 공식을 일반화한 것이다. 괄호 앞의 상수에 값을 대입하면 이 항은 정확히 수소에 대한 리드베리 상수이다.

$$R_H = \frac{\mu e^4}{64\pi^3\epsilon_0^2\hbar^3 c} = 10967758.3 \text{ m}^{-1}$$

이 값은 요한 발머가 식 (5.7)을 이용하여 결정한 수소선의 실험값과 정확히 일치한다. 이러한 일치는 보어의 수소 원자모델이 매우 성공적임을 뜻한다.[11)]

예제 5.3.1

보어의 수소 원자에서 전자가 n=3에서 n=2의 궤도로 천이될 때 방출되는 광자의 파장은 얼마인가? 전자가 잃어버린 에너지는 광자에 의해서 운반된다. 그러므로,

$$E_{\text{photon}} = E_{\text{high}} - E_{\text{low}}$$

$$\frac{hc}{\lambda} = -13.6 \text{ eV}\,\frac{1}{n_{\text{high}}^2} - \left(-13.6 \text{ eV}\,\frac{1}{n_{\text{low}}^2}\right)$$

$$= -13.6 \text{ eV}\left(\frac{1}{3^2} - \frac{1}{2^2}\right).$$

파장에 대해서 풀면 진공에서 $\lambda = 656.469$ nm이고, 이 값은 예제 5.1.1과 표 5.2에 인용한 Hα 분광선의 측정값과 비교할 때 0.03% 범위 내에 있다.

---

11) 다소 다른 리드베리 상수 R_∞는 무한히 무거운 핵을 가정한다. R_H에 대한 환산질량 μ는 R_∞에서 전자의 질량 m_e으로 대체된다.

계산 값과 관측 값과의 차이는 진공이 아닌 공기중에서 파장을 측정하였기 때문이다. 해수면 근처에서는 빛의 속도가 진공보다 약 1.000297배 정도 늦어진다. **굴절률**은 $n = c/v$로 정의되며, 여기서 v는 매질의 굴절률이 $n_{공기} = 1.000297$인 곳에서 측정한 빛의 속도이다. 파의 전달에 대하여 $\lambda\nu = v$ 가 주어지면, 주파수 ν는 한 매질에서 다른 매질로 이동할 때, 전자기장에서 불연속이 일어나지 않는 한 변하지 않으므로 측정된 파장은 파의 속도에 비례하여야만 한다. 그러므로 $\lambda_{공기}/n_{진공} = v_{공기}/c = 1/n_{공기}$ 공기에서 측정한 Hα 선의 파장은

$$\lambda_{공기} = \lambda_{진공}/n_{공기} = 656.469\ \mathrm{nm}/1.000297 = 656.275\ \mathrm{nm}$$

이 결과는 표 5.2에 있는 값(656.281 nm)보다 0.0009% 다르게 나타났다. 이 차이는 굴절률이 파장에 따라 변하기 때문에 나타나는 결과이다. 굴절률은 또한 환경 조건에 따라서 변할 수 있다. 예를 들어 온도, 압력, 습도에도 영향을 받는다[12]. 앞으로 특별한 언급이 없는 한 파장은 지상의 공기속에서 측정한 값을 뜻한다.

역과정 또한 발생할 수 있다. 만약 광자가 두 궤도 사이의 에너지 차이와 같은 에너지를 가진다면(전자가 낮은 궤도에 있을 때), 원자가 광자를 흡수하게 된다. 이 때 원자에 흡수된 광자는 전자를 낮은 궤도에서 높은 궤도로 옮긴다. 광자의 파장과 두 궤도의 양자수의 관계는 식 (5.15)으로 주어진다.

양자 혁명 이후 키르히호프법칙(5.1절에 논의된)에 적용되는 물리과정이 마침내 명확해졌다.

- 뜨겁고, 밀도가 높은 가스 혹은 뜨거운 고체는 검은 선이 없이 연속선을 만든다. 이는 흑체복사의 연속선이다. 절대 온도로 영도 이상의 모든 온도에서 방출되는 흑체복사는 플랑크 함수 $B_\lambda(T)$와 $B_\nu(T)$로 설명될 수 있다. 플랑크 함수 $B_\lambda(T)$가 복사강도가 최대인 파장 λ_{max}는 비인의 변위법칙 식(3.15)에 의해 얻은 것과 같다.
- 뜨겁고, 확산된 가스는 밝은 방출선을 만든다. 방출선은 전자가 높은 궤도에서 낮은 궤도로 천이될 때 만들어진다. 전자로 인하여 잃어버린 에너지는 낱개의 광자에 의해서 운반된다. 예를 들어, 수소 발머 방출선은 전자가 높은 에너지궤도에서 n=2인 궤도로 떨어질 때 만들어진다(그림 5.6).

---

12) 예를들어 Lang, Astrophysical Formulae, 1999, page 185

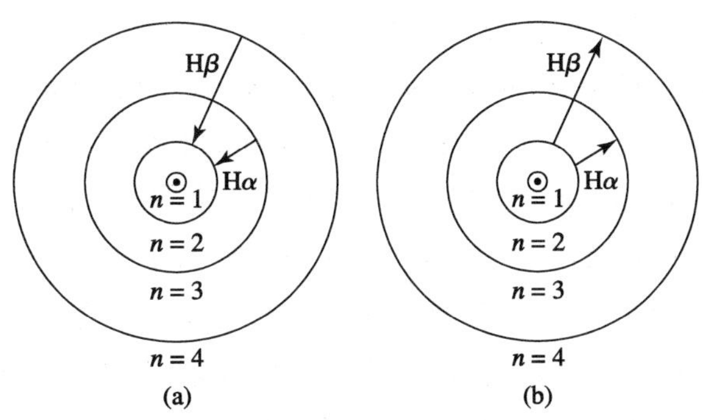

그림 5.6 발머 수소원자에 의해 만들어지는 발머선 a) 방출선 b) 흡수선

- 연속선을 만드는 물체 앞에 차갑고, 확산된 가스가 있으면 연속선 위에 검은 선(흡수선)을 만든다. 이 검은 흡수선은 전자가 낮은 궤도에서 높은 궤도로 천이할 때 만들어진다. 만약 입사광자의 에너지가 정확히 원자의 높은 궤도와 전자의 초기 궤도사이의 에너지 차이와 같다면, 광자는 원자에 의해 흡수되어 전자를 높은 궤도로 천이시킨다. 예를 들어, 수소 발머 흡수선은 원자가 광자를 흡수하여 전자가($n=2$) 궤도로부터 더 높은 궤도로 천이시킬 때 만들어진다(그림 5.6(b)와 5.7).

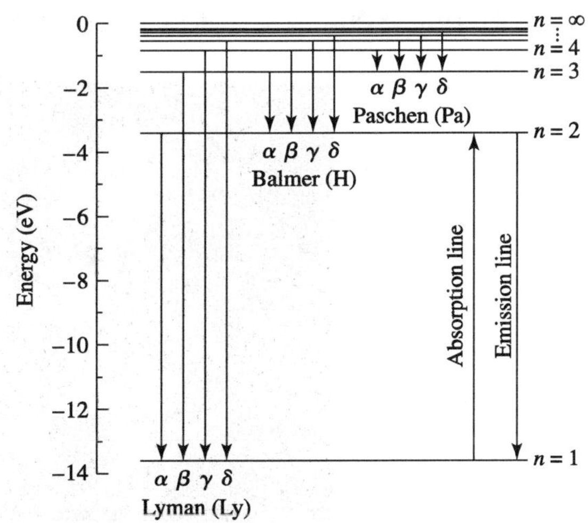

그림 5.7 라이먼, 발머, 파셴선을 보여주는 수소원자의 에너지 준위 도표(↓ : 방출선, ↑ : 흡수선)

수소 원자에 대한 보어 모형이 대단히 성공적임에도 불구하고, 보어모형이 완벽한 것은 아니다. 비록 각운동량이 양자화되어 있어도, 보어가 구한 각운동량의 값은 아니다.[13] 보어의 원자모형은 전자가 고전적인 원궤도로 양성자 주위를 도는 태양계 모형으로 준고전적인 모형이다. 사실, 전자궤도는 원궤도가 아니다. 고전적 의미에서 궤도는 정해진 위치에서 정해진 속도로 움직이는 것을 말하고 이런 의미에서 전자의 궤도는 궤도라고 할 수 없다. 원자 수준에서 자연은 피할 수없는 불확실성을 갖는 모호한 것이다. 이런 여러 결점에도 불구하고 보어의 모형으로 정확한 궤도 에너지를 구할 수 있고, 분광선의 형성을 비교적 정확하게 이해할 수 있었다. 이러한 직관적이고, 쉽게 상상할 수 있는 보어의 원자모형은 대부분의 물리학자 및 천문학자들이 원자 안에서 일어나는 과정을 시각적으로 설명할 때 사용한다.

5.4 양자 역학과 파동-입자 이중성

양자혁명의 마지막 장은 프랑스 귀족이었던 루이스 드 브로이(Louis de Broglie, 1892–1987; 그림 5.8)의 꿈과 함께 시작되었다. 그는 빛의 파동–입자 이중성에 대한 아래의 질문에 대하여 고심했다. 만약 빛 (고전적으로 파로 생각된)이 입자의 특성을 보일 수 있다면, 때때로 입자가 파의 특성을 명백히 하지는 않을 수 있을까?

그림 5.8 드 브로이(1892–1987). (AIP Niel Bohr 도서관 제공)

---

13) 다음 절에서 궤도 각운동량은 실제로 $L=n\hbar$이 아니라 $L=\sqrt{l(l+1)}\hbar$ 임을 논의할 것이다. 여기서 l은 새로운 양자수이다.

드 브로이의 파장과 주파수

그의 1927년 박사학위 논문에서, 드 브로이는 파동–입자 이중성을 자연의 모든 것으로 확장했다. 광자는 에너지 E와 운동량 p를 운반하고 이 양은 식 (5.5)에 의해 빛의 파장 λ와 진동수 ν와 관계를 이용하여 다음과 같이 된다.

$$\nu = \frac{E}{h} \tag{5.16}$$

$$\lambda = \frac{h}{p} \tag{5.17}$$

드 브로이는 이 식들을 모든 입자의 진동수와 파장을 정의하는데 사용할 것을 제안하였다. 드 브로이 파장과 진동수는 질량이 없는 광자 뿐 만 아니라 질량을 가진 전자, 양성자, 중성자, 원자, 분자, 사람, 행성, 별 그리고 은하도 설명한다. 물질파에 여러 종류의 엉뚱한 제안에 대하여 많은 실험으로 확인하였다. 그림 5.9는 이중슬릿 실험에서 전자가 만든 간섭무늬이다. 영의 이중 슬릿 실험이 빛의 파동 특성을 입증하는 것처럼 개개 전자가 두 개의 슬릿을 통과해 전파하는 전자의 파동으로 전자 이중슬릿 실험을 설명할 수 있었다.[14] 파동–입자 이중성은 물리학의 세계에서 모든 것에 적용된다; 모든 물질은 파동으로 전파되고, 상호작용할 때에 입자성을 드러낸다.

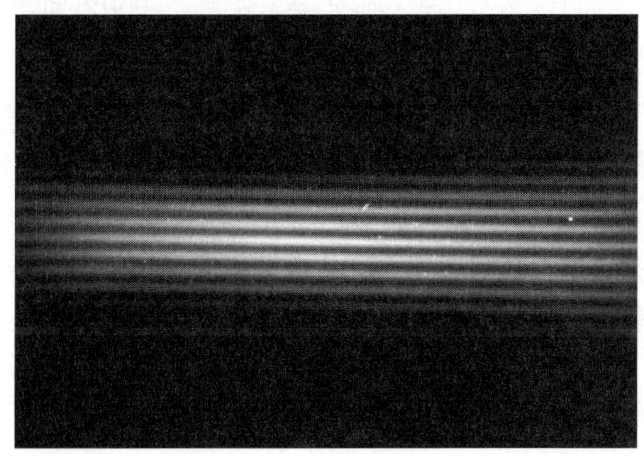

그림 5.9 전자 이중 슬릿 실험에서 나온 간섭 모양. (Jonsson Zeitschrift fur Physik, 161, 454, 1961 제공)

14) 제6장의 전자 이중 슬릿 실험에 대한 상세한 설명과 심오한 의미에 대한 파인만(1965)의 해설을 참조하라.

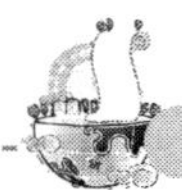

예제 5.4.1

3×10^{8} cm s^{-1}로 움직이는 자유전자와 300 cm s^{-1}의 속도로 조깅하고 있는 70 kg인 남자의 파장을 비교해 보자. 전자의 파장은

$$\lambda = \frac{h}{p} = \frac{h}{m_e v} = 0.242 \text{ nm}$$

로 원자 크기 정도이다. 이 파장은 가시광선의 파장보다 훨씬 작다. 전자현미경은 광학현미경보다 훨씬 좋은 분해능을 얻기 위해서 가시광의 파장보다 백만배 더 짧은 파장의 전자를 이용한다.

조깅하는 남자의 파장은

$$\lambda = \frac{h}{p} = \frac{h}{m_{\text{man}} v} = 3.16 \times 10^{-36} \text{ m}$$

이는 일상생활 규모 뿐 만 아니라 원자 규모에서도 무시해도 좋다. 그러므로 조깅하는 신사는 대문을 지나 집으로 돌아올 때 회절을 걱정하지 않아도 된다.

자연에서 파동–입자의 이중성을 다 포함하는 파들은 어떤 것이 있나? 이중 슬릿 실험에서 각 광자 혹은 전자가 두 개의 스릿을 통과해야한다. 왜냐하면 간섭 모양은 2개의 파가 간섭으로 인하여 증폭되고, 상쇄되기 때문이다. 그러므로 파는 광자나 전자의 위치 정보를 그대로 간직할 수 없고 다만 어느 곳에 있을 것이라는 것만 알 수 있다. 파 자체가 *확률*의 하나이다. 파의 진폭은 그리스 기호로 ψ(Psi)로 표시한다. 파의 진폭의 제곱 $|\psi|^2$은 임의의 위치에서 광자나 전자를 발견할 수 있는 확률을 뜻한다.

이중 슬릿 실험에서 슬릿 1과 2로부터 간섭이 상쇄되는 곳에서는 광자나 전자들을 전혀 발견할 수 없다. 즉 $|\psi_1 + \psi_2|^2=0$ 이다.

하이젠베르그의 불확정성 원리

물질의 파에 대한 특성으로 천문학에서 가장 중요하면서도 예기치 못한 결론을 얻을 수도 있다. 예를 들면, 그림 5.10(a)를 고려해 보자. 확률 파 ϕ는 사인 파이며 정확히 파장의 길이가 λ이다. 그러므로 이 파로 설명된 입자의 운동량은 $p = \dfrac{h}{\lambda}$로

정확히 알려져 있다. 그러나 입자가 존재할 확률은 뜻하는 $|\psi|^2$ 에는 $\chi=\pm\infty$로 확장되는 같은 최대 점을 다수 포함하기 때문에 입자의 위치는 완전히 불확실하다. 만약 여러 개의 사인 파가 서로 다른 파장들과 합쳐지면 서로가 간섭하여 상쇄된다면 입자가 존재할 위치의 범위를 줄일 수는 있다.

그림 5.10(b)은 파동의 진폭을 여러 개 합쳐서 한 위치를 제외하고 다른 모든 점에서 "0"에 가깝게 나타나는 것을 보여주고 있다. 이제는 입자의 위치가 매우 높은 확정성을 가지고 결정될 수 있다. 왜냐하면 $|\psi|^2$은 단지 x-값의 매우 좁은 영역에서 매우 큰 값으로 나타나기 때문이다. 그러나 입자의 운동량 값은 더욱 불확실해졌다. 왜냐하면 ϕ 여러 파장들의 파를 합친 것이기 때문이다. 이것이 자연의 교환 원리이다. 즉 입자의 위치의 불확정성 Δx와 운동량에서의 불확정 Δp는 서로 역관계이다. 하나가 감소하면 다른 하나는 반드시 증가하는 관계이다. 입자가 잘 정의된 위치와 잘 정의된 운동량, 둘 다를 동시에 가질 수 없다는 기본적인 상황은 자연의 파동–입자의 이중성에서 나온 결과이다. 독일의 물리학자 하이젠베르그(Wesnes Heisenberg, 1901–1976)는 이렇게 물리세계에서 본질적으로 애매모호한 것을 확고한 이론의 장에 내놓았다. 그는 입자 위치의 불확정성에 입자의 운동량의 불확정성을 곱하면 적어도 $\hbar/2$ 정도는 되어야 한다고 설명하였다.

$$\Delta x\,\Delta p \geq \frac{1}{2}\hbar \tag{5.18}$$

오늘날 이것은 **하이젠베르그의 불확정성 원리**라고 한다. 등호가 성립하는 경우는 자연에서 실제로 잘 나타나지 않고, 어림 식으로 자주 사용되는 형태는 다음과 같다.

$$\Delta x\,\Delta p \approx \hbar \tag{5.19}$$

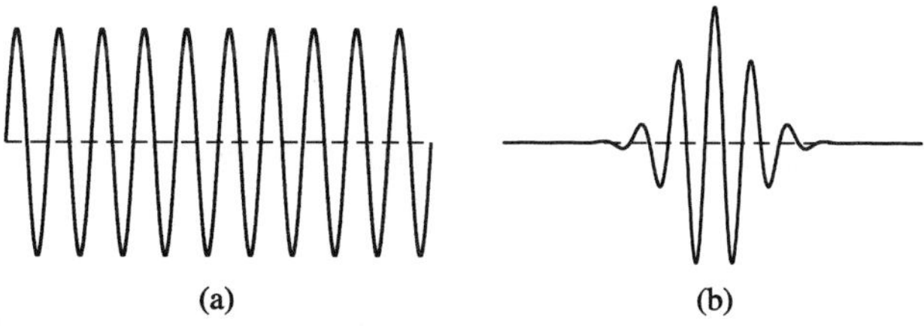

그림 5.10 파의 두가지 예, ψ :
(a) 단일 사인 파 (b) 여러 사인파가 모여 한 지역에 결집된 파동

비슷한 개념이 에너지와 에너지 측정시간에도 적용된다. 즉 에너지 ΔE와 에너지 측정시간 Δt에 대하여는 다음과 같다.

$$\boxed{\Delta E\,\Delta t \approx \hbar} \tag{5.20}$$

에너지 측정에 걸리는 시간이 증가하면, 에너지에 대한 본질적인 불확실성은 결과적으로 감소한다. 3.5장(2권)에서 우리는 불확정성 원리에 대한 이 내용을 분광선의 폭을 설명하는 데에 응용할 것이다.

예제 5.4.2

전자가 수소원자 크기의 공간에 속박되어 있다고 상상하자. 우리는 전자의 최소 속도와 운동에너지를 하이젠베르그의 불확정성 원리를 이용하여 산출할 수 있다. 왜냐하면 우리는 단지 입자가 원자 크기의 자유공간에 있다는 사실만 알고 있으므로 $\Delta x \approx a_0 = 5.29 \times 10^{-1}$ m를 취할 수 있다. 이것은 전자 운동량의 불확정성이 다음과 같다는 것을 뜻한다.

$$\Delta p \approx \frac{\hbar}{\Delta x} = 1.98 \times 10^{-24}\ \text{kg m s}^{-1}$$

그러므로 만약 전자 운동량의 크기를 반복적으로 측정한다면, 그 결과 운동량의 값은 어떤 평균값 부근에서 $\pm\Delta p$의 영역에서 변화할 것이다. 독립적으로 측정한 측정값뿐만 아니라, 예상되는 값은 0보다는 커야만 하기 때문에 예상되는 값은 적어도 Δp 크기 정도는 되어야 한다. 그러므로 우리는 예상되는 운동량의 최소값과 운동량의 불확정성으로 등식이 성립되도록 하면 $p_{\min} \approx \Delta p$가 된다. $p_{\min} = m_e v_{\min}$을 사용하면 전자의 최소 속도는 다음과 같이 산출된다.

$$v_{\min} = \frac{p_{\min}}{m_e} \approx \frac{\Delta p}{m_e} \approx 2.18 \times 10^{6}\ \text{m s}^{-1}$$

(비상대론적)전자의 운동에너지는 대략적으로 다음과 같다.

$$K_{\min} = \frac{1}{2} m_e v_{\min}^2 \approx 2.16 \times 10^{-18}\ \text{J} = 13.5\ \text{eV}$$

이것은 수소원자의 바닥상태에서 전자의 운동에너지와 같다. 전자는 좁은 공간에 갇혀 있기 때문에 적어도 이 정도의 속도와 에너지를 가지고 빠르게 움직여야 한다. 10

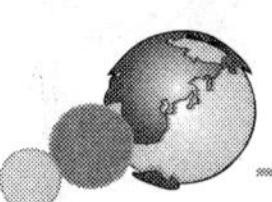

장(2권)에서는 이 미묘한 양자 효과가 백색왜성과 중성자별에서 안으로 향하는 매우 큰 중력에 대항하는 힘이 되는 것을 배울 것이다.

양자 역학적 터널링

빛이 유리 프리즘에서 공기로 나갈 때, 임계각 θ_c 보다 큰 각도로 빛이 표면에 입사하면, 빛은 내부 전반사를 한다. 여기서 임계각은 유리와 공기의 굴절률로 다음과 같이 결정된다.

$$\sin\theta_c = \frac{n_{\text{air}}}{n_{\text{glass}}}$$

우리에게 친숙한 이 결과에는 좀 놀라운 점이 담겨 있다. 빛이 경계면에서 완전히 반사되어 공기 중으로는 빠져나가지 않음에도 불구하고 위 식에는 공기 굴절률이 들어가기 때문이다. 그렇지만 실제로는 전자기파가 공기 중으로 입사 하지만 파는 진동하는 모양이 아니라 지수 함수꼴로 사그러드는 형태를 띠는 것이다. 일반적으로 고전적인 파, 즉 물결파, 빛 등이 매질로 들어갈 때, 매질에서 전파될 수 없다면, 파는 약해지며 진폭은 거리에 따라서 지수 함수로 감소한다.

이러한 완전한 내부 반사는 또 다른 프리즘을 첫 번째 프리즘 바로 다음에 놓아서 표면이 서로 붙을 정도가 되면 없앨 수 있다. 아주 작아진(무한소) 파가 공기에서 진폭이 완전히 소멸되기 전에 두 번째 프리즘에 들어갈 수 있다.

전자기파는 다시 진동하고, 유리로 들어간다. 그래서 빛은 한 프리즘에서 공기를 거치지 않고 바로 또 다른 프리즘으로 들어간다. 입자의 언어로 표현하면 광자

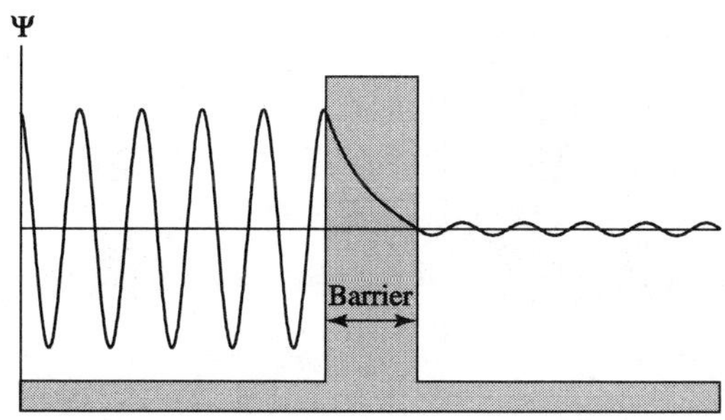

▮ 그림 5.11 입자가 오른쪽으로 지나갈 때 양자역학적 턴넬(장벽을 통과)을 통과한다.

들은 한 프리즘에서 다음 프리즘을 들어 갈 때 프리즘 사이의 중간 공간을 거치지 않는다. 이런 현상을 "턴넬링"이라고 한다.

자연에서 나타나는 입자와 파의 이중성에 의하여 그림 5.11에 보인 바와 같이 고전적으로는 존재할 수 없는 지역인 장벽을 입자가 뚫고 나갈 수 있다. 터널링 현상이 발생하려면 장벽의 폭이 지나치게 넓지 않아야 한다(파장의 수 배를 넘지 않아야 한다). 그렇지 않으면 소멸파의 진폭이 거의 0으로 감소한다. 입자의 위치를 자신의 파장 이내의 정밀도로는 결정할 수 없다는 하이젠베르그의 불확정성 원리와 이 현상은 잘 부합한다. 그러므로, 장벽의 폭이 파장의 몇 배 정도 이내이면, 입자는 갑자기 장벽을 통과하여 맞은 편에 갑자기 나타날 수 있다. 장벽 통과는 방사능 붕괴에서 대단히 중요하다. 이 경우 알파 입자는 원자핵으로부터 핵력이 만든 장벽을 관통하여 빠져 나온다. 또한 터널 다이오드도 장벽 통과에 기반하여 작동하고, 별의 내부에서 핵융합 반응률은 터널링이 일어나는 정도에 크게 좌우된다.

쉬뢰딩거 방정식과 양자 역학적 원자

수소 원자의 보어 모델은 무엇을 뜻하는가? 하이젠베르그의 불확정성 원리는 고전적인 궤도를 허용하지 않는다. 즉 전자의 위치와 운동량 모두 정확한 값을 갖는 궤도를 허용하지 않는다. 대신에 전자의 궤도들이 있을 확률로 희미한 구름 띠를 상상하면 될 것이다. 희미한 구름 띠 중에는 좀 더 진한 영역이 있고 진한 영역에는 전자가 발견될 확률이 더 많은 것이다(그림 5.12 참조). 1925년 고전 물리학이 완전히 붕괴될 즈음 드 브로이의 물질파가 등장하였다.

3.3장에서 설명했듯이, 전자기에 관한 맥스웰 방정식은 전자기파의 파동 방정식을 쉽게 다룰 수 있다. 그 방정식은 광자가 퍼져나가는 것을 설명할 수 있다. 비슷

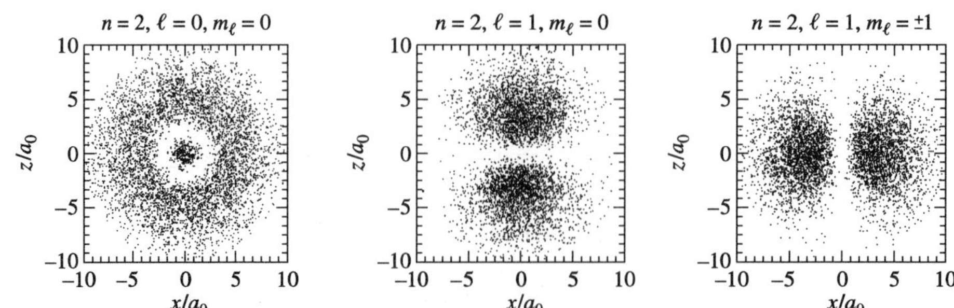

■ 그림 5.12 수소원자의 전자 오비탈. 왼쪽: $2s$ 오비탈. 중간: $2p$ 오비탈($m_\ell=0$). 오른쪽: $2p$ 오비탈($m_\ell=\pm 1$). 양자수 n, ℓ, m_ℓ들은 본문에 기술하였다.

하게 1926년 오스트리아 물리학자 슈뢰딩거(Erwin Schrödinger, 1877-1961)가 발견한 파동 방정식이 진정한 양자 역학, 즉 갈릴레오와 뉴턴에 기원을 둔 고전역학의 양자 아날로그의 시대를 연 것이다.

슈뢰딩거 방정식으로부터 확률파의 특성 즉 입자의 에너지, 운동량 등등과 더불어 공간에서 입자가 퍼져나가는 정보를 얻을 수 있다. 특히 슈뢰딩거 방정식을 수소원자에 대하여 풀면 보어(식 5.11)가 얻은 것과 같은 에너지 값의 세트를 정확히 구할 수 있다. 그러나 주양자수 n(Principal quantum number)에 추가하여 슈뢰딩거는 2개의 양자수를 발견하였다. 즉 ℓ(궤도 양자수) and m_e(자기 양자수)이다. 이들은 전자 궤도를 완전히 설명하는데 필요한 양자수들이며, 원자의 각 운동량 벡터 **L**을 설명한다. 보어가 사용한 양자화. 즉 $L = n\hbar$ 대신에 슈뢰딩거 방정식의 해는 각 운동량의 크기 ℓ의 값을 실제로 다음과 같이 허용한다.

$$\boxed{L = \sqrt{\ell(\ell+1)}\,\hbar} \tag{5.21}$$

여기서 ℓ=0, 1, 2, ..., n-1이며 n은 주양자수이고, 에너지를 결정한다. 일반적으로 각 운동량 양자수(궤도양자수)는 전통적인 분광학적인 표시 방법인 s, p, d, f, g, h를 사용하기도 하며 이것은 ℓ=0, 1, 2, 3, 4, 5 등에 해당한다. 주양자수가 각 운동량 양자수와 함께 사용될 때 주로 분광학적인 표시 방법을 쓴다. 예를 들어 (n=2, ℓ=1)을 표현할 때 간단히 $2p$로 표시하고, (n=3, ℓ=2)이면 $3d$로 표시한다. 이 표시법은 그림 5.12의 그림 설명에 사용되었고 그림 5.13에서도 사용되었다.

각운동량 벡터의 z-성분 $\boldsymbol{L_z}$는 단지 $\boldsymbol{L_z} = m_\ell \hbar$ 값이 된다고 가정할 수 있다. 여기서 m_ℓ는 $-\ell$과 $+\ell$ 사이의 어떠한 $2\ell+1$ 정수가 된다. 그러므로 각운동량 벡터는 $2\ell+1$ 개의 다른 방향을 향할 수 있다. 우리의 목적을 위해서 중요한 점은 혼자 떨어져 있는 수소 원자의 에너지는 ℓ과 m_ℓ는 상관이 없다는 것이다. 공간에서 특별히 선호하는 방향이 없으므로, 각운동량의 방향은 원자의 에너지에 영향을 주지 않는다. 서로 다른 궤도, 즉 ℓ과 m_ℓ 값이 서로 다르지만 주양자수 n의 값이 같고, 그래서 같은 에너지를 갖는 여러 궤도가 존재하는 것을 축퇴(갈라짐 : Degenerate)라고 한다. 전자가 주어진 궤도에서 여러 개의 축퇴 궤도 중 한 궤도로 천이(이동)할 때 같은 분광선이 나타날 것이다. 왜냐하면 천이할 때 에너지의 변화는 같기 때문이다.

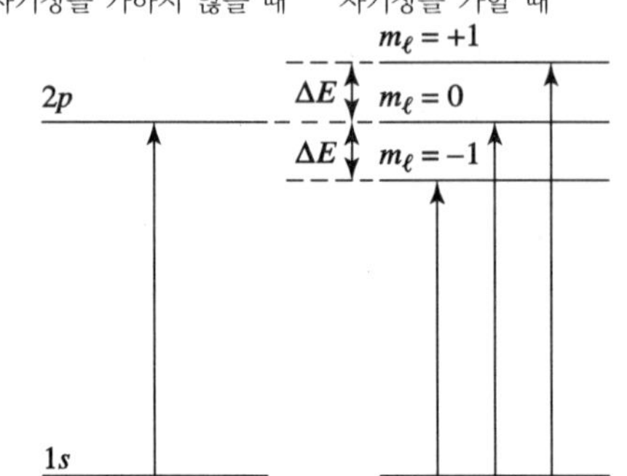

그림 5.13 제만 효과에 의한 흡수선의 퍼짐

그러나 원자를 둘러싸고 있는 주위공간에서 어느 특정한 한 방향이 의미를 가질 수 있다. 예를 들면 원자 속에 있는 전자는 외부의 자기장의 영향을 받을 것이다. 이 영향의 크기는 주어진 m_e에 의해서 전자의 운동은 $2\ell+1$ 개의 가능한 방향 중에서 어떤 방향인가와 자기장의 세기 B에 따라서 결정된다. 여기서 자기장 B의 단위는 테슬라(Tesla)[15]이다. 전자가 자기장 속에서 움직일 때 일반적으로 축퇴 궤도들은 약간 다른 에너지를 갖는다. 그러므로 축퇴 궤도 사이에서 전이하는 전자는 약간 다른 주파수의 분광선을 만든다.

약한 자기장에서 분광선이 여러 개로 갈라지는 현상을 제만(Zeeman) 효과라고 한다. 이 현상은 그림 5.13에서 보여주고 있다.

가장 간단한 경우로 3개로 갈라진 분광선의 주파수는 다음과 같다.

$$\nu = \nu_0 \text{ 와 } \nu_0 \pm \frac{eB}{4\pi\mu} \tag{5.22}$$

여기에서 ν_o 는 자기장이 없을 때의 분광선 주파수이고, μ는 환산질량이다. 비록 에너지 준위는 $2\ell+1$ 개로 갈라지지만, 3개의 준위를 포함하는 전자의 전이는 다른 종류의 편광과 함께 단지 3개의 분광선만을 만든다[16]. 다른 방향에서 보았을 때 아마도 3개의 분광선이 다 보이지 않을 수도 있다. 예를 들면 자기장과 평행을 이루면 변이되지 않은 주파수 ν_o는 보이지 않는다.

15) 자기장의 강도를 나타내는 단위로 많이 사용되는 것은 gauss이며 $1\,G = 10^{-4}\,T$ 이다. 지구의 자기장은 0.5 G, 또는 5×10^{-5} T이다.

16) 171쪽 시작부분에 나오는 선택규칙에 대한 토론 참조

그러므로 천문학자들은 태양흑점이나 다른 별에 존재하는 자기장을 연구할 수 있다. 분광선이 갈라진 정도가 너무 작아 직접 관측이 어려워도, 이들 성분들은 편광이 다르기 때문에 편광은 측정 가능하며 따라서 자기장의 세기를 추론할 수 있다.

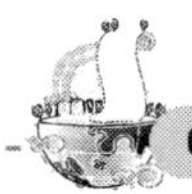

예제 5.4.3

성간물질은 매우 약한 자기장을 갖는다. 즉 $B \approx 2\times10^{-10}$T. 천문학자들은 이 정도의 작은 자기장을 측정할 수 있다. 즉 전파 망원경을 이용하여 천문학자들은 편광의 변화를 측정한다. 이 편광은 성간물질인 수소 가스에 의해서 만들어진 흡수선들이 제만 효과로 갈라졌으나 갈라진 정도가 너무 작아서 제만 성분이 서로 문드러져 있는 곳에서 나오는 편광이다. 이 정도 크기의 자기장으로 발생하는 주파수의 변화는 전자의 질량 m_e와 환산 질량 μ를 사용하여 식 (5.22)으로부터 다음과 같이 구할 수 있다.

$$\Delta\nu = \frac{eB}{4\pi m_e} = 2.8\ \text{Hz}$$

이 값은 아주 작은 변이이다. 문드러진 선의 한쪽에서 다른 한쪽까지는 위 값의 2배이므로 5.6 Hz가 된다. 수소에 의해서 방출되는 전자파의 $\lambda = 21$ cm의 주파수는 $\nu = \frac{c}{\lambda} = 1.4\times10^{9}$ Hz이다. 이 값을 위의 변이와 비교하면 2억 5천만 배 크다.

스핀과 파울리의 배타 원리

자기장 때문에 갈라지는 스펙트럼 선(제만효과)의 더욱 복잡한 형태를 이해하려는 다양한 시도로 물리학자들은 4번째 양자수가 있음을 발견하게 된다. 즉 전자의 궤도 운동에 추가하여 전자가 스핀을 갖고 있다는 것을 발견한 것이다.

이것은 고전적인 단순한 회전이 아니고, 순전히 양자 효과이며 이 효과로 인하여 전자에 스핀 각운동량 S(스핀 자기 양자수)를 부여한다.

S는 Z 성분 $S_z = m_s\hbar$와 함께 다음과 같이 일정한 크기의 벡터이다.

$$S = \sqrt{\frac{1}{2}\left(\frac{1}{2}+1\right)}\hbar = \frac{\sqrt{3}}{2}\hbar$$

4번째 양자수의 값들, m_s는 단지 $\pm\frac{1}{2}$ 뿐이다.

각 궤도 혹은 양자 상태, 즉 4 종류의 양자수로 특징되는 각 궤도에 복수의 전자를 갖는 원자에 얼마나 많은 전자가 동일한 양자 상태를 공유할 수 있을까라는 의문에 대하여 물리학자 파울리(Wolfgang Pauli, 1900-1958)가 다음과 같이 답했다. 어떠한 전자도 동일한 양자 상태를 공유할 수 없다. 파울리의 베타 원리는 2개의 전자가 동일한 4 종류의 양자수를 공유할 수 없다는 것이다. 이 원리로 원자의 전자 구조를 설명하고, 원소들의 특징을 나타내는 주기율표를 설명한다. 주기율표는 대부분의 화학교과서에서 찾아 볼 수 있는, 학생들에게 잘 알려진 표이다.

이러한 성공에도 불구하고, 파울리는 이 임시 방편의 이론이 좀 빈약하다고 생각하면서 "만약 사람들이 비정상 제만효과를 생각하면 그 실망을 어떻게 피할 수 있나?!" 라고 하였다.

예상하지 못한 곳에서 마침내 완전한 이론이 1928년에 나왔다. 영국의 물리학자 디락(Paul Adrien Maurice Dirac, 1902-1984)이 케임브리지에서 쉬뢰딩거 파동 방정식과 아인슈타인의 특수 상대성 이론을 결합하는 일을 하고 있었다. 그가 전자에 대한 상대론적 파동 방정식을 성공적으로 완성하였을 때 그의 수학적 해는 자동적으로 전자의 스핀을 포함하고 있었다. 그의 성과는 입자의 세계를 2개의 기본적인 그룹으로 나누어 파울리의 배타 원리를 설명하고 확장하였다. 2개의 기본적인 그룹은 페르미온(페르미 입자)과 보존(보제 입자)이다. 페르미[17] 입자들은 전자, 양성자, 중성자[18]와 같은 입자들이다. 이들 입자들은 $\frac{1}{2}\hbar$ 의 스핀을 가진다. 즉 스핀이 $\frac{1}{2}\hbar$ 에 홀수 배이다. 그러므로 스핀 값이 $\frac{3}{2}\hbar$, $\frac{5}{2}\hbar$ ……. 등이 된다. 페르미 입자들은 파울리 배타 원리에 따른다. 그러므로 페르미 입자들은 양자수들의 동일한 세트를 공유하지 않는다. 페르미 입자들에 대한 배타 원리는 하이젠베르그의 불확정성 원리와 함께 백색왜성과 중성자별의 구조를 설명하는데 사용된다. 이 내용은 2권 10장에서 논할 예정이다.

보제입자[19]는 광자와 같은 입자들이다. 이 입자들은 스핀 값이 0, $\hbar$, $2\hbar$, $3\hbar$……. 등과 같이 $\hbar$의 정배수이다. 보존입자들은 파울리의 배타 원리에 따르지 않는다. 그래서 보존입자들은 서로 같은 양자 상태를 공유한다.

---

17) 페르미온은 이태리 물리학자 Enrico Fermi(1901-1954)의 이름을 따서 명명된 것이다.

18) 중성자는 1932년 James Chadwick(1891-1974)이 발견하였고, 같은 해 Carl Anderson(1905-1991)이 양전자(positron, 반물질 전자)를 발견하였다.

19) 보존(boson)은 인도물리학자 S. N. Bose(1894-1974)의 이름을 따서 명명되었다.

마지막 보너스로 디락 방정식은 반입자의 존재를 예측하였다. 한 입자와 그것에 상응하는 반입자는 서로 동일하다. 단지 전하와 자기 모멘트가 서로 반대이다. 입자와 반입자의 한 쌍은 감마선 광자의 에너지에서 발생할 수 있다($E = mc^2$에 의해서). 역으로 입자–반입자들의 쌍은 그들의 질량을 다시 2개의 감마선 광자의 에너지로 전환하여 서로를 소멸시킬 수도 있다. 11장(2권)에서는 쌍의 발생과 소멸이 블랙홀의 증발에 중요한 역할을 한다는 것에 대하여 소개할 것이다.

원자의 복잡한 스펙트럼

4개의 양자수(주양자수 : n 각운동량 양자수 : ℓ, 자기양자수 : m_ℓ 그리고 스핀 양자수 : m_s)는 원자 안에 있는 전자 개개의 자세한 상태를 설명해준다. 이 4개의 양자수로 인하여 가능한 에너지 준위의 수는 전자의 수와 함께 급격히 증가함을 알 수 있다. 외부자기장의 영향과 전자들 간의 자기장에 의한 상호작용, 원자핵과 전자간의 상호작용에 의한 영향으로 분광선들은 매우 복잡해진다.

그림 5.14는 중성 헬륨 원자에 있는 2개의 전자가 전이할 수 있는 가능한 에너지 준위를 보여주고 있다.[20] 전자가 26개 있는 철에서 얻은 스펙트럼의 복잡성에 대하여 상상해 보아라.

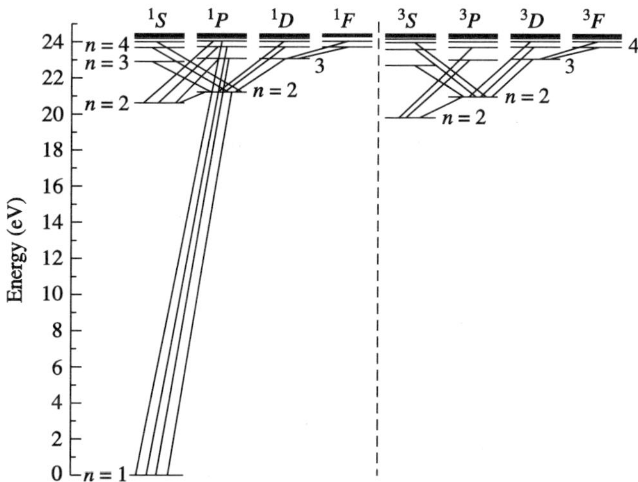

▮ **그림 5.14** 헬륨 원자의 전자에너지 준위의 일부. 허용 가능한 전이가 표시되어 있다. (국립표준기술연구소 제공)

20) 그림 5.14는 Grotrian 도표로 알려져 있다.

각 전자들에 대하여 에너지 준위가 양자수의 다양한 집합으로 결정되어 존재하여도, 한 전자가 4개의 양자수로 이루어진 양자 상태에서 다른 양자 상태로 천이하는 것은 항상 쉽지가 않다. 특히 자연은 선택 규칙을 가지고 있어서 어떤 천이는 일어날 수 없다. 예를 들어 그림 5.14를 자세히 살펴보면 $\Delta m_\ell = \pm 1$ 이 포함하는 천이만 볼 수 있다(^1P에서 ^1S로 혹은 ^1F에서 ^1D로). 이러한 전이를 **허용된 천이**라고 하며 10^{-8} 초의 시간 규모로 연속적으로 일어난다. 반면에 $\Delta m_\ell = \pm 1$을 만족시키지 못하는 천이를 **금지된 천이**라고 한다.

168쪽에서 처음으로 설명한 제만효과인 경우 단지 3개의 전이가 1_s와 2_p 에너지 준위 사이에서만 이루어졌다(그림 5.13 참조). 이 현상은 또 다른 선택 규칙, 즉 $\Delta m_e = 0$ 또는 ±1을 요구하고, 만약 두 궤도가 $m_e = 0$ 이면 궤도 사이의 천이는 금지되는 선택 규칙 때문이다.

비록 금지된 천이가 일어나도, 어떤 특정한 확률, 즉 관측 가능한 정도의 확률 갖는 천이가 되기 위해서는 매우 긴 시간의 천이가 요구된다. 원자들 사이의 충돌로 천이가 지속적으로 일어날 수 있고, 이것은 연속적인 천이와 비길 만큼 연속적으로 일어나기 때문에, 밀도가 매우 낮은 가스에서는 측정 가능할 정도의 강도가 되면 금지된 천이를 관측할 수도 있다. 천문학에서 이러한 환경은 확산된 성간물질이나 별의 외부 대기층 등이 해당된다(이에 대하여 자세한 물리 현상을 설명하는 것은 이 책의 목적에 벗어나는 것이다).

플랑크(Max Plank)가 시작한 물리학의 혁명으로 양자 역학적 원자론의 전성기를 맞이하고, 천문학자들에게는 강력한 연장을 제공하였다. 천문학자들은 이로 인하여 별, 은하, 그리고 성운 등에서 관측된 분광선들을 분석할 이론을 갖추게 되었다. 서로 다른 원자들과 분자에 있는 원자들의 조합들은 뚜렷이 다른 에너지를 갖는 궤도를 가지고 있다.

그러므로 그들에서 나타나는 분광선들을 확인할 수 있고 하나의 지문으로 사용할 수 있다. 원자나 분자에 의해서 형성된 분광선들은 전자들이 점유하고 있는 궤도들에 의해서 결정된다. 또 원자나 분자는 주위의 영향, 즉 온도, 밀도, 주변의 압력 등에 의해서 좌우된다. 그러므로 이러한 것들과 다른 인자들 즉 주변 자기장의 세기 등이 분광선들의 세심한 조사로 결정될 수 있다. 2장(2권)과 3장(2권)에서는 별의 대기에 응용되는 양자 원자에 내용을 좀 더 심도 있게 다룰 예정이다.

제5장 참고 문헌

일반 도서

Feynman, Richard, *The Character of Physical Law*, The M.I.T. Press, Cambridge, MA, 1965.

French, A. P., and Kennedy, P. J. (eds.), *Niels Bohr: A Centenary Volume*, Harvard University Press, Cambridge, MA, 1985.

Hey, Tony, and Walters, Patrick, *The New Quantum Universe*, Cambridge University Press, Cambridge, 2003.

Pagels, Heinz R., *The Cosmic Code*, Simon and Schuster, New York, 1982.

Segre, Emilio, *From X-Rays to Quarks*, W. H. Freeman and Company, San Francisco, 1980.

고급 도서

Cox, Arthur N. (ed.), *Allen's Astrophysical Quantities*, Fourth Edition, Springer, New York, 2000.

Harwit, Martin, *Astrophysical Concepts*, Third Edition, Springer, New York, 1998.

Lang, Kenneth R., *Astrophysical Formulae*, Third Edition, Springer, New York, 1999.

Marcy, Geoffrey W., et al, "Two Substellar Companions Orbiting HD 168443," *Astrophysical Journal*, *555*, 418, 2001.

Resnick, Robert, and Halliday, David, *Basic Concepts in Relativity and Early Quantum Theory*, Second Edition, John Wiley and Sons, New York, 1985.

Shu, Frank H., *The Physics of Astrophysics*, University Science Books, Mill Valley, CA, 1991.

제 5 장 연습 문제

5.1 Barnard's star, named after the American astronomer Edward E. Barnard (1857–1923), is an orange star in the constellation Ophiuchus. It has the largest known proper motion ($\mu = 10.3577'' \text{ yr}^{-1}$) and the fourth-largest parallax angle ($p = 0.54901''$). Only the stars in the triple system α Centauri have larger parallax angles. In the spectrum of Barnard's star, the Hα absorption line is observed to have a wavelength of 656.034 nm when measured from the ground.

(a) Determine the radial velocity of Barnard's star.

(b) Determine the transverse velocity of Barnard's star.

(c) Calculate the speed of Barnard's star through space.

5.2 When salt is sprinkled on a flame, yellow light consisting of two closely spaced wavelengths, 588.997 nm and 589.594 nm, is produced. They are called the *sodium D lines* and were observed by Fraunhofer in the Sun's spectrum.

(a) If this light falls on a diffraction grating with 300 lines per millimeter, what is the angle between the second-order spectra of these two wavelengths?

(b) How many lines of this grating must be illuminated for the sodium D lines to just be resolved?

5.3 Show that $hc \simeq 1240$ eV nm.

5.4 The photoelectric effect can be an important heating mechanism for the grains of dust found in interstellar clouds (see Section 12.1). The ejection of an electron leaves the grain with a positive charge, which affects the rates at which other electrons and ions collide with and stick to the grain to produce the heating. This process is particularly effective for ultraviolet photons ($\lambda \approx 100$ nm) striking the smaller dust grains. If the average energy of the ejected electron is about 5 eV, estimate the work function of a typical dust grain.

5.5 Use Eq. (5.5) for the momentum of a photon, plus the conservation of relativistic momentum and energy [Eqs. (4.44) and (4.48), respectively], to derive Eq. (5.6) for the change in wavelength of the scattered photon in the Compton effect.

5.6 Consider the case of a "collision" between a photon and a free proton, initially at rest. What is the characteristic change in the wavelength of the scattered photon in units of nanometers? How does this compare with the Compton wavelength, λ_C?

5.7 Verify that the units of Planck's constant are the units of angular momentum.

5.8 A one-electron atom is an atom with Z protons in the nucleus and with all but one of its electrons lost to ionization.

(a) Starting with Coulomb's law, determine expressions for the orbital radii and energies for a Bohr model of the one-electron atom with Z protons.

(b) Find the radius of the ground-state orbit, the ground-state energy, and the ionization energy of singly ionized helium (He II).

(c) Repeat part (b) for doubly ionized lithium (Li III).

5.9 To demonstrate the relative strengths of the electrical and gravitational forces of attraction between the electron and the proton in the Bohr atom, suppose the hydrogen atom were held together *solely* by the force of gravity. Determine the radius of the ground-state orbit (in units of nm and AU) and the energy of the ground state (in eV).

5.10 Calculate the energies and vacuum wavelengths of all possible photons that are emitted when the electron cascades from the $n = 3$ to the $n = 1$ orbit of the hydrogen atom.

5.11 Find the shortest vacuum-wavelength photon emitted by a downward electron transition in the Lyman, Balmer, and Paschen series. These wavelengths are known as the *series limits*. In which regions of the electromagnetic spectrum are these wavelengths found?

5.12 An electron in a television set reaches a speed of about 5×10^7 m s^{-1} before it hits the screen. What is the wavelength of this electron?

5.13 Consider the de Broglie wave of the electron in the Bohr atom. The circumference of the electron's orbit must be an integral number of wavelengths, $n\lambda$; see Fig. 5.15. Otherwise, the electron wave will find itself *out of phase* and suffer destructive interference. Show that this requirement leads to Bohr's condition for the quantization of angular momentum, Eq. (5.12).

5.14 A white dwarf is a very dense star, with its ions and electrons packed extremely close together. Each electron may be considered to be located within a region of size $\Delta x \approx 1.5 \times 10^{-12}$ m. Use Heisenberg's uncertainty principle, Eq. (5.19), to estimate the minimum speed of the electron. Do you think that the effects of relativity will be important for these stars?

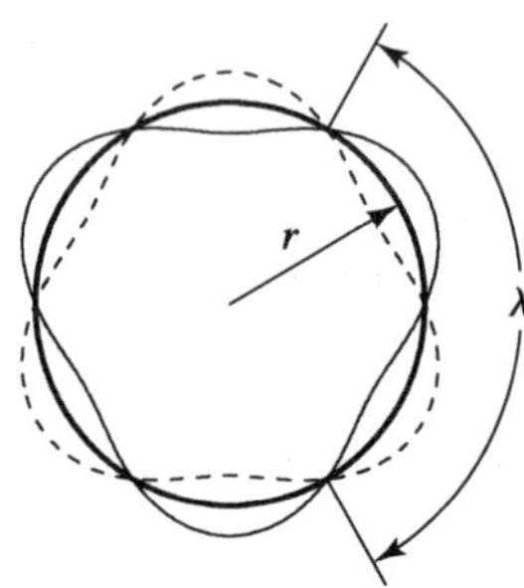

FIGURE 5.15 Three de Broglie wavelengths spanning an electron's orbit in the Bohr atom.

5.15 An electron spends roughly 10^{-8} s in the first excited state of the hydrogen atom before making a spontaneous downward transition to the ground state.

(a) Use Heisenberg's uncertainty principle (Eq. 5.20) to determine the uncertainty ΔE in the energy of the first excited state.

(b) Calculate the uncertainty $\Delta\lambda$ in the wavelength of the photon involved in a transition (either upward or downward) between the ground and first excited states of the hydrogen atom. Why can you assume that $\Delta E = 0$ for the ground state?

This increase in the width of a spectral line is called *natural broadening*.

5.16 Each quantum state of the hydrogen atom is labeled by a set of four quantum numbers: $\{n, \ell, m_\ell, m_s\}$.

(a) List the sets of quantum numbers for the hydrogen atom having $n = 1$, $n = 2$, and $n = 3$.

(b) Show that the degeneracy of energy level n is $2n^2$.

5.17 The members of a class of stars known as Ap stars are distinguished by their strong global magnetic fields (usually a few tenths of one tesla).[22] The star HD215441 has an unusually strong magnetic field of 3.4 T. Find the frequencies and wavelengths of the three components of the Hα spectral line produced by the normal Zeeman effect for this magnetic field.

COMPUTER PROBLEM

5.18 One of the most important ideas of the physics of waves is that *any* complex waveform can be expressed as the sum of the harmonics of simple cosine and sine waves. That is, any wave function $f(x)$ can be written as

$$f(x) = a_0 + a_1 \cos x + a_2 \cos 2x + a_3 \cos 3x + a_4 \cos 4x + \cdots$$
$$+ b_1 \sin x + b_2 \sin 2x + b_3 \sin 3x + b_4 \sin 4x + \cdots .$$

The coefficients a_n and b_n tell how much of each harmonic goes into the recipe for $f(x)$. This series of cosine and sine terms is called the *Fourier series* for $f(x)$. In general, both cosine and sine terms are needed, but in this problem you will use only the sine terms; all of the $a_n \equiv 0$.

On page 130, the process of constructing a wave pulse by adding a series of sine waves was described. The Fourier sine series that you will use to construct your wave employs only the *odd* harmonics and is given by

$$\Psi = \frac{2}{N+1}(\sin x - \sin 3x + \sin 5x - \sin 7x + \cdots \pm \sin Nx) = \frac{2}{N+1}\sum_{\substack{n=1 \\ n\ \text{odd}}}^{N}(-1)^{(n-1)/2}\sin nx$$

where N is an odd integer. The leading factor of $2/(N+1)$ does not change the shape of Ψ but scales the wave for convenience so that its maximum value is equal to 1 for any choice of N.

(a) Graph Ψ for $N = 5$, using values of x (in radians) between 0 and π. What is the width, Δx, of the wave pulse?

(b) Repeat part (a) for $N = 11$.

(c) Repeat part (a) for $N = 21$.

(d) Repeat part (a) for $N = 41$.

(e) If Ψ represents the probability wave of a particle, for which value of N is the position of the particle known with the least uncertainty? For which value of N is the momentum of the particle known with the least uncertainty?

---

21) The letter A is the star's spectral type (to be discussed in Section 8.1), and the letter p stands for "peculiar."

6장

망원경

6.1 기본 광학

천문학은 처음부터 관측으로 출발한 과학이다. 맨눈으로 천체를 관측하던 시절과 비교하여 갈릴레오가 망원경이라고 알려진 새로운 광학기기를 직접 제작하여 관측에 이용한 이후 우주를 관측하는 능력은 획기적인 발전을 거듭하고 있다(2.2절을 보라). 오늘날 천체관측 분야에서는 희미한 천체를 볼 수 있는 능력과 또 아주 세밀하게 그들을 분해할 수 있는 능력을 향상시키기 위하여 지속적인 노력을 하고 있다. 그 결과 현대 관측 천문학은 우주의 물리적인 성질을 이해하는데 필요한 증거들을 지속적으로 제공하고 있다.

비록 관측 천문학의 범위는 전자기 스펙트럼의 전 파장 영역을 모두 포함하고 또한 입자 물리학의 여러 분야도 포함하지만, 이 분야의 주된 파장 영역은 아직도 사람 눈(400 nm에서 700 nm에 달하는)으로 볼 수 있는 가시광선영역이다. 그러므로 이 장에서는 가시광선 영역의 복사를 연구하기 위해 설계된 망원경과 검출기들 자세히 논의할 것이다. 그리고 광학(가시광선) 영역의 망원경과 검출기에서 얻은 지식을 다른 파장 영역에 응용할 것이다.

굴절과 반사

갈릴레오가 사용한 망원경은 **굴절** 망원경이다. 굴절 망원경은 렌즈를 사용하여 만든 것으로 빛이 렌즈를 통과하여 상을 형성하는 망원경이다. 그 후, 뉴턴은 **반사** 망원경을 설계, 제작하였다. 반사 망원경은 렌즈 대신에 거울을 사용하여 상을 형성하는 망원경이다. 굴절망원경과 반사망원경은 모두 오늘날까지 사용되고 있다.

천체로부터 오는 빛을 다루는 광학 체계를 이해하기 위해 우선 굴절망원경에 대하여 알아보자. 렌즈를 통한 빛의 경로는 **스넬의 굴절법칙**에 따른다. 빛이 한 투명한 매질에서 다른 매질로 지나갈 때, 빛의 경로는 경계면에서 굴절된다. 빛이 굴절되는 양은 각 매질의 굴절률 $n_\lambda \equiv c/v_\lambda$에 따라 결정되고, 굴절률은 파장에 따라 조금씩 다르다. 여기서 v_λ는 특정매체에서 빛의 속도이다[1]. 만약 θ_1을 입사각이라고 하면, 입사각은 그림 6.1과 같이 두매체 사이의 경계면에서 수직 방향에 대하여 정의하고 θ_2는 굴절각이라 하며, 굴절각도 경계면에 수직인 방향에 대하여 측정한다. 그러면 스넬의 법칙은 다음과 같이 표현된다.

$$n_{1\lambda} \sin\theta_1 = n_{2\lambda} \sin\theta_2 \tag{6.1}$$

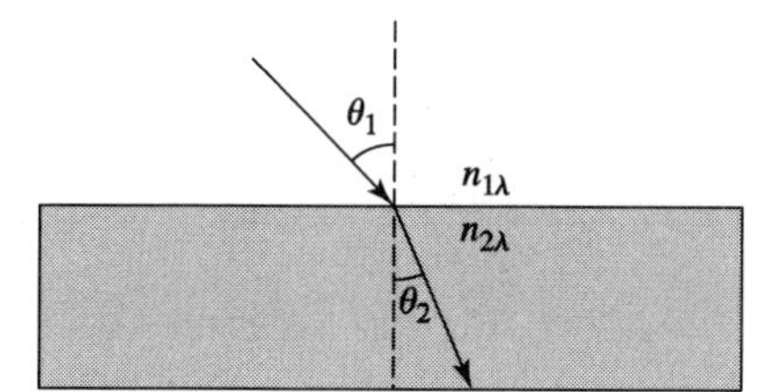

▮ 그림 6.1 스넬의 굴절 법칙

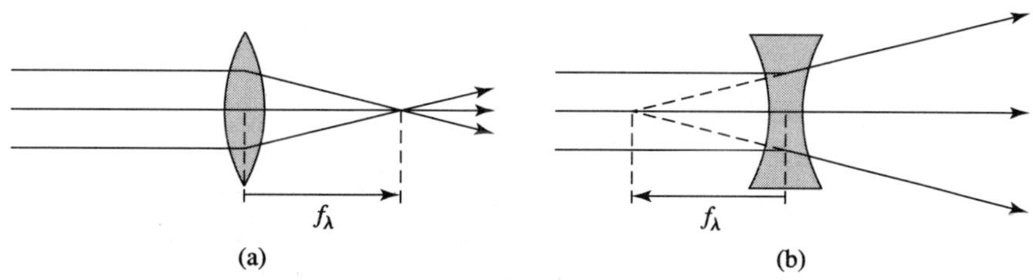

▮ 그림 6.2 (a) 볼록 렌즈, $f_\lambda > 0$ (b) 오목렌즈, $f_\lambda < 0$

1) 진공에서는 파장과 상관없이 $v_\lambda \equiv c$ 이다. 다른 매질에서는 빛의 속도가 파장에 따라서 다르다.

만약 렌즈의 표면이 그 형태에 따라 잘 가공되었다면, 주어진 파장의 빛이 렌즈의 대칭적인 축(소위 계의 광축이라 함)에 평행하게 입사하면, 볼록렌즈인 경우 렌즈를 통과한 빛은 광축의 한 점에 모이게 된다(그림 6.2a). 또한 오목렌즈인 경우 빛이 오목렌즈를 통과한 후에 발산하여 마치 모든 빛이 광축의 한 점으로부터 나온 것처럼 나타날 것이다(그림 6.2b). 각각의 경우에서, 광축의 그 한 점을 각 렌즈의 초점이라고 하며, 렌즈의 중심부터 그 점까지의 거리는 초점 거리(f)라고 한다. 볼록렌즈의 초점거리는 양의 값을 가지고 오목렌즈의 초점거리는 음의 값을 가진다. 얇은 렌즈의 초점거리는 굴절률과 기하학으로부터 바로 계산할 수 있다. 만약 렌즈의 양 표면이 구면이라고 가정하면, 초점 거리 f_λ는 **렌즈메이커의 공식**에 의해 다음과 같이 주어진다.

$$\frac{1}{f_\lambda} = (n_\lambda - 1)\left(\frac{1}{R_1} + \frac{1}{R_2}\right) \tag{6.2}$$

여기서 n_λ은 렌즈의 굴절률이고, R_1과 R_2는 각 표면의 곡률 반지름이다. 곡률반지름은 볼록렌즈인 경우 양의 값을 가지고, 그 표면이 오목렌즈인 경우 음의 값을 가진다(그림 6.3).[2)]

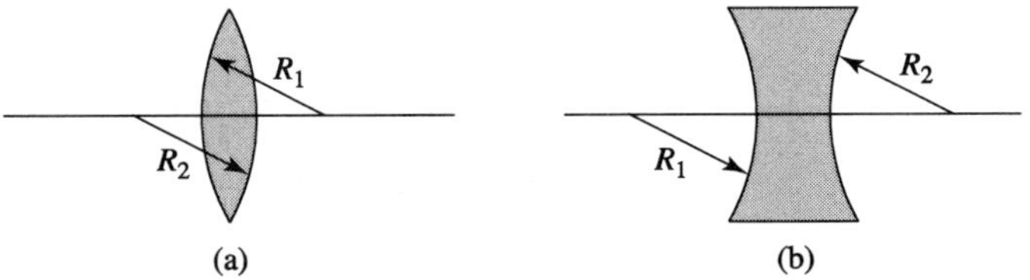

▌그림 6.3 렌즈 메이커 공식에서 곡률 반경의 부호에 대한 관례.
(a) $R_1>0$, $R_2>0$ (b) $R_1< 0$, $R_2<0$

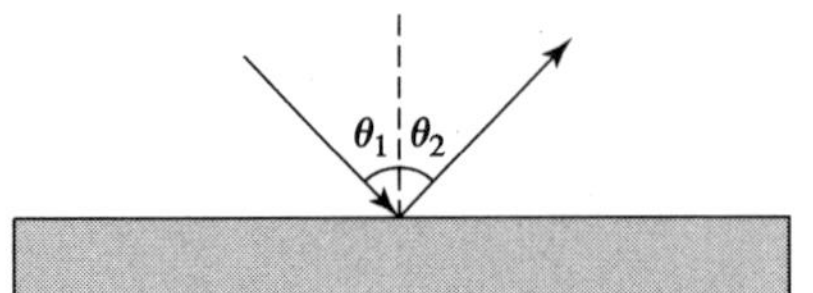

▌그림 6.4 반사의 법칙, $\theta_1=\theta_2$

2) 많은 저자들이 곡률반경을 표시할 때 빛의 입사 방향에 따라서 각자의 정의에 따라서 부호를 선택하여 사용하는 습관이 있다. 식 (6.2)의 반경의 역수들의 부호는 정의에 따라서 다를 수 있다.

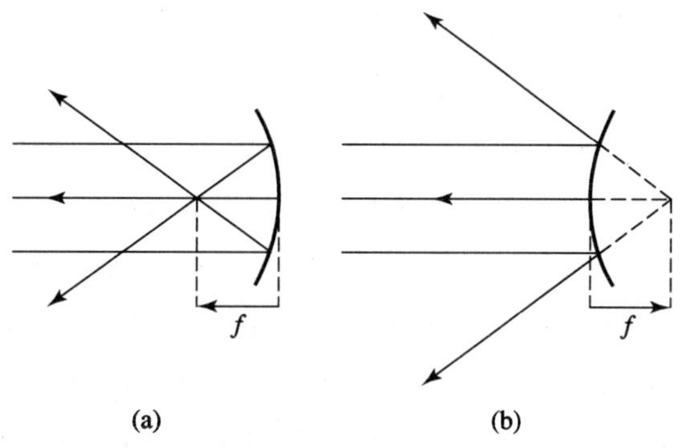

▌그림 6.5 (a) 수렴 거울, $f > 0$ (b) 발산 거울, $f < 0$

거울에서 초점 거리 f는 파장에 무관하다. 왜냐하면 반사는 입사각과 반사각이 항상 같다는 사실($\theta_1 = \theta_2$, 그림 6.4) 때문에 파장과 무관하다. 더욱이 구면 거울인 경우(그림 6.5), 초점 거리가 $f = R/2$이다. 여기서 R은 거울의 곡률 반경이고, 부호가 양(수렴)이거나 음(발산)이 되며, 그 사실은 간단한 기하학으로 설명할 수 있다. 비록 발산이나 평면거울은 광학체계의 다른 분야에서 사용되며, 수렴거울은 일반적으로 반사망원경의 주경으로 사용된다.

초점면

크기가 있는 물체는 영상도 또한 크기를 가져야만 한다. 만약 사진건판이나 다른 검출기가 이런 영상을 기록한다면, 그 검출기는 망원경의 초점이 있는 평면에 놓여 있어야한다. 초점면은 초점이 통과하는 평면으로, 계의 광축에 수직하는 면으로 정의한다. 실제로 천문학에서는 천체들이 망원경으로부터 무한히 멀리 떨어져 있다고 가정할 수 있기 때문에[3], 물체로부터 오는 모든 빛들이, 반드시 광축에 평행할 필요는 없지만, 빛들은 서로 평행하게 렌즈를 통과한다. 만약 그 별빛이 광

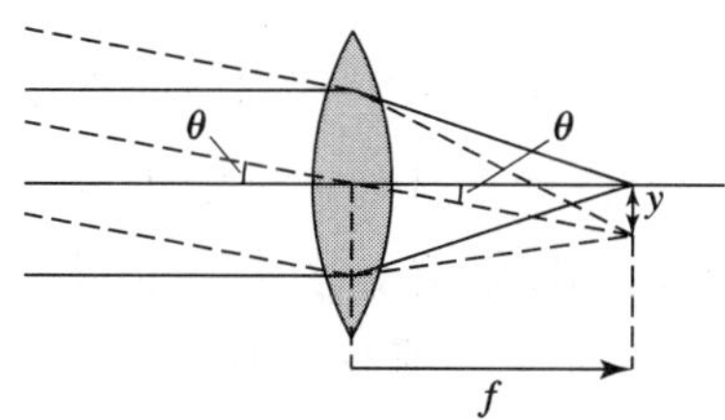

▌그림 6.6 광학계의 초점거리에 의해 상의 크기가 결정된다.

3) 수학적으로 표현하면, 이것은 천체의 거리가 망원경의 초점거리보다 훨씬 크다는 것을 의미한다.

축에 평행하지 않다면, 그 결과로 영상은 왜곡된다; 이것이 바로 나중에 논의될 여러 형태의 *수차* 중의 하나이다.

초점 평면에 맺인 두 개의 점광원의 영상을 두 영상으로 분해하는 경우에, 사용되는 렌즈의 초점거리와 관계된다. 그림 6.6은 두 점광원의 빛의 경로를 보여준다. 한 점 광원의 빛의 경로는 수렴렌즈의 광축을 따라 이동하고, 다른 점 광원에서 나온 빛은 광축에 대하여 각 θ를 가지고 입사한다. 광축에 나란한 빛은 초점면의 초점에 수렴하고, 다른 한 빛은 초점으로부터 거리가 y인 곳에서 근접하게 만날 것이다. 간단한 기하학으로부터 y는 다음과 같이 주어진다.

$$y = f\tan\theta$$

(초점 거리 f는 파장의 함수임을 가정한다) 만약 망원경의 시야가 작으면, θ 역시 반드시 작아야한다. θ가 라디안으로 표현되는 각 근사법을 사용하면, $\tan\theta \simeq \theta$

$$y = f\theta \tag{6.3}$$

이 식을 미분 형태로 $d\theta/dy$와 같이 쓴 다음 식을 **plate scale**이라고 한다.

$$\boxed{\frac{d\theta}{dy} = \frac{1}{f}} \tag{6.4}$$

윗식은 두 물체사이의 각 거리와 초점면에 나타난 두 물체사이의 거리와의 관계를 보여주신 식이다. 각 거리 θ인 두 물체는 렌즈의 초점거리가 증가함에 따라, 초점면에 나타난 두 물체사이의 거리도 증가한다.

분해능과 레일리 기준

우주공간에서 두 물체 사이의 각거리가 아주 작은 θ인 경우 이를 두 물체로 분리하여 보기 위해서는 초점거리가 충분히 길어야 한다. 그러나 단순히 초점거리만을 증가시켜 plate scale을 결정할 수는 없다. 각 거리가 아주 작은 물체들을 분해하는 능력에는 근본적인 한계가 존재한다. 이러한 한계는 물체로부터 오는 빛의 파면으로 생기는 회절 때문이다. 이 현상은 잘 알려진 단일 슬릿 회절패턴과 밀접하게 관련 되어있다. 이 회절은 3.3절에서 논의 됐던 영의 이중 슬릿 간섭 패턴과 비슷한 현상이다.

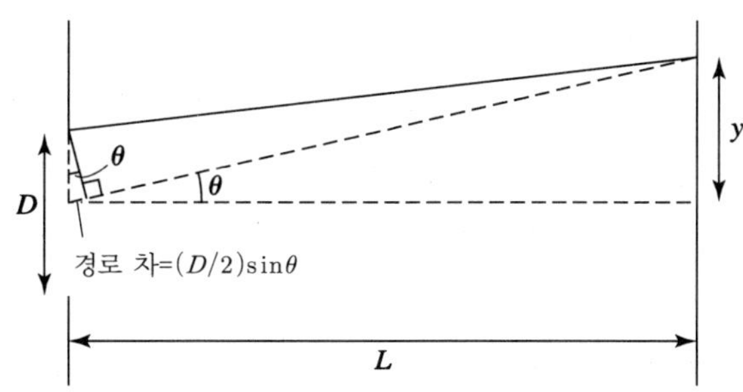

▌**그림 6.7** 빛의 경로차이가 반 파장이 되는 빛들이 쌍을 이루어 상쇄간섭을 일으켜 어둡게 나타난다.

단일 슬릿 회절을 이해하기 위하여 폭이 D(그림 6.7 참조)인 단일 슬릿을 고려해보자. 진행하는 파면은 간섭이 일어난다고 가정한다. 슬릿 한 부분을(구경)을 통과하여 들어간 후 초점 평면에 도착하는 빛이 있으면, 슬릿의 다른 부분을 통과하여 들어가 초점 평면의 같은 지점에 도착하는 빛이 있을 것이다. 이때 두 빛은 서로 간섭 효과가 나타난다. 만약 두 빛이 통과한 경로의 차이가 파장 길이의 반($\lambda/2$)이 되면 두 빛은 상쇄 간섭이 되어 어둡게 나타난다. 이것은 다음과 같이 표현할 수 있다.

$$\frac{D}{2}\sin\theta = \frac{1}{2}\lambda$$

또는

$$\sin\theta = \frac{\lambda}{D}$$

이번에는 4등분된 구경을 고려하여, 틈새의 모서리부터의 빛과 슬릿 폭의 1/4인 점을 통과한 한 빛이 쌍을 이루게 한다. 이러한 경우에서 상쇄간섭이 일어나기 위해서 다음과 같은 조건이 필요하다.

$$\frac{D}{4}\sin\theta = \frac{1}{2}\lambda$$

이것은 다음과 같이 주어진다.

$$\sin\theta = 2\frac{\lambda}{D}$$

틈새를 6등분, 8등분, 10등분, 그리고 그 이상으로 계속 나누어 같은 논의를 이어 나갈 수 있다. 그러므로, 우리는 단일 슬릿을 통해 지나가는 빛의 상쇄간섭의 결과에 따라 최소로 일어나는 상태는 일반적으로 다음과 같이 주어지는 것을 알 수 있다.

$$\boxed{\sin\theta = m\frac{\lambda}{D}} \tag{6.5}$$

여기서 $m=1, 2, 3, \cdots$은 회절무늬에 대한 것이다(식 3.11). 그 강도 패턴은 그림 6.8에서 보여준 단일 슬릿을 통과하는 빛에 의해 생성된다.

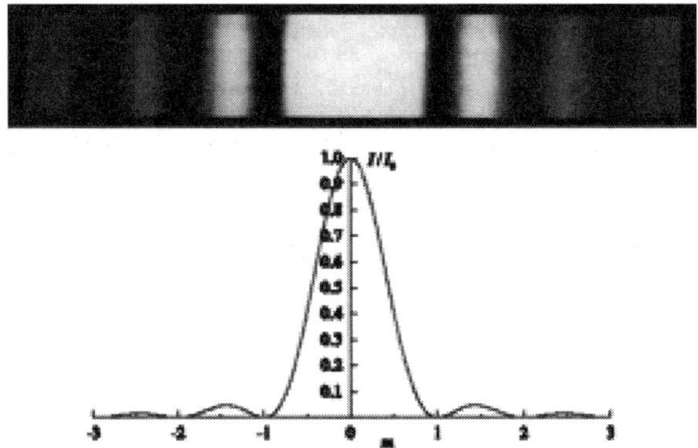

그림 6.8 단일 슬릿에 의해 형성된 회절무늬. (사진 출처 : Cagnet, Francon, and Thrierr, *Atlas of Optical Phenomena, Springer–Verlag*, Berlin, 1962.)

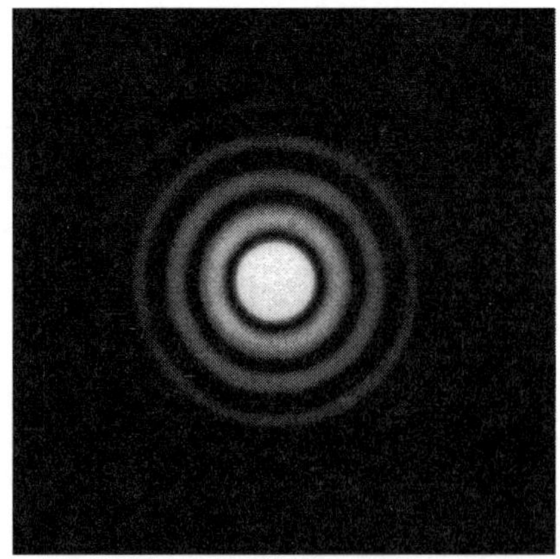

그림 6.9 점광원의 원형 회절무늬. (사진 출처 : Cagnet, Francon, and Thrierr, *Atlas of Optical Phenomena*, Springer–Verlag, Berlin, 1962.)

망원경과 같은 원형 구경을 통과한 빛에 대한 분석은 비록 복잡하긴 하지만 비슷한 원리이다. 망원경인 경우 대칭성 때문에, 그 회절 패턴은 동심원 같이 나타난다(그림 6.9). 이러한 2차원 문제를 해결하기 위하여, 구경에 대하여 구경을 통과한 모든 빛들 중 가능한 모든 쌍들의 차이를 고려하여 이중적분을 수행할 필요가 있다. 그 해답은 1835년 영국 천문학자 인 에어리 경(Sir George Airy, 1892)이 풀었다; 회절 패턴에서 중심의 밝은 점을 에어리 원반이라 한다. 식 (6.5)를 이용하여 회절 무늬의 밝은 부분과 어두운 부분의 위치를 대략적으로 알 수 있고, 이 경우 m은 더 이상 정수가 아니다. 표 6.1은 밝고 어두운 부분에 따른 m의 값을 처음 세 그룹에 대하여 수록하였다.

표 6.1 원형 구경에 의해서 형성되는 회절 링의 최대 밝기와 위치

고리	m	I/I_0
Central maximum	0.000	1.00000
First minimum	1.220	
Second maximum	1.635	0.01750
Second minimum	2.233	
Third maximum	2.679	0.00416
Third minimum	3.238	

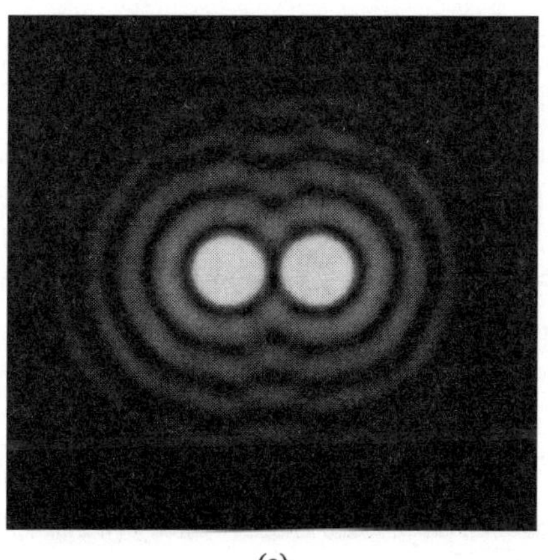

(a)

(b)

그림 6.10 밀접하게 겹쳐진 두 점광원들의 회절무늬. (a) 광원들이 쉽게 분해되어졌다. (b) 두 광원들이 가까스로 분해되어 보인다. (그림 출처 : Cagnet, Francon, and Thrierr, *Atlas of Optical Phenomena*, Springer-Verlag, Berlin, 1962.)

그림 6.10에서 볼 수 있듯이, 두 점광원의 회절패턴이 매우 가까우면(예 : θ_{min}이 아주 작은 각거리일 때), 회절링은 더 이상 명확히 구분되지 않고, 두 점광원을 분해하는 것이 불가능하게 된다. 두 영상들이 하나의 형태로 뭉쳐져서 첫 번째 검은 링안에 있을 때 두 영상은 분해되지 않는다고 한다. 이러한 분해 조건을 "레일리 기준"이라고 한다.[4] θ_{min}가 아주 작고, 라디안 단위로 표현되면 근사식으로 $\sin\theta_{min} \simeq \theta_{min}$가 된다. 원형 구경에 대한 레일리 기준은 다음과 같이 주어진다.

$$\boxed{\theta_{\min} = 1.22\,\frac{\lambda}{D}} \tag{6.6}$$

그러므로 회절현상을 고려하면, 망원경의 분해능은 망원경 구경의 크기를 늘리거나, 짧은 파장으로 관측할 때 향상되어 질 수 있다.

시상

식 6.6의 결과에도 불구하고, 지상에 세워진 광학망원경인 경우 주렌즈나 거울의 크기를 늘려도, 광학계를 실시간 조정하고 여러 가지 복잡한 문제를 해결하지 않으면 분해능을 무한정 향상시킬 수 없다(200쪽 참조). 이런 결과는 지구대기의 난류환경 때문이다. 지구대기의 온도와 밀도가 센티미터에서 수 미터 거리의 영역에서 지역적으로 변화하여 빛이 거의 불규칙한 방향으로 굴절되는 지역이 나타나 점광원의 상을 흐리게 한다. 모든 별들은 이론적으로 점광원으로 나타나야 한다. 그러나 심지어 큰 망원경으로 보았을 때도, 별의 영상에서 잘 알려진 반짝이는 현상이 지구대기로 인하여 나타난다. 주어진 시간과 장소에서 별의 영상에 대한 질을 시상이라고 한다. 세계에서 가장 좋은 시상을 가진 곳은 해발 4200 m(13,800 피트)에 위치한 하와이에 있는 **마우나케아 관측소**이다. 관측 시간중 약 50%가 시상이 0.5초와 0.6초 사이이고, 가장 좋은 밤에 시상이 0.25초까지 나타났다(그림 6.11). 우수한 시상으로 알려진 다른 지역들은 미국 아리조나에 있는 **Kitt Peak National Observatory**, 카나리 섬에 있는 **Tenerife and La Palma**, 그리고 칠레 안데스 산맥에 있는 **Cerro Tololo Inter-American Observatory(CTIO)**, **Cerro La Silla**와 **Cerro Paranal(ESO)**, Cerro Pachon(Gemini South, Gemini North는 하와이

4) 광원의 회절 패턴을 자세히 분석하면, 레일리 기준에서 허용하는 거리보다 좀 더 가까운 거리의 물체들까지도 분해할 수 있다.

Mauna Kea에 있음) 등이다. 그 결과 이 장소들에는 광학 망원경 및 대형망원경의 커다란 집합체가 형성되어 있다.

(a)

(b)

▌그림 6.11 (a) 하와이에 있는 마우나 케아 천문대(Mauna Kea Observatory). 이들 망원경중에서 중심 왼쪽에 은빛색의 돔이 북쪽 쌍둥이(Gemini North) 망원경이다. 이 망원경의 직경은 8.1 m 이고, 광학/적외선 망원경이며, 7개국이 공동으로 운영하고 있다. 앞쪽 중앙에는 캐나다 – 프랑스 – 하와이(CHFT) 3.6 m 광학 망원경이 있다. 그리고 오른쪽에는 10 m 켁(Keck) 망원경 2대가 나란히 있다. 일본의 수바루 천문대는 켁 망원경 바로 왼쪽에 있다. 수바루 망원경은 광학과 적외선 전용 망원경으로 거울 직경이 8.2 m이다.
(b) 켁 I 과 켁 II 망원경이다. 이 두 망원경은 광학 간섭계로 사용되고 있다.

대부분 행성들의 각 크기는 실제로 난류의 규모보다 크므로, 상의 왜곡은 행성 영상의 전체 크기에 대해서 상쇄되므로, 행성 관측에서 반짝이는 현상은 나타나지 않는다.

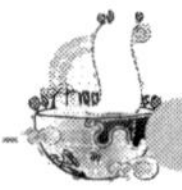

예제 6.1.1

허블 우주 망원경(HST)은 예정보다 여러 해 지연된 후, 1990년 4월, 우주왕복선 디스커버리호에 실려 마침내 610 km(380 마일) 높이의 궤도에 올려졌다(그림 6.12 참조). 허블우주망원경은 천문 관측에 방해되는 지구 대기권을 벗어나 있으며, 필요에 따라 기기 등을 수리 및 개선할 수 있는 고도에 위치하고 있고, 또한 쇠퇴하는 궤도[5]를 다시 점화할 수 있는 고도이다. 허블우주망원경은 가장 야심적인 프로젝트이며, 약 20억 달러의 비용이 들었고, 지금까지 완료된 것 중 가장 비싼 과학 프로젝트이다. 허블우주망원경의 주경은 2.4 m(94 인치)이며, 자외선 파장 영역에서 파장이 121.6 nm인 수소 라이먼 알파선(Lyα)을 관측할 때, 레일리 기준인 분해능은 다음과 같다.

$$\theta = 1.22\left(\frac{121.6\ \mathrm{nm}}{2.4\ \mathrm{m}}\right) = 6.18\times10^{-8}\ \mathrm{rad} = 0.0127''$$

이것은 대략 400 km 떨어진 곳에서 볼 때 100원짜리 동전의 시직경과 같은 것이다. 거울 표면의 결함이 극도로 작기 때문에 허블우주망원경은 자외선 영역에서는 회절 한계를 겪지 않도록 기획되었었다. 분해능은 파장에 비례하고, 거울표면의 결점은 파장이 증가함에 따라 영향이 감소되므로, 허블우주 망원경은 가시광선의 붉은 쪽 끝 부근에서 회절 한계가 나타나야만 했다. 그러나 불행하게도, 주경을 만드는 과정에서 실수가 있어서, 최적의 주경제작에 실패하였다. 결과적으로 초기 기대치는 달성하지 못하고, 1993년 12월 수리기간 동안에 보정 광학계를 설치한 후 가능해졌다.

수차

렌즈와 거울계에는 수차로 알려진 본질적인 영상 왜곡 현상이 나타난다. 종종 이런 수차들은 일반적으로 두 형태로 나타나지만 색수차는 굴절망원경에서만 유일하게 나타난다. 그 문제는 렌즈의 초점 거리가 파장에 따라 변하기 때문이다. 식(6.1)은 굴절률이 파장에 따라 다르므로, 한 매체에서 다른 매체로 빛이 이동할 때

5) 궤도가 쇠퇴하는 것 즉, 궤도가 낮아지는 이유는 매우 희박하기는 하지만 지구 대기가 매우 높은 곳까지 확장되어 있기 때문이다. 지구 대기의 범위는 태양 주기에 따라 달라지는 태양의 가열 효과가 부분적으로 영향을 끼친다(2권 5장을 참조하라).

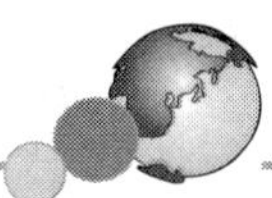

굴절각도 파장에 따라 다르다는 사실을 보여준다. 이것은 초점 거리는 파장의 함수임을 보여 주고(식 6.2), 그 결과 푸른빛의 초점은 붉은 빛의 초점과 다르다. 그러한 색수차의 문제는 보정 렌즈에 의해서 감소시킬 수 있다. 이런 과정의 설명은 연습문제로 남기겠다.

몇몇 다른 수차들은 반사면의 형태 혹은 굴절 렌즈의 표면에 문제가 있어 발생한다. 렌즈나 거울을 구면으로 깎는 것이 쉽고, 경제적이지만, 모든 표면이 정확한 평형으로 들어오는 모든 빛을 한 점에 모으는 것은 쉽지 않다. 구면수차는 표면의 일부가 구면에서 벗어나 나타나는 수차이다. 이런 수차는 보정광학계(포물면)를 정밀하게 설계하여 극복할 수 있다.

허블 망원경 광학계의 초기 문제는 고전적인 구면수차로 인하여 영상이 선명하지 못한 것이었다. 문제는 주경을 깎을 때 주경의 중심이 원래 설계했던 것 보다 약 2 마이크로미터 정도 얇게 되었다. 이 작은 실수 때문에 거울의 가장 자리 부근에서 반사된 빛은 중심에서 반사된 빛보다 약 4 cm 뒤에서 초점이 맺혔다. 그러므로 차선책으로 가장 가능한 지점의 초점 평면을 이용할 경우, 점원의 영상은(거리가 먼 별) 중심의 핵이 확장된 뿌연 무리로 나타났다. 불행하게도 중심의 핵은 아주 작아도(반경이 0.1″), 총에너지의 15%나 차지하고, 뿌연 무리(halo)는 총에너지의 반 이상이 분포하고, 반경은 결국 약 1.5″ 크기가 되었다(이것은 지상 망원경의 시상과 비슷한 값이다.) 나머지 에너지(약 30%)는 나타난 영상보다 더 큰 영역으로 펴져 나간 것이다. 허블 우주 망원경 원래의 구면 수차는 영상을 분석하기 위하여 설계된 컴퓨터 프로그램으로 보완되었고, 추가적으로 특수한 광학보정계가 1993년 망원경에 설치되었다. 오늘날 허블 우주 망원경의 구면 수차 문제는 조그만 실수로 야기되는 문제에 대하여 큰 교훈을 남겼다.

포물면의 보정계를 사용하였어도 수차가 완전히 해결된 것은 아니었다. 코마로 인하여 광축에서 벗어나 있는 점광원이 타원형 영상으로 나타났다. 왜냐하면 포물면의 초점거리는 θ각, 즉 광축과 빛의 입사 방향과의 각 θ의 함수이기 때문이다. 비점수차(astigmatism)는 렌즈의 서로 다른 지점을 통과한 빛이 초점평면에서 약간 다른 지점에서 영상을 형성하는 것이다. 비점수차를 보정하기 위하여 렌즈나 거울을 설계하면, 면의 굴곡(Curvature of field)이 문제가 된다. 면의 굴곡은 영상의 초점이 평면보다는 곡면에 형성되기 때문에 나타나는 현상이다. 또 다른 어려운 점은 Plate scale(식 6.4)이 광축에서 떨어진 거리에 따라 결정될 때 나타나는 것으로 이를 왜곡수차(Distortion of Field)라고 한다.

(a)

(b)

▮ 그림 6.12 (a) 1990년 허블 우주 망원경(HST)을 실은 우주 왕복선 디스커버리의 발사. (b) 1993년 12월 수리작업을 수행하는 동안의 HST와 우주 왕복선 디스커버리. (나사 제공)

영상의 밝기

분해능과 수차와 더불어 망원경 설계에서 고려되어야 할 것은 상의 밝기이다. 크기가 있는 상의 밝기는 망원경의 렌즈의 면적에 따라서 증가될 것이다. 이는 렌즈의 구경이 커지면 더 많은 광자를 수집할 수 있기 때문이다. 그러나 이러한 가정이 항상 옳지는 않다. 상의 밝기를 이해하기 위해여 복사 강도(Intensity of the radiation)를 다루어야 한다. 광원의 표면 중에서 무한소의 면적에서 복사되는 에너지를 생각해 보자. 무한소의 면적을 $d\sigma$(그림 6.13(a) 참조)라고 하면 에너지는 원뿔 형태의 입체각 $d\Omega \equiv dA\perp/r^2$을 통하여 들어갈 것이다. 여기서 $dA\perp$는 $d\sigma$로부터 거리 r 떨어진 곳의 무한소의 표면적이며, 위치 벡터 $\vec{\mathrm{r}}$(그림 6.13(b))[6]에 수직이다.

강도(Intensity)는 단위 표면적 $d\sigma$에서 복사되어 미분 입체각으로 퍼져 나가는 에너지로 정의된다. 이 에너지는 단위 시간 dt, 단위 파장영역 $d\lambda$에서 방출되는 에너지이다. 그러므로 강도의 단위는 $\mathrm{Wm^{-2}nm^{-1}sr^{-1}}$이다.

초점거리가 f인 망원경으로부터 거리가 아주 멀리 떨어진 r 지점에 있는 물체를 생각해보자. 물체가 무한대 거리에 있다고 가정(즉 $r \gg f$)하면 영상의 강도 I_i가 기하학적으로 결정될 수도 있다. 만약 물체 표면적의 무한소, $d\,A_0$에 나오는 강도가

6) 입체각의 단위는 Steradian, sr. 이다. $\Omega_{tot} = \Phi d\Omega = 4\pi sr$이 됨을 증명하는 것은 연습문제로 남겨둔다. 즉 한 점 P에 대한 총 입체각은 닫힌 표면을 모두 적분하는 것이므로 전구에 대한 입체각은 4π sr이 된다.

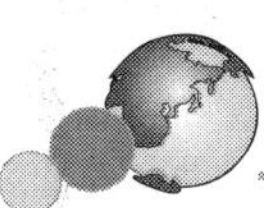

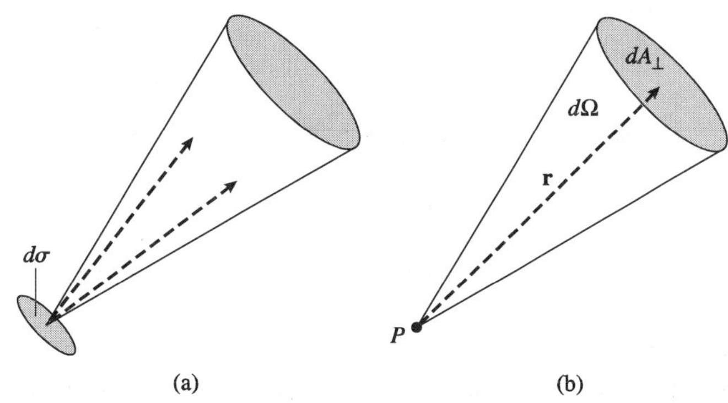

▌그림 6.13 (a) 강도의 기하학 (b) 입체각의 정의

I_0이면 단위시간, 단위파장 간격당의 에너지양이 입체각으로 퍼져 나간다. 여기서 입체각을 망원경의 구경으로 정의하면 입체각으로 퍼져나간 에너지양은 다음과 같다.

$$I_0\, d\Omega_{T,0}\, dA_0 = I_0 \left(\frac{A_T}{r^2} \right) dA_0$$

여기서 아래첨자 T, O, i는 각각 망원경, 물체, 영상을 뜻한다. A_T는 망원경 구경의 면적(그림 6.14(a) 참조)이다. 영상은 물체가 방출한 광자로부터 형성되므로, dA_0로부터 오고, 입체각 $d\Omega_{T,O}$를 통과하는 모든 광자는 초점 평면[7]에 있는 dA_i를 때릴 것이다. 그러므로

$$I_0\, d\Omega_{T,0}\, dA_0 = I_i\, d\Omega_{T,i}\, dA_i$$

여기서 $d\Omega_{T,i}$는 영상에서 보고, 망원경 구경으로 정의한 입체각이다.

또는

$$I_0 \left(\frac{A_T}{r^2} \right) dA_0 = I_i \left(\frac{A_T}{f^2} \right) dA_i$$

영상 강도에 대하여 풀면,

7) 물론 광자가 흡수되거나 산란되지 않고 초점 평면에 도달한다고 가정한다.

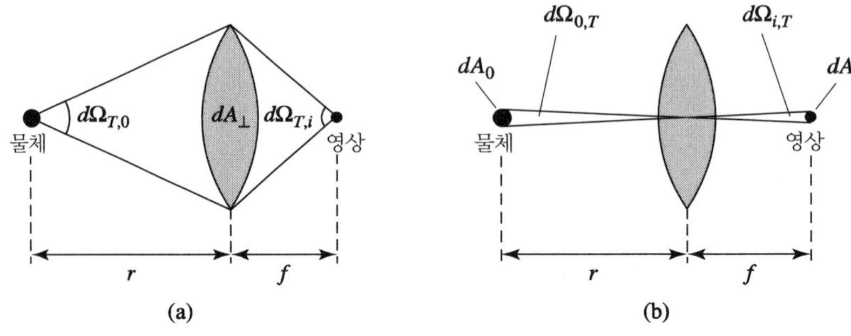

■ **그림 6.14** 영상강도에서 망원경의 효과($r \gg f$) (a) 물체와 영상으로부터 재어진 입체각의 범위가 망원경에 의해 정해지게 된다. (b) 망원경의 중심으로부터 재어진 입체각의 범위가 물체와 영상에 의해 정해지게 된다.

$$I_i = I_0\left(\frac{dA_0/r^2}{dA_i/f^2}\right)$$

그러나 그림 6.14(b)에서 보는 바와 같이 입체각 $d\Omega_{O,T}$는 망원경 구경의 중심에서 보았을 때, 물체를 모두 포함하는 입체각이고, 이 입체각은 망원경 중심에서 보았을 때 영상 모두를 포함하는 입체각 $d\Omega_{i,T}$와 같아야만 한다. 즉 $d\Omega_{O,T} = d\Omega_{i,T}$이다. 이것이 뜻하는 것은 다음과 같다.

$$\frac{dA_0}{r^2} = \frac{dA_i}{f^2}$$

위의 식을 영상 강도를 나타내는 식에 대입하면

$$I_i = I_0;$$

결국 영상 강도는 물체의 강도와 같고, 구경의 면적과는 상관이 없다. 이 결과는 관측자가 벽 쪽으로 걸어가고 있을 때, 벽이 점점 더 밝아지지 않는다는 간단한 사실과 아주 유사한 것이다.

망원경이 빛을 모으는 능력을 **조도**(illumination, 비추는 정도)라 하며 J로 표시하고 분해 가능한 영상의 단위 면적에 비추는 시간당 빛 에너지의 양이다. 광원으로부터 집광된 빛의 양은 구경의 면적에 비례하기 때문에 조도 $J \propto \pi(D/2)^2 = \pi D^2/4$이다. 여기서 D는 구경의 직경이다. 우리는 영상의 선형 크기는 렌즈의 초점 거리

(식 6.3)에 비례한다는 것을 보였다; 그러므로, 영상 면적은 반드시 f^2에 비례해야만 한다. 이 결과들을 합치면, 조도는 초점 거리에 대한 구경의 직경 비율의 제곱에 비례해야 한다. 이 비율의 역수를 흔히 초점비(Focal Ratio)라고 하며 다음과 같다.

$$\boxed{F \equiv \frac{f}{D}} \tag{6.7}$$

그러므로 조도는 초점비와 다음과 같은 관계가 있다.

$$J \propto \frac{1}{F^2} \tag{6.8}$$

사진 건판 혹은 다른 검출기의 단위 면적을 1초 동안 때리는 광자의 수를 조도로 묘사하므로, 조도는 분석하기에 적당히 밝은 영상을 형성하기 위하여 필요한 광자를 집광하는데 필요한 시간을 뜻한다.

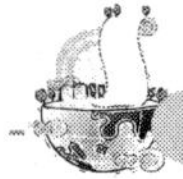

예제 6.1.2

여러 개의 거울을 조합하여 제작한 Keck 천문대(마우나케아 망원경 주경은 직경이 10 m이고, 초점 거리는 17.5 m이다.)의 이들 거울의 초점비는?

$$F = \frac{f}{D} = 1.75$$

초점비를 표현하는 방법은 f/F이다. 위의 Keck 망원경인 경우 주경의 초점비를 $f/1.75$라고 표기한다.

망원경 구경의 크기는 2가지 이유 때문에 중요하다. 큰 구경은 분해능을 향상시키고, 조도를 증가시킨다. 반면에 긴 초점 거리는 상의 크기를 증가시키고 조도는 감소시킨다. 고정된 초점비에 대하여 망원경의 구경을 늘리면 분해능은 향상되지만 조도는 일정하다. 망원경의 적절한 설계를 위해서는 기기의 목적에 알맞게 광학의 원칙을 잘 적용해야 한다.

6.2 광학 망원경

앞장에서는 천문관측에 필요한 광학의 기본 성질에 대하여 공부하였다. 이제는 광학망원경의 설계를 위하여 기본 성질의 응용에 대하여 알아본다.

굴절 망원경

굴절 망원경의 주요 광학 구성 요소는 초점 거리 $f_{\rm obj}$ 가 되는 대물렌즈이다. 대물렌즈의 용도는 빛을 가능한 한 많이 받아서, 분해능을 높이고, 초점 평면에 초점이 맺히도록 빛을 보내는 것이다. 초점 평면에서는 사진 건판이나 그 밖에 다른 검출기를 놓아 영상을 기록한다. 영상은 접안렌즈를 이용하여 볼 수 있고, 접안렌즈는 확대경의 역할을 한다. 접안렌즈는 초점 평면에서 일정한 거리가 떨어진 곳에 위치하며 일정한 거리는 접안렌즈의 초점 거리가, $f_{\rm eye}$ 되며, 빛은 다시 무한히 먼 곳에서 다시 보인다. 그림 6.15는 광축과 θ각을 이루는 점광원의 입사 경로를 보여주고 있다. 빛살은 종적으로 광축과 ϕ각 이루는 지점에서 접안렌즈를 통하여 나타난다. 이러한 렌즈의 배열로 나타나는 각 배율은 다음과 같은 식으로 표현할 수 있다(문제 6.5).

$$m = \frac{f_{\rm obj}}{f_{\rm eye}} \tag{6.9}$$

접안렌즈의 초점 거리가 바뀌면 각 배율도 바뀌는 것이 분명해졌다. 큰 영상을 보기 위해서는 긴 초점 거리의 대물렌즈와 초점 거리가 짧은 접안렌즈의 배열이 필요하다.

그러나 대물렌즈의 초점 거리 제곱의 비율로 조도가 감소한다는 사실을 고려해야 한다.(식 6.8) 감소된 조도를 보충하기 위하여 구경이 큰 대물렌즈가 필요하다. 불행하게도 굴절망원경에는 대물렌즈 크기의 한계점이 있다. 왜냐하면 빛은 반드시 대물렌즈를 통과해야 되기 때문에 렌즈의 가장자리를 잡아서 고정시킨다. 그 결과 렌즈의 크기와 무게가 증가함에 따라 중력으로 인하여 렌즈 형태의 변형이 나타난다. 변형의 형태는 대물렌즈의 위치에 따라 변하고, 대물렌즈의 위치는 망원경이 어느 곳을 향하고 있는가에 따라 변한다.

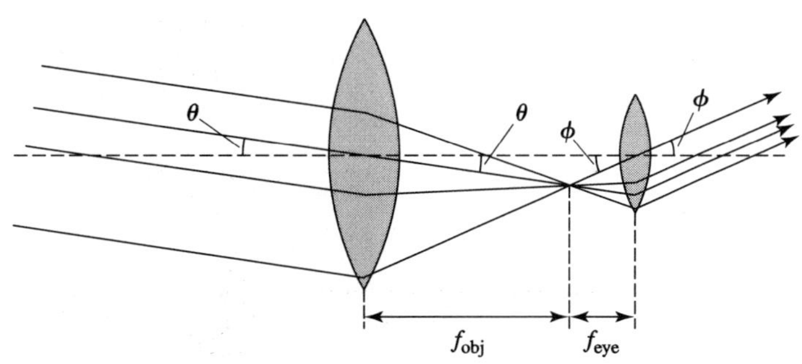

그림 6.15 굴절 망원경은 대물렌즈와 접안렌즈로 구성되어진다.

대물렌즈 크기와 관련하여 또 다른 어려움은 렌즈 제작 과정에서 렌즈가 클수록 결점 없이 제작하기가 어려운 것이다. 빛이 반드시 렌즈를 통과해야 하므로, 렌즈의 모든 부분이 광학적으로 결점이 없어야 한다. 더욱이 렌즈의 양면이 아주 정밀하게 깎아져야만 한다. 특별히 렌즈를 제작하는 재료의 결점과 표면 형태가 원하는 형태에서 약간 벗어났을 경우 벗어난 크기가 파장 크기보다 아주 작아야만 한다. 일반적으로 $\lambda/20$보다 작아야 한다. 500 nm 영역에서 관측할 때 어떠한 결점도 약 25 nm보다 작아야 한다(원자의 직경이 0.1 nm 수준임을 참조).

또 다른 어려움은 큰 대물렌즈가 열에 천천히 반응한다는 사실에 있다. 돔을 열었을 때 망원경의 온도는 망원경 주위의 다른 온도에 적응해야만 한다. 이 과정에서 망원경 주변의 기류는 다른 온도에 의해서 다시 형성되며 결과적으로 시상에 상당한 영향을 준다. 망원경의 형태도 온도 팽창으로 인하여 변한다. 그러므로 망원경의 온도 질량(thermal mass : 온도 변화에 느리게 반응하는 정도를 정량화한 물리량)을 최소화하는 것이 크게 유리하다.

기계적인 문제도 초점 거리가 긴 굴절 망원경에서는 무시할 수 없는 부분이다. 긴 지레대로 인하여 망원경 끝부분에 무거운 검출기를 부착하면 큰 양의 회전력이 발생하여 균형을 잡는 것이 쉽지 않다.

이미 언급하였지만 렌즈를 사용할 경우 색수차가 필연적이므로 거울을 사용했을 때보다 어려움이 크다. 굴절 망원경에 대한 이러한 여러 문제점들을 감안하여 현대 대형 망원경의 대부분은 반사경을 이용하는 망원경들이다. 오늘날 사용되고 있는 가장 큰 굴절 망원경은 위스콘신 주 윌리암 베이에 있는 여키스 천문대의 굴절 망원경이다(그림 6.16 참조). 이 망원경은 1897년에 제작되었고, 대물렌즈 구경이 1.02 m(40 in)이고 초점 거리는 19.36 m이다.

▌그림 6.16 1897년 Yerkes Observatory에 세워진 40인치 망원경은 세계에서 가장 큰 굴절망원경이다. (Yerkes Observatory 제공)

반사 망원경

색수차를 제외하면, 이미 언급한 광학에 대한 기본 원리는 반사 망원경과 굴절 망원경에 동일하게 적용된다. 반사 망원경은 대물렌즈 대신에 거울을 사용하여 설계한 것이다. 그러므로 앞에서 언급한 여러 가지 문제점들이 완전히 혹은 상당부분 제거되었다. 빛이 거울을 통과하지 않고 단지 표면에서 반사하므로 정확히 갈아서 깎기만 하면 된다. 또한 거울의 무게는 반사 표면 뒤에 벌집 모양의 구조를 만들면 불필요한 부분이 제거되어 무게를 최소화할 수 있다. 사실상 거울을 가장자리에서 고정하지 않고 뒷면에서 지지하고 있기 때문에 모든 거울을 조정 가능한 구조로 설계가 가능하다. 그러므로 온도 효과로 인하여 거울이 왜곡되는 현상이나 망원경이 움직임에 따라 거울에 작용하는 중력이 변하여 나타나는 왜곡 현상 등은 보정 가능하다(이러한 과정을 능동 광학(Active Optics)라고 함).

반사 망원경이라고 결점이 하나도 없다고는 할 수 없다. 반사 망원경의 대물거울(제1거울)은 빛을 들어온 방향으로 다시 반사시켜, 제1초점(Prime Focus)이 빛이 들어오는 경로에 있다(그림 6.17(a) 참조). 관측자 혹은 검출기가 초점에 있어야 하므로 입사되는 빛을 차단하게 된다(그림 6.18 참조). 만약 검출기가 너무 크면 그에 따라서 빛의 손실도 커진다.

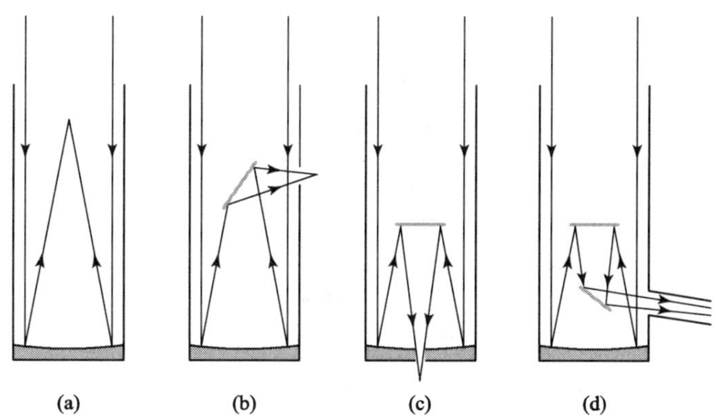

▌그림 6.17 다양한 망원경의 광학계를 그린 개략도. (a) 주초점 방식 (b) 뉴턴식 (c) 카세그레인식 (d) 쿠데식

▌그림 6.18 팔로마 산에 위치한 헤일 반사망원경의 주초점에서 작업하는 에드윈 허블. (팔로마/칼텍 제공)

아이작 뉴턴은 이러한 문제점을 해결하기 위하여 작고, 평평한 거울을 반사된 빛의 경로에 놓아 초점의 위치를 변경하였다. 이 과정은 그림 6.17(b)에 묘사되었다. 물론 새로 설치한 제2거울이 망원경으로 들어오는 빛의 일부를 차단한다.

그러나 제1거울과 제2거울의 면적비가 충분히 크게 하여 차단되는 빛의 양을 최소화할 수 있다. 뉴턴 식 망원경 구조의 결점은 접안렌즈 혹은 검출기가 망원경 질량의 중심에서 상당히 떨어진 점에 위치한다는 것이다. 만약 무거운 검출기를 사용한다면 망원경에 무시 못 할 토크(회전력)가 작용할 것이다.

반사 망원경에서 제1거울과 제2거울 사이의 일부 공간은 사용되지 않는다. 그러므로 제1거울 중심부에서 구멍을 만들어, 제2거울에서 반사되는 빛을 제1거울의 구멍으로 보낼 수가 있다. 이렇게 설계된 것을 **카세그레인** 식이라고 하고(그림 6.17(c)), 이 경우 무거운 기기들을 망원경의 질량 중심 부근에 부착할 수 있고 관측자는 망원경 바로 밑에서 관측할 수 있어서 뉴턴식에서 하던 방식 대로 망원경 꼭대기까지 올라갈 필요가 없다. 이런 식의 디자인에서는 제2거울은 볼록 거울이 되어 계의 초점거리를 증가시킨다.

고전적인 카세그레인 디자인에서는 제1거울을, 포물면으로 한다. 그러나 카세그레인 디자인을 개선한 **리치-크레틴**(Ritchey–Chretien) 디자인은 포물면보다는 쌍곡면을 사용한다.

만약 검출기기 부분이 너무 무거우면 빛을 검출기가 있는 실험실로 직접 보내는 방법이 더 효과적이다. **쿠데 망원경**(Coude Telescope)은 여러 개 거울을 사용하여 망원경으로 들어온 빛을 망원경 밑으로 보내 주로 망원경 밑에 위치한 쿠데(Coude) 방으로 보낸다. 빛의 경로를 확장하였기 때문에 쿠데 망원경의 초점 거리는 매우 길게 설계할 수 있다. 이 경우 긴 초점 거리를 이용하기 때문에 고분해능 작업이나 고분산 스펙트럼선을 만드는데 유용하다.

광시야를 제공하며 왜곡이 거의 없는 망원경으로는 쉬미트(Schmidt) 망원경이 있다. 쉬미트 망원경은 일반적으로 사진 건판을 제1초점에 놓고 카메라로 사용한다. 코마 현상을 최소화하기 위하여 타원형의 주경을 사용하며 구면 수차를 없애기 위하여 보정 렌즈와 함께 사용한다. 대형 카세그레인 망원경인 경우 시야가 수분에 지나지 않는데 쉬미트 카메라는 적어도 1도 이상의 넓은 시야를 가지고 있다. 이 망원경은 하늘의 넓은 영역을 탐사하는 작업에 사용되고 있다. 예를 들면 팔로마와 UK 쉬미트 망원경으로 가이드 스타 카탈로그를 만들기 위하여 전 하늘을 사진 찍어 998,402,801 개의 천체 목록을 만들었다.[8] 이 천체들은 19.5 등급까지의 천체들이다. 이 카탈로그에 있는 별들의 자료는 허블 우주 망원경의 자세 제어에 사용되었다.

망원경 가대

희미한 천체를 고분해능으로 영상을 얻으려면 망원경이 하늘의 특정 영역을 장시간 동안 추적해야 한다. 이것은 장시간 노출을 주어 희미한 천체가 보일 수 있도록 충분한 광자를 수집해야 하기 때문이다. 오랜 시간 노출을 위해서는 망원경을

8) 여기서 인용한 GSC II에 수록된 별의 수는 2006년 5월 기준이다.

잘 조정하여 지구 자전 운동을 상쇄하여야 한다.

지구 자전을 고려하여 대부분의 망원경 가대는(특히 작은 망원경) 적도의 식으로 되어 있다. 이 가대는 하늘의 북극과 평행한 극축을 맞추고 망원경은 단순히 극축을 중심으로 회전하여 지속적으로 변화하는 방위각과 고도를 조정한다. 적도의 식 가대에서 망원경의 위치, 즉 적경 적위 방향으로 조정하는 것은 매우 간단하다. 그러나 거대한 망원경인 경우 적도의식 가대를 만드는 일은 매우 어렵고 비용도 많이 든다. 최근에는 대형망원경에 대해서는 대안으로 고도-방위각 가대를 사용한다. 이 방식은 망원경을 수평에 대하여 평행하게, 또는 수직으로 움직이는 것이다. 이 경우 천체를 추적하기 위해서는 지속적으로 고도와 방위각을 계산하여야 한다. 이 계산에는 별의 적경, 적위, 그 지방의 항성시 망원경의 위도 등의 정보가 사용된다. 고도-방위각 가대의 두 번째 어려움은 영상 면을 지속적으로 회전 시켜야 하는 것이다. 망원경의 원활한 조정이 이루어지지 않으면 장시간 노출을 줄 때나 긴 슬릿을 사용하여 스펙트럼을 얻을 때 복잡한 문제가 발생할 수 있다. 다행하게도 컴퓨터 속도가 빨라져서 이런 모든 문제를 비교적 쉽게 해결할 수 있다.

표 6.2 8 미터 이상이 되는 광학, 근적외선 망원경.

이름	크기(m)	설치장소	첫관측
Gemini North	8.1	Mauna Kea, Hawaii	1999
Gemini South	8.1	Cerro Pachon, Chile	2002
Subaru	8.2	Mauna Kea, Hawaii	1999
Very Large Teelscope (VLT)−Antu[a]	8.2	Cerro Paranel, Chile	1998
Very Large Teelscope (VLT)−Kueyen[a]	8.2	Cerro Paranel, Chile	1999
Very Large Teelscope (VLT)−Melipal[a]	8.2	Cerro Paranel, Chile	2000
Very Large Teelscope (VLT)−Yepun[a]	8.2	Cerro Paranel, Chile	2000
Large Binocular Telscope (LBT)[b]	8.4×2	Mt. Graham, Arizona	2005
Hobby−Eberly Telescope (HET)[c]	9.2	McDonald Obs., Texas	1999
Keck I[d]	10	Mauna Kea, Hawaii	1993
Keck II[d]	10	Mauna Kea, Hawaii	1996
Grand Telescope Canarias (GTC)	10.4	La Palma,, Canary	2005
Southern Africa Large Tel.(SALT)[e]	11	Sutherland, S. Africa	2005

[a] 4개의 8.2 m VLT 망원경과 1.8 m 보조 망원경이 광학/적외선 간섭계로 사용된다.
[b] 2개의 8.4 m 거울이 하나의 가대에 설치되어 유효 구경은 11.8 m 가 된다.
[c] 고도 55°에 고정 설치됨. 거울 크기는 11.1 m×9.8 m 이며 유효구경은 9.2 m
[d] 2개의 10 m 켁망원경과 4개의 1.8 m 부수적인 망원경이 하나의 광학/적외선 간섭계로 사용된다.
[e] 고도 37°에 고정된 망원경.

큰 구경 망원경

긴 노출시간에 추가하여 구경이 큰 망원경은 희미한 광원을 연구하는데 충분한 수의 광자를 얻을 수 있으므로 그 역할이 중요하다(조도는 망원경 주경의 직경에 비례한다. 식 6.8 참조). 망원경 설계 기술이 상당히 발전하였고, 고속 컴퓨터가 개발됨에 따라 구경이 아주 큰 망원경의 제작이 가능하게 되었다. 표 6.2에는 현재 운영되고 있는 망원경 중에서 구경이 8 m 급 이상의 광학 또 적외선 망원경의 정보를 수록하였다. 현재는 유효구경이 20 m에서 100 m에 달하는 아주 큰 구경의 지상 망원경들의 건설이 논의되고 있다.

적응 광학

구경이 큰 지상 망원경들은 작은 망원경에 비하여 주어진 시간에 광자를 많이 받을 수가 있지만, 물체의 분해능을 향상시키는 데는 한계가 있다. 사실 시상이 가장 좋은 곳에 위치한 10 m 망원경(즉 하와이 마우나 케아에 있는 켁 망원경)도 망원경 거울에 나타나는 왜곡 현상을 능동 광학(Active Optics)으로 보정하고, 또한 적응 광학으로 지구 대기 난류를 상쇄하여야 한다. 그렇지 않을 경우 이러한 대형 망원경에서 얻을 수 있는 분해능이 아마추어 용 20 cm 망원경보다도 분해능이 나을 것이 전혀 없다. 후자인 경우 작은 변형 거울 뒷면에 수십 혹은 수백 개의 압전 소자를 부착하여 작은 액추에이터(Actuator) 같이 작동하는 것이다. 지구 대기 때문에 천체로부터 오는 빛의 파면의 형태가 변할 때마다 작동하기 위하여 이 압전 소자들은 거울의 형태를 아주 미세하게(마이크로미터 크기) 초당 수백 번 조정한다.

조정 정도를 결정하기 위하여 망원경은 관측대상 근처에 있는 가이드별[9]을 자동으로 모니터하고 있다. 가이드별에 나타나는 요동(fluctuation) 현상으로 조정의 양을 결정하여 변형 거울을 이용하여 조정한다. 이 과정은 근적외선 영역에서는 쉽게 수행될 수 있다. 왜냐하면 상대적으로 긴 파장을 취급하기 때문이다.

결과적으로 적응 광학계는 근적외선 영역에서 회절 한계에 도달하는 영상을 성공적으로 제공하게 되었다.

9) 대부분의 경우 관측대상 근처에는 밝은 가이드별이 없다. 일부 천문대에서는 인공적인 레이저 가이드별을 이용한다. 매우 강력하고 주파수를 잘 맞춘 레이저를 발사하여 고도 90 km 되는 곳에서 나트륨 원자를 천이시켜 발광원을 인공적으로 만든다.

우주에서의 천체 관측

지구대기 때문에 나타나는 영상의 문제를 극복하기 위한 또 다른 노력은 천체 관측을 지구 대기권 밖에서 수행하는 것이다. 허블우주망원경(그림 6.12; 천문학자 Edwin Hubble 이름에서 유래) 주경의 직경이 2.4 m, 구경비가 $f/24$이며 가장 매끄럽게 제작되었고, 632.8 nm 테스트에서 파장의 1/50보다 큰 결점이 전혀 없는 것으로 나타났다. 150시간 혹은 그 이상의 장시간 노출과 30등급의 어두운 별도 관측 가능하다. 허블 망원경에서 취급하는 파장 영역은 120 nm에서 1 μm(자외선에서 적외선)까지이고 주경은 리치-크레틴(Ritchey-Chrétien) 형이다.

허블 망원경이 수명을 다해 감에 따라, 현재 **James Webb Space Telescope**(JWST)의 건설을 계획 중에 있다. 이 망원경이 사용하게 될 파장 영역은 600 nm에서 28 μm까지이고, 주경의 직경은 6 m를 계획하고 있다. 이 망원경은 허블 망원경처럼 낮은 궤도에 있지 않고, 태양-지구 사이이 중력적으로 매우 안정적인 곳에서 태양의 반대쪽을 향하게 된다. 이 지점은 2번째 라그랑지 점(L2)으로 알려진 곳이며, 태양과 지구의 중력과 비관성계[10]에서 보았을 때 태양을 공전하므로 생기는 원심력 사이에서 균형을 이루는 점이다. 이 장소는 적외선 검출기에 영향을 줄 수 있는 열적 방출선에 대한 영향을 최소화하기 위하여 선택된 것이다.

전자 검출기

인간의 눈과 사진 건판은 천문학자들이 영상과 스펙트럼을 기록하기 위하여 사용했던 도구들이었으나 오늘날에는 좀 더 효율적인 기구를 사용하고 있다. 특히 전하결합소자(CCD)로 알려진 반도체 검출기는 광자를 세는 방법에서 대변혁을 일으켰다. 인간의 눈은 **양자효율**이 매우 낮아 약 1%(광자 100개의 1개 정도를 검출)밖에 안 되고, 사진 건판은 인간의 눈보다 약간 좋은 반면에 CCD는 매우 넓은 파장 영역에서 검출가능하다.

X-선에서부터 적외선까지 일정한 반응을 보이고 있다. 광자가 10배 많이 들어오면 10배 강한 신호를 보인다. CCD는 또한 매우 넓은 감도 영역을 가지고 있다. 그러므로 매우 밝은 물체와 매우 희미한 물체를 동시에 볼 수 있다.

광자가 검출기를 때릴 때 CCD는 높은 에너지 준위(전도 띠)로 들뜨는 전자를 수집하여 작동된다(이 과정은 마치도 광전 효과와 비슷하다). 각 픽셀에 수집된 전자의

10) 라그랑지 점에 대한 자세한 내용은 2권의 그림 12.3과 12.1절을 참조하라.

수는 그 위치의 영상 밝기에 비례한다. 허블우주망원경 2세대 검출기인 Wide Field and Planetary Camera(WF/PC2)는 2백 50만 픽셀을 가지고 있고, 이것은 800×800 픽셀 4개로 구성되어 있다. 각 픽셀은 전자 7만 개를 담을 수 있는 용량을 가지고 있다. 또한 탐사를 위한 Advanced Camera(ACS)는 4,144×4,136(17,139,584) 픽셀이며, 이것은 고분해능 탐사용이다. 검출기 기술이 급속도로 발전함에 따라 지상과 우주 망원경 모두가 빠르게 개선되므로 광학 천문학의 미래는 매우 밝다.

6.3 전파 망원경

1931년 칼 잰스키(Karl Jansky, 1905-1950)는 천둥 번개에서 나오는 전파 영역의 정전기 발생과 관련된 실험을 벨연구소에서 수행하고 있었다. 실험 도중에 잰스키는 그의 수신기에 나타난 정전기의 일부가 지구 밖에서 오는 것을 발견하였다. 1935년까지 그는 자신이 측정한 신호의 대부분은 우리 은하 평면에서 오는 것이라고 결론지었다. 그는 또한 궁수자리로부터 오는 강한 방출선도 발견하였다. 궁수자리는 은하 중심 방향에 있는 별자리이다. 잰스키의 선구적인 작업으로 전파천문학이 탄생하게 되었고 이는 완전히 새로운 관측 분야이다.

오늘날 전파천문학은 전자기 스펙트럼 연구의 중요한 역할을 한다. 전파는 여러 물리적 과정으로 다양한 원리로 생성된다. 예를 들면 자기장과 함께 대전된 입자들의 상호작용 등으로 생성된다. 우주를 향한 새로운 창으로 천문학자와 물리학자들은 자연의 가장 장엄한 현상의 내부를 알 수 있는 힌트는 얻게 되었다.

주파수별 플럭스 밀도(Spectral Flux Density)

전파는 가시광선과는 다르게 물질과 상호작용하기 때문에 전파를 검출하고, 측정하는 기기는 광학 망원경의 기기와는 매우 다르다. 전형적인 전파 망원경은 포물면의 거대한 접시가 있고, 천체의 전파 에너지를 이 접시가 안테나로 반사시킨다. 그러면 신호는 증폭되고, 그림 6.19에서 보는 바와 같이 특정 파장 영역에서 하늘의 전파 지도를 만든다.

전파원의 강도는 **주파수별 플럭스 밀도**, $S(\nu)$로 측정된다. $S(\nu)$는 망원경의 단위 면적을 때리는, 단위 주파수 간격당, 초당 에너지의 양이다. 수신기가 수집하는 초당

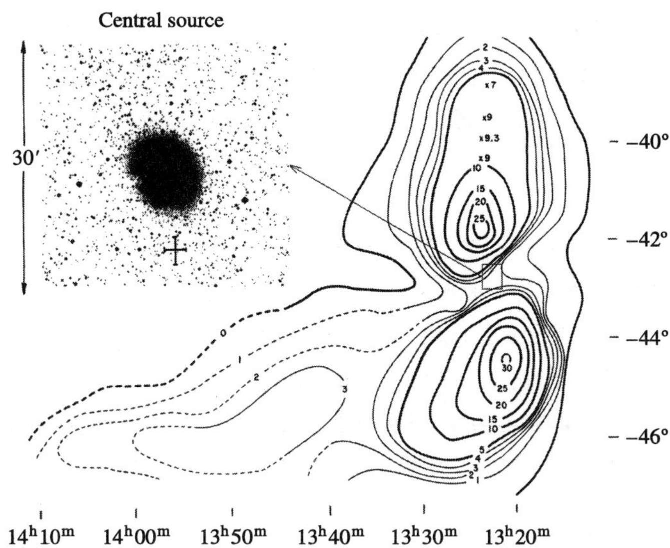

▮ **그림 6.19** 같은 영역의 광학 영상을 동반한 센타우루스 A의 전파지도. 윤곽들은 전파의 세기가 일정한 선들을 보여주고 있다. (그림 출처 : Matthews, Morgan, and Schmidt, *Ap.~j.,~140*, 35, 1964)

총 에너지를 결정하기 위하여 주파수별 플럭스는 반드시 망원경의 집광면적과 주파수 간격에 대하여 적분해야 한다. 검출기는 주파수에 따라서 민감도가 변화한다.

만약 f_ν가 주파수 ν에서의 검출기의 효율을 나타내는 함수라면 초당 검출된 에너지[11]는 다음과 같다.

$$P = \int_A \int_\nu S(\nu) f_\nu \, d\nu \, dA \tag{6.10}$$

만약 검출기가 주파수 영역 $\Delta\nu$에서 100%의 효율이라면(즉, $f_\nu = 1$) 그리고 $S(\nu)$가 주어진 주파수 영역에서 일정하다면 적분은 다음과 같이 간단히 표현된다.

$$P = SA\,\Delta\nu$$

여기서 A는 구경의 유효 면적이다.

전형적인 전파원은 주파수별 플럭스 밀도 $S(\nu)$는 1잰스키(Jy) 단위로 표현된다.

11) 비슷한 표현이 광학망원경에도 적용되었다. 왜냐하면 필터와 검출기(우리 눈도 포함)는 주파수에 따라 반응정도가 다르다.

여기서 $1\,\mathrm{Jy} = 10^{-26}\,\mathrm{Wm}^{-2}\mathrm{Hz}^{-1}$이다. 주파수별 플럭스 밀도가 mJy로 측정되는 경우도 종종 있다. 이러한 약한 전파원에 대해서는 구경이 큰 전파 망원경으로 광자를 많이 수집할 필요가 있다.

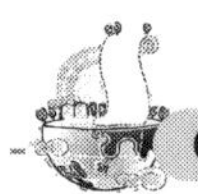

예제 6.3.1

하늘에서 3번째로 강한 전파원은 우리 은하에 있는 Cygnus A이다(그림 6.20). 첫 번째와 두 번째는 태양과 Cassiopeia A(가까이 있는 초신성 잔재)이다. 400 MHz(파장 길이 75 cm)에서 Cygnus A의 주파수 별 플럭스 밀도가 4500 Jy이다. 25 m 직경의 전파 망원경이 100% 효율을 가정하고, Cygnus A의 전파 에너지는 5 MHz 영역에서 수집하고 있다. 이 때 수신기로 검출된 총 파워는 다음과 같다.

$$P = S(\nu)\pi\left(\frac{D}{2}\right)^2 \Delta\nu = 1.1 \times 10^{-13}\,\mathrm{W}$$

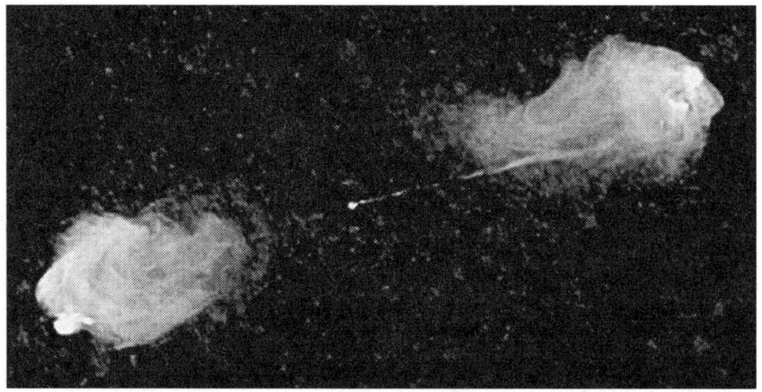

▌그림 6.20 Very Large Array(VLA: 208쪽 참조) Cygnus A 은하의 중심부에서 나오는 상대론적인 제트분출의 전파영상 (국립전파천문대 NRAO/AUI 제공)

분해능의 개선 : 대형 구경과 간섭계

전파 망원경이 광학 망원경과 함께 겪는 문제는 좀 더 좋은 분해능이 필요하다는 것이다. 레일리 기준(식 6.6)이 가시광선 영역과 같이 전파 망원경에도 적용된다. 여기서 전파 파장은 가시광선 영역에서 사용되는 파장보다 훨씬 길기 때문에 분해능이 좋지 않다. 그러므로 가시광선 영역의 분해능에 상응하는 정도에 도달하기 위해서는 매우 큰 직경의 전파 망원경이 필요하다.

▮ 그림 6.21 푸에리토 리코에 위치한 아리시보 천문대의 300 m 전파망원경. (NAIC-아리시보 천문대 제공. 이 천문대는 코넬대학교가 미국과학재단의 위임을 받아 운영하고 있다)

예제 6.3.2

21 cm파에서 단일 구경으로 1″의 분해능을 얻기 위해서 전파 망원경의 접시 직경은 다음과 같다.

$$D = 1.22\frac{\lambda}{\theta} = 1.22\left(\frac{21\ \mathrm{cm}}{4.85\times10^{-6}\ \mathrm{rad}}\right) = 52.8\ \mathrm{km}$$

현재 단일 접시로 가장 큰 전파 망원경은 접시의 구경이 300m이고 푸에르토리코에 있는 아리시보 천문대(Arecibo Observatory)이다(그림 6.21).

전파와 같은 긴 파장 영역에서 수행하는 관측의 장점은 전파 망원경의 접시가 이상적인 포물면에서 약간 벗어나도 그리 큰 문제가 되지 않는다는 것이다. 벗어나는 정도의 기준은 약 $\frac{\lambda}{20}$로 이 범위 안에서 벗어나는 정도는 거의 완벽하다고 한다. 21 cm 파장 영역에서 관측할 때는 1 cm 정도의 허용오차 내에서는 완벽하다고 할 수 있다.

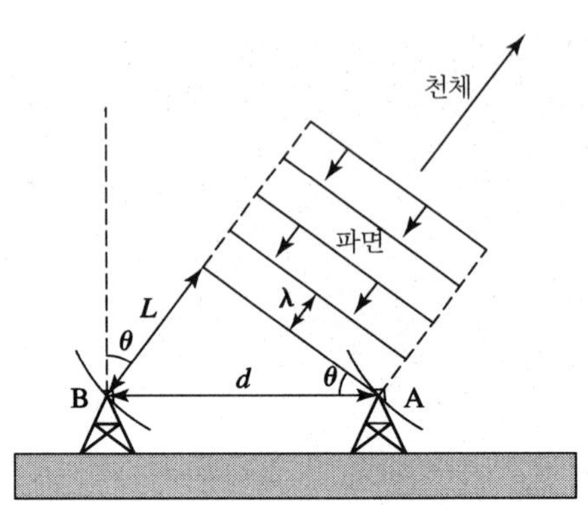

▌그림 6.22 전파간섭계의 작동 원리

가시광선 영역으로 지상에서 얻을 수 있는 분해능을, 전파 영역에서 얻기 위하여 단일 접시의 크기를 크게 하는 것은 사실상 불가능하다. 그럼에도 불구하고 천문학자들은 전파 영상을 0.001″보다 좋은 분해능으로 얻는데 성공하였다. 이런 놀랄만 한 분해능은 영의 이중슬릿에서 사용된 간섭 기술로 이뤄졌다.

그림 6.22는 2개의 전파 망원경이 기준선 d의 거리만큼 떨어져 있는 것을 보여주고 있다. 망원경 B로부터 전파원까지의 거리는 망원경 A에서 전파원까지의 거리보다 L만큼 크므로, 파면은 A지점에 먼저 도착한 후 B지점에 도착한다. 2개의 신호는 각각 위상이 있어서 만약 L거리가 파장의 정수배가($L = n\lambda$ 여기서 $n=0$, 1, 2, …이면 보강 간섭) 되면 중첩이 최대가 된다. 같은 방법으로 L이 반파장의 홀수배이면 신호의 위상이 정확히 엇갈려 중첩 신호는 최소가 된다.

[($L = (n - \frac{1}{2})\lambda$, 여기서 $n=1$, 2‥ 상쇄 간섭)]. 지향 각 θ는 거리 d와 L에 연관되어 있기 때문에

$$\boxed{\sin\theta = \frac{L}{d}} \tag{6.11}$$

2개의 안테나 신호를 합성하여 생성된 간섭 패턴을 이용하여 전파원의 위치를 정확하게 결정할 수 있다. 식 (6.11)은 영의 이중슬릿을 설명하는 식 (3.11)과 거의 같은 식이다.

영상을 분해할 수 있는 능력은 기준선 d가 길면 길수록 분명히 향상된다. 아주 긴 기준선 간섭계(Very Long Baseline interferometery: VLBI)의 기준선은 대륙

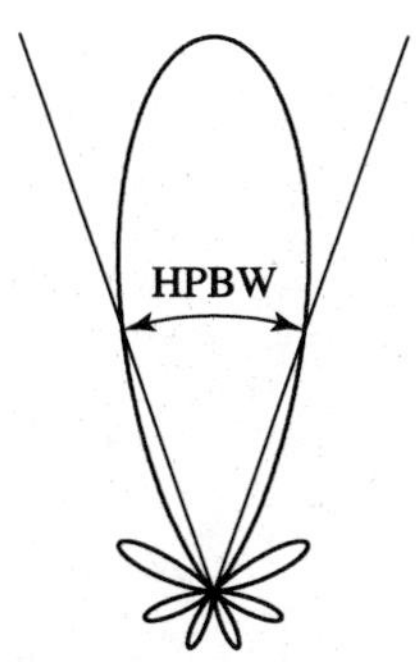

▮ **그림 6.23** 단일 전파 망원경에 대한 전형적인 안테나 패턴. 주 로브의 폭은 Half-power Beam Width(HPBW)로 표시한다.

크기 정도 혹은 대륙과 대륙 사이의 거리 규모이다. 그러한 경우 관측 자료는 망원경이 있는 장소에 기록되고 중앙으로 전송되어 후에 처리 과정을 거친다. 단지 필요한 것은 관측이 동시에 수행되어야 하고 정확한 관측 시간이 기록되어야 한다.

단일 안테나가 자신이 향하는 방향에서 가장 좋은 감도를 나타내어도, 그 안테나는 또한 요구되는 방향에서 비록 멀리 떨어진 각에 있는 전파원에 대하여도 민감해질 수 있다. 그림 6.23은 단일 전파 망원경에 대한 전형적인 안테나 패턴이다. 이 그림은 극좌표로 그린 것으로 각 방향의 감도에 따른 안테나 패턴 방향을 설명해주는 그림이다; 망원경이 그 방향에 있을 때 긴 로브 일수록 감도는 더 좋다. 이 안테나 패턴은 2개의 특징이 있는데, 첫째는 주 로브가 아주 얇지 않다(빔의 방향성이 완전하지 못하다)는 것이고, 둘째는 주변 로브들이 존재한다는 것이다. 이것으로 원하지 않는 전파원을 우연히 검출할 수도 있다. 그러나 원하지 않은 전파원과 원하는 전파원을 구별할 수가 없다.

주 로브의 폭은 로브 길이의 반 지점에서 각 넓이로 정의한다. Half-power Beam Width(HPBW)라고 한다. 원하는 회절 패턴을 위하여 다른 망원경을 추가하면 이 폭은 줄어들 수 있고 주변 로브의 영향은 상당히 감소된다. 이러한 특성은 격자 회절 패턴을 매우 정교하게 하기 위하여 격자 줄의 수를 늘리는 원리와 비슷하다(식 5.2 참조).

뉴멕시코 소코로에 있는 Very Large Array (VLA)는 27개의 전파 망원경으로 구성되어 있으며 망원경들은 Y자 형태로 이동가능하며 가장 길게 구성하면 27 km에 달한다. 각각의 접시는 25 m 직경이며 여러 종류의 주파수에 민감한 수신기를 가지고 있다(그림 6.24). 각각의 망원경에 수신된 신호는 모두 합성되어 컴퓨터로 분

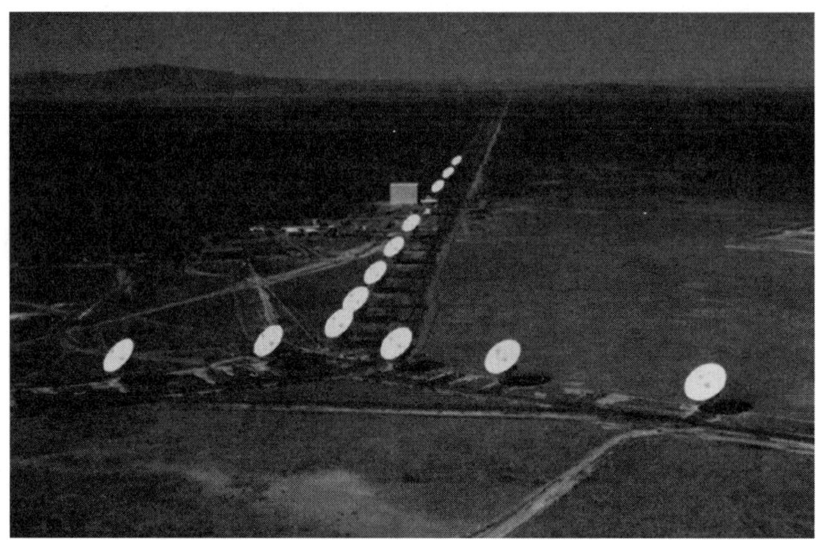

▌그림 6.24 뉴멕시코 소코로에 위치한 Very Large Array(VLA). (국립전파천문대 NARO/AUI 제공)

석하여 하늘의 고분해능 지도를 만든다; 그림 6.20은 VLA에서 작성한 영상의 한 예이다. 물론 27개 망원경들을 합쳐서 만든 유효집광지역의 분해능은 각 망원경의 분해능보다 27배 좋다.

국립 전파 천문학 천문대(NRAO)는 VLA의 성능을 현대화하고 확장할 계획이다. 1단계에서 확장된 VLA (Expancled Very Large Array : EVLA)는 새롭고 더욱 성능이 개선된 수신기, 망원경과 조정실 사이를 연결하는 Fiber-optic의 확대, 컴퓨터 시설의 개선 등을 계획하고 있다. 확장 2단계 계획에서는 8개의 새 망원경을 기존의 27개 망원경에 추가할 것이다. 기준선은 350 km까지 증가하여 새 망원경들이 추가되면 EVLA의 분해능은 크게 향상될 것이다. 현재 VLA 점광원에 대한 감도가 10μJy, 가장 높은 주파수 분해능이 381 Hz 그리고 공간 분해능(5 GHz에서)은 0.4″이다. 그러나 2단계 확장 계획이 완성되면 EVLA는 점광원 감도가 0.6 μJy, 가장 높은 주파수 분해능이 0.12 Hz 그리고 공간 분해능은 0.04″가 될 것으로 기대한다. 그러므로 모든 성능 10~100배 증가하는 것이다.

NRAO는 또한 매우 긴 기준선 배열(Very Large Baseline Array : VLBA)을 운영하고 있다. 이 배열은 10개의 전파 망원경이 하와이 St. Croix, Virgin Islands를 포함하여 미국 전역에 분포하고 있다. 최대 기준선의 길이는 8,600 km이며 VLBA는 0.001″보다 좋은 분해능을 얻을 수 있다.

추가적으로 국제적으로 추진되고 있는 것은 Atacama Large Millimeter Array (ALMA) 프로젝트이다. ALMA는 직경이 12 m인 안테나 50개를 설치하고, 기준선은 최대 12 km가 된다. ALMA는 고도가 5,000 m가 되는 칠레 북부 지방인 Atacama 사막 지역에 설치하므로 파장 영역이 10 mm에서 350 μm(900 GHz에서 70 GHz)에서 관측이 가능하다. 이 파장 영역에서 ALMA는 우주공간의 먼지(Dust) 영역 즉, 별과 행성이 형성되는 지역 또한 은하 형성의 초기 상태 등 현대 천체 물리학의 최대 관심사에 대한 연구를 수행할 것으로 기대한다. ALMA는 일부 안테나를 이용하여 2007년 관측을 수행하고, 2012년부터 모든 기기의 작동을 예상하고 있다.

6.4 적외선, 자외선, X-선, 감마선 천문학

가시광선과 전파 관측으로 방대한 양의 관측 자료가 축적되는데 다른 파장 영역의 연구는 어떠한가. 불행하게도 그러한 관측은 지구상에서 관측이 매우 힘들거나 불가능하다. 그 이유는 지구 대기가 가시광선과 전파 영역을 제외한 다른 모든 파장에서 불투명하여 광자를 흡수하기 때문이다.

전자기 스펙트럼에서 지구 대기층의 창문

그림 6.25는 파장의 함수로 대기의 투명도를 보여주는 그림이다. 가시광선과 전파 영역 외에서는, 자외선 중에서 긴 파장 영역과 자외선의 일부 영역의 복사가 지구 대기를 제한적으로 통과한다. 나머지 모든 영역에서는 완전히 차단하고 있다. 이러한 이유 때문에 여러 종류의 광자를 관측하기 위해서는 특별한 측정 방법이 수행되어야 한다.

적외선에서 광자를 흡수하는데 주요 역할을 하는 것은 수증기이다. 그러므로 만약 관측을 지구 대기층에서 수증기가 형성되는 층 위에서 수행하면 일부 관측은 지상에서도 가능하다. 이것을 위하여 NASA와 영국은 적외선 망원경(3 m와 3.8 m 망원경)을 하와이 마우니 케아에 설치하여 운영하고 있다. 이곳은 습도가 매우 낮은 곳이다. 그러나 고도 4,200 m임에도 문제가 완전히 해결된 것은 아니다. 더 높은 지구 대기권에서 관측하기 위하여 대형 풍선과 항공기를 이용한 관측도 수행되었다.

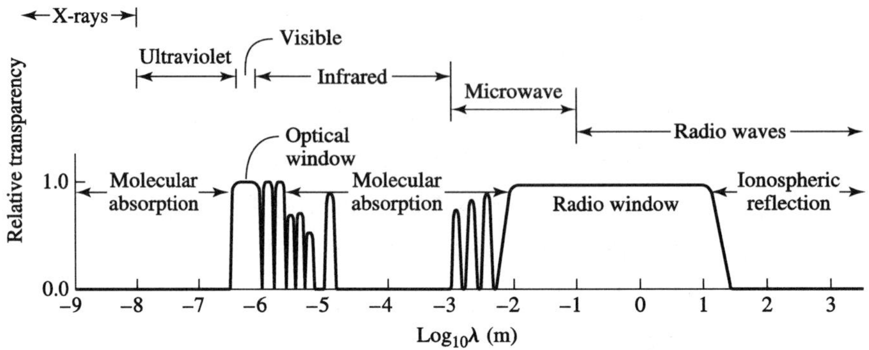

그림 6.25 파장에 따른 지구 대기의 투명도

지구대기에 의한 흡수 외에도 적외선 영역에서는 복잡한 문제가 많다. 그 중 하나는 망원경 전체는 아닐지라도 검출기는 반드시 냉각시켜야 한다. 빈의 법칙에 의하면 온도가 300 K되는 흑체는 최대 에너지를 10 μm에서 발생한다. 그러므로 망원경과 검출기가 바로 관측자가 관측을 원하는 파장 영역에서 복사를 방출한다. 물론 대기 자체가 적외선 영역에서 복사를 방출할 수 있고, 또한 적외선 분자 방출선도 방출한다.

대기권 밖에서 관측

1983년 적외선 천문위성(Infrared Astronomy Satellite : IRAS)이 900 km 상공의 궤도에 진입하였다. 이 궤도는 불투명한 지구 대기보다 훨씬 높은 궤도이다. 적외선 천문위성의 망원경은 영상을 주로 만드는 망원경으로 구경은 0.6 m이다. 이 망원경을 액체 헬륨의 온도로 냉각하고 검출기는 다양한 파장 영역 즉 12 μm에서 100 μm까지 관측 가능하도록 설계하였다. 가장 성공적인 예는 젊은 별 주위를 도는 먼지(Dust)를 검출한 것이다. 이것은 행성계의 형성을 제시해주는 자료가 될 수 있다. IRAS는 또한 은하들의 성질에 대한 여러 가지 중요한 관측을 수행하였다.

IRAS의 성공적인 임무 수행을 기초로 유럽 우주청(European Space Agency)은 일본, 미국과 협력하여 0.6 m 적외선 우주 천문대(Infrared Space Observatory : ISO)를 1995년 발사하였다. 이 천문대는 IRAS와 같이 냉각하고, 분해능은 IRAS보다 약 1,000배 좋게 개선되었다. ISO는 한 대상 천체의 관측을 장시간 수행하여 많은 수의 광자를 수집할 수 있었다. ISO는 액체 헬륨 냉각제가 다 소멸되어 1998년 수명을 다하였다.

최근에 발사된 가장 큰 적외선 천문대는 **스피쳐 우주 망원경**(Spitzer Space Telescope)이다[그림 6.26; Lyman Spitzer, Jr.(1914-1997)의 이름을 따서 명명]. 예상보다 수 년이 지연되어, 이 망원경은 2003년 8월 25일 성공적으로 궤도에 진입하였다. 태양 중심 궤도에서 지구를 따라 가는 독특한 궤도이며 스피쳐는 하늘을 3 μm에서 180 μm 사이의 영역에서 관측한다. 스피쳐 망원경의 구경은 0.85 m이며 구경비는 $f/12$이며 거울은 매우 가벼운 베릴륨으로 만들었고, 5.5 K 이하로 냉각하였다. 이 망원경은 파장이 6.5 μm 혹은 그 보다 긴 파장에서 회절 한계의 분해능을 갖는다. 스피쳐의 수명은 약 2.5년이 될 것으로 예상한다.[12)]

마이크로 파장 영역 중에서 긴 파장 쪽의 전자기 스펙트럼을 조사하기 위하여 설계된 우주 배경 탐사선(**Cosmic Background Explorer**：COBE)이 1989년 발사되어 1993년까지 임무를 수행하였다. 즉 온도 2.7 K의 흑체 스펙트럼을 매우 정밀하게 측정하였다. 이 흑체는 빅뱅 폭발의 잔재이다.

다른 파장 영역에서와 마찬가지로, 전자기 스펙트럼의 자외선 영역의 관측에도 많은 도전이 있었다. 이 경우에는 짧은 파장 때문에(가시광선 관측에 비하여) 반사 표면을 만들 때 더욱 세심한 주위가 필요하다. 이미 언급한 바와 같이 허블 우주 망원경의 주경에는 결점이 있었는데 그러한 결점이 짧은 파장인 자외선 파장에서는 이론적인 분해능 한계를 초과하여 관측이 정상적으로 되지 못하였다.

자외선 관측에서 두 번째 문제는 유리가 짧은 파장의 광자에 대해서는 불투명하여 광자를 통과시키지 않는다(적외선에서는 더하다). 결과적으로 유리 렌즈는 자외선 영역을 관측하는 망원경의 광학계에 사용할 수 없다. 그러므로 렌즈를 만드는 대용품으로 크리스털이 사용되고 있다.

자외선 천문학의 진정한 공헌자는 **국제 자외선 탐사선**(International Ultraviolet Explorer：IUE)이다. IUE는 1978년 발사되어 예상 수명보다 훨씬 긴 1996년까지 작동하였다. IUE는 많은 과학적인 성과와 오래 견디는 튼튼한 기기로 유명하다. 오늘날 허블 우주 망원경은 자외선 짧은 파장의 120 nm까지 관측 가능하여, 자외선 우주에 대한 또 다른 창문을 제공하였다. 더 짧은 파장 영역을 위하여 **극자외선 탐사선**(Extreme Ultraviolet Explorer)이 1992년 발사되어 8년간 7 nm와 76 nm 사이의 영역에서 관측을 수행하였다. 이들 망원경으로 관측한 자료들을 이용하여

12) 스피쳐 망원경은 대형 망원경을 우주 궤도에 올려놓는 나사가 계획한 4개의 프로젝트 중 마지막 것이다. 이미 수행한 3개는 허블 우주 망원경(그림 6.12), 컴프턴 감마선 망원경(그림 6.27(a)) 그리고 찬드라 X-선 망원경(그림 6.27(b))이다.

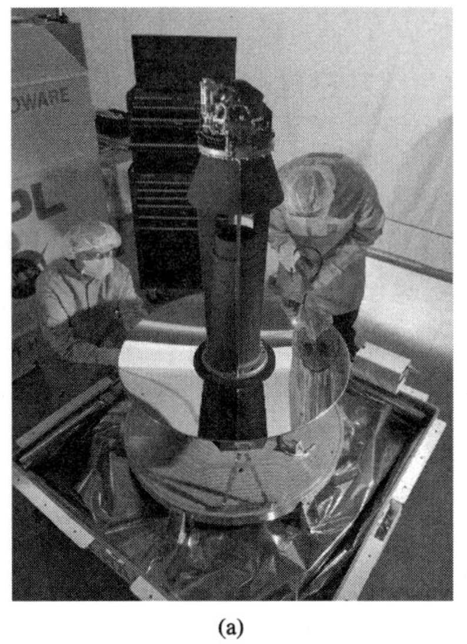

(a)

(b)

▌그림 6.26 (a) 제작 중에 있는 스피쳐 적외선 망원경. 0.85 m의 베릴륨 주경이 보인다. (NASA/JPL 제공)
(b) 실험실에서 조립되고 있는 스피쳐 우주 망원경(NASA/JPL 제공)

(a)

(b)

▌그림 6.27 (a) 찬드라 X-선 망원경의 상상도 (NASA/GSFC 제공) (b) 우주왕복선 Atlantis가 1991년 컴프턴 감마선 천문대를 설치하고 있다.

천문학자들은 넓은 파장대에서 천체 물리학적인 과정을 관찰하여, 높은 온도별에서의 질량 손실, 격변 변광성, 백색 왜성과 펄사 같은 밀집성이 관련된 다양한 천체물리학적 과정에 대한 연구들에 활기를 불어 넣었다.

더 짧은 파장을 다루는 X-선과 감마선 천문학에서는 핵반응 과정과 블랙홀 주변 환경과 같은 높은 에너지에 대한 연구를 진행하였다. 에너지가 매우 큰 광자를

다루는 분야이므로 X-선과 감마선 관측을 위해서는 긴 파장 영역과는 전혀 다른 기술이 필요하게 되었다. 예를 들면 전통적인 유리 거울로는 이 파장 영역에서 상을 형성할 수 없다. 왜냐하면 이 영역의 광자들은 유리를 뚫고 나가기 때문이다. 그러나 이러한 천체들도 스침 입사(grazing incidence) 반사(입사각이 거의 90°가 되게 입사시켜 반사시키는 방법) 방법을 사용하면 영상을 만들 수 있다. X-선 스펙트럼들도 Bragg 산란과 같은 기술을 이용하여 얻을 수 있다. Bragg 산란은 규칙적인 결정 격자에 있는 원자들로부터 반사된 광자에 의해서 발생하는 간섭현상이다. 원자들 사이의 거리는 광학 회절 홈에 있는 슬릿 사이의 거리에 상응한다.

1970년 **우후루**(Small Astronomy Satellite-1 : SAS1으로 알려짐)는 최초로 하늘을 X-선으로 탐사하였다. 1970년 후반에 아인슈타인 천문대를 포함하여 3개의 고에너지 천체 물리 천문대에서 천여 개의 X-선과 감마선 천체를 발견하였다. 1990년과 1999년 사이에 X-선 천문대인 ROSAT(**ROentgen Satellite**)는 독일, 미국, 영국이 합작하여 운영하는 위성으로 2개의 검출기와 영상 망원경을 가지고 있고, 0.51 nm에서 12.4 nm 사이의 파장 영역에서 관측을 수행하였다. 과학적인 성과로는 별의 뜨거운 코로나, 초신성 잔해 그리고 퀘이사 등의 특성을 밝혔다. 일본의 **Advanced Satellite for Cosmology and Astrophysics**는 1993년 임무를 시작하여 X-선 관측을 2000년 7월 14일 지자기 폭풍으로 자세제어가 고장날 때까지 수행하였다.

1999년에는 노벨상 수상자 찬드라세카(Chandrasekhan, 1910-1995)의 이름을 딴 **찬드라 X-선 천문대**가 발사되어 0.2 keV에서 10 keV(6.2 nm에서 0.1 nm) 영역에서 약 0.5″의 각 분해능으로 관측을 수행하고 있다. X-선은 긴 파장에서와 같은 방법으로 초점을 모을 수가 없다. 그러나 입사각이 거의 90°에 가까운 스침 입사 거울을 사용하여 찬드라 망원경은 아주 좋은 분해능을 갖추었다.

유럽 우주청은 또 다른 X-선 망원경을 1999년에 발사하였다. 그 이름은 X-선 다중 거울 뉴턴 천문대(X-ray Multi-Mirror Newton Observatory : XMM-Newton)이다. 찬드라의 파장 영역을 보완하여 XMM-Newton은 0.01 nm와 1.2 nm 사이의 영역에서 임무를 수행하고 있다.

컴프턴 감마신 천문대(Compton Gamma Ray Observatory : CGRO 그림 6.27(b))는 X-선 망원경이 사용한 파장 영역보다 짧은 파장 영역에서 관측을 수행하였다. 이 천문대는 1991년 우주 왕복선 Atlantis를 이용하여 우주 궤도에 올려지고, 2000년 6월에 태평양으로 귀환하였다.

6.5 전천 탐사와 가상 천문대

파장 영역을 전자기 파장의 전 스펙트럼으로 확대하여 하늘을 탐사하므로 예전에 지상에서 가시광선으로만 관측하던 때와는 비교가 되지 않을 정도로 많고 다양한 정보를 접하게 되었다. 예를 들면 그림 6.28은 파장 영역을(전파, 적외선, 가시

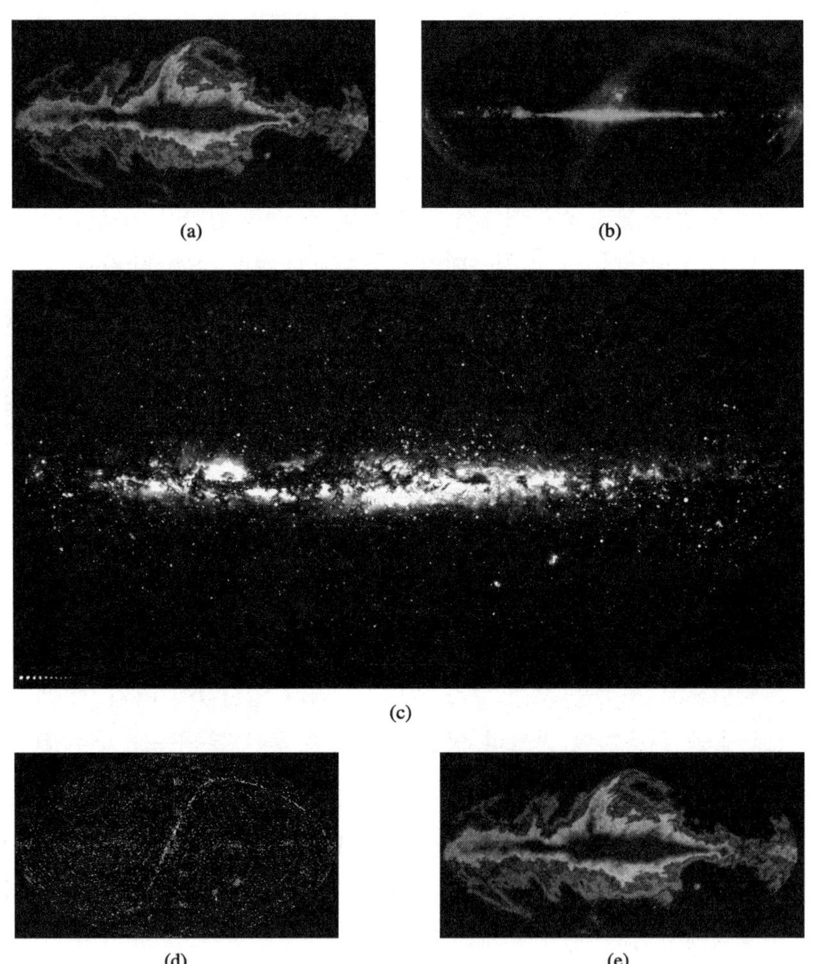

▌그림 6.28 여러 파장 영역에서 본 전 하늘의 관측사진. 각 영상에서 은하 평면이 수평으로 가로질러 있는 모습이 분명하다. 또한 일부 영상에서는 우리 태양계가 왼쪽 아래에서 오른쪽 위로 대각선 방향으로 지나가는 것을 볼 수 있다. (a) 전파 영역, (막스–플랑크 전파천문 연구소 제공) (b) 적외선 영역 (COBE 과학연구 그룹과 NASA/GSFC 제공) (c) 가시광선 영역 (Lund 천문대 제공) (d) 자외선 영역 (NASA/GSFC 제공) (e) 감마선 영역 (NASA 제공)

광선, 자외선 그리고 감마선) 달리하여 관측하였을 경우 하늘의 모습이 변화하는 것을 보여주고 있다. 우리 은하의 평면은 파장 영역을 달리 하여 관측하였을 경우 그 모습이 다르게 나타나는 대표적인 경우이다.

이 장에서 설명한 지상과 우주 천문대들 거의 모든 관측기기들을 총망라 하였다. 예를 들면 6.4절에서 설명한 우주 망원경들과 함께 많은 망원경들이 일반적인 관측 혹은 특수 목적을 위한 관측을 위하여 다양하게 설계되었다. 태양 관측인 경우 **Solar and Heliospheric Observatory (SOHO)**와 **Transition Region and Coronal Explorer (TRACE)** 등이 있고, 천체의 위치와 거리를 측정하는 목적으로는 **Hipparcos Space Astrometry**[13] **Mission** (완료, ESA), **SIM Planet Quest Mission** (2011년 발사 예정) 그리고 **Gaia** (2011년 발사 예정 ESA) 등이 있다.

더욱이 지상에서 대규모 자동 탐사 프로젝트가 여러 파장 영역에서 수행되었거나, 수행되고 있다. 예를 들면 가시광선 영역에서 **Sloan Digital Sky Survey** (SDSS)와 근적외선 영역에서 **Two-Micron All Sky Survey** (2MASS) 등의 탐사관측은 많은 양의 관측 자료를 생산하고 분석되어야 할 것이다. SDSS 인 경우 총 15 테라바이트의 자료를 생산할 것이다(이 양은 미국 국회 도서관 모든 자료의 양과 비슷한 양이다). 머지않은 장래에는 페타바이트의 자료도 곧 생산될 예정이다.

지상 천문대와 우주 천문대에서 이미 발표되었거나 앞으로 발표될 자료와 함께 이미 온라인 저널과 데이터베이스에 존재하는 거대한 정보를 효율적으로 운영하기 위하여 웹 환경의 가상 천문대가 개발 중에 있다. 이 프로젝트의 목적은 이미 존재하는 관측 자료를 천문학자들이 사용할 수 있도록 사용자 인터페이스를 구축하는 것이다. 예를 들면 천문학자들은 가상 천문대의 데이터베이스에 모든 종류의 관측 자료 이용을 위하여 접속할 수 있을 것이다. 가상 천문대 데이터베이스에는 하늘의 특정 지역에서 수행된 관측 자료가 파장 영역 별로 수록되어 있을 예정이다. 이들 자료는 천문학자 개인이 사용하는 컴퓨터로 다운로드 될 것이다. 이러한 일이 수행되기 위해서는 공통으로 사용하는 데이터 형식을 새롭게 개발해야 하고, 자료 분석과 시각화하는 도구를 개발하여 이 도전적인 프로젝트가 성공할 수 있을 것이다. 이 책을 쓰는 시점에 여러 개의 가상 천문대 초기 형태가 개발되있다. 즉 NASA의 Goddard Space Flight Center가 주관하는 Skyview[14] 혹은 Space Telescope

13) 측성학은 천문학의 한 분류이며 천체의 위치에 관련된 정보를 결정한다.

14) Skyview는 http://skyview.gsfc.nasa.gov에서 자세한 내용 참조

Science Institute가 관리하는 Guide Star Catalogs와 Digitized Sky Survey[15] 등이다. 온라인상에서 현존하는 여러 종류의 데이터베이스는 National Space Science Data Center(NSSDC)[16]에서 접속할 수 있다. 그 밖에 합병하고 표준화하는 작업들이 수행 중에 있다. 미국에서는 국립과학재단(NSF)에서 **국립 가상 천문대**[17], 유럽에서는 **천체물리 가상 천문대**가 현재 진행 중에 있고, 영국에서는 Astrogrid를 추진 중에 있고, 호주는 **호주 가상 천문대**를 작업 중에 있다. 이러한 모든 노력들이 모여 미래에는 국제 가상 천문대를 창설하는 것이 천문학자들의 희망이다.

지상과 우주 천문대의 성공적인 결과를 바탕으로 천문학자들은 우주를 이해하는데 큰 발전을 거듭하였다. 현재 주어진 검출기, 관측 기술, 새로운 관측 장비, 가상 천문대 등으로 현재 알려진 천체에 대하여 더욱 개선된 연구가 예상된다. 그러나 더 흥미 있는 것은 이러한 관측의 발전으로 전혀 발견하지 못하고 예상하지 못한 현상을 발견하는 것이다.

15) 가이드 별 목록과 Digitized Sky Survey는 http://www-gsss.stsci.edu에서 볼 수 있다.

16) NSSDC Web은 http://assdc.nasa.gov에 있다.

17) National Virtual Observatory의 Web Site는 http://www.u-vo.org

제 6 장 참고 문헌

▎일반 도서

Colless, Matthew, "The Great Cosmic Map: The 2dF Galaxy Redshift Survey," *Mercury*, March/April 2003.

Frieman, Joshua A., and SubbaRao, Mark, "Charting the Heavens: The Sloan Digital Sky Survey," *Mercury*, March/April 2003.

Fugate, Robert Q., and Wild, Walter J., "Untwinkling the Stars—Part I," *Sky and Telescope*, May 1994.

Martinez, Patrick (ed.), *The Observer's Guide to Astronomy: Volume 1*, Cambridge University Press, Cambridge, 1994.

O'Dell, C. Robert, "Building the Hubble Space Telescope," *Sky and Telescope*, July 1989.

Schilling, Govert, "Adaptive Optics," *Sky and Telescope*, October 2001.

Schilling, Govert, "The Ultimate Telescope," *Mercury*, May/June 2002.

Sherrod, P. Clay, *A Complete Manual of Amateur Astronomy: Tools and Techniques for Astronomical Observations*, Prentice-Hall, Englewood Cliffs, NJ, 1981.

Stephens, Sally, " 'We Nailed It!' A First Look at the New and Improved Hubble Space Telescope," *Mercury*, January/February 1994.

Van Dyk, Schuyler, "The Ultimate Infrared Sky Survey: The 2MASS Survey," *Mercury*, March/April 2003.

White, James C. II, "Seeing the Sky in a Whole New Way," *Mercury*, March/April 2003.

Wild, Walter J., and Fugate, Robert Q., "Untwinkling the Stars—Part II," *Sky and Telescope*, June 1994.

▎고급 도서

Beckers, Jacques M., "Adaptive Optics for Astronomy: Principles, Performance, and Applications," *Annual Review of Astronomy and Astrophysics*, *31*, 1993.

Culhane, J. Leonard, and Sanford, Peter W., *X-ray Astronomy*, Faber and Faber, London, 1981.

Jenkins, Francis A., and White, Harvey E., *Fundamentals of Optics*, Fourth Edition, McGraw-Hill, New York, 1976.

Kellermann, K. I., and Moran, J. M., "The Development of High-Resoution Imaging in Radio Astronomy," *Annual Review of Astronomy and Astrophysics*, *39*, 2001.

Kraus, John D., *Radio Astronomy*, Second Edition, Cygnus-Quasar Books, Powell, Ohio, 1986.

Quirrenbach, Andreas, "Optical Interferometry," *Annual Review of Astronomy and Astrophysics*, *39*, 2001.

Thompson, A. R., Moran, J. M., and Swenson, G. W., *Interferometry and Synthesis in Radio Astronomy*, Second Edition, Wiley, New York, 2001.

제 6 장 연습 문제

6.1 For some point P in space, show that for any arbitrary closed surface surrounding P, the integral over a solid angle about P gives

$$\Omega_{\text{tot}} = \oint d\Omega = 4\pi.$$

6.2 The light rays coming from an object do not, in general, travel parallel to the optical axis of a lens or mirror system. Consider an arrow to be the object, located a distance p from the center of a simple converging lens of focal length f, such that $p > f$. Assume that the arrow is perpendicular to the optical axis of the system with the tail of the arrow located on the axis. To locate the image, draw two light rays coming from the tip of the arrow:

(i) One ray should follow a path *parallel* to the optical axis until it strikes the lens. It then bends toward the focal point of the side of the lens opposite the object.

(ii) A second ray should pass directly through the center of the lens undeflected. (This assumes that the lens is sufficiently thin.)

The intersection of the two rays is the location of the tip of the image arrow. All other rays coming from the tip of the object that pass through the lens will also pass through the image tip. The tail of the image is located on the optical axis, a distance q from the center of the lens. The image should also be oriented perpendicular to the optical axis.

(a) Using similar triangles, prove the relation

$$\frac{1}{p} + \frac{1}{q} = \frac{1}{f}.$$

(b) Show that if the distance of the object is much larger than the focal length of the lens $(p \gg f)$, then the image is effectively located on the focal plane. This is essentially always the situation for astronomical observations.

The analysis of a diverging lens or a mirror (either converging or diverging) is similar and leads to the same relation between object distance, image distance, and focal length.

6.3 Show that if two lenses of focal lengths f_1 and f_2 can be considered to have zero physical separation, then the effective focal length of the combination of lenses is

$$\frac{1}{f_{\text{eff}}} = \frac{1}{f_1} + \frac{1}{f_2}$$

Note: Assuming that the actual physical separation of the lenses is x, this approximation is strictly valid only when $f_1 \gg x$ and $f_2 \gg x$.

6.4 **(a)** Using the result of Problem 6.3, show that a compound lens system can be constructed from two lenses of different indices of refraction, $n_{1\lambda}$ and $n_{2\lambda}$, having the property that the resultant focal lengths of the compound lens at two specific wavelengths λ_1 and λ_2, respectively, can be made equal, or

$$f_{\text{eff},\lambda_1} = f_{\text{eff},\lambda_2}.$$

(b) Argue qualitatively that this condition does not guarantee that the focal length will be constant for all wavelengths.

6.5 Prove that the angular magnification of a telescope having an objective focal length of f_{obj} and an eyepiece focal length of f_{eye} is given by Eq. (6.9) when the objective and the eyepiece are separated by the sum of their focal lengths, $f_{\text{obj}} + f_{\text{eye}}$.

6.6 The diffraction pattern for a single slit (Figs. 6.7 and 6.8) is given by

$$I(\theta) = I_0 \left[\frac{\sin(\beta/2)}{\beta/2}\right]^2,$$

where $\beta \equiv 2\pi D \sin\theta/\lambda$.

(a) Using l'Hôpital's rule, prove that the intensity at $\theta = 0$ is given by $I(0) = I_0$.

(b) If the slit has an aperture of 1.0 μm, what angle θ corresponds to the first minimum if the wavelength of the light is 500 nm? Express your answer in degrees.

6.7 **(a)** Using the Rayleigh criterion, estimate the angular resolution limit of the human eye at 550 nm. Assume that the diameter of the pupil is 5 mm.

(b) Compare your answer in part (a) to the angular diameters of the Moon and Jupiter. You may find the data in Appendix C helpful.

(c) What can you conclude about the ability to resolve the Moon's disk and Jupiter's disk with the unaided eye?

6.8 **(a)** Using the Rayleigh criterion, estimate the theoretical diffraction limit for the angular resolution of a typical 20-cm (8-in) amateur telescope at 550 nm. Express your answer in arcseconds.

(b) Using the information in Appendix C, estimate the minimum size of a crater on the Moon that can be resolved by a 20-cm (8-in) telescope.

(c) Is this resolution limit likely to be achieved? Why or why not?

6.9 The New Technology Telescope (NTT) is operated by the European Southern Observatory at Cerro La Silla. This telescope was used as a testbed for evaluating the adaptive optics technology used in the VLT. The NTT has a 3.58-m primary mirror with a focal ratio of $f/2.2$.

(a) Calculate the focal length of the primary mirror of the New Technology Telescope.

(b) What is the value of the plate scale of the NTT?

(c) ϵ Bootes is a double star system whose components are separated by $2.9''$. Calculate the linear separation of the images on the primary mirror focal plane of the NTT.

6.10 When operated in "planetary" mode, HST's WF/PC 2 has a focal ratio of $f/28.3$ with a plate scale of $0.0455''$ pixel^{-1}. Estimate the angular size of the field of view of one CCD in the planetary mode.

6.11 Suppose that a radio telescope receiver has a bandwidth of 50 MHz centered at 1.430 GHz (1 GHz = 1000 MHz). Assume that, rather than being a perfect detector over the entire bandwidth, the receiver's frequency dependence is triangular, meaning that the sensitivity of the detector is 0% at the edges of the band and 100% at its center. This filter function can be expressed as

$$f_\nu = \begin{cases} \dfrac{\nu}{\nu_m - \nu_\ell} - \dfrac{\nu_\ell}{\nu_m - \nu_\ell} & \text{if } \nu_\ell \le \nu \le \nu_m \\ -\dfrac{\nu}{\nu_u - \nu_m} + \dfrac{\nu_u}{\nu_u - \nu_m} & \text{if } \nu_m \le \nu \le \nu_u \\ 0 & \text{elsewhere} \end{cases}$$

(a) Find the values of ν_ℓ, ν_m, and ν_u.

(b) Assume that the radio dish is a 100% efficient reflector over the receiver's bandwidth and has a diameter of 100 m. Assume also that the source NGC 2558 (a spiral galaxy with an apparent visual magnitude of 13.8) has a constant spectral flux density of $S = 2.5$ mJy over the detector bandwidth. Calculate the total power *measured* at the receiver.

(c) Estimate the power emitted at the source in this frequency range if $d = 100$ Mpc. Assume that the source emits the signal isotropically.

6.12 What would the diameter of a single radio dish need to be to have a collecting area equivalent to that of the 27 telescopes of the VLA?

6.13 How much must the pointing angle of a two-element radio interferometer be changed in order to move from one interference maximum to the next? Assume that the two telescopes are separated by the diameter of Earth and that the observation is being made at a wavelength of 21 cm. Express your answer in arcseconds.

6.14 Assuming that ALMA is completed with the currently envisioned 50 antennas, how many unique baselines will exist within the array?

6.15 The technical specifications for the planned SIM PlanetQuest mission call for the ability to resolve two point sources with an accuracy of better than 0.004″ for objects as faint as 20th magnitude in visible light. This will be accomplished through the use of optical interferometry.

(a) Assuming that grass grows at the rate of 2 cm per week, and assuming that SIM could observe a blade of grass from a distance of 10 km, how long would it take for SIM to detect a measurable change in the length of the blade of grass?

(b) Using a baseline of the diameter of Earth's orbit, how far away will SIM be able to determine distances using trigonometric parallax, assuming the source is bright enough? (For reference, the distance from the Sun to the center of the Milky Way Galaxy is approximately 8 kpc.)

(c) From your answer to part (b), what would the apparent magnitude of the Sun be from that distance?

(d) The star Betelgeuse (in Orion) has an absolute magnitude of -5.14. How far could Betelgeuse be from SIM and still be detected? (Neglect any effects of dust and gas between the star and the spacecraft.)

6.16 **(a)** Using data available in the text or on observatory websites, list the wavelength ranges (in cm) and photon energy ranges (in eV) covered by the following telescopes: VLA, ALMA, SIRTF, JWST, VLT/VLTI, Keck/Keck Interferometer, HST, IUE, EUVE, Chandra, CGRO.

(b) Graphically illustrate the wavelength coverage of each of the telescopes listed in part (a) by drawing a horizontal bar over a horizontal axis like the one shown in Fig. 6.25.

(c) Using photon energies rather than wavelengths, create a graphic similar to the one in part (b).

COMPUTER PROBLEM

6.17 Suppose that two identical slits are situated next to each other in such a way that the axes of the slits are parallel and oriented vertically. Assume also that the two slits are the same distance from a flat screen. Different light sources of identical intensity are placed behind each slit so that the two sources are incoherent, which means that double-slit interference effects can be neglected.

(a) If the two slits are separated by a distance such that the central maximum of the diffraction pattern corresponding to the first slit is located at the second minimum of the second slit's diffraction pattern, plot the resulting superposition of intensities (i.e., the total intensity at each location). Include at least two minima to the left of the central maximum of the leftmost slit and at least two minima to the right of the central maximum of the rightmost slit. *Hint:* Refer to the equation given in Problem 6.6 and plot your results as a function of β.

(b) Repeat your calculations for the case when the two slits are separated by a distance such that the central maximum of one slit falls at the location of the first minimum of the second (the Rayleigh criterion for single slits).

(c) What can you conclude about the ability to resolve two individual sources (the slits) as the sources are brought progressively closer together?

7장

태양계의 물리적 과정

7.1 개요

5장(2권)에서 우리는 태양계에서 압도적으로 가장 큰 구성원인 태양에 대하여 자세하게 논의할 것이다. 태양계 및 다른 항성의 형성에 관한 문제는 또한 6장(2권)에서 살펴볼 것이다. 원시별과 아주 어린 별(예 : HH30, 직녀성, β Pictoris, 오리온 성운의 원시행성계원반(proplyd); 2권 324쪽 및 2권의 그림 6.19-6.23 참조) 등에 대한 관찰 결과, 많은 별이 형성될 때 행성계들도 같이 형성되었고, 이 행성계들은 새로 태어나는 별들의 적도상에 형성되어 있는 유입원반의 물질에서 형성된다는 것이 밝혀졌다. 태양계 밖에서 발견된 최초의 외계 행성은 주계열성(51 Pegasi) 주위에 있는 행성으로 1995년 외계행성으로 확인하였다. 그 후 불과 10년 동안 155개의 외계 행성이 추가적으로 발견되었다. 우리는 이제 잘 알려져 있는 행성계의 예로서 우리 태양계에 대하여 알아볼 것이다. 또한 외계행성에 대하여 계속 추가되고 있는 정보를 살펴볼 것이다. 그러나 태양계의 모든 행성과 그 위성에 대하여 세부적인 내용을 모두 기술하는 것은 본 책의 범위를 넘어서는 것이므로, 자세한 내용은 운석, 소행성, 혜성, 카이퍼대(Kuiper Belt)의 물체 그리고 행성 간 티끌 등과 함께 해당 내용에 관한 전문 서적을 참조하기 바란다. 이 책에서는 이러

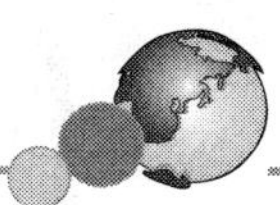

한 천체들과 외계 행성의 기본적인 특성을 그 형성 과정에 관계되는 물리 이론과 함께 별의 진화 측면에서 살펴볼 것이다.

행성의 기본적인 특성

지구에서 행성을 연구하기 시작한 것은 매우 오래 전부터이며, 처음에는 맨 눈으로 관측하다가 그 후에는 망원경을 사용하게 되었다. 우주비행 시대가 시작된 후 인류는 달(유인 우주선)을 비롯하여 명왕성을 제외한 태양계의 모든 행성(무인 우주선)을 방문하였다.

각 행성은(명왕성, 2003UB313[1], 카이퍼대의 다른 구성원 제외) 두 가지 그룹으로 크게 분류할 수 있다.

수성, 금성, 지구, 화성은 암석으로 구성된 **지구형 행성**으로 분류되며, 목성, 토성, 천왕성, 해왕성은 **거대**행성(또는 **목성형** 행성)으로 분류된다. 거대행성은 다시 가스 상 거대행성(목성과 토성) 및 얼음 거대행성(천왕성과 해왕성)으로 분류할 수 있다. 지구형 행성과 거대 행성은 표 7.1과 같이 여러 측면에서 큰 차이가 있다. 태양에 대한 행성의 상대적인 크기를 그림 7.1에 표시하였다. 각 행성의 물리적 및 궤도 특성에 대한 세부 자료는 부록 C에 수록하였다.

표 7.1 지구형 행성과 거대 행성의 기본 특성(기호 $M_\oplus$ 및 $R_\oplus$는 각각 지구의 질량과 반지름을 나타냄)

구분	지구형행성	거대행성
기본 구성 물질	암석	가스/얼음/암석
평균 궤도 거리(AU)	0.39–1.52	5.2–30.0
평균 "표면" 온도(K)	215–733	70–165
질량($M_\oplus$)	0.055–1.0	14.5–318
적도반경($R_\oplus$)	0.38–1.0	3.88–11.2
평균 밀도(kg m^{-3})	3933–5515	687–1638
항성자전주기(적도)	23.9 h–243 d	9.9 h–17.2 h
알려진 위성의 숫자	0–2	13–63
고리계	없음	있음

1) 2003UB313은 2005년 1월, 2003년 촬영된 영상을 통해 발견되었다(360쪽). 2006년 5월 현재, 2003UB313을 주행성으로 분류할 것인지 소행성으로 분류할 것인지 결정되지 않았으며 이름도 정해지지 않았다. 이에 대해서는 국제천문연맹(International Astronomical Union : IAU)이 결정한다.
(역자 주) 2005년 8월 프라하에서 열린 IAU 총회에서 명왕성을 왜행성으로 분류할 것을 결의하였다.

▌그림 7.1 태양과 행성의 상대적인 크기. 좌에서 우로 태양, 수성, 금성, 지구, 화성, 목성, 토성, 천왕성, 해왕성, 명왕성(위성 중 하나인 카론 포함). 명왕성보다 약간 더 큰 것으로 알려진 열 번째 행성인 2003 UB313은 이 그림에 표시되지 않았으며, 별 사이의 간격은 실제 거리에 비례하지 않음.

표 7.1에 표시된 특성상의 차이점 중 대부분은 그 행성의 태양에 대한 거리 및 온도와 직접적인 관계가 있다. 추후 설명하겠지만, 실제로 이 온도는 초기 태양계 성운의 얼음 형성 범위를 결정함으로써 지구형 및 거대행성의 진화에 커다란 영향을 미쳤다.

행성의 위성

행성의 주위를 돌고 있는 위성의 숫자도 지구형 행성과 거대행성에 따라 상당히 달라진다. 수성과 금성에는 위성이 없으며, 지구에는 비교적 큰 위성 한 개, 그리고 화성에는 작은 위성 두 개가 있다. 그 반면, 목성, 토성, 천왕성, 해왕성에는 각각 최소 63개, 47개, 27개, 13개의 위성이 있는 것으로 알려져 있다. 고리계까지 합하면 각 거대행성은 복잡한 궤도 시스템을 가지고 있다.

명왕성[2)]과 그 가장 큰 위성인 카론을 예외로 한다면 모행성에 대한 상대적인 크기가 태양계에서 압도적으로 큰 위성은 지구의 달이다. 그러나 목성의 갈릴레이 위성 4개 중 3개(이오, 가니메데, 칼리스토)[3)] 및 토성의 거대한 위성 타이탄은 실제 크기와 질량이 달보다 더 크다. 또한 가니메데와 타이탄은 비록 그 질량은 행성인 수성보다 약간 더 작지만 반지름은 더 크다.

어떤 면에서 태양계 거대위성의 특성은 지구형 행성과 상당히 비슷하며, 이오의 활화산과 타이탄의 대기의 존재도 그러한 유사성을 보여주고 있다. 그러나 일부

2) 명왕성이 태양이 아니라 다른 행성 주위를 선회한다고 가정할 경우 명왕성은 태양계에서 8번째로 큰 위성이다.

3) 목성의 위성 중에서 이오, 유로파, 가니메데, 칼리스토는 갈릴레오가 발견한 4개의 위성이다. 2.2절 참조.

위성의 특성은 행성과 다르며, 미란다(천왕성의 여러 위성 중 하나) 표면의 기괴한 지형이 그러한 예이다.

소행성대(Asteroid Belt)

천왕성, 해왕성 및 명왕성이 발견되기 전인 1766년 요한 티티우스(Johann Titius, 1729–1796)가 태양에서 각 행성까지의 거리를 간단한 수열식으로 표시할 수 있다는 것을 알아내었다. 이 경험식은 몇 년 후 요한 E. 보데(Johann Elert Bode, 1747–1826)에 의하여 널리 알려지게 되었으며 현재는 **티티우스–보데 규칙** 또는 간단히 *보데의 규칙*(표 7.2)이라 부른다.

보데의 규칙이 알려지자, 그 규칙이 화성과 목성 사이에 있는 거리 2.8 AU 궤도상에 행성의 존재를 '예측'하고 있다는 것을 알게 되었다. 이탈리아의 수도사 쥬세페 피아찌(Giuseppe Piazzi, 1746–1826)가 오랜 관측을 통하여 1801년 1월에 대략 그 위치에서 **소행성**을 처음으로 발견하고 시칠리아의 수호여신 이름을 따서 세레스라고 명명하였다. 현재 수천 개의 소행성이 알려져 있으며 그 중에서 전체 소행성 질량의 약 30%를 차지하고 지름이 약 1,000 km인 세레스가 가장 크다. 중요한 예외도 있지만(10.3절 참조) 대부분의 소행성은 태양 주위를 2 내지 3.5 AU 거리에서 황도면에 가깝게 돌고 있다. 이 범위를 **소행성대(Asteroid Belt)**라 부른다.

표 7.2 티티우스–보데 규칙에 의한 예측. 티티우스–보데 규칙과 실제 평균 궤도 거리의 비교

행성	티티우스–보데 거리(AU)	실제 평균 거리(AU)
수성	$(4+3\times0)/10=0.4$	0.39
금성	$(4+3\times2^0)/10=0.7$	0.72
지구	$(4+3\times2^1)/10=1.0$	1.00
화성	$(4+3\times2^2)/10=1.6$	1.52
세레스	$(4+3\times2^3)/10=2.8$	2.77
목성	$(4+3\times2^4)/10=5.2$	5.20
토성	$(4+3\times2^5)/10=10.0$	9.58
천왕성	$(4+3\times2^6)/10=19.6$	19.20
해왕성	$(4+3\times2^7)/10=38.8$	30.05
명왕성	$(4+3\times2^8)/10=77.2$	39.48
2003 UB313	$(4+3\times2^9)/10=154.0$	67

보데의 규칙은 대부분의 행성 궤도와 상당히 잘 일치하며 세레스의 존재를 예측할 수 있었지만, 천왕성 외부의 물체에 대해서는 큰 차이가 있다. 현재는 보데의 규칙이 어떤 근본적인 물리적 과정에 의한 것이 아니라 단순한 수학적인 일치에 지나지 않는 것으로 생각되고 있다. 현대의 천문학자들은 보데의 규칙이 어떤 기본적인 자연의 법칙에 의한 것이 아니라고 여기지만 이 규칙은 역사적으로 보데의 법칙으로 알려져 왔다. 그러나 보데의 규칙을 수정한 규칙이 목성, 토성, 천왕성의 일부 위성 궤도와 잘 일치한다는 것은 흥미로운 일이다. 이 수정 규칙에 대해서는 문제 7.2와 7.3에서 다루고 있다.

큰 위성은 대부분 그 모행성과 함께 형성된 것이 분명하지만, 다른 위성은 공간을 떠돌다가 행성의 중력에 붙잡힌 큰 암석에 지나지 않는다. 이러한 암석의 대부분은 포획된 소행성으로 추정되고 있다.

혜성과 카이퍼대의 물체

태양을 돌고 있는 주요 물체 중에는 혜성도 포함된다. 한때는 대기 현상으로 여겨졌으며 심지어 재앙을 알리는 전조로 생각되기도 했으나[4], 현재는 혜성은 얼음과 먼지가 뒤섞인 더러운 눈덩어리라는 것이 밝혀졌다. 혜성의 장엄하고 긴 꼬리는 얼음 덩어리에서 떨어져 나오거나 증발된 먼지와 가스이며 태양의 복사압과 태양풍에 밀려서 길게 뻗어 있는 것이다. 유명한 핼리혜성처럼 일부의 혜성은 200년 이하의 짧은 공전주기를 가지고 있는 반면 장주기 혜성들은 태양을 공전하는데 백만 년 이상이 걸리기도 한다.

혜성의 궤도 특성을 살펴보면 현재의 단주기 혜성들의 근원은 **카이퍼대**인 것으로 생각되고 있다. 카이퍼대는 주로 해왕성 외부의 황도면 상에 위치하며, 태양에서 거리 약 30 AU 내지 1000 AU 이상에 있는 얼음 형태의 물체들을 말한다. 현재 명왕성과 그 위성인 카론, 2003 UB313, 세드나, 콰오아 등은 **카이퍼대 천체**(KBO : Kuiper Belt Objects) 또는 **해왕성 바깥 천체**(TNO : Trans-Neptunian Objects)라 부르는 일단의 물체들 중에서 가장 큰 것들이라는 것이 밝혀졌다. 장주기 혜성들은 **오오르트 구름**(Oort Cloud)에서 기원한 것이 확실하며, 혜성핵은 대략 대칭 구체 형태로서 그 궤도 반지름은 3000 내지 100,000 AU이다. 대부분의 시간 동안 온도가 극히 낮은 태양계 바깥쪽에 있으므로 혜성과 카이퍼대 천체는 약 46억년

4) 2.1절의 티코 브라헤의 관측을 참조할 것.

동안 우주 공간의 영향을 아주 적게 받았을 것이므로 태양계 형성 초기의 흔적을 간직하고 있는 것으로 여겨지고 있다.

운석

소행성이 서로 충돌하면 작게 쪼개져서 **유성체**(meteoroid)가 만들어진다. 유성체가 지구 대기에 들어오게 되면 대기와 마찰하여 밝은 빛줄기처럼 빛을 발한다. 이것을 유성(meteor)이라 한다. 유성체 중에서 대기를 통과한 잔여 물체를 운석(meteorite)이라 한다. 운석을 분석하면 그 생성된 환경에 대하여 많은 것을 알 수 있다.

운석 물질의 또 다른 소스로, 혜성이 태양계 내부에서 열에 의하여 서서히 분해되어 운석물질이 생성된다. 지구가 혜성의 잔해 물질이 남아 있는 궤도에 들어가면 미세운석이 지구 대기 중으로 빗줄기처럼 쏟아지는 유성우(meteor shower) 현상을 볼 수 있게 된다.

최종적으로 소행성과 혜성의 분해에 의하여 태양 근처의 궤도에 남겨진 티끌은 태양광을 반사하여 희미하게 빛나게 된다. 이 빛을 황도광이라 하며, 매우 약해서 소도시의 불빛 정도에도 눈에 띄지 않게 된다.

태양계의 형성 : 개요

위와 같은 태양계의 특성은 초기 형성 및 그 이후의 진화 과정을 통하여 이해할 수 있다. 현재 태양계의 진화는 원시 태양계성운의 중력 붕괴에 의하여 태양이 생성될 때, 성운의 지름이 축소됨에 따라 회전이 빨라지며 물질이 원반 모양을 이루게 되었다는 가정을 전제로 하고 있다. 이 **유입원반** 내의 온도는 중심부의 원시태양에서 거리에 따라 변화하여, 암석은 유입 원반 전체에서 결합되고, 물은 중심에서 먼 거리인 현재의 소행성대 밖에서 얼음으로 형성되었다. 그 결과로 지구형 행성은 미행성이라 불리는 작은 암석 덩어리들을 충돌로 포획하여 점점 커지게 되었고, 이보다 훨씬 더 큰 거대행성에는 **미행성** 속에 포함되어 있던 얼음이 추가되었다. 유입원반 안쪽 부분에 있는 지구형 행성은 높은 온도와 작은 질량으로 행성 주위에 있던 가벼운 기체를 포획하지 못하였으며, 그에 비하여 온도가 낮고 질량이 큰 거대행성, 특히 목성과 토성은 거대한 질량의 원시대기를 포획하여 축적할 수 있었다.

새로 형성된 거대행성들 주위에서는 작은 국지적 유입원반들이 현재 우리가 볼 수 있는 위성들을 형성하였다. 다른 위성들은 태양계를 떠돌던 미행성과 소행성의 파편들이 포획되어 형성된 것이다. 또 다른 메커니즘으로서, 지구의 달은 대략 현재 화성 크기의 비교적 큰 미행성이 초기의 지구와 충돌하여 형성된 것으로 보인다. 행성과 위성이 형성된 후 잔여 물질이 그 위로 쏟아져서 수많은 구덩이를 만들었다. 초기 태양계 이후 구덩이의 형성이 대폭 감소하였지만 지금도 계속되고 있다. 이와 같이 격렬한 형성기의 흔적은 지금도 많은 행성과 위성에서 쉽게 찾아 볼 수 있다.

거대행성과 충돌하거나 포획되지 않고 거대행성 사이를 떠돌던 얼음상태의 물체들 중 대부분은 주변 중력에 영향을 받아 크게 달라진 궤도를 가지고 있다. 천왕성과 해왕성 부근을 지나던 혜성핵의 일부는 훨씬 더 큰 궤도를 가지게 되어, 이들을 현재 오오르트 구름이라고 한다. 한편 목성과 토성 주위에 있던 것들은 완전히 태양계 외부로 축출되었다. 거대행성 주위를 돌던 다른 미행성들은 내부로 들어오게 되어 지구형 행성이나 태양과 충돌하였다. 해왕성보다 더 먼 바깥은 온도가 매우 낮아 얼음형 천체들이 지금도 그 영역에 남아서 카이퍼대를 이루고 있다. 얼음형 천체가 형성되는 영역 바로 안쪽으로 태양 가까운 영역에서는 태양계 생성기의 암석형 잔여 물체들이 소행성대를 이루고 있다.

유입원반과 조석력 및 점성 상호작용의 직접적인 결과로서, 그리고 미행성들이 흩어져서 목성은 형성될 때보다 태양에 더 가까운 위치로 이동하였으며, 반면에 토성, 천왕성, 그리고 특히 해왕성은 태양에서 더 멀어졌다.

이 절의 주제가 의미하듯이 우리 태양계의 생성과 진화를 이해하는 데 커다란 진보가 있었다. 7장에서 11장 사이에서 우리 태양계의 구성원을 더 자세히 알아보고 그 형성에 관한 물리적 과정을 살펴볼 것이다. 마지막으로 태양계와 외계의 행성계에 대한 지식을 바탕으로 앞서 설명했던 진화 시나리오를 다시 살펴보도록 한다.

7.2 조석력(Tidal Force)

제2장에서 살펴본 바와 같이, 중력은 케플러의 법칙의 형태로 행성과 그 위성의 궤도운동을 지배하고 있다. 2장에서는 행성과 위성이 구대칭성을 띤다고 간주하여 점질량으로 취급하였다(예제 2.2.1). 그러나 구대칭 조건을 완화하여 적용하면 중

요한 결과를 알 수 있게 된다. 위성이 모행성을 향하고 있는 면은 반대 면보다 모행성에 더 가까우므로 모행성의 중력은 그 가까운 면에 더 크게 작용하며, 이 중력의 차이에 의하여 위성은 늘어난 형태로 변형된다. 뉴턴의 제3운동법칙에 의하면 행성의 위성에 가까운 면과 그 반대 면에도 동일한 효과가 나타나게 된다. 물체가 점질량이 아닌 경우, 그 물체에 작용하는 힘이 거리에 따라 다르므로 그 힘의 차이를 조석력이라 한다. **조석력**에 의하여 행성과 위성이 구형에서 형태로 변형되면 토크가 발생하여 자전속도에 영향을 미친다. 이 조석력의 영향이 충분히 클 경우 위성이 파괴될 수도 있다.

바닷가에 사는 사람이라면 누구나 해면에 발생하는 조수 간만의 변화를 잘 알고 있을 것이다. 지역의 해안선 특성에 따라 대략 24시간 53분마다 2회의 만조(밀물)가 일어난다. 조석력에 의하여 지구 형상이 약 10 cm 정도 변형된다는 것은 그리 잘 알려져 있지 않다. 또한, 지구는 달보다 훨씬 더 크므로(약 81배) 달의 변형은 그 표면에서 약 20 m 높이의 변화로 나타난다.

조석의 물리학

지구에서 조석의 변화가 생기는 과정을 설명하기 위하여 달의 질량중심에서 거리 r에 위치한 행성 내부의 시험질량(test mass) m_1에 작용하는 힘을 살펴보자.

$$F_m = G\frac{Mm_1}{r^2}$$

여기서 M은 달의 질량(그림 7.2)이다. 다음, 지구와 달을 잇는 직선상에 m_1에서 거리 dr에 있는 둘째 질량 $m_2 = m_1 = m$을 생각해 보자.

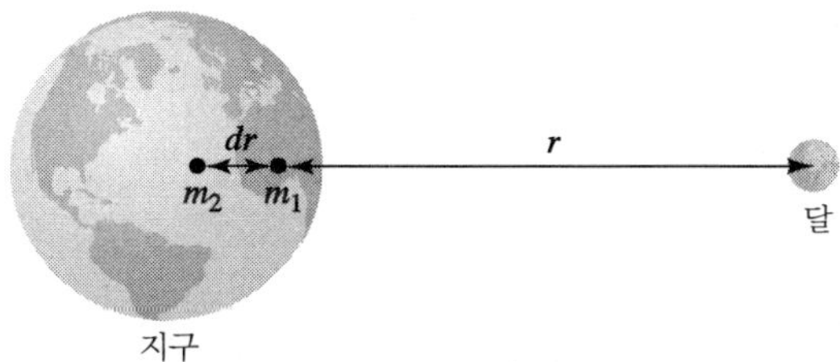

▮ **그림 7.2** 달에 의한 지구의 조석력은 지구 내부의 서로 다른 지점에 작용하는 달의 중력 차이 때문이다.

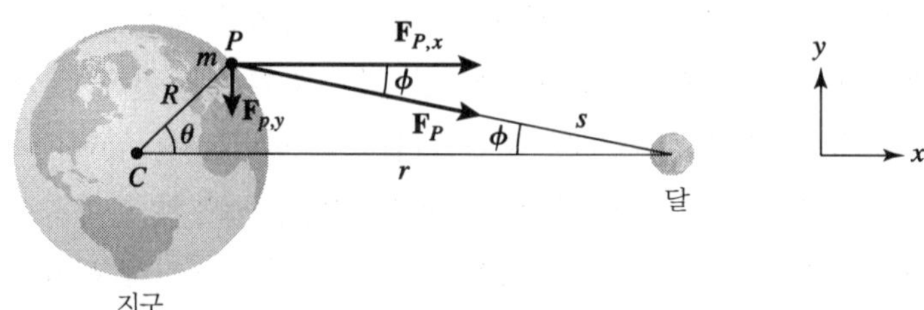

▌그림 7.3 달에 의하여 지구에 작용하는 조석력의 기하학

두 시험 질량에 작용하는 힘의 차이(차등중력)는 다음과 같다.

$$dF_m = \left(\frac{dF_m}{dr}\right) dr = -2G\frac{Mm}{r^3}\,dr \tag{7.1}$$

여기서 dr은 두 시험 질량의 사이의 거리이다. 거리의 변화에 따라 차등 중력은 중력 그 자체보다 더 빠르게 감소한다는 점을 주목할 필요가 있다. 이 사실은 시험 질량이 달에 가까울수록 그 효과가 더 커진다는 것을 의미한다.

조석력에 의한 지구의 형태 변화 모습은 지구 중심과 그 표면상의 임의의 점 사이에 작용하는 중력 벡터의 차이를 분석하여 구할 수 있다(그림 7.3). 설명을 쉽게 하기 위하여 $x-y$평면상의 힘만 고려하기로 한다. 자전을 무시하면 힘의 영향은 $x-$축(지구와 달의 중심을 연결하는 선)에 대하여 대칭이다. 지구 중심에서 달에 의하여 시험 질량 m에 작용하는 중력의 $x-$축 및 $y-$축 성분은 다음과 같다.

$$F_{C,x} = \frac{GMm}{r^2}, \qquad F_{C,y} = 0$$

점 P에서 이 성분들은 다음과 같이 표시된다.

$$F_{P,x} = \frac{GMm}{s^2}\cos\phi, \qquad F_{P,y} = -\frac{GMm}{s^2}\sin\phi$$

지구 중심과 지구 표면에 작용하는 힘의 차이, 즉 차등 중력은 다음과 같게 된다.

$$\Delta\mathbf{F} = \mathbf{F}_P - \mathbf{F}_C = GMm\left(\frac{\cos\phi}{s^2} - \frac{1}{r^2}\right)\hat{\mathbf{i}} - \frac{GMm}{s^2}\sin\phi\,\hat{\mathbf{j}}$$

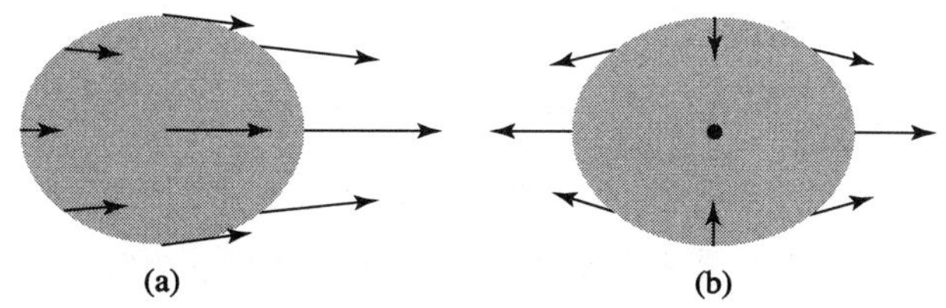

▮ 그림 7.4 (a) 지구에 미치는 달의 중력. (b) 지구의 중심에 미치는 힘을 기준으로 지구에 미치는 상대적인 차등중력

그 다음, 해석을 좀 더 쉽게 하기 위하여 s를 r, R, θ로 표시한다.

$$s^2 = (r - R\cos\theta)^2 + (R\sin\theta)^2 \simeq r^2\left(1 - \frac{2R}{r}\cos\theta\right)$$

여기서 $R^2/r^2 \ll 1$인 항은 무시하였다. $x \ll 1$에서 $(1+x)^{-1} \simeq 1-x$임을 고려하고 대입하면 차등 중력을 다음과 같이 나타낼 수 있다.

$$\Delta\mathbf{F} \simeq \frac{GMm}{r^2}\left[\cos\phi\left(1 + \frac{2R}{r}\cos\theta\right) - 1\right]\hat{\mathbf{i}}$$
$$-\frac{GMm}{r^2}\left[1 + \frac{2R}{r}\cos\theta\right]\sin\phi\,\hat{\mathbf{j}}. \qquad (7.2)$$

마지막으로, 1차 관계 $\cos\phi \simeq 1$ 및 $\sin\phi \simeq (R\sin\theta)/r$을 적용하여 아래 식을 얻는다.

$$\Delta\mathbf{F} \simeq \frac{GMmR}{r^3}\left(2\cos\theta\,\hat{\mathbf{i}} - \sin\theta\,\hat{\mathbf{j}}\right) \qquad (7.3)$$

$y-$성분과 비교할 때 $x-$성분에는 추가 인자 2가 있다는 점의 유의하여야 한다. 또한 이 식을 차등 중력을 나타내는 식 (7.1)과 비교하면 여기서 R(중심과 표면 사이의 거리)이 dr을 대체하고 있다는 것을 알 수 있다.

그림 7.4는 식 (7.3)의 조건을 보여준다. 달에 의한 실제 중력 벡터는 달의 질량중심 방향이지만 차등 중력의 벡터는 지구를 $y-$축으로 압축시키는 방향이며, 따라서 지구를 지구–달 질량 중심을 연결하는 직선 방향으로 늘어나게 하므로 조석 팽대부가 생기게 된다. 지구 주위를 공전하는 달로 인해 지구가 자전할 때 팽대부의 대칭에 의하여 25시간 주기로 2회의 밀물이 생기게 되는 것이다.

조석력의 효과

실제로는 지구의 조석팽대부가 달의 위치와 정확하게 일치하지 않는다. 이것은 지구의 자전주기가 달의 공전주기보다 짧고 지구 표면의 마찰력이 지구와 달을 잇는 직선에 앞서 팽대부의 축을 끌어당기기 때문이다. 마찰력은 소산되는 힘이므로 회전운동 에너지가 지속적으로 손실되며 지구의 자전속도도 계속적으로 감소하게 된다. 현재 기준으로 지구의 자전주기는 100년 당 0.0016초씩 느려지고 있으며 이 감소율은 미소하지만 측정 가능하다.

또한 달은 매년 3 내지 4 cm씩 지구에서 멀어지고 있는 것으로 알려져 있다. 이 같은 지구와 달 사이의 거리 증가는 1970년대 초 아폴로 우주선이 달에 두고 온 거울에 레이저 광선을 반사시켜 그 왕복에 걸리는 시간으로 측정한다.

지구의 자전속도 감소와 지구–달 사이의 거리 증가의 관계는 달이 지구의 조석팽대부와 상호작용에 의하여 지구에 가하는 토크를 통하여 알 수 있다. 그림 7.5를 보면 팽대부 A는 달보다 앞 선 위치에 있으며 팽대부 B보다 달에 더 가깝다. 그 결과로 달이 팽대부 A에 미치는 힘이 B에 미치는 힘보다 더 크게 되고 따라서 토크에 차이가 생겨서 지구의 자전을 늦춘다. 이와 동시에 팽대부 A는 달을 진행 방향을 끌어당겨서 지구에서 더 멀어지게 하는 것이다. 이 상호보완적인 거동은 단지 각운동량 보존법칙에 따른 결과이다. 지구와 달 시스템에 대한 태양과 다른 행성들의 동력학적인 영향을 무시하면 그 총 각운동량에 영향을 미칠 수 있는 토크는 달리 없다. 지구의 자전 각운동량이 감소하고 있다면 달의 공전 각운동량은 증가하여야 한다.

오랜 시간 후를 생각한다면 지구는 조석력의 영향으로 자전속도가 느려져서 현재 달이 항상 지구에 같은 표면을 보여주고 있는 것과 같이 지구도 같은 면이 항상

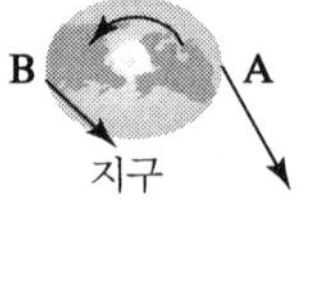

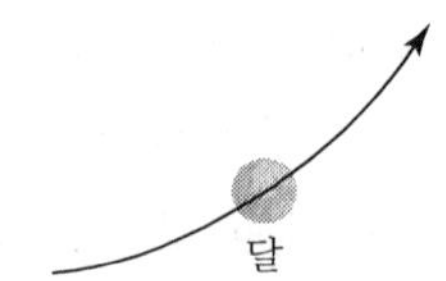

그림 7.5 지구의 팽대부 A는 팽대부 B보다 달에 더 가깝기 때문에 지구에 토크 차가 작용하게 된다. 이 그림은 실제 치수와 비례하지 않는다.

달을 향하게 될 것이다. 먼 훗날, 지구의 달 반대편에 사는 사람이 달밤의 정취를 즐기고자 한다면 지구를 반 바퀴 도는 여행을 해야 할 것이다. 계산에 따르면 이 때 지구의 하루 길이는 지금보다 47배나 더 길어진다.

동주기 자전(Synchronous Rotation)

과거에는 달이 지금보다 지구에 훨씬 더 가까웠으며 대략 지구를 공전하는데 일주일 정도가 걸렸을 것이다. 또한 과거에는 달의 자전주기도 그 공전주기보다 짧았을 것으로 추정된다. 달의 **1 대 1 동주기 자전**은 현재 지구상에서 발생하고 있는 것과 같은 조석력의 마찰 때문이다. 달은 지구보다 훨씬 더 작으며 지구가 달에 미치는 조석력에 의한 변형이 달이 지구에 미치는 것보다 훨씬 더 크므로 달은 지구보다 더 빠르게 자전주기가 공전주기에 동기화된 것이다.

동주기 자전은 태양계에 널리 있는 현상이다[5]. 화성의 두 위성, 목성의 4개 갈릴레이 위성(이오의 궤도 안쪽에 있는 소위성 아말테아도 포함됨), 그리고 토성의 위성 대부분도 동주기 자전을 하고 있으며, 이런 현상은 외행성의 위성에서도 흔히 볼 수 있다. 뿐만 아니라 명왕성과 그 최대 위성인 카론은 조석력에 의한 진화의 최종 단계에 이르러 상호 동주기 자전을 하므로 항상 같은 면을 서로 마주하고 있다.

해왕성의 거대 위성인 트리톤은 조석력에 의한 진화 측면에서 매우 흥미롭고 특수한 사례이다. 트리톤은 동주기 자전을 하며 역행 공전을 한다. 이러한 경우에 해왕성의 조석팽대부는 위성을 멀어지게 하는 대신 나선형으로 가까워지게 만든다. 물론 두 천체가 충돌하는 것은 수십 억 년 후가 될 것이다. 그 반면 화성의 위성 중 하나인 포보스는 순행궤도를 돌고 있지만 그 공전주기는 7시간 39분으로서 화성의 자전주기인 24시간 37분보다 짧다. 이것은 포보스가 행성의 자전주기와 위성의 공전주기가 같아지는 동주기 궤도 안쪽에 있다는 것을 의미한다[6]. 그러므로 포보스는 조석팽대부를 앞서 나가고 있으며 그 결과로 조석력은 이 위성을 나선형 궤도를 그리며 화성에 더 가까워지게 한다. 포보스의 궤도는 빠르게 가까워지고 있으므로 이대로 간다면 약 5천만 년 후에 화성에 충돌하게 될 것이다. 화성의 다른 위성인 데이모스는 동주기궤도 바깥에 있으며, 지구의 달처럼 나선형을 그리며 멀어지고 있다.

---

5) 일부의 쌍성도 동주기 자전을 하는 것으로 알려져 있다. 12.1절(2권) 참조.

6) 지구의 동주기 궤도는 지구 동주기(geosynchronous) 궤도라 부르기도 한다. 지구 동주기 적도궤도에 올려진 인공위성은 지구 표면에 대하여 지리적으로 동일한 위치에 머무르게 된다. 통신위성은 보통 이 궤도에 올려진다.

태양에 의한 추가 조석력의 영향

물론, 지구-달 계는 완전히 고립되어 있지 않다. 예를 들어 태양도 지구에 조석력을 미친다. 태양, 지구, 달이 일직선으로 늘어서면(보름달이나 합삭 때), 태양과 달의 차등 중력이 더해져서 지구에 아주 큰 조석팽대부를 만들어 큰 조석을 일으키고 이것을 한사리(대조)라 한다. 상현 달 또는 하현 달 때는 태양, 지구, 달이 직각으로 배열되며, 이런 위치에서는 태양과 달에 의한 조석력이 서로 상쇄되어 보통 때보다 작은 조석을 일으키는데 이것을 조금(소조)이라 한다.

로시한계(Roche Limit)

포보스가 화성에 접근하게 된다면, 화성에 충돌할 때가지 그대로 유지될 수 있을 것으로 생각되지는 않는다. 차등조석력은 r^{-3}에 비례하므로, 위성이 모행성에 가까워지면 조석력이 급격하게 커진다. 따라서 동주기 자전을 하는 위성의 형태가 긴 타원형으로 늘어난다. 위성 내부의 응집력을 무시하면(즉 위성을 이상유체로 가정할 경우), 궤도 거리가 충분히 감소했을 때 중력이 위성 표면의 모든 점에서 수직으로 작용하게 되므로 위성이 형태를 유지할 수 없게 된다. 그 결과, 표면은 순 중력벡터(net gravitational vector) 방향으로 계속 흐르게 된다. 그러면 거대한 구조로 진동이 발생하며 위성은 쪼개진다. 조석력에 의한 파열이 발생하는 최대 궤도 반지름을 **로시한계**라 한다. 이 이름은 1850년 이러한 분석을 발표한 에두아르드 로시(Eduard Roche, 1820-1883)의 이름에서 유래되었다. 로시는 자신의 연구에서 공전 및 자전운동을 고려하고 위성을 럭비공 모양의 유체로 가정하였다.

위성이 파열되는 궤도 반지름을 개략적으로 계산하기 위하여, 차등중력이 위성의 형태를 유지하는 자체 중력보다 크게 될 때 파괴된다고 가정하자(관례상 정확한 가정은 아니지만). 그리고 계산을 더욱 단순화하기 위해 행성과 위성이 구형이며 원심력 효과는 무시하기로 한다. 이러한 경우에 위성이 조석력에 의하여 파괴되려면, 행성에 가장 가까운 위성 표면상의 한 점에 작용하는 내부 중력가속도가 행성의 중력가속도에 의한 차등중력보다 작아야 한다. 이것을 식으로 표시하면 다음과 같다.

$$\frac{GM_m}{R_m^2} < \frac{2GM_pR_m}{r^3}$$

여기서 M_p와 M_m은 각각 행성과 위성의 질량, R_m은 위성의 반지름, r은 행성과 위성의 중심간 거리이다. 행성과 위성의 평균밀도를 $\overline{\rho}_p$와 $\overline{\rho}_m$로 표시하고, $M_p = 4\pi R_p^3 \overline{\rho}_p/3$와 $M_m = 4\pi R_m^3 \overline{\rho}_m/3$를 대입하여 r에 대하여 풀면 위성이 조석력에 의하여 파괴되는 궤도는 아래 식으로 표시된다.

$$r < f_R \left(\frac{\overline{\rho}_p}{\overline{\rho}_m}\right)^{1/3} R_p \tag{7.4}$$

여기서 위의 가정을 적용하면 윗 식의 상수 $f_R = 2^{1/3} = 1.3$이 된다. 보다 정밀한 분석을 통하여 로시는 상수, $f_R = 2.456$ 값을 얻었다. 우리가 얻은 결과가 반지름에 대하여 매우 작은 것은 위성의 파괴에 결정적인 기준을 차등중력이 자체 중력을 초과할 때라고 가정하였기 때문이다. 위성 내부에서는 이보다 더 큰 반지름에서 진동이 생기기 시작하므로 자체 중력은 여전히 실제 로시한계에서 차등 중력보다 훨씬 더 큰 것이다(이 해석에서는 고려하지 않았으나, 분자결합이나 결정격자의 형성 등 전자기력에 의한 물체의 내부응집력도 물체가 파괴되는 지점의 거리를 감소시킬 수 있다).

예제 7.2.1

토성의 평균밀도는 687 kg m^{-3}이며 행성반지름은 6.03×10^7 m이다. $f_R = 2.456$이라 하면, 평균밀도가 1200 kg m^{-3}인 위성의 로시한계는 1.23×10^8 m가 된다. 토성의 고리계에 있는 물체의 대부분은 로시한계에 의하여 정해지는 이 궤도반지름 내에 있으며 토성의 큰 위성들은 모두 그 외부에 있다. 고리계에 있는 물체는 로시한계 안에서 분해 또는 조석력에 의하여 파괴된 위성의 잔해물질일 것이다.

7.3 대기의 물리학

현재의 태양계는 수십 억 년에 걸쳐 진행되고 있는 다양한 물리적 과정에 의한 진화의 결과이다. 이웃한 행성들 사이에 초기의 미세한 조건 차이가 진화 과정을 거쳐 오늘날 매우 다른 행성들을 만들어 낸 것이다. 이 절에서는 비교적 일반적인 대기 과정을 설명하고, 이후에 각 행성의 고유한 특성을 살펴보기로 한다.

행성의 온도

앞에서 설명한 바와 같이 행성의 온도는 행성의 형성과 진화에 핵심적인 역할을 하였다. 태양계성운의 온도구조는 그 형성 단계에서 어떤 행성이 지구형 행성이 될 것인지 또는 거대행성이 될 것인지에 대해 영향을 미쳤으며, 여기에 대해서는 10.2절에서 자세하게 설명하기로 한다. 온도는 또한 각 행성의 대기가 현재와 같은 구성이 되도록 하는데 영향을 미쳤다.

스테판–볼츠만(Stefan–Boltzmann) 공식(식 3.17)은 태양계 행성이 현재와 같은 온도가 되도록 하는데 가장 중요한 인자이다. 평형상태에 있는 행성의 총 에너지는 일정해야 한다. 그러므로 행성이 흡수한 모든 에너지는 다시 방출되어야 하는 것이다. 그렇지 않으면 그 행성의 온도는 시간에 따라 변하게 된다.

행성의 평형온도를 계산하기 위하여 행성은 반지름 R_p, 온도 T_p인 구형의 흑체이며 태양에서 거리 D에 있는 원궤도를 공전하는 것으로 가정하자. 계산을 단순화하기 위하여 행성의 온도가 그 전체 표면에서 균일하며[7], 행성에 입사되는 태양 광선에서 a 부분만큼 반사하는 것으로 가정한다(a를 행성의 **반사도**라고 함). 열평형 조건으로부터 반사되지 않은 태양 광선은 행성에 흡수되고 결국에는 흑체복사로 다시 방출된다. 여기서는 태양도 구형의 흑체로 가정하고 그 유효온도 $T_\odot = T_e$이고 반지름은 $R_\odot$이라 표시한다. 이러한 조건 하에서 행성의 온도가 아래 식으로 표시 가능함을 증명하는 것은 연습문제로 한다.

$$T_p = T_\odot (1-a)^{1/4} \sqrt{\frac{R_\odot}{2D}} \tag{7.5}$$

여기서 행성의 온도는 태양의 유효온도에 비례하며 행성의 크기에는 관계가 없다는 것에 유의하여야 한다.

예제 7.3.1

식 (7.5)에서 지구의 평균 반사도를 $a = 0.3$이라 할 경우 흑체로서의 지구 온도는 다음과 같게 된다.

7) 자전속도가 빠르거나 대기가 순환되는 행성에서는 이러한 가정이 합리적인 가정이다.

$$T_{\oplus} = 255\ \text{K} = -19°\text{C} = -1°\text{F}$$

이 온도는 물이 어는 온도보다 훨씬 더 낮으며(다행하게도)지구 표면의 실제 온도와 크게 다르다. 이 계산에서는 지구를 온난하게 유지하는 중요한 효과로서, 주로 대기 중의 수증기에 의한 **온실효과**는 무시하였다[8]. 빈의 법칙(Wien's Law, 식 3.15)에 의하면 지구의 흑체복사는 기본적으로 적외선 파장으로 방출된다. 이 적외선 복사는 대기의 온실가스에 의하여 흡수되었다가 다시 방출되며, 이 과정에서 온실가스는 단열재 역할을 하여 지구 표면을 약 34℃로 유지한다. 문제 7.13에 단순화한 온실효과의 모델을 제시하였다. 금성의 대기 온실효과는 훨씬 더 강력하며, 여기에 대해서는 8.2절에서 살펴보도록 한다.

행성 대기의 화학적 진화

행성 대기의 진화는 복잡한 과정으로서, 행성이 형성될 때의 태양 성운의 온도와, 행성의 온도, 중력, 그리고 형성 과정에 따른 해당 영역의 화학적 조건 등에 의하여 결정된다. 지구형 행성의 경우 초기의 원시 대기가 생긴 후 암석에서 방출된 기체와 화산도 대기의 진화에 기여하였다. 지구에서는 생물의 탄생과 번식 또한 대기 진화에 중요한 역할을 하였다. 행성에 충돌하는 혜성과 운석도 행성의 대기에 영향을 미친다.

대기 진화에서 결정적으로 중요한 요인은 특정한 원자 또는 분자를 잡아둘 수 있는 능력이다. 2.1절(2권)에서 설명한 바와 같이, 열평형 상태에 있는 기체에서 속도 v 및 $v+dv$ 범위에 있는 입자의 숫자는 맥스웰-볼츠만 분포(2권의 식 (2.1) 및 그림 2.6)에 의하여 주어진다. 대기의 어떤 특정한 높이에서 개수밀도가 낮아져서 입자 사이의 충돌효과를 무시할 수 있게 되면 위쪽으로 움직이는 입자는 오직 중력의 지배만 받아 단순한 탄도궤적을 그리며 운동한다. 탈출속도 이하의 속도로 운동하거나 또는 탈출할 수 있는 탄도를 따라 운동하지 않는 원자나 분자는 밀도가 높은 하부층으로 다시 떨어져서 기체충돌을 하게 된다. 그 반면 충분한 속도로 위쪽 방향으로 운동하는 입자는 행성의 중력을 이기고 탈출하여 행성간 공간으로 나간다. 이 현상에 의하여 일부 행성에서는 대기가 없는 것이나(또는 대기 중의 일부 화학적 성분이 없다). 대기 중에서 입자가 별 충돌 없이 먼 거리를 움직일 수 있을 정도로 평균자유행로(mean free path)가 큰 영역을 외대기층이라 한다.

8) 이산화탄소, 메탄, 염화불화탄소도 온실효과의 원인이 된다.

맥스웰-볼츠만 속도분포는 높은 속도 쪽으로 길게 분포되어 있으며 태양계 형성 후 충분한 시간이 흘렀기 때문에 대기의 어떤 특정 성분이 외부로 탈출하려면 그 입자들의 제곱평균(root mean sqar)의 평균 속도가 탈출속도보다 크지 않아도 되며, 단지 충분한 숫자의 입자가 탈출속도 v_{esc} 이상의 속도면 충분하다. 개략적인 추산으로서 행성 대기의 특정 성분이 지금까지 모두 탈출하려면 그 성분(분자 또는 원자)의 속도가 아래 조건을 만족하면 된다.

$$v_{\rm rms} > \frac{1}{6} v_{\rm esc}$$

탈출속도와 제곱평균 속도를 식 (2.17)과 식 (2.3)(2권)으로 표시하면 질량이 m인 입자가 질량 M_p, 반지름 R_p인 행성을 탈출하게 되는 온도는 대략 다음과 같다.

$$T_{\rm esc} > \frac{1}{54} \frac{GM_p m}{kR_p} \tag{7.6}$$

예제 7.3.2

지구의 대기는 대략 질소 78%와 산소 21%의 개수 비율로 구성되어 있으며 반면 태양에서 비슷한 평균거리에 있는 달에는 대기가 없다. 예제 7.3.1에서 대기가 없을 경우 흑체복사 평형에 의한 지구의 온도는 255 K가 되어야 한다. 달의 반사도는 0.07에 지나지 않으므로 그 흑체온도는 다소 높다(274 K). 실제로 지구 대기의 수직 온도 구조는 매우 복잡하며 그 유체역학적 운동 및 다양한 원자와 분자의 복사 흡수 능력에 의존한다. 대기 최상층부의 온도는 또한 태양의 활동에도 크게 의존하고 있다. 외기권 내의 특성온도는 약 1000 K가 된다.

지구는 질소분자(N_2)를 유지할 수 있으나 달은 유지할 수 없는 이유를 살펴보자. 질소분자(N_2)의 질량은 약 28 u$=4.7\times10^{-26}$ kg이며 지구의 질량과 반지름은 각각 5.9736×10^{24} kg 및 6.378136×10^{6} m이다. 그리고 달의 질량과 반지름은 각각 7.349×10^{22} kg와 1.7371×10^{6} m이다(부록 C 참조). 질소분자가 지구 및 달에서 탈출하는데 필요한 속도는 식 7.6으로 계산할 수 있으며 그 속도는 각각 $T_{\rm esc,\oplus} > 3900$ K와 $T_{\rm esc,Moon} > 180$ K이다. 지구의 외기권 온도는 이 값보다 낮으며 달은 이보다 높기 때문에 지구는 질소분자를 유지할 수 있고 달은 유지할 수 없는 것이다.

산소분자(O_2)의 질량은 더 크므로(32 u) 탈출할 수 있으려면 더 높은 온도가 필요하다.

대기 성분의 손실

대기 중에서 특정한 성분의 손실은 식 (2.1)(2권)의 맥스웰-볼츠만 속도분포와 $n_v\,dv$를 통하여 직접 알아볼 수 있다. 기체 내의 입자운동은 무작위적이므로 일부는 상향 속도를 가지게 되고 따라서 탈출 기회가 많아질 수 있다. 면적 A, 수직 두께 dz인 수평대기층을 시간 dt 동안에 통과하는 입자 중에서 속도가 v와 $v+dv$ 사이에 있는 입자의 개수는 다음과 같다.

$$dN_v\,dv = (n_v\,dV)\;dv = A\,dz\,n_v\,dv = Av_z\,dt\,n_v\,dv = C_g A v\,dt\,n_v\,dv$$

여기서 C_g는, 무작위적으로 운동하는 입자의 모든 속도 성분 중에서 양(+)의 수직성분만 고려한다는 조건을 고려하는 기하학적 인자이다. 시간 구간으로 나누면 속도 v와 $v+dv$ 사이에 있는 입자가 그 평면을 통과하는 시간당 비율을 계산할 수 있다. 나아가서 외기권 영역에서 대기가 구형이라고 간주하면 $A=4\pi R^2$가 되므로, 속도 범위 v와 $v+dv$ 사이에서 전체 외기권을 수직으로 통과하는 입자의 매초 당 숫자를 다음과 같이 계산할 수 있다.

$$\dot{N}_v\,dv \equiv \frac{dN_v}{dt}\,dv = 4\pi R^2 C_g v n_v\,dv$$

마지막으로 대기층을 탈출하는 입자의 초당 숫자를 계산하려면 그 속도가 충분히 큰 입자, 즉 $v > v_{\text{esc.}}$인 입자의 개수를 구하면 된다. 식 (2.1)(2권)에 대입하고 적분하면 다음 식을 얻는다.

$$\dot{N} = \frac{n\pi R^2}{4}\left(\frac{m}{2\pi kT}\right)^{3/2}\int_{v_{\text{esc}}}^{\infty} 4\pi v^3 e^{-mv^2/2kT}\,dv \tag{7.7}$$

여기서 C_g는 문제의 기하학적 형상을 고려하여 1/16으로 결정하였다. 문제 7.16에서, 입자의 개수밀도가 $n(z)$인 대기층의 높이 z에서 식 (7.7)이 다음과 같이 된다는 것을 증명하기로 한다.

$$\dot{N}(z) = 4\pi R^2 \nu n(z) \tag{7.8}$$

여기서 아래의 매개인수 ν를 대기탈출 매개인수라 부르며 속도의 단위를 가진다.

$$\nu \equiv \frac{1}{8}\left(\frac{m}{2\pi kT}\right)^{1/2}\left(v_{\rm esc}^2 + \frac{2kT}{m}\right)e^{-mv_{\rm esc}^2/2kT} \tag{7.9}$$

ν는 질량 m인 기체 입자가 외기권의 개수밀도 $n(z)$인 영역에서 단위 면적 당 탈출하는 기체의 비율을 나타낸다. 이 대기탈출 매개인수는 초당 탈출해 나가는 기체 성분이 이루는 대기층의 유효두께로 생각할 수도 있다. 지구 대기에서 특정한 성분의 질량에 따라 변화하는 매개변수, $\log_{10}\nu$를 그림 7.6에 그렸다. 이 그래프에서 온도는 외기권의 평균 온도인 1000 K를 기준하였다. 비교할 수 있도록, $\log_{10}\nu$를 같은 성분에 대하여 달의 탈출속도와 그 대표적인 온도인 274 K를 적용하여 도시하였다. 목록에 있는 성분 중에서 지구 대기에서는 수소와 헬륨만 완전히 탈출하였으며, 달에서는 무거운 분자를 포함하여 모든 대기가 탈출하였음을 알 수 있다.

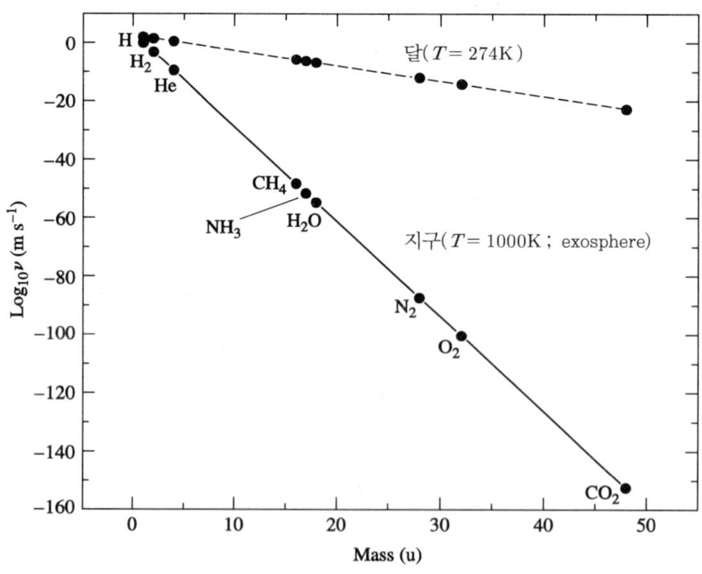

그림 7.6 위의 그림은 대기탈출 매개인수 ν를 지구의 대기와 달 표면에 있는 여러 화학 성분의 원자량의 함수로 도시한 것이다. 지구 대기에서는 원자 및 분자 수소와 헬륨의 대부분이 탈출하였으며, 다른 분자는 유지하고 있음을 알 수 있다. 달은 대기 전체를 상실하였다.

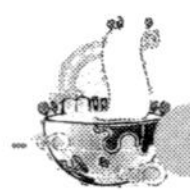

예제 7.3.3

식 (7.8)과 식 (7.9)를 이용하여 질소분자가 지구 대기권에서 탈출하는데 소요되는 시간을 계산할 수 있다. 지구 대기권에 있는 총 질소분자의 숫자는 개수밀도가 대략 높이에 대하여 지수함수적으로 감소한다는 가정을 적용하여 다음과 같이 계산할 수 있다. 이러한 가정은 대기가 등온[9]에 가까울 경우에 압력이 감소하는 것과 같다(4.4절(2권) 참조). 이러한 가정을 바탕으로 $n(z)$를 다음과 같이 표시할 수 있다.

$$n(z) = n_0 e^{-z/H_P}$$

여기서 n_0는 표면에서의 개수밀도이며 H_p는 식 (10.70)으로 주어지는 압력척도(pressure scale height)이다. 이상기체방정식(식 10.11)과 질소분자의 질량(M_{N_2})을 μm_H로 두면 압력높이척도는 다음 식과 같이 된다.

$$H_P = \frac{P}{\rho g} = \frac{kT}{g M_{N_2}} \tag{7.10}$$

압력척도는 입자 질량에 따라 달라진다는 것을 유의하여야 한다. 지구 표면의 대표적인 값(T=288 K 및 g=9.80 m s^{-2})을 대입하면 질소분자의 압력높이 척도는 H_P= 8.7 km가 된다.

압력높이 척도가 대기층 내에서 고도에 대하여 일정하다고 가정하고 지구 표면에 대한 r의 차이를 무시하면, 개수밀도를 대기 체적에 대하여 적분할 수 있으며 그 결과는 다음과 같다.

$$N = 4\pi R_\oplus^2 n_0 H_P$$

표면 가까운 곳에 있는 질소분자의 개수밀도를 $n_0 = 2\times10^{25}$ m^{-3}으로 취하면 대기 전체의 총 질소분자 숫자는 $N = 9\times10^{43}$이 된다.

식 (7.9)와 그림 7.6에서, 지구 대기에 있는 질소분자의 대기탈출 매개인수는 ν= 4×10^{-88} m s^{-1}이다. 그리고 외대기권 높이에서(약 500 km) 질소분자(N_2)의 평균 개수밀도는 2×10^{11} m^{-3}이다. 식 (7.8)을 이용하여 질소분자의 지구 대기 탈출 비율이 $\dot{N}$= 4×10^{-62} s^{-1}임을 알 수 있다. 총 분자 숫자를 탈출 비율로 나누면 지구 대기에서 질소분자가 탈출하는데 걸리는 시간을 다음과 같이 계산할 수 있다.

---

9) 실제 지구의 대기는 등온가정과는 상당한 차이가 있다. 그러므로 여기서 적용한 $n(z)$는 정확한 값이 아니다. 그러나 이와 같은 약식계산으로 관계되는 기본적 물리법칙을 대부분 보여줄 수 있으며 종합적으로 정확한 결론을 얻을 수 있다.

$$t_{N_2} = \frac{N}{\dot{N}} = 2 \times 10^{105}\ \mathrm{s} = 6 \times 10^{97}\ \mathrm{yr}$$

그러므로 질소는 가까운 시일 안에는 지구 대기에서 없어지지 않을 것이라 생각해도 좋다.

그러나 지구 대기에 있는 수소원자에서는 상황이 크게 달라진다. 이것은 문제 7.14와 7.19를 통해 살펴보기로 한다.

맥스웰–볼츠만 분포에서 지수함수의 꼬리 쪽에 있는 속도가 높은 부분에 해당하는 입자의 손실 외에도 대기의 소산에 기여하는 다른 인자들이 있다. 대기권 상층부에서 자외선에 의하여 발생하는 분자의 **광해리**(photodissociation)는 일부의 분자를 원자 또는 더 가벼운 분자로 분해하여 속도가 더 빨라진 입자를 만들어 낸다(식 (8.3)의 제곱평균 속도). 예를 들어 $H_2 + \gamma \rightarrow H + H$로 분해된다. 태양풍도 대기 상층의 입자와 충돌하여 즉시 탈출하게 만들거나 또는 분자 해리에 따른 탈출로 입자 소산에 기여한다. 충돌하는 운석과 혜성도 대기 성분의 손실의 원인이 된다.

중력에 의한 대기 성분의 분리

대기 성분 중에서 일부 성분이 소멸하는데 영향을 주는 것으로 대기 구성 성분의 무게 차이에 따른 중력 분리(gravitational separation)가 있다. 저고도 영역과 같이 대류에 의한 계속적인 혼합이 없는 상층부에서는 대기의 구성 성분이 무게에 따라 나누어진다. 이 효과는 식 (7.10)의 압력높이척도를 통하여 이해할 수 있다. 주어진 온도에서 압력높이척도는 질량이 감소하면 증가하므로, 가벼운 입자의 개수밀도는 z에 따라서 그렇게 빠르게 감소하지 않는다. 그 결과로 가벼운 입자는 대기 상층부에 더 많이 존재하게 되어 탈출 가능성이 더 높아지게 된다.

대기의 순환 패턴

항성의 경우와 마찬가지로(4.4절(2권)) 행성 대기의 대류현상도 온도 경사가 크면 가속화 된다. 태양광을 많이 받는 적도 부근에서는 대기가 가열되어 따뜻해진 공기가 상승하고, 높은 고도에서 온도가 낮은 영역으로 이동하여 냉각된다. 이 사이클은 공기가 적도 부근의 따뜻한 지역으로 되돌아 올 때 완료된다. 따뜻한 공기가 지표로 내려오기 전에 적도에서 극지방까지 완전히 이동할 수 있다면 그림 7.7(a)와

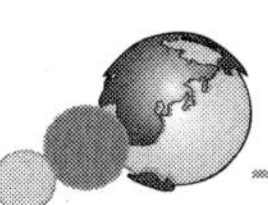

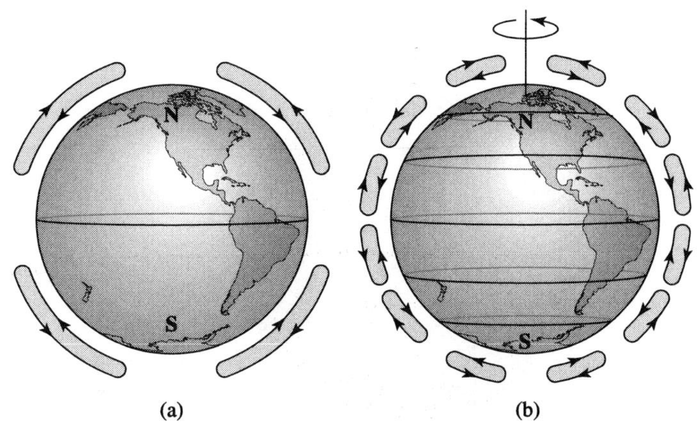

▌그림 7.7 (a) 적도 지방에서 따뜻한 공기가 상승하고 극지방에서 차가운 공기가 하강하여 생기는 가상적인 해들리 순환. (b) 극지방으로 이동하는 따뜻한 공기의 복사냉각에 의하여 해들리 순환 패턴이 나누어짐으로 인해 생기는 지구의 전체적 기상 순환.

같은 지구적 패턴이 형성될 것이다. 이 가상적인 순환 패턴을 해들리 순환(Hadley circulation)이라 한다.

실제로는 높은 고도에 있는 따뜻한 공기가 극지방으로 이동하면서 복사냉각(radiative cooling) 된다. 위도 상으로 남북 약 30도 위치에 이르면 공기는 열을 대부분 복사하고 낮은 고도로 내려와서 적도지방으로 되돌아 온 후, 다시 가열된다. 이와 비슷하게 극지방에 있는 차가운 공기는 낮은 고도에서 적도로 이동하고 그 곳에서 가열되어 남, 북위 약 55도 위치에서 상승하여 극지방으로 되돌아와서 다시 아래로 내려온다. 이와 같은 순환 패턴에 의하여 지구 전체의 해들리 순환 패턴은 그림 7.7(b)와 같이 세 개의 구역으로 나누어진다.

이와 같은 거시적인 지역별 기후 패턴은 지구의 자전에 의하여 더욱 복잡한 양상을 보이게 된다. 자전하는 물체에는 관성기준계가 없으므로 코리올리힘과 같은 의사(가상의) 힘이 발생한다.

지구를 완전구체로 단순화하면 그 위도 L에서 지표상의 한 점은 다음과 같이 회전축에서 거리 r_L에 있게 된다.

$$r_L = R_{\oplus} \cos L$$

지구의 각회전속도를 ω라 하면 위도 L에서 지표의 동쪽 방향 속도는 다음과 같다.

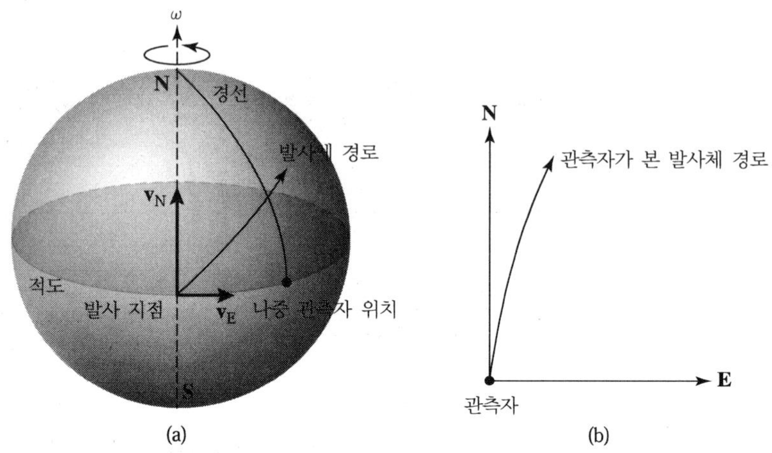

▌그림 7.8 적도상에서 북쪽으로 발사된 물체는 지구상에 있는 관측자에게 동쪽으로 쏠리는 것처럼 보인다. (a) 지구에서 떨어진 관성기준계에 있는 관측자가 보는 관점. (b) 지구상의 관측자에게 보이는 겉보기 운동의 궤적

$$v_L = \omega r = \omega R_{\oplus} \cos L$$

적도($L = 0°$)에서 이 속도는 약 $465\ \mathrm{m\,s^{-1}} = 1670\ \mathrm{km\,h^{-1}}$이 된다. 그러나 위도 $L = 40°$에서 이 속도는 $1300\ \mathrm{km\,h^{-1}}$가 된다. 그 결과로, 관성기준계에 있는 관측자에게는 지구 적도상에 서 있는 사람이 위도 $L = 40$도 지점에 있는 사람에 비하여 약 $370\ \mathrm{km\,h^{-1}}$ 더 빠르게 움직이는 것으로 보인다. 이와 같은 위도에 따른 속도의 차이가 기상의 순환에 영향을 준다.

코리올리힘의 효과를 살펴보기 위하여 그림 7.8(a)와 같이 적도에서 북쪽으로 수평에 가깝게 발사된 물체의 겉보기 운동을 예로 들겠다. 여기서 이 물체의 지구 표면에 대한 높이는 운동하는 동안 일정하다고 가정한다. 발사 지점(지표면)에 있는 관측자에게는 그 물체가 처음에는 북쪽을 향하여 곧바로 날아가는 것으로 보인다. 그 관측자는 그 물체가 발사될 때의 동쪽 방향 속도 벡터와 동일한 속도를 가지고 있기 때문이다. 그러나 지구에서 멀리 떨어진 위치에 있는 관성기준계의 관측자 입장에서는 그 물체가 동쪽으로 향하는 속도 벡터 성분을 가지고 있으므로 그 물체가 북동 방향으로 움직이는 것으로 보이게 되는 것이다.

물체가 북쪽으로 나아갈수록 지구상에 있는 관측자에게는 그 물체가 어떤 보이지 않는 힘에 의하여 동쪽으로 편향되는 것처럼 보인다(그림 7.8(b)). 그러나 관성

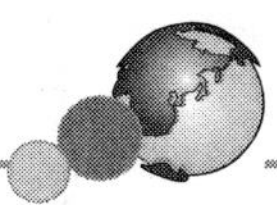

기준계에 있는 관측자는 이 현상이 지구 표면의 위도에 따른 속도 차이에 기인한 것임을 알 수 있다. 즉 그 물체의 동쪽 속도 벡터에 의하여 그 물체가 북쪽으로 진행함에 따라 점점 더 지상에 있는 관측자를 앞서가게 되는 것이다.

지구 표면에 고정된 비관성기준계에서 측정한 코리올리힘은 다음과 같다는 것을 알 수 있다.

$$\mathbf{F}_C = -2m\boldsymbol{\omega} \times \mathbf{v} \tag{7.11}$$

여기서 ω는 지구의 각속도 벡터이며 $\mathbf{v}$는 비관성기준계에 대한 물체의 상대적인 속도이다. 입자의 속도 또는 행성의 각속도가 증가할수록 이 '힘'의 효과는 커진다. 지구에서는 코리올리힘이 거대한 규모의 북-남 순환 패턴을 일으켜 지구적인 동-서 지역 사이의 대기 흐름을 유발시킨다(그림 7.7(b)). 이 순환 패턴은 적도대에서는 보통 동풍이 되며 이것을 무역풍이라 한다. 위도 30도 내지 55도 사이의 지역에서는 탁월풍(prevailing wind)이 서풍이며, 극지대에서는 다시 대체적으로 동풍이 된다. 또한 고기압 및 저기압 시스템의 구름의 움직임도 코리올리힘에 의하여 영향을 받는다(문제 7.21).

기상 시스템의 복잡성

기상예보를 보는 사람은 누구나 알듯이 지구의 기상순환 패턴은 위에서 설명한 것보다 훨씬 더 복잡하다. 대기 중의 수증기, 육지의 다양한 지형, 대양 조수에 의한 열의 흐름, 바다와 육지 사이의 온도 차이, 심지어 대기와 지구 표면 사이의 마찰 효과도 지구의 기상 시스템에 관여하고 있다.

제7장 참고 문헌

일반 도서

Beatty, J. Kelly, Petersen, Carolyn Collins, and Chaikin, Andrew (eds.), *The New Solar System*, Fourth Edition, Cambridge University Press and Sky Publishing Corporation, Cambridge, MA, 1999.

Booth, Nicholas, *Exploring the Solar System*, Cambridge University Press, Cambridge, 1999.

Consolmagno, Guy J., and Schaefer, Martha W., *Worlds Apart: A Textbook in Planetary Sciences*, Prentice-Hall, Englewood Cliffs, NJ, 1994.

Morrison, David, and Owen, Tobias, *The Planetary System*, Third Edition, Addison-Wesley, San Francisco, 2003.

Trefil, James, *Other Worlds: Images of the Cosmos from Earth and Space*, National Geographic Society, Washington, D.C., 1999.

고급 도서

Atreya, S. K., Pollack, J. B., and Matthews, M. S. (eds.), *Origin and Evolution of Planetary and Satellite Atmospheres*, The University of Arizona Press, Tucson, 1989.

de Pater, Imke, and Lissauer, Jack J., *Planetary Sciences*, Cambridge University Press, Cambridge, 2001.

Fowles, Grant R., and Cassiday, George L., *Analytical Mechanics*, Seventh Edition, Thomson Brooks/Cole, Belmont, CA, 2005.

Holton, James R., *An Introduction to Dynamic Meteorology*, Fourth Edition, Elsevier Academic Press, Burlington, MA, 2004.

Houghton, John T., *The Physics of Atmospheres*, Third Edition, Cambridge University Press, Cambridge, 2002.

Lewis, John S., *Physics and Chemistry of the Solar System*, Academic Press, San Diego, 1995.

Lodders, Katharina, and Fegley, Jr., Bruce, *The Planetary Scientist's Companion*, Oxford University Press, New York, 1998.

Manning, Vincent, Boss, Alan P., and Russell, Sara S. (eds.), *Protostars and Planets, IV*, The University of Arizona Press, Tucson, 2000.

Seinfeld, John H., and Pandis, Spyros N., *Atmospheric Chemistry and Physics: From Air Pollution to Climate Change*, John Wiley & Sons, Inc., New York, 1998.

Taylor, Stuart Ross, *Solar System Evolution*, Second Edition, Cambridge University Press, Cambridge, 2001.

제7장 연습 문제

7.1 **(a)** Based on the data given in Appendix C, express the masses of the Moon, Io, Europa, Ganymede, Callisto, Titan, Triton, and Pluto in units of the mass of Mercury.

(b) Express the radii of these moons and Pluto in units of the radius of Mercury.

7.2 A second version of Bode's rule (the Blagg–Richardson formulation) is given by

$$r_n = r_0 A^n$$

where n is the number of the planet in order from the Sun outward (e.g., $n = 1$ for Mercury) and r_0 and A are constants.

(a) Plot the position of each planet and that of Ceres on a semilog graph of $\log_{10} r_n$ vs. n.

(b) Draw the best-fit straight line through the data on your graph and determine the constants r_0 and A.

(c) Compare the "predictions" of your fit with the actual values for each planet by calculating the relative error,

$$\frac{r_n - r_{\text{actual}}}{r_{\text{actual}}}$$

7.3 Repeat Problem 19.2 for the Galilean moons of Jupiter (Io, Europa, Ganymede, and Callisto). Express their orbital distances in units of the radius of Jupiter. The data for Jupiter and its moons are found in Appendix C.

7.4 Starting from Eq. (19.2) and using the geometry in Fig. 19.3, derive Eq. (19.3).

7.5 **(a)** Assuming for simplicity that Earth is a sphere of constant density, compute the rate of change in rotational angular momentum of Earth due to the tidal influence of the Moon. Is the change positive or negative?

(b) Treating the Moon as a point mass, estimate the rate of change in orbital angular momentum of the Moon. Is this change positive or negative?

(c) Comparing your crude answers to parts (a) and (b), what can you say about the total angular momentum of the Earth–Moon system over time?

17.6 **(a)** Make a rough estimate of how long it will take for Earth's rotation period to reach 47 days, at which time it will be synchronized with the Moon's orbital period.

(b) Based on what you know about the evolution of our Sun, will future inhabitants of Earth ever get the opportunity to see the Earth–Moon system completely synchronized (Earth always keeping the same "face" toward the Moon)? Why or why not?

17.7 **(a)** Using Kepler's laws, estimate the distance of the Moon from Earth at some time in the distant future when the Earth–Moon system is completely synchronized at 47 days.

(b) As seen from Earth, what will the angular diameter of the Moon be at that time?

(c) Assuming that the Sun's diameter is the same as the present-day value, would a total eclipse of the Sun be possible? Why or why not?

17.8 **(a)** Calculate the ratio of the tidal forces on Earth due to the Moon and the Sun.

(b) With the aid of vector diagrams, explain the cause of the strong spring tides and the relatively weak neap tides.

17.9 Explain the almost complete lack of any tides in the Arctic Ocean at the latitude of Barrow, Alaska (71.3° N).

17.10 Using the data in Appendix C, estimate the Roche limit for the Mars–Phobos system. Phobos's mean density is 2000 kg m^{-3} and it orbits at a distance of 9.4×10^6 m. Explain the suggestion that Mars may develop a small ring system in the future.

17.11 Why aren't spacecraft tidally disrupted when they pass near the giant planets?

17.12 Including rotation, rederive Eq. (19.4) for the case of a spherical moon in synchronous rotation about a planet. What is your new value for f_R? *Hint:* You may find Kepler's third law helpful.

17.13 **(a)** Use Eq. (3.17) and simple geometry to derive Eq. (19.5) for the temperature T_p of a planet at a distance D from the Sun.

(b) Imagine the greenhouse gases in Earth's atmosphere to be a single layer that is completely transparent to the visible wavelengths of light received from the Sun, but completely opaque to the infrared radiation emitted by the surface of Earth. Assume that the top and

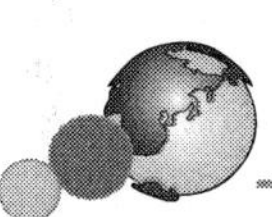

bottom surface areas of the layer are each equal to the surface area of the planet and that the temperature at the top of this atmospheric layer, $T_{\oplus}$, is just the blackbody temperature found in Example 19.3.1. Show that the blackbody radiation emitted by this atmospheric layer results in a warming of Earth's surface to a temperature of $T_{\text{surf}} = 2^{1/4}T_{\oplus}$. Compare this result with Earth's average surface temperature of 15°C = 59°F.

7.14 Using Eq. (19.6), estimate the temperature that would be required for all of the *atomic* hydrogen to escape Earth's atmosphere. Is this consistent with the lack of significant amounts of atomic or molecular hydrogen in the atmosphere? Why or why not?

7.15 **(a)** Estimate the equilibrium blackbody temperature of Jupiter. Use the data found in Appendix C.

(b) Using Eq. (19.6), estimate the temperature that would be required for all of the hydrogen molecules to escape Jupiter's atmosphere since the planet's formation.

(c) Based on your answer in part (b), what would you expect the dominant component of the atmosphere to be? Why?

7.16 Using integration by parts, show that Eqs. (19.8) and (19.9) follow directly from Eq. (19.7).

7.17 Taking the density of air to be 1.3 kg m^{-3} near the surface of Earth, show that the number density of nitrogen molecules is approximately 2×10^{25} m^{-3}, as given in Example 19.3.3.

7.18 Assuming that the mean free path of molecules in Earth's exosphere is sufficiently long (~ 500 km) to allow them to escape into interplanetary space, use Eq. (9.12) to estimate the number density of molecules in the exosphere. Note that you will need to make an order-of-magnitude estimate of their collision cross sections. Compare your result with the number density of nitrogen molecules quoted in Example 19.3.3. Explain any significant differences between the two values.

7.19 **(a)** Suppose that Earth once had an atmosphere composed entirely of hydrogen atoms, rather than the molecular nitrogen and oxygen of today. Using Eq. (19.9), calculate the atmospheric escape parameter ν in this case if the temperature of the exosphere was 1000 K.

(b) Using a procedure identical to that of Problem 19.18, estimate the number density of hydrogen atoms in the primordial exosphere.

(c) What would have been the rate of loss of hydrogen atoms from the exosphere?

(d) Assume that the number of atomic hydrogen atoms in the atmosphere was essentially the same as the number of nitrogen molecules today. Approximately how long would it take for the hydrogen to escape from the planet's atmosphere? Express your answer in years and compare it to the age of Earth. (*Note:* In Section 23.2 we will learn that it appears unlikely that Earth ever had a substantial hydrogen atmosphere.)

7.20 Calculate the atmospheric escape parameter ν for atomic hydrogen in Jupiter's exosphere (use $T \sim 1200$ K). Compare your result with the value obtained for Earth (see Fig. 19.6 or the result of Problem 19.19a). *Hint:* Because of numerical limitations on most calculators, you may find it necessary to first determine $\log_{10} \nu$ rather than determining ν directly.

7.21 **(a)** Consider the case of a projectile launched from the North Pole toward the equator. With the aid of a diagram, show that the projectile is deflected westward (to the right as viewed from the launch point).

(b) Recalling that a projectile launched from the equator toward the North Pole is also deflected toward the right (eastward), show that the circulation around low-pressure systems is counterclockwise in the Northern Hemisphere.

(c) Which way do low-pressure systems circulate in the Southern Hemisphere?

7.22 Suppose that a ball of mass m is thrown with a velocity

$$\mathbf{v} = v_x\hat{\mathbf{i}} + v_y\hat{\mathbf{j}} + v_z\hat{\mathbf{k}},$$

where $\hat{\mathbf{i}}$, $\hat{\mathbf{j}}$, and $\hat{\mathbf{k}}$ are unit vectors pointing directly east, north, and upward, respectively, at the point where the ball is thrown. The latitude of the ball is L when it is thrown.

(a) Show that the components of the Coriolis force on the ball are given by

$$\mathbf{F}_C = -2m\omega[(v_z \cos L - v_y \sin L)\hat{\mathbf{i}} + v_x \sin L\,\hat{\mathbf{j}} - v_x \cos L\,\hat{\mathbf{k}}].$$

Hint: Be sure to represent the components of the vector $\boldsymbol{\omega}$ in terms of the coordinate system on the surface of Earth defined by $\hat{\mathbf{i}}$, $\hat{\mathbf{j}}$, and $\hat{\mathbf{k}}$, with the origin of the system at the position where the ball was thrown.

(b) What is the value of ω for Earth?

(c) If the ball is thrown eastward with an initial velocity vector $\mathbf{v} = 30\ \mathrm{m\ s^{-1}}\hat{\mathbf{i}}$ on the surface of Earth at a latitude of 40°, what are the components of the acceleration vector that are due to the Coriolis force?

(d) If the ball is thrown northward with $\mathbf{v} = 30\ \mathrm{m\ s^{-1}}\hat{\mathbf{j}}$, what are the components of the acceleration vector?

(e) If the ball is thrown straight up with $\mathbf{v} = 30\ \mathrm{m\ s^{-1}}\hat{\mathbf{k}}$, what are the components of the acceleration vector? Give a simple physical explanation for the result.

8장 지구형 행성

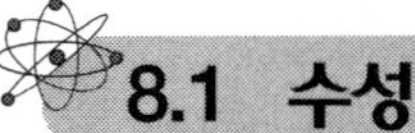

8.1 수성

네 개의 지구형 행성들은 비교적 작은 크기, 암석 구성, 느린 자전속도(표 7.1 참조) 등 여러 가지 공통적인 특성을 가지고 있다. 지구의 달과 거대행성의 위성 중 몇 몇 위성도 이와 비슷한 특성을 가지고 있다. 이 장에서는 지구형 행성과 그 위성에 대하여 살펴보고, 거대행성과 그 시스템은 9장에서 살펴보도록 한다.

수성의 3대2 자전-공전 주기 결합

11.1절(2권)에 의하면 태양에 가장 가까운 행성인 수성(그림 8.1)은 그 공전궤도가 태양에 너무 가까워서(0.39 AU) 케플러의 법칙이 어긋나기 시작한다. 그 이유는 질량이 큰 물체 부근에서는 시공간이 왜곡되어, 중력이 거리의 제곱에 반비례한다는 뉴턴의 중력의 법칙(식 2.11)이 정확하게 적용되지 않기 때문이다. 아인슈타인의 일반상대성 이론의 첫 시험 대상이 되었던 것은 수성의 이심궤도($e=0.2056$)가 아니라 근일점이 서서히 전진하고 있다는 사실이었다.

1965년 롤프 다이스(Rolf B. Dyce)와 고든 페텐길(Gordon H. Pettengill)이 아레시보 전파망원경으로 레이더 신호를 수성 표면에서 반사시키는데 성공하였으며, 여기서 수성의 궤도에 또 다른 특징이 있다는 것을 알게 되었다. 반사된 신호는 수성의 자전속도를 나타내는 파장의 변이를 보여주었다. 즉 도플러의 효과에 의하여 접근하고 있는 가장자리 쪽에서 반사되는 전파는 청색 이동되고 멀어지는 쪽에서 반사된 것은 적색 이동되는 것이다. 이들의 관측에 의하여 수성의 자전주기는 약 59일이라는 것이 밝혀졌다. **마리너 10호** 우주선이 1974년과 1975년에 수성 주위를 반복 접근비행하면서 관측한 정확한 자전주기는 58.6462일이었으며, 이것은 정확하게 그 항성 공전주기 87.95일의 2/3이었다.

7.2절에서 공부한 조석력에 의한 진화를 통하여 수성의 자전 및 공전주기 사이의 3 : 2 비율 관계가 형성된 과정을 밝힐 수 있다. 수성은 근일점에서 가장 큰 조석력을 받아서 그 팽대부의 축을 태양과 수성의 질량중심을 연결하는 직선에 맞추려 하게 된다. 그 결과 조석력에 의한 왜곡을 동반하는 막대한 에너지 소실에 의하여 수성의 스핀은 점차 느려져서 매 궤도 선회 시마다 근일점에서 공전과 자전의 정렬이 일어난다(그림 8.2).

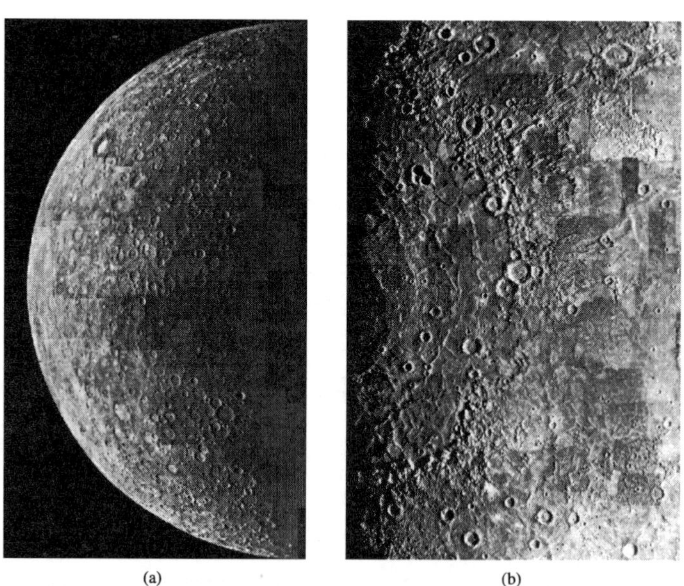

그림 8.1 (a) 1974년 3월 29일, 마리너 10호가 거리 200,000 km에서 촬영한 수성의 모습. (b) 명암경계선(낮과 밤의 경계선) 부근에 있을 때의 칼로리스분지 일부. 왼쪽 가장자리에 충돌점을 중심으로 링 같이 연결되는 산들이 특징이다. (사진 제공 : NAS/JPL)

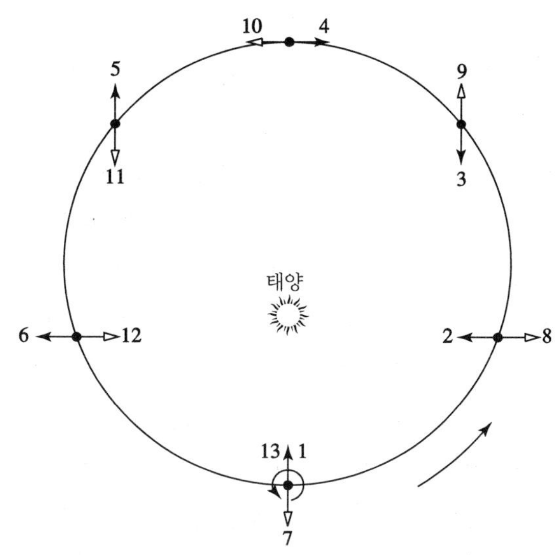

▌**그림 8.2** 수성의 3대2 자전-공전 결합

수성의 표면

마리너 10호가 보내온 사진은 수성의 표면이 달과 매우 닮았다는 것을 보여준다(그림 8.1과 8.16을 비교해 보라). 수성의 표면은 수많은 구덩이를 가지고 있으며 이는 수성의 46억 년 역사 동안 많은 운석이 충돌해왔다는 것을 보여준다. 이처럼 심한 충돌은 태양계에서 매우 흔한 일이며 이를 통하여 태양계 역사의 한 단면을 알 수 있다. 칼로리스 분지를 만든 충돌은 매우 강력해서 표면에 발생한 주름이 수성 반대 표면까지 뻗어나가 많은 구릉을 형성하였다.

달과 수성 표면의 사진을 비교해보면 수성의 구덩이들 주위에는 달 만큼 구덩이가 많지 않다는 것이다. 달과 수성이 비슷한 시기에 형성되었으며 그 후 충돌한 운석의 비율도 비슷하다고 가정한다면 수성의 표면은 이후에 재형성되었다고 해석되므로, 달 표면에 비하여 더 젊은 표면이라고 할 수 있다. 이러한 추정은 수성이 달보다 더 크고 태양에 더 가까우므로 형성된 후 더 서서히 냉각되었으므로 용암이 표면으로 올라와서 오래된 구덩이 지역을 덮었을 것이라는 결론과 일치한다.

수성의 크기와 태양에 대한 거리를 고려하면 수성의 대기가 매우 희박하다는 사실은 그리 놀라운 것이 아니다(7.3절에서 논의한 행성 대기 분석을 참고할 것). 태양을 향한 표면의 온도가 매우 높고(825 K) 탈출속도(4.3 km/s)가 비교적 낮으므로 대기 중의 기체는 빠른 속도로 우주 공간으로 증발하여 없어지게 된다. 실제로 수성의 외기권의 높이는 그 표면 높이와 같다. 수성이 가지고 있는 대기는(개수밀도는 $10^{11}\ \mathrm{m}^{-3}$ 이하임) 강력한 태양풍에 포함된 전하를 띤 수소와 헬륨 원자핵이 수성의 약한 자기장에 포획된 것이며, 여기에 **표토**(또는 토양)에서 나온 산소, 나트륨, 칼륨, 칼슘 등의 원자가 포함되어 있다. 표토에서 나온 원자는 강력한 태양풍의 충돌 또는 미세운석의 충돌에 의하여 증발되어 나온 것으로 추정된다.

레이더 관측 데이터에 의하면 비록 태양에 가장 가까이 있지만 수성의 극관 부근에서 영구적으로 그늘진 부분에 있는 구덩이에는 얼음으로 추정되는 반사율이 높고 휘발성이 강한 물질이 있다[1]. 조석 상호작용에 의하여 자전축이 거의 정확하게 궤도면에 수직하게 되었으므로 극지방은 태양광을 거의 받지 못한다. 뿐만 아니라 대기가 거의 없으므로 적도지방에서 극지방으로 열을 효과적으로 전달할 매체가 없는 것이다. 그 결과로 극지방의 온도는 167 K 이하로 추정되며 극지방에 있는 구덩이 내부의 그늘진 부분의 온도는 60 K까지 내려갈 것으로 추정된다. 온도가 이처럼 낮으므로 혜성의 충돌 등으로 그러한 지역에 들어오게 된 얼음은 장기간 유지가능하게 된다.

내부

수성의 평균밀도는 $5427\ \mathrm{kg\,m^{-3}}$으로서 달의 평균밀도 $3350\ \mathrm{kg\,m^{-3}}$에 비하여 상당히 높다. 이는 가벼운 물질의 대부분이 상실되었으며 중력에 의하여 내부에 밀도가 매우 높은 핵이 형성되었음을 보여준다. 윌리 벤츠(Willy Benz), 웨인 슬래터리(Wayne Slattery), 앨러스테어 캐머론(Alastair G. W. Cameron, 1925–2005) 등이 1987년에 수행한 최초의 컴퓨터 시뮬레이션에 의하면 수성은 그 형성 초기에 큰 미행성과 충돌했던 것으로 추정된다. 그 충돌 에너지는 매우 커서 외부의 가벼운 규산염 물질이 날아가고 중심부에 있던 철과 니켈이 남게 되었다. 그 결과로 충돌 후 수성의 평균밀도는 크게 증가하였다. 추정에 의하면 그 충돌한 천체의 질량은 현재 수성 질량의 약 1/5이며 충돌속도는 $20\ \mathrm{km\,s^{-1}}$였다. 충돌 이전의 수성 질량은 현재보다 약 두 배였던 것으로 추정된다. 이러한 추정은 수성의 비정상적으로 높은 밀도를 설명하기 위한 특별한 가정으로 보이겠지만, 앞으로 초기 태양계가 매우 역동적이었으며 거대한 충돌은 그 진화과정에서 흔히 있었던 일이었다는 것은 매우 자연스런 현상이다.

1) 캘리포니아 골드스톤에 있는 NASA의 70 m 추적스테이션에서 약 500 kW, 파장 3.5 cm 신호를 발신하고 VLA로 반사신호를 수신하였다.

수성의 약한 자기장

수성의 자전은 전도성 금속 핵과 함께 자기장을 발생시키는 것으로 생각된다. 마리너 10호가 측정한 최대 자기장 세기는 고도 330 km에서 약 4×10^{-7} T로서 지구 표면에 비하면 약 100배 더 약하다. 행성의 자기장을 발생시키는 메커니즘은 자기 다이나모(magnetic dynamo)로 생각되고 있으며 이것은 근본적으로 태양의 자기장이 형성되는 것과 같은 과정이다(5.3절(2권)). 행성과 항성의 메커니즘 차이는 그 발생 원인이 행성에서는 전기전도성 액체금속 핵이며 항성에서는 이온화된 가스라는 것이다. 행성의 다이나모에 대해서는 아직 자세히 알려져 있지 않다. 수성의 경우 자전속도가 매우 느리다는 사실은 자기 다이나모가 활동 중일 것이라는 생각과 모순된다. 뿐만 아니라 그 크기가 비교적 작으므로 그 핵이 냉각되어 용융 상태의 핵이 있다하더라도 측정 가능한 세기의 자기장을 만들기 어려울 것으로 추정되고 있다. 그러므로 현재의 다이나모 메커니즘에 반대 의견을 가진 학자들은 수성의 자기장이 과거 자전속도가 더 빠르고 온도가 더 높았을 때 형성되었던 자기장이 '얼어붙어' 남아 있는 것이라 추정하고 있다.

8.2 금성

태양에서 두 번째 위치에 있는 금성은 그 질량(0.815 $M_\oplus$)과 반지름(0.9488 $R_\oplus$)이 지구와 비슷하여 지구의 자매별이라 부르기도 한다. 그러나 이러한 유사점에도 불구하고 지구와 금성은 그 기본 특성에 있어서 매우 큰 차이가 있다.

역행자전

1960년대에 금성의 여러 독특한 특성 중에서 한 가지가 발견되었다. 금성의 대기는 적도의 구름 윗부분에서 약 초속 100 m의 속도로 역행운동을(궤도운동과 반대방향) 하고 있다는 것이다(그림 8.3(a)). 이러한 결론은 금성 대기의 구름 관측 자료를 바탕으로 내려진 것이며, 그 후 구름에서 반사되는 태양광선의 스펙트럼에서 도플러 이동을 측정하여 확인되었다. 그 후 지구상에서 금성 표면의 레이더 도플러 효과를 측정하여 금성 자체도 역행자전하고 있으며 그 속도는 대기 상층부의 속도보다 약 60배 더 느리다는 것이 밝혀졌다. 금성의 항성자전주기는 매우 길어서 243일이며 이것은 공전주기 224.7일과 비슷하다.

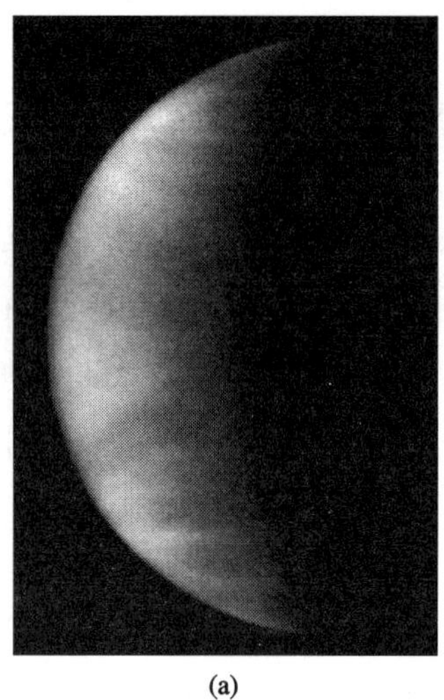

(a)

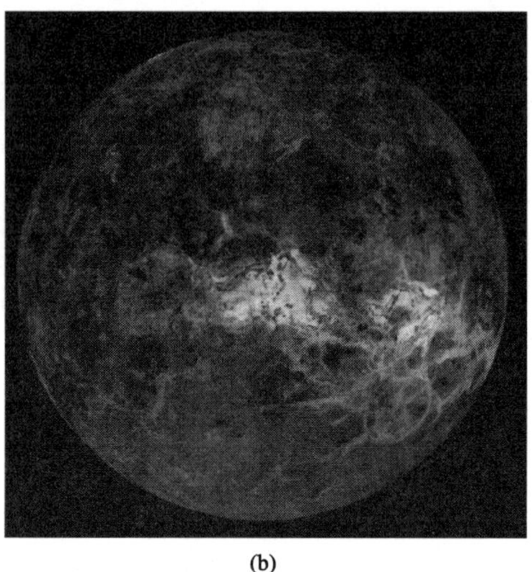

(b)

▌그림 8.3 (a) 1995년 허블우주망원경에 설치된 WF/PC2로 촬영한 금성의 자외선 영상. 대기 상층부의 Y-자형 구름을 주목할 것. 가시광선이나 자외선으로는 표면의 모습을 볼 수 없다. (사진 제공 : CU-Boulder 대학의 L. 에스포시토 및 NASA)
(b) 1990년부터 1994년까지 금성 상공을 순회했던 마젤란 우주선이 촬영한 레이더 영상. (사진 제공 : NASA/JPL)

금성의 역행자전은 매우 흥미 있는 수수께끼이다. 태양의 모든 행성은 순행공전을 하며 그 위성도 대부분 마찬가지이다. 즉 이러한 행성과 위성은 지구의 북극에서 볼 때 반시계방향으로 회전하고 있다. 뿐만 아니라, 금성, 천왕성, 명왕성을 제외하면 다른 모든 행성과 그 위성의 대부분은 태양과 같이 순행 자전한다. 이 사실은 회전하는 물질 원반에서 태양계가 형성되는 과정에서 예측할 수 있는 것과 일치한다.

금성과 태양 및 태양계의 다른 행성과 상호작용에 대한 분석 및 수치 해석을 근거로 알렉산드르 코레이아(Alexandre Correia)와 자끄 라스카르(Jacques Laskar)는 금성의 역행자전을 중력섭동으로 설명할 수 있다는 것을 밝혔다. 태양계 내의 다른 행성들로부터 섭동을 받은 금성은 축이 기울기 0° 내지 90° 사이로 기울어지는 혼돈의 무질서 영역으로 들어가게 되고, 금성 자전축의 경사가 크게 변하게 된다. 한편, 금성이 형성된 후 처음 수백만 년 동안 두꺼운 대기가 형성되어 자전에 영향을 미치기 시작하였다. 이것은 두꺼운 대기가 조석력의 영향을 크게 받으며 그에 따라 완충효과를 발휘하기 때문이다. 자전주기와 축의 기울기에 대하여 다양한 초기조건을 대입하여 수행한 수치 시뮬레이션 결과에 의하면 현재 관측되는 것과 같이 매우 느리게 역행 자전하게 된다는 것이다. 그러나 이러한 최종적인 결과에 이르는 과정은

자전축이 180° 가까이 반전되거나 또는 축 기울기 0°에서 스핀 속도가 영으로 느려지고, 그 후 조석에 의하여 느린 역행 자전하게 된 것으로 추측된다.

금성 대기의 역동적인 활동 역시 아직 밝혀지지 않고 있다. 대기 내부로 진입했던 우주 탐사선들은 두 개의 거대한 해들리 세포들(7.3절)을 발견하였다. 이 셀들은 각각 남반구와 북반구에 위치하고 있으며 금성의 느린 자전속도 및 그에 따른 코리올리힘을 받지 않는다는 점에서 일치하고 있다(식 7.11의 ω가 매우 작다). 그러나 적도 부근에서는 구름층이 불과 4일 만에 금성 주위를 돌면서 그림 8.3(a)와 같은 Y-자형 구름 모양을 보여주고 있다. 이와 같은 고속운동은 높은 고도의 제트기류(좁은 공기의 흐름)에서 통상적으로 볼 수 있는 것이지만 대기의 체적을 고려할 때 그리고 특히 그처럼 느린 자전에서는 보기 드문 것이다.

자기장의 부재

금성의 느린 자전속도에 의하여 예상되는 결과와 실제 관측결과가 일치하는 사실 하나는 자기장이 측정되지 않는다는 것이다. 용융상태의 전도성 중심핵 내에 흐르고 있는 전류는 행성의 자전에 의하여 발생되는 것이므로 금성에는 자기 다이나모 메커니즘에 필수적인 구성요소가 하나 빠져 있는 것이다. 로렌츠힘(Lorentz force, 식 5.2(2권))에서 금성을 보호해주는 자기장이 없으므로 태양풍의 초음속 이온이 대기층 상부에 직접 충돌하여 충돌전리를 일으키며 태양풍의 입자들이 갑자기 음속이하로 느려지는 위치에서 정상충격파를 발생시킨다.

금성의 고온 고밀도 대기

초기의 지상 망원경 관측과 그 이후 소련과 미국의 탐사선에 의한 짙은 대기의 성분 분석 결과, 금성 대기의 주성분은 이산화탄소로서 총 원자 또는 분자 숫자에서 96.5%를 차지하고 있으며, 질소분자가 나머지의 대부분(3.5%)을 이루고 있다. 다른 성분으로서는 아르곤(70 ppm)[2], 이산화황(SO_2, 60 ppm), 일산화탄소(CO, 50 ppm), 물(50 ppm) 등이 있다. 탐사선은 심지어 짙은 농도의 황산이 이루고 있는 두터운 구름층도 발견하였다. 대기 하부층에서는 온도가 740 K에 달해서 납을 녹일 수 있을 정도이며 기압은 90 atm[3]으로서 지구의 해수면 아래 800 m 깊이의 압력과 같다.

2) ppm은 백만분의 일(parts per million)

3) $1\,\text{atm} = 1.013 \times 10^5\,\text{N m}^{-2}$

이처럼 높은 지표의 온도는 예제 7.3.1에서 연습해 본 단순한 흑체 분석 결과로 예상할 수 있는 온도를 훨씬 초과하는 것이다. 그 이유는 대기 중에 있는 대량의 이산화탄소(온실가스) 때문이다. 대기의 농도는 매우 짙어서 적외선에 의한 광학적 깊이(optical depth)가 약 $\tau = 70$이며, 이는 금성 위치에서 대기가 없는 행성에서 예상되는 흑체 온도에 비하여 거의 $(1+\tau)^{(1/4)} = 2.9$배만큼 온도가 높다는 것을 의미한다. 연습문제 7번을 참고하라.

지구의 자매별인 금성이 어떻게 이처럼 지구와 크게 다른 대기를 갖게 되었을까? 지구 대기의 형성 과정은 아직 완전하게 알려지지 않았으며 지금도 많은 연구가 수행되고 있는 분야이다. 그러나 지구의 화산에서 분출되는 가스에 의한 직접적인 증거와 그리고 금성 및 화성에서 발견된 화산을 바탕으로 지구형 행성의 대기 중 최소한 일부분은 화산활동에 의하여 조성된 것으로 보인다. 또한 이들 행성의 대기 중 상당한 부분이 혜성과 운석에서 기원한 것으로 알려지고 있다. 혜성과 운석 기원설이 옳다면 지구형 행성의 대기 구성을 이해하기 위해서는 혜성과 운석의 성분과 내행성에 충돌하는 빈도를 알 필요가 있다. 혜성과 운석에 대해서는 10.2절과 10.4절에서 각각 자세하게 설명하겠다.

원시대기의 출처가 어디든 간에, 현재 금성 대기의 주성분은 이산화탄소이며 극히 소량의 물이 있다. 이와 반대로 지구에는 바다에 대량의 물이 있으며 대기 중에 있는 이산화탄소는 극히 적다. 이 두 행성에서 비교적 풍부한 이들 성분이 어떻게 이처럼 다르게 되었을까? 현재 추측되고 있는 바와 같이 이 두 행성의 초기 대기 성분이 비슷하였다면, 태양계성운 내에서 형성된 위치가 서로 가깝고 그 크기가 비슷하다는 것을 고려할 때 금성에도 초기에는 대량의 물이 있었을 것이다. 실제로 주계열성으로서 태양의 영년(zero-age) 광도가 지금의 광도에 비하여 훨씬 더 낮은(그림 5.1(2권)) $0.677\,L_\odot$이었으므로 초기의 금성에는 뜨거운 바다가 있었을 수도 있다. 태양의 광도가 높아지고 미행성이 충돌함에 따라 금성의 지표 온도가 상승하여 바다가 증발하기 시작하였을 것이다. 대기 중에 적외선을 흡수하는 수증기 함량이 높아짐에 따라 온실효과가 폭주현상을 일으켜 지표 온도가 1800 K 가까이 상승하였으며, 이 온도는 나머지 물을 모두 증발시키고 심지어 암석까지 녹일 수 있는 온도인 것이다. 이와 동시에 지표의 대기압은 300 atm에 이르게 되었다. 수증기(H_2O)는 이산화탄소(CO_2)보다 가벼우므로 수증기는 대기 상층으로 올라가서 태양의 자외선에 의하여 분해되었다($H_2O + \gamma \rightarrow H + OH$). 이 자외선 광분해 반응에 의하여 가벼운 수소원자가 발생하고 그 대부분은 금성에서 탈출하였으며 이산화탄소는 남아서 금성 대기의 지배성분이 되었다.

어떤 과학이론이 살아남을 수 있으려면 검증 가능한 예측결과를 제공할 수 있어야 한다. 금성 대기의 진화 시나리오에서 물의 광분해가 사실이었다면 남아 있는 수소 동위원소의 비율이 달라져야 한다. 수소는 두 가지의 안정된 동위원소를 가지고 있다. ${}^{1}_{1}\mathrm{H}$ (또는 수소 H)와 ${}^{2}_{1}\mathrm{H}$ (중수소 D)는 화학적 성질은 같지만 그 질량은 두 배의 차이가 있다. 지구에서는 수소원자에 대한 중수소 원자의 숫자 비율은 $D/H = 1.57 \times 10^{-4}$ 이다. 그러나 금성 대기에서는 이 비율이 $D/H = 0.016$ 로서 약 백배의 차이가 있다. 이러한 차이는 더 무거운 동위원소의 탈출 비율이 더 느리기 때문이다(식 7.8 및 7.9). 따라서 금성의 온실효과에 대한 우리의 지식은 정확한 것으로 보인다.

지표 탐사

두터운 구름층과 대기의 악조건으로 금성 지표에 대한 자료를 수집하는 일은 매우 어려운 작업이었다. 1960년대 후반부터 1980년대 초까지 수행된 소련의 베네라 탐사선은 금성 대기 속으로 진입하였으며 착륙에 성공하기도 하여 금성의 악조건 하에서 활동을 멈출 때까지 짧은 시간 동안 임무를 수행하였다. 이 탐사선들은 부근의 지면을 촬영하여 지구로 송신하였다. 착륙한 탐사선들은 대기와 주변 암석의 샘플을 수집하여 대기 중의 황 성분을 확인하고 지면에서는 화산작용으로 생성된 암석을 찾았다. 이산화황의 함량이 수십 년에 걸쳐 변한다는 관측결과와 번개에서 발생하는 전파의 특성을 통하여 최근에도 화산활동이 일어나고 있음을 추정할 수 있었다. 특히 여러 우주탐사선과 지구에서 망원경으로 관측한 결과에 의하면 금성 대기 중의 이산화황 함량은 1970년대 후반 이후 약간의 일시적인 변동이 있었으나 대략 한 자리 수 이상 감소하였다. 자외선은 대기 상층부의 이산화황(SO_2)을 황산으로 변화시키므로 이산화황의 함량이 감소하였다는 관측 결과를 근거로 일부 과학자들은 1970년대에 거대한 규모의 화산분출이 있었으며 1992년에는 다소 소규모의 분출이 있었을 것이라는 주장을 제시하였다.

금성 지표에 대하여 가장 많은 정보를 제공하는 것은 레이더 화상이다. 가시광선과 자외선은 금성의 대기를 통과하지 못하지만 전파신호는 쉽게 통과할 수 있기 때문이다. 레이더 연구는 아레시보 등 지구상에 있는 망원경과 베네라, **파이오니어** 시리즈, 그리고 최근의 **마젤란** 우주선 등의 궤도탐사선을 통하여 수행되었다. 1989년 우주왕복선 아틀란티스 호에서 발사된 마젤란은 1994년까지 그 임무를 성공적으로 수행한 후 금성 대기 중으로 진입하여 대기의 밀도구조에 대한 정보를 수집하였다. 마젤란은 금성 궤도를 순회하는 동안 지면의 98%를 75 m 및 120 m 해상도를 가진 지도로 작성하였다. 그림 8.3(b)은 금성의 반구를 합성한 지도이다.

마젤란은 그 임무 수행기간의 약 절반 동안 전파신호를 계속 지구로 송신하였으며 과학자들은 그 전파신호에서 도플러효과에 의한 파장의 변화를 조사하였다. 마젤란이 평균밀도가 높은 지역을 지날 때는 국지적인 중력 세기에 의하여 그 속도가 약간 빨라지며 그에 따라 지구에서 수신하는 전파의 파장도 달라진다. 이런 방식을 통하여 금성 표면의 약 95%에 해당하는 지역의 중력 지도를 작성할 수 있었다[4].

한 지역을 두 지점에서 관측한 화상을 결합하고 여기에 중력 데이터를 추가하여 과학자들은 금성 표면의 대부분을 3차원 화상으로 작성할 수 있었다. 그림 8.4는 적도에서 0.9도 북쪽에 위치한 높이 8 km의 마아트 산의 모습이다. 이 화상은 수직 방향의 축적을 22.5배 확대하여 주요한 특징을 잘 볼 수 있도록 한 것이다. 지표의 반사율 변화를 바탕으로 암석 특성의 변화를 파악할 수 있다. 마아트 산의 화상에서는 화산에서 수백 킬로미터 거리까지 흘러내리는 용암을 뚜렷이 볼 수 있다. 마아트 산 부근의 암석은 그 연령이 천만 년 이내로 추정되며 이보다 훨씬 더 짧을 가능성도 있다. 금성 표면은 그 전체가 태양계의 나이에 비해서 비교적 최근

그림 8.4 마아트 산은 높이 8 km로 금성에서 가장 높은 화산으로 생각된다. 수직방향의 축척은 수평방향에 비하여 22.5배 확대되어 있다. (사진 제공 : NASA/JPL)

---

4) 중력 데이터의 해상도를 높이기 위하여 비행관제실에서는 공기제동(aerobraking)이라는 기법을 처음 이용하여 마젤란의 궤도를 낮추었다. 이 기법은 마젤란의 고도를 약간 낮추어 공기저항에 의하여 궤도 에너지를 감소시킨다.

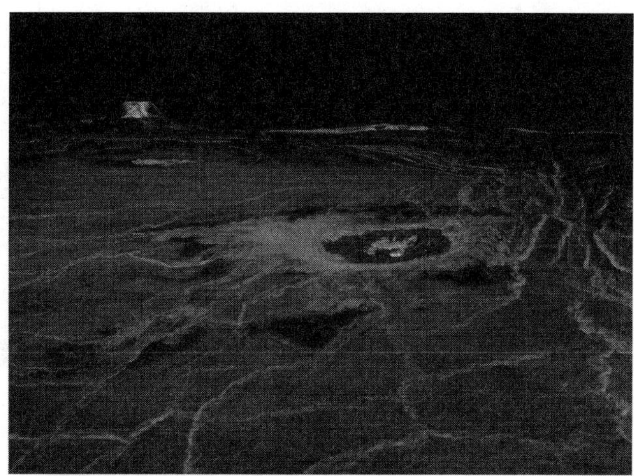

▌그림 8.5 이 화상에서는 쿠니츠 구덩이와 그 배경에 있는 굴라 산을 볼 수 있다. 수직 축은 수평 축보다 22.5배 확대되어 있다.

에 재형성된 것으로 보인다. 이것은 표면에서 관측할 수 있는 충돌 구덩이의 숫자를 바탕으로 추정한 것이다(예 : 그림 8.5). 금성 표면의 충돌 빈도가 다른 내행성(화성, 달)과 비슷한 것으로 가정한다면 금성 표면에 구덩이 숫자가 적은 것은 약 5억 년 전에 대규모의 용암이 흘렀던 것이 틀림없다고 판단할 수 있다[5]. 이 판단에 대한 근거로서 금성에서는 거의 천 개의 화산 특징이 발견되었다.

8.3 지구

행성 중에서 우리가 가장 많은 정보를 가지고 있는 것은 물론 지구이다(그림 8.6). 우리는 지구의 대기, 해양, 그리고 지질학적인 활동을 상세하게 조사해왔다. 우리는 지구상의 광범위한 생물을 미생물부터 거대한 식물과 동물에 이르기까지 자세하게 조사하였으며 현재와 같이 지구상의 생물다양성을 이룬 진화 과정을 연구해왔다. 또한 우리는 이전의 연구에서 얻은 정보를 바탕으로 후속 실험을 통하여 지식을 넓힐 수 있었다. 그러므로 현재 태양계의 다른 천체에 대한 연구에 비하여 우리 지구를 연구하는 일은 훨씬 더 그 기반이 확고하며 활성화되어 있다[6].

5) 달의 절대 나이에 대한 추정은 8.4절에서 자세하게 설명한다.

6) 그러나 8.5절 화성에 대한 논의에서 볼 수 있듯이 이전과 현재 진행되고 있는 탐사를 통하여 얻은 정보를 바탕으로 화성을 광범위하게 조사할 수 있게 되었다.

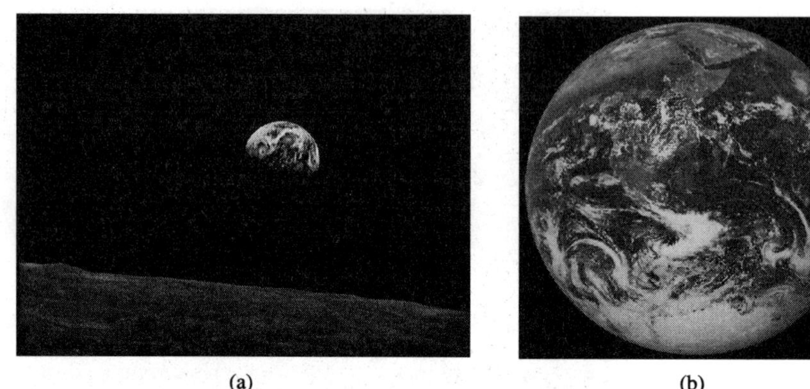
(a) (b)

▮ 그림 8.6 (a) 1968년 12월 22일 달의 지평선에서 떠오르는 지구. 아폴로 8호 우주인들이 촬영한 사진이다. (b) 1972년 12월 7일, 아폴로 17호가 달로 비행하면서 촬영한 지구의 모습니다. 화면에 보이는 부분은 아프리카 대륙, 사우디아라비아, 남극의 빙관이다. (사진 제공 : NASA)

지구의 대기

지구 역사는 초기부터 물이 대부분 응축되어 바다가 되었다. 그러나 금성과 달리 지구는 태양에서 조금 더 먼 거리에 있으므로 물의 대부분이 증발될 정도로 온도가 높아지지 않았다(식 7.5). 그러므로 8.2절에서 설명한 물의 증발에 따른 온실효과가 일어나지 않았다. 그 대신 대기 중의 이산화탄소는 물에 용해되어 화학적인 결합을 거쳐 석회암 등의 탄산염암이 되었다. 현재 암석에 갇혀 있는 이산화탄소가 모두 대기 중으로 방출된다면 그 양은 현재 금성의 대기에 있는 것과 비슷할 것이다.

그러나 그림 5.1(2권)에서 본 바와 같이 초기 태양계에서 태양의 광도는 지금보다 훨씬 낮았다는 것을 고려할 필요가 있다. 이것은 과거에 지구의 표면온도가 지금보다 더 낮았을 것이며, 지표의 물은 20억 년 전까지도 얼음의 형태로 존재하였다는 것을 의미한다. 그러나 화석기록을 포함하여 지질학적인 증거를 보면 지구의 바다는 38억 년 전부터 액체 상태였던 것으로 보인다. 이 문제는 '희미한 고대 태양 역설'이라 부르는 것이다. 이 역설의 해답은 온실효과에 대한 자세한 연구와 현재와는 달랐던 대기성분 조성에서 찾을 수 있을 것이다.

현재 지구의 대기는(숫자 비율로) 78%의 질소분자, 21%의 산소분자, 1%의 물 분자, 그리고 미량의 아르곤, 이산화탄소 등으로 조성되어 있다. 이러한 조성을 가지게 된 원인 중 일부는 지구상의 생물 때문이다. 예를 들어 식물은 광합성작용 과정에서 이산화탄소를 산소로 바꾼다.

온실효과와 지구온난화

산업화에 따라 이산화탄소와 여타 온실가스가 인위적으로 지구 대기에 방출됨에 따라 그 영향에 지대한 관심이 집중되고 있다. 이 문제는 아마존 열대우림과 같이 이산화탄소를 순환시키는 광대한 면적의 식생이 파괴됨으로 인하여 더욱 가중되고 있다. 뿐만 아니라 흔히 이용되고 있는 벌채-소각 방법에 의한 열대우림의 벌목으로 막대한 양의 이산화탄소가 대기 중으로 방출되고 있는 것이다.

이 문제를 시각적으로 나타내기 위하여 그림 8.7에 하와이 마우나 로아 지역의 최근 이산화탄소 농도 변화를 표시하였다. 작은 변화는 식물 성장기에 따른 계절적 변동이다.

온실효과의 비선형적인 거동과 그에 관련되는 물리학, 화학, 기상학 등의 복잡성으로 인하여 정확한 컴퓨터 모델의 개발이 지연되고 있다. 그러나 이러한 모델의 예측력은 아직 미흡하지만, 온실가스의 기본적인 영향은 파악되고 있다. 금성에 관한 검토에서 보았듯이, 대기 중의 온실가스는 대기의 평균온도를 높인다. 문제는 온도를 얼마나 많이, 얼마나 빠르게 높이는가 하는 점이다.

그림 8.8은 1881년부터 2003년 사이에 지구 북반구의 평균온도 편차를 보여주는 것이며, 그 기준은 1951년부터 1975년 사이에 대하여 계산한 25년 평균온도이다.

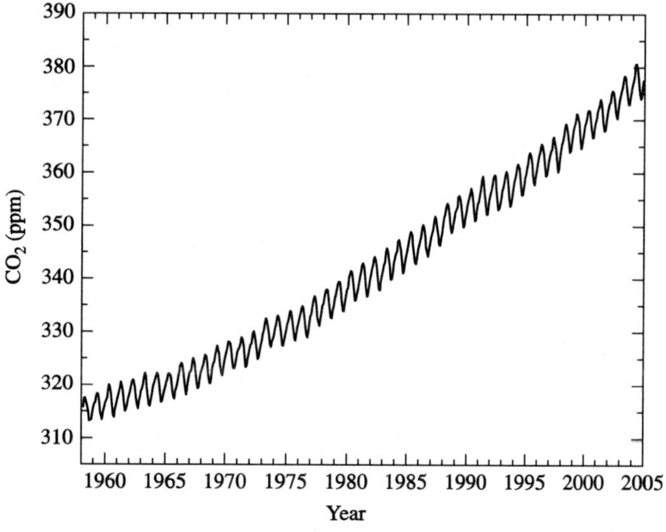

그림 8.7 하와이 마우나 로아 지역의 이산화탄소 농도 변화를 ppm 단위로 표시하였다. (자료 출처 : C. D. 키일링, T. P. 훠프, 캘리포니아대학 Scripps Institute of Oceanography, Carbon Dioxide Research Group).

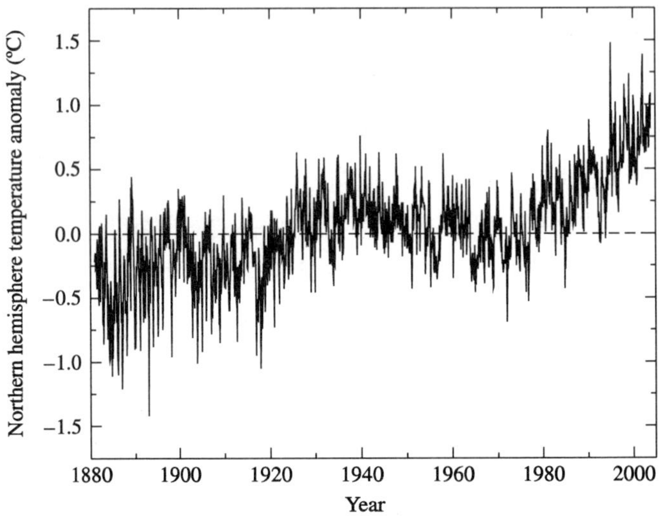

▮ 그림 8.8 1881년부터 2003년 사이 북반구의 월별 평균온도 변화. 편차는 1951년부터 1975년 사이의 25년 평균을 통해 측정한 것이다. (자료 출처 : K. M. 루지나, P. Ya. 그로이스만, K. Ya. 비니코프, V. V. 코크나에바, N. A. 스페란스카야, 2004. In Trends Online: A Compendium of Data on Global Change, Carbon Dioxide Information Analysis Center, 테네시 오크리지, 미 에너지성, 오크리지 국립연구소.)

1970년부터 평균온도가 지속적으로 상승하고 있다는 점은 분명하다. 이러한 상승 경향이 장기간에 걸친 지속적인 상승이 시작되고 있음을 의미하는 것인지 또는 비교적 단기간의 변화인지 이에 대해 논란이 계속되어 왔다. 그러나 현재 상당한 수준의 상승경향이 지속되고 있다는 사실은 분명하다. 실제로 20세기에서 가장 더웠던 10년 중 7년은 1990년대에 속해 있다.

지구온난화 효과와 함께 지구 전체에서 빙하가 감소되고 있다는 증거가 있다. 뿐만 아니라 1970년 이후 북극의 빙관이 크게 얇아졌으며 대양의 수면이 높아지고 있다. 인위적인 원인에 의하여 지구온난화가 진행되고 있다는 또 다른 증거로서 1960년대 이후 해수면 평균온도가 약 0.5℃ 상승하였으며 수심 수백 미터 깊이까지 온도가 상승하고 있다. 대기의 초과 열량 중에서 약 84%는 최종적으로 바다에 흡수되므로 이와 같은 온도 상승은 중대한 의미가 있는 것이다. 또한 해수의 온도 상승은 온실가스 배출 증가의 영향을 고려한 지구 기후 변화의 컴퓨터 모델과도 일치하고 있다. 인간의 활동이 환경에 미치는 다른 문제로는 염화불화탄소의 대기 방출이 있다. 염화불화탄소 분자는 북극과 남극의 대기 상층부로 상승하여 오존 (O_3)을 파괴한다. 오존은 자외선을 흡수하는 중요한 물질로서 지구상의 생물을 자

외선으로부터 보호해 준다.

인간의 활동이 지구 환경에 미치는 영향의 정도를 파악하기 위해서는 더 많은 연구가 필요하다. 그러나 불행하게도 정확한 예측이 가능하게 되는 시점에는 그 진행을 되돌리기에 너무 늦을 수도 있다.

지구온난화가 지구 생물에 미치는 영향의 중요성을 고려하여 1992년 처음으로 세계 대부분의 국가가 참여하여 "지구 정상회담(Earth Summit)"이 개최되었다. 그 정식명칭이 유엔 환경개발회의인 이 회의의 목적은 지구 환경 문제를 논의하는 것이었다. 이 회의에서 기후변화협약(Framework on Convention on Climate Change)이 채택되었다. 그 후 1997년 12월, 160개 이상의 국가들이 일본 교토에 모여 선진국의 온실가스 배출 규제 문제를 협의하였다. 많은 논쟁과 절충을 거쳐 온실가스 배출 등에 대한 결론이 내려졌다. 여기서 채택된 교토의정서(Kyoto Protocol)는 157개 국가의 비준을 받아 2005년 2월 16일부터 발효되었다. 그러나 교토의정서가 발효되던 시점에 세계에서 가장 많은 온실가스를 배출하고 있던 국가인 미국은 국내 경제에 미치는 영향을 이유로 그 협약을 비준하지 않았다.

지진학과 지구의 내부

지진 때 발생하는 지진파를 분석하면 지구 내부의 구조를 추정할 수 있다. 지진이 발생하면 두 종류의 파동이 발생하는데, P[pressure(압력) 또는 primary(기본)의 두문자]**파**는 액체와 고체를 통과할 수 있는 종파이며, S(shear(전단) 또는 secondary(2차)의 두문자)**파**는 횡파로서 고체만 통과할 수 있다(그림 8.9). P파와 S파의 속도는 그 전달 매질의 물성에 의존하므로 세계 각지에서 이 파동들을 측정하면 지구 내부의 구조를 추정할 수 있다[7]. 예를 들어 P파만 측정되는 지역에서 S파가 측정되지 않는다면 지진파의 전달 경로에 액체가 있다는 것을 의미한다(그림 8.10). 또한 경계면에서 발생하는 굴절에 의하여(빛이 굴절률이 다른 매질의 경계면에서 굴절되는 것과 유사함), 두 가지 파동 모두 측정되지 않는 **암영대**가 생기게 된다. 따라서 P파와 S파의 관측 데이터로 지질학자는 행성 내부의 지도를 만들 수 있는 것이다. 이렇게 작성된 지도는 지표 지각의 깊이에 대한 정보를 제공하며 고체 **내핵**, 용융 상태의 **외핵**, 그리고 두터운 **맨틀**의 존재를 알려줄 수 있다.

외핵 영역에서 P파의 거동을 보면 외핵의 주성분은 철과 니켈임을 알 수 있다.

---

7) 별의 내부를 연구하기 위하여 아날로그적인 방법을 이용하고 있다. 8장(2권) 참조.

이것은 지구의 평균밀도가 5515 kg m^{-3}로서 지표 암석의 밀도(보통 3000 kg m^{-3})와 물(1000 kg m^{-3})의 밀도보다 높다는 사실과 일치한다[8]. 외핵이 액체 상태인 것은 그 높은 온도(4000 K 이상)와 조성물질의 특성 때문이다. 내핵이 다시 고체상태가 되는 이유는 극단적으로 높은 압력 때문이다.

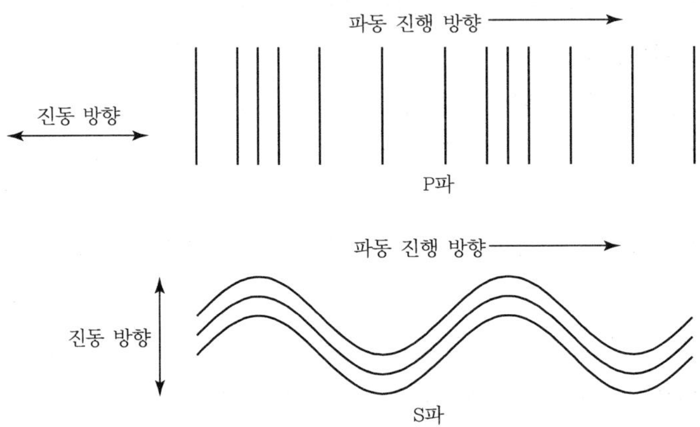

▌그림 8.9 P파는 종파인 압력파로서 액체와 고체를 모두 통과할 수 있다. S파는 전단파인 횡파로서 고체만 통과할 수 있다.

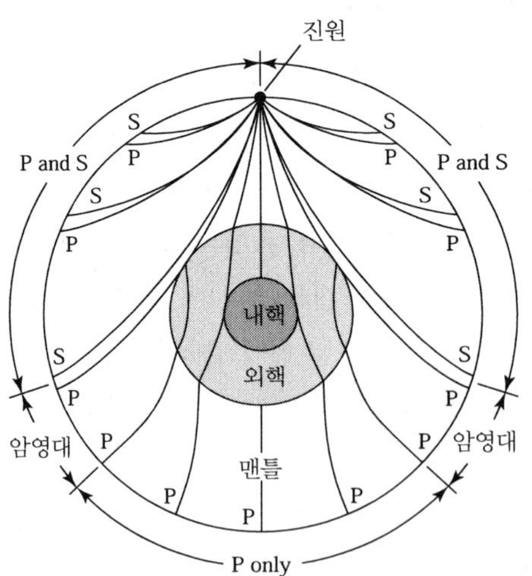

▌그림 8.10 지진에서 발생한 P파와 S파는 지구 내부를 지나 전달된다. S파는 용융상태인 외핵을 통과하지 못한다. 또한 외핵과 맨틀의 경계면에서 P파가 굴절되어 암영대가 생기게 된다.

8) 평균밀도가 지표 물질의 밀도보다 높은 데는 중력에 의한 압축도 그 원인의 일부가 되고 있다.

판구조론(Plate Tectonics)

화산이 있다는 것은 지구, 금성, 화성의 공통적인 특성이지만, 지구의 현재와 같은 지각변동 활동은 지구형 행성 중에서 고유한 특성으로 보인다. 이러한 활동은 그림 8.11에서 볼 수 있는 것과 같이 지구내부의 동적인 특성에 의한 것이다. 지구 표면의 암석권은 대양과 육지의 지각 및 맨틀의 외부를 포함하고 있다. 이 암석권은 **지각판**(crustal plates)으로 구성되어 있으며(그림 8.12), 맨틀의 일부를 이루고 대류작용을 하는 암류권(asthenosphere) 위에 있다. 지각판들은 대륙을 싣고 지구 표면을 움직이며 서로 충돌하거나 마찰을 일으킨다[9]. 이와 같은 움직임에 의하여 대서양은 길이 방향으로 뻗어 있는 해저산맥을 중심으로 매년 약 3 cm씩 넓어지고 있다. 이 중앙대서양해령은 대륙의 틈새가 벌어짐에 따라 지구 내부의 물질이 상승하여 새로운 해저를 형성하고 있는 위치에 있다(그림 8.13).

지각판의 이동을 과거로 외삽 추정하여, 지질학자들은 옛날에 판게아라는 하나의 거대한 대륙이 있었으며, 판게아는 약 2억 년 전에 로라시아와 곤드와나랜드라는 두 개의 큰 대륙으로 갈라졌다고 믿고 있다. 곤드와나랜드는 다시 남아메리카와 아프리카로 나누어 졌으며 로라시아는 유라시아와 북미 대륙으로 나누어졌다.

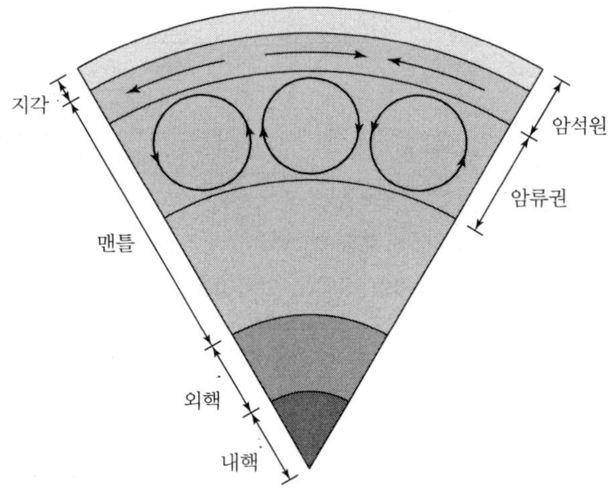

▮ **그림 8.11** 지구의 내부 구조는 내핵, 액체 상태의 외핵, 맨틀, 그리고 지각으로 구성되어 있다. 지각과 맨틀의 외부가 암석권을 형성하고 있으며(표면판 포함), 그 아래에 대류운동을 하는 암류권이 있다. 그림은 실제 축척에 비례하지 않는다.

9) 예를 들어, 태평양 및 북미판은 현재 서로 미끄러지고 있다. 유명한 산 안드레아 단층대가 이 두 지각판 사이에 위치하고 있다.

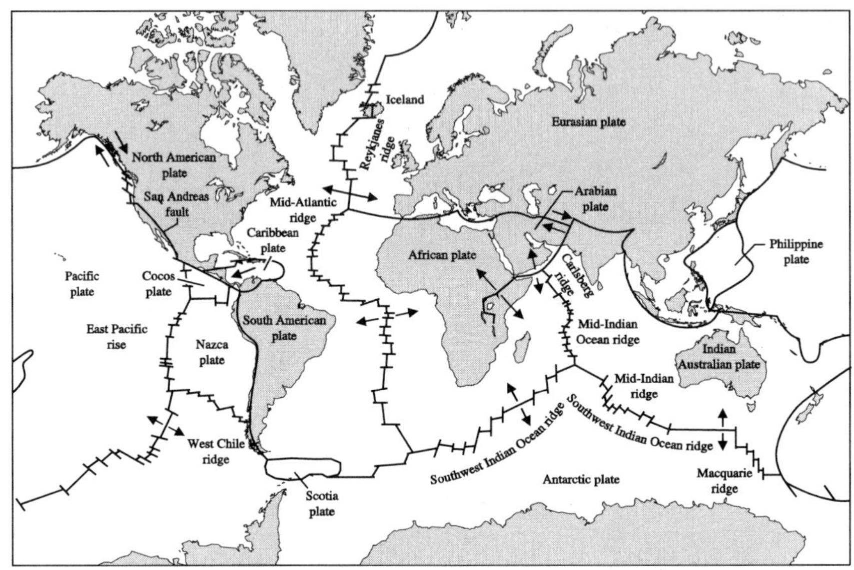

■ **그림 8.12** 암석권은 지각판으로 나누어져서 지구 표면을 이동한다.

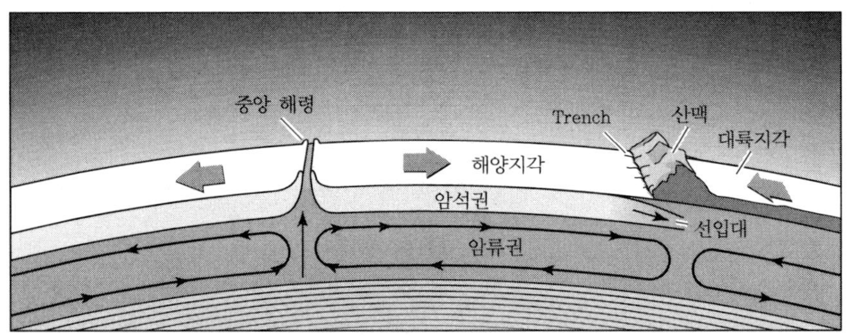

■ **그림 8.13** 판은 암류권의 대류에 의하여 움직이게 된다. 하부의 물질이 표면으로 상승하는 지역에서는 대양중앙해령(열곡)이 만들어 진다. 두 개의 판이 충돌할 때 가벼운 대륙지각이 무거운 해양지각 위에 얹히게 되면 섭입대가 형성된다.

지구 판의 경계면에는 보통 화산활동과 조산운동이 활발하며 지진이 자주 발생한다. 예를 들어 두 개의 지각판이 서로 충돌하면 가벼운 대륙의 지각이 무거운 해양지각 위로 올라오게 되며, 그림 8.13에 표시된 것과 같이 **섭입대**(subduction zone)가 생긴다. 일본 연안을 따라 이와 같은 섭입대가 위치하고 있으며, 해양지각이 지구 내부로 들어가면서 그 마찰에 의하여 발생하는 열로 화산섬이 생기고 있는 지역이다. 또한 섭입대에는 깊은 해구도 형성된다. 대륙지각을 가지는 두 개의

지각판이 충돌하면 서로 겹쳐지지 못하므로 좌굴이 발생하여 히말라야와 같은 산맥이 만들어지게 된다.

내부열의 원천

이러한 모든 움직임은 그 원동력이 되는 에너지를 필요로 한다. 지구표면에서 우주공간으로 방출되는 열은 4×10^{13} W 정도인 것으로 알려져 있으며, 이것은 평균 0.078 W m^{-2}의 열유속(heat flux)에 해당한다. 지구 내부의 에너지원이 거의 46억 년 전 형성기에서 남은 열이라면 판구조론에 의한 활동은 이미 오래 전에 완료되었을 것이다. 그러므로 지구의 에너지 수지를 맞추기 위해서는 다른 에너지원이 필요하다. 그 중 하나로 지구자전 운동에너지로 인한 조석력 소산(연습문제 10번), 중력에 의한 분리(무거운 물질이 지구 내부로 내려갈 때 방출하는 위치 에너지), 그리고 불안정한 동위원소의 지속적인 방사성 붕괴(열의 주 원천으로 믿어지고 있다) 등을 생각할 수 있다[10]. 이러한 에너지로 지구 내부는 어떠한 형태로도 변할 수 있는 유연성을 가져, 거대하면서 완만한 운동을 하는 대류세포(convection cells)가 지각판을 움직인다.

변화하는 지구의 자기장

지구의 외핵은 철-니켈이 녹은 용해된 상태이고, 지구가 비교적 빠른 자전을 하므로 이것은 지구 내부가 발전기 역할을 한다고 생각할 수 있다. 이러한 가정은 지구에 자기장이 있다는 관측 결과와 일치한다. 지구 자기장은 태양풍의 이온 입자와 다른 이온화된 우주선으로부터 지구를 보호해 준다. 이러한 입자들은 자기장에 의하여 지면에 충돌하지 못하고 쌍극자 장기장내에 갇혀서 남극과 북극 사이를 왕복하게 된다(그림 8.14). 입자가 갇혀 있는 세 개의 영역이 발견되었으며 이들을 **반앨런복사대**(Van Allen radiation belts)라 한다. 가장 안쪽에 있는 복사대는 양성자로 구성되어 있으며 지구 표면에서 고도 약 400 km에 있다. 둘째 복사대는 이 첫째 복사대와 약간 겹쳐 있으며 원래는 성간물질의 일부였던 원자핵으로 구성되어 있다. 가장 바깥에 있는 복사대는 전자로 구성되어 있으며 고도는 약 16,000 km이다. 반앨런복사대 내에 있는 입자들은 에너지가 높아서 극지방에서 지구 대기로

---

10) 19세기 중반, 켈빈경은 지구의 나이가 8억 년 이상이 될 수 없다고 주장하였다. 그의 논거는 지구가 방출할 수 있는 중력 위치에너지의 양과 우주공간으로 열이 방출되는 비율을 바탕으로 한 것이었다. 그러나 이때는 방사성이 발견되기 전이었다.

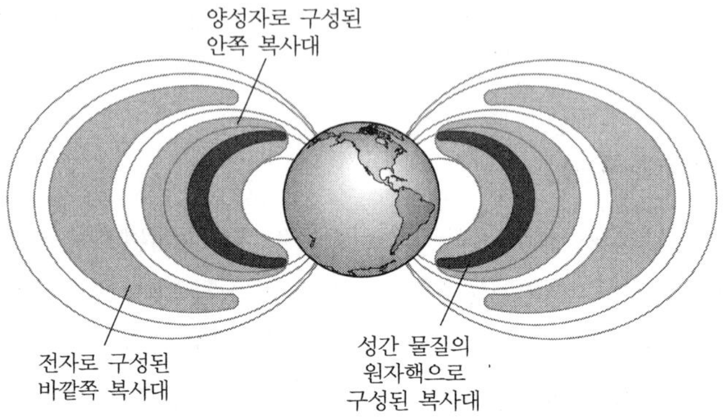

▌그림 8.14 반앨런복사대는 지구 자기장에 갇힌 전하를 띤 입자에 의하여 형성된다.

▌그림 8.15 오로라는 고속 입자가 지구 대기 상층부의 원자 및 분자와 충돌하여 발생한다.
(사진 제공 : 페어벵크, 알래스카대학, 지구물리학연구소)

진입하여 상층부에 있는 원자 및 분자와 충돌하여 충돌에 의한 들뜸, 이온화 및 해리된다. 이 원자와 분자들이 재결합될 때 또는 전자가 낮은 에너지 준위로 내려올 때 빛이 방출되며 이 빛을 **북극광**(북극지방) 및 **남극광**(남극지방)이라 한다(그림 8.15).

흥미로운 것은 지질학적 증거에 의하면 지구 자기장은 대략 105년의 불규칙한 주기로 약해졌다가, 극성이 반전되었다가, 다시 복구된다는 사실이다. 이것은 자기 광물질이 용융된 암석에 포획되어 식어 있는 암석에서 그 자기장의 방향을 관측하면 알 수 있다. 예를 들어 대서양중앙해령 양쪽의 암석 샘플에서 이것을 측정할 수 있다(그림 8.12, 8.13).

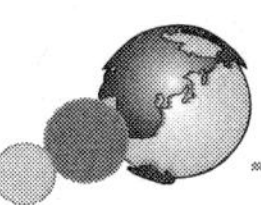

이 방법으로 국지적인 자기장의 화석기록이 만들어지는 것이다. 지구 자기장의 거동은 태양활동주기, 즉 태양의 자기장이 대략 11년 주기로 반전되는 것과 다르지 않다(5.3절(2권)). 현재 지구 자기장은 약해지고 있는 것으로 알려져 있다.

8.4 달

비록 거리는 매우 가깝지만 달은 지구와는 매우 다른 세계이다(그림 8.16). 달은 지표면에서 중력이 약하므로 대기를 유지할 수 없었다. 보호해주는 대기가 없으므로 달 표면은 그 형성 이후 지금까지 계속 운석이 충돌하고 있다. 수많은 소규모의 충돌 외에도 달이 형성된 지 약 7억 년 후 다수의 대규모 충돌이 있었다. 그 충격은 매우 강력하여 달의 얇은 지각을 뚫어서 내부의 용암이 표면으로 흘러나오게 하였다. 그 결과로 지구에서 볼 수 있는 쪽의 달 표면에는 다수의 평탄하고 대략 둥그런 **바다**(maria, 달 표면의 그늘진 부분)가 형성되었다. 이와 같은 달의 바다가 분포되어 있는 모습을 보면서 인간은 '달사람'의 얼굴이라고 상상해 온 것이다.

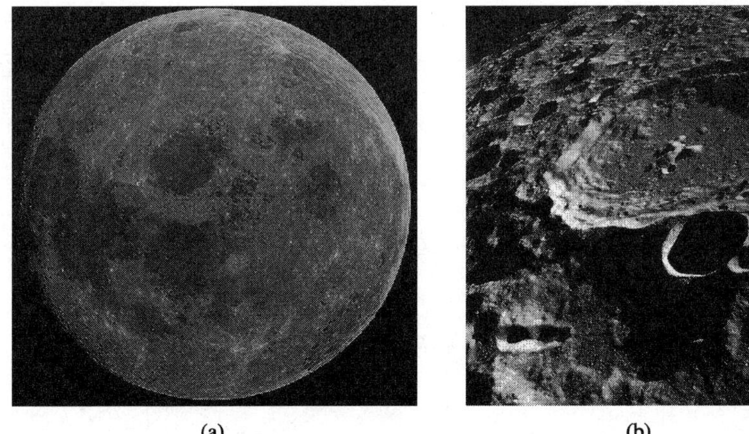

(a) (b)

그림 8.16 (a) 달 표면은 구덩이가 많은 고지대와 거의 원형이며 구덩이가 훨씬 적은 바다로 구성되어 있다. 좌측의 사진은 지구를 향하고 있는 달 표면이다. (b) 구덩이가 광범위하게 형성되어 있는 달의 먼 쪽. 큰 구덩이의 지름은 약 80 km이다. 이 사진은 1969년 아폴로 11호 우주인들이 촬영한 것이다. (사진 제공 : NASA)

달의 내부 구조

달의 내부구조와 진화에 대한 연구는 주로 1959년부터 1970년대 초에 많이 이루워졌다. **아폴로** 우주인들은 달에 착륙했을 때 달의 지진을 측정할 수 있는 지진계를 설치하였고, 측정된 미약한(리히터지진계 규모로 진도 1 정도) 달 지진 중 대부분은 지구의 중력으로 발생한 조석력에 의한 변형이었다. 다른 종류의 진동은 운석 충돌에 의한 울림현상이었다. 지구의 지진활동 분석과 마찬가지로 달의 지진을 통해서 달 내부 구조를 파악할 수 있게 되었다.

달 지진의 대부분은 구조판 경계면에서가 아니라 고체이지만 부서지기 쉬운 암석권과 유동성이 큰 암류권 사이의 경계면에서 발생한다(그림 8.17). 또한 암류권 아래에는 소규모의 철이 다량 포함되어 있는 핵도 존재하고 있는 것으로 보인다. 이러한 구조는 지금도 달 내부에서 전달되어 나오고 있는 작은 양의 열을 측정한 결과와 일치하고 있다. 이 열은 암류권이 유동성을 가지고 있는 원인이 되고 있다. 그러나 지진활동에 대한 데이터를 분석해본 결과 달에는 현재 지구와 같은 판 활동은 없는 것으로 보인다.

흥미로운 것은 지구에서 먼 쪽에 있는 달 표면에는 바다가 하나뿐이라는 점이다[11]. 그 이유는 지구 쪽의 달 표면에만 충돌이 있었기 때문이 아니라, 지구 쪽 표면의 지각이 얇기 때문이다. 그 결과로 얇은 지각에서 발생한 충돌은 지각을 뚫고

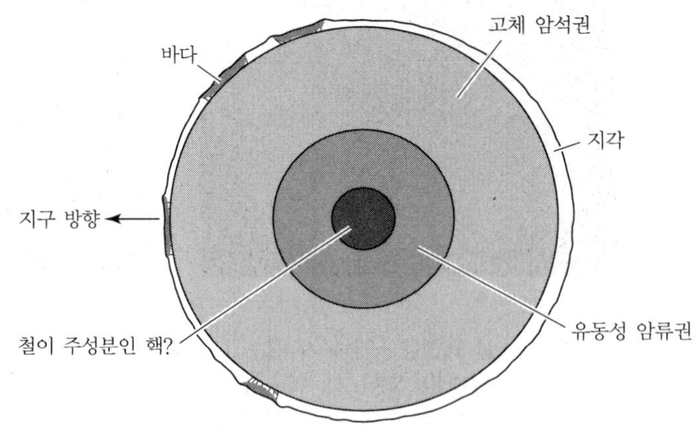

그림 8.17 달의 내부 구조

11) 달 반대면을 처음 관측한 것은 1959년 소련의 우주선 루나 3호였다.

들어가서 내부의 용암이 표면으로 흘러나오게 할 가능성이 더 커지게 된다. 지각의 물질은 달 내부의 물질보다 가벼우므로 조석력에 의하여 지구에 가까운 무거운 쪽이 영구적으로 지구를 향하게 된 것이다.

자기장이 없는 달

달은 지구와 달리 전반적인(global) 자기장이 관측되지 않으며 이것은 달의 크기가 작으므로 지구보다 훨씬 더 빨리 식어버렸기 때문이다. 이러한 진화 과정으로 달은 지질학적 활동이 없는 천체가 되었다. 뿐만 아니라 달의 자전주기는 지구의 자전주기보다 27배 더 길다. 그 결과로 내부에 발전 작용을 하는 다이나모가 없으며 내부에 용융상태의 핵이 있다하더라도 매우 작을 것이라고 추측할 수 있다[12].

달에 전체적인 자기장이 없다는 사실 때문에 수성에서 관측되는 약한 자기장이 더욱 수수께끼가 되고 있다(740쪽 설명 참조). 달과 수성은 그 질량과 반지름이 비슷하며(달의 질량과 반지름은 각각 수성의 23%와 71%이다), 수성의 자전속도는 달의 약 절반이다. 자기장 형성에 대해서는 아직 연구할 점이 많다는 것이 분명하다.

달의 암석

1960년대와 1970년대에 미국은 6 차례 유인 아폴로 우주선을 달에 보내어 달 표면에서 382 kg의 암석과 표토를 가져왔으며, 소련의 무인우주선 **루나**는 3회에 걸쳐 0.3 kg의 물질을 가져왔다. 샘플은 달의 바다와 그리고 바다 사이에 있는 **고지대**(산지)에서 채취한 것이다. 이 샘플들로 우리가 달에 대하여 가지고 있는 가장 자세한 정보를 얻을 수 있었다.

바다에서 채집한 샘플의 조성 성분을 분석한 결과 화산에서 기원한 것임이 밝혀졌다. 암석의 종류는 지구의 화산암과 유사한 현무암이었다. 달의 현무암은 철과 마그네슘 함량이 높으며 급속한 냉각의 특징인 유리상의 구조를 가지고 있다. 그러나 지구의 현무암과는 달리 달 암석의 샘플에는 물이 없으며 내화물질(높은 용융 및 증발 온도를 가진 물질)에 비하여 휘발성분(낮은 용융 및 증발 온도를 가지는 성분) 비율이 낮았다.

12) 달에서 가져온 암석 샘플의 자연 잔류자기와 인공위성이 측정한 국지적인 자기를 고려하면, 달에도 한때는 전체적인 자기장이 있었던 것으로 보인다. 그러나 현재는 전체적인 자기장이 있다는 증거가 관측되지 않고 있다.

방사능 연대측정(Radioactive Dating)

달 암석 샘플의 분석에서 가장 관심을 끌었던 것은 연령 측정이었다. 이 과정은 특정한 방사성 동위원소의 함량을 측정하고 그 최종 안정된 붕괴생성물의 함량과 비교하는 것이다. 이 방사능 연대측정 기술에서 우리는 방사성 동위원소의 붕괴가 그 물질이 암석 내부에 갇혀 고정된 때부터 시작되는 것으로 가정한다.

붕괴계열 중에서 어느 한 단계의 반감기가 다른 단계보다 훨씬 더 긴 경우에는 최초의 동위원소가 가장 긴 반감기 단계만 거친 후 직접 최종 안정된 생성물이 되는 것으로 간주할 수 있다. 예를 들면 그림 8.18의 붕괴계열에서 $^{235}_{92}\mathrm{U}$가 붕괴되어 최종적으로 $^{207}_{82}\mathrm{Pb}$가 된다. 그 첫 단계인 알파 붕괴[13] $^{235}_{92}\mathrm{U} \rightarrow ^{231}_{90}\mathrm{Th} + ^{4}_{2}\mathrm{He}$의 반감기는 7.04×10^8년이며 그 다음 단계인 $^{231}_{91}\mathrm{Pa} \rightarrow ^{227}_{89}\mathrm{Ac} + ^{4}_{2}\mathrm{He}$의 반감기는 3.276 $\times 10^4$년에 불과하다. 그러므로 전체 붕괴과정에 걸리는 시간을 7.04×10^8년으로 근사값을 취하더라도 충분히 정확한 것이다. 따라서 우라늄과 납 동위원소의 상대적인 함량을 측정하여 변환에 소요되는 시간을 측정할 수 있는 것이다.

표 8.1에 달의 암석, 지구의 암석 그리고 운석의 연대측정에 이용되는 방사성 동위원소를 수록하였다. 여기서 안정된 물질은 꼭 단일 붕괴의 결과가 아니라 일련의

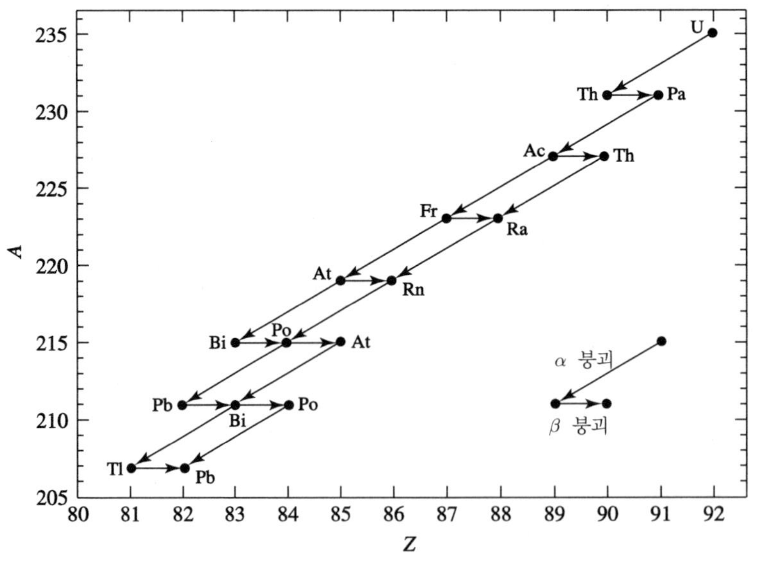

▌그림 8.18 $^{235}_{92}\mathrm{U}$의 붕괴계열

13) 헬륨 원자핵 ($^{4}_{2}\mathrm{He}$)을 알파 입자(α)라고 부르기도 한다.

▌표 8.1 지질학적 연대 측정에 이용되는 방사성 동위원소와 반감기

초기물질	안정된 생성물질	반감기(10^9년)
$^{129}_{53}I$	$^{129}_{54}Xe$	0.016
$^{235}_{92}U$	$^{207}_{82}Pb$	0.704
$^{40}_{19}K$	$^{40}_{18}Ar$	1.280
$^{235}_{92}U$	$^{206}_{82}Pb$	4.468
$^{232}_{90}Th$	$^{208}_{821}Pb$	14.01
$^{76}_{71}Lu$	$^{176}_{72}Hf$	37.8
$^{87}_{37}Rb$	$^{87}_{37}Sr$	47.5
$^{147}_{62}Sm$	$^{143}_{60}Nd$	106.0

붕괴계열을 거친 것일 수 있으며 그 단계 중에서 가장 긴 반감기만을 표에 수록한 것이다.

방사능 연대측정 방법을 좀 더 자세히 알아보기 위하여 어떤 동위원소 A가 다른 동위원소 B로 직접 또는 일련의 붕괴계열을 거쳐 붕괴된다고 가정하자. 2권의 식 (9.10)에서 샘플에 포함되어 있는 A의 원자 숫자가 최초에 $N_{A,i}$였다면, 시간 t 후에 남아 있는 원자의 숫자는 다음과 같다.

$$N_{A,f} = N_{A,i}e^{-\lambda t}$$

여기서

$$\lambda = \frac{\ln 2}{\tau_{1/2}}$$

는 붕괴상수이며 $\tau_{1/2}$는 반감기이다. A와 B의 총 원자 숫자는 시간에 대하여 일정하므로(A가 B로 변환되더라도 숫자는 불변) 아래의 관계가 성립한다.

$$N_{A,f} + N_{B,f} = N_{A,i} + N_{B,i}$$

이 식을 $N_{A,i}$에 대하여 풀고 붕괴방정식에 대입하여 정리하면 샘플이 생성된 후 B원자의 숫자 변화를 표시하는 아래 식을 얻게 된다.

$$N_B - N_{B,i} = \left(e^{\lambda t} - 1\right) N_A$$

여기서 $N_A \equiv N_{A,f}$ 및 $N_B \equiv N_{B,f}$는 각각 현재 남아 있는 A와 B의 원자 숫자이다. 한 샘플을 다른 샘플과 비교하면 분석대상 동위원소와 다른 안정된 동위원소의 비율을 적용하여 그 조성비를 더 정확하게 결정할 수 있다. 이 다른 동위원소(안정)의 비율을 N_C라 하면 다음과 같이 표시할 수 있다.

$$\frac{N_B}{N_C} = \left(e^{\lambda t} - 1\right)\frac{N_A}{N_C} + \frac{N_{B,i}}{N_C} \tag{8.1}$$

식 (8.1)은 안정된 생성물의 상대적인 비율과 붕괴계열에서 방사성 동위원소의 상대적인 비율을 샘플 암석의 여러 부분에 대하여 도표로 표시하여 샘플의 연대를 결정하는데 이용된다. 최적합선(best-fit line)의 기울기 $m = e^{\lambda t} - 1$는 그 샘플의 연대와 직접적인 관계를 가진다.

예제 8.4.1

그림 8.19는 달의 고지대에서 채취한 샘플에서 루비듐-87이 스트론튬-87로 베타붕괴[14]하는 과정 ${}^{87}_{37}Rb \to {}^{87}_{38}Sr + e^- + \bar{\nu}$에서 측정한 데이터를 도시한 것이다.
식 8.1과 그림 8.19에서

$$m = e^{\lambda t} - 1 = 0.0662$$

여기서 $\lambda = 0.0146 \times 10^{-9}\,yr^{-1}$는 ${}^{87}_{37}Rb$에 대한 것이다. 이 식을 t에 대해서 풀면 이 샘플의 연령이 4.39×10^9년임을 알 수 있다.
이 계산과정에서 초기의 비율 ${}^{87}_{38}Sr/{}^{87}_{38}Sr$은 샘플 전체에서 상수로 가정하였으며, ${}^{87}_{37}Rb/{}^{86}_{38}Sr$는 다소 변할 수 있는 것으로(즉 샘플이 완전하게 균질하지 않음) 가정하였다는 것을 유의할 필요가 있다. 그 이유는 ${}^{86}_{38}Sr$과 ${}^{87}_{38}Sr$은 화학적으로 동일하므로 광물 내에 같은 비율로 포함될 수 있는 반면, ${}^{87}_{37}Rb/{}^{86}_{38}Sr$ 비율은 샘플 전체에서 일정할 필요가 없기 때문이다.

14) 베타입자(β)는 전자의 다른 이름이다.

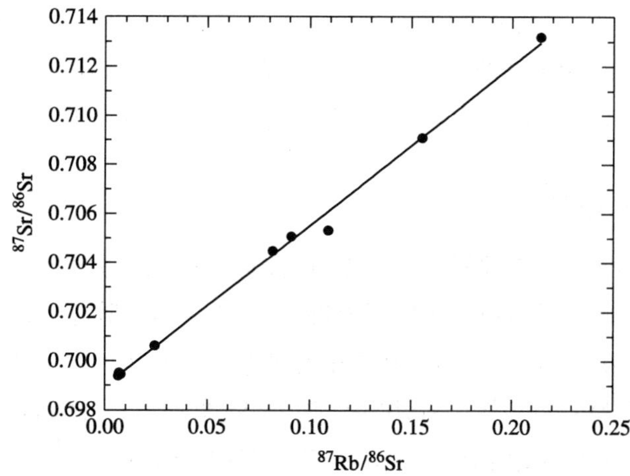

▌그림 8.19 달 고지대에서 채집한 샘플의 상대적인 비율 결정. (자료 출처 : D. A. 파파나스타소와 G. J. 바세르부, Proc. Seventh Lunar Sci. Conf. Pergamon Press, 뉴욕, 1976)

방사능 연대측정의 결과는 달의 바다가 비교적 젊은 부분이라는 견해와 일치한다. 연습문제 14번에서 1969년 아폴로 우주인이 달의 고요의 바다에서 가져온 샘플에 대하여 풀어보겠지만, 바다의 나이(보통 3.1 내지 3.8×10^9년)는 고지대보다 훨씬 더 작다. 이것은 앞서 언급한 바와 같이 바다에서는 고지대에 비하여 구덩이가 적다는 관측 결과와 일치하고 있다.

이와 정반대로 지구에서 발견된 가장 오래된 암석의 나이는 38억 년인 반면 지구 지각의 90%는 나이가 6억 년보다 작다. 판구조 활동에 의하여 지표는 끊임없이 순환되고 있으며 오래된 지각을 맨틀로 내려 보내고 새로운 지각으로 대체하고 있는 것이다.

후기의 대충돌(LHB : Late Heavy Bombardment)

달 암석 샘플의 연대 분석결과는 달이 형성된 지 약 7억 년 후에 **대충돌**(LHB : Late heavy bombardment)가 있었음을 보여준다. 이 시기에 달 고지대의 구덩이 대부분이 만들어졌다. LHB 시기 동안 몇 회의 거대한 충돌로 바다가 형성되었다. 그 후 38억 년 동안 운석의 충돌이 계속되었지만 그 빈도는 크게 감소하였다. 따라서 매우 평탄하며 구덩이 숫자가 비교적 적은 바다가 유지될 수 있었던 것이다.

달 암석이 보여주는 연대는 달의 진화 과정뿐 아니라 다른 행성의 진화과정과 태양계 전체의 형성이론을 이해하는 데 큰 도움을 준다(11.2절 참조). 예를 들면

LHB 시기 이후에 대략 일정한 빈도로 운석 충돌이 계속되었다는 사실을 통하여 금성의 표면이 대략 지난 5억 년 이내에 새로 형성되었다는 것을 알 수 있다. 이 시나리오는 또한 화성의 표면이 대체적으로 매우 오래되었다는 것을 보여준다.

달의 형성

달의 형성은 오랫동안 논쟁의 주제가 되어온 문제이다. 아폴로와 루나 우주선의 탐사가 있기 전에 여러 가지의 모델이 제안되었다. 1880년 조지 다윈[15](George Darwin, 1845-1912)은 지구의 자전속도가 지금보다 빠르던 때 지구의 일부분이 떨어져 나가서 달이 되었다는 **분열 모델**(Fission Model) 또는 **딸 모델**(Daughter Model)을 주장하였다. 그러나 달 궤도평면의 방향은 달이 지구에서 떨어져 나갔을 경우에 예상되는 지구 적도평면과 달리 황도에 가깝다(경사각 5.1°). 뿐만 아니라 달 암석 샘플에서 물이 전혀 검출되지 않는다는 사실과 지구 표면의 암석에 비하여 휘발성 물질이 작다는 사실도 이 가설과 대치되는 것이다.

동반형성 모델(Co-creation Model) 또는 **자매 모델**(Sister Model)은 지구와 달이 함께 형성되었으며 달은 원시 지구 주위의 작은 물질 원반이 합체하여 형성된 것이라는 가설이다. 이 가설 역시 달 암석 샘플의 구성성분이 지구와 다르다는 사실을 설명하지 못한다.

셋째, **포획 모델**(Captured Model)은 달이 태양계성운의 다른 곳에서 형성되어 떠돌다가 지구의 중력에 의하여 포획되었다는 가설이다. 그러나 이 가설을 받아들이기에는 지구와 달의 조성성분 차이가 너무 작다는 문제가 있다. 즉 달과 지구가 너무 유사한 것이다. 예를 들어 안정된 산소 동위원소의 비율이 달과 지구에서는 거의 동일한 반면 운석과는 상당한 차이가 있다. 또한 중력에 의한 포획과정을 설명하는 동력학도 수긍하기 어려운 점이다. 지구와 비교할 때 달은 상당히 큰 편이므로 달을 포획할 수 있으려면 지구-달 시스템의 잉여 에너지를 흡수하는 크기가 비슷한 제3의 천체가 있어야 한다. 이렇게 알맞은 크기의 천체 세 개가 같은 시기에 가까운 거리 내에 있을 가능성은 매우 희박한 것이다. 그 반면 포획 모델은 태양계에 있는 많은 작은 위성의 존재를 설명하는 데 매우 타당성이 있는 가설이다. 이런 위성들의 경우에는 이미 있던 다른 위성들과 다체 상호작용을 하는 과정에서 잉여 에너지를 방출할 수 있게 된다. 또는 붙잡힌 위성이 행성의 대기 일부를 지나

15) 조지 다윈은 찰스 다윈(1809-1882)의 아들로서 다윈 생물진화론의 저자이다.

게 되는 경우 공기제동(aerobraking)에 의하여 공전 에너지를 방출할 수 있다. 이 것은 마젤란 탐사선이 금성의 대기 중에서 궤도를 조절할 때 이용한 방법과 같은 것이다. 그러나 달은 이런 메커니즘 중 어느 것도 적용하기에는 너무 크다.

1975년에 윌리엄 K. 하트만(William K. Hartman)과 돈 R. 데이비스(Don R. Davis)가 네 번째 모델인 **충돌 모델(Collision Model)**을 발표하였다. 그 후 많은 컴퓨터 시뮬레이션을 통하여 이 가설의 타당성이 입증되었다(예 : 그림 8.20). 이 모델은 그 이전의 세 종류의 시나리오가 가지고 있던 문제점을 해결할 수 있는 것으로 보인다. 이 모델은 하나의 큰 물체, 아마도 현재 화성 질량의 2배 정도되는 큰 천체가 약 46억 년 전에 지구와 충돌하였으며, 그 충돌한 천체의 대부분은 증발하고 지구의 일부분이 떨어져 나가서 지구 주위에 부서진 입자들이 원반을 이루었으며, 그 원반이 비교적 짧은 기간 내에(추정에 의하면 수개월 내지 100년 정도) 합체하여 달이 되었다는 가설이다. 충돌할 때 발생한 고열에 의하여 지구 지각에 있던 휘발성 물질의 대부분은 증발되어 부서진 입자에서는 없어졌을 것이다. 지구와 그 충돌한 천체가 충돌하기 전에 자체 중력에 의하여 무거운 물질이 내부로 분리될 수 있는 충분한 시간이 경과되었다면 지구와 그 충돌 천체의 지각에는 철이 비교적 작았을 것이며 따라서 달도 철 함량이 작을 것이다. 시뮬레이션에 의하면, 달의 대부분은 충돌 천체의 규산염이 풍부한 맨틀로 이루어졌으며 그 천체의 철이 풍부한 핵은 지구의 일부분이 된 것으로 보인다. 이 모델은 달의 평균 밀도가 지구의 압축되지 않은 맨틀(지구 중력이 없다고 가정할 경우의 맨틀 밀도)과 비슷하다는 사실을 효과적으로 설명할 수 있다. 이 모델에서는 지구와 달에서 서로 비슷한 산소-동위원소의 비율도 충돌을 통하여 보존될 수 있다.

이 충돌 모델은 달의 형성을 설명하는 모델로서 대부분의 학자들로부터 가장 타당성이 높은 것으로 인정받고 있다. 비록 처음 보기에는 달의 특성을 설명하는 데 매우 기발하고 특수한 설명인 것 같이 보이지만, 밀도가 매우 높은 수성도 이와 유사한 시나리오로 설명할 수 있다는 것을 상기해 보라(254쪽). 명왕성의 위성 카론의 형성을 설명하는 데도 대규모의 충돌을 가정할 수 있다(10.1절).

지금까지의 달 연구에 의하면 그 형성과정은 매우 격렬했던 것으로 보인다. 그러나 달의 구조와 진화에 대해서는 아직도 많은 문제가 미해결 상태로 남아 있다. 또 한편, 달에 관한 연구를 통하여 지구와 태양계의 다른 천체들의 형성과 진화에 대하여 중요한 지식을 얻을 수 있다는 것이 확실해 보인다. 앞으로 달 탐사를 계속하여 태양계에 대한 우리의 지식을 더욱 넓힐 수 있을 것이다.

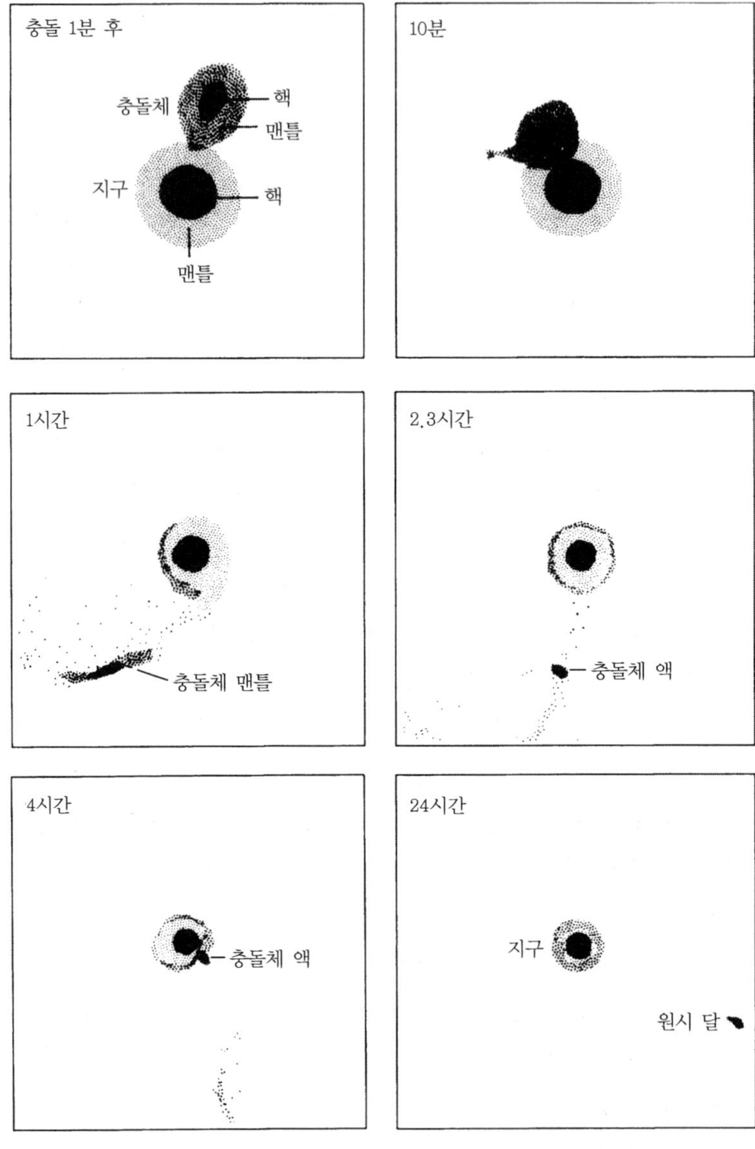

그림 8.20 Collision Model(충돌 모델)의 컴퓨터 시뮬레이션. 시뮬레이션 기간 중 여러 시점에 지구–달 시스템을 도시한 것이다. (그림 제공 : A. G. W, 카메론(Cameron)과 W. 벤츠(Benz), 스미소니언 천체물리관측소)

8.5 화성

비록 질량은 지구의 1/10 밖에 안됐지만 화성은 오랫동안 우리의 상상을 자극해 왔다. 1877년 천문학자 지오반니 비르기니오 스키아파렐리(Giovanni Virginio Schiaparelli, 1835-1910)는 화성 표면에서 여러 개의 검은 줄무늬를 발견하였다고 보고하고 이것을 '카날리(canali; 자연적으로 형성된 수로)라고 불렀다. 이 말은 그 후에 잘못 이해되어 그 무늬가 광대한 인공운하(canals) 망으로서 지성을 가진 문명이 죽어가는 세계에 관개수를 공급하기 위하여 건설한 것으로 생각되었다. 이 주장을 뒷받침하는 것으로서 극지방의 빙관이 계절에 따라 변화하는 모습을 볼 수 있고, 그림 8.21(a)에는 허블우주망원경으로 촬영한 그 사진을 수록하였다. 당시 소형망원경으로 관측에 방해가 되는 지구의 대기를 통하여 화성을 본 사람들이 운하가 실제로 있다고 생각했던 것은 크게 무리가 아니었다. 이 형태를 입증하기 위하여 퍼시발 로웰(Percival Lowell, 1855-1916)은 아리조나주 플랙그스태프 부근에 관측소를 설치하고 화성을 자세하게 관측하였다. 다른 천문학자들은 화성이 지성을 가진 생명체가 있다는 설, 그리고 운하의 존재에 다소 회의적이었다. 그러나 일반인들은 화성

(a)

(b)

그림 8.21 (a) 허블우주망원경에 설치된 WF/PC2로 촬영한 화성의 모습. 북극의 빙관을 뚜렷하게 볼 수 있다. (사진 제공 : 필립 제임스, 톨레도대학. 스티븐 리, 콜로라도대학. NASA) (b) 1976년 바이킹 궤도탐사기가 촬영한 102매의 사진을 합성한 화상. 여기서 관점은 화성 상공 2500 km 지점에 맞추어져 있다. 계곡 마리네리스(길이 3000km의 계곡)가 적도 부근에 보인다. 화상의 좌측에는 검고 둥근 모양으로 세 개의 거대한 순상 화산이 보인다. 이 화산들은 약 25 km 높이이다. (사진 제공 : US Geological Survey. NASA/JPL)

인들이 있다고(또는 최소한 있었다고) 믿었으며 그에 따라 많은 공상과학 소설과 영화가 만들어졌다.

화성 탐사

화성은 무인탐사선으로 여러 차례 조사되었다. 초기인 1960년대에는 **마리너 호**가 근접비행을 통하여 탐사하였다. 1975년 **바이킹** 탐사 때는 두 개의 탐사선과 함께 착륙선을 보내어 카메라와 자체 실험장치로 화성 표면의 화학실험을 수행하였다. 이 착륙선들은 이동기능이 없었으므로 조사 대상은 착륙한 지점으로 국한되었다. **화성 전탐사선(Mars Global Surveyor)**은 1997년 화성궤도에 진입하여 초고해상도 카메라로 관측하기 시작하였으며, 이 책을 집필하는 지금도 임무를 수행하고 있다. 이 외에도 2001년 화성에 도착한 화성 **오디세이호(Mars Odyssey)**와 유럽우주기구(ESA)가 발사하여 2003년 도착한 화성 궤도선회 탐사선(Mars Express Orbiter)도 현재 탐사 임무를 수행 중이다. 2006년에는 **화성 정찰 궤도선회 탐사선(MRO : Mars Reconnaissance Orbiter)**도 임무를 시작하였다.

1997년 **화성 탐사선(Mars Pathfinder)**의 **체류 유랑자(Sojourner Rover)**는 최초의 이동 가능한 착륙선으로서 그 착륙모선인 **칼 세이건 메모리얼 스테이션**[16)]에서 주위의 짧은 거리를 이동할 수 있었다. 2004년 1월에는 두 대의 골프 카트 크기의 화성 탐사 로봇이 성공적으로 착륙하여 착륙 부근 지역을 광범위하게 조사하기 시작하였다. 이 탐사 **로봇**의 이름은 **정신(Spirit)과 기회(Opportunity)**이며, 원래 수개월 정도 가동할 수 있을 있을 것으로 예상하였으나 2006년 5월 현재까지도 화성 표면을 이동하며 임무를 수행하고 있다. 마스 오비터는 화성 궤도에서 이 두 탐사 로봇을 촬영하고 있다. 앞으로도 궤도탐사선과 착륙선, 그리고 유인탐사선을 화성에 보낼 계획이다.

화성의 물 존재 증거

지금까지 지구에서, 그리고 화성 궤도와 표면에서 많은 조사를 수행하였으나 생명체가 존재한다는 증거는 발견되지 않았다. 스피릿과 오퍼튜니티가 보내온 사진(그림 8.22) 그리고 바이킹 착륙선의 사진을 통해서 볼 수 있는 첫 인상은 건조하고 먼지가 많은 행성으로 보인다. 그러나 스피릿과 오퍼튜니티가 보내온 자료와

16) 이 고정식 착륙선은 착륙 직후, 퓰리처 상을 수상한 유명한 천문학자로서 태양계를 주로 연구했던 칼 세이건(1934–1996)을 기념하여 개명되었다.

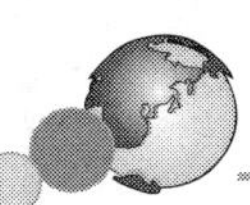

(a)

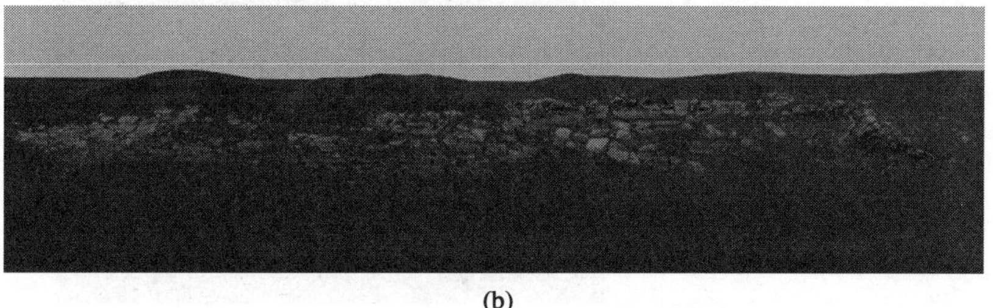

(b)

▌그림 8.22 (a) 화성탐사로봇 스피릿 호가 촬영한 본네빌 구덩이의 파노라마 화상. (사진 제공 : NASA/JPL) (b) 탐사로봇 오퍼튜니티의 착륙지점 부근인 메리디아니 플래넘에서 발견된 흥미 있는 암석의 파노라마 화상. (사진 제공 : NASA/JPL)

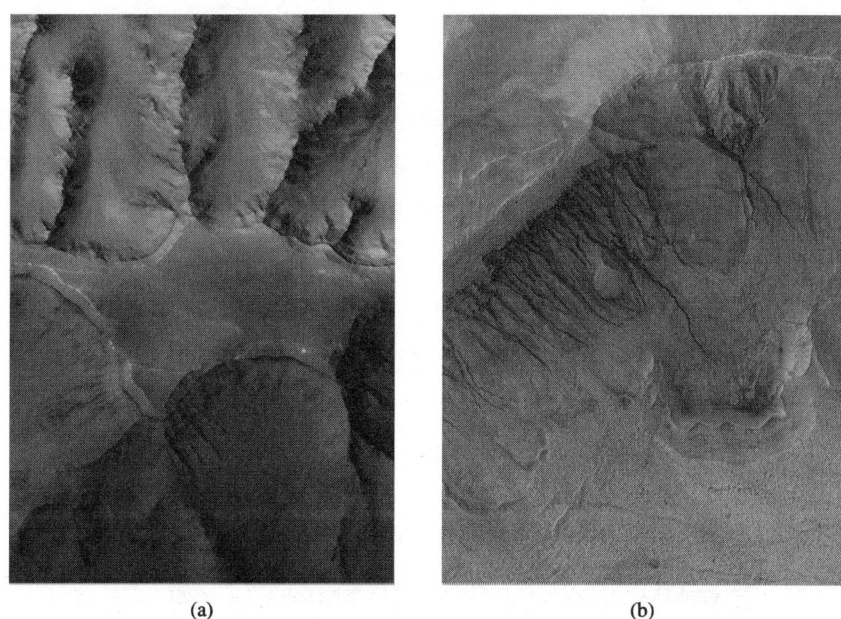

(a) (b)

▌그림 8.23 (a) 물에 의한 침식 증거를 보여주는 마리네리스 계곡(그림 8.21(b) 참조)의 일부분. (사진 제공 : NASA/JPL/Malin space Science System). (b) 화성의 남반구, 시레눔 테라 지역의 뉴턴분지, 충돌 구덩이에 있는 침식 유상(流床). (사진 제공 : NASA/JPL/Malin space Science System)

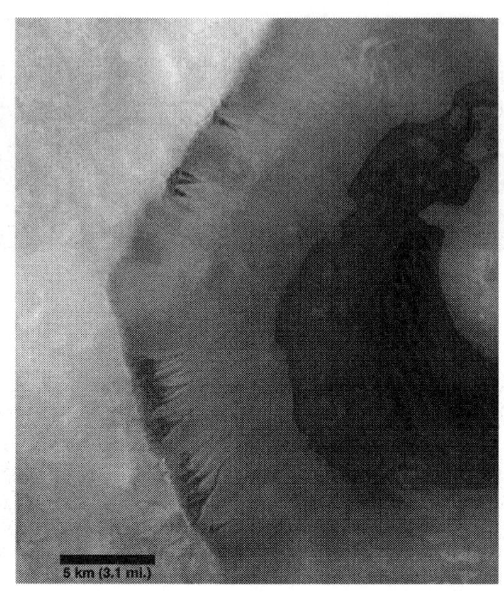

▮ **그림 8.24** 화성 남반구의 충돌 구덩이. 하단의 검은 물질은 고대 호수의 침전물로 보인다. 구덩이 둘레 가까이에 구덩이로 유출된 흔적이 뚜렷하다. 어두운 지역에는 언덕도 볼 수 있다. (사진 제공 : NASA/JPL/Malin space Science System)

궤도탐사선의 자료를 연구한 결과, 비록 지금은 건조하지만 한때는 그 표면이 물이 흘렀던 것이 분명한 매력 있는 행성이라는 것이 밝혀졌다. 마스 오비터가 촬영한 사진을 보면(그림 8.23) 지구상에서 물에 의한 침식특성을 보여주는 것과 같은 수로를 확인할 수 있다. 또한 거대한 돌발홍수의 흔적도 확인되고 있다. 과거에는 호수도 있었던 것으로 보인다(그림 8.24),

현재 화성의 표면온도가 −140℃(−220°F) 내지 20℃(70°F)이며 지표 부근의 대기압(약 0.006 atm)이 매우 낮다는 점을 감안하면 과거에 있었던 액체상의 물은 영구적인 얼음층에 갇혀 있거나 또는 극지방의 빙관(그림 8.21(a))으로 존재하고 있는 것으로 생각되고 있다. 실제로 현재의 낮은 대기압 때문에 물이 지속적으로 액체의 형태로 화성 표면에 존재할 수 없다.

화성에서 온 운석 ALH84001

로봇탐사선과 착륙선을 통한 화성 탐사에서는 현재 또는 과거 화성의 생명체 존재 여부를 확인하는데 실패하였지만, 1984년 남극대륙의 앨런 힐즈에서 발견된 운석에서 생명체의 흔적이 발견되었다는 논쟁이 있었다(그림 8.25(a)).

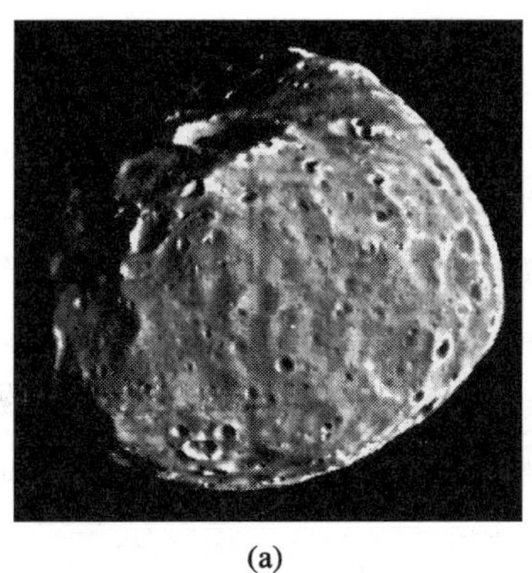

(a)

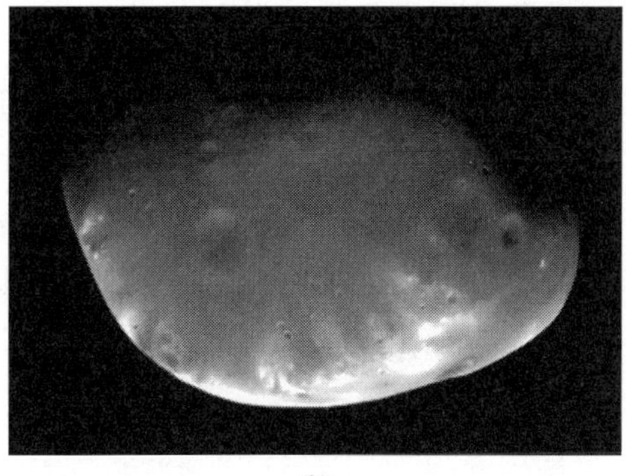

(b)

▌그림 8.25 (a) 1984년 남극 앨런 힐즈에서 발견된 화성에서 온 운성 ALH84001. (b) ALH84001의 일부분을 전자현미경으로 촬영한 화상. 머리카락 1/100 굵기의 튜브형 구조를 볼 수 있다. 일부 과학자들은 이 구조체가 고대 화성의 미생물이 화석화된 것이라고 주장하였다. (사진 제공 : NASA)

ALH84001은 화성 표면에서 온 운석 중에서 발견된 가장 오래 된 것이다. 45억 년 전 화성에서 형성되어 1600 만 년 전에 거대한 충돌에 의하여 화성을 벗어난 것이다. 이 운석은 주로 태양계 안쪽을 떠돌다가 13,000년 전 지구에 떨어져서 남극의 빙상에 갇히게 되었다[17]. 이 운석이 화성에서 온 것인지 여부는 화성 탐사로봇선이 분석한 화성 표면의 화학성분 조성과 운석의 성분을 비교하여 확인하였다.

이 운석에 고대 화성의 미생물이 화석화되어 있다는 주장은 소량의 탄산염 알갱이를 조사한 결과에서 나온 것이었다(그림 8.25(b)). 이 알갱이들의 크기는 200㎛ 이하였으며 미생물의 화석으로 보이는 물체의 크기는 머리카락의 1/100 이하였다. 이 미세한 물체가 고대 미생물의 화석이라는 주장을 뒷받침한 것은 그 탄산염 속에서 유기 PAH가 생명체 내 광물질의 산화 및 황화물과 함께 발견되었기 때문이다. 또한 이 탄산염 알갱이는 암석의 갈라진 틈 속에서도 발견되었으므로 액체 상태의 물이 존재할 가능성도 보여주었다.

현재 대부분의 과학자들은 비록 ALH84001이 화성에서 온 흥미 있는 암석임은 분명하지만 고대 생물체의 화석이라는 증거는 너무 빈약하다고 믿고 있다. 논란이 된 물체는 무기화학 작용으로 형성되었거나 또는 발견되기 전에 지구상에서 13,000년 동안 있던 중 오염되었을 가능성이 있다고 생각되고 있다.

17) 화성에서 나온 연대와 지구 도착 연대는 운석이 우주 공간에 있을 때 받은 우주선량을 측정하여 결정하였다.

극지방의 극관

현재 극지방의 극관에 얼음이 있는 것은 확실하지만 그 극관은 주로 드라이아이스(고체상태의 이산화탄소)로 구성되어 있는 것이다. 화성의 자전축은 공전 궤도의 수직인 축에서 25° 기울어져 있으며 그 공전주기는 1.88년이므로 계절적 변화는 지구와 비슷하지만 대략 두 배 더 길다. 따라서 화성의 극관은 여름과 겨울의 계절변화에 따라서 그 크기가 변화하는 모양을 보여준다. 여름에는 드라이아이스가 녹아서 증발하고 겨울에는 다시 언다. 여름에 남아 있는 작은 극관은 물이 언 것이다.

화성 자전축의 불규칙한 변동

화성의 운동이 장기간 동안 안정한가를 조사하기 위하여 수행된 수치 시뮬레이션 결과는 화성의 자전축은 수백 만 년에 걸쳐 0°에서 60°까지 크게(불규칙하게) 변동하는 것으로 나타났다. 이 변동은 태양 및 다른 행성과 중력 상호작용에 의한 것이다. 화성의 자전축 기울기가 과거에 이와 같이 큰 변동을 겪었다면 극지방의 극관이 여러 차례 완전히 녹았을 때도 있을 것이며(기울기가 클 때) 대기가 완전히 얼어붙었을 때도 있었을 것이다(기울기가 작을 때). 또한 화성의 자전축이 시간에 따라 변한다는 것은 지구와 비슷한 현재의 기울기는 우연의 일치에 지나지 않는다는 것을 의미한다.

흥미 있는 사실은, 이러한 변동 시뮬레이션에서 일반상대성 이론의 효과를 무시한다면 불규칙적인 거동이 일어나지 않게 된다는 것이다. 제11장(2권)에서 논의한 시공간의 휨은 화성 궤도 거리에서도 행성의 장기적인 공전 및 자전에 큰 영향을 미치는 것으로 보인다.

지구는 화성보다 태양에 더 가깝지만 화성이 겪었던 것으로 보이는 커다란 축 기울기의 변동을 겪지 않았다. 지구의 자전축은 상대적으로 큰 달과 강력한 조석 상호작용을 함으로써 안정되어 있음이 분명하다. 따라서 지구의 기후 변동은 화성보다 훨씬 더 온화했던 것이다. 놀랍게도 지구에 달이 있다는 사실이(우연한 충돌의 결과임이 확실한) 생명이 진화할 수 있도록 환경을 안정시키는데 크게 기여하고 있는 것이다.

화성의 희박한 대기

화성의 대기는 매우 희박하며 분자의 갯수 기준으로 95%의 이산화탄소와 2.7%

의 질소분자로 구성되어 있어서 금성의 대기 조성과 매우 흡사하다. 그러나 금성과 달리 화성에서는 온실효과가 현재 화성의 온도에 별 영향을 미치지 못하고 있다. 그 이유는 기체 분자의 숫자가 너무 적어서 적외선을 충분히 흡수할 수 없기 때문이다(금성 지표의 대기압은 90 atm으로서 화성 대기압의 13,000 배이다). 과거에는 화성의 대기가 훨씬 더 짙어서 지금보다 온실효과가 더 컸을 수도 있다. 그럴 경우, 현재 극관이나 빙하지역에 얼어 있는 물이 자유롭게 흘렀으며 심지어 비도 내릴 수 있었을 것이다. 대기와 지표에 있던 물은 대기 중에 있는 이산화탄소에 대부분을 흡수하였을 것이며 흡수된 이산화탄소는 탄산염암에 갇히게 되었을 것이다. 그 결과로 온실효과가 사라지고 행성의 온도는 낮아졌으며, 물이 얼어서 지금과 같은 건조한 행성이 되었을 것이다.

1975년 화성에 도착한 바이킹 착륙탐사선은 착륙 후에 곧 대기압이 상당히 저하되는 현상을 관측하기 시작하였다. 그 이유는 남반구에 겨울이 시작되어 대기 중의 이산화탄소가 얼어붙기 시작하였기 때문이었다. 대기압은 남반구에 봄이 돌아왔을 때 다시 높아지기 시작하였다. 북반구에 겨울이 왔을 때도 동일한 현상이 반복되었다.

먼지 폭풍

표면 부근에서 대기의 밀도는 매우 낮지만 때로는 화성 전체를 뒤덮는 먼지 폭풍을 일으키기에 충분하다. 이 계절적인 폭풍은 고속의 바람에 의하여 발생하는 것으로서 지구에서 보는 화성의 모습이 달라지게 되는 원인이다[18].

1976년 바이킹호의 탐사 도중에 두 차례의 거대한 먼지 폭풍이 발생하였다. 그 이후, 대부분의 먼지가 대기에서 가라앉았으며 그에 따라 기후에 뚜렷한 변화가 있었다(먼지가 태양빛을 흡수하는 것은 대기온도 상승의 주원인이 된다). 실제로 허블 우주망원경은 화성의 평균온도가 낮아지는 것을 관측하였다. 평균온도가 낮아짐에 따라 낮은 대기층의 얼음 결정 구름이 바이킹호의 관측 때보다 더 증가하였다.

풍부한 철 성분

화성 표면의 먼지는(그림 8.22 참조) 붉은색이며 비교적 철분 함량이 높아서 산소와 접촉하여 철분이 산화된다. 화성은 지구와 달리 자체 중력에 의하여 무거운

18) 이러한 계절적인 변동은 한 때 식생의 주기적 변화라고 생각되기도 했다.

물질과 가벼운 물질이 상하로 분리되는 중력분리 과정을 거치지 않았다는 것이 분명하다. 그 이유는 화성은 크기가 작고 태양에서 거리가 멀어 형성 후 빨리 식은 것이다. 그러나 행성 전체의 평균으로 보면 화성의 철분 함량은 실제로 태양계의 다른 지구형행성보다 낮은 3933 kg m^{3}이다. 그 이유는 아직 밝혀지지 않았다.

중력분리가 충분히 이루어지지 않았다는 추정은 행성에 자기장이 없다는 사실과 일치한다. 만일 철로 된 내핵이 존재한다면 아마 매우 작을 것이며 녹아 있지도 않았을 것이다.

과거 지질학적 활동의 증거

비록 현재는 지질학적으로 활발하지 않더라도 과거에는 활발했던 것이 확실하다. 그림 8.21(b)의 마리네리스 계곡은 화성 적도 부근에 여러 계곡들이 연결된 길이 3000 km 계곡이다. 부분적으로 폭이 600 km, 높이 8 km에 달하는 마리네리스 계곡은 내부에 형성된 응력에 의하여 발생한 단층(또는 지각의 파열) 활동에 의하여 형성된 것이다.

그림 8.26의 올림푸스 산은 대략 유타주 크기의 순상화산이다. 이 화산은 그 주변 지역보다 24 km의 높이로 뻗어 올라가 거대한 칼데라(화산 분화구)를 형성하였다. 지질학자들은 지각의 취약한 부분을 뚫고 용암이 표면으로 분출되는 열점화산활동(hot-spot volcanism)으로 올림푸스 산의 거대한 크기가 형성된 것이라 생각

그림 8.26 올림푸스 산은 주면 대지에서 높이 24 km의 순상 화산이다. 바닥에서 측정한 화산의 지름은 500 km 이상이다. 이 화면에서 보이는 화산 둘레의 절벽 높이는 6 km이다. (사진 제공 : NASA/JPL)

하고 있다. 지구에서는 하와이 군도가 열점화산활동에 의하여 형성된 것이다[19]. 그러나 하와이 군도의 경우 그 하부에 있는 구조판이 새로 형성된 화산들을 열점에서 멀리 이동시켜 다시 새로운 화산이 생기게 하고 있다. 현재 하와이 군도를 포함한 산맥은 실제로 거의 일본까지 뻗어 있다. 그러나 오래된 산들은 이미 심한 침식작용을 거쳤다[20].

그러나 올림푸스 산에서는 상황이 달랐다. 화성에는 이동하는 판구조가 없는 것이 분명하므로 이 화산은 그 형성 원인인 열점에서 이동하지 않았다. 그 결과로 용암이 계속 내부에서 분출됨에 따라 화산도 지속적으로 커진 것이다[21].

두 개의 작은 위성

화성의 두 위성인 포보스와 데이모스(그림 8.27)는 7.2절에서 간단하게 기술하였다. 이 위성들을 발견한 사람은 1877년 아사프 홀(Asaph Hall, 1829-1907)이지만 케플러가 오래 전에 그 존재를 예측하였다. 케플러는 오로지 숫자를 기초로 그 존재를 "예측"하였다. 그는 금성에는 위성이 없고 지구에는 한 개가 있으며, 당시 목성에서 네 개의 위성이 발견되었으므로 화성에는 두 개의 위성이 있어야 한다는 결론을 내렸던 것이다!

홀이 이 위성들을 발견하기 150년 전인 1726년에 조나단 스위프트(Jonathan Swift, 1667-1745)는 그의 소설 걸리버 여행기에서 천문학자들이 화성 주위에서 두 개의 위성을 발견하였다고 썼다. 이 공상과학 소설에서 스위프트는 위성의 공전주기가 각각 10시간과 $21\frac{1}{2}$시간이라 하고, "따라서 이들의 주기를 제곱하면 화성 중심에서의 거리의 세제곱에 매우 근사하게 비례하며, 이것은 이 위성에도 다른 천체를 지배하는 중력의 법칙이 적용된다는 증거이다"라고 썼다. 과학자가 아닌 소설가였던 스위프트도 케플러의 법칙과 같은 과학적 발견을 알고 있었던 것 같다. 포보스와 데이모스의 실제 공전주기는 각각 7시간 39분과 30시간 17분으로서, 스위프트의 소설에 등장하는 천문학자들이 말했던 수치와 상당히 일치하고 있다.

---

19) 지구에서 기초 대비 가장 높은 산은 하와이의 마우나 로아 화산으로서 해저에서 높이가 9.1 km이다.

20) 간헐온천, 온천, 진흙 분출구 등이 있는 옐로우스톤 공원도 지구의 열점화산활동의 한 예이다.

21) 금성에서 발견된 거대한 화산들도 올림푸스 산과 같은 과정으로 형성되었을 수 있다.

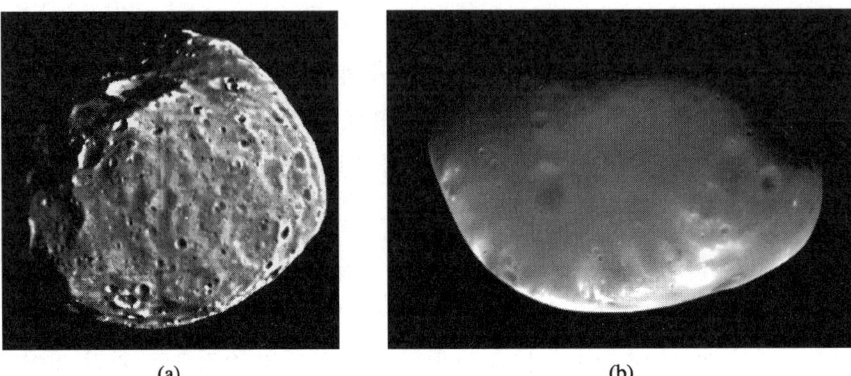

▮ 그림 8.27 화성의 두 위성 (a) 포보스와 (b) 데이모스는 소행성과 매우 흡사하며, 화성에 포획된 것으로 추정된다. (사진 제공 : NASA/JPL)

포보스와 데이모스는 크기가 작고 구덩이가 많으며, 길다란 모양의 암석 덩어리이다. 포보스의 최대길이는 28 km에 불과하며 데이모스는 이보다 더 작은 16 km이다. 이들은 화성에 붙잡힌 운석인 것으로 생각된다.

제8장 참고 문헌

일반 도서

Beatty, J. Kelly, Petersen, Carolyn Collins, and Chaikin, Andrew (eds.), *The New Solar System*, Fourth Edition, Cambridge University Press and Sky Publishing Corporation, Cambridge, MA, 1999.

Cooper, Henry S. F. Jr., *The Evening Star: Venus Observed*, Farrar, Staus, and Giroux, New York, 1993.

Goldsmith, Donald, and Owen, Tobias, *The Search for Life in the Universe*, Third Edition, University Science Books, Sausalito, CA, 2002.

Jeanloz, Raymond, and Lay, Thorne, "The Core-Mantle Boundary," *Scientific American*, May 1993.

Kargel, Jeffrey S., *Mars—A Warmer, Wetter Planet*, Praxis Publishing Ltd., Chichester, UK, 2004.

Morrison, David, and Owen, Tobias, *The Planetary System*, Third Edition, Addison-Wesley, San Francisco, 2003.

Stofan, Ellen R., "The New Face of Venus," *Sky and Telescope*, August 1993.

고급 도서

Atreya, S. K., Pollack, James B., and Matthews, Mildred Shapley (eds.), *Origin and Evolution of Planetary and Satellite Atmospheres*, The University of Arizona Press, Tucson, 1989.

Canup, R. M., and Righter, K. (eds.), *Origin of the Earth and Moon*, The University of Arizona Press, Tucson, 2000.

Correia, Alexandre C. M., and Laskar, Jacques, "The Four Final Rotation States of Venus," *Nature*, *411*, 767, 2001.

de Pater, Imke, and Lissauer, Jack J., *Planetary Sciences*, Cambridge University Press, Cambridge, 2001.

Hartmann, W. K., and Davis, D. R., "Satellite-Sized Planetesimals and Lunar Origin," *Icarus*, *24*, 504, 1975.

Houghton, John T., *The Physics of Atmospheres*, Third Edition, Cambridge University Press, Cambridge, 2002.

Taylor, Stuart Ross, *Solar System Evolution*, Second Edition, Cambridge University Press, Cambridge, 2001.

제 8 장 연습 문제

8.1 Assume that radar signals of 10 GHz are used to measure the rotation rates of Mercury and Venus. Using the Doppler effect, determine the relative shifts in frequency for signals returning from the approaching and receding limbs of each planet.

8.2 What is the ratio of the Sun's tidal force per unit mass on Mercury at perihelion to the Sun's tidal force per unit mass on Earth? How has this difference in tidal effects contributed to differences in the orbital and/or rotational characteristics of the two planets?

8.3 For Mercury, a slowly rotating planet with no appreciable atmosphere, Eq. (19.5) for a planet's surface temperature must be modified. In particular, the assumption that the temperature is approximately constant over the entire surface of the planet is no longer valid.

(a) Assuming (incorrectly) that Mercury is in synchronous rotation about the Sun, show that the temperature at a latitude θ north or south of the *subsolar point* (the point on the equator closest to the Sun) is given by

$$T = (\cos\theta)^{1/4}(1-a)^{1/4}T_\odot\sqrt{\frac{R_\odot}{D}}.$$

Since the planet is actually in a 3-to-2 resonance, this expression is only an approximate description for the temperature at Mercury's surface.

(b) Make a graph of T vs. θ. Mercury's albedo is 0.06.

(c) What is the approximate temperature of the planet at the subsolar point?

(d) At what latitude does the temperature drop to 273 K? This is the freezing point of water at the surface of Earth.

(e) Would you expect to find ice on Mercury at a temperature of 273 K? Why or why not?

8.4 **(a)** Estimate the angular resolution of the 70-m radio dish of the NASA Goldstone tracking station mentioned in footnote 1 on page 739. Assume that it is operating at a wavelength of 3.5 cm.

(b) What is the angular size of Mercury at inferior conjunction? Assume (incorrectly) for this problem that the planet's orbit is circular.

(c) If the power in the radar signal was approximately uniformly distributed across the cone-shaped beam, how much power actually arrived at the surface of Mercury?

(d) Suppose that all of the radar energy striking the surface of Mercury were reflected isotropically back into a hemisphere. What would be the signal flux received at the VLA?

8.5 **(a)** From the data presented in the text, estimate the kinetic energy of the impact that may have been responsible for stripping off the outer layers of Mercury early in the history of the Solar System.

(b) If, prior to the collision, Mercury had twice as much mass as it does today, how much energy would have been required to lift that additional mass off the present planet? Assume that the extra mass had the density of Earth's present-day Moon and that the material was uniformly distributed in a spherical shell around the present-day Mercury. Don't forget to include the energy required to eject the mass of the impactor as well.

(c) Solely on the basis of energy considerations comment on the feasibility of this scenario for the origin of Mercury as we observe it today.

8.6 Assuming that the atmosphere of Venus is composed of pure carbon dioxide, estimate the number density of molecules at the planet's surface. How many times larger is this value than the number density of nitrogen molecules at the surface of Earth, as quoted in Example 19.3.3?

8.7 **(a)** Modeling the greenhouse effect using one atmospheric layer, as was done in Problem 19.13, is equivalent to assuming that the optical depth is about one. If the optical depth is τ, and if we can neglect circulation in the atmosphere, show that the surface temperature should be approximately

$$T_{\text{surf}} = (1+\tau)^{1/4}\, T_{\text{bb}},$$

where T_{bb} is the blackbody temperature of an *airless* planet.

(b) The optical depth of Venus's atmosphere is approximately $\tau = 70$. Make an estimate of its surface temperature using this crude greenhouse model. Take the average albedo to be 0.77.

8.8 Based on the observed rate at which North America and Eurasia are separating from each other, when were the two continents joined together as Laurasia? Assume that the Atlantic Ocean is roughly 4800 km (3000 miles) wide.

8.9 Using the equation of hydrostatic equilibrium (Eq. 10.6), estimate the pressure at the center of Earth. Detailed computer simulations suggest that the central pressure is 3.7×10^6 atm.

8.10 **(a)** From the data given in Section 19.2, estimate the *rate* at which rotational energy is being dissipated by tidal friction for the case of Earth. *Hint:* This terrestrial problem is similar to the loss of rotational kinetic energy in pulsars; see Eq. (16.30).

(b) What fraction of the total energy being lost from Earth's interior can be accounted for by tidal dissipation of its rotational kinetic energy?

8.11 Referring to Eq. (11.2) for the Lorentz force and Fig. 20.14, explain why most charged particles bounce back and forth between the North and South Poles of Earth, rather than striking the surface. Use a diagram if necessary. *Hint:* The converging magnetic field lines form magnetic *mirrors* near the North and South Poles. (Magnetic "bottles," which are based on the same principle, are used to confine high-temperature plasmas in laboratories.)

8.12 The moment of inertia of a planet is used to evaluate its interior structure. In this problem you will construct a simple "two-zone" model of the interior of Earth, assuming spherical symmetry. Take the average densities of the core and mantle to be 10,900 kg m^{-3} and 4500 kg m^{-3}, respectively (neglect the thin surface crust).

(a) Using the average density of the entire Earth, determine the radius of the core. Express your answer in units of Earth's radius.

(b) Calculate the *moment-of-inertia ratio* (I/MR^2) for the "two-zone" Earth (the actual value is 0.3315). The moment of inertia for a spherically symmetric mass shell of constant density ρ, having inner and outer radii R_1 and R_2, respectively, is given by

$$I \equiv \int_{\text{vol}} a^2\, dm = \frac{8\pi\rho}{15}\left(R_2^5 - R_1^5\right)$$

a is the distance of the mass element dm from the axis of rotation.

(c) Compare your answer in part (b) with the value expected for a solid sphere of constant density. Why are the two values different? Explain.

8.13 The moment-of-inertia ratio of the Moon is 0.390 (see Problem 20.12).

(a) What does this say about the interior of the Moon?

(b) Is this consistent with the lack of any detectable magnetic field? Why or why not?

8.14 **(a)** The *Apollo 11* astronauts, after landing on the Moon on July 20, 1969, returned rocks from the Sea of Tranquility, one of the maria on the near side. Upon their return, the analysis of one rock (basalt 10072) yielded the relative abundances at various locations in the sample; see Table 20.2. Graph the abundance data as ${}^{143}_{60}\text{Nd}/{}^{144}_{60}\text{Nd}$ vs. ${}^{147}_{62}\text{Sm}/{}^{144}_{60}\text{Nd}$. (Note that the uncertainties listed correspond to the last two significant figures.)

(b) Determine the slope of the best-fit straight line drawn through the data and estimate the age of the lunar sample. Compare your answer with the age of the lunar highland sample, determined in Example 20.4.1 from the data in Fig. 20.19.

8.15 Estimate the initial rotation period of Earth if the Moon were torn from it, as suggested by the fission model.

8.16 Estimate the Roche limit for the Earth–Moon system. Express your answer in units of the radius of Earth. Is the Moon in any danger of becoming tidally disrupted?

8.17 Mars is at its closest approach to the Sun during the summer months in its southern hemisphere.

(a) Using Eq. (19.5), estimate the ratio of the average temperatures on Mars when it is at perihelion and aphelion.

(b) Considering the tilt of the planet's rotation axis, describe the seasonal behavior of the two polar ice caps.

8.18 Assuming that the two moons are in circular orbits, determine the orbital radii of Phobos and Deimos. Express your answers in units of the radius of Mars.

8.19 Suppose you lived on Mars and watched its moons. If Phobos and Deimos were next to each other one night, what would you see the next night (one Martian day later)? Describe the apparent motions of the two moons. (Both Phobos and Deimos orbit prograde, approximately above the planet's equator.)

TABLE 20.2 Results from the Analysis of Basalt 10072, Returned from the Sea of Tranquility by the *Apollo 11* Astronauts in 1969. (Data from D. A. Papanastassiou, D. J. DePaolo, and G. J. Wasserburg, "Rb-Sr and Sm-Nd Chronology and Genealogy of Mare Basalts from the Sea of Tranquility," *Proceedings of the Eighth Lunar Science Conference*, Pergamon Press, New York, 1977.)

${}^{147}_{62}\mathrm{Sm}/{}^{144}_{60}\mathrm{Nd}$	${}^{143}_{60}\mathrm{Nd}/{}^{144}_{60}\mathrm{Nd}$
0.1847	0.511721 ± 18
0.1963	0.511998 ± 16
0.1980	0.512035 ± 21
0.2061	0.512238 ± 17
0.2715	0.513788 ± 15
0.2879	0.514154 ± 17

9장

거대 행성계

9.1 거대한 세계

태양을 제외하면 태양계에서 가장 큰 천체는 **목성**으로 지구보다 317.83배 더 질량이 크다. 목성과 다른 세 개의 거대행성인 **토성**, **천왕성**, **해왕성**을 합하면 태양계 행성 전체 질량의 99.5%를 차지한다(그림 9.1). 그러므로 태양계의 형성과 진화를 이해하려면 이 거대행성들을 공부할 필요가 있다.

갈릴레이 위성의 발견

목성과 토성에 대한 육안관측은 인류가 처음 하늘을 올려다보기 시작한 때부터 계속되어 왔다. 그러나 망원경을 통하여 행성을 관측하기 시작한 것은 1610년 갈릴레오가 처음이었다. 그는 망원경으로 목성을 관측하여 네 개의 위성을 발견하였으며 그 위성들은 그의 이름을 따서 모두 **갈릴레이 위성**이라 부른다[1]. 갈릴레오는 토성의 고리도 관측하였으나 망원경의 해상도가 낮아서 두 개의 큰 위성이 서로 반대편에 있는 것으로 생각하였다.

---

1) 시몬 마리우스(1570-1624)도 1610년에 목성의 네 위성을 별도로 발견하였다.

▮ 그림 9.1 네 개 의 거대행성 (a) 목성과 그 최대의 위성 가니메데. (b) 토성과 두 위성인 레아와 디오네. 위성은 토성의 아래와 그 우측에 있다. (c) 천왕성. (d) 해왕성. 이 사진들은 보이저 1호와 2호가 촬영한 것이다. 빠른 자전속도로 인한 편평도를 주목할 것. 각 이미지의 크기는 행성의 실제 크기와 비례적으로 일치하지 않는다. (사진 제공 : NASA/JPL)

천왕성과 해왕성의 발견

천왕성을 처음 발견한 것은 1781년, 독일 출신의 음악가로 영국에 살고 있던 윌리엄 허셀(1738–1822)이었다. 1845년 10월, 캠브릿지 대학원생이던 존 코치 아담스(John Couch Adams, 1819–1892)는 천왕성에 작용하는 중력섭동의 영향을 검토하여 천왕성보다 더 먼 곳에 행성이 있을 것이라고 제안하였다. 아담스는 보데의 규칙을 적용하여 이 미지의 행성과 태양 사이의 거리를 추정하였다. 불행하게도 아담스는 그의 논문을 당시 왕실천문학자(Astronomer Royal)이었던 조지 에어리 경(Sir George Airy)에게 제출하였으나 에어리 경은 그의 결론을 인정하지 않았다. 1846년 6월, 유명한 프랑스 과학자 르베리에(Urbain Le Verrier, 1811–1877)도 별도로 아담스와 같은 예측을 하였다. 그의 예측은 아담스가 예측했던 위치와 각도 1도 이내의 범위로 일치하는 것이었다. 이 두 예측이 일치하는 것을 보고 에어리 경은 그 천체를 찾기 시작하였다. 그러나 베를린천문대의 요한 고트프리드 갈레(Johann Gottfried Galle, 1812–1910)가 1846년 9월 23일 해왕성을 발견하였다. 그 날은 갈레가 르베리에로부터 자신도 이 새 행성을 찾아보겠다는 편지를 받은 다음 날이었다. 실질적으로 판단한다면 해왕성은 아담스와 르베리에가 수학적 계산으로 찾아 낸 것이라 할 수 있으며 갈레는 단지 관측을 통해 확인한 것이었다.

거대행성의 움직임

거대행성들이 발견된 이래 지구에서 망원경을 통한 관측으로 이 행성들과 위성들에 대하여 많은 중요한 정보를 알게 되었다. 그러나 현재 우리가 이용하고 있는 데이터는 대부분 우주탐사선을 통하여 얻은 것이다. 첫 번째 우주 탐사선은 목성을 근접비행으로 탐사한 **파이오니어 10호**(1973)와 **11호**(1974)였으며, 파이오니어 11호는 1979년에 토성도 근접 비행하였다. 그 후 **보이저 1호**와 **2호**가 "위대한 여행(Grand Tour)" 임무를 성공적으로 훌륭히 수행하였다. 보이저 1호와 2호는 1977년 발사되어 목성(1979)과 토성(1980, 1981)을 탐사하였으며, 보이저 2호는 계속 천왕성(1986)과 해왕성(1989)을 탐사하였다. 이 탐사는 모두 짧은 시간 동안 근접 비행한 것이었다. 현재 파이오니어[2)]와 보이저 우주탐사선은 태양계를 벗어나고 있다. 보이저 우주선(Voyager Interstellar Missions로 개명됨)은 광대한 거리를 넘어 정보를 보내오고 있으며(신호는 계속 약해지고 있음), 태양풍과 다른 별의 항성풍 사이의 상호작용 등을 포함한 태양계 외부의 데이터를 제공하고 있다. 2006년 초 현재, 보이저 1호는 지구에서 약 140억 km 거리에 있으며 3.6 AU/년의 속도로 비행하고 있고, 보이저 2호는 약 104억 km 거리에서 3.3 AU/년 속도로 비행 중이다.

---

2) 파이오니어 10호에서 마지막 신호가 수신된 것은 2003년 1월 23일로, 발사된 지 거의 31년 후였다. 파이오니어 10호는 현재 지구에서 130억 km 정도 거리에 있으며, 타우루스 성좌의 알데바란 쪽으로 항해하고 있다. 알데바란 가까이 접근하는 것은 약 2백만 년 후가 될 것이다. 파이오니어 11호는 1995년에 마지막 신호를 보내왔으며 독수리자리 쪽으로 날아가고 있다.

보이저 1호는 2004년 12월에 태양풍의 마지막 충격파(termination shock) 영역을 통과한 것으로 보이며 그 증거로서 우주선 주위의 자기장이 약 2.5배 강해졌다(예제 5.2.1(2권) 참조).

허블우주망원경(HST)도 지구궤도에서 거대 행성들의 관측하였다. 1970년대와 1980년대 우주탐사선의 근접비행 이후에는 주로 HST를 이용하여 태양계 행성들을 관측하여 행성 표면의 변화를 감지하였다.

1995년 **갈릴레오** 우주선(1989년 발사)이 목성의 궤도에 진입하여 목성계를 광범위하고 자세하게 탐사하기 시작하였다. 갈릴레오호는 8년 동안 목성 주위에 머물면서 목성 탐사뿐 아니라 여러 차례에 걸쳐 갈릴레이 위성들을 근접 비행하였다. 그 임무 중에는 낙하산을 장착한 탐사선을 목성 대기 속으로 진입시켜 대기의 성분과 그 물리적 상태를 탐사하는 것도 포함되어 있다.

1997년 발사된 **카시니-호이겐스** 우주선은 2004년 7월 1일 토성계에 진입하였다. 이 두 탐사는 NASA가 제작한 궤도탐사선으로, 이탈리아우주청(ASI)이 제공한 고성능 안테나가 설치된 카시니호와 유럽우주청(ESA)이 제작한 호이겐스호에 의하여 수행되었다. 이 책을 집필하고 있는 2006년 현재, 카시니호는 토성과 그 위성 및 고리들을 4년째 정밀하게 조사하고 있으며 호이겐스호는 2005년 1월 14일 토성의 최대 위성인 타이탄의 짙은 대기 속으로 낙하하였다. 갈릴레오 탐사선과 마찬가지로 호이겐스호도 낙하산을 장착하고 대기에 진입하여 대기의 성분, 풍속, 기압 구조, 그리고 위성 표면의 형태를 관측하였다. 고도 40 km에서 낙하산을 떼어내고 표면으로 강하하였다. 강하시간은 2시간 27분이었으며, 탐사선은 표면에 도착한 후에도 1시간 10분 동안 계속 동작하여 관측임무를 수행하였다.

성분 및 구조

표 7.1을 보면 전체적으로 거대행성들은 지구형행성과 상당한 차이가 있다는 것을 알 수 있다. 그러나 거대행성도 크게 분류할 수 있다. 거대한 가스행성인 목성(317.83 $M_{\oplus}$)과 토성(95.159 $M_{\oplus}$)은 평균 조성이 태양과 매우 비슷하며, 거리가 더 멀고 작은 얼음 행성인 천왕성(14.536 $M_{\oplus}$)과 해왕성(17.147 $M_{\oplus}$)은 무거운 원소의 비율이 비교적 높다. 거대행성들은 가벼운 원소를 대기 중에 잡아둘 수 있으므로 이와 같은 조성성분의 차이는 그들의 형성 과정에 상당한 차이가 있었음을 시사하고 있다.

이러한 결론은 각 행성의 대기 상층부의 성분을 직접 관측하여 뒷받침하고 있다. 표 9.1은 거대행성 대기의 성분들을 그 상대적인 개수밀도로 표시한 것이며, 태양 광구의 성분조성을 비교할 수 있도록 함께 표시하였다(4장(2권)에서 논의한 질량비율이 아니라 원자 또는 분자의 개수를 비율로 표시한 것임을 주의할 것). 목성의 수소 농도는 태양보다 다소 높으나 헬륨의 비율은 약간 더 낮다. 토성의 대기 상부에는 헬륨 농도가 상당히 낮으나(96% H2, 3% He) 다른 성분의 비율은 목성과 비슷하다. 또한 천왕성과 해왕성의 관측 결과에 의하면 수소와 헬륨의 농도는 태양과 목성의 중간이지만 메탄의 농도는 태양계에 비하여 10배 이상 더 높다. 이러한 연구 결과도 이들 행성의 내부에 차이가 있을 수 있다는 것을 보여주지만, 다른 관측 데이터와 이론적인 연구도 이들 행성 내부에 대하여 더 많은 정보를 제공하고 있다.

그림 9.2는 각 행성을 질량에 따른 반경을 표시한 것이다. 아울러 여러 성분에 대한 이론적인 곡선을 도시하였다. H는 순수한 수소, H–He는 목성과 토성의 수소–헬륨 혼합물, '얼음'은 물, CH_4(메탄) 및 NH_3(암모니아)의 얼음, 그리고 '암석'은 마그네슘, 규소, 철의 혼합물을 나타내고 있다. 점선은 단열 온도경사에 의한 모델을 표시한다. 특히 가스모델(H, H–He)은 쿨롱–힘 쌍의 상호작용에 적용되는 폴리트롭 관계식 $P \propto \rho^2$을 적용한다(2권 196쪽 이후의 폴리트롭 설명 참조). $P \propto \rho^2$는 전자–이온쌍의 상호작용이 중요할 때 합리적으로 적용할 수 있는 근사식이다. 그 이유는 $F \propto q^2$ 및 전하의 숫자는 기체 밀도에 비례하기 때문이다. 그림 9.2의 실선은 완전한 축퇴 상태에 해당하는 제로–온도 모델을 표시한다(10.3절(2권)의 완전히 축퇴된 백색왜성 모델 구축에 관한 설명 참조). 목성과 토성에는 수소와 헬륨이 주성분이며 천왕성과 해왕성의 내부에서는 얼음이 내부구조 결정에 지배적인 역할을 하고 있는 것으로 보인다.

그림 9.2에서 목성은 토성보다 3배 이상 더 무겁지만 크기는 약간 더 크다는 점을 주의할 필요가 있다. 이것은 질량 증가에 따라 내부 압력이 증가하고, 이로 인해 원자와 분자의 상태가 달라지기 때문이다[항성 내부에 대한 유체 정역학적 평형식인 식 (4.6)(2권) 참조. 이 식은 구대칭인 행성에도 적용된다].

목성보다 질량이 3배를 약간 초과하며 구성성분이 비슷한 천체에 대한 모델에서 질량이 증가할수록 실제로 반지름은 감소한다. 이 효과는 그림 9.2에서 실선으로 표시된 H–He 곡선에서 볼 수 있다. 이것은 이들과 같이 온도가 낮고 질량이 큰 천체에서 축퇴 전자 압력의 영향이 커지기 때문이다(이처럼 일반적인 예상을 벗어나

는 축퇴된 물질의 거동을 백색왜성의 크기를 다루는 10.4절(2권)에서 자세하게 설명한다).

표 9.1 거대행성 대기의 조성성분. 값은 입자의 개수밀도 비율을 표시한 것이다. 목성의 관측자료는 갈릴레오 탐사선으로 관측한 것이다. 태양 광구의 데이터는 비교를 위해 함께 표시하였다. (자료 출처 : Table 4.5 of de Pater and Lissauer, 캠브리지 대학출판부, Planetary Science, 캠브리지, 2001)

기체	태양	목성	토성	천왕성	해왕성
H_2	H: 0.835	0.864 ± 0.006	0.963 ± 0.03	0.85 ± 0.05	0.85 ± 0.05
He	He: 0.195	0.157 ± 0.004	0.034 ± 0.03	0.18 ± 0.05	0.18 ± 0.05
H_2O	O: 1.70×10^{-3}	2.6×10^{-3}	$>1.70\times10^{-3}$?	$>1.70\times10^{-3}$?	$>1.70\times10^{-3}$?
CH_4	C: 7.94×10^{-4}	$(2.1\pm0.2)\times10^{-3}$	$(4.5\pm2.2)\times10^{-3}$	0.024 ± 0.01	0.035 ± 0.010
NH_3	N: 2.24×10^{-4}	$(2.60\pm0.3)\times10^{-4}$	$(5\pm1)\times10^{-4}$	$<2.2\times10^{-4}$	$<2.2\times10^{-4}$
$H2_S$	S: 3.70×10^{-5}	$(2.22\pm0.4)\times10^{-4}$?	$(4\pm1)\times10^{-4}$?	3.7×10^{-4}?	1×10^{-3}?

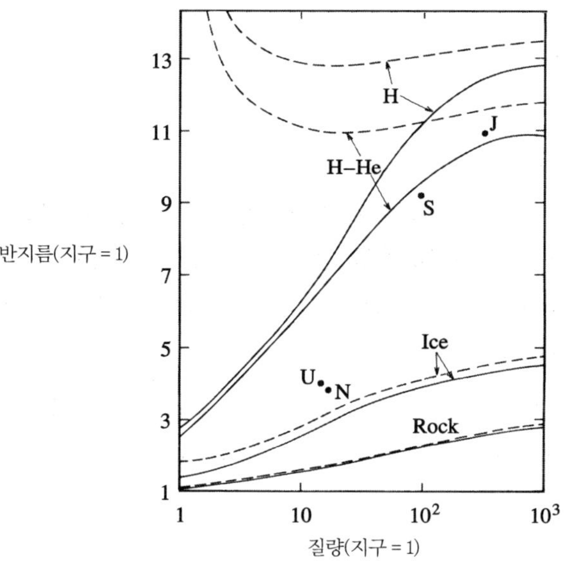

그림 9.2 행성의 반지름을 결정하는 데는 구성성분과 질량이 중요한 인자가 된다. 그림에 나타나는 4개의 점은 목성(J), 토성(S), 천왕성(U), 해왕성(N)의 반지름을 질량의 함수로서 표시한 것이다. 아울러 여러 혼합물의 이론적인 곡선을 함께 도시하였다. 실선은 제로-온도 모델을 나타내고 점선은 단열 온도경사를 따르는 모델을 나타낸다. (그림 출처 : 스티븐슨, *Annu, Rev. Earth Planet, Sci., 10,257, 1982. Annual Review of Earth and Planetary Science, 10권, 1982, Annual Review Co.* 허락 하에 재작성)

행성 내부의 질량 분포

행성 내부의 질량분포에 대한 또다른 다른 정보는 위성과 고리계, 그리고 탐사선의 운동을 관측하여 얻는다. 구대칭 형태인 행성에서는 전체 질량이 중심점에 집중되어 있는 것과 동일한 중력효과가 나타난다. 그러나 빠른 속도로 회전하고 있는 행성은 그 부근을 지나가는 물체와 좀 더 복잡한 중력 상호작용을 하게 된다. 우주탐사선의 실제 운동과 그 행성이 구대칭일 때 예상되는 운동을 비교하면 행성 내부의 질량분포를 구형인 경우를 기준으로 구에서 벗어난 양을 수학적 보정항으로 나타낼 수 있다. 8.2절에서 설명한 것과 같이 이 방법을 이용하여 마젤란 우주선으로 금성의 질량분포를 관측한 바 있다.

이러한 수학적 보정항 중의 하나는 행성의 구형 정도를 표시하는 편평도(oblateness)이다. 행성의 회전에 의하여 편평해지는 현상은 그림 9.1을 보면 쉽게 알 수 있다. 예를 들어 목성의 적도 반지름(R_e)은 71,493 km이지만 그 극반지름(R_p)은 1 bar[3]의 대기압에서 66,855 km에 불과하며 편평도는 다음과 같다.

$$b \equiv \frac{R_e - R_p}{R_e} = 0.064874$$

편평도는 자전속도와 내부강성의 함수이다. 부록 C에 각 거대행성의 자전주기와 편평도를 수록하였다. 그러나 거대행성은 그 내부의 상당한 깊이까지 유체상태이기 때문에 유일한 자전주기를 정의할 수 없다는 점을 유의하여야 한다. 대기 상층부는 태양과 마찬가지로(2권 234쪽) 독립적으로 회전하려는 경향이 있으며 그 아래에서는 표면과 다른 속도로 회전한다.

편평도는 중력 퍼텐셜(단위 질량당 퍼텐셜 에너지)을 나타내는 식의 일차 보정항과 관계가 있으며, 다음과 같이 나타낼 수 있다.

$$\Phi \equiv \frac{U}{m}$$

구대칭형의 질량분포에서 $\Phi = -GM/r$이며 여기서 r은 행성 중심에 대한 거리이다. 그러나 정확하게 구대칭이 아닌 행성에서는 중력 퍼텐셜을 다음과 같이 무한급수로 표시할 수 있다.

3) 1 bar $= 10^5$ N m^{-2}

$$\Phi(\theta) = -\frac{GM}{r}\left[1 - \left(\frac{R_e}{r}\right)^2 J_2\, P_2(\cos\theta) - \left(\frac{R_e}{r}\right)^4 J_4\, P_4(\cos\theta) - \cdots\right] \quad (9.1)$$

여기서 윗식의 1차 이상의 보정항은 행성의 모양과 질량분포 성분을 나타내는 높은 차수의 항이고, 이것은 테일러급수의 고차항과 매우 비슷하다. 이 식에서 r이 커지면 이후의 각 연속 고차항의 중요도가 낮아진다는 점을 주목하도록 한다. 즉 $r \to \infty$ 이면 Φ는 구형체의 퍼텐셜로 접근하게 된다.

함수 $P_2, P_4, \ldots$를 **르장드르 다항식**(Legendre Polynomials)이라 하며 물리학에서 자주 이용되는 함수이다. 각 다항식은 $\cos\theta$를 독립변수로 가지며, 여기서 θ는 자전축과 공간 내의 한 점의 위치벡터이다(좌표계의 원점은 행성의 위치이다). 그림 9.3 참조. 저차, 짝수 항의 르장드르 다항식의 예 몇 개를 아래에 제시하였다.

$$P_0(\cos\theta) = 1$$

$$P_2(\cos\theta) = \frac{1}{2}\left(3\cos^2\theta - 1\right)$$

$$P_4(\cos\theta) = \frac{1}{8}\left(35\cos^4\theta - 30\cos^2\theta + 3\right)$$

$$P_6(\cos\theta) = \frac{1}{16}\left(231\cos^6\theta - 315\cos^4\theta + 105\cos^2\theta - 5\right)$$

르장드르 다항식에 **중력모멘트**($J_2, J_4, J_6, \ldots$)라 부르는 가중치인자(weighting factors)를 곱해준다. 이 인자는 행성의 전체 모양에 대한 각 항의 중요도를 나타내는 것이다.

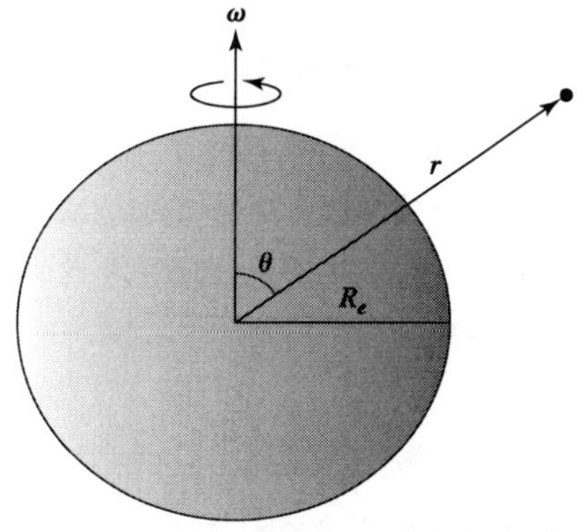

▌**그림 9.3** 각 θ는 중력 퍼텐셜의 르장드르 다항식 전개에서 자전축에 대한 각도로 정의된다.

▌**표 9.2** 거대행성의 중력모멘트 및 관성모멘트 비율(Moment-of-Inertial Ratio). R_e는 행성의 적도반지름이다. (자료 출처 : Table 1 of Guillot, Annu, Rev. Earth Planet, Sci. 33, 493, 2005)

모멘트	목성	토성
J_2	$(1.4697 \pm 0.0001) \times 10^{-2}$	$(1.6332 \pm 0.0010) \times 10^{-2}$
J_4	$-(5.84 \pm 0.05) \times 10^{-4}$	$-(9.19 \pm 0.40) \times 10^{-4}$
J_6	$(0.31 \pm 0.20) \times 10^{-4}$	$(1.04 \pm 0.50) \times 10^{-4}$
I/MR_e^2	0.258	0.220

모멘트	천왕성	해왕성
J_2	$(0.35160 \pm 0.00032) \times 10^{-2}$	$(0.3539 \pm 0.0010) \times 10^{-2}$
J_4	$-(0.354 \pm 0.041) \times 10^{-4}$	$-(0.28 \pm 0.22) \times 10^{-4}$
I/MR_e^2	0.230	0.241

예를 들어 J_2는 행성의 편평도 및 그 **관성모멘트**와 관계가 있다[4]. J_4와 J_6항은 R_e에 따라 크게 달라지기 때문에 행성의 외부 영역, 특히 적도 융기부의 질량 분포에 더 민감하다. 가스가 축퇴되는 행성의 심층부에 비하여 표면 부근에서는 밀도가 온도에 더 크게 의존하므로, J_4와 J_6도 행성의 온도구조를 나타내는 척도가 된다. 거대행성의 중력모멘트를 표 9.2에 수록하였다.

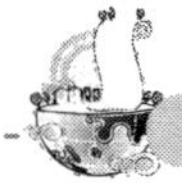

예제 9.1.1

표 9.2에 목성의 처음 세 개의 고차 중력모멘트를 수록하였다. 그 결과 식 (9.1)의 전개항들은 그림 9.4에 표시된 값을 가진다.

적도 부근에서($\theta = 90°$) 편평도가 중력 퍼텐셜에 미치는 영향을 그림에서 확실하게 볼 수 있다. 또한 구대칭 퍼텐셜에 대한 이들 고차 보정항은 아주 작아서, 일차 보정항($J_2 P_2$)은 0.1% 정도이고, 1, 2차 보정항($J_4 P_4$)은 일차항보다 1/100 정도이고, 3차항($J_6 P_6$)은 2차항의 1/100 정도로 더 작다.

---

4) 지구와 달의 관성모멘트에 대해 설명한 바 있다(문제 20.12, 20.13 참조). 여기서는 목성의 관성모멘트에 대하여 설명한다(예 : 연습문제 3번).

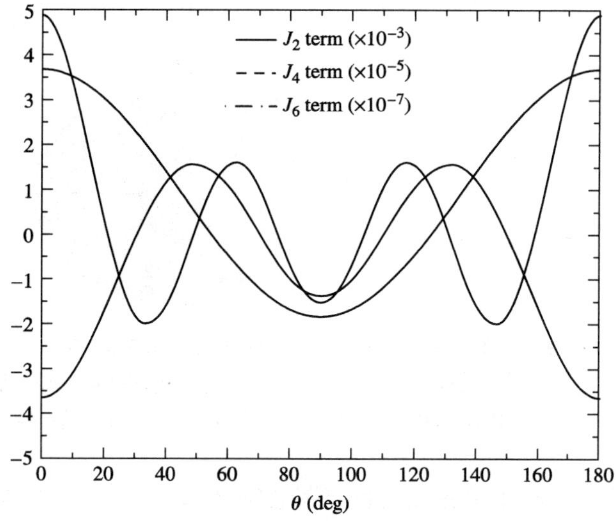

그림 9.4 목성의 $r = 2R_e$ 에서 중력 퍼텐셜 전개로 표시한 최초 세 개의 고차항

중력모멘트는 행성의 관성모멘트와 관계가 있다. 8장 연습문제 12번에서 기술한 것과 같이 관성모멘트는 다음과 같이 계산한다.

$$I \equiv \int_{\text{vol}} a^2 \, dm \tag{9.2}$$

여기서 a는 미소질량 dm과 자전축 사이의 거리이다(그림 9.5). 거대 행성의 질량은 축을 중심으로 대칭적 분포되어 있고, 또한 잘 정의된 축을 중심으로 자전하므로 관성모멘트 I를 다음과 같이 원통좌표계로 표시할 수 있다.

$$I = 4\pi \int_{z=0}^{R_p} \int_{a=0}^{a_{\max}(z)} \rho(a, z)\, a \, da \, dz \tag{9.3}$$

여기서 z는 행성 중심에서 자전축을 따라 dm까지 측정한 거리이며, a는 축에서 dm까지의 거리이고, R_p는 극반지름이다. 행성의 자전축에 수직한 방향의 단면을 타원형으로 근사화하면 $a_{\max}$와 z의 관계는 다음과 같다.

$$\left(\frac{a_{\max}}{R_e}\right)^2 + \left(\frac{z}{R_p}\right)^2 = 1$$

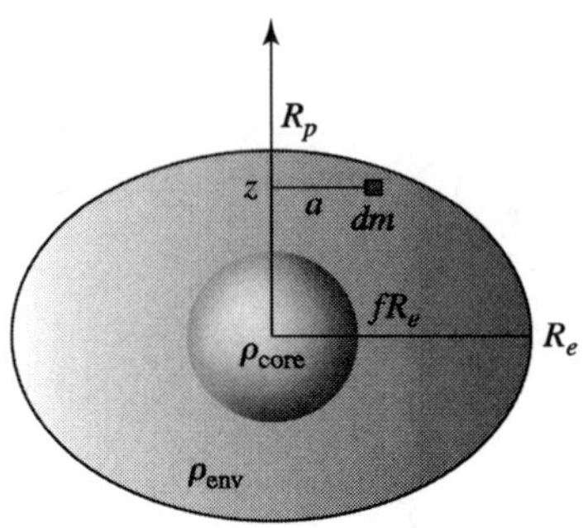

▮ 그림 9.5 핵은 구형이며, 단면이 타원으로 적도부근이 부풀어 오른 행성의 모델. ρ_{env}는 외층의 밀도이며 ρ_{core}는 핵의 밀도이다. 이 두 밀도 영역 사이의 전이(transition)는 행성의 적도반지름의 f배 되는 부분에 있다.

적도 부근이 부푼 행성은 외부층의 밀도가 ρ_{env}, 구형 핵의 밀도가 ρ_{core}인 두 부분으로 구성되며, 이 두 밀도 영역 사이의 전이가 표면 적도반지름의 f배 되는 곳에서 일어나며, 이 경우 관성모멘트가 다음과 같이 된다는 것을 보일 수 있다.

$$I = \frac{8\pi}{15} R_e^4 \left[R_p \rho_{\text{env}} + f^5 R_e \left(\rho_{\text{core}} - \rho_{\text{env}} \right) \right] \tag{9.4}$$

R_p를 행성의 편평도 b을 이용하여 다음과 같이 쓸 수 있다.

$$R_p = R_e(1 - b)$$

식 (9.4)는 다음과 같이 된다.

$$I = \frac{8\pi}{15} R_e^5 \left[(1 - b)\, \rho_{\text{env}} + f^5 \left(\rho_{\text{core}} - \rho_{\text{env}} \right) \right] \tag{9.5}$$

관성모멘트는 행성의 편평도와 행성 전체의 질량분포에 의하여 결정된다는 것을 알 수 있다. 여기서 f의 최대값은 $f_{max} = R_p / R_e = 1 - b \leq 1$임을 유의할 것.

행성의 핵

이상의 모든 자료에 의하면 목성과 토성의 핵들은 걸쭉한 액체 상태의 암석(Mg, Si, Fe)과 얼음으로 구성되어있다. 그러나 자료가 보여주는 것과 달리 핵의 질량은 비교적 낮은 것으로 추정된다. 예를 들어 식 (9.5)는 $f \leq 1$에 따라 크게 달라진다

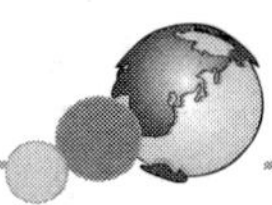

는 사실에 유의하고, 보다 큰 중력모멘트의 경우 행성의 외부층 형성에 영향을 준다. 가용 자료와 수치모델을 통해 목성의 핵은 암석/얼음으로 구성되고 그 질량은 10 $M_{\oplus}$ 미만이며, 토성 핵의 질량은 대략 15 $M_{\oplus}$로 추측된다. 여기서 오차범위는 50% 정도이다(목성의 핵이 작은 것은 핵의 일부분이 그 동안 침식되었기 때문일 수도 있다). 목성과 토성의 핵이 지구의 질량과 비하여 훨씬 더 크지만 그 행성의 총 질량에 대한 비율은 매우 작다. 목성과 토성의 핵 질량이 각각 10 $M_{\oplus}$과 15 $M_{\oplus}$이라면 전체 질량에 대한 비율은 각각 3% 및 16%에 불과하다. 나머지 질량의 대부분은 수소와 헬륨이 차지하고 있다.

천왕성과 해왕성에 대한 연구에서도 그 핵의 질량은 목성과 토성의 경우와 비슷하며 약 13 $M_{\oplus}$ 정도이다. 그러나 천왕성과 해왕성의 경우에는 핵의 질량이 행성 전체의 질량에서 대부분을 차지하고 있다. 특히 천왕성과 해왕성은 그 질량의 25%가 암석, 60% 내지 70%가 얼음이며 나머지 5% 내지 15%만 수소 또는 헬륨가스이다. 따라서 천왕성과 해왕성은 목성과 토성의 단순한 축소판이 아니며, 가스 거대 행성이 아니라 얼음 거대행성으로 간주되고 있다[5].

내부열과 냉각속도

행성의 형성과 구조 및 진화를 연구하기 위하여 수행되는 또 다른 관측은 내부에서 누출되는 열을 측정하는 것이다. 지구형 행성에서는 내부에서 발생하는 열은 주로 방사성 동위원소의 붕괴로 인한 것이다(269쪽). 그러나 거대행성의 내부에서 나오는 대량의 열을 설명하는 데는 이것만으로는 부족하다. 예를 들면 표 9.3에 나타난 바와 같이 목성은 5.014×10^{17} W의 열을 태양에서 흡수하고 다시 방출하며, 내부에서 추가적으로 3.35×10^{17} W의 열이 발생한다. 이 추가 발생 열로 인해 태양 흑체복사만 고려할 때의 에너지 수지와 열평형온도가 크게 변화한다. 해왕성의 경우 방출되는 열의 절반 이상이 내부에서 나오고 있으며 이것이 해왕성이 천왕성보다 태양에서 훨씬 더 멀리 있지만 그 유효온도가 천왕성과 비슷한 이유를 설명해준다.

거대행성의 내부발열의 원천은 행성이 형성될 때 행성위에 붕괴되는 가스에서 방출되는 중력 퍼텐셜 에너지이다. 이는 단지 비리얼정리(2.4절)의 결과에 지나지

5) 여기서 '얼음'이라는 용어는 다소 오해의 소지가 있다. H_2O, CH_4, NH_3 및 기타 성분들은 실제로 거대행성 내부의 높은 압력에 의하여 부분적으로 유체상태에 있기 때문이다.

않으며, 예제 4.3.1(2권) 및 6.2절(2권)에서 논한 켈빈–헬름홀츠 메커니즘과 동일한 것이다.

구성성분과 밀도 차이에 의한 약간의 차이를 무시하면 주어진 비열용량(specific heat capacity)에 대하여 행성의 열에너지 총량은 그 부피에 비례한다(즉 반지름의 세제곱에 비례). 그러나 흑체복사에 의하여 행성이 방출하는 열은 그 표면적에 비례한다(즉 반지름의 제곱에 비례). 그러므로 추가 에너지원이 없다면 냉각속도의 시간규모는 다음과 같이 반지름에 따라 달라진다.

$$\tau_{\rm cool} = \frac{\textbf{에너지 총량}}{\textbf{소실되는 에너지/시간}} \propto R^3/R^2 \propto R$$

행성의 냉각에 소요되는 시간은 대략 행성의 반지름에 비례한다. 시간을 소급해 외삽하면 거대행성들은 초기 태양계 때에는 훨씬 더 밝았을 것이 틀림없다. 목성은 눈으로 볼 수 있을 정도로 밝았을 것이다.

목성은 토성보다 크므로(또한 태양에 더 가까우므로), 더 오랜 기간 동안 고온 상태를 유지하였을 것이며 지금도 더 많은 에너지를 공간으로 방출하고 있을 것이다. 그러나 토성의 경우 초기 형성 시의 가스붕괴는 현재 토성에서 방출하고 있는 열의 원천이 되기에는 부족한 것이다. 토성의 이와 같은 추가 에너지 문제의 해답은 그 대기 상층부에 헬륨이 상당히 결핍되어 있다는 관측 결과에서 찾을 수 있다. 표 9.1에서 토성 대기의 상층부에서 헬륨은 3%에 불과하지만 목성의 경우는 약 16%, 태양은 약 20%이다. 수소보다 무거운 헬륨이 대기 중에서 서서히 아래로 떨어지면 행성의 중력 퍼텐셜 에너지가 달라지고 이에 따라 비리얼 정리에 의하여 열이 발생하게 된다. 온도가 낮은 토성에서는 이 효과가 더 두드러진 것이다.

표 9.3 거대행성의 에너지 수지와 유효온도 (자료 출처 : Table 2 of *Guillot, Annu, Rev. Earth Planet. Sci.*, 33, 493, 2005)

Power 또는 온도	목성	토성	천왕성	해왕성
흡수 power(10^{16}W)	50.14±2.48	11.14±0.50	0.526±0.037	0.204±0.019
총 방출 power(10^{16}W)	83.65±0.84	19.77±0.32	0.560±0.011	0.534±0.029
고유 방출 power(10^{16}W)	33.5±2.6	8.63±0.60	0.034±0.038	0.330±0.035
유효 온도(K)	124.4±0.3	95.0±0.4	59.1±0.3	59.3±0.8

거대행성 내부의 모델링

거대행성 내부의 모델링은 항성의 경우와 매우 비슷하며 주된 차이는 구성물질에 있다. 예를 들면 온도가 비교적 낮고 압력이 높은 거대행성의 내부에서 수소는 지구의 기준에 의하면 매우 이상한 형태를 갖는다. 행성내부로 깊이 들어갈수록 일반적인 형태의 분자수소는 압축되어 분자결합이 파괴되고 궤도전자들이 원자 사이에 공유된다. 이는 금속의 행태와 매우 유사하다. 즉, 행성 내부에 있는 수소는 상온에서 수은과 아주 유사한 액체금속과 같은 특성을 보인다. 수소의 이와 같은 특수한 상태식은 지구 실험실에서 기체에 충격파를 가하여 수천 K의 온도와 수백만 기압의 압력을 만들어 확인되었다. 실제로 목성과 토성의 내부는 주로 **액체금속 수소**로 이루어진 것으로 보인다. 천왕성과 해왕성에서는 압력이 수소를 액체금속 상태로 변환시키기에는 부족하지만, 대기에 있는 얼음(메탄과 암모니아 얼음)이 압력에 의하여 이온화되는 것으로 추정된다.

거대행성의 내부를 그림 9.6에 도시하였다. 가스 상태의 거대행성에 있어 '비균질(inhomogeneous)'이라고 표시된 영역은 헬륨이 수소에 용해되지 않는 영역이며

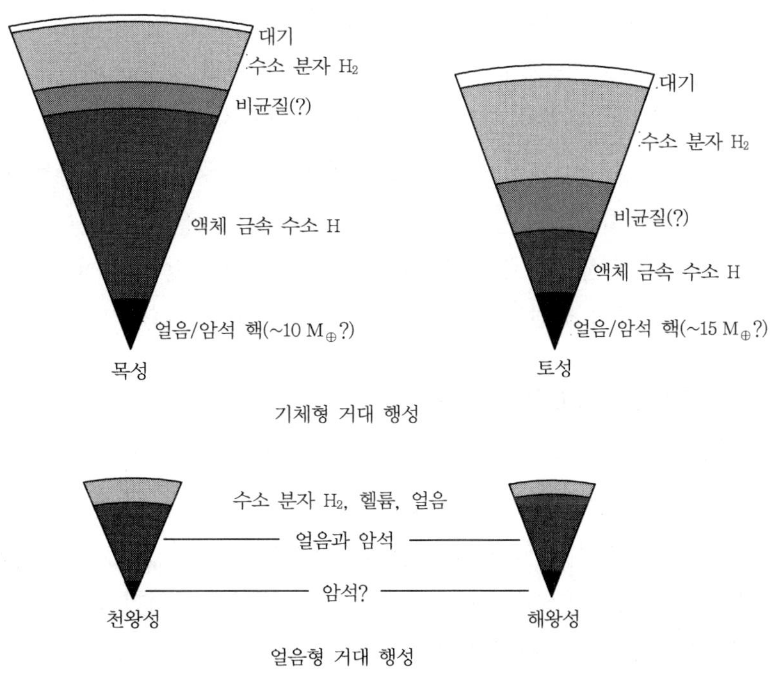

그림 9.6 거대행성 내부의 컴퓨터 모델. 행성의 상대적 크기가 정확히 묘사되어 있다. (자료 인용 출처 : Guillot. Annu, Rv. Earth Planet. Sci., 33. 493, 2005)

헬륨이 작은 물방울(droplet) 형태를 가진다. 이 물방울들은 행성 내부로 깊이 내려가면서 중력 퍼텐셜 에너지를 방출한다. 토성에서는 이러한 과정을 거쳐 헬륨이 이미 중심부에 침적되었거나 핵 주위에 외각을 형성하고 있을 것이다. 천왕성과 해왕성에는 수소와 헬륨이 극히 작고 주로 얼음과 암석으로 이루어져 있다.

대기 상층부

거대행성의 상층 대기에서는 여러 가지 아름다운 형태를 볼 수 있다. 즉 목성의 다양한 색깔과 움직이는 구름, 토성의 보다 옅은 색조, 천왕성과 해왕성의 짙은 청록색 등을 볼 수 있다. 이러한 거대행성의 대기 상층부의 모습은 각 행성의 온도, 조성, 자전 및 내부 구조에 의하여 만들어진다. 관측 자료를 이론적인 모델링 결과와 함께 검토해보면 목성의 구름은 3개 층에 걸쳐 존재하는 것으로 추측된다. 최상층의 구름은 암모니아로 구성되어 있으며, 그 아래층은 아마도 암모니아 수황화물, 그리고 가장 깊은 층의 구름은 물로 구성되어 있다.

목성과 토성의 색은 대기의 조성성분으로 인해 생기는 것으로, 아직까지 어떤 색이 어떤 분자에 의한 것인지는 밝혀지지 않았다. 다만 황, 인, 또는 여러 유기(탄소가 주성분인) 화합물에 의한 것이라고 추정하고 있다. 목성과 토성의 청색 영역은 온도가 높은 부분인 것이 확실하며 따라서 대기 깊은 부분에 위치하고 있는 것으로 보인다. 여기서 고도가 높아짐에 따라 갈색, 백색, 적색 구름이 나타난다.

토성의 구름은 전체적으로 볼 때 목성에 비하여 대기 심층부에 있다. 따라서 색은 그다지 화려하지 않다. 천왕성과 해왕성에서는 반사율이 높은 암모니아와 황 구름이 대기 심층부에 있다. 태양 광선이 대기를 통과할 때 청색광의 파장은 대기 분자에 의하여 산란된다. 또한 대기 중의 메탄이 적색 파장을 흡수한다.

P/슈메이커-레비 9 혜성의 목성 충돌

1994년 7월 16일부터 22일 사이에 목성에 잇달아 충돌한 P/슈메이커-레비 9(SL9)[6] 혜성이 전 세계의 주목을 끌었다. 이 혜성은 오랫동안 목성의 궤도를 돌고 있었음이 분명하였지만, 발견된 것은 1993년 3월이었다. 이 혜성의 궤도를 시간을 소급해 외삽하면 SL9는 1992년 7월 8일, 목성의 로시한계 훨씬 안쪽인 1.6 R_J거리를 지날 때 여러 개로 쪼개진 것으로 보인다(그림 9.7은 21개로 나누어진 조각을

6) 혜성의 특성에 대해서는 10.2절에서 설명한다.

(a) (b) (c) (d)

그림 9.7 (a) 1994년 5월 17일, 21개로 나누어진 SL9. 혜성 핵의 선이 뻗어 있는 길이는 1.1×10^6 km이다. (사진 제공 : H. A. 위버, T. E. 스미스(Space Telescope Science Institute) 및 NASA). (b) 허블우주망원경이 1994년 7월 18일 몇 분 간격으로 촬영한 화상. 혜성의 조각 G의 충돌로 발생한 구름 기둥을 볼 수 있다. (c) 조각 G가 충돌한 장소의 확대 화상. (사진 제공 : Dr. 하이디 함멜, MIT 및 NASA HST). (d) 좌에서 우측 순서로, 조각 C, A, E가 목성 남반부에 충돌한 장소, 그리고 목성의 위성 이오가 목성의 원반을 지나는 모습이 보인다. (사진 제공 : 허블우주망원경 목성 이메이징 팀)

허블우주망원경으로 촬영한 것이다). 천문학자들은 이 혜성의 조각들이 1994년 7월에 목성에 충돌할 것이며, 그 충돌을 통해 혜성의 성질과 목성 대기의 구조에 대한 중요한 자료를 얻을 수 있을 것으로 예상하였다. 충돌이 있었던 일주일 동안 지구상에서 목성을 관측 가능한 위치에 있던 거의 모든 망원경(아마추어 망원경을 포함), 허블우주망원경, 갈릴레오, 보이저 2호 등 우주관측장치가 목성에 초점을 맞추고 충돌 상황을 관측하였다. 여러 학자들이 충돌에 대한 직접적인 증거를 지구에서 관측할 수 있을 것이라고 예상하였다. 그러나 실제로 관측된 광경은 예상을 훨씬 뛰어넘는 장엄한 장면이었다. 그림 9.7에서 조각 G(가장 큰 것으로 추측)가 목성의 대기에 진입(충돌)할 때 생긴 높이 3500 km의 거대한 구름기둥을 볼 수 있다. 충돌은 지구에서 보이지 않는 목성 반대편에서 발생하였으나, 구름기둥은 목성의 테두리 너머로 관측할 수 있을 정도로 높았다[7]. 충돌에 의하여 생긴 화구는 태양의 온도보다 더 높은 7500 k에 이르렀다. G의 충돌 데이터를 살펴보면 충돌 5초 후에 그 온도는 4000 K로 낮아졌다. 데이터 분석결과에 의하면 가장 큰 조각도 직경이 700 m 이하였다.

큰 충돌이 있었던 직후, 대기에 나타난 흔적은 지구보다 더 큰 것이었다(그림 9.7(c), (d)). 흔적에서 검게 보이는 부분은 충돌 전에 대기 중에 있던 황과 질소가 주성분인 유기분자에 의한 것으로 추측된다. 또한 나타난 색깔의 일부분은 혜성의 조각에서 나온 규소를 함유하는 탄소화합물에 의한 것일 수도 있다. 1994년 12월까지 충돌 흔적은 목성 대기의 움직임에 의하여 갈라져서 목성 주위를 감싸는 고리 모양이 되었다가 결국 완전히 사라졌다.

대기 동력학

목성 대기에서 가장 유명한 현상은 그림 9.1(a)와 그림 9.8(a)에서 볼 수 있는 **대적반**(Great Red Spot)이다. 너비와 길이가 각각 지구 지름 및 그 두 배에 달하는 이 거대한 고기압성 폭풍은 지난 3세기 이상 관측되고 있다. 거대행성의 대기에서는 이보다 작지만 비슷한 특징을 볼 수 있다. 거대행성의 대기에서 공통적으로 볼 수 있는 다른 현상은 일정한 위도를 따라 띠를 이루고 있는 구름이다. 천왕성에서는 이 띠구름은 관측하기가 어렵지만 분명히 존재하고 있다. 목성 대적반 내부의 회전현상은 대적반이 반대방향으로 움직이는 두 개의 기류 사이에 대적반이 위치하고 있기 때문에 발생한다(그림 9.9).

외견상 이처럼 장기적으로 지속되는 특징에도 불구하고, 거대행성의 대기는 매우 역동적이다. 즉, 안정적인 사이클론 구조 주위의 선회 등 소규모의 급격한 변화들이 발생하고 있다. 그러나 대규모의 현상 역시 반드시 영구적인 것은 아닌 것은

---

7) 갈릴레오와 보이저 2호 우주선에서만 충돌 장면을 직접 촬영할 수 있었다.

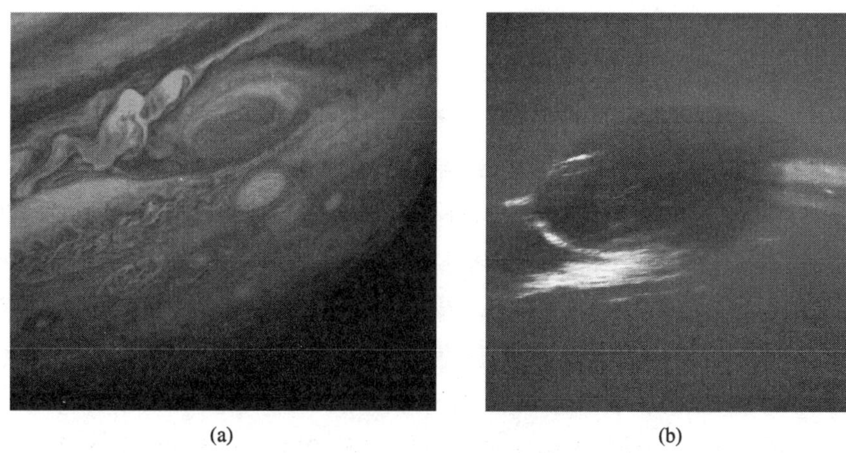

▌**그림 9.8** (a) 목성의 대적반. (b) 해왕성의 대적반. (사진 제공 : NASA/JPL)

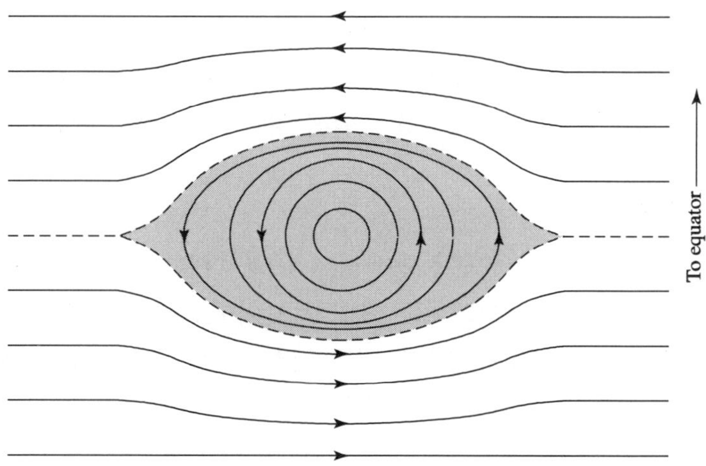

▌**그림 9.9** 목성 대적반 주위의 대기는 반시계방향으로 순환한다. 남반부에 있는 이 대적반은 반대방향으로 움직이고 있는 두 개의 대기 띠 사이에 위치하고 있다. 대적반 내의 풍속은 초당 100 m에 가까우며, 가장자리의 와류가 7일에 한 바퀴 돈다.

주목할 만하다. 예를 들어 1989년 보이저 2호가 해왕성에 도착했을 때 남반부에서 그림 9.1(d) 및 그림 9.8(b)에 있는 대흑점(Great Dark Spot)을 발견하였다. 그러나 그 후, 1994년 허블우주망원경으로 다시 관측했을 때는 보이지 않았다. 다시 그 뒤, 1995년에 다른 흑점이 북반부에 나타났다.

코리올리힘(243쪽)이 지구 북반구와 남반구에서 대기의 대규모 순환을 북–남에서 동–서로 방향을 바꾸고 있는 것과 마찬가지로, 자전속도가 비교적 빠른 거대행성(특히 목성과 토성)에서의 해들리(Hadley cell: 열대기후에서의 대기순환) 순환도 방향이 변하고 있다. 그러나 천왕성의 대기 순환의 경우, 다른 거대행성에서 볼 수 없는 흥미 있는 현상이 관측되고 있다. 명왕성을 제외한 다른 태양계 행성들과 달리, 천왕성은 거의 옆으로 누운 상태에 있으며 그 자전축은 황도의 수직에 대하여 97.9° 기울어져 있다. 따라서 극지방이 84년의 공전주기 내내 태양이 머리위에 있게 된다. 이 기간 동안 태양 바로 밑에 있는 직하 극지방의 열이 반대편 어두운 극지방로 이동할 것이다. 그러나 1986년 보이저 2호가, 극지방 중 하나가 태양을 향하고 있는 동안, 천왕성을 통과했을 때 관측된 기류의 패턴은 대부분 적도에 평행한 상태였다. 이는 빠른 자전속도와 코리올리힘의 효과 때문이다. 그러므로 천왕성에서 극지방 사이를 연결하는 기류 없이 한 극지방의 열이 어떻게 다른 극지방으로 이동되는가 하는 문제는 아직 밝혀지지 않고 있다.

천왕성과 다른 거대행성 사이의 다른 큰 차이는 천왕성에는 뚜렷한 소용돌이가 없다는 점이다. 이것은 행성 내부 심층부에서 외부로 향하는, 감지 가능한 열이동이 없다는 사실과 관계가 있을 수도 있다. 이 열이동은 확실히 있다고 해도 그 열이동량은 다른 세 거대행성에 비해 훨씬 작을 것이 분명하다.

● 자기장

지구 자기장의 원천은 용융상태의 철-니켈 핵이다. 거대행성에서는 액체금속수소가 그 역할을 하고 있는 것으로 보이며, 적어도 목성과 토성에서는 그러하다. 행성이 빠른 속도로 자전할 경우 전기전도성을 가진 행성 내부에 전류가 흐르게 된다. 자기장의 근원이 내부 깊은 곳에 있는 것이 거의 확실하므로, 자기장의 회전속도를 측정함으로써 내부 회전 속도를 측정할 수 있다.

1950년대에 목성에서 무선주파수대의 복사파를 측정하여 열적 성분과 비열적 성분을 밝혀냈다. 열적복사는 단지 행성이 방출하는 에너지(흑체복사)의 일부분이다. 강력한 비열적 복사는 수백 미터 및 수십 미터 파장의 싱크로트론 복사(4.3절 참조)인 것으로 밝혀졌다. 이것은 목성에 상당한 세기의 자기장이 존재하며 그 속에 상대론적 전자가 갇혀 있다는 것을 보여준다. 측정된 자기장의 세기는 지구의 약 19,000배였다.

SL9 혜성이 목성 남반구에 충돌하였을 때(모두 거의 같은 위도 상에서 충돌하였음. 그림 9.7(d) 참고) 목성에서 관측된 다른 흥미 있는 현상은 북반부에서 마치 지구의 극광과 같은 극광이 나타난 것이었다(그림 8.15). 이것은 분명히 충돌장소 부

근에서 전하를 띤 입자가 충분한 운동에너지를 얻어서 목성의 자기력선을 따라 이동하여 충돌 45분 후에 북반부의 대기에 충돌하였음을 보여준다.

목성 자기장의 물리적인 범위는 매우 크다. 자기장으로 둘러싸인 공간으로 정의되는 목성의 **자기권**(magnetosphere)은 그 지름이 3×10^{10} m로서 목성 지름보다 210배 더 크고 태양보다 22배 더 크다. 목성의 자전속도가 매우 빠르므로 자기장에 구속되어 있는 전하입자는, 자기장의 적도를 따라 위치하고 있는, **전류판**(current sheet)으로 퍼지게 된다(자기장의 축은 목성의 자전축에 대해 9.5° 기울어져 있음). 목성의 전류판에 많은 수의 전하입자가 나타난다는 것은 태양풍에 의하여 공급되는 전하입자 이외의 다른 입자원이 목성에 있는 것이 분명하다. 이 문제는 보이저 우주선이 목성의 위성 이오를 처음 탐사하였을 때 해결되었다.

9.2 거대행성의 위성

보이저, 갈릴레오, 카시니-호이겐스 등의 우주탐사선이 지구로 보내온 장엄하고 환상적인 영상 중에는 목성의 갈릴레이 위성(그림 9.10)을 비롯해 거대행성들의 위성사진이 많이 포함되어 있었다. 그림 9.11은 갈릴레이 위성의 상대적인 크기를

그림 9.10 목성과 네 개의 가장 큰 위성들의 사진. 가장 가까운 것이 목성이며 그 다음 순서대로 이오, 유로파, 가니메데, 칼리스토이다. 이 사진은 보이저호가 보내온 여러 장의 사진을 합성한 것이다. (사진 제공 : NASA/JPL)

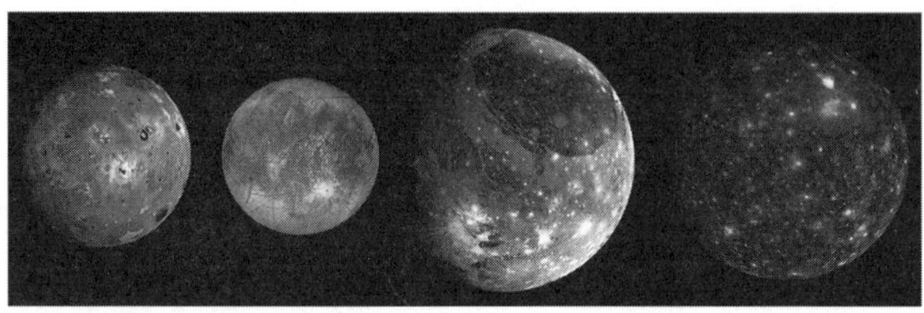

▍그림 9.11 갈릴레오 우주선이 보내온 목성의 위성사진을 합성한 화상. 좌에서 우로, 그리고 가장 가까운 목성부터 순서대로 이오, 유로파, 가니메데, 칼리스토이다. 여기서 위성들의 크기는 상대적인 비율로 묘사하였다. (사진 제공 : NASA/JPL)

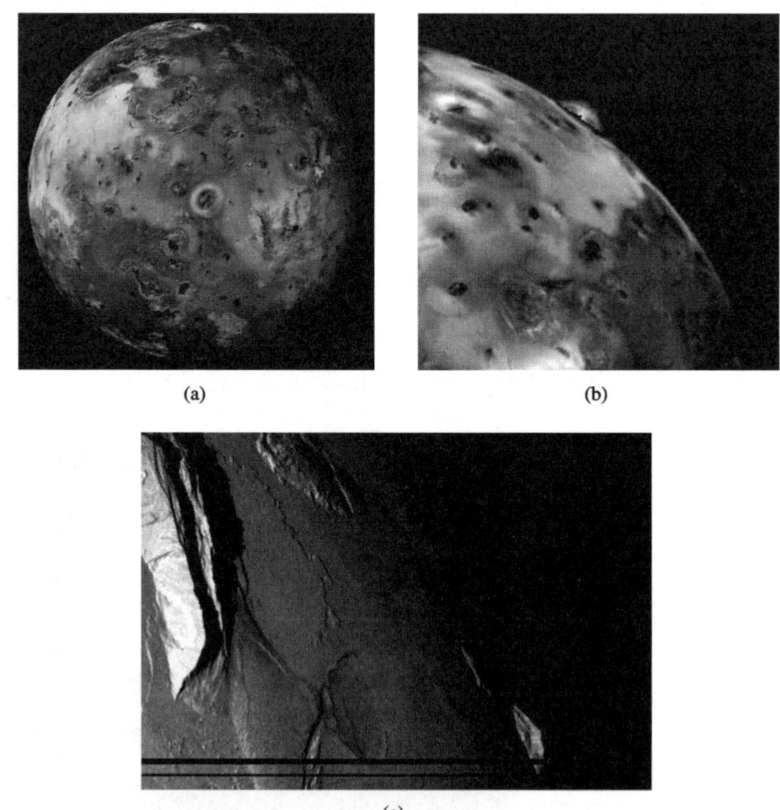

(a) (b) (c)

▍그림 9.12 (a) 이오의 표면에는 많은 화산의 형태가 나타나있다. (b) 이오의 가장자리 부분에서 분출하고 있는 화산(프로메테우스). 이 화산은 보이저 우주선(1979)과 갈릴레오 우주선(1995–2003)이 촬영한 모든 사진에서 분출하고 있음이 확인되었다. 다른 화산의 활동 기간은 이처럼 길지 않다. (c) 일몰시의 이오 위성의 산들. 좌상부의 낮은 단애는 약 250m 높이이다. 이 산들은 융기한 층상 단층에 의하여 형성된 것으로 생각된다. 화상 하부의 검은 선들은 데이터가 없는 부분이다. (사진 제공 : NASA/JPL/애리조나대학/애리조나주립대학)

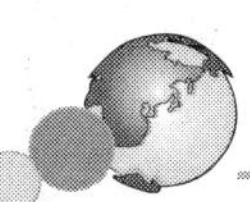

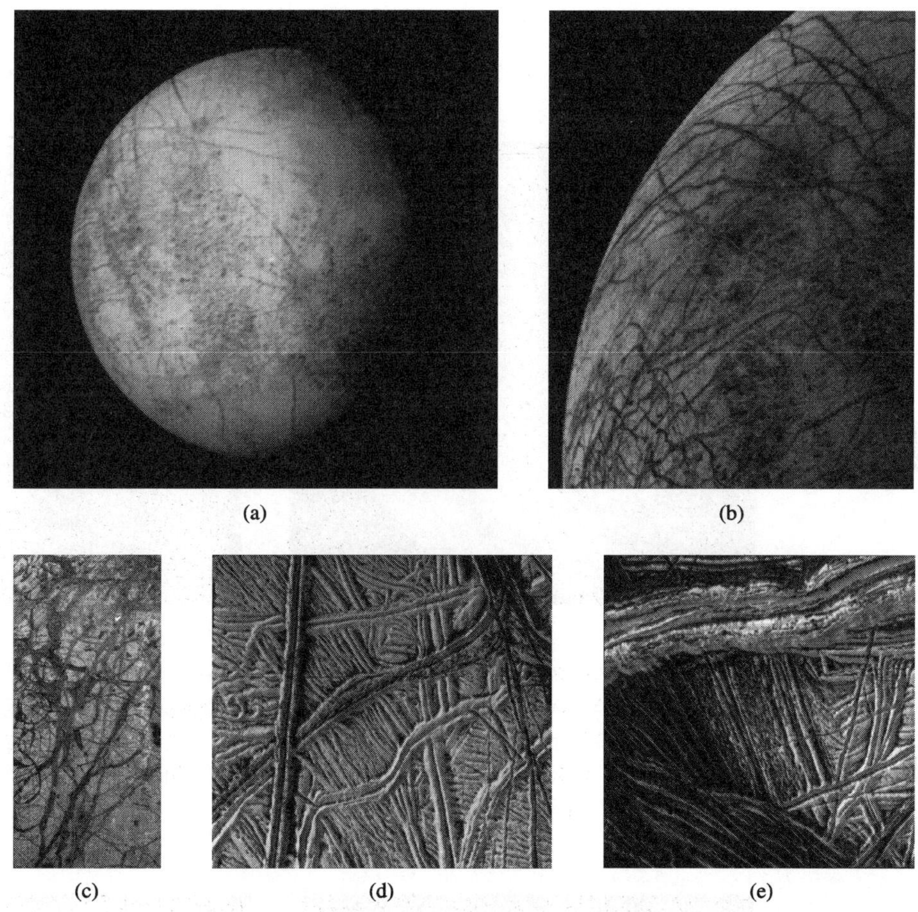

(a) (b) (c) (d) (e)

▌그림 9.13 (a) 유로파의 전체 모양. (b) 유로파에는 많은 균열이 표면을 가로지르고 있다. (c) 균열된 얼음의 확대 사진. (d) 융기된 평원. (e) 쐐기형 지형. (사진 제공 : NASA/JPL)

보여준다. 그림 9.12에 있는 위성 **이오**는 목성의 갈릴레이 위성 네 개 중에서 목성에 가장 가까이 있는 위성이다. 이오는 신비한 노란색-오렌지색의 천체로서 9개나 되는 화산이 동시에 분출하고 있는 모습이 관측되었다. 그림 9.13의 **유로파**는 균열이 교차하고 있는 얇은 물-얼음 층으로 덮여 있으며 구덩이가 거의 보이지 않는다. 그림 9.14의 가니메데는 표면이 두꺼운 얼음으로 덮여있다. 이는 상당히 많은 구덩이가 있음을 보여준다. 마지막으로 그림 9.15의 **칼리스토**는 먼지로 덮여 있고 광범위한 충돌 흔적이 있어서, 오래되고 두꺼운 얼음으로 된 지각이 있는 것으로 보인다.[8)]

8) 8.4절의 표면 연대의 함수로서의 구덩이의 양에 대한 설명하는 참조.

위성들은 목성에서 거리가 멀수록 평균 밀도가 감소한다. 이는 거리에 따라 암석핵에 비하여 물–얼음으로 구성된 지각이 상대적으로 증가한다는 것을 나타낸다.

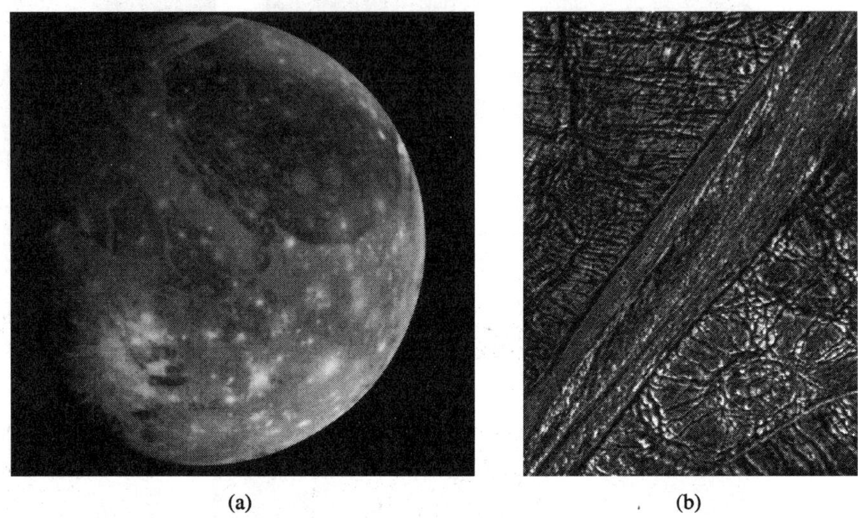

(a) (b)

▮ 그림 9.14 (a) 가니메데의 표면에는 많은 구덩이가 있으며 이것은 유로파와 달리 근래에 재형성되지 않았음을 나타낸다. (b) 표면 전체에서 볼 수 있는 융기부와 패인 부분의 확대 사진. 과거의 지질구조 활동을 보여주는 것이다. 대각선 띠의 너비는 15 km이다. 아래 우측에 있는 원형의 형태는 충돌 구덩이로 짐작된다. (사진 제공 : NASA/JPL)

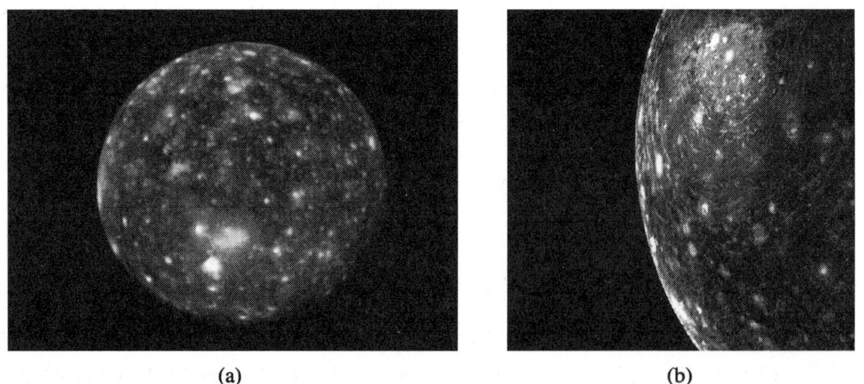

(a) (b)

▮ 그림 9.15 (a) 칼리스토의 표면에는 많은 구덩이가 있다. (b) 바할라라고 부르는 충돌 구덩이의 확대 사진. (사진 제공 : NASA/JPL)

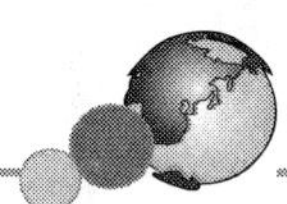

갈릴레이 위성의 진화

목성에서 먼 거리에 있는 위성일수록 휘발성 물질(주로 물-얼음) 비율이 높아진다는 사실은 이 물질의 형성 과정이 행성 자체의 형성과 그 이후의 진화와 관계가 있다는 것을 보여준다.

갈릴레이 위성들에서 항상 나타나는 특성을 고려할 경우, 목성이 형성될 때 대량의 대기를 모으고 있는 동안 이 위성들은 '목성의 준성운'으로부터 형성되었을 것이라는 가설이 제안되었다. 이 맥락에서 목성이 과거에는 지금보다 온도가 더 높았다는 사실을 고려한다면 이오는 휘발성 물질의 대부분을 상실할 정도로 목성에 가까웠을 것이다. 유로파는 점차 목성에서 멀어지면서 물을 일부 보존할 수 있었을 것이며, 가니메데는 물을 더 많이 보존하고 칼리스토(형성기에 갈릴레이 위성 중에서 가장 온도가 낮은 위성)는 휘발성 물질의 대부분을 보존할 수 있었을 것이다.

이오에 대한 조석력의 영향

진화의 결과는 각 갈릴레이 위성에서 찾아볼 수 있다. 목성에서 가까운 순서대로 이 위성들을 생각해 보자. 가장 가까운 이오는 목성의 조석력 영향을 가장 크게 받고 있다. 이오의 자전주기는 공전주기와 같지만, 공전궤도가 완전한 원이 아니므로 궤도속도는 일정하지 않다. 그 결과 이오는 흔들리게 되고 한쪽 면만 목성을 향해 고정되어 있지 않게 된다. 이 효과는 이오, 유로파, 가니메데의 궤도에서 볼 수 있는 특수한 공명현상으로 인한 것이다. 이 위성들의 공전주기는 약 1 : 2 : 4이므로 유로파와 가니메데는 이오가 목성을 공전할 때마다 같은 위치에서 이오의 궤도를 교란시키게 되는 것이다. 이 힘에 의하여 이오의 궤도는 어느 정도 타원형을 유지하게 된다.

갈릴레오 우주선이 이오를 근접비행하면서 측정한 중력 데이터에 의하면 이오는 철이 주성분인 핵, 용융상태의 규산염 맨틀, 그리고 얇은 규산염 지각을 가지고 있는 것으로 보인다(이오의 평균밀도는 $3530\,\mathrm{kg\,m^{-3}}$이다). 이러한 구조는 이오가 과거에 최소한 한 차례, 아마도 여러 차례에 걸쳐 완전히 녹아 있어서 화학적 조성성분에 차이가 생기게 되었을 가능성을 제시한다. 이오의 표면에는 용암류와 하와이섬보다 큰 로키 파테라와 같은 용암 호수가 있는 것이 확실하다. 그러나 이오의 화산은 지구의 화산과 똑같은 방식으로 활동하지 않는다는 점에 유의하여야 한다. 그 보다 이오 화산은 옐로우스톤 국립공원의 간헐천과 비슷하게 분출하고 있다.

지구상의 간헐천에서는 물이 빠르게 증발하여 증기가 되기 때문에 증기는 표면의 균열을 통하여 빠른 속도로 분출된다. 이오에서는 황과 이산화황이 이와 같은 방식으로 작용하고 있는 것으로 추측된다. 실제로 이오의 화산 분출구 위에서 그리고 매우 엷은 대기 중에서 이산화황이 검출되었다. 이오의 표면이 노란색-오렌지색을 띠는 것은 계속 활동하고 있는 화산에서 분출된 황이 비처럼 다시 표면에 떨어지기 때문이다. 이오의 표면은 지속적인 분출로 인하여 계속 재형성되고 있으므로 문자 그대로 안과 밖이 뒤집어 지고 있는 것이다.

목성의 자기장과 이오의 상호작용

갈릴레이 위성들은 모두 목성의 자기장 깊숙한 곳에 위치하고 있다. 이 중에서 자기장의 영향을 가장 크게 받는 것은 이오이다. 목성의 자전주기는 10시간 미만이며 이오의 공전주기는 1.77일이므로 목성의 자기장은 이오를 초당 57 km의 속도로 지나가고 있는 것이다. 자기장 내에서 이처럼 고속으로 운동할 경우 이오 전체에 전위가 생기며 그 세기는 약 600 kV로 추정된다[9]. 이 전위차는 배터리와 흡사하게 작동하며, 이로 인해 이오와 목성 사이의 자기력선을 따라서 약 10^6 amp의 교류전류가 흐르게 된다. 자기장 내 대전입자가 흐를 경우에도 전기회로의 저항과 마찬가지로 이오에 대략 $P=IV\sim 6\times10^{11}$ W의 열을 발생시킨다. 그러나 이것은 이오의 표면에서 방출되는 총 에너지인 초당 10^{14}W에 비하면 극히 작은 것이다.

한동안 이오가 목성의 자기장과 상호작용하는 것이 틀림없다고 알려져 왔다. 목성과 이오, 지구가 일정한 정렬 상태에 있을 때 수십 미터 파장의 복사파가 폭발적으로 검출된다. 이에 대한 자세한 과정은 모두 밝혀지지 않았으나 이 폭발적인 복사파는 목성과 이오 사이에 흐르는 전류와 연관된 것으로 보인다.

화산의 분출속도는 이오의 탈출속도보다 훨씬 낮아 위성의 화산들로부터 대전입자가 직접 탈출 가능하지 않다고 해도, 이오로 인해 목성의 자기장에 과도하게 많은 대전입자가 가두어져 있음에 틀림없다. 그 대신 스퍼터링(sputtering)이라는 과정이 그 원인으로 제시되었다. 스퍼터링은 목성의 자기권에서 나온 산소와 황 이온이 이오의 표면 또는 대기와 충돌하여 다른 황, 산소, 나트륨, 칼륨 등의 원자에 탈출할 수 있는 에너지를 공급할 수 있다는 가설이다. 실제로 목성 주위를 도는 이오 궤도의 위치에서 황과 나트륨 구름(이오의 토러스라 부르며, 플라스마가 몰려

9) 이 전위는 패러데이의 법칙에 의하여 생성된다.

있는 상태)이 관측되고 있다. 매 초당 약 10^{27} 내지 10^{29} 개의 이온이 이오를 탈출하여 목성의 자기권 플라스마로 들어가고 있다.

유로파

유로파의 표면은 지속적으로 재형성되고 있는 것으로 보인다. 구덩이가 거의 없다는 사실을 고려하면 그 표면의 대부분은 1억 년 이전에 형성된 것으로 보이며 이것은 표면 아래에 액체 상태의 물이 존재한다는 추측을 뒷받침하고 있다. 실제로 갈릴레오 우주선의 관측 결과에 의하면 철이 주성분인 핵, 규산염 맨틀, 지표 아래에 있는 바다(추정), 그리고 얇은 얼음 지각으로 구성되어 있는 것으로 보이며, 그 평균밀도는 3010 kg m^{-3}으로서 이오의 밀도보다 작다. 물의 바다와 얼음 지각은 합쳐서 약 150 km 두께이다. 최소한 부분적으로는 녹아서 액체상태인 물의 바다를 유지하는데 필요한 열원은 목성 및 다른 갈릴레이 위성들과의 약한 상호작용하는 조석력으로 추정된다. 유로파의 표면을 가로지르고 있는 균열은 조석력과 지질구조 운동에 의한 응력이 그 원인인 것으로 보인다.

1994년 허블우주망원경은 유로파 주위에서 희박한 산소 분자로 구성된 대기를 관측하였다. 이 관측은 갈릴레오 우주선의 관측과 카시니 우주선이 토성으로 비행하는 도중에 유로파를 근접비행하면서 관측하여 다시 확인하였다. 또한 카시니호는 유로파의 대기에서 원자 상태의 수소의 존재도 발견하였다. 이와 같은 대기는 목성의 자기권과 유로파의 상호작용으로 유로파 표면의 물-얼음에 가해진 스퍼터링에 의하여 형성된 것이라는 가설이 제시되었다.

표면 아래의 열원, 액체 상태의 물의 존재 가능성, 그리고 유로파 자체에서 형성되거나 혜성에서 유래한 유기물질의 존재 가능성을 고려하여 유로파에 생명체가 있을 가능성이 널리 제기되었다. 과거 또는 현재 유로파에 생명체가 있다는 증거는 없으나, 과학자들은 갈릴레오 우주선의 임무가 종료되자 2003년 9월 21일 목성의 대기 속으로 돌입시켜 파괴시켰다. 그 이유는 우주선이 미래에 유로파 혹은 유로파 지표 밑 바다와의 충돌 가능성을 미리 제거하기 위한 것이었다.

가니메데

가니메데의 표면에는 융기부와 패인 부분이 많이 있다. 이는 이 얼음 위성에 지질구조적 활동이 있었다는 것을 강력하게 시사하는 것이다. 이 가능성을 뒷받침하는 것이 갈릴레오 우주선의 중력 관련 데이터로, 부분적으로 용융 상태에 있는 철이 주성분인 핵, 규산염의 하부 맨틀, 얼음의 상부 맨틀, 얼음 지각으로 구성되어 있으며, 그 평균밀도는 1940 kg m^{-3}임을 나타내고 있다. 얼음지각이 완전히 굳어지기 전에 내부의 대류작용으로 인해 열이 표면으로 전달되었을 것이라는 가설이 제기되었다. 또한 이 대류작용은 현재 지구의 지질구조판(tectonic plate)과 매우 비슷한 지각 운동을 발생시켰으며, 그 결과 비록 가니메데의 표면은 유로파에 비해서 훨씬 더 오래되었고 구덩이도 많지만 표면은 과거에 최소한 한 차례 이상 재형성되었을 것으로 추정된다.

칼리스토

칼리스토는 목성의 준성운에서 형성된 후 매우 빠르게 냉각되어 굳어진 것이 분명해 보인다. 그 결과 계속적으로 목성의 준성운의 잔재에서 먼지를 수집하여 축적하였으므로 표면은 어두운 물질로 덮여 있다. 칼리스토가 빠르게 냉각되었다는 또 다른 증거는 그 내부 구조이다. 모델링 결과에 의하면 칼리스토의 내부는 비교적 단순하며, 다른 갈릴레이 위성과 차이가 있으며 내부는 얼음과 암석으로 조성되어 있으며 지각은 주로 얼음으로 구성되어 있고, 밀도는 갈릴레이 위성 중에서 가장 낮은 1830 kg m^{-3}이다. 태양계 형성 초기에 굳어졌으므로 칼리스토는 새로 형성된 행성과 위성 주위를 떠돌던 많은 물체와 충돌하였다. 성운물질의 포집과 충돌의 흔적은 지금도 남아 있다. 흰색으로 보이는 충돌 구덩이는 충돌할 때 노출된 얼음 때문이다.

갈릴레이 위성의 통합 형성

지금까지 살펴 본 바와 같이 목성의 갈릴레이 위성들은 목성에서 거리에 따라 밀도가 감소하는 경향을 보인다. 내부구조(목성에서 멀수록 핵의 철 함량 감소 및 물-얼음 성분 증가)를 포함하여 이들의 특성에서 뚜렷이 나타나는 증거에 의하면 아마도 목성과 혹은 목성의 준성운에서 체계적으로 형성되었음이 분명하다. 이것은 갈릴레이 위성들이 목성의 적도평면 내에서 순행공전하고 있다는 사실로도 입증된다.

목성의 소위성들

목성의 적도평면에는 다른 소위성들도 목성을 순행공전하고 있다. 이 **규칙위성**(regular satellites)들 역시 목성의 준성운에서 형성되었을 가능성이 있다. 그러나

목성 주위에는 적도평면을 크게 벗어나서 돌고 있는 위성이 많이 있으며, 그중 많은 위성이 역행공전하고 있다. 이러한 불규칙 위성들은 과거 어느 시기에 목성 주위를 떠돌다가 포획된 것으로 보인다. 아주 작은 위성들은 큰 위성에 운석이 충돌하여 생긴 파편일 것이다.

한정된 지면으로 각 위성을 개별적으로 설명할 수 없으며 또한 다른 거대행성의 소위성들에 대해서도 일일이 설명할 수 없다. 그 대신 토성, 천왕성, 해왕성의 큰 위성들과 소위성 중에서 특수한 위성들만 살펴보기로 한다.

짙은 대기로 둘러싸인 토성의 타이탄

보이저 1호와 2호가 1980년과 1981년 토성에 도달하였을 때 이 우주선들은 경로를 변경하여 태양계에서 둘째로 큰 위성인(첫째는 가니메데) **타이탄**을 탐사하였다. 1940년 제라르드 P. 카이퍼(Gerard P. Kuiper, 1905-1973)가 타이탄 주위에서 메탄가스를 발견한 이후 천문학자들은 멀고 대기를 가진 이 위성의 성질에 대하여 많은 호기심을 가지고 있었다. 우주선에서 화상이 도착하기 시작하자 과학자들이 볼 수 있었던 것은 위성의 표면을 가리고 있는 부유입자(**에어로졸**)로 가득 찬 짙은 대기뿐이었다.

카시니-호이겐스 우주선이 토성계에 도착한 것은 2004년 7월이었다. 도착 후 호이겐스 탐사선은 카시니 궤도선에서 분리되어 2005년 1월 14일 타이탄 표면으로 낙하하였다. 낙하하는 동안 호이겐스호는 초속 210 m에 이르는 풍속을 측정하고 대기의 조성성분 샘플을 채취하였으며, 탄화수소로 구성된 높은 고도의 스모그 층을 통과한 후 표면의 사진을 촬영할 수 있었다(그림 9.16).

타이탄 대기의 조성은 질소 87% 내지 99%, 메탄 1% 내지 6%, 아르곤 0% 내지 6%이다. 기타 미량성분으로서는 수소 분자(H_2), 일산화탄소(CO), 이산화탄소(CO_2), 시안화수소(HCN), 그리고 아세틸렌(C_2H_2), 에틸렌(C_2H_4), 에탄(C_2H_6), 메틸아세틸렌(C_3H_4), 프로판(C_3H_8), 디아세틸렌(C_4H_2) 등의 각종 탄화수소가 있다. 높은 고도의 스모그 층에 있는 에어로졸은 이러한 성분이 응축된 것으로 보인다.

표면의 대기압은 약 1.5 atm, 온도는 93 K이다. 이런 환경에서는 메탄이 액체로 응결되고 다시 기화할 수 있으므로 지구에서 물과 같은 역할을 할 수 있다. 호이겐스호가 착륙한 장소에서 관측한 결과에 의하면 지면은 축축하고 액체 메탄이 지면 아래 수 cm 깊이에서 발견되었다. 그 메탄은 호이겐스호가 착륙하기 직전에 그 곳에 메탄 비가 내렸을 가능성이 있다. 실제로 호이겐스호는 착륙 장소에서 부드러운 표면 아래로 깊이 약 10 cm 내지 15 cm 가라앉았다. 마치 지구의 마른 강바닥에 있는 자갈처럼 타이탄 표면에 있는 물-얼음 자갈도 그 위로 액체가 흘렀다는 증거를 보여주고 있다. 뿐만 아니라 낙하하는 도중에 촬영한 사진에서도 낮고, 어둡고, 평탄한 호수(또는 마른 호수 바닥)처럼 보이는 지역으로 이어져 있는 배수로 형태의 지형을 볼 수 있다.

▌그림 9.16 좌측 상단에서 반시계방향으로 (a) 카시니 궤도선에서 본 타이탄의 짙은 대기(사진 제공 : NASA/JPL). (b) 호이겐스호가 8 km 상공에서 촬영한 사진의 합성 영상. (사진 제공 : ESA/NASA/JPL/애리조나대학). (c) 물-얼음 자갈로 보이는 타이탄 표면의 물체. 중앙 부근에 있는 납작한 자갈의 너비는 15 cm이며 그 우측에 있는 것은 4 cm이다. 이 두 물체는 호이겐스호의 탐사용 카메라에서 85 cm 거리에 있었다. (사진 제공 : ESA/NASA/JPL/애리조나대학).

▮ **그림 9.17** 미마스의 허셸 구덩이는 충돌로 생긴 것이고, 미마스를 파괴할 수 있을 만큼 강력하였다. 미마스는 토성의 작은 위성 중 하나이다. (사진 제공 : NASA/JPL)

미마스와 허셸 구덩이

그림 9.17에 있는 토성계의 다른 구성원인 미마스(토성의 작은 위성중의 하나)는 작지만 매력적인 위성이다. 미마스에 있는 큰 허셸 구덩이는 거의 이 위성을 파괴시키기에 충분할 만큼 강력한 충돌이 발생하였다는 증거이다[10]. 물론 토성계에도 많은 규칙 및 불규칙 위성이 있으며 그중 일부는 토성의 거대한 고리계와 함께 9.3절에서 설명하기로 한다.

천왕성의 위성 미란다의 불규칙한 표면

1986년 보이저 2호가 천왕성에 도달하였을 때 매우 강력한 충돌이 발생한 것으로 보이는 위성과 만나게 되었다. 지름이 불과 470 km에 불과한 미란다는 마구잡이로 만들어 놓은 것 같은 모양을 하고 있다(그림 9.18). 이처럼 이상한 형태가 된 원인을 설명하는 가설 중 하나는 한 차례 또는 그 이상의 강력한 충돌로 파괴되었기 때문이라는 것이다. 부서진 파편이 중력에 의하여 다시 합쳐질 때 원래의 모양대로 합쳐지지 않았기 때문에 이런 모양이 되었다는 설명이다. 이런 과정을 거쳐 그림에서 보는 바와 같이 미란다에는 높이 20 km의 절벽과 역 V-자 모양의 융기부가 생겼다.

미란다의 특수한 지형을 설명하기 위한 또 다른 가설에서는 천왕성의 조석력이 이 소위성 표면의 일부분을 당겨서 변형시켰기 때문이라고 제안한다. 이 때 내부

10) 몇몇 과학자들은 미마스가 조지 루카스 필름이 제작한 스타워즈(1977)에 나오는 죽음의 별과 매우 흡사하다는 것에 주목하였다.

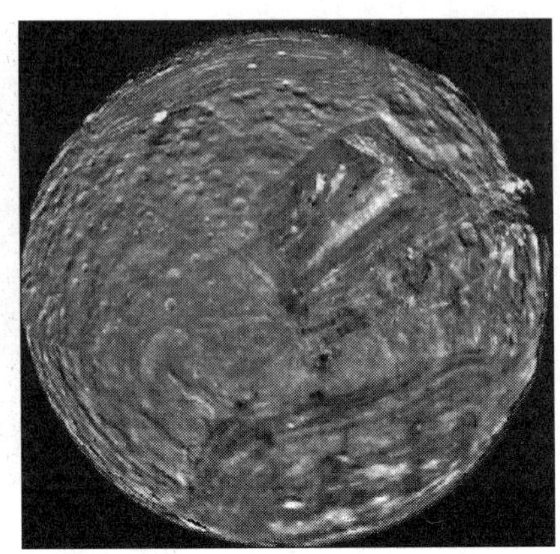

▌그림 9.18 미란다는 천왕성의 위성중 하나이다. 이 특이한 표면 형태는 이 위성의 일부를 파괴시킬 만큼 강력한 충돌이 1회 이상 반복하여 만들어진 것으로 보인다. (사진 제공 : NASA/JPL)

의 고온물질(조석효과에 의하여 가열됨)이 표면으로 흘러나와 현재 관측되는 융기부와 계곡을 형성하였다는 것이다.

흥미로운 것은 천왕성의 모든 규칙 위성과 다음 절에서 설명하는 고리계가 궤도면이 아니라 적도면 가까이에서 공전하고 있다는 점이다. 천왕성이 황도면에 대하여 크게(97.9°) 기울어져 있다는 사실 때문에 천왕성계는 태양계의 동력학 전문가 사이에서 수수께끼가 되고 있다.

해왕성의 트리톤

보이저 2호가 마지막으로 탐사한 위성이자 가장 특별한 천체인 트리톤은 해왕성 최대의 위성이다(그림 9.19). 또한 표면 온도가 37 K로서 탐사한 천체 중에서 온도가 가장 낮다. 트리톤의 남극은 거의 전부가 질소로 이루어진 분홍색을 띤 서리로 덮여있다. 질소 서리 이외에 표면에 있는 얼음은 메탄, 일산화탄소, 이산화탄소 등으로 구성되어 있다. 또한 매우 큰 물-얼음 호수가 있다. 여기에는 구덩이가 거의 없어 비교적 젊은 지역인 것을 알 수 있다. 이 물-얼음은 얼음화산에서 분출된 것으로 생각된다.

보이저 2호의 근접비행 중에 간헐천 비슷한 제트기류가 트리톤의 희박한 대기 위로 8 km 높이의 구름기둥들을 만들고 이 구름기둥이 바람에 날려 흩어지는 것이 관측되었다. 이 구름기둥들은 단순히 위성 내부의 온도가 높은 영역에서 기체가 분출되는 것일 수도 있으나 어떻게 분출이 시작되는지는 아직 알려지지 않았다.

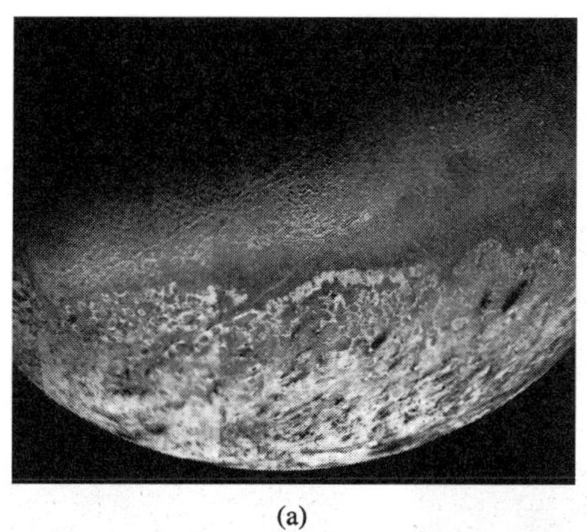

(a)

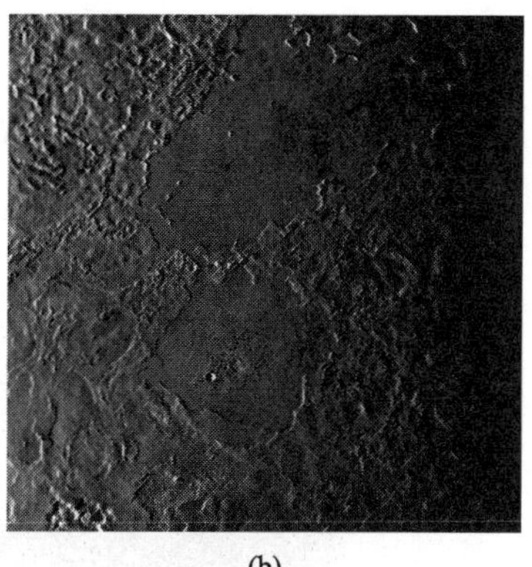

(b)

▌그림 9.19 (a) 해왕성 최대의 위성인 트리톤의 남극 빙관. 어두운 줄무늬는 작은 화산에서 분출된 질소 서리와 탄화수소인 것으로 보인다. (b) 얼음화산에 의하여 형성된 것으로 보이는 물-얼음 호수. 구덩이가 별로 없는 것으로 미루어 이 표면은 비교적 근래에 재형성된 것으로 생각된다. (사진 제공 : NASA/JPL)

트리톤의 대기는 지구, 타이탄, 명왕성과 같이 대부분 질소로 구성되어 있다. 그러나 지구나 타이탄과 달리 트리톤의 대기는 극히 희박하여 기압이 1.6×10^{-5} atm에 불과하다. 대기의 대부분은 위성의 내부에서 분출되는 질소로 추정되고 있다.

트리톤의 역행궤도가 서서히 내려가고 있는 현상에 대해서는 234쪽에서 설명하였다. 궤도가 매우 비정상적이며, 역행공전하고, 해왕성의 적도에 대하여 20° 기울어져 있으며, 카이퍼대와 가깝다는 점, 그리고 카이퍼대의 천체(명왕성 등)들과 물리적인 성질이 비슷하다는 점 등을 고려할 때 트리톤은 해왕성에 포획된 것이라고 널리 인정되고 있다. 또한 비교적 질량이 큰 트리톤이 포획될 때 해왕성에 있던 기존의 작은 위성계에 큰 영향을 미쳤을 것이다. 트리톤이 지금과 같은 원형 및 동주기 궤도를 이루도록 한 조석효과에 의하여 아마도 내부가 충분히 가열되고 단층이 형성되었으며 트리톤이 멜론 비슷한 길쭉한 모양이 되었을 것이다.

9.3 행성 고리계

각 거대행성은 고리계를 가지고 있다. 토성의 뚜렷한 고리계는 수백 년 전부터 관측되어 왔지만 다른 행성의 고리계가 발견된 것은 1970년대와 1980년대였다. 앞으로 살펴보겠지만, 행성의 고리계들은 서로 상당한 유사점과 차이점을 모두 가지고 있다.

토성 고리의 구조

이견이 있을 수 있겠지만 토성계에서 가장 유명한 특징은 그림 9.1(b)에 있는 고리의 집합일 것이다. 지구에서 관측한 것을 바탕으로 몇 개의 뚜렷이 구별되는 고리가 오래 전부터 알려져 있으며, 바깥에서부터 A, B, C로 이름이 정해져 있다. A 고리와 B 고리 사이에 있는 뚜렷한 카시니 틈에는 물체가 거의 없는 것으로 생각되고 있다. A 고리 안에 또 다른 틈새인 엥케 틈에 관찰된다.

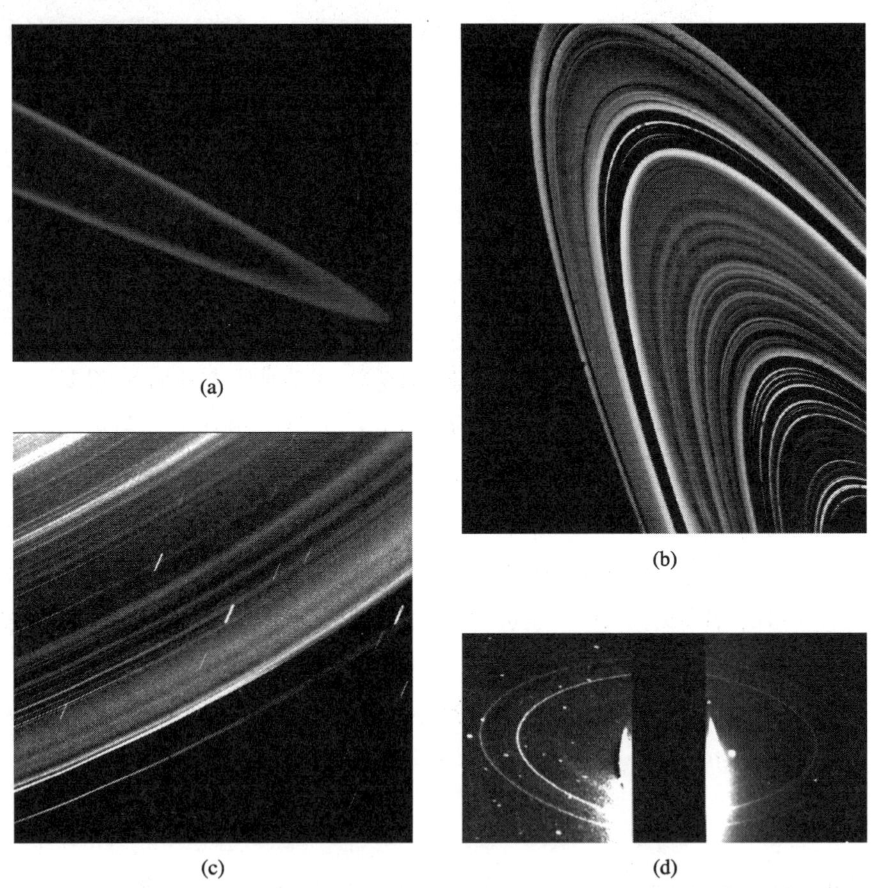

■ 그림 9.20 (a) 목성의 매우 얇은 고리. (b) 토성 고리의 확대 화상. 어두운 카시니 틈도 완전히 비어있는 것은 아니다. (c) 천왕성의 고리. 비행하는 우주선이 초점을 고리에 맞추었으므로 배경에 있는 별들이 줄로 나타나 있다. (d) 해왕성의 희미한 고리계를 볼 수 있도록 해왕성을 가리고 촬영한 사진이다. (사진 제공 : NASA/JPL)

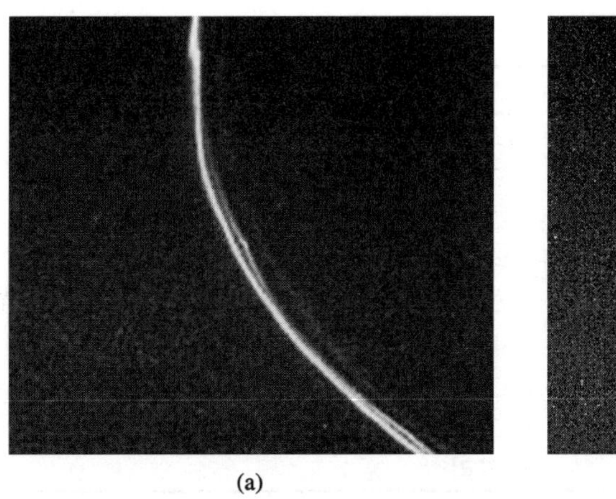

(a)

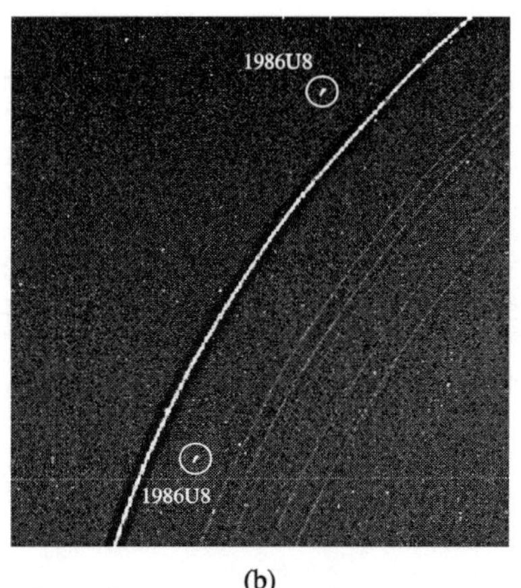

(b)

그림 9.21 (a) 엮어진 토성의 F 고리. (b) 천왕성의 ϵ고리 바로 안쪽과 바깥쪽에서 공전하고 있는 '목자' 위성. (사진 제공 : NASA/JPL)

보이저호가 이 행성을 탐사한 후 다른 고리들도 발견되었다. 보이저호는 이 시스템에서 예상하지 못했던 복잡한 구조도 관측하였다. 그림 9.20(b)에서 볼 수 있는 것과 같이 크고 거의 연속적인 고리 외에 수천 개의 작은 고리들이 발견된 것이다. 카시니 틈 내부에서도 비록 개수밀도는 인접한 고리보다 훨씬 더 작지만 여러 개의 고리가 발견되었다. F 고리는 매우 좁고 꼬여 있는 것으로 보이므로 특히 복잡한 형태를 가지고 있다(그림 9.21(a)).

표 9.4에 여러 고리와 카시니 틈의 위치를 수록하였다. 또한 예제 7.2.1에서 밀도 1200 kg m^{-3}인 위성에 대하여 계산한 토성의 로시한계도 함께 수록하였다. 고리는 토성에서 8 R_s 거리까지 펴져 있으며 그 두께는 매우 얇아서 수십 미터 정도로 추정된다. 고리 원반에서 볼 수 있는 수직방향의 두께변화는 약 1 km 두께로 추정된다. 고리원반의 두께가 얇으므로 수직방향에서 본다면 고리계의 광학적 깊이는 0.1 내지 2 정도이다. 실제로 고리의 여러 부분을 투과해서 볼 수 있는 것이다.

1612년(첫 관측 후 약 2년) 갈릴레오가 토성을 관측하였을 때 그는 이전에 볼 수 있었던 돌출부가 사라진 것을 발견하고 무척 놀랐다. 이제 우리가 알다시피 실은 갈릴레오가 후에 관측한 것은 고리의 가장자리 윗부분 이였기 때문에 2년 후 지구에서는 고리의 그 부분을 볼 수가 없었던 것이다.

고리가 매우 얇은 이유는 그림 9.22에 도시한 것과 같이 비탄성 충돌을 하는 입자의 거동을 생각하면 쉽게 이해할 수 있다. 토성 주위를 같은 방향이지만 서로 약간 경사진 궤도를 돌고 있는 두 입자를 가정하자. 이 두 입자가 충돌하면 그 속도의

▌표 9.4 토성 고리의 위치

고리	위치(Rs)
D 고리	1.00–1.21
C 고리	1.21–1.53
B 고리	1.53–1.95
카시니 틈새	1.95–2.03
A 고리	2.03–2.26
로시한계	2.04
F 고리	2.33
G 고리	2.8
E 고리	3–8

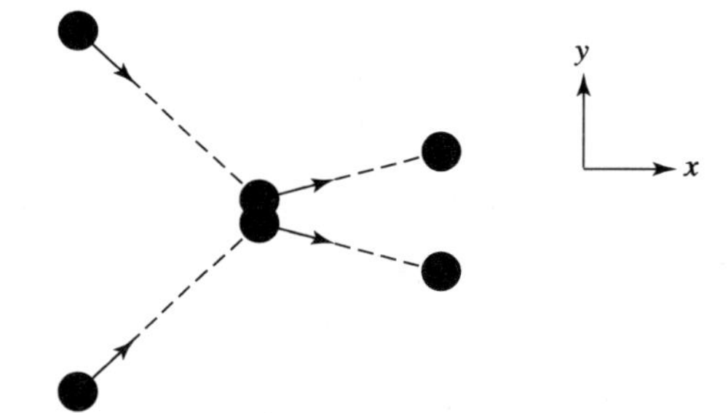

▌그림 9.22 토성의 고리는 입자 간 충돌로 인해 두께가 얇아졌다.

x–성분은 큰 영향을 받지 않지만 y–성분은 크게 감소한다. 이 과정이 반복되어 외부에서 들어오는 입자와 무작위 충돌하고 위성의 섭동 영향이 큰 비중을 차지하게 될 때까지 고리의 두께가 감소하게 되는 것이다.

토성 고리의 구성성분

고리를 구성하고 있는 물질의 크기는 수 마이크로미터에서 1 km 사이이지만 대부분은 매우 작아서 그 크기가 수 센티미터 내지 수 미터에 지나지 않는다. 이러한 크기는 고리가 토성의 그림자 부분에 있을 때 냉각되는 속도와 다양한 파장의 레이더 신호 반사율 등을 측정하여 추정한 것이다.

토성 고리의 반사율이 높다는 것은 전부터 알려져 있었다(고리의 반사도는 0.2–0.6 정도이다). 반사도 측정 및 적외선분광학 등의 방법을 통하여 고리를 구성하고 있는 물질에 대한 정보를 얻을 수 있다. 물질의 대부분은 기본적으로 물–얼음이며 먼지가 그 내부 또는 표면을 덮고 있는 것으로 보인다. 그러나 넓게 펴져

있고 매우 얇은 E 고리는 그 전체가 가까이 있는 위성 엔셀라두스에서 나온 먼지로 구성되어 있을 수도 있다.

목성의 희박한 고리계

그림 9.20(a)에 있는 목성의 희박한 고리계는 광학적 깊이가 약 10^{-6}이다. 목성의 고리는 세 부분으로 구분 될수 있으며, 가장 안쪽에 있는 뿌연 무리 형태의 고리 중간에 주 고리, 그리고 가장 바깥에 있는 얇고 희미한 고리 등이다. 이 세 부분이 모여서 목성에서 목성 반경의 3배가 되는($3\,R_J$) 거리에 고리로 존재한다. 고리의 물질은 기본적으로 먼지로서 고리 내에 있는 큰 물체(작은 위성)에 충돌하는 미세운석에 의하여 계속 채워지고 있다.

천왕성의 고리

그리 9.20(c), (d)에 있는 천왕성과 해왕성의 고리는 먼저 지구에서 간접적인 방법으로 관측하였으며 그 후 보이저 2호가 사진을 촬영하였다. 1977년 3월 10일, 천문학자들은 배경에 있는 별의 식 현상(천왕성이 배경에 있는 다른 별의 앞을 지나가면서 별을 가리는 현상)을 관측하고 있었다. 그들은 이 관측을 통하여 천왕성의 지름을 측정하고 그 대기에 관한 정보를 수집하고자 하였다. 천왕성의 속도를 알고 있으므로 배경의 별을 가리는 시간을 측정하여 천왕성의 지름을 측정할 수 있다. 그러나 예상했던 것과 크게 다르게 배경의 별이 완전히 가려지기 전에 그 빛이 수차례 어두워졌다가 밝아지는 것이 관측되었다. 배경의 별이 다시 나타날 때에도 그와 같은 깜박임이 역순으로 관측되었다. 천문학자들은 고리가 배경의 별빛을 가린다는 것을 알았다. 이와 동일한 방법을 해왕성에 적용하였으나 그 결과는 혼란스러운 것이었다. 어떤 경우에는 배경의 별빛이 부분적으로 가려졌는데 이것은 해왕성 주위에 중간이 끊어져 있거나 또는 원호 모양의 고리가 있다는 것을 시사하는 것이다.

천왕성 주위에서 총 13개의 고리가 발견되었다. 9개는 지구에서 관측을 통하여, 2개는 보이저 2호가 1986년에, 그리고 나머지 두 개는 2004년 허블우주망원경(HST)으로 관측하여 발견된 것이다. 고리는 모두 상당히 좁아서 너비가 10 km 내지 100 km(토성의 F 고리와 다르게)이며 일부의 고리는 꼬여 있는 모양을 보여준다. HST 관측으로 발견된 두 개의 고리는 다른 11개의 고리보다 훨씬 더 큰 지름을 가지고 있으므로 일부 학자들은 이것을 천왕성의 두 번째 고리계로 간주하고 있다.

천왕성 고리계의 물질 조성은 목성이나 토성의 고리계와는 매우 달라 보인다. 고리 내의 물질은 매우 어두워서 입사광선의 1%만 반사할 뿐이다. 물질의 대부분이 얼음이 아니라 먼지로 되어있기 때문이다.

앞 절에서 언급한 것과 같이 천왕성의 고리와 위성은 황도면이 아니라 적도면에 있다. 천왕성의 자전축이 황도에 대하여 97.9° 기울어져 있으므로 한 차례 또는 그 이상의 강력한 충돌로 천왕성의 축방향이 크게 바뀐 후에 위성과 고리의 궤도 방향이 달라졌다는 것을 의미하는 것이다(실제로 충격이 원인일 경우). 천왕성의 자전에 의하여 생긴 적도 융기부의 중력이 위성과 고리 물질에 작용하여 위성과 고리가 결국 다시 적도 위에 오도록 그 궤도의 방향을 바꾸게 하였음이 분명하다. 이와 비슷하게 토성의 적도면도 궤도면에 대하여 27° 기울어져 있지만 그 고리는 토성의 적도면에 있다.

해왕성의 고리

해왕성을 탐사한 보이저 2호는 이 위성 주위를 돌고 있는 고리를 발견하였다. 천왕성의 고리와 마찬가지로 발견된 6개의 고리 중에서 몇 개는 그 폭이 매우 좁으며 다른 고리는 먼지가 얇게 퍼져 있는 것으로 보인다. 가장 바깥에 있는 아담스 고리[11]는 물질이 집중되어 있는 5개의 부분이 있어서 마치 한 줄에 달려 있는 소시지 같은 모양을 하고 있다. 천왕성이 배경에 있는 별을 가릴 때 그 빛이 깜박였던 것은 이런 모양 때문이었다.

고리계에 영향을 미치는 물리적 과정

보이저, 갈릴레오, 카시니 우주탐사선의 관측을 통하여 고리계의 동력학이 매우 복잡하다는 것을 알게 되었다. 아직 완전히 파악되지 않았으나 다음과 같이 몇 가지 중요한 사실이 알려져 있다.

- 앞서 설명한 바와 같이 고리계는 내부 충돌로 인하여 얇게 되었다.
- **케플러식 변형**(Keplerian Shear) 또는 확산으로 고리를 행성계 평면 외부까지 퍼져나가게 한다. 낮은 궤도에 있는 속도가 빠른 입자들이 높은 궤도에 있는 속도가 낮은 입자를 추월하는 과정에서 충돌이 발생하여 내부의 입자 속도가

11) 아담스 고리, 르베리에 고리와 갈레 고리는 이론과 관측을 통해 해왕성을 발견한 과학자들의 이름을 딴 것이다.

느려져서 행성에 더 가까워지게 된다. 이와 동시에 외부의 입자는 가속되어 더 외부로 밀려 나간다. 이 과정은 고리 입자의 밀도가 낮아져서 충돌이 거의 일어나지 않게 될 때까지 진행된다.

- **목자 위성**(shepherd moon)은 고리 가장자리의 내부 또는 외부에 있는 소위성으로서 중력작용으로 인해 고리 경계의 위치가 결정된다. 토성 F 고리(그림 9.21(a))의 폭이 좁은 이유는 고리의 바로 안쪽과 바깥쪽에 소위성 판도라와 프로메테우스가 있기 때문이다. 속도가 빠른 입자가 판도라를 지나가면 판도라의 중력에 의하여 감속되어 다시 고리 내부로 들어오게 된다. 프로메테우스는 고리 입자를 추월할 때 입자를 끌어 당겨서 속도가 빨라지게 하여 고리가 바깥으로 퍼지게 만든다. 그 결과 F 고리는 너비 100 km의 좁은 범위 안에 갇혀 있게 된 것이다. A 고리의 예리한 외부 가장자리 모양은 또 다른 목자 위성인 아틀라스 때문이다. 천왕성의 고리 하나를 유지해 주고 있는 목자 위성도 발견되었다(그림 9.21(b)).
- **궤도공명** – 어떤 궤도 내에 있는 위성과 고리 입자는 상호작용하여 입자 농도에 변화를 줄 수 있다(이 때 위성의 궤도면이 고리면과 정렬되어 있어야 한다). 예를 들면 미마스와 카시니 틈새의 안쪽 가장자리에 있는 입자들 사이에는 2:1 궤도공명이 있다. 다시 말하면 그 위치에 있는 입자는 미마스가 한 바퀴 돌 때 두 바퀴 돌게 된다. 이러한 입자와 미마스 사이에는 항상 같은 위치에서 내합이 일어나므로 입자의 궤도에 미마스가 미치는 중력섭동이 누적되어 그 입자의 궤도는 점차 타원으로 바뀌게 된다. 이 입자가 같은 궤도 반지름에 있는 원형궤도를 움직이는 입자를 가로지르게 될 때 충돌이 발생한다. 그 결과로 그 입자는 원래의 궤도를 벗어나서 계의 다른 위치에 있게 된다(문제 9.13).
- **나선형 밀도파** – 1970년대 후반 피터 골드라이히(Peter Goldreich)와 스콧 트레메인(Scott Tremaine)이 제안한 나선형 밀도파는 위성들의 궤도공명에 의하여 발생한다. 서로 다른 궤도 반지름에 있던 입자들이 중력섭동에 의하여 뭉쳐져서 원반 내에 있는 다른 입자에 중력을 가하게 된다. 따라서 주위에 있던 입자들이 합쳐져서 밀도가 더 높아지고 중력이 미치는 범위도 더 커지게 된다. 이 때 공명을 일으킨 위성이 원반 가장자리 바깥에 있으면 밀도파는 바깥쪽을 향하여 나선형으로 더 커지게 된다. 파 내의 밀도가 높으므로 충돌확률도 높아진다. 이렇게 되면 케플러 변형이 발생하여 공명궤도 부근에

있는 입자의 밀도를 낮추게 된다. 카시니 틈새의 폭을 이 과정으로 설명할 수 있다[12].

- **포인팅-로버트슨**(Poynting-Robertson) **효과**(예제 4.3.3에서 살펴 본 전조등 효과의 결과)는 고리 입자가 나선형 궤도를 그리며 행성으로 떨어지게 한다. 고리에 있는 입자가 태양 빛을 흡수할 때, 열평형을 유지하려면 흡수한 태양빛을 다시 복사하여야 한다. 원래 빛은 태양에서 등방적으로 방출되지만, 태양의 정지 틀(rest frame)에서는 재복사된 빛은 운동 방향으로 집중된다. 입자에서 복사된 빛은 에너지와 함께 운동량도 방출하므로 입자의 속도는 점차 느려지고 그 궤도가 낮아진다. 이 과정은 연습문제 15, 16번에서 보다 자세하게 다루고 있다.
- **플라스마 드래그**(plasma drag)는 고리의 입자와 행성의 자기장에 갇혀 있는 대전된 입자가 충돌한 결과이다. 자기장은 행성 내부에서 발생하므로 행성의 자전속도와 같이 회전한다. 만약 고리 입자가 행성의 동주기 궤도에 안쪽에 있으면(대부분의 고리에 해당함), 입자가 자기장 플라스마를 추월하게 되고, 충돌이 발생하여 입자의 속도가 느려진다. 속도가 느려진 입자는 포인팅-로버트슨 효과와 마찬가지로 나선형 궤도를 그리며 행성으로 내려온다. 고리 입자가 동주기궤도 바깥에 있으면 나선형을 그리며 멀어지게 된다.
- **대기 드래그**(atmospheric drag)는 입자가 행성 대기가 풍부한 외곽 부분에 접근할 때 발생한다. 입자는 이 효과에 의하여 입자들은 빠른 속도로 나선형을 그리며 행성으로 떨어진다.
- **방사형 차바퀴 살모양**(Radial Spoke) – 이 현상은 토성의 고리에서 관측되었으며 전하를 띤 먼지 입자가 행성 자기장과 상호작용하여 생긴 것이다. 이 바퀴 살들은 고리의 공전속도가 아니라 행성의 자전속도로 고리계 내를 이동한다. 일부 먼지 입자가 다른 입자와 빈번하게 충돌하여 정전기를 띠게 되는 것으로 보인다. 그 결과로 먼지 입자는 고리면에서 수십 미터 위에 있는 자기력선에 갇히게 된다. 이런 먼지 입자에서 반사되는 태양빛으로 차바퀴 살 모양이 관측되는 것이다.
- **휨**(Warping) – 원반의 휨은 태양과 위성의 중력에 의하여 발생한다. 태양이나 위성이 고리와 같은 평면 내에 있지 않으면 그 고리에 있는 입자가 고리면에서 바깥으로 끌려 나오게 된다.

12) 나선형 밀도파는 나선은하에서도 중요한 역할을 한다. 2.3절(3권)에서 자세하게 설명한다.

고리의 형성

행성 고리의 형성 과정은 아직 완전히 밝혀지지 않았다. 고리를 분산시키거나 파괴하려는 작용에 대항하여 고리를 유지하려는 작용과 관련된 시간척도는 아직도 주요 문제가 미해결 상태로 남아 있다. 고리의 수명은 매우 긴 것인가 또는 일시적인 현상인가? 1700년대에 피에르 시몽 라플라스(Pierre Simon Laplace, 1749-1827)와 임마누엘 칸트(Immanuel Kant, 1724-1804)는 고리의 근원이 성운이며 행성과 같은 시기에 형성되었을 것이라고 제안하였다. 목성, 천왕성, 해왕성의 고리는 대부분 비휘발성 물질(규산염과 탄소)로 구성되었으나 토성의 고리는 대부분 물-얼음으로 구성되어 있으므로, 토성은 물이 탈출하기 전에 더 빠르게 냉각되었음이 확실하다. 이 생각은 토성의 장엄한 고리계를 설명할 수 있으며 외부 거대행성 고리계의 형성과 희박한 밀도를 설명할 수 있지만, 고리계가 어떻게 45억 년 이상 유지될 수 있었는가 하는 문제를 설명하기 어려운 것이다.

고리계가 조석력에 의하여 형성되었을 가능성도 있다. 위성이 행성의 로시한계 내에 들어오거나, 혜성이나 유성체가 행성에 가까이 접근할 경우 행성의 조석력에 의하여 파괴되어 새로운 고리를 형성하게 될 것이다. 그러나 조석력에 의하여 파괴되면 크기가 수십 킬로미터에 달하는 잔해가 남게 된다. 상호마찰과 운석충돌에 의하여 잔해가 잘게 부서지지만 그러한 과정은 극히 장기간이 소요된다. 그 반면, 혜성과 같이 느슨하게 뭉쳐있는 얼음 천체는 조석력에 의하여 잘게 부서질 수 있다(슈메이커-레비9 혜성 참조).

허블우주망원경이 천왕성의 거대한 외부 고리를 발견했을 때 고리와 같은 궤도에 있는 위성 마브(Mab)도 함께 발견하였다. 마브에 운석이 충돌했을 때 튀어나온 물질이 이 고리에 물질을 제공한 것이라 생각되므로 최소한 이 고리의 기원은 확인된 것이라 할 수 있다.

행성 고리에 대해서는 아직 연구할 문제가 많이 남아 있다는 것이 분명하다.

제 9 장 참고 문헌

일반 도서

Beatty, J. Kelly, Petersen, Carolyn Collins, and Chaikin, Andrew (eds.), *The New Solar System*, Fourth Edition, Cambridge University Press and Sky Publishing Corporation, Cambridge, MA, 1999.

Booth, Nicholas, *Exploring the Solar System*, Cambridge University Press, Cambridge, 1996.

Goldsmith, Donald, and Owen, Tobias, *The Search for Life in the Universe*, Third Edition, University Science Books, Sausalito, CA, 2002.

Morrison, David, and Owen, Tobias, *The Planetary System*, Third Edition, Addison-Wesley, San Francisco, 2003.

Trefil, James, *Other Worlds: Images of the Cosmos from Earth and Space*, National Geographic, Washington, D.C., 1999.

고급 도서

Asplund, M., Grevesse, N., and Sauval, A. J., "The Solar Chemical Composition," *Cosmic Abundances as Records of Stellar Evolution and Nucleosynthesis in Honor of David L. Lambert*, Barnes, Thomas G. III, and Bash, Frank N. (eds), Astronomical Society of the Pacific Conference Series, *336*, 25, 2005.

Atreya, S. K., Pollack, J. B., and Matthews, M. S. (eds.), *Origin and Evolution of Planetary and Satellite Atmospheres*, University of Arizona Press, Tucson, 1989.

de Pater, Imke, and Lissauer, Jack J., *Planetary Sciences*, Cambridge University Press, Cambridge, 2001.

Greenberg, Richard, and Brahic, André (eds.), *Planetary Rings*, University of Arizona Press, Tucson, 1984.

Guillot, Tristan, "The Interiors of Giant Planets: Models and Outstanding Questions," *Annual Review of Earth and Planetary Sciences*, *33*, 493, 2005.

Houghton, John T., *The Physics of Atmospheres*, Third Edition, Cambridge University Press, Cambridge, 2002.

Hubbard, W. B., Burrows, A., and Lunine, J. I., "Theory of Giant Planets," *Annual Review of Astronomy and Astrophysics*, *40*, 103, 2002.

Kivelson, Margaret G. (ed.), *The Solar System: Observations and Interpretations*, Prentice-Hall, Englewood Cliffs, NJ, 1986.

Lewis, John S., *Physics and Chemistry of the Solar System*, Academic Press, San Diego, 1995.

Mannings, Vincent, Boss, Alan P., and Russell, Sara S. (eds.), *Protostars and Planets, IV*, University of Arizona Press, Tucson, 2000.

Saumon, D., and Guillot, T., "Shock Compression of Deuterium and the Interiors of Jupiter and Saturn," *The Astrophysical Journal*, *609*, 1170, 2004.

Taylor, Stuart Ross, *Solar System Evolution*, Second Edition, Cambridge University Press, Cambridge, 2001.

제 9 장 연습 문제

9.1 Estimate the pressures at the centers of Jupiter and Saturn. Compare your answers to the Sun's central gas pressure.

9.2 Analytic functions can be derived for the pressure and density structure in the interior of Jupiter if an approximate relationship between pressure and density is assumed. A reasonable choice for a composition of pure molecular hydrogen is

$$P(r) = K\rho^2(r)$$

where K is a constant. This type of analytic model is known as a polytrope (see page 334ff for a discussion of polytropic stellar models).

(a) By substituting the expression for the pressure into the hydrostatic equilibrium equation (Eq. 10.6) and differentiating, show that a second-order differential equation for the density can be obtained, namely

$$\frac{d^2\rho}{dr^2} + \frac{2}{r}\frac{d\rho}{dr} + \left(\frac{2\pi G}{K}\right)\rho = 0$$

(b) Show that the equation is satisfied by

$$\rho(r) = \rho_c\left(\frac{\sin kr}{kr}\right)$$

where ρ_c is the density at the center of the planet and

$$k \equiv \left(\frac{2\pi G}{K}\right)^{1/2}$$

(c) Taking the average radius of Jupiter to be $R_J = 6.99 \times 10^7$ m and assuming that the density goes to zero at the surface (i.e., $kR_J = \pi$), determine the values of k and K.

(d) Integrate Eq. (10.7) using the analytical solution for Jupiter's density as a function of radius to find an expression for the planet's interior mass, M_r, written in terms of r and ρ_c. *Hint:*

$$\int r(\sin kr)\,dr = \frac{1}{k^2}\sin kr - \frac{r}{k}\cos kr$$

(e) Using the boundary condition that $M_r = M_J$ at the surface, estimate the planet's central density. (The value obtained in this problem is lower than the result found from detailed numerical calculations, 1500 kg m^{-3}. One major reason for the difference is that Jupiter's composition is not purely molecular hydrogen.)

(f) Make separate plots of the density and interior mass as functions of radius.

(g) What is the central pressure of your model of Jupiter? (One detailed model gives a value of 8×10^{12} N m^{-2}.)

9.3 **(a)** Assuming spherical symmetry and the density distribution for the polytropic model of Jupiter given in Problem 21.2b, show that the moment of inertia is given by

$$I = \frac{8\rho_c}{3\pi}\left(1 - \frac{6}{\pi^2}\right) R_J^5$$

Hint: Since this analytical model does not assume constant density, you will need to integrate over concentric rings to find the moment of inertia about Jupiter's rotation axis. Recall that $I \equiv \int_{\text{vol}} a^2\, dm$, where $a = r \sin\theta$ is the distance from the rotation axis to the ring of mass dm, and

$$dm = \rho(r)\, dV = \rho(r)\, 2\pi ar\, d\theta\, dr$$

(b) Using the estimated value for the central density of Jupiter obtained in Problem 21.2e, calculate the planet's moment-of-inertia ratio. *Hint:* The moment-of-inertia ratio was first introduced in Problem 20.12.

(c) Compare your answer to part (b) with the measured value given in Table 21.2. What does this result say about the true density distribution within the planet relative to the analytical model?

9.4 **(a)** Show that Eq. (21.5) follows directly from Eq. (21.3) in cylindrical coordinates for the case of a two-component model planet with two constant densities (see Fig. 21.5). Assume that the outer component is oblate and the inner component is spherical.

(b) Verify that Eq. (21.5) reduces to the familiar case of

$$I_{\text{sphere}} = \frac{2}{5} M R^2$$

for a spherically symmetric planet of constant density.

9.5 **(a)** Derive an equation for the mass of the core of the two-component planetary model shown in Fig. 21.5. You should express your answer in terms of the fractional equatorial radius, $f R_e$, and the constant density of the core.

(b) Assume that Jupiter has a 10 $M_\oplus$ core and that the average density of the core is 15,000 kg m^{-3}. Determine f, the ratio of the equatorial radius of the planet's core to the equatorial radius of its surface.

(c) What is the average envelope density in this two-component model?

(d) Determine the moment-of-inertia ratio (I/MR_e^2) for this two-component model.

(e) Compare your answer in part (d) to the measured value of the moment-of-inertia ratio for Jupiter given in Table 21.2. What can you say about the mass distribution of Jupiter compared to the analytical model?

9.6 Estimate the angular diameter of Jupiter's magnetosphere as viewed from Earth at opposition. Compare your answer with the angular diameter of the full Moon.

9.7 Suppose that fragment G of comet Shoemaker–Levy 9 measured 700 m in diameter. If this fragment had an average density of 200 kg m^{-3}, estimate its kinetic energy just before it entered the planet's atmosphere. You may assume that it struck the atmosphere with a speed equal to the planet's escape speed. Express your answer in joules and megatons of TNT (1 MTon $= 4.2 \times 10^{15}$ J).

9.8 **(a)** On the *same scale*, plot (1) the first-order correction term to the gravitational potential of Saturn as a function of θ [i.e., the J_2 term in Eq. (21.1)], (2) the second-order correction term, and (3) the sum of the two terms. (Similar plots for Jupiter are shown in Fig. 21.4; note that the plots for Jupiter use different scales.) Assume that the observer is a distance $r = 2R_e$ from the planet.

(b) For which angle(s) is the gravitational potential largest? smallest? By what percent do these values for the gravitational potential deviate from the case of spherical symmetry (the zeroth-order term)?

9.9 **(a)** Estimate the amount of energy radiated by Jupiter over the last 4.55 billion years (see Eq. 10.23).

(b) Estimate the *rate* of energy output from Jupiter due to gravitational collapse alone, assuming that the rate has been constant over its lifetime.

(c) Compare your answer for part (b) with the value for the flux that was given in the text. What does this say about the rate of energy output in the past? Discuss the implications for the evolution of the Galilean moons.

9.10 Estimate the blackbody temperature of Neptune, taking into consideration that one-half of all the energy radiated by the planet is due to internal energy sources. Compare your answer with the measured value of 59.3 ± 1.0 K.

9.11 Assume that all of the ions escaping Io are sulfur ions. Assuming also that this rate has been constant over the last 4.55 billion years, estimate the amount of mass lost from the moon since its formation. Compare your answer with Io's present mass (8.932×10^{22} kg).

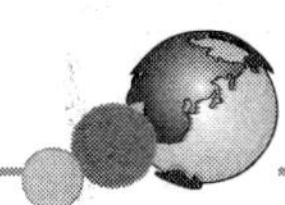

9.12 **(a)** Make a rough estimate of the mass contained in Saturn's rings. Assume that the rings have a constant mass density and that the disk is 30 m thick with an inner radius of 1.5 R_S and an outer radius of 3 R_S (neglect the E ring). Assume also that all of the ring particles are water-ice spheres of radius 1 cm and that the optical depth of the disk is unity. The density of the particles is approximately 1000 kg m^{-3}. *Hint:* Refer to Eq. (9.12) to estimate the number density of water-ice spheres.

(b) If all of the material in Saturn's rings were contained in a sphere having an average density of 1000 kg m^{-3}, what would the radius of the sphere be? For comparison, the radius and mass of Mimas are 196 km and 4.55×10^{19} kg, respectively, and it has an average density of 1440 kg m^{-3}.

9.13 Carefully sketch the orbits of Mimas and a characteristic Saturnian ring particle that is locked in a 2:1 orbital resonance with the moon. Show qualitatively that the resonance produces an elliptical orbit.

9.14 Calculate the position of Saturn's synchronous orbit. Are any of its rings located outside of that radius? If so, which ones?

9.15 A dust grain orbiting the Sun (or in a planetary ring system) absorbs and then re-emits solar radiation. Since the light is radiated from the Sun isotropically and re-emitted by the grain preferentially in the direction of motion, the particle is decelerated (it loses angular momentum) and spirals in toward the object it is orbiting. This process (known as the Poynting–Robertson effect) is just a consequence of the headlight effect discussed in Example 4.3.3.

(a) If a dust grain orbiting the Sun absorbs 100% of the energy that strikes it and all of the energy is then re-radiated so that thermal equilibrium is maintained, what is the luminosity of the grain? Assume that the particle's cross-sectional area is σ_g and its distance from the Sun is r.

(b) Show that the *rate* at which angular momentum is lost from a grain is given by

$$\frac{d\mathcal{L}}{dt} = -\frac{\sigma_g}{4\pi r^2}\frac{L_\odot}{mc^2}\mathcal{L}, \tag{21.6}$$

where m and $\mathcal{L} = mvr$ are the mass and angular momentum of the grain, respectively, and $L_\odot$ is the luminosity of the Sun. *Hint:* Think of radiated photons as carrying an *effective mass* away from the grain; the effective mass of a photon is just $m_\gamma = E_\gamma/c^2$.

9.16 **(a)** Beginning with Eq. (21.6), show that the time required for a spherical particle of radius R and density ρ to spiral into Saturn from an initial orbital radius R_0 is given by

$$t_{\text{Saturn}} = \frac{8\pi\rho c^2}{3L_\odot} R r_S^2 \ln\left(\frac{R_0}{R_S}\right)$$

where R_S is the radius of the planet and r_S is its distance from the Sun. Assume that the orbit of the particle is approximately circular at all times and that it is always a constant distance from the Sun.

(b) The E ring is known to contain dust particles having average radii of 1 μm. If the density of the particles is 3000 kg m^{-3}, how long would it take for a typical particle to spiral into the planet from an initial distance of 5 R_S?

(c) Compare your answer in part (b) to the estimated age of the Solar System. Could the E ring be a permanent feature of the Saturnian system without a source to replenish the ring? Note that the small moon Enceladus orbits Saturn in the E ring.

9.17 The mass and radius of Miranda are 8×10^{19} kg and 236 km, respectively.

(a) What is the escape velocity from the surface of Miranda?

(b) What would be the speed of a small object freely falling toward Uranus when it crossed the orbit of Miranda? Assume that the object started falling toward Uranus from rest, infinitely far from the planet. Neglect any effects due to the orbital motion of the planet around the Sun. Miranda's orbital radius is 1.299×10^8 m.

(c) Using Eq. (10.22), estimate the amount of energy needed to pulverize that moon.

(d) Suppose that a spherical object with a density of 2000 kg m^{-3} were to collide with Miranda, completely destroying it. If the object hit Miranda with the speed found in part (b), what would the object's radius need to be? *Note:* For the purposes of this "back-of-the-envelope" calculation, you need not be concerned with the energy that would be expended in pulverizing the impacting object.

10장

태양계의 소천체

10.1 명왕성과 카론

해왕성의 위치를 이론적으로 예측하는 데 성공하자(296쪽) 천문학자들은 태양에서 더 먼 곳에 아홉 번째 행성의 존재 가능성에 대해 연구하기 시작하였다. 본격적인 탐색은 천왕성과 해왕성 궤도의 흔들림에 대한 관측을 바탕으로 19세기 후반에 시작되었다. 1930년 2월 18일, 장기간의 체계적인 탐색 끝에 클라이드 W. 톰바우(Clyde W. Tombaugh, 1906-1997)가 태양을 공전하는 15 등급의 작은 천체를 발견하였다. 이 천체는 행성으로 분류되어 로마신화에서 지하계를 다스리는 신의 이름을 따서 명왕성(Pluto)이라 명명되었다[1]. 비록 명왕성은 예측되었던 위치에서 발견되었지만, 다른 행성의 궤도에 미치는 영향이 통계적으로 무의미한 수준임이 밝혀져서 그 예측은 무효가 되었다.

명왕성은 태양계의 지구형 또는 거대행성들과 비슷한 점이 별로 없다. 실세로 8장과 9장에서 살펴보았던 행성들보다는 해왕성의 위성인 트리톤과 더 많은 유사점

1) 명왕성(Pluto)라는 이름은 영국의 11세 소녀였던 베네시아 버니가 제안한 것이었다.
역자주 : 2006년 세계천문연맹에서는 명왕성을 행성에서 제외하였다.

을 가지고 있다. 248.5년 주기를 갖고 있는 명왕성의 공전궤도는 이심률이 매우 크다($e=0.25$). 태양에서의 거리는 근일점에서 29.7 AU이며(실제로 해왕성보다 가깝다) 원일점에서 49.3 AU이다. 그 궤도도 황도에서 상당히 기울어져 있다(17°).

명왕성의 궤도는 해왕성의 궤도를 가로지르지만 해왕성과 충돌할 염려는 없다. 명왕성은 해왕성과 3대2 궤도공명 관계에 있기 때문이다. 그러므로 명왕성은 해왕성과 합(conjunction)을 이루고 있을 때에는 근일점에서 멀리 있으며, 이 두 행성은 17 AU보다 더 가까워지지 않는다. 오히려 천왕성과 11 AU까지 가까워질 수 있다.

카론의 발견

명왕성의 기본적인 성질은 1978년 명왕성의 최대 위성인 **카론**이 발견되면서 질량과 반지름 등이 밝혀지기 시작하였다[2]. 그림 10.1은 허블우주망원경으로 촬영한 명왕성계의 영상이다. 명왕성과 카론의 거리는 $1,964 \times 10^7$ m(지구와 달 사이 거리의 1/20을 약간 넘는 거리)이며, 이 행성계의 질량중심을 6.39일 주기로 서로 공전하고 있다. 케플러의 제3법칙에 의하면 명왕성계의 질량 합계는 0.00247 $M_\oplus$에 불과하다. 이 천체들의 질량을 각각 결정하려면 계의 질량중심에서부터 각 질량까지의 거리를 알아야 하며, 그 질량 비율은 $M_{\text{Charon}}/M_{\text{Pluto}}=0.124$이다. 이 자료를 바탕으로

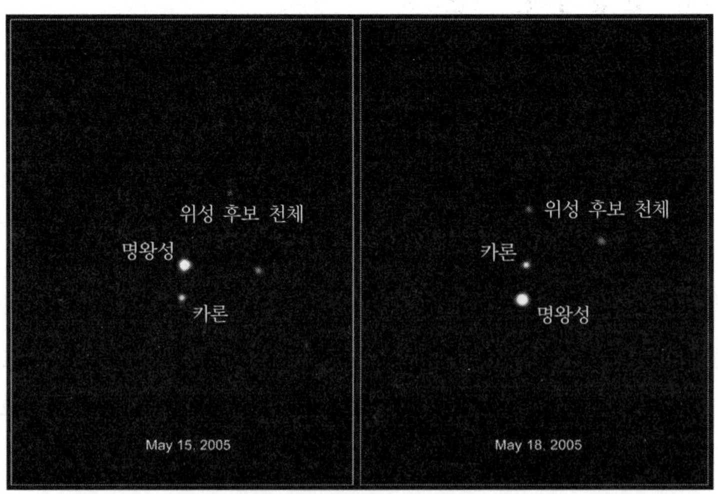

▌그림 10.1 명왕성과 세 위성. 카론은 1978년 발견되었으며 다른 두 위성은 2005년 허블우주망원경을 통해 발견되었다. (사진 제공 : NASA, ESA, H 위버(JHU/APL), A. 스턴(SwRI), HST 명왕성동반성탐색팀)

2) 카론이 발견되기 전에는 명왕성의 반지름은 약 4배, 질량은 100배의 오차범위로 추정되고 있었다.

명왕성의 질량은 1.3×10^{22} kg, 카론의 질량은 약 1.6×10^{21} kg으로 계산된다. 참고로 트리톤의 질량은 2.14×10^{22} kg이다.

명왕성과 카론의 밀도와 구성성분

카론이 발견된 직후, 천문학자들은 매우 희귀한 식이 1985년과 1990년 사이에 일어날 것임을 알았다. 명왕성-카론의 서로 공전하는 궤도면은 이들이 태양에 대하여 공전하는 궤도에서 122.5° 기울어져 있으므로 지구의 관측자는 124년마다 한 번씩 짧은 기간 동안 명왕성계를 그 가장자리만, 식현상을 볼 수 있게 된다. 우연히 명왕성도 1989년에 근일점에 있었기 때문에 좀더 가까이서 식현상을 볼 수 있었다. 다음 식계절은 21세기 중에는 돌아오지 않을 것이다.

이 엄폐 식(occultation : 큰 물체가 작은 물체를 가림)이 지속되는 시간을 관측하여 카론의 반지름 계산에 필요한 정보를 얻을 수 있었다. 명왕성의 반지름은 달의 2/3에 불과한 1137 km로 계산되었다. 또한 엄폐 식으로부터 카론의 반지름은 약 600 km로 계산되었다. 이것은 명왕성과 카론의 평균밀도가 각각 약 2110 kg m^{-3}과 1770 kg m^{-3}임을 보여준다. 이러한 데이터를 바탕으로 명왕성과 카론은 아마도 얼음과 암석으로 이루어져 있으며, 명왕성은 거대행성의 위성들에 비하여 암석의 비율이 다소 높은 것으로 보인다. 그림 10.2는 현재까지 관측한 최상의 명왕성 표면 지도이다.

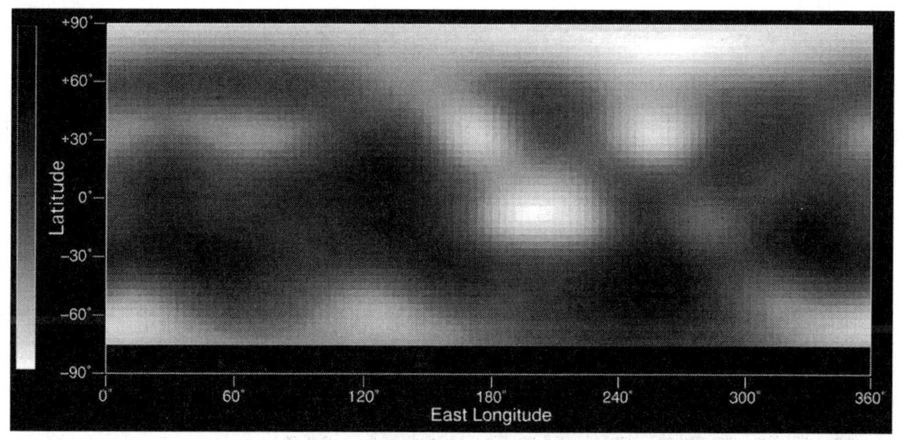

그림 10.2 HST가 1994년 촬영한 명왕성의 표면. 전체 표면의 85%를 보여주고 있다. 이 지도를 작성한 시기에 남극지방은 지구 반대편을 향하고 있었다. 관측된 지형은 분지와 구덩이, 또는 여러 물질의 얼음으로 추정된다. (자료 제공 : 앨런 스턴(Southwest Research Institute), 마크 뷰이(Lowell Observatory), NASA, ESA)

트리톤의 밀도는 2050 kg m^{-3}으로서 명왕성과 매우 비슷하다는 점에 주목할 필요가 있다.

대충돌에 의한 카론의 형성 가능성

카론의 질량은 명왕성의 약 1/8로, 태양계 위성 중에서 모행성에 비해 상대적으로 질량이 가장 큰 위성이다3). 지구에 발생한 대규모의 충돌로 달이 형성된 것으로 믿고 있듯이(그림 8.20), 카론도 명왕성의 거대한 충돌로 인해 생성된 것으로 보인다. 2005년에 추가로 발견된 다른 두 위성도 이 충돌로 인해 함께 생성된 것일 수도 있다. 명왕성에 충돌한 천체의 질량은 대략 0.2~1 M_{Pluto}였을 것으로 추정된다.

자전–공전의 완전 결합

또한 명왕성과 카론은 7.2절에서 설명한 바와 같이 흥미 있는 동력학적 특성을 가지고 있다. 이 두 천체의 자전주기는 두 천체의 질량중심에 대한 공전주기와 정확하게 일치한다. 두 천체는 궤도운동을 할 때 같은 방향으로 자전하므로 명왕성과 카론은 항상 서로 같은 면을 마주보고 있다. 즉 완전하게 동주기궤도에 고정되어 있는 것이다. 두 천체 사이의 조석 상호작용은 그 최종 단계인 최저에너지 상태에 있다. 두 천체는 서로 마주 보며 고정되어 있기 때문에 조석력은, 예를 들어 달에 의한 지구의 조석 차이처럼 다른 행성계에서 볼 수 있는 바와 같이, 지속적으로 변화하는 팽대부를 형성하지 않는다. 그러므로 다른 천체와 달리 마찰열 손실과 각운동량의 이동 현상은 명왕성–카론의 상호작용의 경우에는 나타나지 않는다.

동주기궤도에 고정되어 있으므로 카론은 명왕성의 적도 바로 위에 위치하고 있다. 만일 그렇지 않다면 카론은 궤도운동에 의해 명왕성 적도의 남쪽과 북쪽을 왕복하게 되었을 것이고, 두 천체의 구대칭에 대한 차이로 계속 변화하는 조석력이 발생하였을 것이다. 명왕성–카론계의 궤도면은 태양공전 궤도에 대하여 122.5° 기울어져 있으므로 이것은 명왕성과 카론이 역행자전하고 있다는 것을 의미한다. 천왕성도 역행자전 하고 있으며 천왕성의 고리계와 규칙위성들이 적도 바로 위에 있어 이러한 방향의 정렬은 조석력 형성에 기여하고 있다는 것을 상기하라.

동결 표면과 지속적으로 변화하는 대기

1992년, 토비아스 C. 오웬(Tobias C. Owen)과 그 동료들은 하와이 마우나 케아

3) 태양계 위성 중에서 모행성에 대하여 두 번째로 상대질량이 큰 달은 지구 질량의 1/81에 불과하다.

의 영국 적외선망원경을 사용하여 명왕성의 표면을 분광학적으로 조사하였다. 연구 결과, 명왕성의 표면은 얼어붙은 질소(N_2)가 전체 면적의 97%, 일산화탄소(CO)와 메탄(CH_4)의 얼음이 각각 1 내지 2%를 차지하는 것으로 밝혀졌으며, 이는 트리톤과 유사하다. 이상하게도 카론의 표면은 거의 물-얼음으로 구성되어 있는 것으로 보이며, 질소 분자, 이산화탄소 또는 메탄 얼음이나 가스는 발견되지 않았다.

1988년 명왕성이 희미한 별 앞을 지나갈 때 그 표면의 대기압이 약 10^{-5} atm인 매우 희박한 대기가 관측되었다. 대기의 대부분은 N_2이며 CH_4와 CO가 개수 비율로 약 0.2%를 차지하고 있다. 이 비율은 표면의 얼음 성분 조성 및 각 성분의 승화율과 일치하고 있다. 이상하게도 2002년 명왕성이 다른 별을 가렸을 때 관측한 결과에 의하면 대기압과 대기의 높이가 두 배로 증가하였다. 이것은 명왕성의 대기가 14년 전보다 상당히 더 농후해졌다는 것을 의미한다.

이 멀고 작은 천체의 대기는 일정하지 않다는 주장이 제기되었다. 1988년에 수행한 대기 관측은 명왕성이 근일점 가까이 있었으므로 온도가 최대인 약 40 K에 가까울 때였다. 이 온도에서는 표면의 얼음이 부분적으로 승화할 수 있다. 1988년과 2002년 사이에 대기 농도가 짙어진 것은 얼음이 계속 승화하여 기체를 대기 중으로 방출하였기 때문임이 분명하다. 그러나 명왕성이 원일점 부근으로 이동하면 대기는 다시 얼어붙게 될 것이다.

명왕성 탐사

NASA는 2006년 1월에 명왕성을 근접항행할 **뉴호라이즌** 탐사선을 발사하였다. 비행이 순조롭다면 뉴호라이즌호는 2015년에 명왕성을 지나가면서 이 작고 먼 천체와 그 위성의 근접촬영 영상을 처음으로 보내올 것이다. 많은 천문학자들이 그 때까지 세 개의 위성을 거느리고 해왕성 궤도를 가로질러 공전하고 있는 명왕성의 대기가 유지될 것인지 여부에 관심을 가지고 있다.

10.2 혜성과 카이퍼대 천체

므르코스 혜성(그림 5.25(2권))과 핼리 혜성(그림 10.3(a)) 등의 혜성들은 역사적으로 자주 관측된 바 있다. 실제로 핼리혜성의 주기적인 방문은 최소한 240 BC 이후부터 내태양계(태양계 안쪽)를 지나갈 때마다 기록되어 왔다(핼리혜성의 궤도

(a)

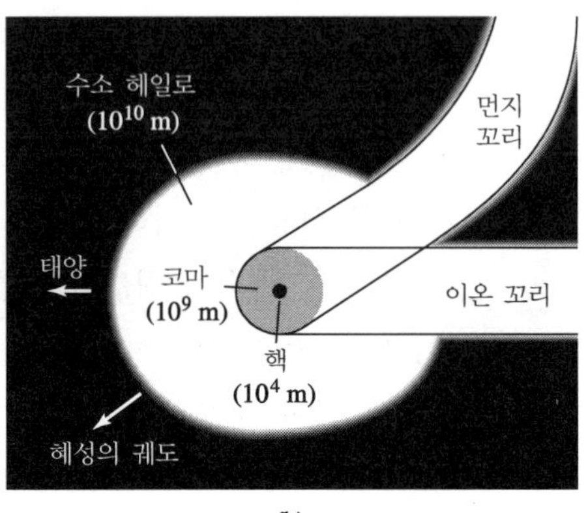

(b)

▌그림 10.3 (a) 핼리혜성이 최근에 내태양계를 방문했을 때 먼지 꼬리(휘어진 부분)와 이온 꼬리(직선 부분)를 분명히 구별할 수 있었다. 이 사진은 1986년 4월 12일, Cerro Tololo Interamerican Observatory의 미시건 슈미트 망원경으로 촬영한 것이다. 이온 고리에서 분리가 일어나고 있는 것을 볼 수 있다. (사진 제공 : NASA/JPL). (b) 혜성의 구조

주기는 76년이다)[4]. 근일점 가까이 접근할 때 보이는 혜성의 특수한 모양 때문에 사람들은 오랫동안 혜성이 신비와 미지의 힘을 가지고 있다고 믿어 왔다. 많은 사람들이 혜성을 나쁜 징조라고 믿었지만 좋은 징조라고 믿는 사람들도 있었다. 화가 조토 디 본도네(Giotto di Bondone, 1266-1337)는 이탈리아 파두아의 스크로베니 성당에 걸려 있는 그의 작품 "동방박사의 경배"에서 예수의 탄생을 알린 베들레헴의 별을 혜성으로 표현하였다(그림 10.4). 이 그림은 핼리혜성이 지나간 지 2년 후인 1303년에 그려진 것이다.

혜성의 모델

1950년에 프레드 L. 휘플(Fred L. Whipple, 1906-2004)은 혜성이 내태양계에 들어올 때 **꼬리**가 생기는 현상 등 혜성의 주요 성질 대부분을 성공적으로 설명할 수 있는 모델을 제안하였다(그림 10.3(b)). 그는 혜성의 중심에 지름이 약 10 km 정도인 '더러운 눈덩이'가 있다는 가설을 제시하였다. 이 더러운 눈덩이가 혜성의 핵이다. 핵은 얼음과 얼음 속에 박혀 있는 티끌 입자로 구성되어 있다. 이 핵이 외태양계의 저온 지역에서 태양 가까이 온도가 높은 지역으로 들어올 때 얼음이 기화되기

4) 이 유명한 혜성은 23,000년 동안 내태양계를 방문해 오고 있는 것으로 보인다. 그러나 같은 천체가 반복 방문하는 것임을 처음 인식한 사람은 에드몬드 핼리였다. 그의 가설은 뉴턴이 자신이 새로 발전시킨 동력학에 의하여 증명되었다. 2.2절 참고.

▌그림 10.4 조토 디 본도네(1266–1337)의 "동방박사의 경배." 이 그림은 이태리 파두아의 스크로베니 성당에 걸려 있다. 조토는 이 그림을 1301년 핼리혜성이 지나간 후 2년부터 그리기 시작하였다.

시작한다. 기화된 티끌과 가스는 외부로 팽창하여 코마(coma)라 부르는 10^9 m 길이의 가스 구름을 형성한다. 그 후 **코마**에 있는 물질이 태양광선 및 태양풍을 받아서 항상 혜성을 따라다니는 긴 꼬리(최대 1 AU)를 만드는 것이다. 현재는 수소가스의 **헤일로**(또는 외피)도 코마를 둘러싸고 있으며 그 지름은 10^{10} m에 이를 수도 있다는 것이 알려져 있다. 혜성이 내태양계를 벗어나면 그 온도가 떨어져서 헤일로, 코마, 꼬리가 사라진다. 그러나 혜성활동이 완전히 정지되지는 않으며, 때때로 핵 내부로 침투하는 태양열로 휘발성이 높은 가스를 소규모로 분출하는 경우가 있다.

혜성 꼬리의 동력학

그림 10.5와 같이 혜성의 꼬리는 항상 태양으로부터 멀어지는 쪽으로 향하고 있다. 꼬리의 구조를 결정하는 데는 두 가지의 독립적인 메커니즘이 작용한다. 하나는 먼지 알갱이에 작용하는 복사압(radiation pressure)이며, 다른하나는 이온들이 태양풍과 태양의 자기장과의 상호작용이다.

먼저 알갱이 작용하는 복사압을 검토해보자. 태양에서 거리 r에 있으며, 반지름이 R인 이상적인 구형의 먼지 알갱이에 입사되는 빛을 모두 흡수한다고 가정하면, 식 (3.13)을 이용하여 알갱이에 작용하는 밖으로 밀어내는 복사압을 계산할 수 있

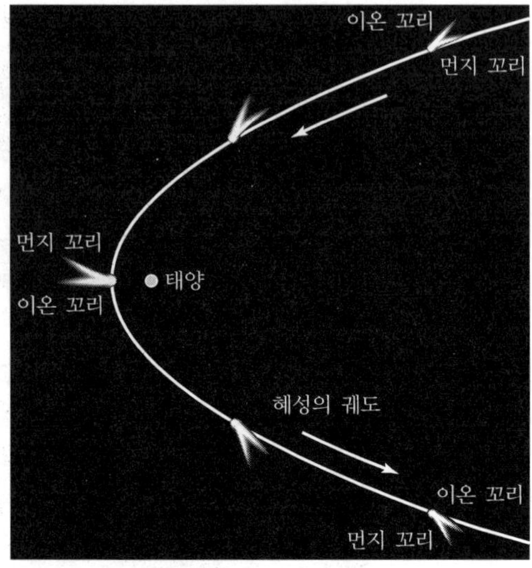

그림 10.5 휘어진 먼지 꼬리와 똑바른 이온 꼬리는 항상 태양에서 멀어지는 쪽을 향하고 있다.

다. 인수 $\cos\theta$는 이 힘을 계산할 때 입자의 단면적 $\sigma = \pi R^2$를 사용해야 함을 의미한다. 다시 말하면, 빛을 완전하게 흡수하는 경우에는 그 알갱이와 반지름이 같고 빛의 진행방향에 수직인 원반에 작용하는 힘과 같게 된다. 그러므로 시간평균 포인팅(Poynting) 벡터의 크기로 $\langle S \rangle = L_\odot / 4\pi r^2$를 사용하면 복사압에 의하여 입자에 가해지는 힘은 다음과 같다.

$$F_{\rm rad} = \frac{\langle S \rangle \sigma}{c} = \frac{L_\odot}{4\pi r^2}\frac{\pi R^2}{c} \tag{10.1}$$

당연히 태양의 중력도 입자에 작용한다. 입자의 밀도를 ρ라 하면 그 질량은 다음과 같다.

$$m_{\rm grain} = \frac{4}{3}\pi R^3 \rho$$

그리고 입자에 작용하는 중력의 크기는 다음과 같다.

$$F_g = \frac{GM_\odot m_{\rm grain}}{r^2} = \frac{4\pi G M_\odot \rho R^3}{3r^2}$$

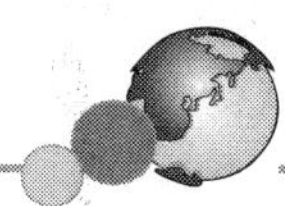

여기서 F_g는 태양 방향으로 작용한다. 이제, 이 힘들의 비율을 다음과 같이 표시할 수 있다.

$$\frac{F_g}{F_{\rm rad}} = \frac{16\pi G M_\odot R \rho c}{3L_\odot} \tag{10.2}$$

중력과 빛은 거리의 제곱에 반비례하므로, 이 비율은 태양에 대한 거리 r에 관계가 없다.

혜성 꼬리에 있는 입자 R이 다음과 같은 임계값을 가지면 중력과 복사압에 의한 힘이 같아진다.

$$R_{\rm crit} = \frac{3L_\odot}{16\pi G M_\odot \rho c} \tag{10.3}$$

반지름이 이 임계값 $R_{\rm crit}$보다 작은 알갱이는 외부로 밀려나가는 순 힘을 받게 되고 태양으로부터 나선형을 그리며 멀어지게 된다. 먼지 꼬리의 곡률은 알갱이가 태양에서 멀어짐에 따라 궤도 속도가 감소하기 때문에 생기는 것이다. 전형적인 밀도 $\rho = 3000\,{\rm kg\,m^{-3}}$에 대하여 먼지 알갱이의 임계 반지름 $R_{\rm crit} = 1.91 \times 10^{-7}\,{\rm m} = 191\,{\rm nm}$가 된다.

반지름이 $R_{\rm crit}$보다 큰 알갱이는 계속 태양을 돌게 된다. 그러나 동시에 작용하는 포인팅-로버트슨 효과에 의하여 큰 알갱이들은 나선형을 그리면서 서서히 태양으로 끌려가게 된다. 연습문제 10.2에서 풀어 보겠지만, 반지름 R, 밀도 ρ인 구형입자가 초기 궤도반지름 r에서 태양으로 떨어지는데 걸리는 시간은 아래 식으로 계산할 수 있다[5].

$$t_{\rm Sun} = \frac{4\pi \rho c^2}{3L_\odot} R r^2 \tag{10.4}$$

$R_{\rm crit}$는 별이 방출하는 빛의 파장(λ)와 비슷하므로, 실제 상황은 위와 같이 단순화된 해석보다 더 복잡하게 된다. 가장 작은 알갱이($R \ll \lambda$)는 빛을 흡수하는 효율이 매우 낮으며 흡수단면적도 πR^2보다 훨씬 더 작다. 뿐만 아니라 먼지 알갱이는 입사

5) 토성 고리의 동력학을 해석하는 데도 포인팅-로버트슨 효과가 중요한 역할을 한다는 것을 상기할 것

광선을 모두 흡수하지 못하고 일부를 산란시킨다. 빛의 산란이 복사압 힘에 미치는 영향은 먼지 알갱이의 성분과 기하학적 형상 그리고 빛의 파장에 따라 달라진다.

혜성의 구성성분

혜성의 먼지 꼬리가 흰색 또는 노란색을 띠는 것은 빛의 산란 때문이다. 그 반면 이온 꼬리의 색깔은 CO^+ 이온이 파장 420 nm 부근의 태양 광자를 흡수하고 재복사하기 때문에 파란색을 띤다. 그러나 혜성에는 CO^+ 이온만 있는 것은 결코 아니다. 현재까지 분광학적 관측을 통하여 다양한 원자, 분자, 이온이 발견되었으며, 그 중에는 매우 복잡한 분자도 포함되어 있다. 1986년 핼리혜성이 근일점을 통과할 때 그 내부 코마에서 발견된 성분은(개수 비율로) H_2O 80%, CO 10%, CO_2 3.5%, 수 퍼센트의$(H_2CO)_n$(포름알데하이드 중합체), 메타놀 1%, 그리고 기타 소량의 혼합물들이었다. 혜성에서 발견된 화학물질의 일부를 표 10.1에 수록하였다.

혜성 꼬리의 분리

직선 형태로 나타나는 이온(또는 플라스마) 꼬리의 구조는 혜성 그 자체와 태양풍, 그리고 태양 자기장[6]의 복잡한 상호작용에 의하여 형성되는 것이다. 혜성은 태양풍에 장애물이 되며, 태양풍과 혜성의 상대속도는 국지 음속(식 4.84(2권)) 및 알벤(Alfven) 속도(식 5.11(2권))를 초과하기 때문에, 운동방향에 충격면(shock front)이 생기게 된다[7]. 물질이 이 *바우 쇼크(bow shock)*에 축적됨에 따라, 혜성의 핵에 있던 이온이 태양의 자기장에 갇혀서 자기장을 충진한다. 그 결과로 자기장이 혜성핵 주위를 감싸게 된다. 혜성의 이온은 자기력선을 따라 회전하며 태양 반대편에서 핵 뒤를 따르게 된다. 혜성이 태양 자기장이 역전되는 곳[자기장 방향 사이의 경계를 구역경계(sector boundary)라 한다]에 이르면 혜성 꼬리가 분리된다. 분리될 때 이온 꼬리는 떨어져 나가고 새로운 꼬리가 그 자리에 형성된다. 분리현상은 매우 흔히 일어나는 일이며 그림 10.3(a)의 핼리혜성 사진에서도 뚜렷하게 볼 수 있다. 또한 1966년 3월 하쿠타케 혜성을 순차적으로 촬영한 사진에도 뚜렷이 나타나 있다(그림 10.6).

6) 혜성의 자기꼬리(magnetotail) 모델은 한네스 알벤이 1957년에 제안한 것이다.
7) 충격은 5.2절(2권)에서 살펴보았다.

▌표 10.1 혜성에서 발견된 화학물질의 목록(일부). HDO(H_2O에서 수소원자 하나가 듀테륨으로 치환된 것) 등 다양한 동위원소 이성질체(isotopomer)도 발견되었다.

원자	분자	이온
H	CH	H^+
C	C_2	C^+
O	CN	Ca^+
Na	CO	CH^+
Mg	CS	CN^+
Al	NH	CO^+
Si	N_2	N_2^+
S	OH	OH^+
K	S_2	H_2O^+
Ca	H_2O	H_2S^+
Ti	HCH	CO_2^+
V	HCN	H_3O^+
Cr	HCO	H_3S^+
Mn	NH_2	$CH_3OH_2^+$
Fe	C_3	
Co	OCS	
Ni	H_2CO	
Cu	H_2CS	
	NH_3	
	NH_4	
	CH_3OH	
	CH_3CN	
	$(H_2CO)_n$	

혜성의 무인 탐사

휘플의 더러운 눈덩이 가설은 여러 국가에서 발사한 우주선들이 1986년 핼리혜성을 근접 탐사했을 때 극적으로 입증되었다. 이 우주선들은 일본이 발사한 **수이세이**와 **사키가케**, 구소련이 발사한 **베가 1호**와 **2호**[8], 유럽우주청(ESA)이 발사한 **조토**(Giotto, 12세기 이태리 화가. 348쪽 참고), 그리고 미국이 발사한 **국제혜성탐사선**(International Cometary Explorer, 6개월 전에 자코비니-지너 혜성을 먼저 탐사하였음[9])이었다. 다른 임무를 수행하고 있는 여러 우주선도 이 혜성을 맞으러 가지는 않았지만 관측장비를 임시로 혜성에 맞추고 관측하였다.

---

8) 이 두 우주선은 먼저 금성으로 비행하여 탐사선을 금성 대기에 진입시켰다.

9) ICE가 1978년 발사될 때는 이름이 International Sun-Earth Explorer 3이었으며, 다른 임무를 수행한 후에 이 두 혜성을 탐사하는 임무가 부여되었다.

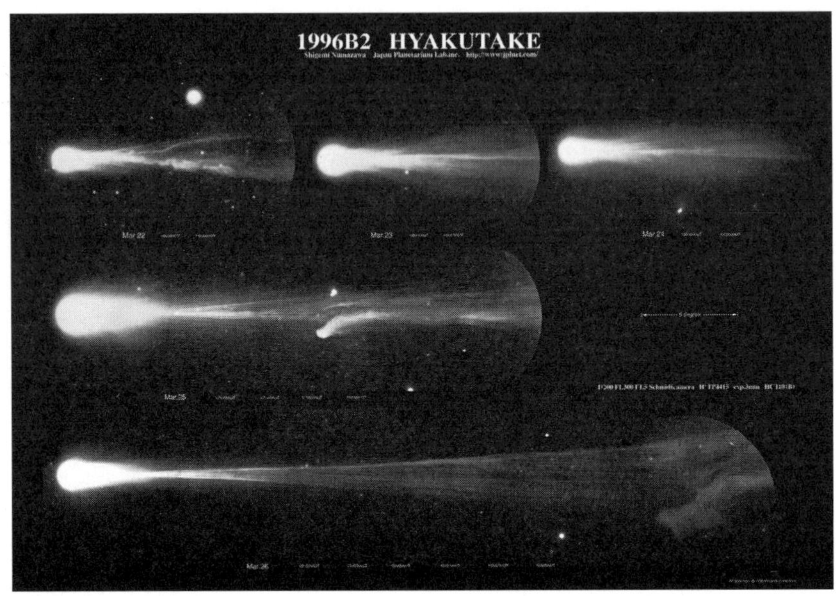

▌그림 10.6 1996년 3월 25일 햐쿠타케혜성을 시간 별로 촬영한 사진. 극적인 분리현상을 뚜렷이 볼 수 있다. (사진 제공 : 시게미 누마자와/Atlas Photo Bank/Photo Researchers, Inc.)

3월 6일과 9일, 베가 1호와 2호는 각각 거리 8900 km와 8000 km에서 혜성의 핵을 저해상도로 촬영하는데 성공하였다. 베가호의 원격측정 데이터를 ESA로 중계하여 조토 우주선을 제어하던 과학자들은 조토호를 혜성에 더 가깝게 유도할 수 있었다.

이 전례 없는 국제적인 협력을 통하여 조토호는 3월 14일 핵에 596 km까지 접근할 수 있었다(임무의 목표는 540 km였다)10).

조토 우주선과 핼리혜성의 높은 상대속도(68.4 km s^{-1}) 때문에 혜성 핵에서 나온 작은 먼지 입자와 충돌하더라도 우주선이 큰 피해를 입을 가능성이 있었다. 우주선에 탑재된 계기들을 보호하기 위하여 조토호에는 알루미늄과 플라스틱 케블러(Kavelar)로 만든 무게 50 kg의 보호판이 설치되어 있었다. 그럼에도 불구하고 핵에 가장 가깝게 접근하기 7초 전에 먼지 입자 하나가 충돌하여 우주선의 축이 비틀어지게 되었으며 이로 인하여 우주선은 심하게 요동하였다. 다시 안정을 찾은 것은 30분 후였다.

10) Rüdeger Reinhard 저 "The Halley Encounters," The New Solar System, 제3판, Beatty and Chaikin (eds.), 캠브리지 출판사 및 스카이 출판사, 캠브리지, MA, 1990, pp. 207–216 참고.

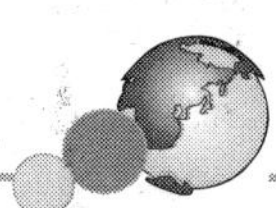

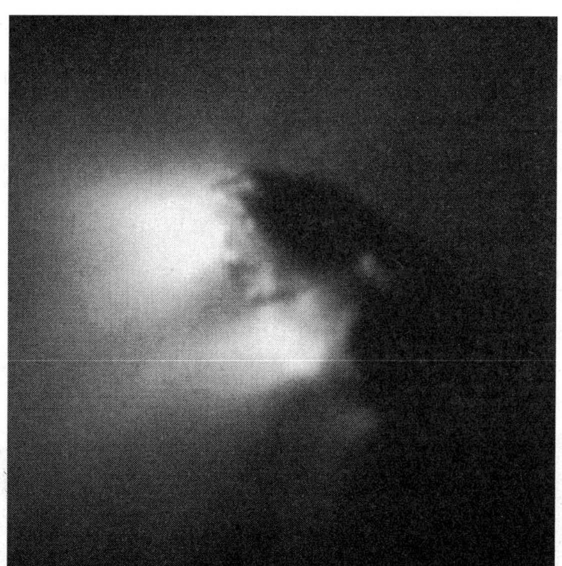

■ 그림 10.7 조토호가 촬영한 핼리혜성의 핵. 태양을 향한 면에서 기체 제트를 확인할 수 있다. (사진 제공 : 라이체마 등., 20th ESLAB Symp., ESA SP-250, Vol. II, 351, 1986)

최근접 위치 가까이서 조토호의 카메라가 그림 10.7에 있는 핵의 사진을 촬영하였다. 휘플이 제안하였던 더러운 눈덩이의 크기는 대략 15 km×7.2 km×7.2 km였으며 모양은 감자와 비슷하였다. 표면은 매우 어두워서 반사도가 0.02 내지 0.04 정도였다. 태양에 거듭 접근하는 동안 얼음이 증발하고 먼지와 유기물질(추정)이 남겨진 것이 확실해 보인다.

그림 10.7에서는 핵에서 태양 쪽에 있는 먼지 제트(물질의 분출)를 볼 수 있다. 이 제트의 위치는 핵을 덮고 있는 어두운 표면의 얇은 부분으로, 내부에서 가열된 기체가 이곳을 통하여 표면을 뚫고 분출된 것으로 보인다. 핵이 회전하면서 다른 부분이 태양빛을 받게 되고 다시 그곳에서 새로운 제트가 생기게 된다[11].

근접비행 중 추산한 바에 의하면, 핵 표면의 15%에서 제트가 확인되었으며, 가스와 먼지의 분출량은 각각 2×10^4 kg s^{-1} 및 5×10^3 kg s^{-1}였다. 제트분출의 반발력으로 인하여 혜성의 궤도는 다소 흔들리는 현상을 보인다.

이와 같이 중력 이외에 궤도에 미치는 섭동을 고려하여 핼리혜성 핵의 질량은 5×10^{13} kg 내지 10^{14} kg으로 계산되었다. 이 대략적인 계산이 정확하다면 핵의 평

11) 핼리혜성의 핵은 그 불규칙한 형상에 따라 서로 다른 축에 대하여 운동하고, 그에 따라 두 개의 자전주기를 가지고 있는 것으로 보인다.

균밀도는 1000 kg m^{-3} 이하일 것이며 최소 100 kg m^{-3}까지 낮아질 수도 있다. 가스와 먼지가 얼음 핵에서 탈출하면서 핵 내부에는 다공성 벌집구조가 남게 되었으며 그 평균밀도는 갓 내린 눈과 비슷할 것이다(목성에 충돌한 슈메이커-레비9의 조각도 그 평균밀도가 600 kg m^{-3} 정도로 낮았음. 9.1절 참조).

1980년 중반 이후, ICE 우주선이 자코비니-지너 혜성의 꼬리를 통과하면서 관측한 것과 광범위한 국제적인 협력 하에 핼리혜성을 관측한 것을 비롯하여 여러 차례에 걸쳐서 혜성을 관측하였다. 2001년에는 시험 이온추진 우주선 **딥스페이스 1호**가 2200 km 거리에서 보렐리혜성의 핵을 촬영하였다. 2004년 1월 2일에는

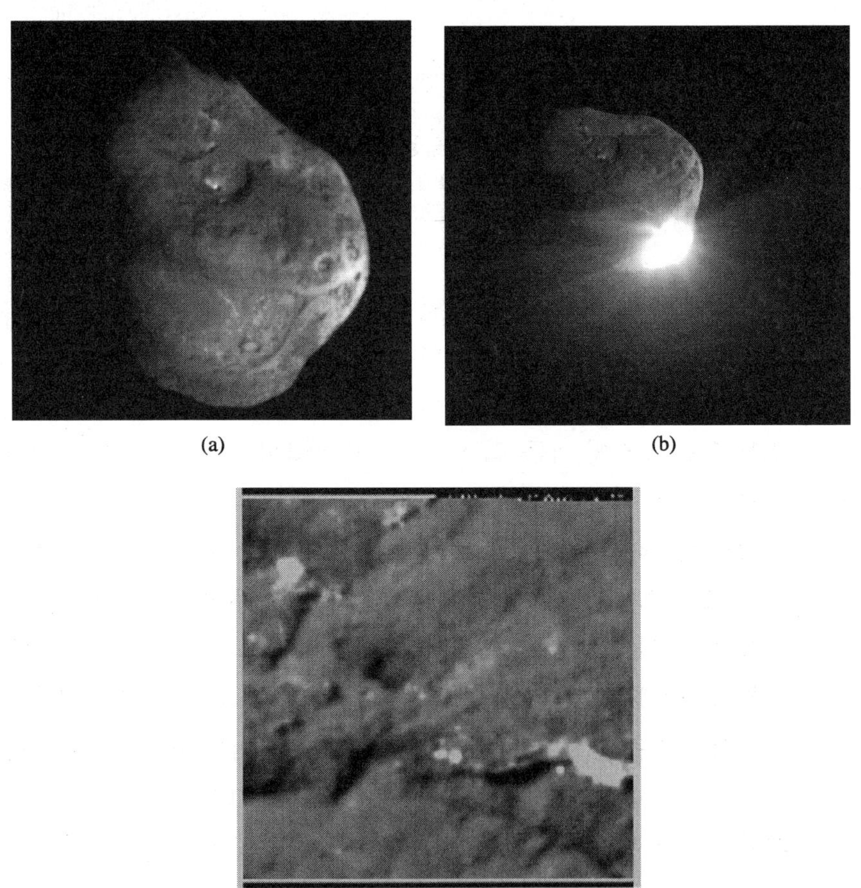

(a) (b) (c)

▮ 그림 10.8 (a) 충돌체가 충돌하기 5분 전에 촬영한 템펠1 혜성의 사진. 핵의 크기는 5 km×11 km로 측정되었다. (b) 충돌 67초 후의 모습. (c) 충돌 20초 전 템펠1 혜성의 모습. 이 사진은 충돌체에 탑재된 목표탐색 센서로 촬영한 것이다. 해상도는 4 m이다. (NASA/JPL – Caltech/UMD)

스타더스트호가 Wild2 혜성에 250 km 거리까지 접근하여 표면의 고해상도 사진을 촬영하였다. 스타더스트호는 이 혜성의 먼지를 채집하여 2006년 지구로 가져와서 분석할 수 있도록 하였다.

2005년 7월 4일, **딥임팩트호**가 크기 7.6 km×4.9 km인 템펠1 혜성에 10.2 km/s의 속도로 무게 370- kg의 충돌체를 충돌시켰다. 그림 10.8은 딥임팩트호가 촬영한 템펠1 혜성의 사진이다. 충돌체는 혜성의 핵에 구덩이를 만들어 과학자들이 내부를 조사할 수 있도록 해주었다. 분석 결과 다양한 화합물질이 검출되었으며, 그 중에는 물, 이산화탄소, 시안화수소, 시안화메틸, 다환 방향족 탄화수소(PAHs), 기타 유기물, 그리고 감람석, 방해석, 황화철, 산화알루미늄 등의 광물이 포함되어 있었다. 표면 근처에서 파여진 10^7 kg의 물질의 경도는 고운 모래 또는 활석가루와 비슷하였다. 혜성의 밀도는 대략 싸락눈과 비슷한 것으로 보이며 약한 중력으로 인해 느슨하게 결합되어 있었다. 템펠1 혜성의 질량은 7.2×10^{13} kg, 밀도는 600 kg m^{-3}이었다. 낮은 밀도로 미루어 보아 템펠1 혜성은 다공성 잡석 덩어리로 추측된다.

2004년 ESA가 발사한 로제타 우주선이 2014년에 츄르유모프-게라시멘코에 접근하여 핵 주위의 낮은 궤도를 돌면서 약 2년 동안 정밀한 조사를 할 예정이다. 또한 탐사선을 혜성 표면에 내려 보낼 계획이다. 로제타 우주선은 장기간 비행하면서 혜성이 내태양계에 진입할 때 함께 항행하여 혜성이 태양에 의하여 가열되어 내부의 휘발물질이 증발해 나오는 것을 조사할 예정이다. 무엇보다 이 철저한 조사로 지구의 생명이 혜성의 유기물질에서 기원된 것인지 여부를 판단하는 데 도움이 되는 자료를 얻을 수 있을 것이다.

태양을 스쳐가는 혜성

내태양계로 진입하는 혜성 중에서 대부분은 근일점 부근에서 질량에 비해 비교적 작은 양이 승화된다. 그러나 심각한 결과가 발생하는 혜성들도 있다. 예를 들어 1976년 웨스트 혜성은 내태양계를 통과하는 동안 그 핵이 네 개로 쪼개졌다. 1974년의 코후테크 혜성도 핵이 갈라졌다. 태양을 스쳐가는 혜성들은 더욱 인상적인 광경을 연출한다. 태양을 조사하고 있던 SOHO 우주선은 탑재된 LASCO 탐사장치를 통하여 태양에 접근하는 1000개 이상의 혜성을 발견하였다. 그림 10.9의 SOHO-6와 같은 일부의 혜성은 태양에 끌려 들어갔다.

▌그림 10.9 태양에 떨어지는 SOHO-6 혜성의 화상(좌측 아래). 태양의 코로나와 코로나 질량을 연구하기 위하여 태양 원반을 가리고 촬영한 사진이다. 1996년 12월 23일 SOHO 우주선의 LASCO 장치로 촬영하였다. (SOHO(ESA/NASA))

오오트 구름(Oort Cloud)

헬리혜성은 공전주기가 200년 이내인 **단주기혜성**에 속한다. 단주기혜성은 황도 부근에서 발견되며 주기적으로 내태양계를 방문한다. **장주기혜성**은 공전주기가 200년 이상인 혜성을 말하며, 그 중에는 주기가 십만 년 내지 백만 년 이상인 것도 있다. 1950년, 얀 오오트(Jan Oort, 1900–1992)는 불규칙해 보이는 혜성들의 궤도를 자세하게 조사하여 먼 거리에 장주기 혜성 핵들이 몰려있는 영역이 있다는 결론을 내렸다. 이 영역을 오오트 구름이라 부른다.

오오트 구름은 아직 관측되지는 않았으나 그 존재는 확실해 보인다. 7.1절에서 언급한 바와 같이, 혜성 핵들이 모여 있는 영역은 태양에서 3000 AU 내지 100,000 AU 거리에 있으며 그곳에 있는 천체의 숫자는 10^{12}–10^{13}개, 총 질량은 100 $M_\oplus$로 추정되고 있다. 이것은 태양계에 가장 가까운 별의 거리 275,000 AU와 비교할만한 거리이다. 3000 AU에서 20,000 AU 사이에 있는 내부 오오트 구름은 황도를 따라 타원형 이루고 있으며, 거리 20,000 AU 내지 100,000 AU에 있는 외부 오오트 구름은 거의 구형으로 핵이 분포되어 있다.

오오트 구름에 있는 핵들은 현재 위치에서 형성되지 않은 것으로 보인다. 이들은 천왕성과 해왕성 부근의 황도 가까운 곳에서 합체한 원시 미행성일 것이다. 이 핵들은 거대한 얼음 행성들과 중력 상호작용을 반복한 끝에 현재 위치에 있게 되었을 것이다. 이 핵들은 태양에서 너무 멀리 있으므로 지나가는 항성과 가스 구름

이 그 궤도에 영향을 미쳐서 외부 오오트 구름은 지금과 같이 구형에 가까운 분포를 이루게 되었을 것이다. 내부 오오트 구름은 태양의 중력이 강하게 작용하는 범위 안에 있으므로 여기에 있는 핵들은 외부의 별이나 가스 구름에 큰 영향을 받지 않았던 것이다. 그러므로 내부 오오트 구름에 있는 혜성은 초기 태양계일 때의 원래 위치를 상당히 유지할 수 있었을 것이다. 오오트 구름에 있는 혜성들은 외부 별과 가스 구름의 영향을 받아서 내태양계로 머나먼 여행을 시작하게 된 것으로 보인다.

카이퍼대(Kuiper Belt)

단주기혜성의 궤도는 비교적 황도에 가까우므로, 이들은 오오트 구름에서 형성되지 않은 것으로 보인다. 1949년 케네스 E. 에지워스(1880–1972)와 1951년 카이퍼는 각각 독립적인 연구를 통하여 황도면 가까운 곳에 두 번째 혜성핵의 집합장소가 있을 것이라고 제안하였다.

1992년 8월, 제인 루(Jane Luu)와 데이빗 주이트(David Jewitt)가 태양에서 44 AU 거리에 있으며 공전주기가 289년인 23등급 천체 $1992QB_1$을 발견하였다. 7개월 후에 거의 같은 거리에서 두 번째의 23등급 천체(1993FW)가 발견되었다. 이 천체들의 반사도를 혜성핵과 비슷한 3% 내지 4%로 가정한다면 관측된 등급의 밝기가 되려면 그 지름이 약 200 km 정도가 되어야 한다. 이 크기는 명왕성의 약 1/10에 해당하는 것이다. 2006년 초까지 고성능 CCD 카메라를 장착한 망원경으로 해왕성 궤도 바깥에서 거의 900개 이상의 유사한 천체를 발견하였다.

현재는 카이퍼대[12)]로 알려져 있는 이 혜성핵의 원반은 태양에서 30 내지 50 AU 거리에 있으며, 해왕성 궤도의 장반경은 30 AU이다. 일부 천체의 궤도는 이심률이 큰 타원으로 원일점에서는 1000 AU까지 뻗어나간다. **카이퍼대 천체**(KBO : Kuiper Belt Object)들은 거대 얼음행성 바깥에 있으므로 **해왕성 궤도를 가로지르는 천체**(Trans–Neptunian Objects)라 부르기도 한다.

명왕성보다 큰 카이퍼대 천체

점차 더 많은 KBO가 발견됨에 따라 그 일부는 거의 명왕성과 비교할만한 크기를 가지고 있다는 것이 밝혀졌다(표 10.2).

12) 에지워스의 제안을 인정하는 의미로 이 천체들을 에지워스–카이퍼 대라 부르기도 한다.

▌ **표 10.2** 2006년 5월 현재 발견된 큰 카이퍼대 천체(KBO) 목록. 목록의 지름 중 불확실한 값도 다수 있다.

이름	지름(km)	주기(년)	a(AU)	e	i(deg)
2003UB313	2400	559	67.89	0.4378	43.99
플루토	2274	248	39.48	0.2488	17.16
세드나*	1600	12,300	531.7	0.857	11.93
오르쿠스	1500	247	39.39	0.220	20.6
카론	1270	248	39.48	0.2488	17.16
2005FY9	1250	309	45.71	0.155	29.0
2003EL61	1200	285	43.34	0.189	28.2
쿠아오아	1200	287	43.55	0.035	8.0
익시온	1070	249	39.62	0.241	19.6
바루나	900	282	42.95	0.052	17.2
2002AW197	890	326	47.37	0.131	24.4

* 세드나는 카이퍼대보다 훨씬 더 큰 궤도를 가지고 있다.

그러나 2005년에 마이크 브라운(Caltech), 차드 트루히요(제미니 천문대), 데이빗 라비노비츠(예일대학) 등의 천문학자들은 카이퍼대에서 명왕성보다 큰 천체를 발견했다고 발표하였다. 2003UB313은 2003년 천문관측을 통하여 수집된 데이터를 검토하여 2005년 1월 5일에 발견되었다. 2003UB313의 궤도는 공전주기 $P=$ 559년, 장축 반지름 $a=68$ AU, 궤도이심률 $e=0.44$, 황도에 대한 기울기 $i=44°$ 등을 고려하면 카이퍼대에 있는 이 커다란 천체가 발견되는데 그토록 오래 걸린 이유를 알 수 있다. KBO를 탐색하는 천문학자들은 대부분 황도면에 초점을 맞추고 있었으므로 황도면에 대한 기울기가 이렇게 큰 2003UB313이 발견될 수 있었다는 사실은 놀라운 것이다. HST의 관측에 의하면 2003UB313의 지름은 2400 km로서 명왕성보다 6% 정도 더 크다. 그림 10.10에 있는 2003UB313의 스펙트럼도 명왕성과 매우 비슷하며 따라서 그 표면은 대부분 메탄 얼음으로 덮여 있다고 추측된다. 2003UB313을 공전하고 있는 위성도 발견되었다.

2003UB313의 발견으로 인하여 행성을 어떻게 공식적으로 정의할 것인가 하는 논쟁이 재연되었다. 2003UB313은 명왕성보다 크므로 행성으로 지정되어야 할 것인가? 아니면 명왕성을 행성 목록에서 제외하여야 할 것인가? 흥미로운 사실은 KBO가 발견되기 전에는 행성에 대한 과학적인 정의가 없었다는 것이다. 단지 행

성은 '보면 알 수 있을 것'으로 생각해 왔던 것이다. 이 책을 집필하고 있는 시점에서 국제천문연맹(IAU : International Astronomical Union)은 이 문제를 해결하기 위하여 노력하고 있다. 명왕성이 오랫동안 행성으로 널리 인정되어 왔으므로 IAU의 최종 결정은 과학계의 공식적인 정의와 큰 차이가 있을 수도 있다. 이런 문제와 관계없이 2003UB313과 다른 여러 KBO의 크기와 구성성분을 고려하면 명왕성과 카론은 카이퍼대 천체인 것이 분명하다. 이들은 단지 우연히 큰 천체 중에 속해 있을 뿐이다. 결국 명왕성과 카론은 대표적인 행성-위성 시스템이라기보다는 매우 큰 혜성핵에 더 가깝다. 해왕성의 특수한 위성인 트리톤도 포획된 KBO일 것이다.

카이퍼대 천체의 분류

다수의 KBO가 발견되자 이들을 궤도 특성에 따라서 세 가지 그룹으로 분류할 수 있다는 것이 밝혀졌다. 고전적 KBO는 궤도거리가 태양에서 30 내지 50 AU이며 궤도 장반경이 대부분 42 내지 48 AU이다. 이들의 궤도 기울기는 30° 이내이다. 약 50 AU 거리에서 **고전적 KBO**가 사라지는 것은 태양계의 초기 형성기에 부근을 지나간 별 때문일 것으로 생각된다.

흩어진(scattered) KBO는 고전적 KBO에 비하여 궤도 이심률이 매우 큰 KBO이다. 특히 해왕성이 중심이 된 거대얼음행성들과 중력 상호작용에 의하여 현재의 궤도로 올

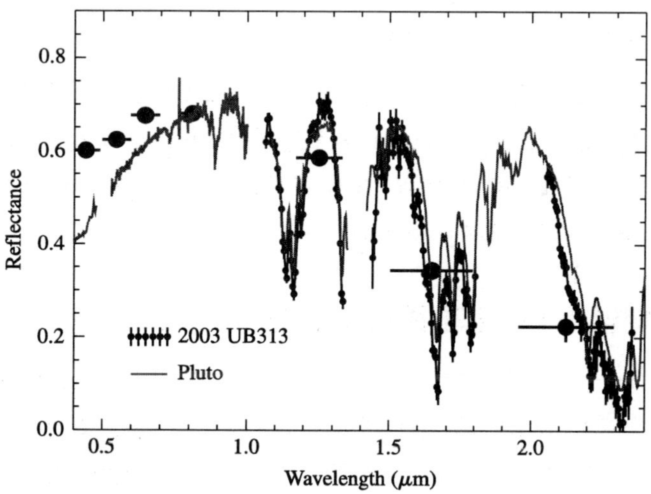

▮ 그림 10.10 2003UB313(점)과 명왕성(선)의 반사 스펙트럼 비교. 메탄의 흡수특성이 스펙트럼의 주를 이루고 있다. 큰 점들은 BVR/JHK Photometry가 제공한 데이터이다. (자료 제공 : 마이크 브라운(Caltech), 차드 트루히요(제미니 천문대), 데이빗 라비노비츠(예일대학))

라오게 된 것으로 보인다. 2003UB313은 Scattered KBO에 속한다. 흩어진 KBO의 근일점 거리는 보통 35 AU 정도이며 고전적 KBO에 비하여 궤도 기울기가 더 큰 편이다. 또한 흩어진 KBO는 단주기혜성의 근원 중 하나인 것으로 생각된다. 마지막으로 공명 KBO는 해왕성과 궤도공명 관계에 있다. 10.1절에서 설명한 바와 같이 명왕성은 해왕성과 3대2 궤도공명 관계에 있으므로 이 거대 얼음행성과 충돌을 피할 수 있다. 그러므로 명왕성(및 카론)은 공명 KBO에 속한다. 해왕성과 3대2 궤도공명 관계에 있는 KBO를 Plutino라 부른다. 다른 KBO에서는 4대3, 5대3, 2대1 등의 궤도공명도 관측되고 있다.

센타우르스

태양을 공전하고 있는 매우 큰 얼음 천체들도 발견되었다. 1977년에는 2060 카이론(Chiron)이라는 천체가 토성 궤도 안쪽에서부터 천왕성 궤도 밖에까지 걸쳐 있는 궤도를 돌고 있는 것이 발견되었다. 카이론의 지름은 200 km 내지 370 km로 추정된다. '카이론의 아들'이라는 별명을 가진 5145 폴루스(Pholus)는 8.7 내지 32 AU 거리에서 외태양계 행성들 사이를 공전하고 있다. 원래는 소행성으로 분류되었던 카이론은 1988년 갑자기 밝아지면서 관측할 수 있는 코마를 형성하였다. 이러한 활동으로 카이론은 암석 소행성이 아니라 혜성으로 정의된다. 카이론과 5145 폴루스(Pholus)는 행성궤도에 산재되어 있는 KBO인 것으로 보이는 **센타우르스**라고 부르는 천체들 중의 두 예이다.

그림 10.11은 2005년 9월 8일 기준으로 KBO, 센타우르스, 혜성, 목성의 트로이 소행성(10.3절) 등의 위치를 황도면에 투영한 것이다. 투영에 의한 효과와 실제 천체의 크기에 비하여 매우 크게 표시된 기호들 때문에 이 외태양계는 실제보다 훨씬 더 밀집한 것처럼 보인다.

내태양계 내 물의 존재 가능성

11.2절에서 살펴보겠지만, 지구형 행성이 온도가 높고 물처럼 휘발성이 높은 물질을 다량 포함하고 있던 내태양 성운에서 응축된 것이라고 보기는 어렵다. 지구의 바다, 화성의 영구동토 및 빙관, 그리고 과거 금성에 존재하였던 것으로 보이는 물의 대부분은 행성이 형성된 후에 혜성의 충돌에 의하여 공급된 것이라는 주장이 제기되어 왔다. 그러나 자세한 내용을 알게 되자 이 가설에도 문제가 있음이 알려졌다. 여러 개의 혜성을 우주탐사선으로 조사한 결과, 혜성의 수소에 대한 중수소의

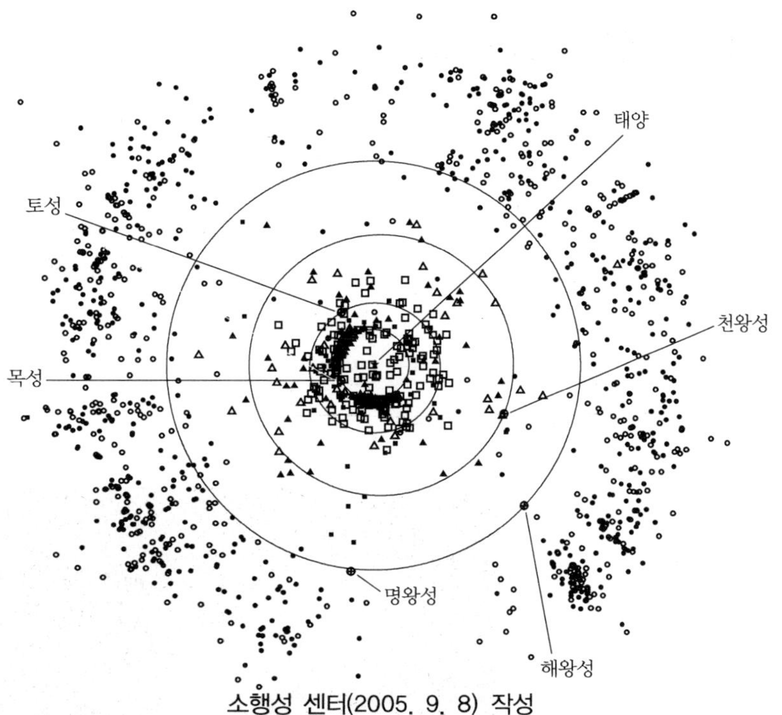

▌그림 10.11 2005년 9월 8일 현재 알려진 소천체들의 위치. 고전적 및 공명 KBO(원), 센타우르스 및 흩어진 KBO(삼각형), 혜성(사각형), 목성궤도에 있는 트로이 소행성 등을 다른 표시로 그렸다. 각 천체의 위치는 황도면에 투영되어 있다. 속이 비어 있는 기호로 표시된 천체는 충(opposition)의 위치에서 한번 관측된 것이며 속이 채워진 기호로 표시된 천체는 여러 충의 위치에서 관측된 것이다. 혜성의 경우는 속이 채워진 기호로 표시된 것은 번호가 부여된 주기혜성이며 다른 것은 속이 빈 사각형으로 표시되어 있다. 고전적 KBO는 해왕성 궤도 바깥에 있다는 것을 분명하게 볼 수 있다. 이 지도의 방향에서는 행성들과 대부분의 다른 천체들은 반시계방향으로 공전하며, 춘분점은 우측에 있다. (Minor Planet Center의 가레스 윌리암스가 제공한 도면에서 발췌 수록하였음)

비율(D/H)이 지구의 비율보다 두 배 이상 높은 것으로 나타났다. 실제로 혜성의 D/H 비율은 지구의 바다보다는 성간물질의 값에 더 가깝다. 현재까지 정밀 조사한 소량의 혜성 샘플을 보면 지구의 물에는 다른 공급원이 있어야 한다. 그 반면 조사 샘플은 카이퍼대에서 유래한 천체가 아니라 오오트 구름에서 유래한 것으로 보이는 천체에서 채취한 것이므로 편중된 것일 수도 있다. 물론 지구에 물이 공급된 것은 장기간에 걸쳐서 다양한 메커니즘에 의한 것일 가능성도 있다. 여기에는 혜성, 비교적 물을 많이 가지고 있던 소행성(10.3절), 물이 많이 포함된 운석(10.4절), 그리고 미행성(11.2절) 등이 포함될 수 있을 것이다.

10.3 소행성(Asteroid)

7.1절에서 설명한 바와 같이, **소행성**들은 보통 대부분의 혜성보다 태양에 더 가까운 궤도를 가지고 있다. 화성과 목성 사이의 궤도 부근에서는 수많은 소행성을 볼 수 있다. 1801년 세레스가 발견된 이후 지금까지 수십만 개의 소행성이 관측 기록되었으며 그 총 숫자는 10^7개 이상일 수도 있다. 그러나 비록 숫자는 많지만 그 질량의 합계는 $5\times10^4\ M_\oplus$에 지나지 않는다. 그림 10.12는 소행성 243 아이다와 그 위성 닥틸의 사진이다(이름 앞에 있는 숫자는 발견된 순서를 표시한다. 세레스는 1 Ceres가 정식 명칭이다).

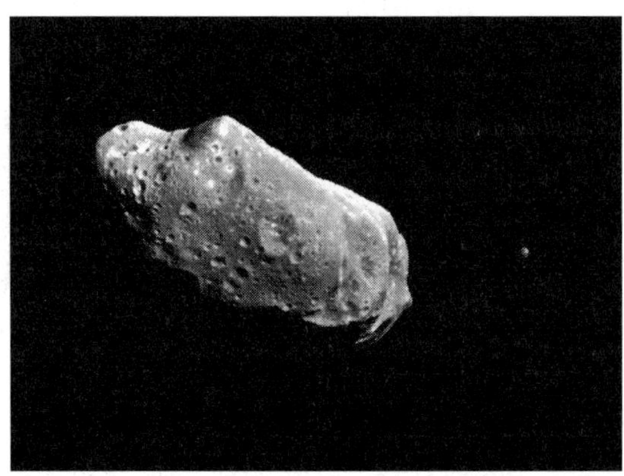

그림 10.12 소행성 243 아이다와 그 위성 닥틸. 목성으로 향하던 갈릴레오 우주선이 1993년 8월 28일 촬영한 것이다. 243 아이다는 길이가 55 km이며, 닥틸(촬영 당시 아이다에서 100 km 거리에 있었다)은 1.6 km×1.2 km로서 달걀 모양이다. 아이다의 해상도는 30 m이다. 촬영 당시 갈릴레오 우주선은 아이다에서 10,500 km 거리에 있었다. (사진 제공 : NSAS/JPL)

소행성대의 커크우드 틈새

소행성대에 있는 천체들은 그 분포가 균일하거나 태양에서의 거리에 비례하지도 않는다. 오히려 궤도의 장반경 값에 따라 현저하게 적거나 또는 지나치게 많다(그림 10.13). 이와 같은 위치는 목성에 대한 궤도공명과 일치하며, 위성 미마스에 의하여 토성의 고리에 발생하는 공명과 비슷한 것이다. 소행성 숫자가 적은 영역을 **커크우드 틈새**(Kirkwood Gap)라 하며, 거리 3.3 AU(공전주기의 2 : 1 공명)와 2.5 AU(3 : 1 공명) 위치에서 가장 뚜렷하게 볼 수 있다. 그러나 실제로는 토성 고리의

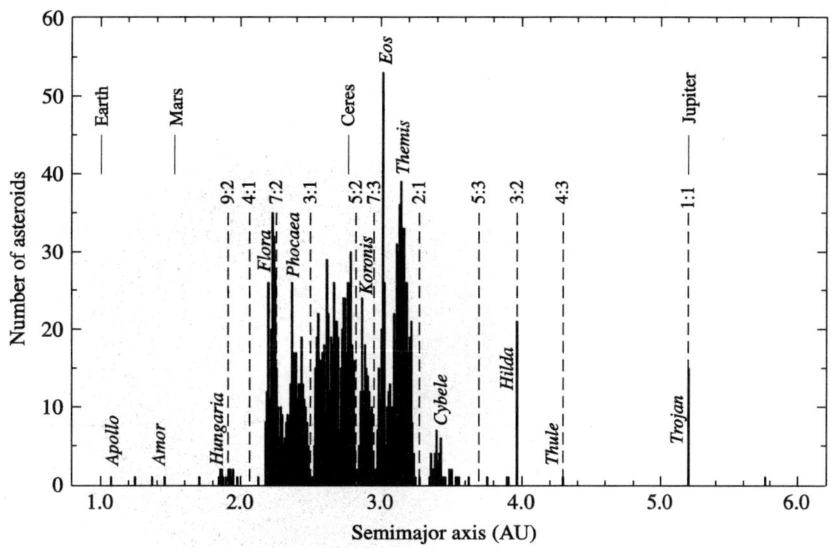

그림 10.13 소행성대에 있는 1796개의 소행성 분포. 소행성군의 이름과 목성에 대한 궤도공명도 함께 표시하였다. 공명위치 여러 곳에서 커크우드(Kirkwood) 틈새를 확인할 수 있으며, 다른 공명위치에서는 소행성 숫자의 증가가 뚜렷하다. (자료 제공 : 윌리엄스, Astroids II, 빈첼, 게렐스와 매튜스(eds.), 애리조나대학 출판부)

카시니 틈새와 마찬가지로 소행성대 내에서 천체가 완전히 없는 부분은 존재하지 않는다. 그 대신 다양한 이심률과 궤도 기울기로 인하여 소행성들이 틈새 외부로 퍼져 나오게 되며 그 자리에는 지나가는 천체들만 있게 되는 것이다. 그림 10.14는 2005년 9월 8일 기준으로 소행성(및 일부 혜성)의 위치를 황도면에 투영한 지도를 보여준다.

트로이 소행성군

경우에 따라서 목성에 대하여 공명을 이루는 곳에서 국지적으로 소행성 숫자가 증가하기도 한다. 특히 흥미 있는 공명 그룹은 **트로이 소행성군**(1 : 1)으로서 목성과 같은 궤도상에 있으나 공전 위치는 60° 앞서거나 뒤서고 있다. 그림 10.15, 10.11, 10.14를 보라. 또한 최소한 하나의 소행성이 화성 궤도를 60° 뒤에서 태양을 돌고 있으며, 두 개는 해왕성보다 60° 앞선 위치에서 돌고 있다. 이 소행성들은 태양과 목성의 상호작용에 의하여 형성되는 중력적으로 매우 안정된 영역(중력 우물)에서 발견된다. 이 위치들은 L_4 및 L_5 라그랑지 점으로서, 3체 시스템에서 하나의 천체가(여기서는 소행성) 다른 두 개보다 매우 작을 때 생기는 평형지점이다. 12.1(2권)에서 설명한 바와 같이 라그랑지 점은 일부 쌍성계의 진화에서 큰 역할을 한다.

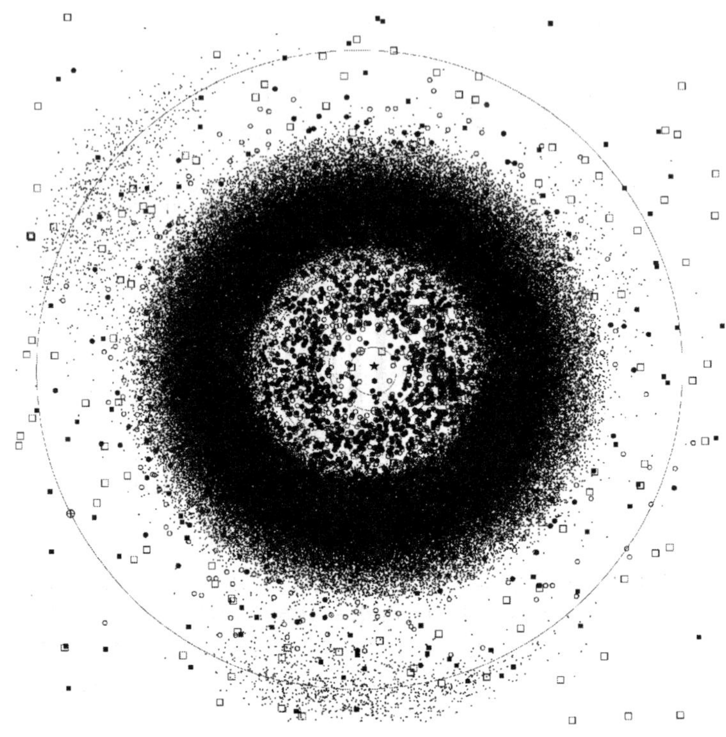

소행성 센터 작성(2005. 9. 8)

그림 10.14 내태양계의 소천체를 2005년 9월 8일 기준으로 황도면 상에 투영한 지도. 그림에는 약 237,000개의 천체가 표시되어 있다. 바깥쪽의 궤도는 목성의 궤도이며 소행성대가 뚜렷이 드러나 있다. 소행성대는 소행성으로 가득 차 있지 않다. 다만 표시 기호가 천체의 실제 크기보다 훨씬 확대되어 그림에는 가득 찬 것처럼 보인다. 행성의 위치는 ⊕ 로 표시하였다. 그림에서 목성은 아래쪽 좌측에 있다. 목성 궤도에서 목성의 60° 앞뒤에 트로이 소행성군이 커다란 구름처럼 나타나 있다. 아모르, 아폴로, 아텐 소행성군 사이에 있는 지구형 행성의 궤도를 볼 수 있다. 그림 10.11에서와 같이 혜성은 사각형으로 표시하였다. 이 그림에서는 행성과 다른 천체들이 대부분 반시계방향으로 회전하는 것으로 보이게 되며, 춘분점은 우측에 있다. (자료 제공 : 거레스 윌리암스, Minor Planet Center)

아모르, 아폴로, 아텐 소행성군

특수한 소행성들로 지구형 행성 궤도 사이에서 공전하고 있는 소행성군이 있다. **아모르** 소행성군은 지구와 화성 사이, **아폴로** 소행성군은 근일점에 접근할 때 지구 궤도를 가로지르며, **아텐** 소행성군은 원일점 부근에서 지구의 궤도를 가로지르지만 그 장반경은 1 AU보다 작다.

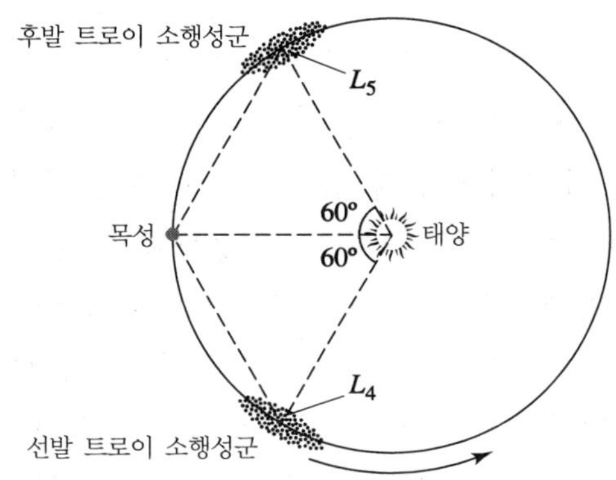

그림 10.15 트로이 소행성군은 목성 궤도 위에서 목성의 앞 뒤 60° 위치에 있다. 이 위치들은 태양–목성계의 5개 라그랑지점들 중에서 두 개다.

이 소행성군의 대부분은 원래 주 소행성대에 있었으나 목성의 섭동으로 궤도가 달라진 것으로 보인다. 지구 궤도를 가로지르는 소행성의 일부는 한 때 혜성의 핵이었으나 태양에 거듭 접근하는 동안 대부분의 휘발성물질을 잃은 것일 수도 있다. 아폴로와 아텐 소행성군은 지구 궤도를 가로질러 운동하므로 지구와 충돌할 가능성은 항상 있다.

히라야마족(Hirayama Families)

1918년 일본의 천문학자 기요츠쿠 히라야마(1874–1943)는 일부의 소행성이 집단을 이루며 거의 같은 궤도에 있다는 것을 발견하였다. 현재까지 100개 이상의 **히라야마족**(**소행성족**이라 부르기도 함)이 확인되었다. 각 족은 원래 한 개의 소행성이었으나 큰 충돌로 부서진 것이라고 추정되고 있다. 충돌속도가 $5\,\mathrm{km\,s^{-1}}$ 이상이면 충돌에너지는 암석을 부수고 그 조각을 흩어놓을 수 있다. 충돌에너지가 부족할 경우 표면의 일부분만 떨어져 나가거나, 또는 파괴된 조각들이 다시 합체하여 큰 덩어리를 이룰 수도 있다. 일부 큰 히라야마족과 연관된 것으로 보이는 먼지대가 적외선 천문인공위성(Infrared Astronomical Satellite)으로 관측되었다.

소행성과 랑데부(만남)

1991년과 1993년, 소행성 951 가스프라와 243 아이다(그림 10.12 참조)를 우주선에서 처음 탐사하였다. 목성으로 향하던 갈릴레오 우주선이 소행성대를 통과하는

동안 관측한 이들 소행성은 천문학자들이 예상했던 대로 수많은 운석 충돌 흔적을 지니고 있었다. 충돌흔적의 숫자를 바탕으로 가스프라(플로라족의 구성원)는 약 2억 년 전에 큰 소행성에서 떨어져 나온 것으로 보인다. 그 반면 아이다(코로니스족에 속함)는 연대 추정이 쉽지 않다. 크기가 작은 닥틸은 충돌에 의해 파괴되지 않은 것을 볼 때에 연령이 1억년을 넘지 않을 것 같다. 그러나 아이다는 그 표면의 구덩이가 매우 많다는 것을 고려할 때 연령이 약 10억 년으로 추정된다. 이 두 천체가 더 큰 천체에서 떨어져 나온 것이라고 가정한다면, 커다란 천체가 파괴될 때 생기는 조각이 만드는 구덩이 숫자가 증가한다는 데서 연령 차이에 대한 그 답을 찾을 수 있을지도 모른다. 소행성대의 개수밀도는 매우 낮지만, 태양계의 오랜 역사를 고려하면 큰 충돌을 피하기는 어려운 것이다.

아이다를 돌고 있는 닥틸이 발견됨에 따라 아이다의 질량은 케플러의 제3법칙으로 계산할 수 있게 되었다. 그러나 불행하게도 우주선의 상대 근접비행 속도가 너무 빨랐으며(12.4 km/s) 닥틸의 궤도와 우주선의 궤적에 8°의 차이가 있었으므로 관측 데이터로 그 궤도의 범위를 대략 추정할 수만 있었다. 계산에 의하면 아이다의 질량은 약 $3-4\times10^{16}$ kg이며 따라서 평균밀도는 2200 내지 2900 kg m^{-3}이 된다.

지구근접 소행성탐사선(Near Earth Asteroid Rendezvous Mission : NEAR-Shoemaker)[13)]은 1996년 발사되었다. 이 탐사선은 그 최종 목표인 433 에로스로 가던 도중 253 마틸드 소행성과 10 km s^{-1} 속도로 근접 항행하였다. 마틸드가 탐사선에 미친 중력섭동을 바탕으로 이 소행성의 평균밀도는 1300 kg m^{-3}에 불과하다는 것이 밝혀졌으며, 이것은 매우 강한 충돌로 작게 부서졌던 소행성 조각들이 자체의 중력으로 느슨한 형태로 다시 합체된 것임을 나타내는 것이다.

2000년 2월 14일 NEAR-슈메이커 탐사선은 433 에로스의 궤도에 진입하여 약 일년 동안 정밀한 조사를 실시하였다(그림 10.16).

이 탐사선은 에로스를 선회하면서 중력장을 측정하고 표면 구성에 대한 자료를 수집하였다. 착륙선으로 설계되지는 않았지만 일 년 동안 궤도를 선회한 뒤 1.6 m s^{-1}의 속도로 에로스 표면에 착륙하는데 성공하여 일주일 동안 관측 데이터를 지구로 보내왔다. 착륙 단계에서 다수의 확대 사진을 촬영하여 지구로 송신하였으며, 그림 10.17도 그 중 한 장이다.

13) 이 탐사선은 발사 후에 행성과학자이며 슈메이커-레비 9 혜성의 공동발견자인 고 유진 M, 슈메이커의 이름을 따서 개명되었다. 슈메이커는 433 에로스 소행성을 암석조사용 망치로 두들겨서 그 속에 무엇이 있는지 보고 싶다고 늘 말해왔다.

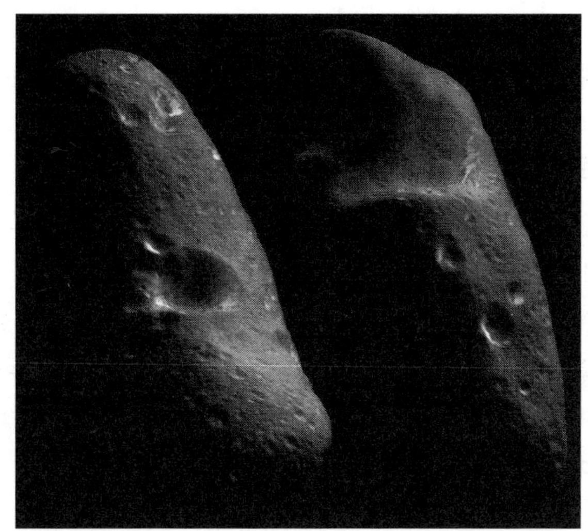

그림 10.16 선회궤도에서 촬영한 사진을 합성하여 작성한 433 에로스의 남반부와 북반부의 모습. 에로스는 두터운 표토로 덮여 있으며 많은 구덩이의 흔적을 볼 수 있다. 에로스는 가장 큰 지구근접 소행성 중의 하나로서 길이 33 km, 너비 8 km, 높이 8 km이다. (자료 제공 : NASA/존스홉킨스대학 응용물리연구소.)

그림 10.17 높이 250 m에서 본 에로스의 표면. 화상의 너비는 12 m이다. 2001년 2월 12일, NEAR-슈메이커 탐사선이 하강하면서 촬영한 것이다.
(자료 제공 : NASA/존스홉킨스대학 응용물리연구소)

이 탐사선이 보내온 관측자료에 의하면 에로스의 밀도는 2670 kg m^{-3}이며, 한 차례 파괴된 것으로 보이지만 마틸드처럼 작은 부스러기가 될 정도는 아니었다. 에로스 내부의 공극률(구멍이난 자국)이 25% 정도로 추정된다. 방사선 측정과 감마선 분광측정(그림 10.18) 결과에 의하면 에로스는 원시천체에서 예상되는 것과 같이 K, Th, U, Fe, O, Si, Mg 등의 원소가 있는 것으로 판단된다.

소행성의 분류

소행성들의 색깔에 차이가 있다는 것을 알게 된 것은 1930년대였다. 소행성에서 반사된 태양광선의 스펙트럼을 관측하면 천체의 표면 구성물질에 대하여 중요한 정보를 제공하는 흡수대를 조사할 수 있다. 또한 반사도 측정을 통해서도 데이터를 얻을 수 있다. 현재 알려진 바에 의하면 소행성의 구성물질은 상당한 차이를 보이지만 태양에서 떨어진 거리에 따라 일반적인 경향을 나타낸다(그림 10.19). 소행성은 다음과 같이 크게 분류할 수 있다.

- **S–형** : 소행성대의 내부에 있으며(2–3.5 AU) 현재까지 알려진 모든 소행성의 약 1/6을 차지하고 있다. 표면에 주로 포함된 성분은 철 또는 마그네슘이 많이 포함된 규산염, 그리고 순수한 금속 철–니켈이다. 휘발성 성분이 비교적 적고, 붉은 색을 띠고 있으며, 반사도는 중간 정도이다(0.1–0.2). 가스프라, 아이다, 에로스 등이 여기에 속한다.

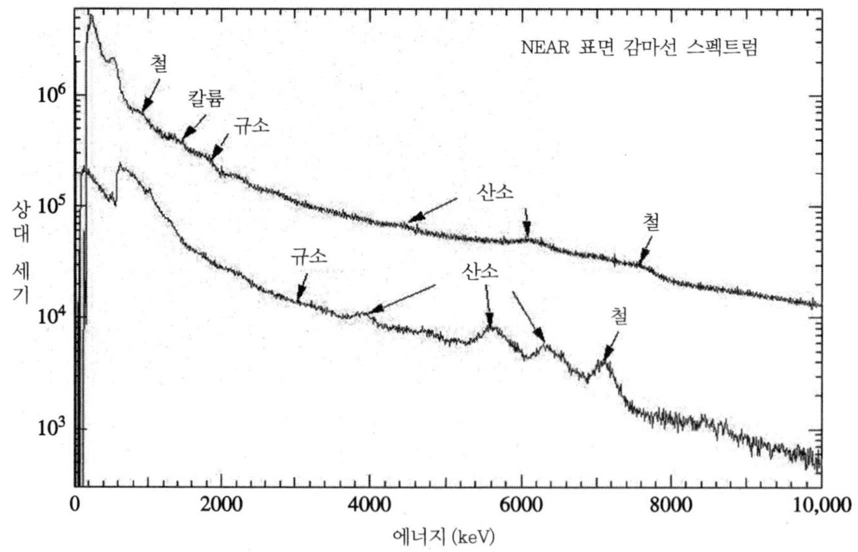

그림 10.18 NEAR–슈메이커 우주선이 착륙한 후에 관측한 433 에로스의 감마선 스펙트럼. 두 개의 감마선감지기를 사용하여 두 개의 스펙트럼을 측정하였다. (NASA/존스홉킨스대학 응용물리연구소가 제공한 자료에서 발췌)

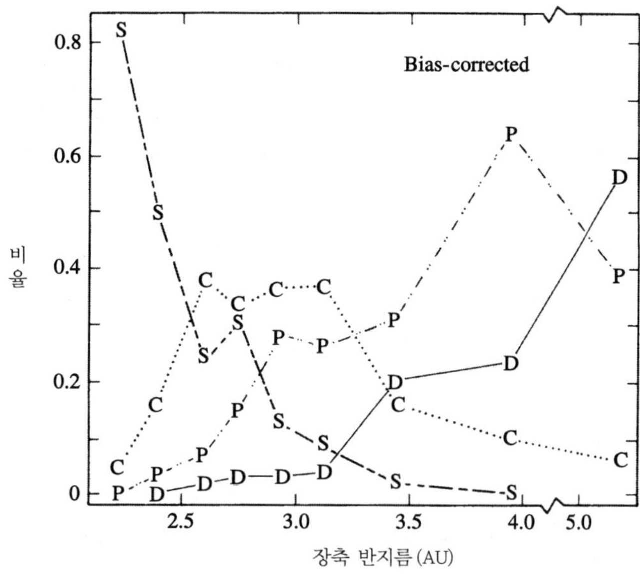

▌그림 10.19 소행성의 종류를 태양 거리에 대하여 표시하였다. (그림 자료 제공 : 그레디, 채프먼, 테데스코의 Asteroids II, 빈첼, 게렐스, 메튜스(eds.) 애리조나대학 출판부, 턱슨, 1989)

- **M-형** : 금속 성분이 많이 포함되어 있으며, 철과 니켈 흡수선이 많이 나타남, 약간 붉은 색을 띠고 반사도는 중간 정도이다(0.10-0.18). 주로 S-형 소행성이 있는 내부 소행성대에 있다(2-3.5 AU).
- **C-형** : 전체 소행성의 약 3/4를 차지한다. 대부분 3 AU 거리에 있으나 주로 소행성대 전체(2-4 AU)에 걸쳐서 관측된다. 매우 어두우며 반사도는 0.03-0.07, 탄소질이 풍부한 것으로 보인다. C-형 소행성의 2/3은 물을 위주로 다량의 휘발성 물질을 가지고 있다. 마틸드가 C-형에 속한다.
- **P-형** : 주 소행성대의 바깥 부분에 위치하고 있으며(3-5 AU) 4 AU 부근에 가장 많다. 약간 붉은 색을 띠고 반사도는 낮다(0.02-0.06). 표면에는 혜성에도 있는 원시 유기물질을 상당히 가지고 있을 수도 있다.
- **D-형** : P-형과 유사하나 색깔이 더 붉고 태양에서 더 먼 거리에 있다. 트로이 소행성군이 D-형에 속한다. 목성의 소위성 중 일부도 D-형 소행성과 유사한 스펙트럼을 가지고 있다.

소행성의 유형이 태양 거리에 따라 달라지는 것은 주로 태양성운 내에서 응축되는 과정에 기인하고 있는 것으로 보인다(11.2에서 자세하게 살펴볼 것이다). 태양

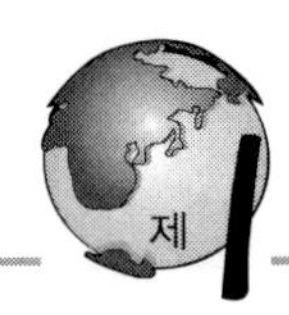

에 가까운 소행성대의 안쪽 부분은 온도가 높으므로 규소와 같은 내화성 화합물이 모이고 물이나 유기화합물처럼 휘발성이 높은 물질은 제거된다. 태양에서 먼 쪽에는 충분히 온도가 낮아서 휘발성 물질이 더 많이 모이게 되어 이 영역에서 형성되는 소행성은 휘발성 물질을 포함한다. 소행성대의 중간 부분에 있는 C-형 소행성의 대부분은 물을 함유하고 있는 것으로 보이며 더 멀리 있는 P-형과 D-형은 대부분의 외태양계의 위성들처럼 물-얼음이 있을 수 있다. 흥미로운 사실은, 태양에서 2.77 AU 거리에 있으며 소행성대에서 가장 큰 천체인 1 세레스는 거의 구형이며 물-얼음의 맨틀을 가지고 있을 수 있다.

S-형 소행성의 대부분 또는 모든 소행성 등, 소행성대에서 태양에 가까운 쪽에 있는 소행성의 대부분은 수명기간 중 상당한 중력 분리(gravitational separation)를 겪은 것이 분명하다. 금속 성분을 매우 많이 포함하고 있는 M-형도 형성 이후 크게 달라졌다. 문자 M은 이전에는 훨씬 더 큰 모 소행성들의 핵을 표시하며, 이런 핵은 화학적인 변화를 거쳐 이후에 격렬한 충돌로 분쇄되어 핵이 드러나게 된 것으로 믿어지고 있다.

최소한 하나(4 베스타) 이상의 소행성은 그 표면이 현무암(용암이 식어서 생긴 암석)으로 덮여 있는 것으로 보인다. 베스타는 지름이 250 km로서, 현재까지 알려진 소행성들 중에서 1 세레스, 2 팔라스 다음 셋째로 큰 소행성이다. 베스타에서는 내부에서 형성된 마그마가 균열을 통하여 표면으로 유출되어 굳어진 것으로 보인다. 또한 베스타에는 지표 아래의 맨틀이 노출될 정도로 큰 구덩이가 있다.

내부 열

베스타와 S-형 및 P-형 소행성들이 보여주고 있듯이 최소한 일부의 소행성은 그 수명 중에 일정 기간 동안 내부가 녹았던 것으로 보이며, 따라서 그 열원이 무엇인가 하는 의문이 제기되었다. 소행성은 크기가 작아서 내부의 열이 빠르게 공간으로 복사되므로 형성된 후 너무 빠르게 냉각되어 중력 분리가 이루어질 수 있는 충분한 시간이 없다($\tau_{\text{cool}} \propto R$, 9.1절 참고). 뿐만 아니라 지구 내부를 고온으로 유지하는데 가장 큰 역할을 하고 있는 방사성동위원소는 반감기가 긴 종류는 소행성의 내부를 녹일 수 있을 만큼 빠르게 열을 내지 못한다. 반감기가 짧은 방사성동위원소가 충분히 있다면 비교적 짧은 시간 내에 대량의 열을 낼 수 있을 것이라는 주장이 제기되었다. 이런 가능성이 있는 물질 중에 반감기가 716,000년인 ${}^{26}_{13}\text{Al}$이 있다.

$$ {}^{26}_{13}\mathrm{Al} \rightarrow {}^{26}_{12}\mathrm{Mg} + e^{+} + \nu_{e} \tag{10.5} $$

이 가설의 문제는 소행성의 내부를 실제로 녹일 수 있으려면 알루미늄이 생성된 후 형성되고 있는 소행성에 비교적 빨리(반감기가 짧으므로) 결합되어야 한다. 이 조건을 만족시키려면 태양계의 형성 시간척도가 심하게 제약을 받게 된다.

방사성동위원소 가설의 두 번째 문제는 소행성대에서 태양에 가까운 안쪽부터 먼 목성까지 소행성의 유형 별 분포에 있다. 안쪽의 소행성은 화학적 성분이 바깥쪽과 다르며 휘발성물질이 작고, 바깥쪽 3.2 AU 부근의 소행성은 물을 가진 얼음천체이다. 이러한 분포를 보면 ${}^{26}_{13}\mathrm{Al}$이 화학적 분화를 가져온 열의 근원이었다면 안쪽 소행성에 더 많이 있어야 하는 것이다.

10.4 운석

1969년 2월 8일 이른 아침, 멕시코 치후아나 시 인근주민들은 하늘을 가로지르는 청백색의 불빛을 보았다. 사람들이 보고 있는 동안 이 불덩이는 두 개로 갈라졌고 다시 폭발하여 여러 개의 빛을 발하는 조각이 되었다. 이 불꽃놀이와 함께 소닉붐(음속 돌파시의 폭발음)이 들렸다. 어떤 사람들은 지구에 종말이 온 것으로 믿기도 하였다. 길이와 폭이 약 50 km와 10 km의 지역(strewn field라 함)에 암석이 비처럼 쏟아졌다. 다음 날, 첫째 운석이 푸에블리토 데 알렌데라는 작은 마을에서 발견되었다. 이 때 떨어진 운석을 모두 수집한 결과 2톤 이상이었으며 이 운석들을 모두 **알렌데운석**이라 부른다. 이 운석 중 상당 부분은 텍사스 휴스턴에 있는 NASA 달시료연구소(Lunar Receiving Laboratory)로 보내져서 분석되었다[14]. 그림 10.20은 알렌데운석 중 하나를 보여준다[15].

사람들이 하늘에서 보았던 밝은 빛의 줄기는 운석의 표면이 지구의 공기와 마찰하여 그 마찰열에 의하여 운석이 빛을 낸 것이다. 운석 샘플의 외부는 마찰열에 의해 생성된 용융크러스트로 덮여있었지만 내부는 영향을 받지 않았다. 운석이 대기를 통과할 때는 손상된 표면의 박편들은 형성 즉시 떨어져 나간다.

14) 마침 달시료연구소는 그 해 아폴로 달우주선이 가져올 월석을 분석할 준비를 하고 있었다.

15) 1807년 미국 대통령 토마스 제퍼슨(1743-1826)은 코네티컷에서 두 예일대학 교수의 운석관련 강의를 들은 후 이렇게 말했다. "하늘에서 돌이 떨어진다는 말을 믿느니 차라리 그 두 교수가 거짓말을 했다고 믿겠다." 제퍼슨 자신도 유명한 아마추어 과학자였다.

(a)

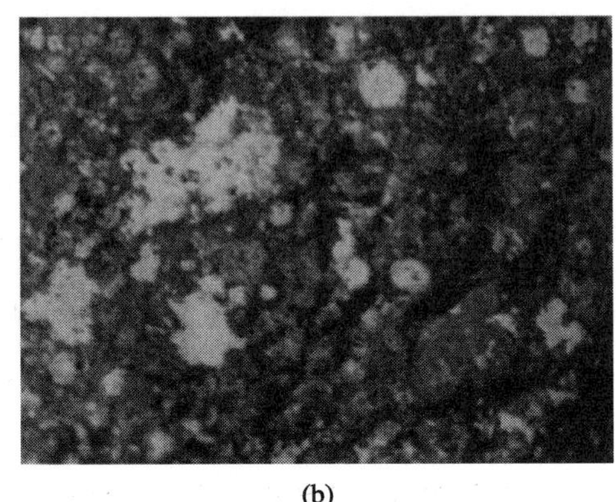

(b)

▌그림 10.20 (a) 알렌데 운석 샘플. 표면에 용융 크러스트가 있다. (b) 샘플 내부의 확대 사진. CAI와 입상체가 모암에 박혀 있다. (사진 제공 : 스미소니언천체물리관측소)

알렌데운석의 연대와 구성성분

태양계 형성 과정에 있었던 사건의 연대를 정확하게 결정하는 한 방법은 운석에서 납의 동위원소 2종류의 함량을 상대적으로 측정하여 비교하는 것이다. 여기서 이용되는 납의 2종류 동위원소는 ${}^{207}_{82}\mathrm{Pb}$와 ${}^{206}_{82}\mathrm{Pb}$이다. 이 두 동위원소는 각각 ${}^{225}_{92}\mathrm{U}$ (반감기 70.4억년)와 ${}^{238}_{92}\mathrm{U}$ (반감기 44.7억년)에서 시작하여 서로 다른 붕괴 과정을 거쳐 만들어 진다. 이 **Pb-Pb 측정시스템**을 이용하여 과학자들은 알렌데운석의 연대를 45.66±0.02 억년으로 추정하였으며 이것은 5.1절(2권)에서 살펴보았던 태양의 연대(45.7억년)와 아주 근사한 것이다[16]. 알렌데운석은 원시 태양계성운의 유물로 보인다(다른 운석도 마찬가지이다).

이 운석을 화학적으로 분석한 결과 그 구성성분은 태양과 유사하였으며(태양의 광구), 차이점으로서는 가장 휘발성이 큰 원소(H, He, C, N, O, Ne, Ar)들이 더 작았고 리튬(Li)은 더 많았다. 휘발성 성분이 비교적 작은 것은 알렌데운석이 온도가 너무 높아서 이런 성분이 남아 있기 어려운 태양성운의 안쪽 부분에서 형성되었기 때문이라고 생각된다[17]. 알렌데운석의 리튬 함량이 태양에 비하여 높은 것은 태양에서는 지금까지 리튬의 상당 부분이 파괴되었기 때문인 것으로 추정된다.

16) 방사성 연대측정에 대해서는 8.4절을 참고할 것

17) 물론 수소와 헬륨 등 가벼운 기체는 운석처럼 작은 천체에서 쉽게 빠져나가 버린다.

CAI와 콘드룰(구형의 실리케이트 입자 : 콘트라이트 운석에 포한된 구상체)

알렌데 운석은 검은 규산염 모암에 두 종류의 혹이 박혀 있다. 첫째, **칼슘-알루미늄 혹**(CAI : Calcium-Aluminum-rich Inclusion, 또는 용해되지 않는 혹)은 지름이 마이크로미터 크기에서 10 cm 사이의 크기로서 운석의 다른 부분에 비하여 칼슘, 알루미늄, 티타늄의 함량이 높다. CAI는 운석 물질의 기본 원소 중에서 타거나 용해되지 않는, 가장 내화성이 높은(가장 휘발성이 낮은) 물질이라는 점에서 중요한 의미가 있는 것이다. CAI는 반복적으로 증발과 응축 과정을 거친 것으로 보인다. 둘째, 콘드룰은 지름 1-5 mm 정도의 구체로서 그 주성분은 SiO_2, MgO, FeO 등이며 녹아 있던 상태에서 빠른 속도로 냉각된 것으로 보인다. 개별 콘드룰은 일회의 용융과 냉각 과정만 거친 것이 분명하며 일부의 입상체는 부분적으로만 녹았을 수도 있다.

알렌데운석의 CAI 중에서 특히 관심을 끄는 것은 $^{26}_{12}$Mg가 많다는 사실이다. 이 핵종은 초신성에서 만들어지는 $^{26}_{13}$Al(식 10.5 참고)의 방사성붕괴에 의하여 생성되므로, 이 운석은 초신성의 잔해가 특별히 많이 포함되어 있던 물질에서 형성되었을 수 있다. 뿐만 아니라, $^{26}_{13}$Al의 반감기는 천문학적 시간 척도로 보면 비교적 짧으므로 이 운석은 $^{26}_{13}$Al이 만들어진 후 수백만 년 이내에 형성되었음이 분명하다. 이것은 초신성의 폭발에서 나온 충격파가 태양성운의 중력붕괴를 촉발시켰을 수 있다는 것을 의미한다. 초신성의 폭발에서 나온 물질은 원래의 태양성운과 고르게 섞이지는 않았을 것이며 특정 부분에 집중되었을 것이므로 그런 부분에서 알렌데운석과 같은 천체가 형성되었을 것이다. $^{26}_{13}$Al의 형성을 설명하는 다른 가설도 제안되었다. T Tau 별과 FU Ori 별 등의 전주계열 단계에서 강렬한 플레어에 의하여 $^{26}_{13}$Al이 만들어질 수 있을 것으로 보인다. 이 메커니즘을 인정한다면 초신성 폭발에 의한 촉발이라는 특별한 가정을 도입하지 않아도 된다. 태양계의 형성과 진화에 대해서는 11.2절에서 자세하게 설명한다.

탄소질 콘드라이트와 보통 콘드라이트

알렌데운석은 **탄소질 콘드라이트**(carbonaceous chondrite)라 부르는 원시 광물 표본의 한 예이다. 탄소질 콘드라이트라는 이름은 유기화합물이 많고 콘드룰을 포함하고 있기 때문이다. 이들은 또한 규산염 모암 속에 상당한 양의 물을 가지고 있을 수도 있다. 심지어 모암에는 매우 강력한 원시 자기장(현재 지구 자기장의 강도와 비슷한)의 흔적도 남아 있다. 보통(ordinary) 콘드라이트는 탄소질 콘드라이트에 비해서 휘발성이 작은 물질을 가지고 있으며, 이는 보다 온도가 높은 영역에서 형성되었음을 의미한다. 이 두 일반적인 종류의 콘드라이트는 화학적으로 분화되지 않은 암석질 운석이다.

화학적으로 분화된 운석

몇 종류의 화학적으로 분화된(differentiated) 운석도 발견되었다. 에이콘드라이트(achondrites)라 부르는 화성암은 용암에서 형성되어 포유물이나 콘드룰을 가지고 있지 않다. 철운석(iron meteorite)은 암석질(규산염)을 포함하고 있지 않으며 대신 20%까지의 니켈을 함유하고 있을 수 있다. 모든 철운석의 약 3/4는 최대 수 cm 길이의 긴 철-니켈 결정구조를 가지고 있는데 이 구조를 비트만슈태텐 패턴(Widmanstatten pattern)이라 부르며 결정이 수백만 년에 걸쳐 아주 천천히 식을 때만 생길 수 있는 무늬이다[18]. 석철질(stony-iron) 운석은 철-니켈 바탕에 석질 포유물을 가지고 있다. 지구에 충돌하는 운석 중에는 석질(콘드라이트와 에이콘드라이트)이 96%를 차지하고 있으며 철이 3%, 그리고 석철질이 나머지 1%를 차지한다.

운석의 근원

모든 운석의 거의 대부분은 소행성에서 쪼개져 나왔거나 격렬한 충돌에 의하여 소행성 내부에서 나온 것으로 보인다. 크기가 충분한 소행성은 자체 중력에 의하여 내부의 물질이 밀도에 따라 분리되었을 것이며 이것은 M-형 소행성에서 볼 수 있는 것이다. 노출된 금속 핵은 철 성분의 근원이 되며, 핵-암석의 경계부는 석철질의 근원이 된다.

다른 소행성은 화학적 분화를 거의 거치지 않았으며 이것으로 콘드라이트의 존재를 설명할 수 있다.

소행성의 반사 스펙트럼을 운석 샘플과 비교하여 소행성이 지구에 충돌하는 운석의 근원인지 여부를 시험해 볼 수 있다. 그림 10.21을 보면 일부 소행성과 운석 사이에 강한 상호관계가 있다는 것을 알 수 있다. 예를 들어 소행성 176 이두나의 스펙트럼은 탄소질콘드라이트인 미겔(Mighel)과 아주 비슷하며, 4 베스타의 현무암질 표면은 에이콘드라이트 운석인 카포에타와 잘 일치하고 있다.

18) 이 무늬의 이름은 1808년 이 모양을 발견한 비트만슈태텐 백작의 이름을 딴 것이다. 그는 오스트리아 비엔나의 황실도자기제조소장이었다.

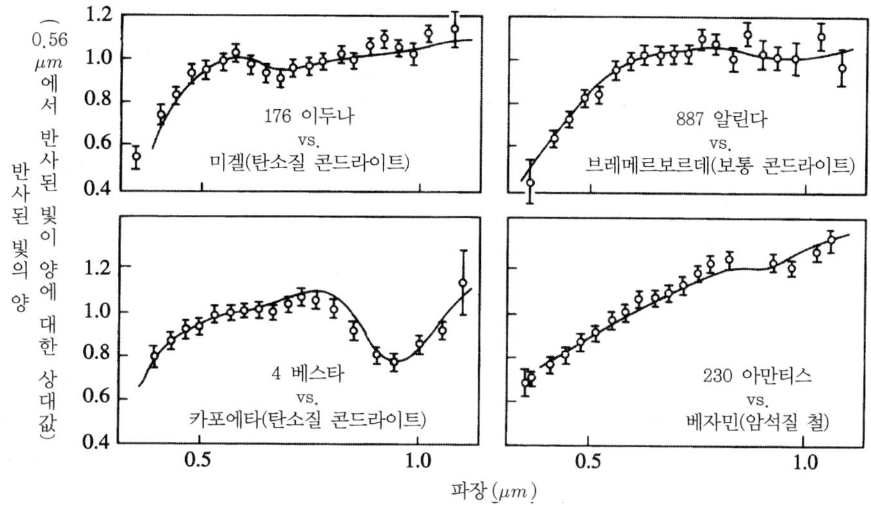

▌그림 10.21 **소행성과 운석의 적외선 스펙트럼 비교. 소행성의 반사 데이터는 원과 오차범위를 나타내는 막대로 표시하였으며, 실험실에서 측정한 운석의 스펙트럼은 실선으로 표시하였다.** (자료 출처 : C. R. 채프만, The New Solar System, 제3판, Beatty and Chaikin(eds.) 캠브리지대학 출판부 및 Sky Publishing, 캠브리지, MA. 1990)

1982년 남극의 빙관에서 보기 드문 종류의 에이콘드라이트가 발견되었다[19]. 이 운석은 아폴로 우주인들이 달의 고지대에서 가져 온 암석과 동일한 화학적 성분조성을 가지고 있었다. 이 운석은 소행성이 아니라 달에서 탈출해 나온 것이 분명하다. 달의 탈출속도는 소행성의 탈출속도보다 훨씬 더 높으므로 이 발견은 기대하지 않았던 것이었다. 더 놀라운 사실은 몇몇 운석은 그 연대가 불과 13억년 전이라는 점이다. 이 암석들은 달 표면의 연령보다 훨씬 더 젊은 것이므로 지질학적으로 최근까지 활동하던 천체에서 나왔음이 틀림없다. 유일한 후보는 화성이며 그 탈출속도는 5 $\mathrm{km\,s^{-1}}$이다. 최소한 한 운석은 충격으로 용융된 유리질의 포유물을 가지고 있었으며 그 속에는 희유가스와 질소가 화성 대기와 동일한 조성비로 포함되어 있었다. 그러나 284쪽 8.5절에서 소개하였던 아주 오래된 운석 ALH84001도 화성에서 온 것임을 상기하도록 하라.

매년 비슷한 날짜에 **유성우**가 내리며, 이때 운석이 **복사점**(radiant)이라는 천구상의 일정한 위치에서 나오는 것처럼 보인다. 운석의 원천은 지구 궤도를 지나간 혜성 또는 소행성이 남긴 잔존 물질이다. 지구가 이 천체의 궤도를 지나가면 궤도에

19) 남극은 운석의 보고이다. 빙하의 표면에 있는 암석은 외계에서 온 것임이 거의 확실한 것이다.

▌표 10.3 주요한 유성우의 날짜와 모천체

유성우	날짜(월/일)	모천체
카드란티드	1/3	(밝혀지지 않음)
리리드	4/21	혜성 1861 I
이타 아쿠아리드	5/4	핼리혜성
델타 아쿠아리드	7/30	(밝혀지지 않음)
페르세이드	8/11	스위프트-터틀 혜성
드라코니드	10/9	자코비니-지너 혜성
오리오니드	10/20	핼리혜성
타우리드	10/31	엔케혜성
안드로메디드	11/14	비엘라혜성
레오니드	11/16	혜성 1866 I
제미니드	12/13	소행성 3200 파이톤

남아 있던 물체들이 비처럼 쏟아져 내리게 되며, 마치 그 물체들이 지구가 향하고 있던 천구상의 위치, 즉 복사점에서 오는 것처럼 보인다. 유성우의 모천체는 대부분 혜성이지만, 최소한 그 중 하나인 3200 파이톤은 소행성으로 분류된다. 유성우의 이름은 그 복사점이 있는 별자리의 이름을 따서 붙인다. 표 10.3에 중요한 유성우와 그 활동이 대략 최대가 되는 날짜 및 모천체 등을 수록하였다.

지구 충돌의 역사

이제 태양계의 모든 천체들이 수많은, 때로는 매우 격렬한 충돌을 겪어 왔다는 것을 알게 되었을 것이다. 지구 역시 예외가 아니다. 가까운 예로는 약 50,000년 전 지름이 50 m 정도로 추정되는 철질 운석이 애리조나에 떨어져서 지름 1.2 km, 깊이 200 m의 구덩이를 만들었다(그림 10.22). 1908년에는 시베리아 상공에서 석질 소행성이 대기 중에서 폭발하였다는 가설을 뒷받침할 수 있는 강력한 증거가 있다(이 폭발은 퉁구스카 대폭발로 알려져 있다). 이 폭발로 사방 15 km 이내의 모든 나무들이 쓰러졌다. 심지어 폭발의 충격파로 60 km 밖에 있던 사람이 자기 집의 현관에서 밀려 넘어졌으며, 폭발음은 1000 km 밖에서도 들을 수 있었다. 이 퉁구스카 대폭발의 추정 폭발 에너지는 5×10^{17} J로서 12 MT의 핵폭발에 해당하는 것이다.

▮ **그림 10.22** 애리조나에 있는 50,000년 전의 운석 구덩이(배링거의 구덩이라 부르기도 한다)는 지름 1.2 km, 깊이 200 m이다. 지름이 50m로 추정되는 운석의 충돌로 생긴 것이다. (사진 제공 : D. J. 로디와 K. 젤러, USGS)

더 거대한 충돌로 당시 지구상에 있던 생물에 재앙을 초래했던 사건이 발생했던 것일까? 1950년 무렵, 랄프 볼드윈(Ralph Baldwin)은 운석충돌이 화석 기록에 나타나는 많은 생물종들이 대량으로 멸종되는 원인이었을 것이라는 설을 제안하였다. 이 가설의 증거는 1979년 지질학자 월터 알바레즈와 노벨물리학상 수상자인 그의 부친 루이스 알바레즈(1911-1988)가 공동으로 제시하였다. 이들은 백악기-제3기 경계(K-T 경계)의 지층에서 이리듐의 함량이 매우 높은 검은색 진흙을 발견했다고 보고하였다. K-T 경계는 6천 5백만 년 전 공룡을 포함하여 70%의 생물이 멸종되었던 시기에 해당하는 것이다. 이들이 이탈리아 아페닌 산맥에서 처음 이 사실을 발견한 이후 세계 각지에 있는 K-T 경계에서도 비정상적으로 높은 이리듐 함량이 보고되었다.

이리듐 발견의 중요성은 이리듐이 지구 표면 부근에 있는 암석에서는 매우 희귀한 원소이기 때문이다. 이리듐은 용융상태의 철에 쉽게 용해되므로(친철원소) 지구 중심부로 내려가는 무거운 원소와 화학적 분화를 같이 거치게 된다. 그러나 철질 운석에는 이리듐이 매우 흔한 원소이다. K-T 진흙층에 발견되는 이리듐의 양은 지구상에 있는 보통 암석에 있는 이리듐의 양에 비하여 수천 배나 더 많으며 이 이리듐의 양은 지름이 약 6 내지 10 km에 달하는 석질 소행성(또는 약간 더 큰 혜성)이 충돌했을 때의 양과 일치한다[20]. 이 정도 크기의 충돌체는 지름이 약 100 내지 200 km인 구덩이를 만들었을 것이다.

---

20) 이 크기를 지형과 비교한다면, 록키산맥의 높이는 계곡에서부터 약 1.5 km이며, 심해의 깊이는 약 6 km이다.

전 세계의 K–T 경계에서 충격에 의하여 형성된 광물질 입자도 발견되고 있으며, 특히 북미 대륙에서 많이 발견되고 있다. 이 사실은 그 충돌이 북미대륙에서 일어났을 가능성을 보여준다. 유카탄 반도 북쪽 해안에 있는 칙술룹 부근의 고대 충돌흔적이 주목을 받고 있다. 그곳에는 지름이 최소 180 km인 거의 반원형의 구조가 있으며, 방사성연대측정 결과에 의하면 그 연대도 일치한다[21]. 구덩이 크기를 근거로 계산한 충돌 에너지는 4×10^{22} J로서 TNT 10^{13}톤에 해당한다. 또한 칙술룹 구덩이를 만든 충돌은 텍사스 중심부까지 지나간 흔적이 분명하게 남아 있는 거대한 **해일**을 일으켰을 것으로 생각되고 있다.

바다에서 일어난 그 거대한 충돌이 어떻게 생물의 대량 멸종을 초래할 수 있었던 것일까? 추정된 것과 같은 크기의 운석이 바다에 떨어지면 대량의 바닷물이 증발하게 된다. 증발된 물의 일부는 대기 중의 부유입자를 씻어내며 나머지는 수증기로서 온실효과를 초래한다. 온도가 높아지면 더 많은 물이 증발하여 대기 속으로 들어온다. 지구의 기온과 해수 온도는 이러한 온실효과에 의하여 10 K까지 높아질 수 있다(258쪽, 금성의 온실효과 폭주를 참고할 것).

그와 달리, 육지에서 거대한 충돌이 발생할 경우 막대한 양의 먼지가 대기 속으로 들어오게 된다. 그 결과로 반사도가 증가하여 태양의 열이 우주로 반사되어 지표 온도가 낮아지게 된다[22].

바다 또는 육지 어느 경우든지 운석이 대기 속을 지나갈 때 그 막대한 운동에너지에 의하여 고온의 열과 화재를 일으켰을 것이다. 또한 공기 중의 질소를 질산으로 바꾼다. 이 질산이 비와 함께 내려서 육지와 해양의 생태계를 손상시켜 식물 그리고 남아 있던 먹이의 대부분을 소멸시켰을 것이다. 탄소 검댕도 K–T 진흙층에서 발견되었으며, 일부 지역에서는 꽃식물이 최소 수천 년 동안 자라지 못하였다는 것을 보여주는 지질학적 증거가 있다. 그 충돌이 육지에서 발생하였거나 바다에서 발생하였거나 지구환경에는 막대한 피해를 주었을 것이다.

소행성이나 혜성이 공룡과 다른 생물을 사멸시키지 않았다 하더라도 과거에 거대한 충돌이 있었다는 증거가 있다. 일부의 계산에 의하면 우리가 살아 있는 동안 문명을 파괴할 수 있을 만큼 치명적인 충돌이 발생할 확률은 수천 분의 일이다. 이

---

21) 일부 과학자들은 그 구덩이의 반지름이 약 300 km인 것으로 평가한다.

22) 이와 같은 상황이 핵전쟁에 의해서도 생길 수 있다는 주장이 제기되었다. 이 시나리오를 "핵겨울"이라 부른다.

와 같이 놀라울 만큼 높은 통계적 수치를 우려하여 일부 과학자들은 범지구적인 소행성-혜성 방어 시스템을 구축해야 한다고 주장하고 있다. 아직은 구체적인 계획이 수립되지 않았으나 그 가능성을 논의하기 위한 회의가 여러 차례 개최되었다.

생명의 기본 물질

비록 충돌체들이 많은 지구 생명체를 사멸시킨 원인으로 지목되었지만, 여러 탄소질콘드라이트는 또한 생명체를 구성하는 다양한 기본 물질을 가지고 있다는 것이 밝혀졌다. 한 운석에서는 74종의 아미노산이 발견되었다(1972년 오스트레일리아에서 발견된 머키슨 운석). 이 아미노산 중에서 17종은 지구 생물체에 중요한 기능을 하는 것이었다. 아미노산 이외에도 DNA 분자의 이중나선을 서로 연결시키는 네 개의 염기(구아닌, 아데닌, 시토신, 티민), 그리고 RNA를 연결시키는 5번째 염기(우라실) 등이 모두 머키슨 운석에서 발견되었다. 탄소질콘드라이트에서는 이 이외에도 지구 생물에 중요한 역할을 하는 분자(예를 들어 지방산)가 발견된다. 물론 단순한 아미노산과 결합한 염기에서 극히 복잡한 DNA와 RNA 분자가 만들어지기까지는 장구한 시간이 필요하다. 그러나 이러한 발견은 생명체를 만드는 과정중 초기의 필수적인 화학적 과정이 우주환경에서 시작될 수도 있다는 것을 보여주는 것이다.

제 10 장 참고 문헌

일반 도서

Beatty, J. Kelly, Petersen, Carolyn Collins, and Chaikin, Andrew (eds.), *The New Solar System*, Fourth Edition, Cambridge University Press and Sky Publishing Corporation, Cambridge, MA, 1999.

Canavan, Gregory H., and Solem, Johndale, "Interception of Near-Earth Objects," *Mercury*, May/June 1992.

Goldsmith, Donald, and Owen, Tobias, *The Search for Life in the Universe*, Third Edition, University Science Books, Sausalito, CA, 2002.

Morrison, David, "The Spaceguard Survey: Protecting the Earth from Cosmic Impacts," *Mercury*, May/June 1992.

Morrison, David, and Owen, Tobias, *The Planetary System*, Third Edition, Addison-Wesley, San Francisco, 2003.

Sagan, Carl, and Druyan, Ann, *Comet*, Pocket Books, New York, 1985.

Smith, Fran, "A Collision over Collisions: A Tale of Astronomy and Politics," *Mercury*, May/June 1992.

고급 도서

Bottke, William F., Cellino, Alberto, Paolicchi, Paolo, and Binzel, Richard P. (eds.), *Asteroids III*, University of Arizona Press, Tucson, 2002.

Brown, M. E., Trujillo, C. A., and Rabinowitz, D. L., "Discovery of a Planet-Sized Object in the Scattered Kuiper Belt," *The Astrophysical Journal*, *635*, L97, 2005.

de Pater, Imke, and Lissauer, Jack J., *Planetary Sciences*, Cambridge University Press, Cambridge, 2001.

Festou, Michel C., Keller, H. Uwe, and Weaver, Harold A. (eds.), *Comets II*, University of Arizona Press, Tucson, 2005.

Gilmour, Jamie, "The Solar System's First Clocks," *Science*, *297*, 1658, 2002.

Luu, Jane X., and Jewitt, David C., "Kuiper Belt Objects: Relics from the Accretion Disk of the Sun," *Annual Review of Astronomy and Astrophysics*, *40*, 63, 2002.

Mendis, D. A., "A Postencounter View of Comets," *Annual Review of Astronomy and Astrophysics*, *26*, 11, 1988.

Minor Planet Center, `http://cfa-www.harvard.edu/cfa/ps/mpc.html`.

Praderie F., Grewing, M., and Pottasch, S. R. (eds.), "Halley's Comet," *Astronomy and Astrophysics*, *187*, 1987.

Ryan, "Asteroid Fragmentation and Evolution of Asteroids," *Annual Review of Earth and Planetary Sciences*, *28*, 367, 2000.

Stern, S. A., "The Pluto–Charon System," *Annual Review of Astronomy and Astrophysics*, *30*, 185, 1992.

Taylor, Stuart Ross, *Solar System Evolution*, Second Edition, Cambridge University Press, Cambridge, 2001.

제 10 장 연습 문제

10.1 **(a)** Assume that a spherical dust grain located 1 AU from the Sun has a radius of 100 nm and a density of 3000 kg m^{-3}. In the absence of gravity, estimate the acceleration of that grain due to radiation pressure. Assume that the solar radiation is completely absorbed.

(b) What is the gravitational acceleration on the grain?

10.2 In Problem 21.16, the Poynting–Robertson effect was shown to be important in understanding the dynamics of ring systems. The Poynting–Robertson effect, together with radiation pressure, is also important in clearing the Solar System of dust left behind by comets and colliding asteroids (the dust that is responsible for the zodiacal light).

(a) Beginning with Eq. (21.6), found in Problem 21.15, show that the time required for a spherical particle of radius R and density ρ to spiral into the Sun from an initial orbital radius of $r \gg R_\odot$ is given by Eq. (22.4). Assume that the orbit of the dust grain is approximately circular at all times.

(b) Find the radius of the largest spherical particle that could have spiraled into the Sun from the orbit of Mars during the Solar System's 4.57-billion-year history. Take the density of the dust grain to be 3000 kg m^{-3}.

10.3 Estimate the amount of mass lost by Comet Halley during its most recent trip through the inner Solar System. Take into consideration the fact that the comet exhibits significant activity only during a short period of time near perihelion (an interval of approximately one year). Compare your answer with the total amount of mass present in the nucleus. Assuming that the mass loss rates are the same for each trip, how many more trips might the comet be able to make before it becomes extinct?

10.4 In the text it was mentioned that *nongravitational perturbations* were used to estimate the mass of Comet Halley. How might this be done?

10.5 Comet 1943 I, which last passed through perihelion on February 27, 1991, has an orbital period of 512 years and an orbital eccentricity of 0.999914. This is one member of the class of Sun-grazing comets.

(a) What is the comet's semimajor axis?

(b) Determine its perihelion and aphelion distances from the Sun.

(c) What is the most likely source of this object, the Oort cloud or the Kuiper belt?

10.6 Using Kepler's laws, verify that the 2:1 and 3:1 orbital resonances of Jupiter correspond to the two prominent Kirkwood gaps indicated in Fig. 22.13.

10.7 Vesta orbits the Sun at a distance 2.362 AU and has an albedo of 0.38 (unusually reflective for an asteroid).

(a) Estimate Vesta's blackbody temperature, assuming that the temperature is uniform across the asteroid's surface.

(b) If Vesta's radius is 250 km, how much energy does it radiate from its surface every second?

10.8 Figure 22.14 makes it appear that the asteroid belt is saturated with objects. In this problem we will consider the fraction of the volume actually occupied by asteroids.

(a) If there are 300,000 large asteroids between 2 AU and 3 AU from the Sun, and each asteroid is assumed to be spherical with a radius of 100 km, determine the total volume occupied by the asteroids considered here.

(b) Model the region in which these asteroids orbit as an annulus with an inner radius of 2 AU, an outer radius of 3 AU, and a thickness of 2 $R_\odot$. Determine the volume of the region.

(c) What is the ratio of the volume occupied by asteroids to the volume of the region in which they orbit?

(d) Comment on the validity of a spaceship needing to maneuver quickly through a dense population of asteroids as frequently depicted in popular science fiction movies.

10.9 In this problem you will estimate the amount of energy released per second by the radioactive decay of $^{26}_{13}$Al inside Vesta during its lifetime.

(a) Vesta has a radius of 250 km and a density of 2900 kg m^{-3}. Assuming spherical symmetry, estimate the asteroid's mass.

(b) Assume for the moment that the asteroid is composed entirely of silicon atoms. Estimate the total number of atoms inside Vesta. The mass of one silicon atom is approximately 28 u.

(c) The mass of $^{26}_{13}$Al is 25.986892 u and the mass of $^{26}_{12}$Mg is 25.982594 u. How much energy is released in the decay of one aluminum atom? Express your answer in joules.

(d) The ratio of $^{26}_{13}$Al to all aluminum atoms formed in a supernova is about 5×10^{-5}, and aluminum constitutes approximately 8680 ppm (parts per million) of the atoms in a chondritic meteorite. Assuming that these values apply to Vesta, estimate the number of $^{26}_{13}$Al atoms originally present in the asteroid.

(e) Find an expression for the amount of energy released per second in the decay of $^{26}_{13}$Al within Vesta as a function of time, and plot your results over the first 5×10^7 years on semilog graph paper. You may find Eq. (15.9) useful.

(f) How much time was required after the formation of Vesta before energy production due to the radioactive decay of $^{26}_{13}$Al dropped to 1×10^{13} W, comparable to the current rate of energy output from the asteroid? See Problem 22.7.

10.10 With the aid of a diagram, explain why it is best to observe a meteor shower between 2 A.M. and dawn instead of in the early evening. *Hint:* Consider the velocities of the infalling meteors and the orbital and rotational motions of Earth.

10.11 Suppose that the Tunguska event was caused by an asteroid colliding with Earth. Assume that the density of the object was 2000 kg m^{-3} and that it exploded above the surface of the planet traveling at a rate equal to Earth's escape velocity. If all of the energy of the explosion was derived from the asteroid's kinetic energy, estimate the mass and radius of the impacting body (assume spherical symmetry).

11장

행성계의 형성

11.1 외계 행성계의 특성

7.4절에서 외계행성(extrasolar planets, 또는 *exoplanets*)을 찾는 몇 가지의 방법을 설명하였다. 우리 태양계 외부의 항성에서 발견되는 행성의 숫자가 빠르게 늘어감에 따라 행성계의 형성과 진화에 대한 중요한 정보가 계속 수집되고 있다. 외부 행성계는 그 자체로서 연구의 가치가 있을 뿐 아니라 우리 태양계에 대한 지식에도 도움을 주고 있다.

시선속도 방법을 통한 검출

7.4절에서 설명한 바와 같이 현재까지 외계행성을 찾는데 가장 효과적인 방법은 모성의 반사 시선속도를 측정하는 것이다. 펄서 PSR 1257+12를 제외하면 51 Pegasi가 최초로 발견된 행성을 가진 별이었다(태양 제외). 제네바천문대의 마이클 메이어(Michel Mayor)와 디디에르 켈로스(Didier Queloz)는 1995년 10월에 51 Pegasi 주위의 거의 원에 가까운 궤도($e < 0.01$)를 주기 $P=4.23077$일로 공전하고 있는 행성을 발견하였다고 발표하였다. (제프리 마시(Geoffrey Marcy)와 그의 동료들이 더 최근에 측정한 51 Pegasi의 시선속도 곡선을 그림 11.1에 도시하였다.) 이 계는 식을 일으키지 않으며 행성은 시각적으로 관측하기에는 너무 어두웠으므로

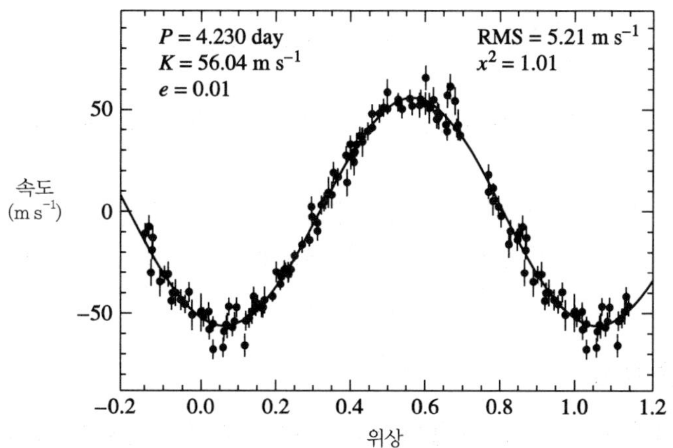

그림 11.1 51 Pegasi의 시선속도 측정 결과로서, 항성에서 불과 0.051 AU 거리에 있는 행성의 존재를 보여준다. 속도곡선이 사인곡선인 것은 아주 궤도이심률이 아주 작다는 것을 나타낸다. 7.3절의 설명을 참고하라. (그림 출처 : 마시 등, *Ap. J.*, *481*, 926, 1997)

그 행성 궤도의 기울기(i)는 알려지지 않았다. 따라서 행성의 시선속도를 측정하여 $m \sin i$값만을 결정할 수 있었다(예로서 식 7.5 참고). 모성이 우리 태양과 거의 비슷하다고 가정하여 스펙트럼 분류가 G2V−G3V이고, 항성질량이 약 $1\,\mathrm{M}_\odot$ 이라 하면 행성의 최소질량 한계를 그 항성의 최대 시선속도 변화를 통하여 계산할 수 있다.

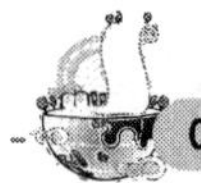

예제 11.1.1

51 Pegasi를 공전하고 있는 행성의 최소 질량을 결정하려면 먼저 궤도속도를 결정해야 한다. 케플러의 제3법칙(식 2.37)을 이용하고, 그 항성의 질량을 $m_{51} = 1\,\mathrm{M}_\odot$, 행성의 질량 m을 항성의 질량에 대하여 무시할 수 있다면($m \ll m_{51}$) 다음과 같이 계산할 수 있다.

$$a = \left[\frac{GP^2(m_{51}+m)}{4\pi^2}\right]^{1/3} = 7.65 \times 10^9\ \mathrm{m} = 0.051\ \mathrm{AU}$$

행성의 궤도는 원에 가까우므로 궤도속도는 다음과 같다.

$$v = 2\pi a/P = 131\ \mathrm{km\ s^{-1}}$$

그림 11.1에서 별에서 관측된 시선속도가 $v_{r,\max} = v_{51} \sin i = 56.04\,\mathrm{m\,s^{-1}}$이므로 식 (7.5)를 이용하여 $m \sin i$를 다음과 같이 계산할 수 있다.

$$m \sin i = m_{51} \frac{v_{51} \sin i}{v} = 8.48 \times 10^{26} \text{ kg} = 0.45 \text{ M}_\text{J}$$

여기서 M_J는 목성의 질량이다. $\sin i \leq 1$이므로 행성 51 Peg b의 질량은 0.45 M_J보다 크다는 것을 알 수 있다.

51 Peg b는 "뜨거운 목성," 즉 현재까지 다수가 발견된 외계행성으로서 목성 수준의 질량을 가지면서 모성에 매우 가까운 궤도를 돌고 있는 행성의 한 예이다.

다행성계

시선속도 기법을 이용하여 많은 수의 외계 행성계가 발견되고 또한 중심에 있는 한 별을 2개의 행성이 공전하는 것도 발견하였다. 예를 들면 그림 11.2의 v Andromedae도 그 중 한 예이다. 4.6일 주기의 궤도섭동을 중심 별의 시선속도곡선에서 제거하여도 섭동의 증거가 남아있는 것을 확인할 수 있었다. 그러므로 v And계는 적어도 세 개의 행성을 가지고 있으며 그 공전주기와 질량($m \sin i$)은 각각 4.6일, 241일, 1284일과 0.69 M_J, 1.89 M_J, 3.75 M_J라는 것을 유추할 수 있다. 모성 F8V의 질량은 1.3 $M_\odot$로 추정된다(부록 G).

2006년 5월 현재 165개의 행성계에서 193개의 외계행성이 발견되었다. 지금까지는 대부분의 행성계에서 한 개의 행성만 발견되었으나 20개의 행성계에서는 복수 개의 행성이 있는 것으로 알려지고 있다.

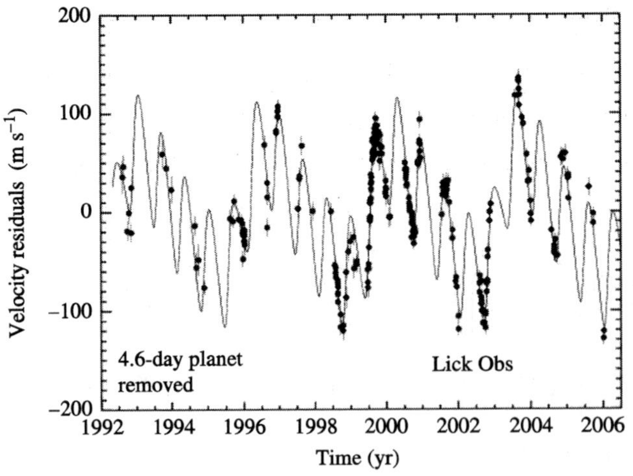

▌그림 11.2 v Andromedae의 시선속도 측정치에서 4.6일 주기 행성의 중력섭동을 제거한 잔여속도. v Andromedae에는 최소한 세 개의 행성이 있다는 것을 이 자료를 통하여 알 수 있다. (자료 출처 : 데브라 A. 피셔)

외계행성의 질량분포

시선속도 기법의 경우 처음에는 모성 주위의 가까운 궤도상에서 질량(목성 급)이 큰 행성에 한하여 발견할 수 있었다. 이러한 선택효과의 이유 중 하나는 크고 가까운 행성이라야 모성에 큰 중력을 작용시켜 관측가능한 반사 시선속도를 발생시킬 수 있기 때문이다. 또 다른 이유는 행성의 존재를 확인하려면 그 공전주기 이상의 기간 동안 관측하여야 한다. 대상 행성계의 관측 시간이 길어지면 보다 많은 데이터를 확보할 수 있어 질량이 작은 행성과 궤도거리가 먼 행성을 찾을 수 있다. 현재까지 발견된 행성 중에서 가장 질량이 작은 것은 Gliese 876의 복수 행성계로서 그 $m\sin i = 0.023\,\mathrm{M_J}$로서 $7.3\,\mathrm{M_\oplus}$에 해당한다. 반사 시선속도 기법으로 발견된 행성 중 궤도거리가 가장 먼 것은 55 Cancri 복수 행성계로서 그 장반경이 5.257 AU이며 공전주기는 4517일=12.37년이다.

시간이 경과함에 따라 이 선택효과는 체계적으로 계속 감소한다. 지금까지 조사한 계들을 통계학적으로 살펴보면 우주에서는 광범위한 질량을 가진 행성들이 생성 가능한 것으로 보인다. 그러나 질량의 아주 작은 행성들이 대부분이다. 여러 개의 질량구간으로 분류할 경우(그림 11.3) 각 질량 구간에 있는 행성의 숫자는 다음과 같이 변한다.

$$\frac{dN}{dM} \propto M^{-1} \qquad (11.1)$$

궤도이심률의 분포

외계행성의 궤도이심률(e)과 장반경의 관계를 조사해 보면 흥미 있는 정보를 얻을 수 있다(그림 11.4). 모성에 가까운 궤도를 돌고 있는 행성은 원형 궤도(또는 작은 이심률)를 가지는 경향을 보인다. 모성에서 먼 궤도를 도는 행성은 보다 큰 이심률을 가지며, 현재까지 알려진 최대의 이심률은 HD80606을 돌고 있는 행성의 $e = 0.927$, 장축 반지름은 0.439 AU이다. 그러나 지금까지 관측된 자료를 보면 이심률이 0.5 이상인 행성은 불과 15%이며 0.75 이상인 것은 2%에 불과하다.

큰 이심률을 가진 행성의 수가 적다는 사실은 그 행성계에 어떤 고유한 특성이 있을 수도 있다는 의문을 가지게 한다. HD80606은 두 별 사이가 먼 쌍성계의 한 별이라고 알려졌으며, 그 반성은 HD80607이다. 이 두 G5V 별은 서로 거의 같으며

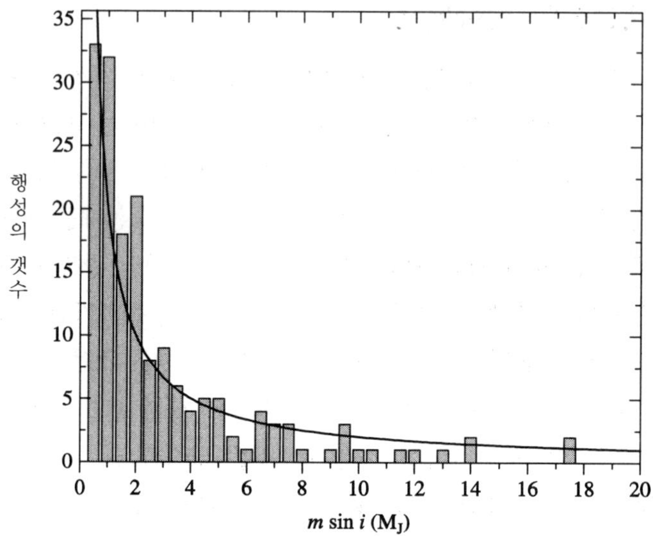

▌그림 11.3 0.5 M_J질량구간으로 분류한 행성의 숫자. 실선은 식 11.1로 계산한 값이다. (자료 제공 : The Extrasolar Planets Encyclopedia, http://explanet.eu, 진 슈나이더)

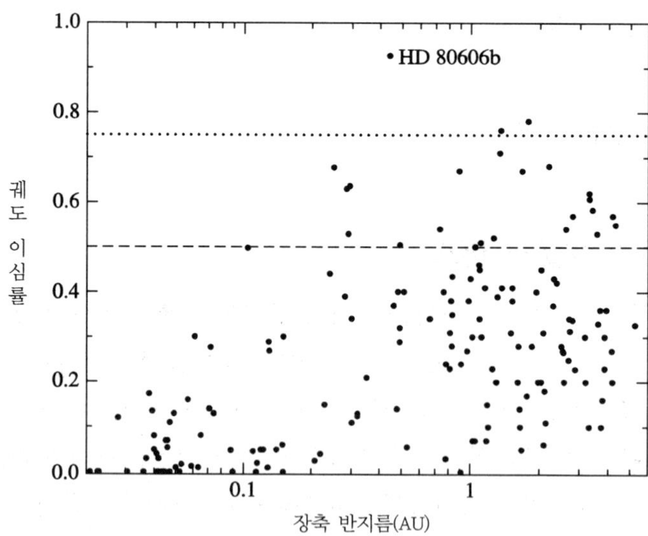

▌그림 11.4 알려진 외계행성의 궤도이심률을 장반경에 대하여 표시한 그래프. 불과 3개(< 2%)의 행성만 그 이심률이 0.75 이상이며, 이심률이 0.5 이상인 것은 15% 이하이다. (자료 제공 : The Extrasolar Planets Encyclopedia, http://explanet.eu, 진 슈나이더)

태양보다 약간 작다. 이 두 별 사이의 거리는 2000 AU로 추정된다. HD80607이 행성 HD80606b에 미치는 중력섭동이 이 행성을 현재와 같은 이심률이 큰 궤도에 올려놓은 것이라는 가설이 제안되었다. 이 제안을 뒷받침하는 증거로서 큰 이심률($e=0.67$)을 가지는 다른 행성 16 Cyg Bb도 쌍성계에 속해 있다. 그러나 HD80607이 중력섭동으로 HD80606b의 궤도이심률을 현재와 같이 크게 변화시키는 대 필요한 시간은 약 10억 년으로 추정된다. 이렇게 긴 시간이 소요되는 이유는 두 번째 별과 이 행성 사이에 필요한 공명배열 때문이다. 이 10억 년이라는 기간을 HD80606b의 궤도 근성점 전진(advance of periastron)에 대하여 그 모성이 미치는 일반상대성 효과에서 얻을 수 있는 백만 년 단위의 시간척도와 비교해볼 필요가 있다(11.1절(2권)에서 살펴본 수성 궤도의 근일점 전진 참조). HD80606 계에 역시 HD80606b에 중력 영향을 미칠 수 있는 공전주기가 약 100년 정도인 제3의 천체가 없다면, 일반상대성 효과가 HD80607에 의한 중력섭동 효과를 완전히 압도한다는 주장이 제기되었다. 그러나 아직까지는 그와 같은 제3의 천체가 발견되지 않았다.

이러한 데이터를 근거로 다음과 같은 두 가지의 결론을 내릴 수 있다.

(1) 공전주기가 5일 이내인 행성은 매우 작은 이심률을 가지는 경향이 있으며($e<0.17$, 이 중 80%는 $e<0.1$) 그 이유는 모성과 강한 조석 상호작용을 하기 때문인 것으로 보인다.

(2) 모성에서 충분히 먼 거리에 있는 행성은 매우 큰 이심률을 가질 수 있지만 보통 0.5 이하이다. 적어도 지금까지의 연구결과를 보면 행성들이 아주 작은 이심률을 가지고 있다는 점에서(카이퍼대 천체 제외) 우리 태양계는 상당히 독특하다고 할 수 있다.

금속함량이 높아지는 경향

지금까지 관측된 외계행성 데이터를 검토해 보면 또 다른 경향이 드러난다. 행성계는 주로 금속이 풍부한 별(항성종족 1) 주위에서 형성되는 경향이 뚜렷하다. 금속함량을 계산하는 방법 중 한 가지는 별의 수소에 대한 철의 비율을 우리 태양과 비교하는 것이다. 이 방법에서 금속함량은 다음과 같이 정의된다.

$$[\mathrm{Fe/H}] \equiv \log_{10}\left[\frac{(N_{\mathrm{Fe}}/N_{\mathrm{H}})_{\mathrm{star}}}{(N_{\mathrm{Fe}}/N_{\mathrm{H}})_{\odot}}\right] \tag{11.2}$$

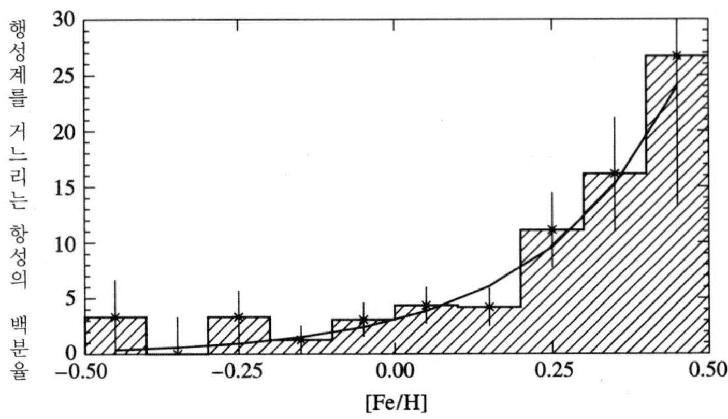

▮ **그림 11.5** 행성계가 발견된 별을 각 금속함량 구간 별로 조사한 별의 숫자에 대하여 표시하였다. 실선은 식 11.3으로 계산한 값이다. (그림 출처 : 피셔와 발렌티, *Ap. J.*, *622*, 1102, 2005)

여기서 N_{Fe}와 N_{H}는 각각 철과 수소 원자의 개수를 나타낸다. $[\mathrm{Fe/H}] < 0$인 별은 태양에 비해서 금속함량이 적은 것이며 $[\mathrm{Fe/H}] > 0$인 별은 금속함량비가 더 많다. 이에 비하여, 은하계에서 금속함량이 극히 적은(항성종족 II) 별에 대하여 측정한 $[\mathrm{Fe/H}]$값은 최저 −5.4였으며, 금속함량이 높은 별의 최대값은 0.6이었다.

그림 11.5에서 볼 수 있듯이, 지금까지 발견된 행성계를 가진 별의 대부분은 태양에 비해서 금속함량이 높은 편이다. 이 값이 태양보다 낮은 별의 비율은 비교적 작다. 그림 11.5의 데이터는 자세하게 조사된 별 중에서 행성계를 가진 별을 금속함량의 구간으로 나누어 표시한 것이다. 이 연구의 대상인 1040개의 F, G, K형 별들에 의하면 이 데이터는 아래의 관계식과 잘 일치하는 것으로 보인다.

$$\mathcal{P} = 0.03 \times 10^{2.0[\mathrm{Fe/H}]} \tag{11.3}$$

여기서 $\mathcal{P}$는 어떤 별이 탐지 가능한 행성계를 가지고 있을 확률이다.

식현상(transit)를 이용한 반지름과 밀도 측정

행성이 모성의 원반 앞을 지나가는 시간을 측정하여 행성에 대한 여러 가지 정보를 수집할 수 있다. 식 시간을 측정하고 주연감광효과를 포함하는 별의 대기 모델을 이용하면 행성의 반지름을 결정할 수 있다. 반지름이 결정되면 행성의 평균

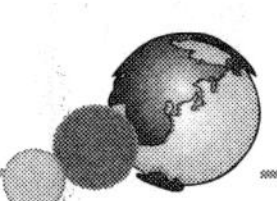

밀도를 계산할 수 있게 된다. 이러한 방법을 적용할 수 있는 소수의 행성계를 관측한 결과, 목성급의 행성은 우리 태양계의 가스 거대행성과 비슷한 밀도를 가지고 있는 것으로 나타났다(그림 11.6). 그러나 모성에서 가까운 궤도를 공전하는 소위 '뜨거운 목성'이라 부르는 행성들은 다소 팽창되어 있는 것으로 나타났다(예: HD209458b와 OGLE-TR-10b). 이는 단순히 행성이 모성에 가까이 있기 때문에 근접효과로 행성의 표면 온도가 높은 것이다. 그러나 근접효과만으로 모든 것을 설명할 수는 없다. 즉 행성이 팽창되기 위해서는 또다른 열원이 필요하다. 이 문제를 해결하기 위해 제안된 가설로, 공전궤도가 원형이 됨에 따라 발생하는 **조석력의 소산**(궤도 이심률을 크게 만드는 방향으로 동시에 작용하고 있는 것으로 보이는 관측되지 않은 다른 천체가 있을 가능성), 행성의 궤도면과 모성의 적도 사이 **배열의 어긋남**, 행성의 가스가 태양직하점에서 행성 반대면의 저온 영역으로 이동하는 **기류(해들리 순환)의 소산** 등이 있다.

적어도 행성 하나는 무거운 암석 핵을 가지고 있는 것으로 보인다. G0IV형 별인 HD149026은 원반을 지나가는 '뜨거운 토성'을 가지고 있으며 질량이 $m \sin i = 0.36\ M_J$이다. 원반 통과를 측정한 결과 궤도 기울기는 85.3°±1.0°이며, 이

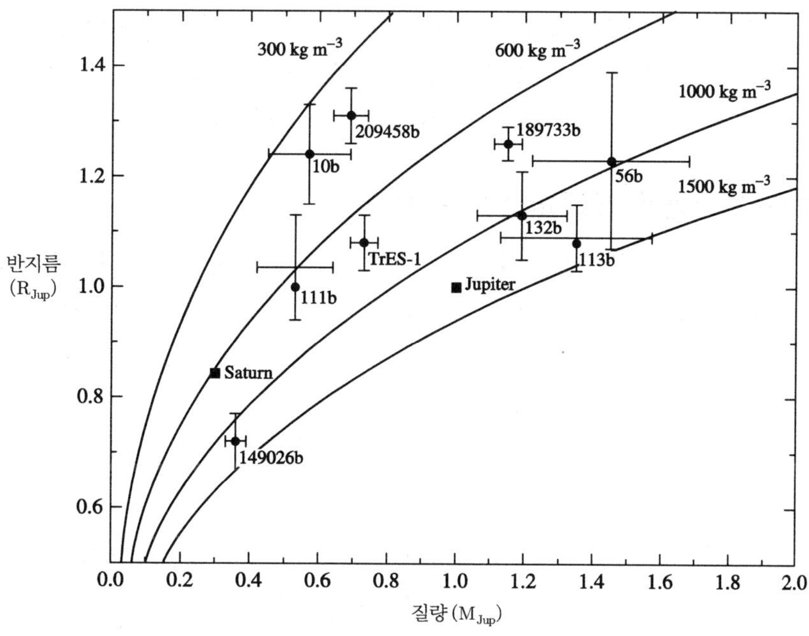

그림 11.6 모성의 원반을 지나가는 행성의 반지름과 질량의 관계. 실선은 비평균 질량밀도를 나타낸다. (그림 출처: 데브라 A. 피셔)

값을 이용하여 계산한 행성의 질량은(하한이 아닌) 0.36 M_J=1.2 M_S였다. 여기서 M_S는 토성의 질량이다. 원반 통과 시간으로 계산한 행성의 반지름은 0.725±0.08 R_J였으며, 이 크기로 계산한 평균밀도는 1253 kg m^{-3}으로서 목성의 94%, 토성의 1.8배였다. 그 별 자체의 질량과 반지름은 각각 1.3±0.1 $M_\odot$과 1.45 $R_\odot$였다. 또한 그 별의 금속함량은 [Fe/H]=0.36으로서 상당히 높은 편이다. 이 별의 내부를 컴퓨터로 모델링한 결과, 수소와 헬륨보다 더 무거운 원소로 구성된 67 $M_\oplus$의 핵을 가지고 있는 것으로 보이며 핵의 밀도는 10,500 kg m^{-3}으로서 토성의 핵과 비슷한 것으로 추정된다. 만일 핵 밀도가 5500 kg m^{-3}에 불과하다면 계산된 핵의 질량은 더욱 커질 것이다(78 $M_\oplus$)

외계행성 대기의 검출

외계행성이 모성의 원반 앞을 지나갈 때 외계 행성의 대기를 검출할 수도 있다. 이 방법으로 대기를 발견한 첫 사례가 HD209458b이다. 데이빗 샤르보노(David Charbonneau)와 그의 동료들은 행성이 이 별의 원반을 지나갈 때의 스펙트럼과 별 자체의 스펙트럼의 차이를 파장이 589.3 nm인 나트륨 공명 이중선에서 검출하였다. 행성의 대기를 통과한 별빛은 이 파장영역에서 더 큰 흡수가 나타났다. 그 효과는 미세하여, 통과하는 동안 인접한 파장대와 비교하여 흡수선이 2.32±10^{-4} 정도 깊어졌다. 이와 같은 방법으로 물, 메탄, 일산화탄소 등의 스펙트럼 신호도 검출할 수 있을 것이라는 제안이 제기되고 있다.

외계행성과 갈색왜성의 구별

목성보다 질량이 열 배 이상 큰 몇 개의 외계행성이 발견됨에 따라서 행성의 정의에 대한 문제가 다시 제기되었다. 질량이 작은 쪽으로는 명왕성과 같은 카이퍼대 천체도 행성으로 정의되어 있다. 질량이 큰 쪽으로는 행성과 갈색왜성을 어떻게 구분할 것인가?

이 문제에 대한 해결책으로 두 가지의 범주가 제안되었다. 하나는 행성과 항성의 형성과 관련된 것이다. 6장(2권)에서 살펴본 바와 같이, 별은 가스구름이 중력붕괴하여 형성된다. 다음 절에서 살펴보겠지만, 행성은 보통 물질이 모여 커지면서 형성된다. 물론 별의 원반에서 발생하는 중력붕괴로 형성될 수도 있다는 주장도 있다. 따라서 첫째 제안은 물질이 모여서 형성되는 것을 행성으로 정의하자는 것이다. 이에 비하여 갈색왜성은 중력붕괴에 의하여 직접적으로 형성된다. 이 정

의에서 문제가 되는 것은 이미 형성되어 있는 별이 어떻게 형성된 것인지 결정하기 어렵다는 점이다.

둘째 제안은 내부 핵에서 핵융합이 일어날 수 있을 정도로 큰 천체인가 아닌가 하는 것을 기준으로 삼는다. 질량이 작은 천체에 대하여 컴퓨터로 시뮬레이션한 결과 질량이 13 M_J이상인 천체가 형성되는 동안 중수소핵을 연소할 수 있다. 이때 에너지 발생률은 중력붕괴 동안 천체를 안정시키기에는 부족하지만, 중수소핵 융합은 붕괴하는 동안 천체의 광도에 영향을 줄 수 있다. 한편 10.6절에서 설명한 바와 같이 태양과 같은 성분으로서 질량이 0.072 $M_\odot$(75 M_J) 이상인 별들은 주계열에서 질량이 작은 쪽 끝부분에서 안정화하기 위하여 충분한 에너지를 핵융합으로 발생한다. 그러므로 갈색왜성은 질량이 이 두 한계 사이에 있는(13 $M_J < M_{bd} <$ 75 M_J) 천체로 정의하자는 주장이 제기되었다. 다시 말하면 갈색왜성은 듀테륨을 연소할 수는 있지만, 수축과정에서 안정된 핵융합 단계에 도달하지는 못한다. 형성 메커니즘의 기준을 정하기가 어려우므로 이 핵반응과 질량을 기준으로 외계행성과 갈색왜성을 구분한다.

외계행성의 영상

2004년 게일 쇼뱅(Gale Chauvin)과 그의 동료들이 유럽남천문대(ESO)의 VLT(Very Large Telescope)을 사용하여 적외선으로 외계행성의 영상을 촬영하는데 성공했다(그림 11.7). 모성은 질량 25 M_J의 갈색왜성으로서 분광형은 M8.5, 명

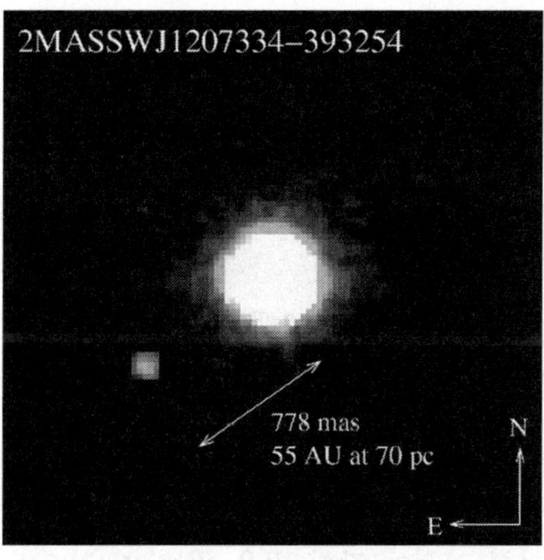

▌그림 11.7 처음 촬영된 외계행성의 모습. 갈색왜성인 2MASSWJ1207344–393254를 돌고 있다. (사진 제공 : 유럽남반구천문대)

칭은 2MASSWJ1207344-393254 또는 줄여서 2M1207이라 부르는 별이다. 그 후 이 행성계는 허블우주망원경(HST)의 NICMOS 측정기로 분석되었다. 이 행성은 모성인 갈색왜성에서 55 AU 거리에 있으며 질량은 5±2 M_J로 추정된다. 적외선 관측 결과 행성의 분광형은 L5와 L9.5 사이이다.

미래의 우주-기반 행성 탐사

1990년대 이후 주계열성의 행성 탐색 분야에서 극적인 성공을 거둔데 이어, 다음과 같은 우주 기반의 관측선을 사용하는 행성 탐사 계획이 추진될 예정이다.

- **COROT**(COnvection, ROtation, and planetary Transits)는 프랑스, ESA, 독일, 스페인, 벨기에, 브라질의 공동 프로젝트로서 항성 지진학과 행성 통과 연구를 목표로 하고 있다. 2006년 발사 예정이다.
- NASA에서는 2008년 **케플러** 우주선을 발사하여 지구 크기의 행성이 모항성을 통과하는 것을 조사할 계획이다. 특히 1 kpc 이내의 범위에서 태양형 항성 주위의 생물이 유지될 수 있는 영역에 있는 지구형 행성을 탐사하는데 목표를 두고 있다.
- SIM **PlanetQuest**는 2011년 발사 예정이며 정밀한 측성자료(6.5절 참고)를 수집할 수 있도록 설계되었다. SIM의 기본 목표 중 하나는 가까운 지구 크기의 행성을 탐색하는 것이다.
- NASA에서는 케플러호와 SIM이 수집한 자료를 이용하여 **TPF**(Terrestrial Planet Finder)라는 다른 프로젝트를 추진할 계획이다. TPF는 두 개의 서로 보완적인 임무로 이루어 질 것이다. 가시광선 코로나그래프(visible-light coronagraph)는 2014년 발사 예정이며, Infrared Nulling Interferometer(적외선 nulling 간섭계)는 5 대의 정밀하게 배열되는 탐사선으로 구성되며 2020년 발사 예정이다. TPF는 이와 같은 임무를 종합하여 지구형 행성을 탐색하고 그 대기 성분을 분석할 수 있을 것으로 기대된다. TPF의 목표에는 다른 지구형 행성의 대기에서 생명체의 신호를 탐지하는 것도 포함되어 있다.
- 2015년 또는 그 후에 ESA는 Darwin을 발사할 계획이다. **Darwin**은 6대의 적외선 망원경으로 구성되며 각각 자유롭게 항행할 수 있는 배열을 이루어 역시 적외선 보상형 간섭계(강한 빛을 내는 천체는 가리고 근처의 희미한 천체를 검출할 수 있는 장치의 간섭계) 역할을 할 수 있게 될 것이다.

행성 탐색을 위해 현재 지상 및 우주 공간에서 수행되고 있는 관측과 앞으로 우주 공간에서 수행될 관측을 통하여 이 현대 천체물리학 분야에서 커다란 발전이 지속될 것으로 기대되고 있다.

11.2 행성계의 형성과 진화

지구와 태양계가 어떻게 형성되었는가 하는 문제는 수천 년 동안 모든 인류의 호기심을 자극해 왔다. 1778년 르끌레르(George-Louis Leclerc, Comte de Buffon, 1707-1788)는 거대한 혜성이 태양에 충돌하여 원반 형태의 물질이 떨어져 나왔으며 이 원반이 수축하여 행성들이 만들어졌다는 가설을 제안하였다. 조석력 이론에서는 태양 가까이 지나간 별이 태양에서 물질을 분리시켰다는 가설을 제시하였다. 그러나 이런 가설들은 모두 상당한 문제점을 안고 있었다. 예를 들면 에너지의 부족, 태양과 행성 사이의 조성성분의 차이, 그리고 그런 사건이 발생할 확률이 매우 낮다는 점 등이었다. 다른 가설에서는 태양이 성간 공간에서 끌어온 물질에서 행성이 형성되었을 것이라고 추측한다. 이 가설은 태양과 행성 사이의 성분 차이는 설명할 수 있지만 행성들 사이의 차이는 설명할 수 없다. 현재 모델의 기반이 된 가설에서는 태양과 행성이 동일한 성운에서 동시에 형성된 것이라고 주장하였다. 이 가설을 주창한 사람들 중에는 데카르트(1596-1650), 임마누엘 칸트(1724-1804), 피에르 시몽 라플라스(1749-1827) 등이 있다.

아직 해결해야 할 많은 문제점이 남아 있지만, 행성계의 형성에 대한 기본 이론과 자료들이 점차 수렴되고 있는 단계에 있다. 이 책에서 포괄적인 모델의 핵심적인 특징과 관련된 단서들을 제시하였으며 그 중 일부는 분명하고 일부는 아직 약간의 의문점이 남아 있는 것이다. 행성계의 형성에 관하여 현재 우리가 알고 있는 사실을 설명하기 전에 이러한 단서와 이와 관련한 문제점들을 살펴보고자 한다.

유입원반(Accretion Disk)과 먼지원반(Debris Disk)

6장(2권)에서 별의 형성과 전주계열(pre-main sequence) 진화와 관련한 광범위한 관측 자료를 소개하였다. 관측 결과와 이론적인 연구를 통하여 별은 가스와 먼지 구름이 중력 붕괴하여 형성된다는 것이 밝혀졌다. 붕괴 수축하는 구름이 각운동량을 가지고 있을 경우(거의 확실하지만) 성장하는 원시별 주위에 유입원반이 형성된다. 6장(2권) 연습문제 18번을 참고하라.

이와 같은 각운동량 보존법칙의 직접적인 관측 결과로서 많은 유입원반의 형성 사례가 발견되었으며 세밀하게 조사되었다. 예를 들면 오리온성운을 위시하여 여러 곳에서 관측되는 많은 원시행성계원반(proplyd), 어린 원시별에 수반된 제트와 허빅-하로(Herbig-Haro) 천체 등이다(그림 6.18(2권), 그림 6.19(2권)). 또한 이러한 원반 내에는 물질의 덩어리가 있다는 증거가 점차 늘어가고 있다.

β Pictoris 등 늙은 별 주위에 **먼지원반**이 있다는 유력한 증거도 있다(그림 6.21(2권)). 이것은 별의 형성이 완료된 후에도 원반에 물질이 남아 있다는 것을 의미한다. 먼지원반들은 태양계인 경우, 소행성대와 카이퍼대가 이에 해당한다.

태양계의 각운동량 분포

그러나 태양계 형성을 설명하려는 대부분의 시도를 좌절시키는 문제점은 현재 태양계의 각운동량(angular momentum) 분포를 설명하기 어렵다는 것이다. 문제 2.6에서 풀어 본 단순화한 태양과 목성의 각운동량 계산 결과에 의하면 목성의 궤도 각운동량은 태양의 자전 각운동량의 약 20배이다. 자세한 계산에 의하면 태양은 비록 태양계 전체 질량의 99.9%를 가지고 있지만 각운동량은 불과 약 1%만 가지고 있을 뿐이며 나머지의 대부분은 목성이 가지고 있다[1]. 문제를 더욱 복잡하게 만드는 것은 태양의 자전축이 행성들의 평균 각운동량 벡터에 대하여 7° 기울어져 있는 바, 어떻게 이러한 각운동량 분포가 이루어졌는지 이해하기가 곤란하다

각운동량에서 또 다른 중요한 문제는 다른 별이 가지고 있는 각운동량이다. 평균적으로 질량이 큰 주계열성은 질량이 더 작은 별에 비하여 자전속도가 훨씬 더 빠르며 단위질량 당 더 큰 각운동량을 가지고 있다. 뿐만 아니라 그림 11.8에서 볼 수 있는 것과 같이, 질량의 함수로서 단위질량 당 각운동량은 분광형이 A5인 부근에서 뚜렷한 변화를 보인다. 태양의 각운동량만 고려하지 않고 태양계 전체의 각운동량을 고려한다면 태양은 주계열 상단 별의 각운동량과 비슷하고, 태양만 고려하면 각운동량은 매우 작은 값으로 주계열의 하단의 만기형 보다도 각운동량 값이 작다(태양은 G2 항성임을 참고하라).

1) 문제 2.6의 계산 결과와 여기 본문에서 인용한 수치의 차이는 문제 2.6에서 태양이 고체이며, $0.4M_\odot R_\odot^2$의 관성모멘트를 가지고 있는 일정 밀도의 구체라고 가정하였기 때문이다. 실제로 태양은 강체회전을 하는 것이 아니며, 중심부의 밀도가 더 높으므로 그 관성모멘트는 약 $0.073M_\odot R_\odot^2$ 이다.

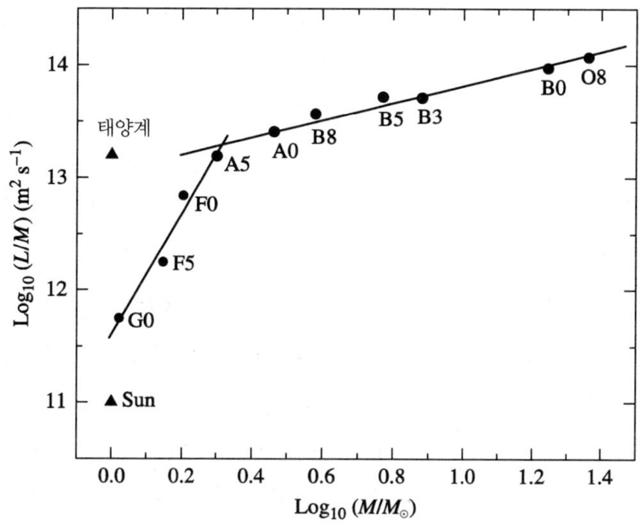

▮ 그림 11.8 주계열성의 단위질량 당 평균 각운동량을 질량의 함수로 표시한 그래프. 태양과 전체 태양계의 값은 삼각형으로 표시하였다. A5성 및 더 초기와 후기의 별에 대해서는 가장 적합한 직선으로 나타내었다.

각운동량 문제의 일부분은 동시 회전하는 자기장에서 플라즈마 드래그(drag)를 통한 각운동량의 외부 전달을 고려하여 해결할 수 있다. 원시태양의 자기장에 갇힌 하전입자는 자기장이 공간을 이동함에 따라 끌려가게 된다. 그 결과 자기력선이 태양에 가하는 토크에 의하여 원시태양의 자전속도가 감소한다. 또한 원시태양의 자전 각운동량 대부분은 태양풍 입자에 의하여 상실되었을 가능성이 있다(제5장(2권)에서 이와 관련해 설명한 바 있음. 그림 5.27 참조). 그림 11.8은 이러한 메커니즘을 뒷받침한다. 단위 질량 당 각운동량 곡선의 기울기는 질량이 작은 별의 표면 대류 현상과 잘 일치하며, 이는 다시 코로나 형성과 질량 손실로 이어진다. 각운동량 수송에 관한 다른 메커니즘은 이후에 다시 논의하기로 한다.

태양계 전체적인 성분 조성 경향

태양과 비슷하거나 더 높은 금속함량을 가지는 질량이 작은 별은 대체적으로 행성을 형성할 수 있다는 것을 우리는 이미 알았다. 그러므로 행성계의 형성 과정은 확고한 것임이 분명하다. 그 과정은 또한 모성에서 먼 곳에도 행성을 형성할 수 있는 시스템과 아주 가까운 곳에도 형성할 수 있는 시스템을 뒷받침할 수 있는 것이어야 한다.

성공적인 이론에 필수적으로 요구되는 것은 우리 태양계의 행성에서 찾아 볼 수 있는 뚜렷한 조성성분의 경향(예 : 표 7.1)을 설명할 수 있어야 한다는 것이다. 내행성들은 작을 뿐만 아니라 일반적으로 휘발성 물질 비율이 낮으며, 주로 암석질로 되어있다. 그러나 가스 및 얼음 거대행성들은 휘발성 물질의 비율이 높다. 뿐만 아니라 비록 천왕성과 해왕성도 상당한 양의 휘발성 물질을 가지고 있지만 목성과 토성에는 태양계 내 휘발성 물질의 대부분을 가지고 있다.

거대행성의 위성들도 성분에서 경향을 보인다. 목성에서 해왕성으로 멀어지면서 암석질 위성에서 얼음이 많은 위성으로 변화한다. 물-얼음이 먼저 나타나고 그 다음 메탄과 질소 얼음이 나타난다. 심지어 이러한 패턴에는 소행성, 센타우르 천체, 카이퍼대 천체, 그리고 다른 혜성 핵에도 나타난다. 특히 소행성대 내에서도 성분상의 경향이 나타난다는 점을 반드시 유의해야 할 것이다. 범위를 한정하면 목성의 위성들 중에서도 갈릴레이 위성은 화산이 있는 이오에서 두꺼운 얼음으로 덮여있는 칼리스토까지 변화하는 양상을 보인다.

태양성운 내부의 온도 경사

초기 태양성운 내에서 별이 형성될 무렵, 성운 내에는 조성성분이나 온도 경사 또는 양자 모두 있었던 것이 확실하다. 예를 들어 위에서 언급한 경향이 관찰되는 것은 성운원반의 온도가 소행성대 내에서 충분한 경사를 가지고 있었다면 설명이 된다. 그러한 경우 지구형 행성이 있는 영역에서는 물이 응결되지 않았을 것이나 거대행성 부근에서는 얼음이 되었을 수 있는 것이다. 목성의 형성과 관련된 또 다른 온도 경사도 목성의 국지 성운에서 갈릴레이 위성들이 형성된 과정을 설명하는데 도움이 될 수 있다.

18.2절에서 쌍성계에서 형성되는 유입원반에는 뚜렷한 온도 경사($T \propto r^{-3/4}$, 식 18.17)가 있다는 것을 설명하였다. 이와 유사한 온도 경사가 태양성운에서도 존재하였을 것이다. 그림 11.9에 평형상태에 있는 태양성운 모델의 온도 구조를 도시하였다. 보다 정교한 모델링의 경우 세부적인 양상에 차이가 있을 수 있겠지만(시간 의존, 교란, 자기장 등을 도입한 모델) 현재의 목성 위치 부근에서 물이 얼게 되는 온도 영역이 있었음이 분명해 보이며, 아마도 주 소행성대의 바깥 쪽 가장자리 부근에 있었을 것이다(약 5 AU). 태양성운 내에서 물이 얼게 되는 온도 지점을 설선(snow line), 얼음선(ice line), 또는 눈보라선(blizzard line)이라 부르기도 한다.

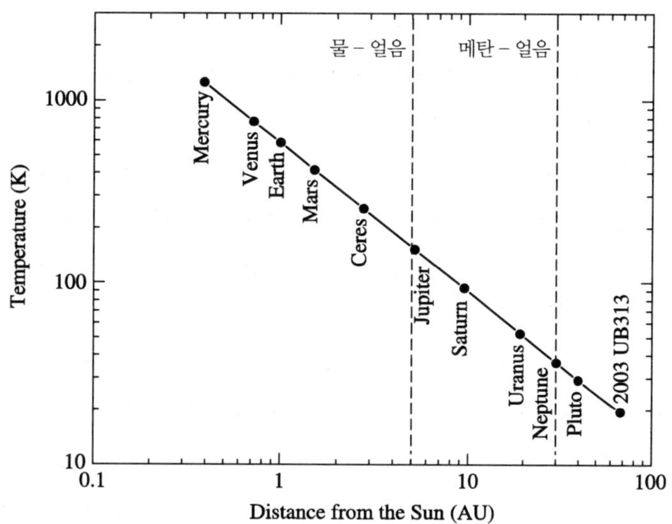

▮ **그림 11.9** 초기 태양성운의 온도 구조에 대한 평형 모델. 성운 내의 태양에서 거리가 5 AU를 넘는 영역에서는 물–얼음이 생길 수 있었을 것이며, 30 AU가 넘는 곳에서는 메탄–얼음이 얼 수 있었을 것이다. 행성과 세레스의 위치는 현재 위치를 기준으로 표시하였다.

또한 우리는 새로 형성되고 있는 별 주위의 환경은 매우 동적인 영역으로서, T–Tauri 계에서 질량의 유입과 상실이 사실상 동시에 일어날 수도 있었다는 사실을 이미 살펴보았다. FU Orionis 단계가 진행되는 동안 별 주위의 환경은 특히 활동적인 상황이 될 수 있으며, 막대한 질량이 빠른 속도로 유입됨에 따라 상당한 양의 에너지가 분출될 수 있다. 또한 이러한 환경은 복잡한 구조의 자기장을 형성하여 강렬한 플레어가 빈번하게 발생할 수도 있다. 이것은 현재 우리 태양에서 자기장 재결합에 의하여 플레어가 발생하는 것과 비슷하다(5.3절(2권) 참고).

격렬한 충돌의 결과

앞장들에서 최소한 우리 태양계 내에서는 태양이 형성될 때 작은 암석질 행성, 가스 거대행성, 얼음 거대행성, 위성, 고리, 소행성, 혜성, 카이퍼대 천체, 유성체, 먼지 등 극히 다양한 천체들이 함께 형성되었다는 것을 알았다.

물론 우리 태양계에는 과거에 있었던 충돌의 증거가 많이 남아 있다. 행성에서 위성, 소행성, 그리고 혜성에 이르기까지 모든 크기의 천체의 표면에는 충돌 구덩이가 있다. 그러므로 태양계 형성을 설명하는 이론은 초기 태양계의 이와 같이 명백하고 격심한 충돌을 해명할 수 있어야 하는 것이다. 8장에서 살펴본 바와 같이 수성의 높은 질량밀도와 달에 휘발성 물질이 극히 작다는 사실은 이 두 천체가 매우 큰 미행성(달의 생성은 지구에서 발생한 거대한 충돌과 관련이 있음)을 포함하여 격렬한 충돌을 직접적으로 겪어 왔다는 추측을 뒷받침하는 것이다. 표면에 남아 있는 심한 충돌의 흔적은 표면이 형성된 이후에도 충돌이 계속되었으며, 달이 형성된 후 약 7억년 후 아주 심한 충돌이 있었음을 보여준다. 미마스에 있는 허셸 구덩이와 미란다의 기괴한 형태는 태양계의 다른 천체들 역시 그와 같이 격심한 충돌을 겪었음을 증명해 준다.

미행성에 의한 심한 충돌의 또 다른 결과는 현재 행성들의 자전축 방향이 제각기 다르다는 사실이다. 극단적인 예로서 천왕성과 명왕성의 역행 자전을 들 수 있으며, 다른 행성들 역시 자전축이 바뀌었음이 확실하다. 행성들이 납작한 성운 원반에서 형성되었다면 전체 계의 고유 각운동량에 의하여 초기의 자전축은 원반면에 수직한 방향으로 똑같이 정렬되었을 것이다. 그러나 현재 각 행성의 자전축 방향은 이와 다르므로 행성들의 자전 각운동량 벡터의 방향을 변화시킨 사건이 있었다는 것이 분명해진다. 금성과 화성이 태양 및 다른 행성들과 복잡한 조석 상호작용을 한다는 것을 제외하면 현재까지 불규칙적인 자전축의 방향을 설명할 수 있는 유일한 메커니즘은 행성 또는 원시행성에 미행성이 충돌하였다는 가설뿐인 것이다.

행성계 내의 질량 분포

태양계 형성 모델로 설명할 필요가 있는 현재 태양계의 또 다른 특징은 화성이 그 이웃 행성에 비하여 질량이 작다는 사실과 소행성대 내 총 질량이 극히 작다는 사실 그리고 오오트 구름과 카이퍼대의 존재이다.

또한 한 예로서 우리 태양계를 포함하는 행성계에 대하여 일반적이며 통합적인 모델을 구축하려면 다른 계의 행성 분포를 알아야 한다. 외계행성이 처음 발견되었을 때 특히 혼란스러웠던 점은 51 Peg b와 같은 '뜨거운 목성'의 존재였다. 거대한 가스행성이 어떻게 모성에 그토록 가까운 곳에 형성될 수 있었으며 존속될 수 있었을까? 우리 태양계에서는 태양에서 5.2 AU 이내에는 거대행성이 없다.

형성의 시간척도

무시할 수 없는 모든 형성 이론 중 한 가지 공통적인 속성으로 시간 척도에 의한 제약을 들 수 있다.

- 6.2절(2권)에서 분자 구름의 붕괴를 살펴보았다. 그림 6.9(2권)에서 일단 붕괴가 시작되면 원시태양과 성운원반이 형성되는 데 십만 년 단위의 시간이 걸린다.
- T-Tauri 및 FU Orionis는 초기 붕괴가 시작된 후, 10^5 내지 10^7 년 후부터 활동이 시작되고 막대한 질량손실이 따르게 된다. 이것은 미행성이나 원시행성으로 유입되지 못한 성운 가스나 먼지는 천만년 이내에 쓸려 나가게 되어 더 이상 큰 행성은 형성되지 않는다는 것을 의미한다.
- 탄소질 콘드라이트 내에 있는 $^{26}_{13}\mathrm{Al}$은 이러한 운석은 초신성의 폭발 또는 FU Orionis 활동 중에 플레어에서 알루미늄이 생성된 지 수백만 년 이내에 형성되었음을 보여준다. 그렇지 않으면 생성된 모든 방사성 핵종이 $^{26}_{12}\mathrm{Mg}$로 붕괴되어버렸을 것이다. 이러한 관측 사실은 초기 태양성운의 응축 속도에 심각한 제약을 주는 것이다.
- 알렌데운석 등 가장 오래된 운석은 45.66억년 이전까지 연대가 거슬러 올라간다. 한편 태양의 나이는 45.7억년이다. 이 오래된 운석들은 태양성운 내에서 빠르게 형성되었음이 분명하다.
- 달에서 가져온 암석의 연대를 분석한 결과, 달의 표면은 태양성운의 붕괴 후 약 1억년 후에 굳어졌음이 분명하다. 화성에서 온 운석 ALH84001을 분석한 결과는 화성 표면의 형성에도 마찬가지로 상당한 제약을 준다.
- 달 표면은 달이 형성된 지 약 7억년 후에 심한 충돌을 겪은 시기가 있었다.
- 나중에 살펴보겠지만, 유입원반에서 행성이 형성될 때 성운에 대한 조석 상호작용과 점성 효과에 의하여 내부로 이동하는 힘을 받게 된다. 계산에 의하면 거리 5 AU에 있던 미행성이 모성에 떨어지는데 걸리는 시간은 백만 내지 천만년이다.
- 다소 약한 제약으로는 모든 행성, 위성, 소행성, 카이퍼대 천체, 혜성은 45.7억년전 형성이 시작된 후 현재 시점에서는 형성이 완료되어야 한다는 것이다. 이 제한은 별 의미가 없어 보이지만 태양계 형성을 설명하는 모델 중에는 이 조건을 만족시킬 수 있을 만한 속도로 행성을 형성하지 못하는 것도 있다.

중력 불안정에 의한 형성 메커니즘

원시 및 전주계열 별의 유입원반 내에서 행성의 형성을 설명하기 위하여 제안된 메커니즘 중에서 보편적이며 타당성이 인정되는 것은 두 가지가 있다. 하나는 유입원반에서 행성(또는 갈색왜성)이 별의 형성과 비슷한 방식으로 형성될 수 있다는 생각을 바탕으로 하고 있다. 원반 내에는 물질의 밀도가 큰 영역이 있어서 자체 붕괴가 시작될 수 있다. 이 영역에 물질이 축적됨에 따라 주위에 미치는 중력이 커져서 다시 더 많은 물질이 새로 형성되고 있는 행성으로 유입된다. 이 메커니즘에서는 국지적인 성운의 유입원반이 원시행성 주위에 형성되어 위성 또는 고리계가 형성될 수도 있다.

이 "하향식" **중력 불안정** 메커니즘은 단순하며 원시별의 형성과정과 매우 유사하다는 사실 등 몇 가지의 흥미있는 특성을 가지고 있지만, 보편적으로 적용하는데 있어 여러 가지의 문제점이 있다. T-Tauri 유입과 질량손실률 등 다른 유입원반을 관측한 결과를 자세한 수치모델링 결과와 비교해보면 태양성운의 수명은 천왕성과 해왕성과 같은 천체가 현재와 같은 크기로 형성되기에 충분할 만큼 길지 못한 것으로 보인다. 또한 이 메커니즘은 우리 태양계뿐 아니라 다른 행성계에도 있을 것으로 보이는(β Pic 먼지원반을 참고하라) 수많은 다른 작은 천체를 설명하지 못한다. 뿐만 아니라 이 중력 불안정 메커니즘으로는 우리 태양계와 외계행성계의 질량분포, 행성계의 형성과 금속함량 사이의 관계, 행성의 밀도와 핵 크기의 넓은 범위 등에 대해 설명할 수 없을 것 같다.

흡입 형성 메커니즘

다수의 천문학자들의 지지를 받는 이 대안적 모델의 경우, 행성이 작은 구조에서 시작하여 흡입과정을 거쳐 상향식으로 성장해 나간다. 현재까지의 모든 관측 및 이론적인 연구 결과를 바탕으로 이제 행성계의 형성을 합리적으로 설명할 수 있는 메커니즘을 수립할 수 있을 것으로 보인다. 아래에 타당성이 있는 우리 태양계의 형성 시나리오에 대해 설명한다. 우리 태양계뿐 아니라 행성계의 일반적인 측면도 함께 설명할 것이다. 그러나 문제의 복잡성을 고려할 때 앞으로 수정될 가능성도 있다는 점을 반드시 유의하여야 할 것이다.

태양계의 형성 : 예

어떤 성간 가스 및 먼지구름(거대한 분자 구름일 가능성이 높음)에서 진스(Jeans) 조건이 국지적으로 만족되고, 구름의 일부분이 붕괴되어 나누어지기 시작한다(진스 질량은 식 6.14(2권) 참고). 가장 큰 덩어리는 빠른 속도로 주계열의 위쪽 끝에 있는 별로 진화하기 시작하고 질량이 좀 더 작은 덩어리는 붕괴 중이거나 또는 아직 붕괴가 시작되지 않았다. 수백만 년 이내에 가장 질량이 큰 별은 그 수

명이 다하여 장엄한 초신성 폭발로 그 생애를 마친다[2].

하나 또는 둘 이상의 초신성에서 팽창하는 성운은 약 $0.1c$의 속도로 공간을 진행하며 가스는 식어서 밀도가 낮아진다. 이 기간 동안에 내화성이 높은 원소들이 초신성의 잔해에 밖에서 뭉쳐지기 시작한다. 여기에 해당하는 원소는 칼슘, 알루미늄, 티타늄, 그리고 수십억 년 후에 지구에 떨어지는 탄소질콘드라이트에서 발견될 CAI 성분 등이다. 초신성의 잔해가 아직 붕괴가 시작되지 않은 온도가 낮고 밀도가 높은 구름과 만나게 되면, 초신성잔해는 성운 속에서 마치 손가락 형태처럼 불규칙하게 가스와 먼지의 구름 뭉치로 갈라진다. 성운이 확장되면서 더 차가운 가스와 충돌할 때, 이 작은 구름 덩어리는 고속의 초신성 잔해의 충격파로 압축되었을 것이다. 이 압축이 작은 구름 덩어리의 붕괴를 촉발할 수 있다. 어느 경우든지 그 태양성운 내에 있는 물질에는 초신성에서 합성된 원소가 혼합되게 된다.

태양성운이 초기 각운동량을 가지고 있었다면 각운동량 보존법칙에 의하여 그 성운은 붕괴되면서 회전하여 가스와 먼지의 원반으로 둘러싸인 원시태양을 형성하게 된다. 실제로 그 원반은 아마도 별보다 더 빠르게 형성되어, 성장하고 있는 원시 태양에 상당한 양의 질량을 원반으로 유입시킬 것이다. 비록 이 중요한 부분은 아직 완전하게 해명되지 않았지만, 계산에 의하면 태양성운 원반은 태양 질량의 수백분의 일에 해당하는 물질을 가지고 있을 수 있으며, 성운의 나머지 1 $M_\odot$는 원시태양이 된다. 마지막으로 현재 존재하고 있는 행성과 다른 천체를 형성할 수 있는 최소한의 물질은 반드시 성운원반으로 유입되어야 한다. 이러한 원반을 **최저 질량 태양성운**(Minimum Mass Solar Nebula)이라 부른다(연습문제 11.4).

힐(Hill) 반지름

성운원반 내에서는 얼음 맨틀을 가진 작은 덩어리들이 서로 무질서하게 충돌하고 합체할 수 있었다. 상당한 크기를 가진 물체들이 원반 내에 생기게 되면 그 주위에 있는 다른 물질에 중력을 미치기 시작한다.

이처럼 성장하는 미행성이 주위에 미치는 영향을 계산하기 위하여 **힐 반지름** R_H를 정의할 수 있다. 힐 반지름은 미행성 주위를 도는 시험입자의 공전주기가 그 미행성이 태양을 도는 공전주기와 같아지는 미행성과 시험입자 사이의 거리로 정의된다.

2) 질량이 큰 천체와 작은 천체의 진화과정은 매우 다르다는 것을 상기하라. 표 6.1(2권)과 표 7.1(2권) 참조

원 궤도라고 가정하면, 질량 $M(M \gg m_t)$인 천체의 주위를 거리 R에서 공전하는 시험입자(m_t)의 공전주기는 다음과 같다.

$$P \simeq 2\pi\sqrt{\frac{R^3}{GM}}$$

태양으로부터 거리 a에 있는 성장 중인 미행성의 태양 공전주기는 아래식이 성립할 때 힐 반지름에서 그 미행성을 도는 질량이 거의 없는 시험입자의 공전주기와 같다.

$$\sqrt{\frac{a^3}{M_\odot}} = \sqrt{\frac{R_H^3}{M}}$$

따라서 힐 반지름은 다음과 같이 주어진다.

$$\boxed{R_H = \left(\frac{M}{M_\odot}\right)^{1/3} a} \qquad (11.4)$$

태양의 밀도와 미행성(구체로 가정)의 밀도에 대해서 다시 정리하면 힐 반지름은 다음과 같아진다.

$$R_H = R/\alpha$$

여기서 R은 미행성의 반지름이며, 아래 관계가 성립한다.

$$\alpha \equiv \left(\frac{\rho_\odot}{\rho}\right)^{1/3} \frac{R_\odot}{a}$$

힐 반지름의 물리적 의미는 어떤 입자가 충분히 낮은 상대속도로 미행성에서 힐 반지름 내에 들어오면 그 입자는 미행성의 중력에 구속되게 된다. 이런 과정을 통해 미행성은 입자의 질량을 포획하여 계속 성장할 수 있는 것이다. 미행성의 반지름이 커지면 힐 반지름도 당연히 커진다.

예제 11.2.1

밀도가 $\rho = 800\ \mathrm{kg\ m^{-3}}$이고 반지름이 10 km인 미행성이 태양에서 5 AU 거리에 있다. 태양의 밀도 $\rho_{\odot} = 1410\ \mathrm{kg\ m^{-3}}$이다. 이 미행성의 힐 반지름은 다음과 같이 계산된다.

$$R_H = R/\alpha = R\left(\frac{\rho}{\rho_{\odot}}\right)^{1/3}\left(\frac{a}{R_{\odot}}\right) = 8.9 \times 10^6\ \mathrm{m} = 1.4\ \mathrm{R_{\oplus}}$$

이 미행성은 현재의 혜성 핵과 비슷하다.

가스 및 얼음 거대행성의 형성

저 에너지 충돌이 계속됨에 따라 점점 더 큰 미행성이 형성된다. 원반의 가장 안쪽 부분에서는 유입 입자가 CAI, 규산염(일부는 입상체의 형태), 철, 니켈 등으로 구성되며, 상대적으로 휘발성이 있는 물질은 그 부분의 온도가 높으므로 성운에서 응결되지 못한다. 성장 중인 원시태양에서 현재 목성의 궤도거리와 같은 5 AU 거리에서는 성운이 충분히 식어서 물이 얼기 시작한다. 그 결과 그 거리 밖에 있는 미행성에도 물-얼음이 있게 된다. 더 먼 곳에서는(대략 현재 해왕성의 궤도거리와 같은 30 AU) 메탄-얼음이 미행성의 성장에 간여한다. 물이 얼 수 있는 위치인 '점선'을 그림 11.10에 도시하였다(그림 11.9도 참조할 것).

가장 빠르게 성장한 천체는 목성이었다. 물-얼음과 암석질 그리고 그 영역에서 충분히 밀도가 높았던 성운 덕분에 목성의 핵은 질량이 10 내지 15 $\mathrm{M_{\oplus}}$가 되었다.

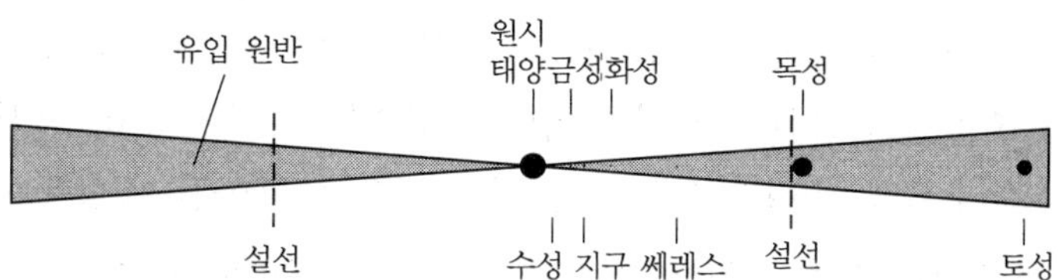

그림 11.10 태양성운 원반의 개념도. 원시태양에서 5 AU 거리에 점선을 표시하였다. 메탄-얼음은 원시태양에서 약 30 AU 거리에서 형성되기 시작한다. 원시태양, 원시행성, 세레스 등은 현재 상대적인 위치에 표시되어 있다. 표시한 크기는 실제 크기에 비례하지 않는다.

이 시점에서 목성의 중력이 충분히 커져서 주위에 있는 가스(주로 수소와 헬륨)를 모으기 시작하였다. 실질적으로 자체의 유입원반을 가진 국지적인 소성운이 형성된 것이다. 그 결과가 오늘날 우리가 보고 있는 거대한 목성과 갈릴레이 위성들이다. 목성의 중력 붕괴로 열이 발생하였으며 이 열은 조석효과와 함께 그 위성들의 진화를 완성하였다. 천문학자들은 목성 형성의 전체 과정에 수백만 년이 걸렸으며 가스가 고갈되어 정지되었다고 믿고 있다.

아래에서 살펴보겠지만, 거대한 목성의 형성은 설선 너머에서 크게 성장한 다른 세 개의 미행성에 큰 영향을 미쳤다. 이 세 행성, 즉 토성, 천왕성, 해왕성은 10 내지 15 $M_\oplus$의 핵이 생겼지만 이들은 성운 먼 곳 밀도가 낮은 위치에 있었다. 그 결과 이들은 목성이 가스를 수집한 것과 같은 기간 동안에 같은 양의 가스를 모으지 못한 것이다.

지구형행성과 소행성의 형성

태양성운의 안쪽에서는 온도가 높아서 휘발성 물질이 응축되지 못하였으며 따라서 미행성의 형성에 참여하지 못하였다. 그러나 성운이 냉각됨에 따라 가장 내화성이 높은 원소들이 응축되어 CAI를 형성할 수 있게 되었다[3]. 그 다음 규산염 및 다른 내화성 물질이 응결되었다.

거의 같은 궤도에 있던 규산염 알갱이들의 느린 상대속도로 인하여 알갱이의 성장을 촉진시킨 저에너지 충돌이 발생하였다. 그 결과 미행성의 크기에는 여러 종류가 생기게 되었다. 컴퓨터 시뮬레이션 결과에 의하면 지구형행성의 위치에서 대량의 작은 천체와 함께 대략 달의 크기와 비슷한 최대 100개 정도의 미행성이 형성될 수 있으며, 그 중에서 10개는 수성과 비슷한 질량을 가지며 몇 개는 화성의 크기와 비슷하게 된다. 그러나 유입과정 중에 큰 미행성들은 대부분 금성과 지구에 합체되었다. 행성들이 충분한 크기로 형성되자 방사성 동위원소의 붕괴로 발생한 내부열과 충돌에서 발산된 열에 의하여 행성 내부의 중력분리 과정이 시작되었다. 그 결과로 오늘날 우리가 보고 있는 화학적으로 분화된 행성계가 형성된 것이다.

태양에서 5 AU 직후의 거리에서 목성이 형성되자 그 영역에 있던 미행성에 중력섭동의 영향이 작용하기 시작하였다. 특히 현재 소행성대에 있는 천체의 대부분은 그 궤도의 이심률이 지속적으로 커져서 그 일부는 목성 또는 형성 중에 있던 다른 행성에 합쳐졌으며 일부는 태양으로 떨어졌다. 그러나 대부분은 태양계에서 완전

3) 초기에 성운의 온도가 충분히 높아서 CAI를 형성할 수 있었던 것은 태양계의 가장 안쪽뿐이었다.

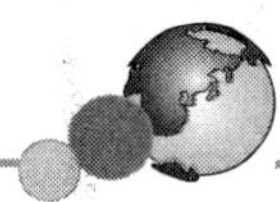

히 사출되었다. 이 과정에 의하여 화성과 소행성대 가까이 있던 '공급지역'이 물질을 빼앗겨 화성은 그 크기가 작게 형성되었으며 그 궤도 부근에는 물질이 거의 없게 되었다. 화성 궤도 부근에 있던 물질 중에서 불과 3%만 남아 있으며 소행성대에 있던 물질은 불과 0.2%만 남게 된 것으로 보인다. 목성의 중력섭동이 지속적으로 작용하여 그 영역에 남아 있던 미행성들은 상대속도가 빨라져서 하나의 행성으로 합쳐지지 못하였다. 실제로 그처럼 빠른 상대속도는 미행성들을 합체시키는 것이 아니라 분쇄시키게 된다.

미행성들은 형성 과정에 있는 태양계 내부를 계속 운동하였으므로 충돌이 지속적으로 발생하였다. 내태양계에 있던 큰 미행성의 일부는 수성에 충돌하여 수성의 저밀도 맨틀을 제거하였으며, 일부는 지구에 충돌하여 지구–달 계를 만들었다. 또한 다른 큰 미행성들이 화성과 외부 행성에 충돌하여 그 자전축의 방향을 바꾸어 놓았다. 일부 미행성은 거대행성에 포획되어 위성이 되었거나 또는 로시한계 내부에 진입하였다가 파괴된 것이 분명하다.

그러나 지구형행성들이 원반 내의 인근 지역에 있던 미행성들을 '먹어치우기'단계가 끝나기 오래 전에 태양의 진화단계는 내부 핵에서 핵융합이 시작되는 단계에 도달하여 T-Tauri 단계로 진입하였다. 이 시점에서는 원반에서 유입되던 물질이 강력한 항성풍에 의하여 역전되었다 그 결과로 미행성에 포획되지 않고 남아 있던 가스와 먼지가 내태양계에서 멀리 씻겨 나갔다.

이동 과정

위에서 설명한 유입 시나리오에도 문제점은 남아 있다. 예를 들면 오랫동안 해결되지 않은 것으로서 얼음 거대행성의 형성 문제가 있다. 거대행성들의 현재 태양계에서의 위치를 보면 T-Tauri 풍에 의하여 남아 있던 가스가 날아가기 때문에 거대한 질량의 행성이 형성될 수 있을 만큼 태양성운의 밀도가 높지 않았던 것으로 보인다. 그리고 충돌 비율이 약 38억년전에 최고점에 이르렀던 바, 후기의 격심했던 충돌 기간을 어떻게 설명할 것인가 하는 것도 문제이다. 이 두 문제에 대한 명백한 해답을 얻기 위해서는 여러 외계행성의 복잡한 문제를 먼저 풀어야 할 것으로 보인다.

외계행성계에서 '뜨거운 목성'이 발견되자 과학자들은 행성이 형성될 때 안쪽으로 이동할 수 있어야 한다는 것을 알게 되었다. 목성도 여기서 예외가 아니다. 태양계의 진화과정을 컴퓨터로 시뮬레이션 하면 목성은 성운 내에서 현재 위치보다 약 0.5 AU 더 먼 곳에서 형성되는 것으로 나타난다.

목성(그리고 외계행성)이 안쪽으로 이동가능 한 메커니즘은 행성과 원반 사이의 중력 토크와 관계가 있게 된다[4]. 이 메커니즘에서는 초기의 축대칭에서 어긋남이 원반 내에 밀도파를 형성하게 된다(밀도파에 대해서는 9.3절에서 토성 고리계의 동력학과 관련하여 설명하였으며, 3권 2장에서 은하계의 동력학과 관련하여 자세하게 설명한다). 성장하는 행성과 밀도파 사이의 중력 상호작용에 의하여 각운동량의 외부전달과 질량의 내부 유입이 동시에 일어난다. 이것을 보통 **Type I 이동 메커니즘**이라고 부르며, 질량에 비례함을 증명할 수 있다. 따라서 행성이 물질을 더 많이 수집할수록 모성에 더 빨리 가까워지게 되는 것이다. 실제로 일부 행성은 백만 내지 천만년 이내에 모성에 충돌할 수도 있다.

그러나 Type I 이동의 시간척도는 성장하는 목성에 물질 유입이 폭주하는 것과 비교하면 너무 짧아 보인다. 다시 말하면 목성은 완전히 형성되기도 전에 태양에 충돌하게 되는 것이다. 또한 목성은 성운의 물질이 T-Tauri 풍에 의하여 사라지기 전에 현재의 크기로 빠르게 성장할 수 없는 것으로 보인다.

이러한 문제에 대한 해답은 이동과정 그 자체에 있을 수도 있다. 성장하는 행성이 태양성운 속에서 움직일 때 계속 새로운 물질을 공급받을 수 있다. 만일 행성이 고정된 궤도에 머물러 있다면 힐 반지름 내에 있는 물질을 빠르게 소진하고 나면 그 후에는 아주 서서히 성장하게 될 것이다. 성운 내에 큰 틈새가 생기지 않도록 이동하면서 행성이 원반 내를 이동할 수 있게 해준다.

또한 원반의 점성에 의하여 천체가 안쪽으로 이동할 수 있다는 것이 증명되었다. 이 **Type II 이동 메커니즘**은 느리게 공전하는 알갱이가 약간 낮은 궤도에서 빠른 속도로 공전하는 알갱이와 충돌하여 속도가 빨라져서 멀어지게 한다[5]. 내부 알갱이는 운동에너지를 잃고 나선형을 그리며 안쪽으로 떨어진다. Type II 이동은 원반 내에 틈새가 있을 경우 비록 속도는 늦어지더라도 더 중요한 의미를 갖는다.

외부로 이동하는 것 역시 가능하다. 이 경우 안쪽으로 산란되는 미행성들이 외부로 향해 이동하게 된다. 내부 또는 외부 이동 여부는 성운의 밀도와 미행성의 밀도에 달려 있다.

이동의 메커니즘을 우리 태양계의 진화에 적용해보면 목성은 현재 그 궤도 안쪽에 있던 천체에 영향을 미쳤을 뿐만 아니라 토성, 천왕성, 해왕성이 외향 이동하도

4) 피터 골드라이히와 스콧 트레메인은 1980년에 이 메커니즘이 유입원반의 동적 진화에 중요한 역할을 할 것이라고 제안하였다. 그 들의 논문은 외계행성이 발견되기 15년 전에 발표된 것이다.

5) 12장(2권)에서 다루었던 원반 내의 각운동량 전달 문제를 상기할 것.

록 영향을 미친 것으로 나타난다. 천왕성과 해왕성은 목성 및 토성과 꼭 같이 초기에 밀도가 더 높은 위치에서 핵을 형성하였던 것으로 나타난다. 그러나 외향 이동으로 인하여 그들은 소량의 가스만 수집할 수 있었으며 그 결과로 가스 거대행성이 아니라 현재와 같은 얼음 거대행성으로 남아 있게 된 것이다.

초기 태양계의 공명효과

일부 시뮬레이션 결과와 같이 목성이 태양에서 약 5.7 AU 거리에서 형성되었다고 가정하고, 토성은 현재 위치보다 약 1 AU 더 가까운 위치에서 형성되었다고 가정한다면 이 두 가스 거대성운은 목성이 안쪽으로 이동하고 토성이 바깥쪽으로 이동할 때 임계공명을 거쳤을 것이다. 두 행성의 공전주기가 2 : 1 공명이 되었을 때 (즉 토성의 공전주기가 정확하게 목성 공전주기의 두 배가 되었을 때) 이들의 중력이 태양계의 다른 천체에 미치는 영향이 궤도상의 같은 지점에 있을 때 주기적으로 합쳐져서 소행성대와 카이퍼대 천체의 궤도에 큰 섭동을 주었을 것이다[6]. 컴퓨터 시뮬레이션에 의하면 이 공명효과는 내행성과 달이 형성된 지 약 7억년 후에 발생한 것으로 나타난다. 목성과 토성이 이 2 : 1 공명 궤도를 지날 때 현재 달 표면에 그 흔적이 남아 있는 후기의 격심한 충돌을 초래했을 수 있다.

해왕성은 바깥쪽으로 이동하면서 남아 있던 미행성의 일부를 휩쓸어서 3 : 2 공명궤도에 가두었다. 이 외향 이동 때 명왕성과 소명왕성군(Plutinos)이 붙잡히게 되었을 수도 있다. 카이퍼대 천체의 흩어진 궤도 역시 해왕성의 이동에 의하여 교란된 것으로 보인다. 고전적인 KBO는 해왕성에서 충분히 멀리 있었으므로 크게 영향을 받지 않았을 것이다. 실제로 카이퍼대는 다른 별의 주위에 있는 먼지원반과 같은 것일 수도 있다.

이와 비슷하게 오오토구름의 혜성 핵들도 천왕성과 해왕성에 의하여 더 심하게 흩어진 미행성인 것으로 보인다. 일단 태양에서 충분이 멀어지게 된 후에 흩어진 혜성 핵들은 지나가는 별과 성간구름에 의하여 궤도가 무질서하게 된 것이다.

CAI와 입상체(Chondrule)의 형성

위에서 설명한 태양계 형성 모델에서 특히 어려운 문제는 콘드라이트 운석 속에 있는 물과 탄소를 함유한 광물의 모암에 CAI와 함께 섞여 있는 입상체의 존재이

6) 미마스가 토성의 고리계(카시니 틈)에 미치는 효과와 목성이 소행성대(커크우드 틈)에 미치는 영향을 상기하라.

다. 입상체와 CAI는 모두 높은 열에 노출된 것이 분명하지만, 그러나 그 모암은 수백 K 이상의 온도에 노출된 적이 없다는 것이 확실하다. 규산염은 태양성운 내에서 낮은 온도일 때 굳어지므로 입상체는 CAI 보다 늦게 형성되었을 것이다. 규산염 먼지 알갱이가 성운에서 형성된 후 충돌을 반복하면서 작은 덩어리로 합체된 것으로 보인다. 그러나 이들은 처음에는 용융된 작은 알갱이형태로 형성될 수 없으며 형성된 후에 녹은 것이다.

현재 가장 타당성 있는 시나리오에 의하면 FU Orionis 이벤트 때의 강력한 플레어가 입상체와 CAI의 용융 또는 부분적 용융의 원인인 것 같다. 유입원반의 내부 가장자리가 약 30년의 시간척도로 내외부로 이동할 때(아마도 자기장 활동과 함께) 규산염 알갱이가 재결합에 의한 플레어의 순간적인 가열에 노출된다. 성운 내부 가장자리의 희박한 환경에서 입상체들은 비교적 빠르게 냉각되었을 것이며 그 냉각 속도는 대략 시간 당 100 내지 2000 K 이었을 것이다. 프랭크 슈(Frank Shu)와 그의 동료들은 변형된 입상체는 제트 속에 있는 허빅-하로 천체를 밀어내는 바람과 비슷한 X-풍에 의하여 성운의 행성 형성 영역으로 다시 밀려들어간 것이라고 제안하였다(그림 11.11). 성운의 행성 형성 영역에서 입상체와 CAI가 모암에 포함되게 된 것이다. 이 입상체 형성 모델은 태양성운이 매우 동적인 계였다는 것을 의미하고 있다.

태양계의 형성과 외계행성계의 형성을 완전하게 이해하려면 아직 많은 연구가 필요하지만 이 복잡한 연구 분야에서 커다란 발전이 이루어져 왔다.

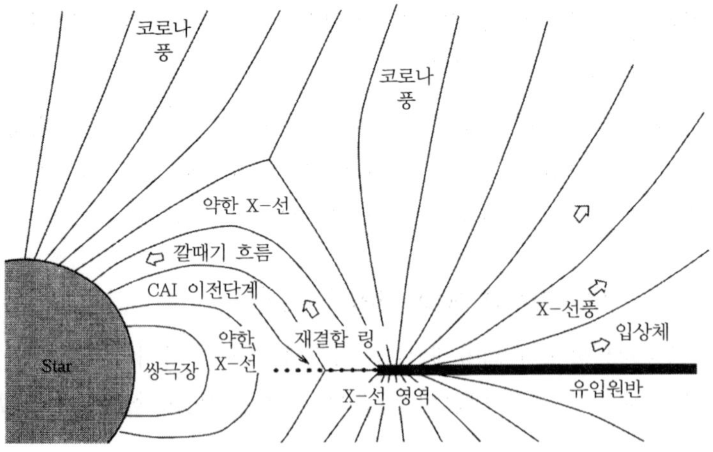

▌그림 11.11 X-wind 모델의 개념도. (그림 출처 : 슈 등. Ap. J. 548, 1029, 2001)

제 11 장 참고 문헌

▌일반 도서

Basri, Gibor, "A Decade of Brown Dwarfs," *Sky and Telescope*, *109*, 34, May, 2005.

Naeye, Robert, "Planetary Harmony," *Sky and Telescope*, *109*, 45, January, 2005.

Marcy, Geoffrey, et al., "California and Carnegie Planet Search," `http://exoplanets.org`.

Schneider, Jean, "The Extrasolar Planets Encyclopedia," `http://exoplanet.eu`.

▌고급 도서

Alibert, Y., Mordasini, C., Benz, W., and Winisdoerffer, C., "Models of Giant Planet Formation with Migration and Disc Evolution," *Astronomy and Astrophysics*, *434*, 343, 2005.

Beaulieu, J. P., Lecavelier des Etangs, A., and Terquem, C. (eds.), *Extrasolar Planets: Today and Tomorrow*, Astronomical Society of the Pacific Conference Proceedings, *321*, San Francisco, 2004.

Bodenheimer, Peter, and Lin, D. N. C., "Implications of Extrasolar Planets for Understanding Planet Formation," *Annual Review of Earth and Planetary Sciences*, *30*, 113, 2002.

Butler, R. Paul, et al., "Evidence for Multiple Companions to υ Andromedae," *The Astrophysical Journal*, *526*, 916, 1999.

Canup, R. M., and Righter, K. (eds.), *Origin of the Earth and Moon*, University of Arizona Press, Tucson, 2000.

Charbonneau, David, et al., "Detection of an Extrasolar Planet Atmosphere," *The Astrophysical Journal*, *568*, 277, 2002.

de Pater, Imke, and Lissauer, Jack J., *Planetary Sciences*, Cambridge University Press, Cambridge, 2001.

Fischer, Debra A., and Valenti, Jeff, "The Planet–Metallicity Correlation," *The Astrophysical Journal*, *622*, 1102, 2005.

Goldreich, Peter, and Tremaine, Scott, "Disk-Satellite Interactions," *The Astrophysical Journal*, *241*, 425, 1980.

Goldreich, Peter, Lithwick, Yoram, and Sari, Re'em, "Planet Formation by Coagulation: A Focus on Uranus and Neptune," *Annual Review of Astronomy and Astrophysics*, *42*, 549, 2004.

Gomes, R., Levison, H. F., Tsiganis, K., and Morbidelli, A., "Origin of the Cataclysmic Late Heavy Bombardment of the Terrestrial Planets," *Nature*, *435*, 466, 2005.

Lecar, Myron, Franklin, Fred A., Holman, Matthew J., and Murray, Norman W., "Chaos in the Solar System," *Annual Review of Astronomy and Astrophysics*, *39*, 581, 2001.

Mannings, Vincent, Boss, Alan P., and Russell, Sara S. (eds.), *Protostars and Planets, IV*, University of Arizona Press, Tucson, 2000.

Marcy, Geoffrey, et al., "Observed Properties of Exoplanets: Masses, Orbits, and Metallicities," *Progress of Theoretical Physics Supplement*, *158*, 1, 2005.

Mayor, M., and Queloz, D., "A Jupiter-Mass Companion to a Solar-Type Star," *Nature*, *378*, 355, 1995.

제 11 장 연습 문제

11.1 **(a)** If the actual separation between HD 80606 and HD 80607 is 2000 AU, determine the orbital period of the binary star system. *Hint:* You may want to refer to the data in Appendix G to estimate the masses of the two stars.

(b) How many orbits will the planet HD 80806b make around its parent star in the time that the two stars complete one orbit about their common center of mass? The semimajor axis of the planet's orbit is 0.44 AU.

(c) What is the ratio of the force of gravity exerted on HD 80606b by its parent star to that exerted by HD 80607 when it is aligned between the two stars?

11.2 Compare Pluto with asteroids and cometary nuclei. Comment on the significance of any differences in view of the evolutionary model discussed in the chapter.

11.3 **(a)** If all of the angular momentum that is tied up in the rest of the Solar System could be returned to the Sun, what would its rotation period be (assume rigid-body rotation)? Refer to the data in Fig. 23.8. The moment-of-inertia ratio of the Sun is 0.073.

(b) What would the equatorial velocity of the photosphere be?

(c) How short could the rotation period be before material would be thrown off from the Sun's equator?

11.4 The Minimum Mass Solar Nebula is the smallest nebula that could be formed and still have sufficient mass to create all of the objects in the Solar System. Make a rough estimate of the mass of the Minimum Mass Solar Nebula.

11.5 Estimate the present-day Hill radius of Jupiter. Express your answer in terms of the radius of Jupiter, as well as in astronomical units.

11.6 HD 63454 is a K4V star known to have an extrasolar planet orbiting it in a circular orbit with an orbital period of 2.81782 d, producing a maximum radial reflex velocity of 64.3 m s^{-1} relative to the center of mass of the star. The distance to HD 63454 is 35.80 pc. Consulting Appendix G, determine

(a) the semimajor axis of the planet's orbit.

(b) the minimum mass of the planet.

(c) the maximum astrometric wobble of the star due to the planet's pull, expressed in arcseconds.

11.7 14 Her is a K0V star located 18.1 pc from Earth. The extrasolar planet orbiting the star has an orbital period of 1796.4 d with an orbital eccentricity of 0.338. Consulting Appendix G, determine

(a) the semimajor axis of the planet's orbit.

(b) the maximum separation of the planet from the center of mass of its parent star.

(c) the velocity of the planet in its orbit at closest approach to the star.

11.8 Explain why the high metallicities of systems with known extrasolar planets support the hypothesis that planets form from the "bottom up" by mass accretion of planetesimals.

11.9 Assume that Jupiter and Saturn formed 5.7 AU and 8.6 AU from the Sun, respectively. Show that if the planets simultaneously migrated to their present orbital distances, they passed through a 2:1 orbital period resonance.

부 록

부록 A. Astronomical and Physical Constants
부록 B. Unit Conversions
부록 C. Solar System Data
부록 D. The Constellations
부록 E. The Brightest Stars
부록 F. The Nearest Stars
부록 G. Stellar Data
부록 H. The Messier Catalog
부록 I. Constants, A Programming Module
부록 J. Orbit, A Planetary Orbit Code
부록 K. TwoStars, A Binary Star Code
부록 L. StatStar, A Stellar Structure Code
부록 M. Galaxy, A Tidal Interaction Code
부록 N. WMAP Data

APPENDIX

A Astronomical and Physical Constants

Astronomical Constants			
Solar mass	$1\ M_\odot$	$=$	1.9891×10^{30} kg
Solar irradiance	S	$=$	$1.365(2) \times 10^{3}$ W m^{-2}
Solar luminosity	$1\ L_\odot$	$=$	$3.839(5) \times 10^{26}$ W
Solar radius	$1\ R_\odot$	$=$	$6.95508(26) \times 10^{8}$ m
Solar effective temperature	$T_{e,\odot}$	$\equiv$	$L_\odot/(4\pi\sigma R_\odot^2)^{1/4}$
		$=$	5777(2) K
Solar absolute bolometric magnitdue	M_{bol}	$=$	4.74
Solar apparent bolometric magnitude	m_{bol}	$=$	-26.83
Solar apparent ultraviolet magnitude	U	$=$	-25.91
Solar apparent blue magnitude	B	$=$	-26.10
Solar apparent visual magnitude	V	$=$	-26.75
Solar bolometric correction	BC	$=$	-0.08
Earth mass	$1\ M_\oplus$	$=$	5.9736×10^{24} kg
Earth radius (equatorial)	$1\ R_\oplus$	$=$	6.378136×10^{6} m
Astronomical unit	1 AU	$=$	$1.4959787066 \times 10^{11}$ m
Light (Julian) year	1 ly	$=$	$9.460730472 \times 10^{15}$ m
Parsec	1 pc	$=$	206264.806 AU
		$=$	3.0856776×10^{16} m
		$=$	3.2615638 ly (Julian)
Sidereal day		$=$	$23^{h}56^{m}04.0905309^{s}$
Solar day		$=$	86400 s
Sidereal year		$=$	3.15581450×10^{7} s
		$=$	365.256308 d
Tropical year		$=$	$3.155692519 \times 10^{7}$ s
		$=$	365.2421897 d
Julian year		$\equiv$	3.1557600×10^{7} s
		$\equiv$	365.25 d
Gregorian year		$\equiv$	3.1556952×10^{7} s
		$\equiv$	365.2425 d

Note: Uncertainties in the last digits are indicated in parentheses. For instance, the solar radius, $1\ R_\odot$, has an uncertainty of $\pm 0.00026 \times 10^{8}$ m.

Physical Constants			
Gravitational constant	G	$=$	$6.673(10) \times 10^{-11}$ N m^2 kg^{-2}
Speed of light (exact)	c	$\equiv$	2.99792458×10^8 m s^{-1}
Permeability of free space	μ_0	$\equiv$	$4\pi \times 10^{-7}$ N A^{-2}
Permittivity of free space	ϵ_0	$\equiv$	$1/\mu_0 c^2$
		$=$	$8.854187817\ldots \times 10^{-12}$ F m^{-1}
Electric charge	e	$=$	$1.602176462(63) \times 10^{-19}$ C
Electron volt	1 eV	$=$	$1.602176462(63) \times 10^{-19}$ J
Planck's constant	h	$=$	$6.62606876(52) \times 10^{-34}$ J s
		$=$	$4.13566727(16) \times 10^{-15}$ eV s
	$\hbar$	$\equiv$	$h/2\pi$
		$=$	$1.054571596(82) \times 10^{-34}$ J s
		$=$	$6.58211889(26) \times 10^{-16}$ eV s
Planck's constant × speed of light	hc	$=$	$1.23984186(16) \times 10^3$ eV nm
		$\simeq$	1240 eV nm
Boltzmann's constant	k	$=$	$1.3806503(24) \times 10^{-23}$ J K^{-1}
		$=$	$8.6173423(153) \times 10^{-5}$ eV K^{-1}
Stefan–Boltzmann constant	σ	$\equiv$	$2\pi^5 k^4/(15c^2h^3)$
		$=$	$5.670400(40) \times 10^{-8}$ W m^{-2} K^{-4}
Radiation constant	a	$=$	$4\sigma/c$
		$=$	$7.565767(54) \times 10^{-16}$ J m^{-3} K^{-4}
Atomic mass unit	1 u	$=$	$1.66053873(13) \times 10^{-27}$ kg
		$=$	$931.494013(37)$ MeV$/c^2$
Electron mass	m_e	$=$	$9.10938188(72) \times 10^{-31}$ kg
		$=$	$5.485799110(12) \times 10^{-4}$ u
Proton mass	m_p	$=$	$1.67262158(13) \times 10^{-27}$ kg
		$=$	$1.00727646688(13)$ u
Neutron mass	m_n	$=$	$1.67492716(13) \times 10^{-27}$ kg
		$=$	$1.00866491578(55)$ u
Hydrogen mass	m_H	$=$	$1.673532499(13) \times 10^{-27}$ kg
		$=$	$1.00782503214(35)$ u
Avogadro's number	N_A	$=$	$6.02214199(47) \times 10^{23}$ mol^{-1}
Gas constant	R	$=$	$8.314472(15)$ J mol^{-1} K^{-1}
Bohr radius	$a_{0,\infty}$	$\equiv$	$4\pi\epsilon_0\hbar^2/m_e e^2$
		$=$	$5.291772083(19) \times 10^{-11}$ m
	$a_{0,H}$	$\equiv$	$(m_e/\mu)a_{0,\infty}$
		$=$	$5.294654075(20) \times 10^{-11}$ m
Rydberg constant	R_∞	$\equiv$	$m_e e^4/64\pi^3\epsilon_0^2\hbar^3 c$
		$=$	$1.0973731568549(83) \times 10^7$ m^{-1}
	R_H	$\equiv$	$(\mu/m_e)R_\infty$
		$=$	$1.09677583(13) \times 10^7$ m^{-1}

Note: Uncertainties in the last digits are indicated in parentheses. For instance, the universal gravitational constant, G, has an uncertainty of $\pm 0.010 \times 10^{-11}$ N m^2 kg^{-2}.

APPENDIX

B Unit Conversions

SI to cgs Unit Conversions

Quantity	SI Unit	cgs Unit	Conversion Factor[a]
Distance	meter (m)	centimeter (cm)	10^{-2}
Mass	kilogram (kg)	gram (g)	10^{-3}
Time	second (s)	second (s)	1
Current[b]	ampere (A)	esu s^{-1}	$3.335640952 \times 10^{-10}$
Charge[c]	coulomb (C; A s)	esu	$3.335640952 \times 10^{-10}$
Velocity	m s^{-1}	cm s^{-1}	10^{-2}
Acceleration	m s^{-2}	cm s^{-2}	10^{-2}
Linear momentum	kg m s^{-1}	g cm s^{-1}	10^{-5}
Angular momentum	kg m^2 s^{-1}	g cm^2 s^{-1}	10^{-7}
Force	newton (N; kg m s^{-2})	dyne (g cm s^{-2})	10^{-5}
Energy (work)	joule (J; N m)	erg (dyne cm)	10^{-7}
Power (luminosity)	watt (W; J s^{-1})	erg s^{-1}	10^{-7}
Pressure	pascal (Pa; N m^{-2})	dyne cm^{-2}	10^{-1}
Mass density	kg m^{-3}	g cm^{-3}	10^{3}
Charge density	C m^{-3}	esu cm^{-3}	$3.335640952 \times 10^{-4}$
Current density	A m^{-2}	esu s^{-1} cm^{-2}	$3.335640952 \times 10^{-6}$
Electric potential	volt (V; J C^{-1})	statvolt (erg esu^{-1})	$2.997924580 \times 10^{2}$
Electric field	V m^{-1}	statvolt cm^{-1}	$2.997924580 \times 10^{4}$
Magnetic field	tesla (T; N A^{-1} m^{-1})	gauss (G; dyne esu^{-1})	10^{-4}
Magnetic flux	weber (Wb; T m^2)	G cm^2	10^{-8}

[a]Multiply the SI unit by the conversion factor to obtain the equivalent cgs unit; e.g., 10^{-2} m = 1 cm.

[b]The ampere is the fundamental electromagnetic unit in the SI system.

[c]The esu (*electrostatic unit*) is the fundamental electromagnetic unit in the cgs system.

SI to Miscellaneous Unit Conversions

Quantity	SI Unit	Misc. Unit	Conversion Factor (SI to Misc.)[d]
Distance	meter (m)	angstrom (Å)	10^{-10}
Distance	nanometer (nm)	angstrom (Å)	10^{-1}
Spectral flux density	W m^{-2} Hz^{-1}	jansky (Jy)	10^{-26}

[d]Multiply the SI unit by the conversion factor to obtain the equivalent micellaneous unit.

SI–cgs Electromagnetic Equation Conversions

Selected Equations of Electromagnetism	SI Version	cgs Version	Text Equation
Poynting Vector	$\langle S\rangle = \frac{1}{2\mu_0}E_0B_0$	$\langle S\rangle = \frac{c}{8\pi}E_0B_0$	(3.12)
Coulomb's Law	$F = \frac{1}{4\pi\epsilon_0}\frac{q_1q_2}{r^2}$	$F = \frac{q_1q_2}{r^2}$	(5.9)
Lorentz Equation	$\mathbf{F} = q(\mathbf{E} + \mathbf{v} \times \mathbf{B})$	$\mathbf{F} = q\left(\mathbf{E} + \frac{\mathbf{v}}{c} \times \mathbf{B}\right)$	(11.2)
Magnetic pressure	$P = \frac{B^2}{2\mu_0}$	$P = \frac{B^2}{8\pi}$	(11.10)

APPENDIX C Solar System Data

Planetary Physical Data

Planet	Mass[a] ($M_\oplus$)	Equatorial Radius[b] ($R_\oplus$)	Average Density (kg m^{-3})	Sidereal Rotation Period (d)	Oblateness $(R_e - R_p)/R_e$	Bond Albedo
Mercury	0.05528	0.3825	5427	58.6462	0.00000	0.119
Venus	0.81500	0.9488	5243	243.018	0.00000	0.750
Earth	1.00000	1.0000	5515	0.997271	0.0033396	0.306
Mars	0.10745	0.5326	3933	1.02596	0.006476	0.250
Jupiter	317.83	11.209	1326	0.4135	0.064874	0.343
Saturn	95.159	9.4492	687	0.4438	0.097962	0.342
Uranus	14.536	4.0073	1270	0.7183	0.022927	0.300
Neptune	17.147	3.8826	1638	0.6713	0.017081	0.290
Pluto	0.0021	0.178	2110	6.3872	0.0000	0.4 – 0.6
2003 UB313	0.002?	0.188	2100?			0.6?

Planetary Orbital and Satellite Data

Planet	Semimajor Axis (AU)	Orbital Eccentricity	Sidereal Orbital Period (yr)	Orbital Inclination to Ecliptic (°)	Equatorial Inclination to Orbit (°)	Number Natural Satellites
Mercury	0.3871	0.2056	0.2408	7.00	0.01	0
Venus	0.7233	0.0067	0.6152	3.39	177.36	0
Earth	1.0000	0.0167	1.0000	0.000	23.45	1
Mars	1.5236	0.0935	1.8808	1.850	25.19	2
Jupiter	5.2044	0.0489	11.8618	1.304	3.13	63
Saturn	9.5826	0.0565	29.4567	2.485	26.73	47
Uranus	19.2012	0.0457	84.0107	0.772	97.77	27
Neptune	30.0476	0.0113	164.79	1.769	28.32	13
Pluto	39.4817	0.2488	247.68	17.16	122.53	3
2003 UB313	67.89	0.4378	559	43.99		1

[a] $M_\oplus = 5.9736 \times 10^{24}$ kg

[b] $R_\oplus = 6.378136 \times 10^{6}$ m

Data of Selected Major Satellites

Satellite	Parent Planet	Mass (10^{22} kg)	Radius (10^3 km)	Density (kg m^{-3})	Orbital Period (d)	Semimajor Axis (10^3 km)
Moon	Earth	7.349	1.7371	3350	27.322	384.4
Io	Jupiter	8.932	1.8216	3530	1.769	421.6
Europa	Jupiter	4.800	1.5608	3010	3.551	670.9
Ganymede	Jupiter	14.819	2.6312	1940	7.155	1070.4
Callisto	Jupiter	10.759	2.4103	1830	16.689	1882.7
Titan	Saturn	13.455	2.575	1881	15.945	1221.8
Triton	Neptune	2.14	1.3534	2050	5.877	354.8

APPENDIX D The Constellations

Latin Name	Genitive	Abbrev.	Translation	R. A. h	Dec. deg
Andromeda	Andromedae	And	Princess of Ethiopia	1	+40
Antlia	Antliae	Ant	Air Pump	10	−35
Apus	Apodis	Aps	Bird of Paradise	16	−75
Aquarius	Aquarii	Aqr	Water Bearer	23	−15
Aquila	Aquilae	Aql	Eagle	20	+5
Ara	Arae	Ara	Altar	17	−55
Aries	Arietis	Ari	Ram	3	+20
Auriga	Aurigae	Aur	Charioteer	6	+40
Boötes	Boötis	Boo	Herdsman	15	+30
Caelum	Caeli	Cae	Chisel	5	−40
Camelopardalis	Camelopardis	Cam	Giraffe	6	+70
Cancer	Cancri	Cnc	Crab	9	+20
Canes Venatici	Canum Venaticorum	CVn	Hunting Dogs	13	+40
Canis Major	Canis Majoris	CMa	Big Dog	7	−20
Canis Minor	Canis Minoris	CMi	Little Dog	8	+5
Capricornus	Capricorni	Cap	Goat	21	−20
Carina	Carinae	Car	Ship's Keel	9	−60
Cassiopeia	Cassiopeiae	Cas	Queen of Ethiopia	1	+60
Centaurus	Centauri	Cen	Centaur	13	−50
Cepheus	Cephei	Cep	King of Ethiopia	22	+70
Cetus	Ceti	Cet	Sea Monster (whale)	2	−10
Chamaeleon	Chamaeleontis	Cha	Chameleon	11	−80
Circinus	Circini	Cir	Compass	15	−60
Columba	Columbae	Col	Dove	6	−35
Coma Berenices	Comae Berenices	Com	Berenice's Hair	13	+20
Corona Australis	Coronae Australis	CrA	Southern Crown	19	−40
Corona Borealis	Coronae Borealis	CrB	Northern Crown	16	+30
Corvus	Corvi	Crv	Crow	12	−20
Crater	Crateris	Crt	Cup	11	−15
Crux	Crucis	Cru	Southern Cross	12	−60
Cygnus	Cygni	Cyg	Swan	21	+40
Delphinus	Delphini	Del	Dolphin, Porpoise	21	+10
Dorado	Doradus	Dor	Swordfish	5	−65
Draco	Draconis	Dra	Dragon	17	+65
Equuleus	Equulei	Equ	Little Horse	21	+10
Eridanus	Eridani	Eri	River Eridanus	3	−20
Fornax	Fornacis	For	Furnace	3	−30
Gemini	Geminorum	Gem	Twins	7	+20
Grus	Gruis	Gru	Crane	22	−45
Hercules	Herculis	Her	Son of Zeus	17	+30

Latin Name	Genitive	Abbrev.	Translation	R. A. h	Dec. deg
Horologium	Horologii	Hor	Clock	3	−60
Hydra	Hydrae	Hya	Water Snake	10	−20
Hydrus	Hydri	Hyi	Sea Serpent	2	−75
Indus	Indi	Ind	Indian	21	−55
Lacerta	Lacertae	Lac	Lizard	22	+45
Leo	Leonis	Leo	Lion	11	+15
Leo Minor	Leonis Minoris	LMi	Little Lion	10	+35
Lepus	Leporis	Lep	Hare	6	−20
Libra	Librae	Lib	Balance, Scales	15	−15
Lupus	Lupi	Lup	Wolf	15	−45
Lynx	Lyncis	Lyn	Lynx	8	+45
Lyra	Lyrae	Lyr	Lyre, Harp	19	+40
Mensa	Mensae	Men	Table, Mountain	5	−80
Microscopium	Microscopii	Mic	Microscope	21	−35
Monoceros	Monocerotis	Mon	Unicorn	7	−5
Musca	Muscae	Mus	Fly	12	−70
Norma	Normae	Nor	Square, Level	16	−50
Octans	Octantis	Oct	Octant	22	−85
Ophiuchus	Ophiuchi	Oph	Serpent-bearer	17	0
Orion	Orionis	Ori	Hunter	5	+5
Pavo	Pavonis	Pav	Peacock	20	−65
Pegasus	Pegasi	Peg	Winged Horse	22	+20
Perseus	Persei	Per	Rescuer of Andromeda	3	+45
Phoenix	Phoenicis	Phe	Phoenix	1	−50
Pictor	Pictoris	Pic	Painter, Easel	6	−55
Pisces	Piscium	Psc	Fish	1	+15
Piscis Austrinus	Piscis Austrini	PsA	Southern Fish	22	−30
Puppis	Puppis	Pup	Ship's Stern	8	−40
Pyxis	Pyxidis	Pyx	Ship's Compass	9	−30
Reticulum	Reticuli	Ret	Net	4	−60
Sagitta	Sagittae	Sge	Arrow	20	+10
Sagittarius	Sagittarii	Sgr	Archer	19	−25
Scorpius	Scorpii	Sco	Scorpion	17	−40
Sculptor	Sculptoris	Scl	Sculptor	0	−30
Scutum	Scuti	Sct	Shield	19	−10
Serpens	Serpentis	Ser	Serpent	17	0
Sextans	Sextantis	Sex	Sextant	10	0
Taurus	Tauri	Tau	Bull	4	+15
Telescopium	Telescopii	Tel	Telescope	19	−50
Triangulum	Trianguli	Tri	Triangle	2	+30
Triangulum Australe	Trianguli Australis	TrA	Southern Triangle	16	−65
Tucana	Tucanae	Tuc	Toucan	0	−65
Ursa Major	Ursae Majoris	UMa	Big Bear	11	+50
Ursa Minor	Ursae Minoris	UMi	Little Bear	15	+70
Vela	Velorum	Vel	Ship's Sai	9	−50
Virgo	Virginis	Vir	Maiden, Virgin	13	0
Volans	Volantis	Vol	Flying Fish	8	−70
Vulpecula	Vulpeculae	Vul	Little Fox	20	+25

APPENDIX E The Brightest Stars

Name	Star	Spectral Class A	Spectral Class B	V^a A	V^a B	M_V A	M_V B
Sirius	α CMa	A1 V	wd[b]	−1.44	+8.7	+1.45	+11.6
Canopus	α Car	F0 Ib		−0.62		−5.53	
Arcturus	α Boo	K2 II Ip		−0.05		−0.31	
Rigel Kentaurus	α Cen	G2 V	K0 V	−0.01	+1.3	+4.34	+5.7
Vega	α Lyr	A0 V		+0.03		+0.58	
Capella[c]	α Aur	M1 III	M1 V	+0.08	+10.2	−0.48	+9.5
Rigel	β Ori	B8 Ia	B9	+0.18	+6.6	−6.69	−0.4
Procyon	α CMi	F5 IV–V	wd[b]	+0.40	+10.7	+2.68	+13.0
Betelgeuse	α Ori	M2Ib		+0.45v		−5.14	
Achernar	α Eri	B3 Vp		+0.45		−2.77	
Hadar	β Cen	B1 III	?	+0.61	+4	−5.42	−0.8
Altair	α Aql	A7 IV–V		+0.76		+2.20	
Acrux	α Cru	B0.5 IV	B3	+0.77	+1.9	−4.19	−3.5
Aldebaran	α Tau	K5 III	M2V	+0.87	+13	−0.63	+12
Spica	α Vir	B1 V		+0.98v		−3.55	
Antares	α Sco	M1 Ib	B4eV	+1.06v	+5.1	−5.58	−0.3
Pollux	β Gem	K0 III		+1.16		+1.09	
Fomalhaut	α PsA	A3 V	K4V	+1.17	+6.5	+1.74	+7.3
Deneb	α Cyg	A2 Ia		+1.25		−8.73	
Mimosa	β Cru	B0.5 III	B2 V	+1.25v		−3.92	

[a] Values labeled v designate variable stars.

[b] wd represents a white dwarf star.

[c] Capella has a third member of spectral class M5 V, $V = +13.7$, and $M_V = +13$.

Name	R. A.[a] (h m s)	Dec.[a] (° ′ ″)	Parallax[b] (″)	Distance[c] (pc)	Proper Motion[d] (″ yr^{-1})	Radial Velocity (km s^{-1})
Sirius	06 45 08.92	−16 41 58.0	0.37921(158)	2.64	1.33942	−7.7
Canopus	06 23 57.11	−52 41 44.4	0.01043(53)	95.88	0.03098	+20.5
Arcturus	14 15 39.67	+19 10 56.7	0.08885(74)	11.26	2.27887	−5.2
Rigel Kentaurus	14 39 36.50	−60 50 02.3	0.74212(140)	1.35	3.70962	−24.6
Vega	18 36 56.34	+38 47 01.3	0.12893(55)	7.76	0.35077	−13.9
Capella	05 16 41.36	+45 59 52.8	0.07729(89)	12.94	0.43375	+30.2
Rigel	05 14 32.27	−08 12 05.9	0.00422(81)	237	0.00195	+20.7
Procyon	07 39 18.12	+05 13 30.0	0.28593(88)	3.50	1.25850	−3.2
Betelgeuse	05 55 10.31	+07 24 25.4	0.00763(164)	131	0.02941	+21.0
Achernar	01 37 42.85	−57 14 12.3	0.02268(57)	44.09	0.09672	+19
Hadar	14 03 49.40	−60 22 22.9	0.00621(56)	161	0.04221	−12
Altair	19 50 47.0	+08 52 06.0	0.19444(94)	5.14	0.66092	−26.3
Acrux	12 26 35.90	−63 05 56.7	0.01017(67)	98.33	0.03831	−11.2
Aldebaran	04 35 55.24	+16 30 33.5	0.05009(95)	19.96	0.19950	+54.1
Spica	13 25 11.58	−11 09 40.8	0.01244(86)	80.39	0.05304	+1.0
Antares	16 29 24.46	−26 25 55.2	0.00540(168)	185	0.02534	−3.2
Pollux	07 45 18.95	+28 01 34.3	0.09674(87)	10.34	0.62737	+3.3
Fomalhaut	22 57 39.05	−29 37 20.1	0.13008(92)	7.69	0.36790	+6.5
Deneb	20 41 25.91	+45 16 49.2	0.00101(57)	990	0.00220	−4.6
Mimosa	12 47 43.26	−59 41 19.5	0.00925(61)	108	0.04991	+10.3

[a] Right ascension and declination are given in epoch J2000.0.

[b] Parallax data are from the Hipparcos Space Astrometry Mission. Uncertainties are in parentheses; for instance, the parallax of Sirius is 0.37921″ ± 0.00158″.

[c] Distance was calculated from the parallax measurement.

[d] Proper motion data are from the Hipparcos Space Astrometry Mission.

APPENDIX F

The Nearest Stars

Name	HIP[a]	Spectral Class	V^b	M_V	$B-V$	Parallax[c] (″)	Distance[d] (pc)
Proxima Centauri (α Cen C)	70890	M5 Ve	11.01	15.45	+1.81	0.77233(242)	1.29
α Cen B	71681	K1 V	1.35	5.70	+0.88	0.74212(140)	1.35
α Cen A	71683	G2 V	−0.01	4.34	+0.71	0.74212(140)	1.35
Barnard's Star	87937	M5 V	9.54	13.24	+1.57	0.54901(158)	1.82
Gl 411	54035	M2 Ve	7.49	10.46	+1.50	0.39240(91)	2.55
Sirius A (α CMa)	32349	A1 V	−1.44	1.45	+0.01	0.37921(158)	2.64
Sirius B (α CMa)		wd (DA)	8.44	11.33	−0.03	0.37921(158)[e]	2.64[e]
Gl 729	92403	M4.5 Ve	10.37	13.00	+1.51	0.33648(182)	2.97
ϵ Eri	16537	K2 V	3.72	6.18	+0.88	0.31075(85)	3.22
Gl 887	114046	M2 Ve	7.35	9.76	+1.48	0.30390(87)	3.29
Ross 128 (Gl 447)	57548	M4.5 V	11.12	13.50	+1.75	0.29958(220)	3.34
61 Cyg A (Gl 820)	104214	K5 Ve	5.20	7.49	+1.07	0.28713(151)	3.48
Procyon A (α CMi)	37279	F5 IV–V	0.40	2.68	+0.43	0.28593(88)	3.50
Procyon B (α CMi)		wd	10.7	13.0	+0.00	0.28593(88)[e]	3.50[e]
61 Cyg B (Gl 820B)	104217	K7 Ve	6.05	8.33	+1.31	0.28542(72)	3.50
Gl 725B	91772	M5 V	9.70	11.97	+1.56	0.28448(501)	3.52
Gl 725A	91768	M4 V	8.94	11.18	+1.50	0.28028(257)	3.57
GX And	1475	M2 V	8.09	10.33	+1.56	0.28027(105)	3.57
ϵ Ind	108870	K5 Ve	4.69	6.89	+1.06	0.27576(69)	3.63
τ Cet	8102	G8 Vp	3.49	5.68	+0.73	0.27417(80)	3.65
Gl 54.1	5643	M5.5 Ve	12.10	14.25	+1.85	0.26905(757)	3.72
Luyten's Star (Gl 237)	36208	M3.5	9.84	11.94	+1.57	0.26326(143)	3.80
Kapteyn's Star	24186	M0 V	8.86	10.89	+1.55	0.25526(86)	3.92
AX Mic	105090	M0 Ve	6.69	8.71	+1.40	0.25337(113)	3.95
Kruger 60	110893	M2 V	9.59	11.58	+1.61	0.24952(303)	4.01
Ross 614 (GL 234A)	30920	M4.5 Ve	11.12	13.05	+1.69	0.24289(264)	4.12

[a] HIP designates the Hipparcos catalog number.
[b] Values labeled v designate variable stars.
[c] Parallax data are from the Hipparcos Space Astrometry Mission. Uncertainties are in parentheses; for instance, the parallax of Proxima Centauri is $0.77233'' \pm 0.00242''$.
[d] Distances were calculated from the Hipparcos parallax data.
[e] Parallax and distance taken to be that of bright companion.

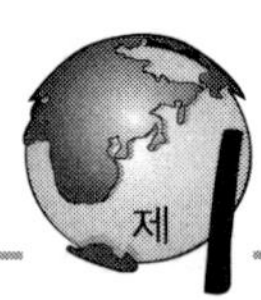

Name	R. A.[a] (h m s)	dec.[a] (° ′ ″)	Proper Motion R. A.[b] (″ yr^{-1})	Proper Motion dec.[b] (″ yr^{-1})	Radial. Velocity. (km s^{-1})
Proxima Centauri	14 29 42.95	−62 40 46.1	−3.77564(152)	0.76816(182)	−33.4
α Cen B	14 39 35.08	−60 50 13.8	−3.60035(2610)	0.95211(1975)	−23.4
α Cen A	14 39 36.50	−60 50 02.3	−3.67819(151)	0.48184(124)	−23.4
Barnard's Star	17 57 48.50	+04 41 36.2	−0.79784(161)	10.32693(129)	−112.3
Gl 411	11 03 20.19	+35 58 11.6	−0.58020(77)	−4.76709(77)	−85.
Sirius A	06 45 08.92	−16 41 58.0	−0.54601(133)	−1.22308(124)	−7.7
Gl 729	18 49 49.36	−23 50 10.4	0.63755(222)	−0.19247(145)	−7.0
ϵ Eri	03 32 55.84	−09 27 29.7	−0.97644(98)	0.01797(91)	+13.
Gl 887	23 05 52.04	−35 51 11.1	6.76726(70)	1.32666(74)	−6.4
Ross 128	11 47 44.40	+00 48 16.4	0.60562(214)	−1.21923(186)	−31.
61 Cyg A	21 06 53.94	+38 44 57.9	4.15510(95)	3.25890(119)	−65.
Procyon A	07 39 18.12	+05 13 30.0	−0.71657(88)	−1.03458(38)	−3.2
61 Cyg B	21 06 55.26	+38 44 31.4	4.10740(43)	3.14372(59)	−65.
Gl 725B	18 42 46.90	+59 37 36.6	−1.39320(1150)	1.84573(1202)	+1.
Gl 725A	18 42 46.69	+59 37 49.4	−1.32688(310)	1.80212(358)	−1.
GX And	00 18 22.89	+44 01 22.6	2.88892(75)	0.41058(63)	+13.5
ϵ Ind	22 03 21.66	−56 47 09.5	3.95997(55)	−2.53884(42)	−40.4
τ Cet	01 44 04.08	−15 56 14.9	−1.72182(83)	0.85407(80)	−16.4
Gl 54.1	01 12 30.64	−16 59 56.3	1.21009(521)	0.64695(391)	+37.0
Luyten's Star	07 27 24.50	+05 13 32.8	0.57127(141)	−3.69425(90)	+18.
Kapteyn's Star	05 11 40.58	−45 01 06.3	6.50605(95)	−5.73139(90)	+242.8
AX Mic	21 17 15.27	−38 52 02.5	−3.25900(128)	−1.14699(56)	+23.
Kruger 60	22 27 59.47	+57 41 45.1	−0.87023(300)	−0.47110(297)	−34.
Ross 614	06 29 23.40	−02 48 50.3	0.69473(300)	−0.61862(248)	+23.2

[a] Right ascension and declination are given in epoch J2000.0.

[b] Proper-motion data are from the Hipparcos Space Astrometry Mission. Uncertainties are in parentheses; for instance, the proper motion of Proxima Centauri in right ascension is $-3.77564'' \text{ yr}^{-1} \pm 0.00152'' \text{ yr}^{-1}$.

APPENDIX G Stellar Data

Main-Sequence Stars (Luminosity Class V)

Sp. Type	T_e (K)	$L/L_\odot$	$R/R_\odot$	$M/M_\odot$	M_{bol}	BC	M_V	$U-B$	$B-V$
O5	42000	499000	13.4	60	−9.51	−4.40	−5.1	−1.19	−0.33
O6	39500	324000	12.2	37	−9.04	−3.93	−5.1	−1.17	−0.33
O7	37500	216000	11.0	—	−8.60	−3.68	−4.9	−1.15	−0.32
O8	35800	147000	10.0	23	−8.18	−3.54	−4.6	−1.14	−0.32
B0	30000	32500	6.7	17.5	−6.54	−3.16	−3.4	−1.08	−0.30
B1	25400	9950	5.2	—	−5.26	−2.70	−2.6	−0.95	−0.26
B2	20900	2920	4.1	—	−3.92	−2.35	−1.6	−0.84	−0.24
B3	18800	1580	3.8	7.6	−3.26	−1.94	−1.3	−0.71	−0.20
B5	15200	480	3.2	5.9	−1.96	−1.46	−0.5	−0.58	−0.17
B6	13700	272	2.9	—	−1.35	−1.21	−0.1	−0.50	−0.15
B7	12500	160	2.7	—	−0.77	−1.02	+0.3	−0.43	−0.13
B8	11400	96.7	2.5	3.8	−0.22	−0.80	+0.6	−0.34	−0.11
B9	10500	60.7	2.3	—	+0.28	−0.51	+0.8	−0.20	−0.07
A0	9800	39.4	2.2	2.9	+0.75	−0.30	+1.1	−0.02	−0.02
A1	9400	30.3	2.1	—	+1.04	−0.23	+1.3	+0.02	+0.01
A2	9020	23.6	2.0	—	+1.31	−0.20	+1.5	+0.05	+0.05
A5	8190	12.3	1.8	2.0	+2.02	−0.15	+2.2	+0.10	+0.15
A8	7600	7.13	1.5	—	+2.61	−0.10	+2.7	+0.09	+0.25
F0	7300	5.21	1.4	1.6	+2.95	−0.09	+3.0	+0.03	+0.30
F2	7050	3.89	1.3	—	+3.27	−0.11	+3.4	+0.00	+0.35
F5	6650	2.56	1.2	1.4	+3.72	−0.14	+3.9	−0.02	+0.44
F8	6250	1.68	1.1	—	+4.18	−0.16	+4.3	+0.02	+0.52

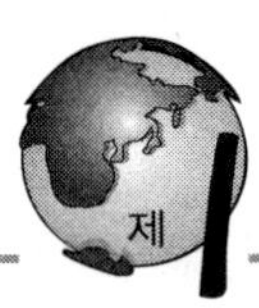

Main-Sequence Stars (Luminosity Class V)									
Sp. Type	T_e (K)	$L/L_\odot$	$R/R_\odot$	$M/M_\odot$	$M_{\rm bol}$	BC	M_V	$U-B$	$B-V$
G0	5940	1.25	1.06	1.05	+4.50	−0.18	+4.7	+0.06	+0.58
G2	5790	1.07	1.03	—	+4.66	−0.20	+4.9	+0.12	+0.63
Sun[a]	5777	1.00	1.00	1.00	+4.74	−0.08	+4.82	+0.195	+0.650
G8	5310	0.656	0.96	—	+5.20	−0.40	+5.6	+0.30	+0.74
K0	5150	0.552	0.93	0.79	+5.39	−0.31	+5.7	+0.45	+0.81
K1	4990	0.461	0.91	—	+5.58	−0.37	+6.0	+0.54	+0.86
K3	4690	0.318	0.86	—	+5.98	−0.50	+6.5	+0.80	+0.96
K4	4540	0.263	0.83	—	+6.19	−0.55	+6.7	—	+1.05
K5	4410	0.216	0.80	0.67	+6.40	−0.72	+7.1	+0.98	+1.15
K7	4150	0.145	0.74	—	+6.84	−1.01	+7.8	+1.21	+1.33
M0	3840	0.077	0.63	0.51	+7.52	−1.38	+8.9	+1.22	+1.40
M1	3660	0.050	0.56	—	+7.99	−1.62	+9.6	+1.21	+1.46
M2	3520	0.032	0.48	0.40	+8.47	−1.89	+10.4	+1.18	+1.49
M3	3400	0.020	0.41	—	+8.97	−2.15	+11.1	+1.16	+1.51
M4	3290	0.013	0.35	—	+9.49	−2.38	+11.9	+1.15	+1.54
M5	3170	0.0076	0.29	0.21	+10.1	−2.73	+12.8	+1.24	+1.64
M6	3030	0.0044	0.24	—	+10.6	−3.21	+13.8	+1.32	+1.73
M7	2860	0.0025	0.20	—	+11.3	−3.46	+14.7	+1.40	+1.80

[a] Values adopted in this text.

Giant Stars (Luminosity Class III)									
Sp. Type	T_e (K)	$L/L_\odot$	$R/R_\odot$	$M/M_\odot$	M_{bol}	BC	M_V	$U-B$	$B-V$
O5	39400	741000	18.5	—	−9.94	−4.05	−5.9	−1.18	−0.32
O6	37800	519000	16.8	—	−9.55	−3.80	−5.7	−1.17	−0.32
O7	36500	375000	15.4	—	−9.20	−3.58	−5.6	−1.14	−0.32
O8	35000	277000	14.3	—	−8.87	−3.39	−5.5	−1.13	−0.31
B0	29200	84700	11.4	20	−7.58	−2.88	−4.7	−1.08	−0.29
B1	24500	32200	10.0	—	−6.53	−2.43	−4.1	−0.97	−0.26
B2	20200	11100	8.6	—	−5.38	−2.02	−3.4	−0.91	−0.24
B3	18300	6400	8.0	—	−4.78	−1.60	−3.2	−0.74	−0.20
B5	15100	2080	6.7	7	−3.56	−1.30	−2.3	−0.58	−0.17
B6	13800	1200	6.1	—	−2.96	−1.13	−1.8	−0.51	−0.15
B7	12700	710	5.5	—	−2.38	−0.97	−1.4	−0.44	−0.13
B8	11700	425	5.0	—	−1.83	−0.82	−1.0	−0.37	−0.11
B9	10900	263	4.5	—	−1.31	−0.71	−0.6	−0.20	−0.07
A0	10200	169	4.1	4	−0.83	−0.42	−0.4	−0.07	−0.03
A1	9820	129	3.9	—	−0.53	−0.29	−0.2	+0.07	+0.01
A2	9460	100	3.7	—	−0.26	−0.20	−0.1	+0.06	+0.05
A5	8550	52	3.3	—	+0.44	−0.14	+0.6	+0.11	+0.15
A8	7830	33	3.1	—	+0.95	−0.10	+1.0	+0.10	+0.25
F0	7400	27	3.2	—	+1.17	−0.11	+1.3	+0.08	+0.30
F2	7000	24	3.3	—	+1.31	−0.11	+1.4	+0.08	+0.35
F5	6410	22	3.8	—	+1.37	−0.14	+1.5	+0.09	+0.43
G0	5470	29	6.0	1.0	+1.10	−0.20	+1.3	+0.21	+0.65
G2	5300	31	6.7	—	+1.00	−0.27	+1.3	+0.39	+0.77
G8	4800	44	9.6	—	+0.63	−0.42	+1.0	+0.70	+0.94
K0	4660	50	10.9	1.1	+0.48	−0.50	+1.0	+0.84	+1.00
K1	4510	58	12.5	—	+0.32	−0.55	+0.9	+1.01	+1.07
K3	4260	79	16.4	—	−0.01	−0.76	+0.8	+1.39	+1.27
K4	4150	93	18.7	—	−0.18	−0.94	+0.8	—	+1.38
K5	4050	110	21.4	1.2	−0.36	−1.02	+0.7	+1.81	+1.50
K7	3870	154	27.6	—	−0.73	−1.17	+0.4	+1.83	+1.53
M0	3690	256	39.3	1.2	−1.28	−1.25	+0.0	+1.87	+1.56
M1	3600	355	48.6	—	−1.64	−1.44	−0.2	+1.88	+1.58
M2	3540	483	58.5	1.3	−1.97	−1.62	−0.4	+1.89	+1.60
M3	3480	643	69.7	—	−2.28	−1.87	−0.4	+1.88	+1.61
M4	3440	841	82.0	—	−2.57	−2.22	−0.4	+1.73	+1.62
M5	3380	1100	96.7	—	−2.86	−2.48	−0.4	+1.58	+1.63
M6	3330	1470	116	—	−3.18	−2.73	−0.4	+1.16	+1.52

Supergiant Stars (Luminosity Class Approximately Iab)

Sp. Type	T_e (K)	$L/L_\odot$	$R/R_\odot$	$M/M_\odot$	M_{bol}	BC	M_V	$U-B$	$B-V$
O5	40900	1140000	21.2	70	−10.40	−3.87	−6.5	−1.17	−0.31
O6	38500	998000	22.4	40	−10.26	−3.74	−6.5	−1.16	−0.31
O7	36200	877000	23.8	—	−10.12	−3.48	−6.6	−1.14	−0.31
O8	34000	769000	25.3	28	−9.98	−3.35	−6.6	−1.13	−0.29
B0	26200	429000	31.7	25	−9.34	−2.49	−6.9	−1.06	−0.23
B1	21400	261000	37.3	—	−8.80	−1.87	−6.9	−1.00	−0.19
B2	17600	157000	42.8	—	−8.25	−1.58	−6.7	−0.94	−0.17
B3	16000	123000	45.8	—	−7.99	−1.26	−6.7	−0.83	−0.13
B5	13600	79100	51.1	20	−7.51	−0.95	−6.6	−0.72	−0.10
B6	12600	65200	53.8	—	−7.30	−0.88	−6.4	−0.69	−0.08
B7	11800	54800	56.4	—	−7.11	−0.78	−6.3	−0.64	−0.05
B8	11100	47200	58.9	—	−6.95	−0.66	−6.3	−0.56	−0.03
B9	10500	41600	61.8	—	−6.81	−0.52	−6.3	−0.50	−0.02
A0	9980	37500	64.9	16	−6.70	−0.41	−6.3	−0.38	−0.01
A1	9660	35400	67.3	—	−6.63	−0.32	−6.3	−0.29	+0.02
A2	9380	33700	69.7	—	−6.58	−0.28	−6.3	−0.25	+0.03
A5	8610	30500	78.6	13	−6.47	−0.13	−6.3	−0.07	+0.09
A8	7910	29100	91.1	—	−6.42	−0.03	−6.4	+0.11	+0.14
F0	7460	28800	102	12	−6.41	−0.01	−6.4	+0.15	+0.17
F2	7030	28700	114	—	−6.41	0.00	−6.4	+0.18	+0.23
F5	6370	29100	140	10	−6.42	−0.03	−6.4	+0.27	+0.32
F8	5750	29700	174	—	−6.44	−0.09	−6.4	+0.41	+0.56
G0	5370	30300	202	10	−6.47	−0.15	−6.3	+0.52	+0.76
G2	5190	30800	218	—	−6.48	−0.21	−6.3	+0.63	+0.87
G8	4700	32400	272	—	−6.54	−0.42	−6.1	+1.07	+1.15
K0	4550	33100	293	13	−6.56	−0.50	−6.1	+1.17	+1.24
K1	4430	34000	314	—	−6.59	−0.56	−6.0	+1.28	+1.30
K3	4190	36100	362	—	−6.66	−0.75	−5.9	+1.60	+1.46
K4	4090	37500	386	—	−6.70	−0.90	−5.8	—	+1.53
K5	3990	39200	415	13	−6.74	−1.01	−5.7	+1.80	+1.60
K7	3830	43200	473	—	−6.85	−1.20	−5.6	+1.84	+1.63
M0	3620	51900	579	13	−7.05	−1.29	−5.8	+1.90	+1.67
M1	3490	60300	672	—	−7.21	−1.38	−5.8	+1.90	+1.69
M2	3370	72100	791	19	−7.41	−1.62	−5.8	+1.95	+1.71
M3	3210	89500	967	—	−7.64	−2.13	−5.5	+1.95	+1.69
M4	3060	117000	1220	—	−7.93	−2.75	−5.2	+2.00	+1.76
M5	2880	165000	1640	24	−8.31	−3.47	−4.8	+1.60	+1.80
M6	2710	264000	2340	—	−8.82	−3.90	−4.9	—	—

APPENDIX

H The Messier Catalog

M	NGC	Name	Const.	m_V[a]	R. A.[b] h	R. A.[b] m	Dec.[b] °	Dec.[b] ′	Type[c]
1	1952	Crab	Tau	8.4:	5	34.5	+22	01	SNR
2	7089		Aqr	6.5	21	33.5	−0	49	GC
3	5272		CVn	6.4	13	42.2	+28	23	GC
4	6121		Sco	5.9	16	23.6	−26	32	GC
5	5904		Ser	5.8	15	18.6	+2	05	GC
6	6405		Sco	4.2	17	40.1	−32	13	OC
7	6475		Sco	3.3	17	53.9	−34	49	OC
8	6523	Lagoon	Sgr	5.8:	18	03.8	−24	23	N
9	6333		Oph	7.9:	17	19.2	−18	31	GC
10	6254		Oph	6.6	16	57.1	−4	06	GC
11	6705		Sct	5.8	18	51.1	−6	16	OC
12	6218		Oph	6.6	16	47.2	−1	57	GC
13	6205		Her	5.9	16	41.7	+36	28	GC
14	6402		Oph	7.6	17	37.6	−3	15	GC
15	7078		Peg	6.4	21	30.0	+12	10	GC
16	6611		Ser	6.0	18	18.8	−13	47	OC
17	6618	Swan[d]	Sgr	7:	18	20.8	−16	11	N
18	6613		Sgr	6.9	18	19.9	−17	08	OC
19	6273		Oph	7.2	17	02.6	−26	16	GC
20	6514	Trifid	Sgr	8.5:	18	02.6	−23	02	N
21	6531		Sgr	5.9	18	04.6	−22	30	OC
22	6656		Sgr	5.1	18	36.4	−23	54	GC
23	6494		Sgr	5.5	17	56.8	−19	01	OC
24	6603		Sgr	4.5:	18	16.9	−18	29	OC
25			Sgr	4.6	18	31.6	−19	15	OC
26	6694		Sct	8.0	18	45.2	−9	24	OC
27	6853	Dumbbell	Vul	8.1:	19	59.6	+22	43	PN
28	6626		Sgr	6.9:	18	24.5	−24	52	GC
29	6913		Cyg	6.6	20	23.9	+38	32	OC
30	7099		Cap	7.5	21	40.4	−23	11	GC
31	224	Andromeda	And	3.4	0	42.7	+41	16	SbI–II
32	221		And	8.2	0	42.7	+40	52	cE2
33	598	Triangulum	Tri	5.7	1	33.9	+30	39	Sc(s)II–III
34	1039		Per	5.2	2	42.0	+42	47	OC
35	2168		Gem	5.1	6	08.9	+24	20	OC
36	1960		Aur	6.0	5	36.1	+34	08	OC
37	2099		Aur	5.6	5	52.4	+32	33	OC
38	1912		Aur	6.4	5	28.7	+35	50	OC
39	7092		Cyg	4.6	21	32.2	+48	26	OC
40			UMa	8:	12	22.4	+58	05	DS

M	NGC	Name	Const.	m_V[a]	R. A.[b] h	m	Dec.[b] °	′	Type[c]
41	2287		CMa	4.5	6	47.0	−20	44	OC
42	1976	Orion[e]	Ori	4:	5	35.3	−5	23	N
43	1982		Ori	9:	5	35.6	−5	16	N
44	2632	Praesepe	Cnc	3.1	8	40.1	+19	59	OC
45		Pleiades	Tau	1.2	3	47.0	+24	07	OC
46	2437		Pup	6.1	7	41.8	−14	49	OC
47	2422		Pup	4.4	7	36.6	−14	30	OC
48	2548		Hya	5.8	8	13.8	−5	48	OC
49	4472		Vir	8.4	12	29.8	+8	00	E2
50	2323		Mon	5.9	7	03.2	−8	20	OC
51	5194	Whirlpool[f]	CVn	8.1	13	29.9	+47	12	Sbc(s)I–II
52	7654		Cas	6.9	23	24.2	+61	35	OC
53	5024		Com	7.7	13	12.9	+18	10	GC
54	6715		Sgr	7.7	18	55.1	−30	29	GC
55	6809		Sgr	7.0	19	40.0	−30	58	GC
56	6779		Lyr	8.2	19	16.6	+30	11	GC
57	6720	Ring	Lyr	9.0:	18	53.6	+33	02	PN
58	4579		Vir	9.8	12	37.7	+11	49	Sab(s)II
59	4621		Vir	9.8	12	42.0	+11	39	E5
60	4649		Vir	8.8	12	43.7	+11	33	E2
61	4303		Vir	9.7	12	21.9	+4	28	Sc(s)I
62	6266		Oph	6.6	17	01.2	−30	07	GC
63	5055	Sunflower	CVn	8.6	13	15.8	+42	02	Sbc(s)II–III
64	4826	Evil Eye	Com	8.5	12	56.7	+21	41	Sab(s)II
65	3623		Leo	9.3	11	18.9	+13	05	Sa(s)I
66	3627		Leo	9.0	11	20.2	+12	59	Sb(s)II
67	2682		Cnc	6.9	8	50.4	+11	49	OC
68	4590		Hya	8.2	12	39.5	−26	45	GC
69	6637		Sgr	7.7	18	31.4	−32	21	GC
70	6681		Sgr	8.1	18	43.2	−32	18	GC
71	6838		Sge	8.3	19	53.8	+18	47	GC
72	6981		Aqr	9.4	20	53.5	−12	32	GC
73	6994		Aqr	9.1	20	58.9	−12	38	OC
74	628		Psc	9.2	1	36.7	+15	47	Sc(s)I
75	6864		Sgr	8.6	20	06.1	−21	55	GC
76	650/651		Per	11.5:	1	42.3	+51	34	PN
77	1068		Cet	8.8	2	42.7	−0	01	Sb(rs)II
78	2068		Ori	8:	5	46.7	+0	03	N
79	1904		Lep	8.0	5	24.5	−24	33	GC
80	6093		Sco	7.2	16	17.0	−22	59	GC
81	3031		UMa	6.8	9	55.6	+69	04	Sb(r)I–II
82	3034		UMa	8.4	9	55.8	+69	41	Amorph
83	5236		Hya	7.6:	13	37.0	−29	52	SBc(s)II
84	4374		Vir	9.3	12	25.1	+12	53	E1
85	4382		Com	9.2	12	25.4	+18	11	S0 pec
86	4406		Vir	9.2	12	26.2	+12	57	S0/E3
87	4486	Virgo A	Vir	8.6	12	30.8	+12	24	E0
88	4501		Com	9.5	12	32.0	+14	25	Sbc(s)II
89	4552		Vir	9.8	12	35.7	+12	33	S0
90	4569		Vir	9.5	12	36.8	+13	10	Sab(s)I–II

M	NGC	Name	Const.	m_V[a]	R. A.[b] h	m	Dec.[b] °	′	Type[c]
91	4548		Com	10.2	12	35.4	+14	30	SBb(rs)I–II
92	6341		Her	6.5	17	17.1	+43	08	GC
93	2447		Pup	6.2:	7	44.6	−23	52	OC
94	4736		CVn	8.1	12	50.9	+41	07	RSab(s)
95	3351		Leo	9.7	10	44.0	+11	42	SBb(r)II
96	3368		Leo	9.2	10	46.8	+11	49	Sab(s)II
97	3587	Owl	UMa	11.2:	11	14.8	+55	01	PN
98	4192		Com	10.1	12	13.8	+14	54	SbII
99	4254		Com	9.8	12	18.8	+14	25	Sc(s)I
100	4321		Com	9.4	12	22.9	+15	49	Sc(s)I
101	5457	Pinwheel	UMa	7.7	14	03.2	+54	21	Sc(s)I
102	5866		UMa	10.5	15	06.5	+55	46	S0
103	581		Cas	7.4:	1	33.2	+60	42	OC
104	4594	Sombrero	Vir	8.3	12	40.0	−11	37	Sa/Sb
105	3379		Leo	9.3	10	47.8	+12	35	E0
106	4258		CVn	8.3	12	19.0	+47	18	Sb(s)II
107	6171		Oph	8.1	16	32.5	−13	03	GC
108	3556		UMa	10.0	11	11.5	+55	40	Sc(s)III
109	3992		UMa	9.8	11	57.6	+53	23	SBb(rs)I
110	205		And	8.0	0	40.4	+41	41	S0/E pec

[a] : indicates approximate apparent visual magnitude.

[b] Right ascension and declination are given in epoch 2000.0.

[c] Type abbreviations correspond to: SNR = supernova remnant, GC = globular cluster, OC = open cluster, N = diffuse nebula, PN = planetary nebula, DS = double star. Galaxies are indicated by their morphological Hubble types.

[d] M17, the Swan nebula, is also known as the Omega nebula.

[e] M42 also corresponds to the Trapezium H II region.

[f] M51 also includes NGC 5195, the satellite to the Whirlpool galaxy.

APPENDIX

I Constants, A Programming Module

`Constants` is a Fortran 95 module implementation of the astronomical and physical constants data given in Appendix A (a C++ header file version is also available). `Constants` also includes high-precision values of mathematical constants (π, e) and conversion factors between degrees and radians. In addition, `Constants` provides various machine constants characteristic of the particular platform that a code is running on. For example, in the Fortran 95 implementation, `Constants` includes machine-queried `KIND` designations for single, double, and quadruple precision, the smallest and largest numbers that can be represented by the computer for a specific precision, and the number of significant figures that can be represented for each level of precision.

`Constants` is employed by the other codes described in the appendices that follow.

The source code is available for download from the companion website at `http://www.aw-bc.com/astrophysics`.

APPENDIX

J Orbit, A Planetary Orbit Code

Orbit is a computer program designed to calculate the position of a planet orbiting a massive star (or, alternatively, the orbit of the reduced mass about the center of mass of the system). The program is based on Kepler's laws of planetary motion as derived in Chapter 2. References to the relevant equations are given in the comment sections of the code.

The user is asked to enter the mass of the parent star (in solar masses), the semimajor axis of the orbit (in AU), and the eccentricity of the orbit. The user is also asked to enter the number of time steps desired for the calculation (perhaps 1000 to 100,000) and the frequency with which the time steps are to be printed to the output file (Orbit.txt). If 1000 time steps are specified with a frequency of 10, then 100 evenly spaced (in time) time steps will be printed.

The output file can be imported directly into a graphics or spreadsheet program in order to generate a graph of the orbit. Note that it may be necessary to delete the header information in Orbit.txt prior to importing the data columns into the graphics or spreadsheet program.

The source code is available in both Fortran 95 and C++ versions. Compiled versions of the code are also available.

The code may be downloaded from the companion website at http://www.aw-bc.com/astrophysics.

APPENDIX K

TwoStars, A Binary Star Code

As discussed in Chapter 7, binary star systems play a very important role in determining various stellar properties, including masses and radii. In addition, analyses using sophisticated binary-star modeling codes can provide information about variations in surface flux such as limb darkening (see Section 9.3) and the presence of star spots (e.g., Section 11.3) or reflective heating. Advanced codes can also detail the effects of gravitational tidal interactions and centrifugal forces that result in stars that deviate (sometimes significantly) from spherical symmetry; refer to Chapter 18.

A simple binary star code is developed in this appendix that incorporates a number of the basic features of more sophisticated codes. `TwoStars` is designed to provide position, radial-velocity, and binary light curve information that can be used to determine masses (m_1 and m_2 from determination of the semimajor axes and periods of the orbits), radii (R_1 and R_2 by measuring eclipse times), effective temperature ratios (from the relative depths of the primary and secondary minima), limb darkening, orbital eccentricity (e), orbital inclination (i), and orientation of periastron (ϕ). However, in order to greatly simplify the code, it is assumed that the two stars are strictly spherically symmetric, that they do not collide with one another, and that their surface fluxes vary only with stellar radius (i.e., there are no anomalous star spots or localized heating).

To begin, assume that the orbits of the two stars lie in the x–y plane with the center of mass of the system located at the origin of the coordinate system, as shown in Fig. K.1 (the z-axis is out of the page). In order to generalize the orientation of the orbit, periastron for Star 1 (the point in the orbit closest to the center of mass) is at an angle ϕ measured counterclockwise from the positive x-axis and in the direction of the orbital motion. It is also assumed that the orbital plane is inclined an angle i with respect to the plane of the sky (the y'–z' plane) as shown in Fig. K.2. The line of sight from the observer to the center of mass is along the x'-axis, and the center of mass is located at the origin of the primed coordinate system. Finally, the y'-axis is directed out of the page and is aligned with the y-axis of Fig. K.1.

It is a straightforward process to show that the transformation between the two coordinate systems is given by

$$x' = z\cos i + x\sin i \tag{K.1}$$

$$y' = y \tag{K.2}$$

$$z' = z\sin i - x\cos i, \tag{K.3}$$

which of course simplifies significantly for the case where the centers of mass lie along the x–y plane (i.e., $z = 0$).

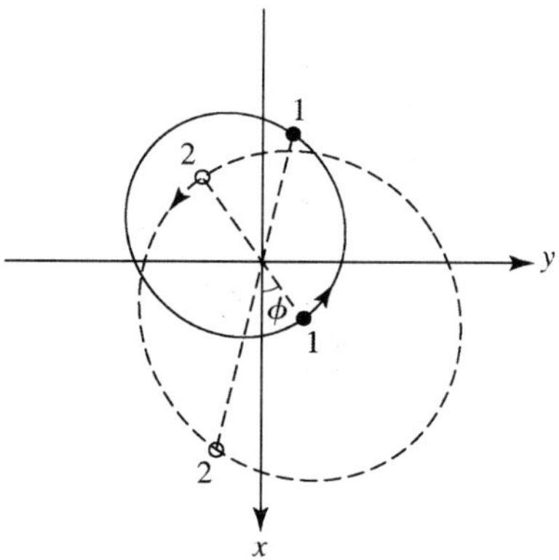

FIGURE K.1 The orbits of the stars in the binary system lie in the x–y plane, with the z-axis directed out of the page. The center of mass of the system is located at the origin of the coordinate system. In this example $m_2/m_1 = 0.68$, $e = 0.4$, and $\phi = 35°$. The two positions of Stars 1 and 2 are separated by $P/4$, where P is the orbital period.

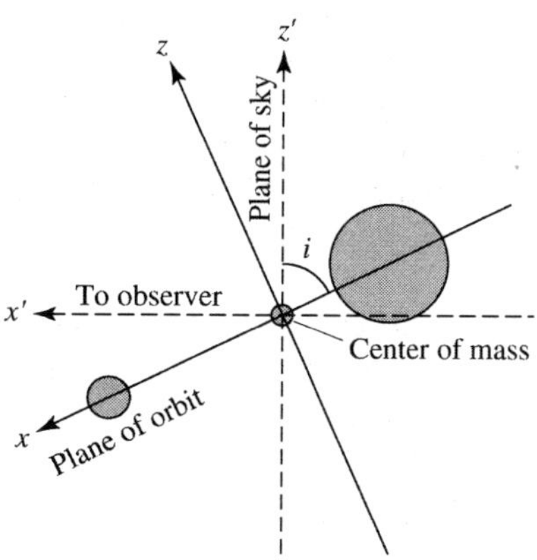

FIGURE K.2 The plane of the orbit is inclined an angle i with respect to the plane of the sky (the y'–z' plane). The line of sight from the observer to the center of mass is along the x'-axis, and the center of mass is located at the origin of the primed coordinate system. The y'-axis is aligned with the y-axis of Fig. K.1, and both are directed out of the page. The foreground star in this illustration is the smaller star.

The motions of the stars in the x–y plane are determined directly by using Kepler's laws and invoking the concept of the reduced mass, as described in Chapter 2. The approach is similar to what was used in `Orbit`, Appendix J, except that no assumption is made about the relative masses of the two objects in the system [in `Orbit` it was assumed that one object (a planet) was much less massive than the other object (the parent star)].

A careful reading of the code available on the companion website will identify several explicit instances of plus and minus signs associated with the variables `vr`, `v1r`, `v2r`, `x1`, `y1`, `x2`, and `y2`. The choice of minus signs corresponds to the choice of the coordinate system and its relationship to the observer. For instance, if the inclination angle is $i = 90°$, then

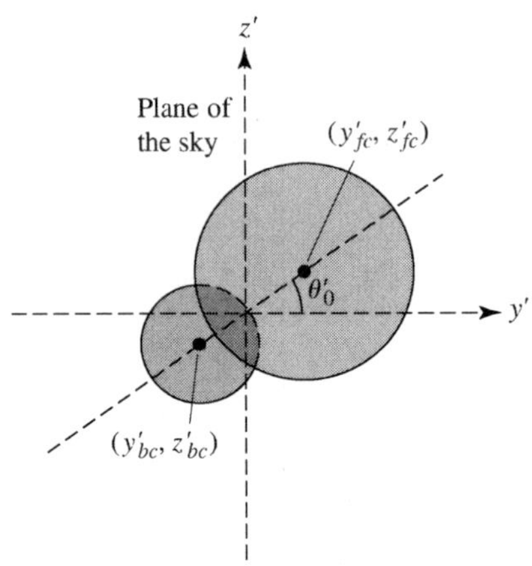

FIGURE K.3 The disks of the two stars projected onto the plane of the sky. The foreground star (assumed in this illustration to be the larger star) has $x'_c > 0$, where x'_c is the x' coordinate of its center of mass. The angle between the y'-axis and the line connecting the centers of the disks of the two stars projected onto the plane of the sky is θ'_0.

the x and x' axes are aligned and motion in the positive x direction corresponds to motion toward the observer (a negative radial velocity).

In order to compute the light curve for the eclipse, it is necessary to integrate the luminous flux over the portion of each star's surface that is visible to the observer. This is done by first determining which star is in front of the other. Given that the plane of the sky corresponds to the y'–z' plane, the center of mass of the star that is closest to the observer has the coordinate value $x' > 0$ (see Fig. K.3).

If the star in front is partially or entirely eclipsing the background star, then the distances between their centers of mass projected onto the y'–z' plane must be less than the sum of their radii; or, for an eclipse to be taking place,

$$\sqrt{\left(y'_{fc} - y'_{bc}\right)^2 + \left(z'_{fc} - z'_{bc}\right)^2} < R_f + R_b, \tag{K.4}$$

where (y'_{fc}, z'_{fc}) and (y'_{bc}, z'_{bc}) are the locations of the centers of mass of the foreground and background stars, respectively, as projected onto the plane of the sky.

To optimize the computation of the integrated luminous flux, it is appropriate to locate the line of symmetry between the centers of mass of the two stars. Again referring to Fig. K.3, we see that the angle between the y'-axis and the line connecting the projected centers of mass is given by

$$\theta'_0 = \tan^{-1}\left(\frac{z'_{fc} - z'_{bc}}{y'_{fc} - y'_{bc}}\right). \tag{K.5}$$

Once the background star has been identified and the line of symmetry determined, the decrease in the amount of light due to the eclipse can be computed by first finding out which parts of the background star are behind the foreground star. If a point on the eclipsed disk is within a distance R_f of the center of the foreground star's disk as projected onto the y'–z'

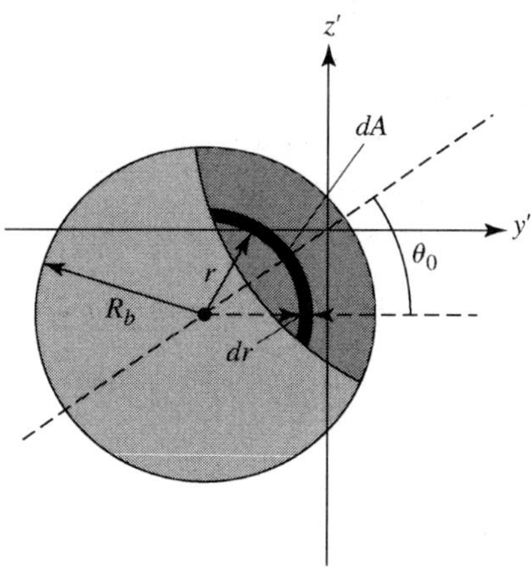

FIGURE K.4 The region of the background star being eclipsed is shown in dark gray. Numerical integration of the flux over arcs of various radii r and thickness dr makes it possible to determine how much light is blocked by the foreground star.

plane, then that point on the star's surface is behind the foreground star. In other words, the condition for a point (y_b', z_b') on the disk of the background star to be behind the disk of the foreground star is

$$\sqrt{\left(y_b' - y_{fc}'\right)^2 + \left(z_b' - z_{fc}'\right)^2} < R_f. \tag{K.6}$$

The eclipsed region can then be mapped out by starting along the line of symmetry at some distance r from the center of the disk of the background star and moving at increasing angles of $\Delta\theta'$ from θ_0' until the inequality of Eq. (K.6) is no longer satisfied or until $\Delta\theta'$ exceeds 180°. In the later case, this would imply that the entire disk within the radius r of its center is eclipsed. Given the assumption of spherical symmetry, the region of the background star's disk between $\theta_{\text{min}}' = -\Delta\theta' + \theta_0'$ and θ_0' is identical to the region between θ_0' and $\theta_{\text{max}}' = \Delta\theta' + \theta_0'$ for a fixed value of r (see Fig. K.4). For an arc-shaped surface of radius r and width dr, the area of the surface is given by

$$dA = r\,dr\,\left(\theta_{\text{max}}' - \theta_{\text{min}}'\right) = 2r\,dr\,\Delta\theta'. \tag{K.7}$$

Now, if the luminous flux at that radius from the center of the background star's disk is $F(r)$, the amount of light in that arc that has been blocked is given by

$$dS = F(r)\,dA = 2F(r)\,r\,dr\,\Delta\theta'. \tag{K.8}$$

By subtracting the loss in light due to each eclipsed arc from the total light of the uneclipsed star, we can determine the total amount of light received from the background star during a partial or total eclipse. (Note that due to the effects of limb darkening, $F(r)$ is not constant across the entire disk.)

Finally, all that remains is to convert the total amount of light received to magnitudes (see Eq. 3.8).

TwoStars implements each of the ideas described. An example of the input required for TwoStars, along with the first ten lines of model output, is shown in Fig. K.5.

The source code for (TwoStars), together with compiled versions of the program, is available for download from the companion website at
http://www.aw-bc.com/astrophysics.

```
Specify the name of your output file: c:\YYSgr.txt

Enter the data for Star #1
   Mass (solar masses):              5.9
   Radius (solar radii):             3.2
   Effective Temperature (K):        15200

Enter the data for Star #2
   Mass (solar masses):              5.6
   Radius (solar radii):             2.9
   Effective Temperature (K):        13700

Enter the desired orbital parameters
   Orbital Period (days):            2.6284734
   Orbital Eccentricity:             0.1573
   Orbital Inclination (deg):        88.89
   Orientation of Periastron (deg): 214.6

Enter the x', y', and z' components of the center of mass velocity vector:
Notes:  (1)  The plane of the sky is (y',z')
        (2)  If v_x' < 0, then the center of mass is blueshifted
   v_x' (km/s)                       0
   v_y' (km/s)                       0
   v_z' (km/s)                       0


The semimajor axis of the reduced mass is       0.084318 AU
   a1 =       0.040971 AU
   a2 =       0.043166 AU

      t/P           v1r (km/s)       v2r (km/s)        Mbol         dS (W)
    0.000000       112.824494      -118.868663      -2.457487    0.000000E+00
    0.000999       114.247263      -120.367652      -2.457487    0.000000E+00
    0.001998       115.660265      -121.856351      -2.457487    0.000000E+00
    0.002997       117.063327      -123.334576      -2.457487    0.000000E+00
    0.003996       118.456275      -124.802147      -2.457487    0.000000E+00
    0.004995       119.838940      -126.258884      -2.457487    0.000000E+00
    0.005994       121.211155      -127.704610      -2.457487    0.000000E+00
    0.006993       122.572755      -129.139152      -2.457487    0.000000E+00
    0.007992       123.923575      -130.562338      -2.457487    0.000000E+00
    0.008991       125.263455      -131.973998      -2.457487    0.000000E+00
```

FIGURE K.5 An example of the input required for the Fortran 95 command-line version of TwoStars for the system YY Sgr (Fig. 7.2). The first ten lines of model output to the screen are also shown.

APPENDIX L StatStar, A Stellar Structure Code

StatStar is based on the equations of stellar structure and the constitutive relations developed in Chapters 9 and 10. An example of the output generated by StatStar is available on the companion website.

StatStar is designed to illustrate as clearly as possible many of the most important aspects of numerical stellar astrophysics. To accomplish this goal, StatStar models are restricted to a fixed composition throughout [in other words, they are homogeneous zero-age main-sequence models (ZAMS)].

The four basic stellar structure equations are computed in the functions dPdr (Eq. 10.6), dMdr (Eq. 10.7), dLdr (Eq. 10.36), and dTdr [either Eq. (10.68) or Eq. (10.89), for radiation or adiabatic convection, respectively].

The density [$\rho(r) =$ rho] is calculated directly from the ideal gas law and the radiation pressure equation (Eq. 10.20) in FUNCTION Opacity, given local values for the pressure [$P(r) =$ P], temperature [$T(r) =$ T], and mean molecular weight ($\mu =$ mu, assumed here to be for a completely ionized gas only). Once the density is determined, both the opacity [$\overline{\kappa}(r) =$ kappa] and the nuclear energy generation rate [$\epsilon(r) =$ epsilon] are calculated. The opacity is determined in FUNCTION Opacity using the bound–bound and bound–free opacity formulae [Eqs. (9.22) and (9.23), respectively], together with electron scattering (Eq. 9.27) and H^- ion (Eq. 9.28) contributions. The energy generation rate is calculated in Function Nuclear from the equations for the total pp chain (Eq. 10.46) and the CNO cycle (Eq. 10.58).[1]

The program begins by asking the user to supply the desired stellar mass (Msolar, in solar units), the trial effective temperature (Teff, in kelvins), the trial luminosity (Lsolar, also in solar units), and the mass fractions of hydrogen (X) and metals (Z). Using the stellar structure equations, the program proceeds to integrate from the surface of the star toward the center, stopping when a problem is detected or when a satisfactory solution is obtained. If the inward integration is not successful, a new trial luminosity and/or effective temperature must be chosen. Recall from page 333 that the Vogt–Russell theorem states that a unique stellar structure exists for a given mass and composition. Satisfying the central boundary conditions therefore requires specific surface boundary conditions. It is for this reason that a well-defined main sequence exists.

Since it is nearly impossible to satisfy the central boundary conditions exactly by the crude *shooting method* employed by StatStar, the calculation is terminated when the core is approached. The stopping criteria used here are that the interior mass $M_r < M_{\min}$ and the interior luminosity $L_r < L_{\min}$, when the radius $r < R_{\min}$, where $M_{\min}$, $L_{\min}$, and

1) State-of-the-art research codes use much more sophisticated prescriptions for the equations of state.

$R_{\min}$ are specified as fractions of the surface mass (M_s), luminosity (L_s), and radius (R_s), respectively. Once the criteria for halting the integration are detected, the conditions at the center of the star are estimated by an extrapolation procedure.

StatStar makes the simplifying assumptions that the pressure, temperature, and density are all zero at the surface of the star. As a result, it is necessary to begin the calculation with approximations to the basic stellar structure equations. This can be seen by noting that the mass, pressure, luminosity, and temperature gradients are all proportional to the density and are therefore exactly zero at the surface. Curiously, it would appear that applying these gradients in their usual form implies that the fundamental physical parameters cannot change from their initial values, since the density would remain zero at each step!

One way to overcome this problem is to assume that the interior mass and luminosity are both constant through a small number of surface zones. In the case of the luminosity, this is clearly a valid assumption since temperatures are not sufficient to produce nuclear reactions near the surfaces of ZAMS stars; and furthermore, since ZAMS stars are static, changes in gravitational potential energy are necessarily zero. For the interior mass, the assumption is not quite as obvious. However, we will see that in realistic stellar models, the density is so low near the surface that the approximation is indeed very reasonable. Of course, it is important to verify that the assumptions are not being violated to within specified limits.

Given the surface values $M_r = M_s$ and $L_r = L_s$, and assuming that the surface zone is radiative, dividing Eq. (10.6) by Eq. (10.68) leads to

$$\frac{dP}{dT} = \frac{16\pi ac}{3}\frac{GM_s}{L_s}\frac{T^3}{\overline{\kappa}}.$$

Since relatively few free electrons exist in the thin outer atmospheres of stars, electron scattering and H^- ion contributions to the opacity will be neglected in the surface zone approximation. In this case $\overline{\kappa}$ may be replaced by the bound–free and free–free Kramers opacity laws [Eqs. (9.22) and (9.23)], expressed in the forms $\overline{\kappa}_{bf} = A_{bf}\rho/T^{3.5}$ and $\overline{\kappa}_{ff} = A_{ff}\rho/T^{3.5}$, respectively. Defining $A \equiv A_{bf} + A_{ff}$ and using Eq. (10.11) to express the density in terms of the pressure and temperature through the ideal gas law (assuming that radiation pressure may be neglected), we get

$$\frac{dP}{dT} = \frac{16\pi}{3}\frac{GM_s}{L_s}\frac{ack}{A\mu m_H}\frac{T^{7.5}}{P}.$$

Integrating with respect to temperature and solving for the pressure, we find that

$$P = \left(\frac{1}{4.25}\frac{16\pi}{3}\frac{GM_s}{L_s}\frac{ack}{A\mu m_H}\right)^{1/2} T^{4.25}. \tag{L.1}$$

It is now possible to write T in terms of the independent variable r through Eq. (10.68), again using the ideal gas law and Kramers opacity laws, along with Eq. (L.1) to eliminate the dependence on pressure. Integrating yields

$$T = GM_s\left(\frac{\mu m_H}{4.25k}\right)\left(\frac{1}{r} - \frac{1}{R_s}\right). \tag{L.2}$$

Equation (L.2) is first used to obtain a value for $T(r)$; then Eq. (L.1) gives $P(r)$. At this point it is possible to calculate ρ, $\overline{\kappa}$, and ϵ from the usual equation-of-state routines.

A very similar procedure is used in the case that the surface is convective. In this situation, Eq. (10.89) may be integrated directly if γ is constant. This gives

$$T = GM_s\left(\frac{\gamma-1}{\gamma}\right)\left(\frac{\mu m_H}{k}\right)\left(\frac{1}{r}-\frac{1}{R_s}\right). \tag{L.3}$$

Now, since convection is assumed to be adiabatic in the interior of our simple model, the pressure may be found from Eq. (10.83). The routine `Surface` computes Eqs. (L.1), (L.2), and (L.3).

The conditions at the center of the star are estimated by extrapolating from the last zone that was calculated by direct numerical integration. Beginning with Eq. (10.6) and identifying $M_r = 4\pi\rho_0 r^3/3$, where ρ_0 is taken to be the average density of the central ball (the region inside the last zone calculated by the usual procedure),[2] we get

$$\frac{dP}{dr} = -G\frac{M_r\rho_0}{r^2} = -\frac{4\pi}{3}G\rho_0^2\, r.$$

Integrating yields

$$\int_{P_0}^{P} dP = -\frac{4\pi}{3}G\rho_0^2\int_0^r r\,dr,$$

and solving for the central pressure results in

$$P_0 = P + \frac{2\pi}{3}G\rho_0^2 r^2.$$

Other central quantities can now be found more directly. Specifically, the central density is estimated to be $\rho_0 = M_r/(4\pi r^3/3)$, where M_r and r are the values of the last zone calculated. T_0 is determined from the ideal gas law and radiation pressure using an iterative procedure (the Newton–Raphson method). Finally, the central value for the nuclear energy generation rate is computed using $\epsilon_0 = L_r/M_r$.

The numerical integration technique employed here is a Runge–Kutta algorithm. The Runge–Kutta algorithm evaluates derivatives at several intermediate points between mass shell boundaries to significantly increase the accuracy of the numerical integration. Details of the algorithm will not be discussed further here; you are encouraged to consult Press, Teukolsky, Vetterling, and Flannery (1996), for details of the implementation.

The source code, together with compiled versions of the program, is available for download from the companion website at `http://www.aw-bc.com/astrophysics`.

2) You might notice that dP/dr goes to zero as the center is approached. This behavior is indicative of the smooth nature of the solution. Close inspection of the graphs in Section 11.1 showing the detailed interior structure of the Sun illustrates that the first derivatives of many physical quantities go to zero at the center.

APPENDIX M
Galaxy, A Tidal Interaction Code

`Galaxy` is a program that calculates the gravitational effect of the close passage of two galactic nuclei on a disk of stars. It is adapted from a program written by M. C. Schroeder and Neil F. Comins and published in *Astronomy* magazine. This program is very similar to the one used by Alar and Juri Toomre in 1972 to perform their ground-breaking studies of the effect of violent tides between galaxies.

In the program there are two galactic nuclei of masses M_1 and M_2. They are treated as point masses, and they move under the influence of their mutual gravitational attraction. To speed the calculations, only M_1 is surrounded by a disk of stars, with the stars initially in circular Keplerian orbits. The gravitational influence of the stars is neglected, meaning that they do not affect the motions of the nuclei or one another. There is no dynamical friction, and so the nuclei follow the simple two-body trajectories that were discussed in Chapter 2. One advantage of a non-self-gravitating disk is that results do not depend on the number of stars in the disk. You can experiment, changing the initial conditions by using just a few stars for a faster running time and then increasing the number of stars to see more detail. The stars respond only to the gravitational pull of the two nuclei.

The goal is to calculate the positions of the nuclei and stars through a number of time steps separated by a time interval Δt. Let the positions of the nuclei at time step i be

$$[X_1(i), Y_1(i), Z_1(i)] \quad \text{and} \quad [X_2(i), Y_2(i), Z_2(i)],$$

and let the position of a star be[1]

$$[x(i), y(i), z(i)].$$

Also, let the velocities of the nuclei and the star be

$$[V_{1,x}(i-1/2), V_{1,y}(i-1/2), V_{1,z}(i-1/2)],$$
$$[V_{2,x}(i-1/2), V_{2,y}(i-1/2), V_{2,z}(i-1/2)],$$

and

$$[v_x(i-1/2), v_y(i-1/2), v_z(i-1/2)].$$

1) The results do not change with the number of stars used, so one star is enough to illustrate the procedure.

The velocities are the average velocities between the present (i) and the previous ($i-1$) time steps, so

$$v_x\left(i-\frac{1}{2}\right)=\frac{x(i)-x(i-1)}{\Delta t} \tag{M.1}$$

is the x component of the star's velocity. In a similar manner, the x component of the star's acceleration is

$$a_x(i)=\frac{v_x(i+1/2)-v_x(i-1/2)}{\Delta t}. \tag{M.2}$$

Thus the positions and accelerations, which are determined at each time step, "leapfrog" over the velocities, which are determined between time steps.

Given these values of the positions and velocities, the program calculates the x components of the positions and velocities for the next time step in the following way:

1. Find the star's acceleration at the present time step i, using Newton's law of gravity, Eq. (2.11):

$$a_x(i)=\frac{GM_1}{r_1^3(i)}[X_1(i)-x(i)]+\frac{GM_2}{r_2^3(i)}[X_2(i)-x(i)], \tag{M.3}$$

where $r_1(i)$ is the distance between the star and M_1 at time step i,

$$r_1(i)=\sqrt{[X_1(i)-x(i)]^2+[Y_1(i)-y(i)]^2+[Z_1(i)-z(i)]^2+s_f^2}, \tag{M.4}$$

and similarly for $r_2(i)$.

Note that because the nuclei and stars are treated as points, their separations could become very small, even zero (although the conservation of angular momentum makes this rather unlikely). As a result, arbitrarily large values of $1/r_1^3$ and $1/r_2^3$ could cause a numerical overflow and bring a lengthy calculation to an abrupt halt. To avoid this numerical disaster, a *softening factor*, s_f, has been included in the calculations of all separations. This is the smallest separation permitted by the program. Its value is large enough to prevent an overflow, but small enough to have little effect on the overall results.

2. Find the star's average velocity at $i+1/2$,

$$v_x\left(i+\frac{1}{2}\right)=v_x\left(i-\frac{1}{2}\right)+a_x(i)\Delta t. \tag{M.5}$$

3. Find the star's position at the next time step $i+1$, using

$$x(i+1)=x(i)+v_x\left(i+\frac{1}{2}\right)\Delta t. \tag{M.6}$$

4. Find the acceleration of the nuclei at the present time step i, using Newton's law of gravity,

$$A_{1,x}(i) = \frac{GM_2}{s^3(i)}[X_2(i) - X_1(i)] \tag{M.7}$$

and

$$A_{2,x}(i) = \frac{GM_1}{s^3(i)}[X_1(i) - X_2(i)], \tag{M.8}$$

where $s(i)$ is the separation of the nuclei at time step i,

$$s(i) = \sqrt{[X_1(i) - X_2(i)]^2 + [Y_1(i) - Y_2(i)]^2 + [Z_1(i) - Z_2(i)]^2 + s_f^2}. \tag{M.9}$$

5. Find the velocity of the nuclei at $i + 1/2$,

$$V_{1,x}\left(i + \frac{1}{2}\right) = V_{1,x}\left(i - \frac{1}{2}\right) + A_{1,x}(i)\Delta t, \tag{M.10}$$

and similarly for $V_{2,x}(i + 1/2)$.

6. Find the position of the nuclei at the next time step $i + 1$, using

$$X_1(i + 1) = X_1(i) + V_{1,x}\left(i + \frac{1}{2}\right)\Delta t, \tag{M.11}$$

and similarly for $X_2(i + 1)$.

The procedure is the same for the y and z components. By repeatedly applying this prescription, it is possible to follow the motions of the nuclei and star(s).

The target galaxy (M_1) is initially placed at rest at the origin. You will be asked to provide the initial position and velocity of the intruder galaxy (M_2), its mass (as a fraction of M_1), and the number of stars around the target galaxy. After each time step, the results are displayed as two graphs showing the positions of the nuclei and stars on the x–y and x–z planes.

You will note in the source code that the program uses a special system of units to speed the calculations. The masses are in units of 2×10^{10} $M_\odot$. When the program assigns the target galaxy a mass of 5 in these units, its mass is 10^{11} $M_\odot$. The unit of time is 1.2 million years. This is also the value used for the time interval, Δt, so (in these units) $\Delta t = 1$. As a result, Δt does not appear explicitly in the program. (It would just multiply the term involved by 1 and waste computer time.) The unit of distance is 500 pc, and so the unit of velocity is (500 pc)/(1.2 million years) $\simeq$ 400 km s^{-1}. By design, in these units the gravitational constant $G = 1$; thus G does not appear explicitly in the program either.

The source code for `Galaxy`, along with executable versions, is available for download from the companion website at `http://www.aw-bc.com/astrophysics`.

APPENDIX

WMAP Data

"Best" Cosmological Parameters[a]

Description	Text Symbol	Value	+ uncertainty	− uncertainty
Total density	Ω_0	1.02	0.02	0.02
Equation of state of quintessence[b]	w	< -0.78	95% CL	
Dark energy density	$\Omega_{\Lambda,0}$	0.73	0.04	0.04
Baryon density	$\Omega_{b,0}h^2$	0.0224	0.0009	0.0009
Baryon density	$\Omega_{b,0}$	0.044	0.004	0.004
Baryon density (m^{-3})	$n_{b,0}$	0.25	0.01	0.01
Matter density	$\Omega_{m,0}h^2$	0.135	0.008	0.009
Matter density	$\Omega_{m,0}$	0.27	0.04	0.04
Light neutrino density (m^{-3})	$\Omega_{\nu,0}h^2$	< 7600	95% CL	
CMB temperature (K)[c]	T_0	2.725	0.002	0.002
CMB photon density (m^{-3})[d]	$n_{\gamma,0}$	4.104×10^8	0.009×10^8	0.009×10^8
Baryon-to-photon ratio	η_0	6.1×10^{-10}	0.3×10^{-10}	0.2×10^{-10}
Baryon-to-matter ratio	$\Omega_{b,0}\Omega_{m,0}^{-1}$	0.17	0.01	0.01
Redshift at decoupling	z_{dec}	1089	1	1
Thickness of decoupling (FWHM)	Δz_{dec}	195	2	2
Hubble constant	h	0.71	0.04	0.03
Age of universe (Gyr)	t_0	13.7	0.2	0.2
Age at decoupling (kyr)	t_{dec}	379	8	7
Age at reionization (Myr, 95% CL)	t_r	180	220	80
Decoupling time interval (kyr)	Δt_{dec}	118	3	2
Redshift of matter–energy equality	$z_{r,m}$	3233	194	210
Reionization optical depth	τ	0.17	0.04	0.04
Redshift at reionization (95% CL)	z_r	20	10	9
Sound horizon at decoupling (deg)	θ_A	0.598	0.002	0.002
Angular size distance (Gpc)	d_A	14.0	0.2	0.3
Acoustic scale[e]	ℓ_A	301	1	1
Sound horizon at decoupling (Mpc)[f]	r_s	147	2	2

[a] All data from Bennett et al., *Ap. J. S.*, 148, 1, 2003.

[b] CL means "confidence level."

[c] From COBE (Mather et al., *Ap. J.*, *512*, 511, 1999).

[d] Derived from COBE (Mather et al., *Ap. J.*, *512*, 511, 1999).

[e] $\ell_A = \pi\theta_A^{-1}$ for θ_A in radians.

[f] $\theta_A = r_s d_A^{-1}$ for θ_A in radians.

Suggested Reading

SUGGESTED READING FOR APPENDIX A

Technical

Brown, T. M., and Christensen-Dalsgaard, J., "Accurate Determination of the Solar Photospheric Radius," *The Astrophysical Journal*, *550*, L493, 2001.

Cox, Arthur N. (ed.), *Allen's Astrophysical Quantities*, Fourth Edition, Springer-Verlag, New York, 2000.

Lean, Judith, "Solar Irradiance," *Encyclopedia of Astronomy and Astrophysics*, Nature Publishing Group, Houndmills, UK, 2001.

Mohr, Peter J., and Taylor, Barry N., "CODATA Recommended Values of the Fundamental Constants: 1998," *Reviews of Modern Physics*, *72*, 351, 2000.

SUGGESTED READING FOR APPENDIX C

Technical

Arnett, Bill, *The Nine Planets: A Multimedia Tour of the Solar System*, `http://www.nineplanets.org/`.

Beatty, J. Kelly, Petersen, Carolyn Collins, and Chaikin, Andrew, *The New Solar System*, Fourth Edition, Sky Publishing Corporation, Cambridge, 1999.

Cox, Arthur N. (ed.), *Allen's Astrophysical Quantities*, Fourth Edition, Springer-Verlag, New York, 2000.

Lodders, Katharina, and Fegley, Jr., Bruce, *The Planetary Scientist's Companion*, Oxford University Press, New York, 1998.

National Space Science Data Center, `http://nssdc.gsfc.nasa.gov`.

SUGGESTED READING FOR APPENDIX E

Technical

Cox, Arthur N. (ed.), *Allen's Astrophysical Quantities*, Fourth Edition, Springer-Verlag, New York, 2000.

Hipparcos Space Astrometry Mission, European Space Agency, `http://astro.estec.esa.nl/Hipparcos/`.

Hoffleit, Dorrit, and Warren, Wayne H. Jr., *The Bright Star Catalogue*, Fifth Edition, Yale University Observatory, New Haven, 1991.

Lang, Kenneth R., *Astrophysical Data: Planets and Stars*, Springer-Verlag, New York, 1992.

SIMBAD Astronomical Database, `http://simbad.u-strasbg.fr/Simbad/`.

SUGGESTED READING FOR APPENDIX F

Technical

Cox, Arthur N. (ed.), *Allen's Astrophysical Quantities*, Fourth Edition, Springer-Verlag, New York, 2000.

Hipparcos Space Astrometry Mission, European Space Agency, `http://astro.estec.esa.nl/Hipparcos/`.

Lang, Kenneth R., *Astrophysical Data: Planets and Stars*, Springer-Verlag, New York, 1992.

SIMBAD Astronomical Database, `http://simbad.u-strasbg.fr/Simbad/`.

SUGGESTED READING FOR APPENDIX G

Technical

Cox, Arthur N. (ed.), *Allen's Astrophysical Quantities*, Fourth Edition, Springer-Verlag, New York, 2000.

de Jager, C., and Nieuwenhuijzen, H., "A New Determination of the Statistical Relations between Stellar Spectra and Luminosity Classes and Stellar Effective Temperature and Luminosity," *Astronomy and Astrophysics*, *177*, 217, 1987.

Schmidt-Kaler, Th., "Physical Parameters of the Stars," *Landolt-Börnstein Numerical Data and Functional Relationships in Science and Technology*, New Series, Group VI, Volume 2b, Springer-Verlag, Berlin, 1982.

SUGGESTED READING FOR APPENDIX H

Technical

Hirshfeld, Alan, Sinnott, Roger W., and Ochsenbein, Francois, *Sky Catalogue 2000.0*, Second Edition, Cambridge University Press and Sky Publishing Corporation, New York, 1991.

Sandage, Allan, and Bedke, John, *The Carnegie Atlas of Galaxies*, Carnegie Institution of Washington, Washington, D.C., 1994.

SUGGESTED READING FOR APPENDIX K

Technical

Bradstreet, D. H., and Steelman, D. P., "Binary Maker 3.0—An Interactive Graphics-Based Light Curve Synthesis Program Written in Java," *Bulletin of the American Astronomical Society*, January 2003.

Kallrath, Josef, and Milone, Eugene F., *Eclipsing Binary Stars: Modeling and Analysis*, Springer-Verlag, New York, 1999.

Terrell, Dirk, "Eclipsing Binary Stars: Past, Present, and Future," *Journal of the American Association of Variable Star Observers*, *30*, 1, 2001.

Van Hamme, W., "New Limb-Darkening Coefficients for Modeling Binary Star Light Curves," *The Astronomical Journal*, *106*, 2096, 1993.

Wilson, R. E., "Binary-Star Light-Curve Models," *Publications of the Astronomical Society of the Pacific*, *106*, 921, 1994.

SUGGESTED READING FOR APPENDIX L

Technical

Clayton, Donald D., *Principles of Stellar Evolution and Nucleosynthesis*, McGraw-Hill, New York, 1968.

DeVries, Paul L., *A First Course in Computational Physics*, John Wiley and Sons, New York, 1994.

Fowler, William A., Caughlan, Georgeanne R., and Zimmerman, Barbara A., "Thermonuclear Reaction Rates, II," *Annual Review of Astronomy and Astrophysics*, *13*, 69, 1975.

Hansen, C. J., Kawaler, S. D., and Trimble, V., *Stellar Interiors: Physical Principles, Structure, and Evolution*, Second Edition, Springer-Verlag, New York, 2004.

Kippenhahn, Rudolf, and Weigert, Alfred, *Stellar Structure and Evolution*, Springer-Verlag, Berlin, 1990.

Novotny, Eva, *Introduction to Stellar Atmospheres and Interiors*, Oxford University Press, New York, 1973.

Press, William H., Flannery, Brian P., Teukolsky, Saul A., and Vetterling, William T., *Numerical Recipes in FORTRAN 77: The Art of Scientific Computing*, Second Edition, Cambridge University Press, Cambridge, 1996.

SUGGESTED READING FOR APPENDIX M

General

Schroeder, Michael C., and Comins, Neil F., "Galactic Collisions on Your Computer," *Astronomy*, December 1988.

Toomre, Alar, and Toomre, Juri, "Violent Tide between Galaxies," *Scientific American*, December 1973.

Technical

Toomre, Alar, and Toomre, Juri, "Galactic Bridges and Tails," *The Astrophysical Journal*, *178*, 623, 1972.

찾아보기

숫자

A

C

D

F

G

I

N

P

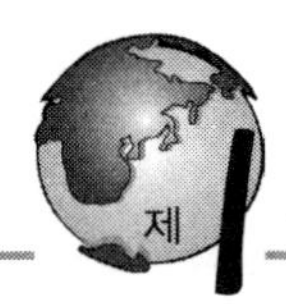

S

T

U

V

ㄱ

ㄷ

ㄹ

ㅁ

ㅂ

ㅅ

ㅈ

ㅊ

ㅋ

ㅌ

ㅍ

ㅎ

역자약력

강영운 kangyw@sejong.ac.kr
연세대학교 졸업
미국 플로리다 대학 이학박사
세종대학교 천문우주학과 교수

김용기 ykkim153@chungbuk.ac.kr
연세대학교 졸업
독일 베르린 공대 이학박사
충북대학교 천문우주학과 교수

이희원 hwlee@sejong.ac.kr
서울대학교 졸업
미국 캘리포니아 공과대학 이학박사
세종대학교 천문우주학과 교수

Homepage : www.Chungbum.co.kr

현대천체물리학 1권

발 행 일	2009. 4. 15. 제1판 제1쇄 인쇄 2009. 4. 25. 제1판 제1쇄 발행
저 자	Bradley W. Carroll, Dale A. Ostlie
역 자	강영운, 김용기, 이희원
발 행 인	연 규 산
발 행 처	청범출판사
주 소	서울시 노원구 공릉1동 598-7
전 화	02-971-5385 02-971-5376 02-971-5377
팩 스	02-977-8967
등 록	1991년 8월 13일 No. 5-282
I S B N	978-89-88247-46-4 978-89-88247-45-7 (SET)